创新设计丛书
上海交通大学设计学院总策划

上海城市公园游憩空间
评价与更新研究

汤晓敏 王 云 著

上海交通大学出版社
SHANGHAI JIAO TONG UNIVERSITY PRESS

内容提要

　　本书是对上海城市公园绿地的建成后评估研究,共分为 3 篇 17 章,主要内容包括城市公园的游憩分区评价、游憩空间要素评价以及大型线性绿色空间特征与游憩利用研究.研究重点关注空间与要素的美观性、游憩性、功能的适宜性与兼容性,构建了多元综合的评价体系与模型,系统论述了城市公园绿地各类功能空间与要素的特征、使用状况、景观质量、游憩者行为与偏好,提出了城市公园绿地的更新对策与措施.

　　本书数据翔实,评价方法与流程清晰,内容丰富,图文并茂,适合于高等院校风景园林等相关专业学生学习参考,也可供风景园林规划设计师、城乡规划师和相关管理者阅读参考.

图书在版编目(CIP)数据

上海城市公园游憩空间评价与更新研究 / 汤晓敏,王云著. —上海:上海交通大学出版社,2019
ISBN 978-7-313-22554-2

Ⅰ.①上… Ⅱ.①汤… ②王… Ⅲ.①城市公园—园林设计—研究—上海 Ⅳ.①TU986.625.1

中国版本图书馆CIP数据核字(2019)第263463号

上海城市公园游憩空间评价与更新研究
SHANGHAI CHENGSHI GONGYUAN YOUQI KONGJIAN PINGJIA YU GENGXIN YANJIU

著　　者:	汤晓敏　王　云			
出版发行:	上海交通大学出版社	地　　址:	上海市番禺路951号
邮政编码:	200030	电　　话:	021-64071208
印　　制:	当纳利(上海)信息技术有限公司	经　　销:	全国新华书店
开　　本:	889mm×1194mm　1/16	印　　张:	35
字　　数:	976千字		
版　　次:	2019年12月第1版	印　　次:	2019年12月第1次印刷
书　　号:	ISBN 978-7-313-22554-2		
定　　价:	98.00元		

前　言

随着城市发展和大众游憩需求的快速增长，上海城市公园游憩利用的供需矛盾日益突出。在大众体育运动、公园去娱乐化和商业化、老公园改造热潮、城市有机更新等时代背景下，研究团队依托上海交通大学学科交叉的综合优势，基于社会学调查方法和多途径分析方法，从游憩分区综合评价和游憩空间要素评价两个层面，对上海市中心城区的数十个公园、黄浦江、苏州河、上海外环林带等大型线性景观空间，展开了历时 10 年的研究。

本书是集体劳动与智慧的结晶，先后有近 40 位老师、研究生和本科生参与了相关研究，尽管分工不同，但每一个研究者都发挥了不可或缺的作用。以下是各部分的主要参与和贡献者（按章节排序）：

上海城市综合公园游憩分区综合评价与更新研究：周大光、孔晓莉、周函羽、应和彬、杨可然、张秀乾。

上海城市公园游憩空间要素研究：夏石宽、郑一、丁静雯、陆姚明、刘红、李冰、蔡韵雯。

上海大型线性绿色空间特征与游憩利用研究：张成秀、徐康立、廖嘉元、刘洋、余帆、王玲、陈丹、孙诗雨、施塑。

本书的主要特点如下：

（1）基于环境行为与游憩空间、大型滨水景观与城市发展互动关系的分析，重点探讨了城市综合公园内游憩场地、游憩路径、活动设施等的活动兼容性，大型滨水景观空间的游憩利用特征与机会，以及线性滨水景观的城市建构特征。

（2）基于不同游憩空间质量与设施利用适宜性评价，从游憩空间类型、空间与设施利用适宜度、空间利用效率、景观风貌的层面，分析上海城市公园游憩空间的主要优势与存在的问题。

（3）创新性地提出了城市公园"空间分时分域利用、分域导入差异化设施、功能设施景观化、景观设施艺术化"等游憩空间的激活与更新策略，对户外游憩空间的规划设计和建设管理实践具有指导意义。

本书是作者对城市公园绿地游憩利用研究的阶段性成果，仅是对我国城市公园绿地研究一个方面的探索，在城市双修和社会治理的时代需求下，研究内容尚待扩展，研究方法有待综合，研究的结论也有待实践检验，诚望各位读者批评指正。

特别鸣谢以下协助者：牛爽、任家怿、郑晨璐、曹一丹、尹静一、赵薇淇、赖佳妮、张陈缘、陈月、沈海峰、张泽霖。

作者

2019 年冬

目　录

1 绪论

城市公园、大型线形城市绿色空间是城市生态和游憩网络的必需组成部分。是满足城市居民休闲需要，提供休息、游览、锻炼、交往以及举办各种集体文化活动的场所。承载着城市居民各类活动功能的游憩空间是决定城市绿地社会服务效能的关键，为适应新时代的游憩需求，需要不断完善配套设施，导入适宜的游憩活动，提升景观品质。

1.1 上海城市公园概述

1.1.1 城市公园

公园（public park）是向公众开放，以游憩为主要功能，有较完善的设施，兼具生态、美化等作用的绿地[1]。

城市公园是满足城市居民的休闲需要，提供休息、游览、锻炼、交往以及举办各种集体文化活动的场所。

"公园绿地"是对具有公园作用的所有绿地的统称，即具有公园性质的绿地，是城市中向公众开放的，以游憩为主要功能，有一定的游憩设施和服务设施，同时兼有健全生态、美化景观、科普教育、应急避险等综合作用的绿化用地。它是城市建设用地、城市绿地系统和城市绿色基础设施的重要组成部分，是表示城市整体环境水平和居民生活质量的一项重要指标[2]。

"公园绿地"分为综合公园、社区公园、专类公园、游园4个中类及6个小类[2]。

1.1.2 上海城市公园及其发展历程

近代上海真正意义上面向民众、具有公共性的公园是建成于1868年的上海外滩公园（黄浦公园）[3][4]。1949年以前，租界先后建设了虹口花园、杰斯菲尔德公园、顾家宅公园等[5]。1949年新中国成立以后，许多在战争中受损的功能性花园在政府的组织下开始逐一修复扩建；1953年进入第一个五年计划时，上海的公园建设逐步进入了有计划、有步骤的阶段[6]。1978年改革开放后，上海的园林绿化事业进入正常轨道，蓬勃发展。20世纪末至今，公园事业步入大发展阶段。

截至2018年底，上海城市公园已增至304座[7]（详见附录1）。自1868年至今，上海城市公园绿地的发展大概可以分为5个阶段[8][9]。

第一阶段，1868—1949年，出现与兴建阶段。随着近代上海的开埠，以及为满足租界的外国侨民的生活需要，殖民者兴建了22座公园，并将它们打造成了代表西方各国造园特色的集游戏、观赏、进餐、宴

客等多种功能于一体的综合性公共娱乐场所。现保存至今的公园有11座。

第二阶段，1949—1978年，缓慢发展阶段。这个阶段开放的公园有35座，恢复了上海原有绿地的基础型建设，满足了城市初步发展的需求。

第三阶段，1978—1998年，稳定增长阶段。这个阶段开放的公园保存至今的有64座，满足了上海扩张城市、完善城市基础建设和绿地网络的需求。

第四阶段，1998—2005年，跨越式发展阶段。这个阶段开放的公园有37座，满足了上海城市绿地公园发展的科学化管理需要。这37座公园主要兴建于中心城区，大大提升了中心城区的生态和游憩功能。

第五阶段，2005—2010年，质量跃升阶段。2005年起上海陆续启动老公园改造，"十二五"期间，有58座老公园进行了改造，这个阶段开放的公园有11座，这些公园主要兴建于郊区。2010年举办上海世博会，上海城市公园质和量都有大幅提升。

第六阶段，2010年至今，建设开放的公园有90多座。郊野公园有较快的发展，在城市有机更新背景下的公园更新日益加快。

1.1.3 上海城市综合公园

《城市绿地分类标准》（CJJ/T85-2017）将城市综合公园定义为内容丰富，适合开展各类户外活动，具有完善的游憩和配套管理服务设施的绿地。规模宜大于10hm²(公顷)，以便更好地满足综合公园应具备的功能需求。考虑到某些山地城市、中小规模城市等由于受用地条件限制，城区中布局大于10hm²的公园绿地难度较大，为了保证综合公园的均好性，可结合实际条件将综合公园下限降至5hm²。《公园设计规范》（GB51192-2016）中规定：综合公园的内容应包括多重文化娱乐设施、儿童游戏场和安静休憩区，也可设游戏型体育设施。在已有动物园的城市，其综合公园不宜设大型或猛兽类动物展示区。

按照《城市绿地分类标准》（CJJ/T85-2017）和《公园设计规范》（GB51192-2016），规模大于5hm²、边界明确的上海城市综合公园共有28座（详见附录1，图1-1-1），其中中环以内城市综合公园共有12

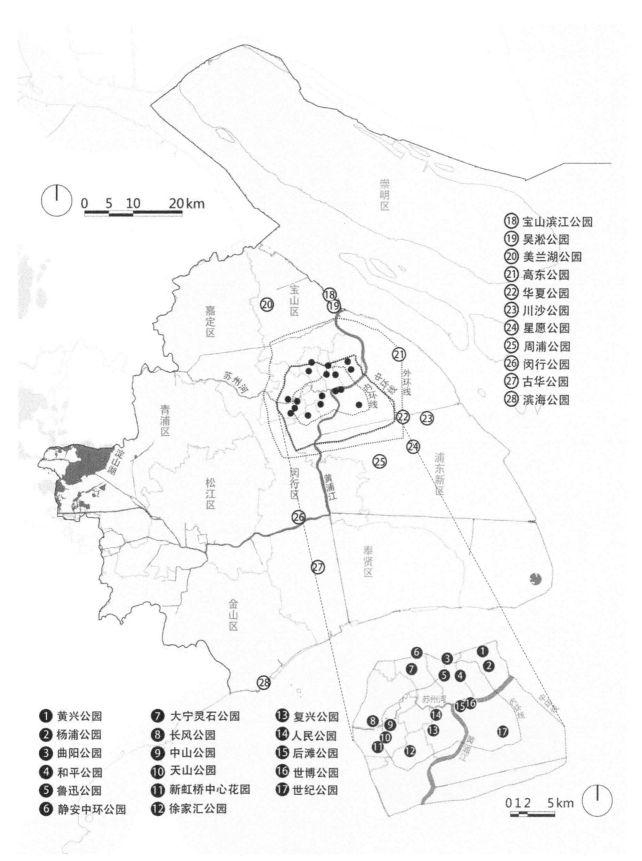

图 1-1-1 上海城市综合公园区位图

① 黄兴公园　　⑦ 大宁灵石公园　　⑬ 复兴公园
② 杨浦公园　　⑧ 长风公园　　　　⑭ 人民公园
③ 曲阳公园　　⑨ 中山公园　　　　⑮ 后滩公园
④ 和平公园　　⑩ 天山公园　　　　⑯ 世博公园
⑤ 鲁迅公园　　⑪ 新虹桥中心花园　⑰ 世纪公园
⑥ 静安中环公园　⑫ 徐家汇公园

⑱ 宝山滨江公园
⑲ 吴淞公园
⑳ 美兰湖公园
㉑ 高东公园
㉒ 华夏公园
㉓ 川沙公园
㉔ 星愿公园
㉕ 周浦公园
㉖ 闵行公园
㉗ 古华公园
㉘ 滨海公园

座[10][11][12][13][14]：大宁灵石公园、长风公园、复兴公园、中山公园、天山公园、新虹桥中心花园、徐家汇公园、杨浦公园、黄兴公园、世纪公园、和平公园、鲁迅公园。12座综合公园修建年代不同，规模、区位，风格也不尽相同，具有较好的代表性。

1.2 大型线性绿色空间：一江一河一环

上海因水而生，依水而兴，上海黄浦江、苏州河是上海近代金融贸易和工业的发源地，也是上海未来发展不可或缺的宝贵资源。上海环城绿带建成至今有效地防止了城市的无限蔓延，改善了城市生态环境。上海的一江一河和环城绿带是上海市大型线性绿色空间，是构成上海城市空间的重要骨架。

1.2.1 上海黄浦江核心段

根据黄浦江沿江各区段的资源与发展态势，黄浦江全线分为三个功能区段：杨浦大桥至徐浦大桥为核心段，集中承载全球城市金融、文化、创新等核心功能的引领性区域，并提供具有全球影响力的公共活动空间；徐浦大桥至闵浦二桥为上游段，以生态为基本功能，注重宜居生活功能的融合，并依托战略预留区域培育创新功能；吴淞口至杨浦大桥为下游段，基于港区转型升级，大力发展创新功能，并强化生态与公共功能的融合（见图1-2-1）。

黄浦江是历史上最早的人工修凿疏浚的河流之一，传说战国时楚令尹黄歇带领百姓疏浚治理，使之向北直接入长江口，一泻而入东海。据记载，黄浦江最早在南宋出现，清代始称黄浦江。

黄浦江被赋予现代意义上的景观游憩功能，始于外滩。随着上海开埠及外侨居留地的划定和早期的贸易发展，黄浦江沿岸由此迅速被洋商码头占据。1868年始建的公共花园（今黄浦公园），是上海的第一个公园，也是中国近代公园之肇始[4]。黄浦江两岸地区综合开发之前，沿岸仅有外滩和陆家嘴滨江公园两处滨江公共开放空间。随着两岸产业结构调整，两岸功能逐步转换，服务业集聚，上海市委、市政府顺应发展趋势，提出"让绿色重返浦江，让市民回归自然"的发展目标，两岸公共绿地不断建

成开放。依托2010年上海世博会带来的重大机遇，黄浦江两岸环境得到了进一步的提升，也为后续发展打好了基础。

2013-2016年，本书作者的研究团队以黄浦江核心段（杨浦大桥-徐浦大桥）为研究对象（详见附录3、图1-2-2），对两岸已建公共绿地进行了系统的调研，先后开展了滨江绿地内人群游憩特征和偏好、水体验空间评价研究、休憩设施评价研究，尝试构建了黄浦江中心段滨江公共绿地游憩机会谱（ROS），以及滨江自行车绿道建构模型研究，为黄浦江两岸公共空间的贯通选线与优化提升提供重要的依据。

2016年，上海决定先行开展黄浦江滨江公共空间"45km贯通工程"，以实现滨江地区与城市腹地无缝衔接。

2018年初，基本实现从杨浦大桥到徐浦大桥45km的滨江公共空间贯通开放，同年提出核心段滨水空间品质提升和空间拓展的战略目标，加强贯通工程的红利效应；2019年，上海市政府批复《黄浦江沿岸地区建设规划（2018-2035）》，黄浦江将被打造为"国际大都市发展能级的集中展示区"，深入挖掘滨水空间资源禀赋和发展潜力，差异化培育特色产业，打造贯通可达、景观优雅、设施完善、绿色低碳的更有活力的滨江公共空间。

1.2.2 上海苏州河

苏州河作为上海市的母亲河，也是唯一横贯上海市中心区的东西向河流，是上海城市文化尤其是近现代工业文明的发源地和摇篮，见证了上海城市兴盛、发展的历史和中国传统工业文明的变迁，造就了沿线丰富的人文资源和众多的历史文化资源，苏州河作为上海的母亲河，是新时期下上海塑造城市特色与城市魅力的关键载体。

苏州河，古名松江，又称松陵江和吴淞江，发源于太湖瓜泾口，东经笠泽，流经三江口而直泻东海。上海开埠后，英国人认其可上通苏州，因名苏州河[15]。苏州河东起黄浦江口，西至吴淞江口，其中中心城段河流全长21公里（见图1-2-3）。

上海市从1997年开始对苏州河的环境进行整

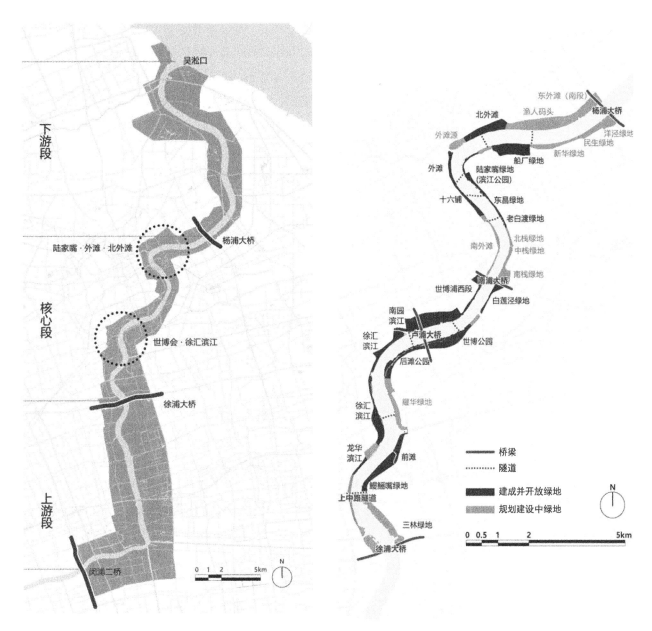

图 1-2-1 黄浦江功能结构图（2019 年）　　　　　　图 1-2-2 黄浦江核心段公共绿地分布图（2016 年数据）

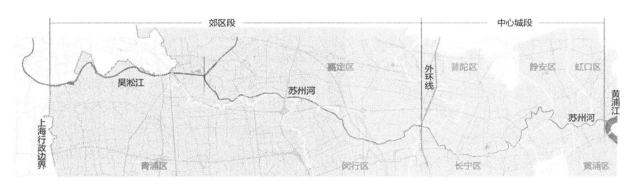

图 1-2-3 苏州河滨水步道空间研究范围

治，2002 年公布了景观总体规划，随着上海申办 2010 年世博会成功，浦江两岸进行大规模改建的同时，苏州河受到了热切的关注，在此背景下深入探讨苏州河的景观更新，使其在新一轮改造中充分发挥其综合河道功能，提升城市内涵中的作用显得十分必要。

本书作者的研究团队于 2011 年开始，以苏州河外白渡桥到外环段的滨水步道空间为研究对象，南北岸线总长约 40 km，横跨黄浦区、静安区、普陀区、长宁区 4 大区域（见图 1-2-3）。通过对苏州河两岸公共开放空间的现场调研以及空间质量评价，梳理断点，剖析空间特征及存在的不足，并提出相应的优化建议，为苏州河两岸公共空间的更新设计与建设起到重要的理论指导作用，为同类城市滨河步道的建设提供有益的借鉴。

2018 年上半年启动了苏州河中心城段滨水贯通工作；2019 年，上海市提出将苏州河沿岸规划定位为特大城市宜居生活的典型示范区。

由此，上海"一江一河"的规划建设工作已进入全面提升的关键阶段，打造具有全球影响力的世界级滨水区指日可待。

1.2.3 上海环城绿带百米林带

"环城绿带"是指在国家的政策或立法下，为了控制城市的无限蔓延、改善城市的生态环境，在城市外围建设的具有一定规模、连续或基本连续的环状绿色开放空间[16]。环城绿带的概念最早由英国学者霍华德 (1902) 在《明日的田园城市》中提出，1938 年伦敦的城市规划中首次将这一思想付诸实践。随后欧、亚、北美的多个城市先后进行了环城绿带实践。我国也有很多直辖市和省会城市都先后进行了环城绿带的建设。

为了抑制城市的无限扩张，改善城市的生态环境，上海市于 1994 年发布了《上海城市环城绿带规划》，规划中确定了绿带的用地形式、范围等规划控制要求，绿带全长 98 km，并以"长藤结瓜"的方式沿着外环线道路，构建生态绿廊。环城绿带的建成为上海市增加公共绿地约 4012 hm²，绿地面积

5463.2 hm²，绿地率增加 12.82 %。上海环城绿带总宽 500 m(米)，由 100 m 宽的林带和 400 m 宽的绿带组成，100 m 宽的林带是沿外环线道路外侧宽 100 m 的开放性林带。本书以上海环城绿带中 100 m 宽的林带为研究对象。下文为了叙述方便，将"上海环城绿带百米林带"简称为"百米林带"（见图 1-2-4）。

1）上海市环城绿带建设历程

1994 年，上海市批复《上海城市环城绿带规划》，规划中提出要在沿外环道路外侧建设 500 m 宽的绿化带，此项工程涉及七区一县，总规划面积 72.41 km²。上海环城绿带建设工程正式拉开序幕。1995 年，上海环城绿带建设正式启动。1995 年至 2003 年环城绿带项目迅速推进，至 2000 年共建成环城绿带百米林带 920 hm²。2001 年启动 400 m 绿带建设，至 2003 年共建成 1552 hm²。

2006 年，第二轮环城绿带建设工程正式启动，四年内共建成绿带 591 hm²，并沿绿带建设了浦东滨江森林公园一期、宝山顾村公园一期、闵行体育公园等大型公共绿地。

2015 年，上海市绿化和市容局牵头编制的《上海市绿道专项规划》中提出要在百米林带内建设绿道，供市民进行休闲游憩活动，环城绿带百米林带游憩功能的开发提升被列入实施议程。未来的上海环城绿带可定义为具有游憩功能的线性生态公园。

2）百米林带功能更新研究的意义

上海环城绿带建成至今已有 20 余年，它有效地防止了城市的无限蔓延，改善了城市的生态环境，是一项有显著的环境与经济效益、造福上海人民的跨世纪重大生态工程[17]。然而从国际上环城绿带现有的实践来看，功能单一的绿带往往不能满足城市发展的需要，功能多样化已成为未来环城绿带的发展趋势[18][19]。近年来，随着市民休闲需求的不断提高，都市游憩空间收敛与游憩需求扩张的矛盾日益突出。上海市绿化和市容局编制的《上海市绿道专项规划》中提出，计划在 2020 年于环城绿带百米林带内建设绿道，供市民进行日常活动[20]。休闲游憩的开发可以为林带建设注入活力，对改善周边居民的生活质量有着积极的意义[21]。因此，对百米林带的功能更

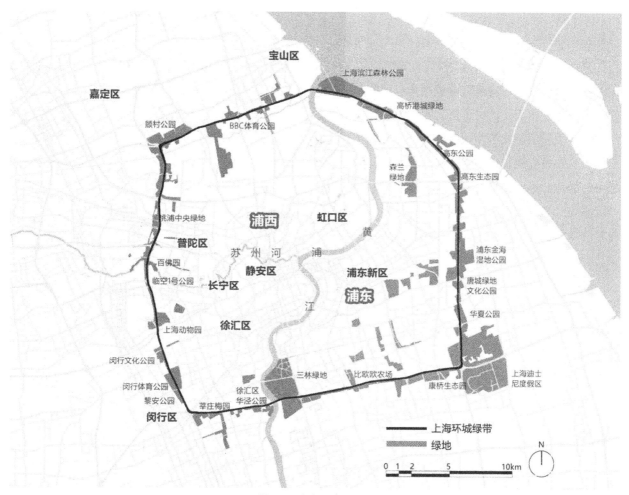

图 1-2-4 上海环城绿带区位图

新进行全面科学的研究具有必要性和紧迫性。

　　植物群落作为百米林带的重要组成部分，对于改善生态环境、塑造景观具有十分重要的作用，同时也是营造游憩空间的基本要素之一。2017 年，本书作者的研究团队对 90km 长的外环林带植物群落展开了全面的调查与后评估研究，旨在为外环林带的可持续发展与游憩化转型提供科学依据。

1.3 游憩场地与空间评价

1.3.1 游憩场地与空间

　　公园游憩绿地（recreation green space）是公园内可开展游憩活动的绿化用地[1]。

　　《韦氏大词典》将"游憩"定义为一种在辛苦劳累后使得体力、精神得以恢复的行为。游憩发生在离日常住处较近的范围内，它能够带给游憩者身心以极大的愉悦，这非常有助于恢复其精力以及体

力[22]。游憩也被视作一种经历，游憩活动、环境、设施及其支持系统等一起组成游憩体验。游憩具有多样性，有时需要借助外在的载体才能实现[23]。

　　城市公园提供了大量的游憩机会，人们在闲暇时间内根据自己的意愿在距离居住地较近的城市公园内，进行休息、观光、运动等游憩活动，放松身心、恢复精神和体力、获得自我满足。

　　《辞海》中的"场地"指的是适应某种需要的空地，如体育、施工、堆物的地方，因此场地和空地息息相关。建筑设计中的场地是指项目基地内建筑物以外的即室外的活动场地、广场、展览场地、绿地等。这里场地的实质是室外场地，因此场地的特征是室外露天。城市公园场地往往研究的是人可进入和有一段停留时间的场所。根据使用功能，场地类型一般有交通集散场地、游憩活动场地、生产管理场地等[24]。

大多数场地表面有铺装。铺装场地应根据集散、赏景和休憩等功能要求对场地铺装作出相应设计，如安静休憩场地、出入口集散场地、儿童游戏场等[1]。

城市公园场地的特征可以概括为：依附于一定的空地；室外露天；具有可进入性和可停留性；表面一般由硬质铺装或植物覆盖；有一定的面积和特定的形状，具有相对独立的空间形态。因此城市公园中的场地区别于一般的道路。城市公园游憩场地可以说是游憩者的目的地，因为游憩者在其中停留的时间较长；从功能上定义，是指可以满足游憩功能的场地。

游憩空间（recreation space），是指人进行消遣、游玩、社交等游憩活动的场所[25]。

公园的游憩空间就是具备游憩功能的公园空间，可以界定为处于公园中的，游憩者可以进入的，具有休息、交往、锻炼、娱乐、购物、观光、旅游等游憩功能的开放空间、建筑物及设施[1]。

本书所指的"游憩空间"是指城市公园中适合开展各类游憩活动的软质和硬质空间。

1.3.2 游憩空间评价

游憩空间评价是对空间质量的综合测评，从系统的观点看，评价过程是一个提出问题、分析问题和解决问题的过程，尽管评价对象的规模、目的、研究深度、对象及具体方法会有许多不同，但是评价的基本过程是一致的[26]，图 1-3-1 是空间质量评

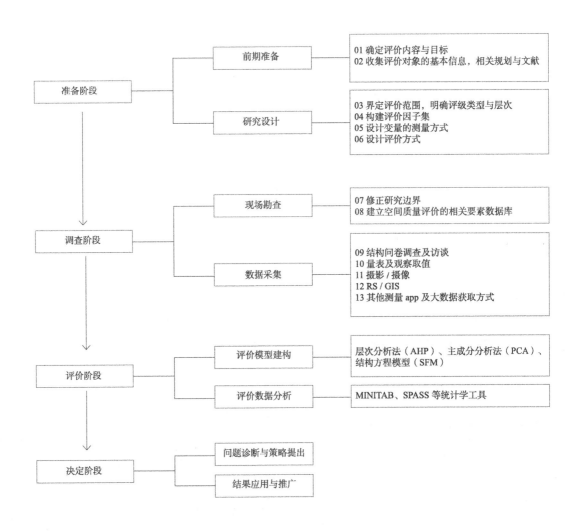

图 1-3-1 空间质量评价流程图

价的一般过程模型图，包括了准备、调查、评价和总结4个阶段。

游憩空间评价的内容包括各类功能空间与要素的特征、使用状况、景观质量、游憩者行为与偏好，重点关注空间与要素的美观性、功能性、游憩性等方面的问题。

1.3.3 公园游憩空间更新设计

城市有机更新[27]是对城市中已不适应一体化城市社会生活的地区做必要的改建，使之重新发展和繁荣。主要包括对建筑物等客观存在实体的改造，以及对各种生态环境、空间环境、文化环境、视觉环境、游憩环境等的改造与延续。

起源于20世纪80年代的西方城市更新理论，注重空间属性的多样性[28][29]，强调在城市空间的修复中提高"可识别性"，引入"城市针灸""城市触媒"的概念[30]，以"渐进式"和"插入式"的手法提高城市空间品质。城市与社区更新实践也在世界各地如火如荼地展开[31][32]。

2015年我国首次提出"城市双修"，进入城市发展转型期。国务院发表的相关意见提出，老城区的更新发展应采用有序修补和有机更新的方式，以恢复城市老区活力、发展老城区功能、延续历史文脉、展示城市风貌为目的，解决老城中遇到的诸多环境衰败和文化流失问题[33]。北、上、广、深等地将城市建设向存量发展模式转变，并积极寻求应对策略，陆续编制发布了《上海市城市更新实施办法》[34]、《上海15分钟生活圈设计导则》[35]、《上海街道空间设计导则》[36]、《广州市老旧小区微改造设计导则》[37]等几十项技术与管理导则类文件，促进城市更新活动的全面开展，学界对于城市公共空间更新相关的理论和模式探索也逐渐展开。

城市微更新是对当前中国存量建成语境下的宏观政策、行业趋势与社会需求地积极回应[38]；公共空间的研究从"注重空间效率与功能"转向"以日常需求为导向"，探讨了经济新常态下旧城空间品质提升的新模式。

城市公园游憩空间更新设计是在城市双修的背景下，基于空间现状进行循序渐进地修复和改善，使其达到一个更好的状态。换言之，为适应新时代的游憩需求，需要不断完善配套设施，导入适宜的游憩活动，提升景观品质；在城市游憩活动的供需矛盾日益突出的当下，应充分利用好城市公园等绿色空间的优势资源，对有条件的空间做好分时分域利用设计。

本章注释

[1] 公园设计规范:GB51192-2016 [S]. 北京:中国建筑工业出版社,2016.

[2] 城市绿地分类标准:CJJ/T85-2017[S]. 北京:中国建筑工业出版社,2017.

[3] 周向频. 上海公园设计史略 [M]. 上海:同济大学出版社,2009.

[4] 王云. 上海近代园林史论 [M]. 上海:上海交通大学出版社,2015.

[5] 程绪珂. 上海园林志 [M]. 上海:上海社会科学院出版社,2000.

[6] 沈婧. 城市公园中运动场所的行为研究 [D]. 武汉:湖北美术学院,2016.

[7] 上海统计年鉴办公室. 上海统计年鉴 2018[M]. 上海:中国统计出版社,2019.

[8] 路遥. 大城市公园体系研究 [D]. 上海:同济大学,2007.

[9] 江俊浩. 城市公园系统研究 [D]. 成都:西南交通大学,2008.

[10]程绪珂,王焘,梁铁生. 上海园林志 [M]. 上海:上海社会科学院出版社,2000.

[11]周在春,朱祥明,园林设计. 上海园林景观设计精选 [M]. 上海:同济大学出版社,1999.

[12]刘少宗. 中国优秀园林设计集 [M]. 天津:天津大学出版社,1997

[13]沈恭. 上海勘察设计志编纂委员会,上海勘察设计志 [M]. 上海:上海社会科学院出版社,1998.

[14]周向频,陈喆华. 上海公园设计史略 [M]. 上海:同济大学出版社,2009.

[15]施宣圆. 上海 700 年 [M]. 上海:上海人民出版社,1991.

[16]龚兆先,周永章. 促进城乡可持续发展的边缘景观调控优化对策 [C]. 2007 中国可持续发展论坛暨中国可持续发展学术年会论文集(3),2007.

[17]吴国强,余思澄,王振健. 上海城市环城绿带规划开发理念初探 [J]. 城市规划,2001(4):74-75.

[18]鹿金东,吴国强,余思澄,等. 上海环城绿带建设实践初析 [J]. 中国园林,1999(2):46-48.

[19]谢涤湘,宋健,魏清泉,等. 我国环城绿带建设初探——以珠江三角洲为例 [J]. 城市规划,2004(4): 46-49.

[20]杨玲. 环城绿带游憩开发及游憩规划相关内容研究 [D]. 北京:北京林业大学,2010.

[21]俞晟. 城市旅游与城市游憩学 [M]. 上海:华东师范大学出版社,2003.

[22]叶艇. 湿地公园空间规划设计研究 [D]. 杭州:浙江大学,2009.

[23]吴承照,马林志,詹立. 户外游憩体验质量评价研究 —— 以上海城市公园自行车活动为例 [J]. 旅游科学,2010,24(1):46-51.

[24]汤晓敏,王云. 景观艺术学——景观要素与艺术原理 [M]. 上海:上海交通大学出版社,2013.

[25]汤晓敏. 景观视觉环境评价的理论、方法与应用研究——以长江三峡(重庆段)为例 [D]. 上海:复旦大学,2007.

[26]黄斐. 德国城市更新之路(续一)[J]. 北京规划建设,2005(1): 126-131.

[27]王向荣. 城市微更新 [J]. 风景园林,2018,25(4): 6-7.

[28]Colin Rowe, Fred Koetter. Francaviglia R V. Collage City [J]. The Antioch Review, 37(3): 368-369.

[29]韦恩·奥图,唐·洛干. 美国都市建筑:城市设计的触媒 [M]. 王劭方,译. 台北:创兴出版社有限公司,1994.

[30]李振宇,邓丰. "内城作为居住场所"的基本原则——IBA 对中心城区新建住宅规划的实践和对上海的启示 [J]. 国际城市规划,2005,20(1):65-69.

[31]Sasaki. Midtown Detroit Techtown District[EB/OL]. (2015-01-09) [2018-12-26].https://www.gooood.cn/detroit-techtown-district.htm.

[32] 艾万·巴安, 托尔本·埃斯科诺德, 迈克·麦格纳森, 等. 丹麦哥本哈根超级线性城市公园 [J]. 风景园林, 2014 (2): 52-61.

[33] 关于进一步加强城市规划建设管理工作的若干意见 [J]. 浙江房地产, 2016(2):4-10.

[34] 上海市人民政府. 上海市城市更新实施办法 沪府发 [2015]20 号 [EB/OL].(2015-05-27)[2019-12-20].http://www.shanghai.gov.cn/nw2/nw2314/nw2319/nw12344/u26aw42750.html?date=2015-05-27.

[35] 上海市规土局. 上海 15 分钟生活圈设计导则 沪规土资详 [2016]636 号 [EB/OL]. (2016-08)[2019-01-19]. http://www.shanghai.gov.cn/.

[36] 上海市规划和国土资源管理局. 上海街道空间设计导则 沪规土资政 [2016]815 号 (2016-08)[2019-01-19]. http://www.shanghai.gov.cn/.

[37] 广州市人民政府. 广州市老旧小区微改造设计导则 [EB/OL].(2018-08-20)[2019-01-19].http://zwgk.gz.gov.cn/550590033/2.2/201808/2c367695f0b84d8ea8aa367561c9c158.shtml.

[38] 李彦伯. 城市 "微更新" 刍议兼及公共政策、建筑学反思与城市原真性 [J]. 时代建筑, 2016 (4): 6-9.

第 1 篇
上海城市综合公园游憩分区评价与更新研究

　　《公园设计规范（GB51192-2016）》中规定综合公园的内容应包括多重文化娱乐设施、儿童游戏场和安静休憩区；也可设游戏型体育设施。在已有动物园的城市，其综合性公园不宜设大型或猛兽类动物展示区。因此，城市综合公园功能区应根据公园性质、规模和功能需要划分，包含入口管理区、安静休憩区、科普教育区、文化娱乐区、体育活动区、儿童活动区、观赏游览区、公园管理区、名胜古迹区、动物展示区、植物展示区等功能区，并确定各功能区的规模、布局。

　　本篇侧重于城市综合公园游憩功能区的评价研究，包括入口空间、儿童活动空间、安静休憩空间、运动健身空间等。

2 入口空间质量评价与更新策略研究

《辞海》将入口定义为："入"即"由外到内"；"口"即"出入通过的地方"；入口亦即出口，是两种空间转换的中介，它最基本的功能是内外空间的物质与信息的流通与交换。此外，入口不仅仅是简单的一扇门，而是包括门体建筑在内的空间场所，即"入口空间"。

入口作为城市综合公园的有机组成部分，它不仅是一个具有复合功能的场所，也是公园与城市公共空间的连接点，是游人进入城市公园感知到的第一空间序列。因此，城市综合公园入口空间质量在很大程度上影响着游憩者的游园体验。当前，针对城市公园入口的研究大多集中在入口空间构成要素、入口功能与建筑设计、入口环境与游憩者的心理和入口建筑形态等方面，而对公园入口空间质量评价方面的研究较少涉略。

本书遵循科学性、系统性、全面性的原则，按照上海中环以内、公园规模大于5hm²、公园有明确入口且功能完善等条件，筛选确定了11个样本公园中的37个样本入口（详见表2-1-1、附录1、附录2）。

本书采用社会调查学的方法，通过样本公园入口空间的实地调研，获取包括入口数量和分布、交通衔接方式、入口场地以及入口附属设施的设置等方面的基本信息，同时采用层次分析法和综合指数法建立公园入口空间质量评价的模型，测算各样本公园入口空间质量等级，剖析上海城市综合性公园入口空间存在的问题，并提出更新设计策略。

2.1 入口空间现状特征研究

2.1.1 入口数量及其分布特征

调研结果显示，11个样本公园共计40个入口，其中，杨浦公园和天山公园各有2个入口，黄兴公园、中山公园、新虹桥中心花园和复兴公园各有3个入口，大宁灵石公园、长风公园、鲁迅公园和和平公园各有4个入口，规模较大的世纪公园有8个入口，排除其3个专用出入口，选定了37个入口为研究样本。

公园入口的数量与公园规模和边界形态有较大的关系，当公园基地形状呈多边形时，一般在公园的每一条边上设置至少1个入口（见图2-1-1），如黄兴公园；当公园基地形状呈三角形时，其公园内部景点一般分布于公园的中央，该类型的公园内部游人流量亦比较平均，所以在公园的三面均设置了入口（见图2-1-2），如新虹桥中心花园；当公园的基地形状呈不规则形时，入口的位置可以根据公园内部景点和游人游园的路线综合考虑，并与城市道路连接（见图2-1-3），如中山公园。

2.1.2 入口与市政道路的衔接方式

城市综合公园入口与市政道路的衔接方式有4种：侧临城市道路式、道路尽端式、十字路口式、丁字路口式4种，如图2-1-4所示，11个样本公园中，侧临道路的出入口有19个，位于丁字路口的有8个，位于十字路口的有5个，位于道路尽端的有5个（详见表2-1-1）。

1）道路侧临式入口

如表2-1-1所示，11个样本公园的37个入口中，道路侧临式入口共有19个。究其原因，首先，由于城市综合公园的主入口人流量较大，主入口侧临城

市道路能够方便游人集散，减轻公园入口处的交通压力。所以，此类型的公园入口应设置尺度较大的入口广场，同时在入口处应设置充足的停车位以满足公园游人的停车需求；其次，作为城市综合公园的主入口，应该具备齐全的附属设施，例如门体、商业服务类、管理类、休憩类、装饰类、信息类等；第三，公园主入口往往代表着公园的形象，是游人对公园的第一印象，因此，公园的主入口在满足游人集散、协调周边城市交通功能的同时还需要有美化城市环境的作用，如图2-1-4（1）所示。

2）道路尽端式入口

图2-1-1 多边形基地，在每一条边上设置入口

图2-1-2 三角形基地，公园三面均设置入口

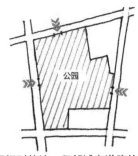

图2-1-3 不规则基地，紧邻城市道路的边界设置出入口

表2-1-1 公园入口与城市道路的衔接方式一览表

类型	数量	公园入口名称
道路侧临式	19	大宁灵石公园南、北入口；黄兴公园1、2、3号入口；长风公园1、3、4号入口；鲁迅公园东、西、北入口；中山公园1、2号入口；杨浦公园2号入口；和平公园3号入口；新虹桥中心花园2、3号入口；天山公园1、2号入口
道路尽端式	5	大宁灵石公园东入口；长风公园2号入口；中山公园3号入口；复兴公园2、3号入口
十字路口式	5	世纪公园5号入口；大宁灵石公园西入口；杨浦公园1号入口；和平公园1号入口；复兴公园1号入口
丁字路口式	8	世纪公园1号、2号、3号、7号入口；鲁迅公园南入口；和平公园2、4号入口；新虹桥中心花园1号入口

如表2-1-1所示，11个样本公园的37个入口中，位于道路尽端的公园入口只有5个，以公园次入口为主。该类型的公园入口设置的原因一般有以下几方面：①考虑到公园游人的集散而设置，如长风公园2号入口；②考虑到公园边界形状和入口的均匀分布而设置，如中山公园3号入口；③由于公园外围交通的特殊性而设置，如大宁灵石公园东入口。道路尽端式公园入口游人流量一般不大，不需要设置前后广场，仅需设置管理用房、指示牌、照明设施和停车位等配套设施，如图2-1-4（2）所示。

3）十字路口式入口

如表2-1-1所示，11个样本公园的37个入口中，位于十字路口的公园入口有5个，常见于建造时间较早的公园。一般而言，城市道路十字路口交通流量较大，不宜在此处设置公园入口。但是，或因为公园基地条件限制，或因为公园内部景点分布状况，或因为公园内部交通限制等因素需要在十字路口处设置公园入口时，尽可能要设置尺度较大的前广场，例如，大宁灵石公园西入口前广场，起到集散人流的功能，同时还可以供游人休憩、等候、娱乐等。位于十字路口处的公园入口还需要设有完善的入园交通引导路线和足够的停车位，否则容易导致车辆停放杂乱、交通拥堵等一系列状况，例如杨浦公园1号入口处停车位不足且布局不合理，从而导致车辆停放杂乱无章，经常出现交通拥堵的状况，如图2-1-4（3）所示。

4）丁字路口式入口

11个样本公园的37个入口中，位于丁字路口的公园入口有8个（见表2-2-1）。设计时需要考虑到城市道路的交通流量问题，并且设置数量充足、布局合理的停车位等相关设施，如图2-1-4（4）所示。

2.1.3 入口场地特征

城市公园的入口场地包括集散广场、停车场等。

1）停车场

通过对11个样本公园入口处的机动车停车场调研后发现，大部分公园入口处停车场的设置存在以下问题：①停车位数量不足，入口停车位的设置未充分考虑到公园的游人容量和十字交叉口大交通流量，例如杨浦公园1号入口位于十字路口，交通流量十分大，入口广场处停满了社会车辆，阻碍了游人的进出并且影响了市容市貌（见图2-1-5）；②停车场布局不合理，例如黄兴公园1号入口的停车场距离入口较远的因素，导致游人将机动车停放在了入口前广场处，阻碍了入口处的交通，影响了入口景观（见图2-1-6）。

2）集散广场

城市综合公园入口广场是公园的第一空间序列，是游人对公园的第一印象，公园入口广场按位置可以分为前广场和后广场。前广场一般位于公园大门外侧，其主要功能是引导游人入园，为游人提供游憩、等候和休闲的空间；后广场位于公园大门内侧，主要设置公园入口附属设施和游园指示牌等。

在11个样本公园中，大部分公园的入口均设有前广场或者后广场，有一些规模较大的公园入口甚至前后广场均有设置，例如世纪公园1号入口、大

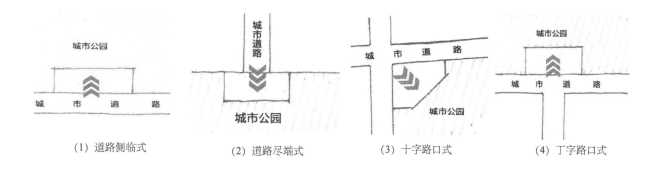

（1）道路侧临式　　　　（2）道路尽端式　　　　（3）十字路口式　　　　（4）丁字路口式

图2-1-4 公园入口与城市道路的衔接方式示意图

宁灵石公园北入口等。当然也有一些公园入口受制于地形、城市交通和公园用地等因素而未设置前后广场，如表2-1-2所示。

2.1.4 入口门体与附属设施

公园入口门体是一个公园入口空间中最重要的组成要素，是公园入口的标志。而公园附属设施依据入口的类型因需配置，主要包括：游憩类设施、装饰类设施、管理服务类设施、商业与卫生类设施等。

1）门体

11个样本公园的37个入口中有33个有门体，其中30个为功能性门体，3个为装饰性门体。公园入口的功能性门体，起到标识、隔离和交通引导等功能，装饰性门体的设计主题突出，起到重要的造景作用，美化入口空间，给游人带来良好的第一印象。例如，大宁灵石公园西入口的景观主题为"山"，门体亦设计成山门的形式（见图2-1-7）；公园南入口的景观主题为"水"，入口处挖水成湖，以九曲桥引导游人入园（见图2-1-8）。

2）游憩类设施

城市综合公园入口应满足游人游憩、休闲和等候的需求，所以在其入口处，尤其是交通流量较大的入口需要设置游憩设施、健身设施，休憩类的座椅和廊架（见图2-1-9）等。11个样本公园中，有较多公园的入口处设置了游憩设施，但存在数量不足或布局不合理等问题。例如，和平公园4号入口（见图2-1-10），交通流量较大，入口广场尺度较大，但座椅的数量明显不足，且无遮阳设施，无法满足游人的需求。

3）管理服务类设施

调研结果显示，公园主次入口的功能不尽相同，公园主入口的管理职能相对比较齐全，例如中山公园1号入口设有警卫亭和公园管理办公室。而公园次入口的管理设施功能比较单一，如图2-1-11所示。

11个样本公园中仅有世纪公园和大宁灵石公园设置专门的售票处；其余9个城市综合性公园均为免费开放，公园入口仅设置门卫和问询室。

11个样本公园均为封闭式公园，公园边界设置了围墙、柱墩等空间隔离设施（见图2-1-12）。柱墩是隔离机动车辆进入公园的一种防护设施，通过柱墩的等距排列，也可以形成一定的韵律感。

图2-1-5 杨浦公园1号入口前广场

图2-1-6 黄兴公园1号入口前广场

表2-1-2 样本公园入口集散广场一览表

类型	数量	样本名称
仅有前广场	4	世纪公园3号入口；大宁灵石公园西入口；和平公园4号入口；复兴公园1号入口
仅有后广场	4	大宁灵石公园南入口；黄兴公园3号入口；长风公园4号入口；鲁迅公园南入口
前后广场均设置	14	世纪公园1、2、5、7号入口；大宁灵石公园北入口；黄兴公园1、2号入口；长风公园1号入口；中山公园1号入口；杨浦公园1、2号入口；和平公园1号入口；新虹桥中心花园2号入口；天山公园1号入口；新虹桥中心花园1号入口
无广场	15	大宁灵石公园东入口；长风公园2、3号入口；鲁迅公园东、西、北入口；中山公园2、3号入口；和平公园2、3号入口；新虹桥中心花园3号入口；天山公园2号入口；复兴公园2、3号入口

4）装饰类设施

城市公园入口的装饰类设施可丰富公园入口的景观效果，展现公园文化内涵、营造优美的入口空间景观，给游人创造良好的第一印象。11 个样本公园入口中的装饰类设施以景石居多、雕塑较少。如世纪公园 3 号入口前广场中的雕塑（见图 2-1-13），造型简洁，颇具现代感，与公园的景观主题相对应；中山公园 1 号入口前广场的景石（见图 2-1-14），景石上刻有公园的总平面图和公园历史文化信息，兼具公园解说牌的功能。

2.2 入口空间质量评价体系构建

2.2.1 评价内容与指标筛选

根据全面性、独立性、科学性和便于操作性的原则，结合 37 个样本入口空间的现状特征及已有的研究成果，本书从入口空间的功能性、游憩性和美感度三方面构建入口空间景观质量评价指标体系，如表 2-2-1 所示。

2.2.2 入口空间质量评价模型建构

1）权重确定与一致性检验

指标权重的确定采用专家咨询法，邀请相关领域的 30 位专家参与填写判断矩阵，并将调查数据输入软件 YAAHP 0.5.3 进行权重计算。

在判断矩阵中，当 n≥3 时，将计算结果代入公式：

$$CR = \frac{\lambda_{max} - n}{RI(n-1)} \qquad (2\text{-}2\text{-}1)$$

当 CR <0.1 时，矩阵一致性检验通过，准则层一致性检验结果为：λ_{max}=3.0324 、CI=0.0162、CR=0.0279<0.1，因子层一致性检验结果如表 2-2-1 所示。根据对各层次单排序的计算和一致性检验，最终确定了各指标因子的权重总排序（见表 2-2-1）。

图 2-1-7 大宁灵石公园西入口"山门"

图 2-1-8 大宁灵石公园南入口"水门"

图 2-1-9 和平公园 4 号入口休憩设施

图 2-1-11 中山公园 1 号入口管理设施

图 2-1-13 世纪公园 3 号入口雕塑

图 2-1-10 世纪公园 1 号入口内广场廊架

图 2-1-12 世纪公园 1 号入口隔离设施

图 2-1-14 中山公园 1 号入口景石标识

2）单因子质量评价模型

根据上文中所建立的层次结构评价模型以及指数权重的确定，并基于多因子指数分析法，将城市公园入口空间综合质量指数设为 Y，影响综合质量指数 Y 的各项因子得分设为 X_i，则对于单个入口空间而言，单因子质量评价采用以下计算公式：

$$\overline{X_i} = \frac{X_1 + X_2 + X_3 + \cdots + X_n}{n} \qquad (2\text{-}2\text{-}2)$$

其中 n 代表所发放入口空间质量调查问卷中有效问卷的个数。

3）公园入口空间综合质量评价模型

设公园入口空间综合质量为 Y，在确定指标权重的基础上，可定义其计算公式为

$$Y = \sum_{i=1}^{n} X_i W_i \qquad (2\text{-}2\text{-}3)$$

其中 W_i 表示各个评价因子相对应的权重值。

2.2.3 质量等级划分与指标取值标准

依据 37 个样本入口空间现状特征调查结果，将入口空间质量评价因子的取值分为 5 个等级：I级（优）、Ⅱ级（良）、Ⅲ级（中）、Ⅳ级（差）、V级（极差）（详见表 2-2-2）；而入口空间质量划分为 4 个综合等级（详见表 2-2-3），参考已有研究成果及公园设计的相关规范，确定以下公园入口空间质量评价因子的取值标准。

1）美感度评价指标取值标准

美感度等级由入口建筑美感度、装饰设施艺术性及美观度、入口铺装美观度、植物造景美观度和夜间照明美观度 5 个方面决定。其取值标准详见表 2-2-4。

2）功能性评价指标取值标准

功能性等级由入口建筑与空间布局合理性、集散广场设置合理性、标识系统功能性、停车场设施与布局合理性和管理设施完善度 5 个方面决定。其取值标准如表 2-2-5 所示。

3）游憩性评价指标取值标准

游憩性等级由入口游憩空间舒适度、入口游憩空间多样性、入口游憩设施安全性和入口游憩设施充足性 4 个方面决定。其取值标准详如表 2-2-6 所示。

2.3 入口空间质量分析

2.3.1 入口空间质量综合指数分析

1）公园入口空间综合质量等级排序

如图 2-3-1 所示，在 11 个上海城市综合公园中，入口空间综合质量等级为 I 级（优秀）的公园有 3 个：黄兴公园、中山公园和新虹桥中心花园；综合质量等级为 Ⅱ 级（良好）的仅有世纪公园 1 个，其余 7 个公园入口空间综合质量均为 Ⅲ 级（一般）。

表 2-2-1 入口空间景观质量评价指标层级与权重一览表

目标层	准则层	准则层权重	一致性检验	因子层	因子层相对准则层权重	因子层相对目标层权重
入口空间景观质量	美感度 B1	0.6586	$\lambda_{max}=5.3059$ $CI=0.0765$ $CR=0.0683<0.1$	入口建筑美感度 C1	0.3666	0.2415
				装饰设施艺术性及美观度 C2	0.2687	0.1770
				入口铺装美观度 C3	0.2112	0.1391
				入口植物造景美观度 C4	0.1056	0.0696
				入口夜间照明美观度 C5	0.0478	0.0315
	功能性 B2	0.2628	$\lambda_{max}=5.3927$ $CI=0.0982$ $CR=0.0877<0.1$	入口建筑与空间布局 C6	0.1853	0.0487
				入口广场设置的合理性 C7	0.3045	0.0800
				标识系统功能性 C8	0.1468	0.0386
				停车场布局及停车位配置 C9	0.3226	0.0848
				管理设施设置的合理性 C10	0.0408	0.0107
	游憩性 B3	0.0786	$\lambda_{max}=4.1281$ $CI=0.0427$ $CR=0.0474<0.1$	入口游憩空间舒适度 C11	0.5275	0.0415
				入口游憩空间多样性 C12	0.0948	0.0075
				入口游憩设施安全性 C13	0.2881	0.0226
				入口游憩设施充足性 C14	0.0896	0.0070
	合计	1.0000				1.0000

2）入口空间质量综合指数

将表2-3-1中的各公园入口空间综合质量得分代入公式2-2-3，可以得出上海城市综合性公园入口空间综合质量得分为3.8572，平均等级为Ⅲ级（一般）。

2.3.2 入口空间美感度分析

11个样本公园的入口空间美感度Ⅰ级的有2个，按得分排序依次为黄兴公园、新虹桥中心花园；Ⅱ级的有2个，按得分排序依次为中山公园、世纪公园；Ⅲ级的有6个，按得分排序依次为和平公园、复兴公园、天山公园、长风公园、大宁灵石公园、杨浦公园；

Ⅳ级的仅有鲁迅公园1个，如表2-3-1所示。

2.3.3 入口空间功能性分析

11个样本公园的入口空间功能性Ⅰ级和Ⅳ级有0个；Ⅱ级的有2个，依次排序为新虹桥中心花园、中山公园；Ⅲ级的有9个，依次为黄兴公园、世纪公园、大宁灵石公园、复兴公园、和平公园、鲁迅公园、天山公园、长风公园、杨浦公园，详见表2-3-2。

表2-2-2 评价因子取值标准

分值	5	4	3	2	1
等级	Ⅰ级（优秀）	Ⅱ级（良好）	Ⅲ级（一般）	Ⅳ级（较差）	Ⅴ级（极差）

表2-2-3 入口空间景观质量综合等级划分标准

分值	4.5<X≤5.0	4.0<X≤4.5	3.0<X≤4.0	1.0<X≤3.0
等级	Ⅰ级（优秀）	Ⅱ级（良好）	Ⅲ级（一般）	Ⅳ级（差）

表2-2-4 入口空间美感度评价指标取值标准

准则层	指标层	取值标准
美感度B1	入口建筑美感度C1	公园入口建筑造型新颖、尺度适宜、主题突出、对游憩者吸引度极高者得5分，建筑造型不佳、外观残破的得1分，其他等级依次类推
	装饰设施艺术性及美观度C2	装饰设施极具艺术感、视觉美感度极佳者得5分，造型不佳、做工粗糙、破损严重者得1分，无装饰设施得0分，其他等级依次类推
	入口铺装美观度C3	铺装形式与选材符合公园的主题和定位，极具视觉美感度和艺术性，具有较强引导性的得5分，形式与选材单一或杂乱者得1分，其他等级依次类推
	植物造景美观度C4	植物造景形式符合入口空间的功能定位，能突出公园的主题，极具视觉美感度，对游憩者有极大的吸引力者得5分，植物长势不佳，美感度差者得1分，无植物者得0分，其他等级依次类推
	夜间照明美观度C5	夜间景观照明美观性佳、兼具安全性与艺术性者得5分，灯具造型不佳、色调突兀者得1分，其他等级依次类推

表2-2-5 入口空间功能性评价指标取值标准

准则层	因子层	取值标准
功能性B2	建筑与空间布局合理性C6	建筑与空间布局合理、尺度适中得5分，建筑与空间布局十分混乱、容易出现人车拥堵的现象严重者得1分，其他等级依次类推
	集散广场设置合理性C7	广场设置合理、尺度适中、满足人流集散功能得5分，广场尺度失调且易造成拥堵现象严重者得1分，其他等级依次类推
	标识系统功能性C8	标识设施体系化、引导性极高者得5分，指示功能不完善者得1分，其他等级依次类推
	停车场设施与布局合理性C9	停车场布局合理、数量适中、能满足高峰时段停车要求得5分，数量不足且布局不合理、易造成人车拥堵者得1分，其他等级依次类推
	管理设施完善度C10	管理设施完善、布局合理、能较好地发挥管理服务功能得5分，管理设施缺失或维护不善得1分，其他等级依次类推

表2-2-6 入口空间游憩性评价指标取值标准

准则层	因子层	取值标准
游憩性B3	入口游憩空间舒适度C11	整体环境整洁、遮阴效果好，游客体验佳者得5分，入口空间杂乱、游客体验差得1分，其他等级依次类推
	入口游憩空间多样性C12	游憩空间多样，游客体验极佳得5分，游憩空间类型单一得1分，其他等级依次类推
	入口游憩设施安全性C13	游憩设施安全性极高得5分，游憩设施存在安全隐患得1分，其他等级依次类推
	入口游憩设施充足性C14	游憩设施数量充足、类型丰富、布局合理得5分，设施类型单一、破损严重且数量不足得1分，其他等级依次类推

2.3.4 入口空间游憩性分析

11 个样本公园的入口空间游憩性 I 级和 IV 级的有 0 个；II 级的有 3 个，依次排序为新虹桥中心花园、中山公园、长风公园；III 级的有 8 个，依次为世纪公园、天山公园、和平公园、鲁迅公园、复兴公园、黄兴公园、大宁灵石公园、杨浦公园，详见表 2-3-3。

2.3.5 公园入口空间单因子质量分析

研究结果表明，11 个样本公园入口空间质量评价的单因子质量均值都在 I 级以下（见图 2-3-2），其中质量均值为 II 级（4.0 ＜ X ≤ 4.5）的因子有 5 个：植物造景美观度 C4、标识系统功能性 C8、集

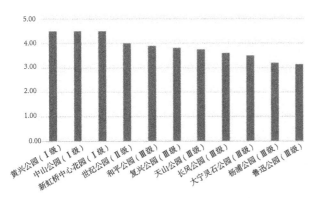

图 2-3-1 上海城市综合性公园入口空间综合质量等级排序

散广场设置合理性 C7、入口建筑与空间布局合理性 C6、入口游憩空间舒适度 C11；质量均值为 III 级（3.0 ＜ X ≤ 4.0）的因子有 8 个：装饰设施艺术性及美观度 C2、入口游憩设施安全性 C13、夜间照明美观度 C5、管理设施完善度 C10、入口建筑美感度 C1、入口铺装美感度较高 C3、入口游憩设施充足性 C14、入口游憩空间多样性 C12；质量均值为 IV 级（1.0 ＜ X ≤ 3.0）的因子有 1 个：停车场设施与布局合理性 C9。

总体而言，上海城市综合公园入口空间的植物造景美观度、入口广场空间布局合理性、游憩空间的舒适度良好；但停车场布局及停车位设置不合理，入口空间功能区划不明确，大多数公园入口座椅数量不足或布局不得当，入口建筑外观单一、特色不明显、年久失修、外观残破，入口铺装的美感度一般。各样本公园因建造年代与区位的不同，单因子质量差异较大，以下将不同综合质量等级的公园单因子进行比较分析。

1）I 级入口空间单因子质量分析

（1）黄兴公园入口空间单因子质量。黄兴公园位于五角场市级副中心南端。公园设计旨在塑造都市"森林"，模拟自然山水，营造具有自然山水品

表 2-3-1 入口空间美感度等级一览表

质的都市休闲性绿地。黄兴公园共设置 3 个出入口。如图 2-3-3 所示，黄兴公园入口空间质量评价因子得分为 II 级（良好）以上的因子有 7 项。将上述各因子得分代入公式 2-2-3 中可以算出该公园入口的整体景观质量得分为 4.57，质量等级属于 I 级（优秀）。

（2）中山公园入口空间单因子质量。中山公园原来是旧上海西郊的一座私人花园。1914 年上海公共租界工部局改建为租界公园，名为兆丰公园（Jessfield Park），占地 21.3 hm²。1943 年收回租界时改名为中山公园。中山公园共设有 3 个出入口。中山公园入口景观质量评价因子得分均在良好（4~4.5 分）及以上水平，其中 I 级（优秀）因子有 7 项；II 级（良好）因子有 4 项；III 级（一般）因子有 3 项；无 IV 级因子（见图 2-3-4）。将上述各因子得分代入公式 2-2-3 中可以算出该公园入口的整体景观质量得分为 4.57，质量等级为 I 级（优秀）。

表 2-3-2 入口空间功能性等级一览表

新虹桥中心花园（II级） 	中山公园（II级） 	黄兴公园（III级） 	世纪公园（III级） 
大宁灵石公园（III级） 	复兴公园（III级） 	和平公园（III级） 	鲁迅公园（IV级） 
天山公园（III级） 	长风公园（III级） 	杨浦公园（III级） 	杨浦公园（III级） 

表 2-3-3 入口空间游憩性等级一览表

新虹桥中心花园（II级） 	中山公园（II级） 	长风公园（II级） 	世纪公园（III级） 
天山公园（III级） 	和平公园（III级） 	鲁迅公园（III级） 	复兴公园（III级） 
黄兴公园（III级） 	大宁灵石公园（III级） 	杨浦公园（III级） 	复兴公园（III级） 

（3）新虹桥中心花园入口空间单因子质量。新虹桥中心花园地处上海市虹桥经济开发区，园内绿量充足，体现了人与自然和谐的主题。新虹桥中心花园共有 3 个入口。如图 2-3-5 所示，新虹桥中心花园入口景观质量评价因子得分为 I 级（优秀）的有 7 项；II 级（良好）因子有 7 项；无 III 级（一般）因子和 IV 级（差）因子。将上述各因子得分代入公式 2-2-3 中可以算出该公园入口的整体景观质量得分为 4.50，质量等级为 I 级（优秀）。

2）II 级入口空间单因子质量分析

如图 2-3-6 所示，世纪公园入口空间单因子的得分都在 II 级（良好）以上的有 9 项。将上述各因子得分代入公式 2-2-3 中可以算出世纪公园入口空间综合质量得分为 4.00，质量等级为 II 级（良好）。

3）III 级入口空间单因子质量分析

（1）大宁灵石公园入口空间单因子质量。大宁灵石公园基地平面呈多边形，共有 4 个出入口。研究结果显示，大宁灵石公园入口空间质量评价因子得分均值都在中等水平（见图 2-3-7），II 级（良好）及以上的因子有 6 项，占 42.86%；将各因子得分代入公式 2-2-3 中可以算出该公园入口的整体景观质

量得分为 3.43，景观质量等级为 III 级。

（2）长风公园入口空间单因子质量。长风公园是上海市大型的综合性山水公园，基地平面呈多边形，共设置有 4 个出入口。如图 2-3-8 所示，长风公园入口空间评价因子得分差距较大，其中 I 级因子有 4 项；II 级因子有 5 项；III 级因子有 3 项；IV 级因子有 2 项。将上述各因子得分代入公式 2-2-3 中可以算出该公园入口的整体景观质量得分为 3.52，景观质量等级为 III 级。

（3）鲁迅公园入口空间单因子质量。鲁迅公园位于虹口区四川北路虹口体育场旁，始建于清光绪二十三年（1897 年），历史悠久。该公园共有 4 个入口。

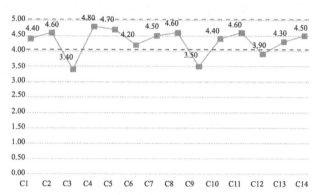

图 2-3-4　中山公园入口空间质量评价因子等级分布图

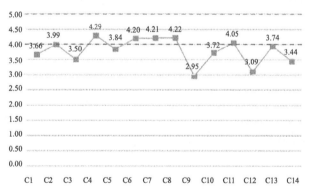

图 2-3-2　入口空间评价因子平均质量等级分布图

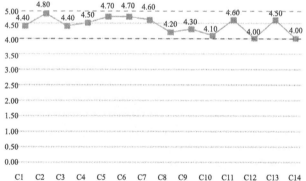

图 2-3-5　新虹桥中心花园入口空间质量评价因子等级分布图

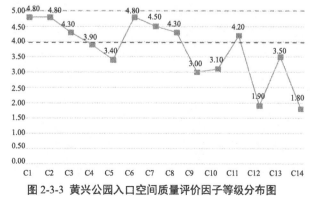

图 2-3-3　黄兴公园入口空间质量评价因子等级分布图

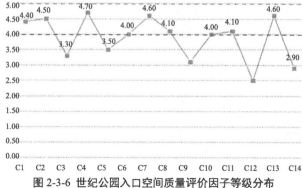

图 2-3-6　世纪公园入口空间质量评价因子等级分布

如图 2-3-9 所示，鲁迅公园入口景观质量各评价因子得分差异较大，无 I 级（优秀）因子；II 级（良好）因子有 6 项；III 级（一般）因子有 3 项；IV 级（差）因子有 5 项。将上述各因子得分代入公式 2-2-3 中可以算出该公园入口的整体景观质量得分为 3.17，质量等级为 III 级（一般）。

（4）杨浦公园入口空间单因子质量。杨浦公园整体布局以水面为重心，用桥、亭、廊、花架等园林建筑与植物组成各个游览区。杨浦公园共有 2 个入口。如图 2-3-10 所示，杨浦公园入口空间各评价因子得分的差距比较大，无 I 级（优秀）因子；II 级（良好）因子有 4 项；III 级（一般）因子有 6 项；IV级（差）因子有 4 项。上述各因子得分代入公式 2-2-3 中可以算出该公园入口空间综合质量得分为 3.22，质量等级为 III 级（一般）。

（5）和平公园入口空间单因子质量。和平公园位于杨浦区和虹口区交界处，是一座以中国自然山水园林风格为特色的综合性公园。和平公园共有 4 个入口。如图 2-3-11 所示，和平公园入口景观质量得分为 I 级（优秀）因子有 1 项；II 级（良好）因子

有 6 项；III 级（一般）因子有 6 项；IV 级（差）因子有 1 项。将上述各因子得分代入公式 2-2-3 中可以算出该公园入口的整体景观质量得分为 3.86，景观质量等级为 III 级（一般）。

（6）天山公园入口空间单因子质量。天山公园布局精巧，环境幽静。拥有山、湖、池、岛等景观，天山公园共有 2 个入口。如图 2-3-12 所示，天山公园入口景观质量各评价因子中无 I 级（优秀）因子；II 级（良好）因子有 3 项；III 级（一般）因子有 10 项；IV 级（差）因子有 1 项。将上述各因子得分代入公式 2-2-3 中可以算出该公园入口的整体景观质量得分为 3.67，质量等级为 III 级（一般）。

（7）复兴公园入口空间单因子质量。复兴公园是中国现在保存最完整的法式园林，园内有玫瑰园，马恩雕像，以及大草坪、儿童乐园等。复兴公园共有 3 个入口。如图 2-3-13 所示，II 级（良好）因子有 3 项；III 级（一般）因子有 10 项；IV 级（差）因子有 1 项。复兴公园各景观因子中无 I 级（优秀）因子；将上述各因子得分代入公式 2-2-3 中可以算出该公园入口的整体景观质量得分为 3.73，景观质量等级为 III 级（一般）。

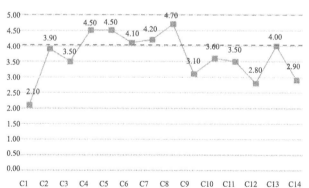

图 2-3-7 大宁灵石公园入口空间质量评价因子等级分布图

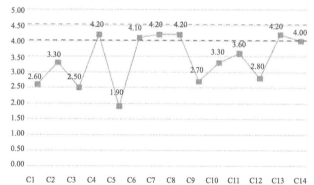

图 2-3-9 鲁迅公园入口空间质量评价因子等级分布图

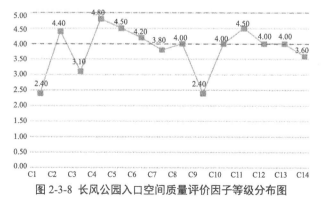

图 2-3-8 长风公园入口空间质量评价因子等级分布图

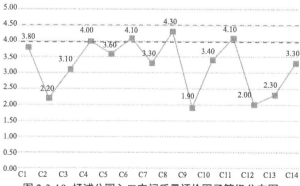

图 2-3-10 杨浦公园入口空间质量评价因子等级分布图

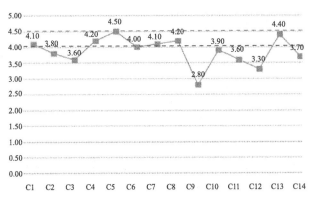

图 2-3-11 和平公园入口空间质量评价因子等级分布图

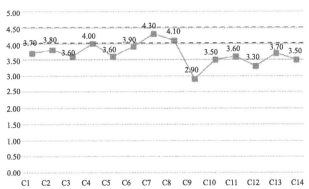

图 2-3-13 复兴公园入口空间质量评价因子等级分布图

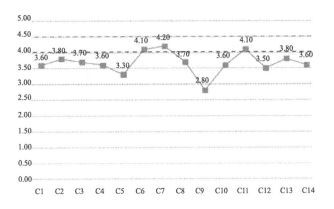

图 2-3-12 天山公园入口空间质量评价因子等级分布图

2.4 入口空间更新设计策略

2.4.1 基于美感度提升的更新设计策略

1）入口建筑更新设计策略

如前文所述，入口建筑美感度为中等（Ⅲ级），针对建筑外立面破损严重的问题，建议对其进行翻修并定期进行清洁保养工作。针对公园入口建筑外观单一、体量偏大的问题，建议进行功能性整合与景观上的优化。比如，大宁灵石公园西入口建筑美感度得分仅为 2.1 分，主要因为入口空间尺度较大，而入口建筑布局比较松散，建议对外立面进行改造，优化空间分隔，进而提升该入口的建筑美感度。

2）入口铺装更新设计策略

城市综合公园的入口铺装是入口游憩空间的载体，也是公园入口景观的重要组成部分。当前，公园入口的铺装存在着材质耐久性不佳、样式单一等问题。

比如，鲁迅公园南入口铺装整体陈旧，整体美

感度较差，建议选用防滑性高的铺装材料，点缀突出公园主题的图案式铺装，以提升入口空间的主题性与艺术性；对于入口树阵广场的铺装则建议采用与乔木种植点相统一的网状或条状构图。

3）夜间照明更新设计策略

天山公园 1 号入口夜间照明仅有功能性照明，得分为 3.3，建议增加烘托入口氛围的景观性照明设施，增加入口门体建筑的泛光照明，并选择适宜的光色来强调实体界面本身的色彩和质感。

2.4.2 基于功能性提升的更新设计策略

现行公园设计规范规定：①主、次和专用出入口的设置、位置和数量应根据城市规划和公园内部布局的要求；② 需要设置出入口内外集散广场、停车场、自行车存车处时，应确定其规模要求；③售票的公园游人出入口外应设集散场地，外集散场地的面积下限指标应以公园游人的容量为依据，宜按 500m/ 万人计算。

1）集散广场更新设计策略

调研结果显示，世纪公园 5 号入口设置于十字路口处，此处车流量较大，加上大量进出公园的游人在此处集散，该入口处经常出现交通拥堵的状况，建议将该入口移至距离十字路口 50m 的位置，改为侧临道路型入口，方便游人的集散，减轻公园入口处的城市交通压力（见图 2-4-1）。

2）停车场更新设计策略

调研结果显示，11 个调研样本公园的入口停车场设置状况较差，是入口空间质量评价因子平均得分最差的一个因子。更新设计策略如下：①对于未设置停车场地的公园入口则需要在其入口处开辟一块用地作为专门的停车场，《公园设计规范（GB 51192-2016）》4.2.9 条明确规定：停车场和自行车存车处的位置应设于各游人出入口附近，不得占用出入口内外广场的用地，面积应根据公园性质和游人使用的交通工具确定。比如，世纪公园 1 号入口，建议在其入口的前广场两侧设置停车场地，既解决社会车辆停车问题，又能够缓解公园入口的交通拥堵现象。②对于公园入口处的停车位不足或布局不合理等问题，需要按照游人量进行扩容、调整布局并按照生态停车场的标准进行设置。

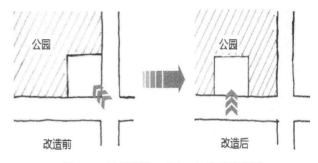

图 2-4-1 世纪公园 5 号入口改造后示意图

图 2-4-2 入口高游憩性示意图

2.4.3 基于游憩性提升的更新设计策略

城市综合公园入口处往往是等候亲友、接车送人的理想之地。因此，在游人流量较大的公园主入口应按照游人容量设置必要的游憩空间和设施，并营造良好的坐憩环境。11 个样本公园入口中，设置有游憩空间和相关设施的公园非常少，鲁迅公园和杨浦公园入口设置有儿童游乐设施，但是均因为使用时间过长而存在安全隐患，且影响入口交通；针对一些缺乏休憩设施的公园主入口，则以不影响公园入口的交通为原则，按照游人量增加一定数量的坐憩设施并合理布局，确保设施的使用率与舒适性。同时要加强公园入口管理力度，杜绝乱设摊位和乱停车的现象发生，从而提高公园入口的游憩环境舒适度（见图 2-4-2）。

3 儿童活动空间特征与更新设计策略研究

儿童活动空间是儿童可以进入的，具有游戏、休息、交往、锻炼、娱乐等功能的开放空间[1]。按照活动地点可分为正式活动空间和非正式活动空间两类[2]。正式活动空间包括幼儿园、学习操场、游乐园（场），非正式活动空间分布在城市公园、城市居住区、城市广场等区域。本章以城市公园中适于儿童活动的开放空间为研究对象。

3.1 研究对象与样本特征

3.1.1 样本筛选与研究内容

本研究基于社会调查学的理论与方法，依据规模、行政区以及建设年代3项条件分别对上海28个综合公园、58个社区公园进行筛选[3]，确定了上海外环线以内、有儿童活动区、具有代表性的39个公园作为研究对象，其中综合公园15个，社区公园24个，如表3-1-1、表3-1-2、附录2所示。

研究内容包括儿童行为与偏好、儿童活动空间两部分，通过发放问卷、访谈的方式进行行为与偏好调查，通过实地测量、拍照与观察方法记录物理空间的信息。调查时间在2014－2015年期间，分别在春、夏、秋3个季节开展。

3.1.2 样本空间分布特征

儿童活动场地都位于公园内地势平坦的区域，且大多数都靠近公园的主次出入口，可达性高，同时又与人流量较多的入口适当隔离，保持其独立性。但也有部分公园儿童活动区的位置远离出入口。如惠民公园、临沂公园等。调查结果显示，39个样本公园中有14个公园的儿童活动区靠近主要出入口，

有13个公园的儿童活动区靠近次要出入口，有13个公园的儿童活动区远离出入口。如图3-1-1、附录2所示。

3.1.3 样本空间规模特征

调查结果显示（见表3-1-1、表3-1-2、图3-1-2），静安公园、南浦广场公园和徐家汇公园的儿童活动区属于以非机械游乐设施为主的儿童乐园，儿童活动区面积与公园总面积之比均在1%以下；以付费游乐设施为主的游乐场中，除世纪公园以外，儿童活动区面积与公园总面积之比均在1%以上；东安公园、永清公园、康健园、淞南公园的儿童活动区属于以付费游乐设施为主的游乐场，儿童活动区面积与公园总面积之比均在1%以上；海棠公园、临沂公园儿

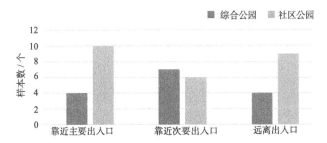

图 3-1-1 上海综合公园儿童活动空间选址特征

表 3-1-1 上海综合公园儿童活动空间规模

名称	公园规模 / hm²	儿童活动空间规模 / m²	面积比 / %	备注
徐家汇公园	8.66	450.0	0.52	
黄兴公园	62.40	3604.0	1.16	儿童乐园
		3640.0		游乐场
杨浦公园	22.00	3278.0	2.24	儿童乐园
		3850.0		游乐场
复兴公园	8.89	1189.5	1.34	
南浦广场公园	3.28	150.0	0.46	
蓬莱公园	3.52	1296.0	3.68	
襄阳公园	2.21	260.0	1.18	
大宁灵石公园	68.00	/	/	机械游乐设施布置分散，难以统计面积
人民公园	9.82	7910.0	8.05	
中山公园	20.96	4653.1	2.22	
和平公园	17.50	4169.0	2.38	
曲阳公园	6.40	643.0	1.00	
临江公园	10.77	3263.0	3.03	
长风公园	36.40	3660.0	1.01	
世纪公园	140.30	4480.0	0.32	

表 3-1-2 上海社区公园儿童活动空间规模

名称	公园规模 / hm²	儿童活动空间规模 / m²	面积比 / %	备注
南园公园	7.33	637.0	0.87	
新泾公园	2.23	242.0	1.09	
水霞公园	1.18	178.0	1.51	
曹杨公园	2.26	159.0	0.70	
海棠公园	1.49	1014.0	6.81	
甘泉公园	3.16	509.0	1.61	
江湾公园	1.07	102.0	0.95	
三泉公园	2.72	346.0	1.27	
波阳公园	0.90	84.6	0.94	
惠民公园	0.80	24.3	0.30	
民星公园	3.28	46.0	0.14	
延春公园	1.29	230.0	1.79	
泾南公园	2.24	300.0	1.34	
上南公园	3.80	488.0	1.28	
济阳公园	3.30	450.0	1.36	
临沂公园	2.21	746.0	3.38	
共和公园	4.20	620.0	1.48	
华漕公园	3.00	370.0	1.23	
豆香园	3.60	300.0	0.83	
金桥公园	11.00	435.0	0.40	
东安公园	2.00	1300.0	6.50	
永清公园	2.98	768.0	2.58	
康健园	9.57	2110.0	2.20	
淞南公园	8.00	1104.0	1.38	
大华行知公园	5.80	/	/	机械游乐设施布置分散，难以统计面积

童活动区面积与公园总面积之比均在 3% 以上（儿童活动区兼具老年人健身功能），其他以非机械游乐设施为主的儿童乐园，儿童活动区面积与公园总面积之比均在 2% 以下。

3.2 儿童行为特征与偏好调查

3.2.1 儿童心理与行为特征分析

儿童的心理、生理和行为特征与户外活动空间有着密不可分的关系。正如著名的心理学家勒温提出的理论[4]：一个人的行为（Behavior）是他的个人因素（Personality）和他所处的环境（Environment）的函数，即 $B=f(P \times E)$。换言之，人的行为是由其自身的因素和所处的环境共同决定的[5]。因此，良好的户外活动空间对儿童心理健康成长具有十分重要

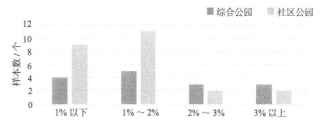

图 3-1-2 上海城市公园儿童活动空间面积规模特征

的作用。

儿童时期不仅是肢体发展、语言学习、性格养成的关键时期，对以后性格、行为、习惯、人格的养成也有着极其重要的作用。不同年龄的儿童在身高体重上的差别非常明显，对户外活动空间的要求也不一样，并随着年龄的增长，儿童性别的分化会越来越明显，在户外活动时对游戏伙伴的选择，对户外场地的环境色彩、设施器械的选择也有较大的

差异性。近年来，国内外学者对如何提高儿童的认知力、观察力、想象力等能力进行了系统化的研究，探讨了如何从户外活动场地的空间布局、环境色彩、游憩设施设置等方面更好地满足儿童心理成长的需求。关于儿童年龄的划分，联合国颁布的《儿童权利公约》和我国颁布的《未成年人保护法》规定儿童的年龄在 0 ~ 18 岁。不同年龄段的儿童在生理、心理与行为的特征详见表 3-2-1[6][7]。

3.2.2 儿童户外活动内容偏好

如图 3-2-1 的调查结果显示，最受上海男性儿童欢迎的前三项活动是球类运动、捕虫、捉迷藏，最受上海女性儿童欢迎的前三项活动：滑梯、木马等游乐设施，捉迷藏，捕虫。由此可见，"捉迷藏"游戏是男童与女童都喜欢的活动，这项活动不需要任何道具，规则简单。

从性别的差异来看，男性儿童比较喜欢球类运动与捕虫，其选择比例分别超过 60% 和 40%，而女性儿童的比例分别不足 30% 和 40%，可见，男性儿童更喜欢奔跑等释放体力、强健身体的活动；喜欢"滑梯、木马等游乐设施""捉迷藏"的女性儿童比例明显高于男性儿童，比例分别超过 50% 和 40%，而男性儿童比例分别不足 20% 和仅有 40%；喜欢"沙坑游戏"和"水中游戏"的儿童比例普遍不是很高，前者可能因为太过普遍，后者主要出于存在卫生和安全隐患的缘故。

3.3 儿童户外活动空间类型分析

已有研究结果显示，儿童户外活动空间是儿童开展户外活动的主要场所，依据不同的视角和目的，可有多种分类。按照设施特征可分为以盈利性游乐设施为主的游乐场和以非机械游乐设施为主的儿童乐园；按照界面特征的不同可分为开敞空间、半开敞空间、封闭空间。

3.3.1 设施特征与空间分类

调查结果显示，上海城市公园的儿童活动空间基本上可以分为以盈利性游乐设施为主的游乐场和以非机械游乐设施为主的儿童乐园两类。其中 81.82% 的公园儿童活动区是以付费游乐设施为主的游乐场，18.18% 的公园是以非机械游乐设施为主或两者皆有。综合公园中 67% 的儿童活动区为以付费

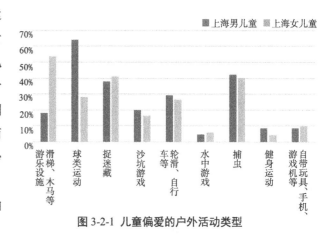

图 3-2-1 儿童偏爱的户外活动类型

表 3-2-1 儿童的生理、心理与行为特征一览表

年龄分期	生理、心理、行为特征
婴儿期 （0 ~ 3 岁）	6 个月的婴儿开始喜欢看、听、触摸各种物体，对色彩鲜艳而会发声的玩具尤其感兴趣；8 ~ 9 月的婴儿开始爬行；1 岁时会站立，并有可能行走，有明显的注意力和初步记忆力，能初步理解周围事物；2 岁的婴儿能掌握行走技巧，喜欢到处走动；2 ~ 3 岁时，逐渐学会跳、跑、攀登台阶、越过小障碍等复杂动作。主要通过听觉、视觉及触觉来感知外部环境，还不能进入游戏情境，没有特定的事可以做，或到处走动、东张西望，或静静坐在一旁
幼儿期 （3 ~ 6 岁）	3 岁之后可以加速行走，甚至可以奔跑，体力上也会增长迅速，智力的发展也非常迅速，已经可以做一些思维上的判断，可进行简单游戏活动；已有基本的喜好和欲求，但比较任性和随意，不能靠意志去控制自己的需求和行为，另外也容易去模仿他人，很容易受环境的影响，对群体伙伴的选择也会比较有意识，已经逐步走向模仿社会活动的阶段，是习惯养成和形成个性的关键时期。部分儿童可以独立行走，以自己玩耍为主，但行为活动具有很大的不稳定性，不能有意识地调节和控制自己的活动，所以仍需要父母看管
童年期 （7 ~ 12 岁）	这个时期的儿童，控制能力和平衡能力逐步加强，既可以独立完成一些活动又可以与人合作完成一些任务，能够有意识地去控制自己的需求和行为，也乐于在活动中去表现自己，对于创造性的活动充满乐趣，更容易参与群体活动。心智已逐步开发，虽然发展水平还比较低，但已经开始有意识地参加一些集体活动或者体育运动，同时对智力活动的兴趣逐步增强
少年期 （13 ~ 18 岁）	少年期是儿童期向青年期过渡的一个时期，是儿童迅速成长的时期，是独立性和依赖性错综矛盾的时期，以学习为主导活动，学习兴趣广泛，选择性和独立性增强；除体育活动外，转向文化、娱乐性活动，脑力思维活动发展

游乐设施为主的游乐场，20% 为以非机械游乐设施为主的儿童乐园，13% 为两者都有。社区公园的儿童活动区中只有 21% 为以付费游乐设施为主的游乐场，79% 都是以非机械游乐设施为主的儿童乐园（见图 3-3-1、图 3-3-2）。综合公园及面积较大的社区公园一般都设置游乐场。

如前文所述，不同年龄段的儿童活动需求不同，应该按照年龄或活动内容或其他方式进行功能分区。但调查结果显示，以非机械游乐设施为主的儿童乐园面积相对较小，活动设施较为单一，通常只有 1 个组合滑梯，除黄兴公园的赤足游乐园分了 3 个区（沙地活动区、坡地活动区、草地活动区）外，其他公园儿童活动区均没有明确分区。

3.3.2 界面特征与空间分类

场地空间是由底平面、垂直面、顶平面三者单独或共同界定的[8]。界面的形式、位置、材质、高度影响儿童活动空间的开闭程度，从而形成封闭空间、半开敞空间、开敞空间。不同的界面要素对空间具有不同的影响效果[9]。

调查结果显示（见图 3-3-3），城市公园中儿童活动区的底平面基本为道路或场地，以铺装来限定底平面空间，通达性较好，与其他功能区联系紧密。垂直界面与顶平面以植物要素界定为主（见图 3-3-4），植物的种植形式和疏密程度都会对使用者的心理和行为、场地安全性产生影响。一般来说，植物围合的空间私密性较好，不易受外界打扰。

1）封闭空间

封闭空间界面围合度较高，具有很强的区域感、安全感和私密性。封闭式儿童活动空间主要依靠植物、建筑物与构筑物的限定，视线受阻，独立性强，活动的开展不易被外界打扰，但也会产生单调、沉闷的感觉。

封闭性场地共有 6 个（见图 3-3-5），口袋式布局，一般设有 1 ~ 2 个出入口，规模较大的场地有多个出入口均以植物为特征界面，采用不同形式的乔灌草组合。常用植物为雪松、香樟、白玉兰、栾树、水杉等乔木，珊瑚树、瓜子黄杨、红叶石楠、红花檵木、棕榈等灌木，八角金盘、麦冬、葱兰等地被。

2）开敞空间

相对封闭空间而言，开敞空间的界面限定性较弱，空间流动性大，与周围的空间联系紧密，视线上具有连续性，因此其垂直界面的限定较少，主要以底平面限定为主。开敞式儿童活动场地内为凹式布局，往往与其他场地结合，比如健身广场等。调查的样本公园中，开敞式场地共有 8 个（见图 3-3-6），以道路、场地为特征界面，以铺装在水平面上的界定为主，部分与散点式植物或花坛组合成界定空间。主要植物包括：悬铃木、香樟、银杏、青枫，红花檵木、海桐球、毛鹃、黄馨、红叶石楠、木槿、棕榈、桂花，大吴风草、麦冬、草坪。

3）半开敞空间

半开敞空间内外视线渗透，其开敞程度根据垂直围合物的疏密程度、高低而定。半开敞式场地趣味性较强，既能保持一定私密性，同时又保持与外界的联系。

35 个样本空间中半开敞场地共有 27 个，包括：①以植物为特征界面的场地有 12 个（见图 3-3-7），以内凹式布局为主，仅有 1 个是口袋式布局，主要植物有悬铃木、雪松、榉树、香樟、银杏、水杉、

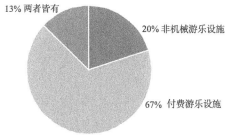

图 3-3-1 综合公园儿童活动空间分类

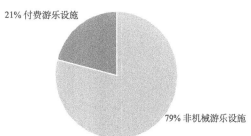

图 3-3-2 社区公园儿童活动空间分类

樱花、五针松、无患子、红枫、枇杷、广玉兰,八角金盘、珊瑚树、夹竹桃、海桐球、洒金桃叶珊瑚、毛鹃、棕榈、桂花、月季、红叶石楠、南天竹、茶花、金边黄杨、金丝桃、木槿、麦冬、吴风草、美人蕉、瓜子黄杨、常春藤、红花酢浆草;②以道路、场地为特征界面的场地有13个(见图3-3-8),以内凹式布局为主,仅有1个场地是口袋式;③以水体为特征界面的场地有2个(见图3-3-9),主要以水体和植物的组合形成视线局部渗透的半开敞空间。

3.4 儿童活动空间构成要素与特征分析

儿童活动空间包括活动场地与铺装、活动项目与设施、服务配套设施、植物与水体等要素。

3.4.1 活动场地与铺装

一般的活动场地铺装形式有整体铺装、块状铺装、碎石铺装与嵌草铺装,常用的材料有塑胶、石材、沥青、混凝土、地砖、沙土、木材等材料[8]。调查结果显示,儿童活动场地铺装最常用的是塑胶铺地,其次是地砖类,混凝土类、石材类,比较少见,如图3-4-1、表3-4-1所示。

和平公园　　　　　　复兴公园　　　　　　人民公园　　　　　　徐家汇公园

图3-3-3 场地与道路界定的底平面

徐家汇公园　　　　　　世纪公园　　　　　　复兴公园　　　　　　黄兴公园

图3-3-4 植物界定的垂直面

蓬莱公园　　　　　　豆香园　　　　　　曲阳公园

杨浦公园　　　　　　襄阳公园　　　　　　东安公园

图3-3-5 封闭式儿童活动场地

共和公园	金桥公园	中山公园	和平公园
长风公园	康健园	人民公园	临江公园

图 3-3-6 开敞式儿童活动空间

静安公园	徐家汇公园	黄兴公园	泾南公园
南园公园	延春公园	新泾公园	临沂公园
华山绿地	永清公园	复兴公园	世纪公园

图 3-3-7 以植物为特征界面的半开敞式场地

| 上南公园 | 曹杨公园 | 三泉公园 | 波阳公园 |

| 甘泉公园 | 江湾公园 | 民星公园 | 济阳公园 |

| 惠民公园 | 华漕公园 | 南浦广场 | 海棠公园 | 淞南公园 |

图 3-3-8 以道路场地为特征界面的半开敞式场地

图 3-3-9 以水体为特征界面的半开敞式场地

图 3-4-1 铺装材质统计图

3.4.2 活动项目与设施

调查结果显示（见表 3-4-2），儿童活动空间内的项目设施大致分为两大类：付费机械游乐设施、非机械游乐设施。机械游乐设施项目常见的包括碰碰车、小火车、过山车、旋转木马、海盗船等。非机械游乐设施最多的为组合滑梯，类型单一，活动的趣味性不足；其次是沙坑、木马、攀援类设施。总体来说，活动内容与形式单一、趣味性不佳。

3.4.3 休憩设施

儿童活动区的休憩设施包括座椅、坐凳，亭、廊等，具有坐憩功能的景石、花坛、台阶等较为少见。休憩设施主要以木材、石材两种为主，部分为塑料，

或以木材和金属搭配使用。根据对儿童活动场地中不同类型休憩设施的调查分析，其布局形式主要有两种：坐凳、座椅，一般布置于场地边缘，呈向心性。圆形树池散置在场地中间，如表 3-4-3 所示。

3.4.4 植物与水体

在儿童活动区中，植物在外部界面的功能主要是围合空间，在内部空间中的功能主要是遮阴，为使用者提供舒适的小环境。在 39 个调研样本场地中仅有 10 个在内部空间种植植物：①场地中种植乔木，孤植或散植，配以圆形树池或树下安排座椅，具有坐憩功能；②场地边缘种植乔木，林下设置座椅；③在廊架周边种植攀缘植物，如见表 3-4-4 所示。在调研的样本空间中未见水景或戏水池。

表 3-4-1 场地铺装形式一览表

黄兴公园（塑胶）	杨浦公园（塑胶）	徐家汇公园（塑胶）	世纪公园（塑胶）
人民公园（透水砖）	临江公园（水泥砖）	中山公园（透水砖）	复兴公园（透水砖）
黄兴公园（广场砖）	长风公园（水泥砖、广场砖）	曲阳公园（混凝土）	杨浦公园（混凝土）

表 3-4-2 非机械游乐设施一览表

组合滑梯

静安公园	南浦广场公园	徐家汇公园	华山绿地
泾南公园	金桥公园	延春公园	共和公园
曹杨公园	海棠公园	惠民公园	济阳公园

（续表）

组合滑梯

临沂公园	上南公园	华漕公园	江湾公园
波阳公园	豆香园	甘泉公园	民星公园
三泉公园	水霞公园	新泾公园	永清公园

沙坑

泾南公园	黄兴公园	杨浦公园	南园公园

攀援架

南园公园	徐家汇公园	黄兴公园	和平公园

其他

静安公园	静安公园	临沂公园	和平公园

3.5 儿童活动空间更新设计对策

3.5.1 存在的问题与更新设计原则

1）存在的问题

在预调研的 60 个上海城市公园中有将近 20 个公园未设置儿童活动区，而设置了儿童活动区的城市公园中，1/3 是以盈利性机械游乐设施为主的游乐场，只有 2/3 是以非机械游乐设施为主的儿童乐园，并且以非机械游乐设施为主的儿童乐园没有明确的

表 3-4-3 休憩设施一览表

泾南公园	世纪公园	曹杨公园	华山绿地
济阳公园	临沂公园	三泉公园	民星公园
中山公园	延春公园	甘泉公园	南浦广场公园
惠民公园	波阳公园	长风公园	共和公园
杨浦公园	共和公园	人民公园	南园公园

（续表）

和平公园	民星公园	黄兴公园	新泾公园

表 3-4-4 植物景观一览表

民星公园 孤植	济阳公园 散植	静安公园 孤植

泾南公园 边界群植	长风公园 孤植	华山绿地 边缘群植	济阳公园 边缘群植

华漕公园 边界群植	人民公园 边缘群植	民星公园 边缘群植	新泾公园 攀援植物搭配休息廊架

功能分区，活动设施单一，通常仅有 1 个组合滑梯。

而现行的公园设计规范中明确提出儿童活动空间的要求：游戏内容应适合儿童特点，有利于开发智力、增强体质，不宜选用强刺激性、高能耗的器械，即不提倡以盈利性机械游乐设施为主的游乐场。幼儿和学龄儿童使用的器械应分别设置，即应该按年龄段划分功能区[10]。

33% 的儿童活动区远离城市公园的出入口，可达性较差，87.1% 的儿童活动区面积占公园总面积的比例低于 3%，规模偏小。

儿童活动空间的边界形态只有口袋式和内凹式两种形式，口袋式场地植物围合度过高，基本都属于封闭型，虽然独立性好，有一定缓冲空间，不易受外界打扰，但是过于单调、沉闷，存在安全隐患；内凹式场地以半开敞空间为主，开敞空间为辅，可达性较好，视线上与外部空间具有一定连通，不易发生犯罪事件，但是时常与其他功能区相连，实际使用面积较小，易受外界干扰。

界面要素也只有植物和道路或场地两种类型，不同空间类型的界面组合形式较少，并且仅使用单一型空间，植物景观丰富度不够。

儿童活动空间的内部构成要素中，场地与铺装、活动设施、休憩设施等形式单调，景观性与趣味性不足，儿童活动区的植物景观特色不明显。而公园设计规范中提到，游乐设施造型、色彩应符合儿童的心理特点。

不过现行《公园设计规范（GB51192-2016）》中，并未对公园儿童活动空间的选址、规模、场地形式等方面作出说明，有待更详细的补充。

2）更新设计原则

（1）人性化原则。"人性化"的概念已经被广泛提及，从宏观层面来说，儿童活动场地中的人性化设计需要从儿童的心理和行为特征出发进行功能分区，导入活动项目。从中观层面来说，要处理好各个空间的关系，有的孩子喜欢动，有的孩子喜欢静，有的喜欢挑战，即需要把握空间的私密性与公共性、挑战性与安全性、动与静的关系。自发空间也必不可少，我们不能规定儿童只能在我们设定好的空间里玩着固定的设施，留出一个能发挥孩子主观能动性的场地，让他们自由玩耍也是人性化设计的体现。从微观层面来说，人性化设计存在于各个方面，比如场地的可达性与安全性，游乐设施的尺度，儿童对铺装、植物、环境色彩的偏好等。

（2）通用化原则。面积较大的城市公园会提供一些运动场地，比如篮球场、网球场等，但都是标准的比赛用地，满足了成年人的体育活动需求，却忽略了儿童这个特殊的群体。普通的运动场地不符合儿童的身体尺寸，不符合心理喜好，他们需要自己的场地，比如可以帮助他们进行体育认知。通用化原则就是服务对象要包含各类人群，同样在儿童活动区中，需要满足不同年龄层儿童的活动需求，健康儿童与残障儿童的活动需求。许多儿童活动区都是场地加组合滑梯的形式，只适合年龄较小的儿童。因此，通用化原则在现实中落实情况并不理想。

（3）可持续性原则。城市公园与城市居民的户外活动息息相关，因此儿童活动区的使用频率也比较高。这就对活动场地和活动设施有了更高的要求，要使用性价比高、环保的游乐设施和铺装材料，经久耐用，后期维护费用低廉。同时不宜设置收费项目，这样即使来自中低收入家庭的孩子也有平等的使用权。在场地设计中遵循可持续性原则，使用乡土植物，根据原有地形条件为儿童创造一个自然友好的、长久的玩乐空间。

（4）场地多功能利用原则。在调查的60个上海城市公园中，只有42个公园有儿童活动区，并且有一部分公园的儿童活动场地被以经营性为目的的儿童游乐场地所代替，平时使用率也不是非常高，设施与场地容易被闲置，造成浪费。与此同时，调查结果也表明上海城市公园中儿童活动区的面积普遍偏小，因此对场地进行多功能的综合利用就显得非常重要。通过场地铺装的合理使用，对场地进行限定，划分活动空间，从而可以导入多元的活动项目。

（5）活动空间景观化原则。目前上海城市公园中的儿童活动区除了放置一些儿童活动设施，其场地空间与其他功能区并无区别。儿童的活动设施与场地本就应该形式丰富多彩，既具有实际使用功能，又具有景观价值。有特色的活动空间才符合儿童的心理喜好，让他们对这片场地产生浓厚的兴趣，在里面快乐地玩耍。儿童的活动空间可以用一些起伏、流动的地形作为边界，台阶式的休憩设施与地形融合，使整个活动空间具有景观价值。

3.5.2 选址与布局优化对策

1）选址与规模优化对策

城市公园儿童活动场地一般宜靠近公园主要出入口，方便儿童及家长及时到达。选址要考虑到场地安全性，儿童活动场地最好远离交通干扰，或者利用植物景观阻挡外界噪音和其他活动的干扰，从而将场地围合成一个安全区域[10]。针对儿童心理的喜好和活动特点，场地选址最好选择公园内地形地貌、植物景观丰富、趋向自然的区域。如果公园地势平坦，也可以适当营造地形，即能围合儿童活动场地，保持其独立性，也能起到丰富活动空间类型的作用。比如上海黄兴公园与昆山经济技术开发区体育公园（以下简称为昆山开发区公园）的儿童活动区。

上海黄兴公园设有两处儿童活动空间，盈利性游乐场靠近1号门；赤足游戏园在2号门与3号门的中间，可达性都较好。其中赤足游戏园南面为主园路，其余三面都被丰富的植物包围，自然环境较好（详见附录2）。

昆山开发区体育公园的儿童活动区靠近主入口及停车场，可达性较好；其次，靠近停车场的一侧以地形围合，不设出入口，保证一定的安全性与独立性，同时地形的围合丰富了场地空间，儿童活动区出入口与入口广场连接，如图3-5-1所示。

公园的用地规模、位置、儿童占总游人量的比例都会影响儿童活动空间规模的选取，而儿童活动空间的规模又决定着活动设施的布置与场地的设计。公共绿地规划指标建议每个儿童活动用地面积为50m²，城市公园内的儿童活动场地面积大约为公园总面积的3%~5%。但是上海人口密度高，实际情况与之相去甚远，相对来说，面积稍大的城市公园儿童活动区都是以经营性的游戏场为主，建议减少这类场地的面积，改建成自然性场地的活动区。比如：昆山开发区公园总面积为42.8hm²，儿童活动区面积约为2.542hm²，占比达到5.8%，并且没有盈利性的游乐场。

2）总体布局优化对策

城市公园中儿童活动空间布局首先考虑地形、水体、交通等方面的因素，再按照整体规划、统筹安排、合理分区、兼顾安全的原则选择适宜的场地；在儿童活动场地内部导入适合不同年龄段儿童的活动项目与设施，遵循"以儿童为本"的原则[11]。

城市公园儿童活动区的布局要综合考虑出入口、标志物、边界、区域、节点等几个方面的问题。

（1）出入口。不宜直接与公园主园路相连，因为儿童喜欢追逐嬉戏，安全意识薄弱，而主园路具有通车功能，如游览车、消防车。

图 3-5-1 昆山开发区公园儿童活动空间分布图

（2）标志物。在出入口应该有醒目的标识，比如有特色的大型构筑物，可以吸引儿童，帮助儿童迅速进入场地。

（3）边界。边界既有分隔作用又有联系作用。儿童活动区常用的界面要素包括植物、道路、广场、地形及水体。适当的围合可以避免外界对儿童活动的干扰，确保场地安全性。不同的围合度可以创造不同类型的空间。封闭空间适合休息、交谈、比较安静的活动；开敞空间适合儿童自发性的活动；半开敞空间适用性最大，适合参与活动，也适合观看他人活动。

（4）区域。不同年龄段的儿童对活动场地和活动设施有不同的需求，因此需要在区域内划分不同的空间，避免互相干扰。

（5）节点。节点的设置使场地变得丰富多样，内容可以包括广场、休闲空间、植物景观、雕塑小品等。活动区域的划分不是绝对的，因此需要模糊空间、过渡空间，节点可以为儿童及陪伴他们的家长创造多样化的休憩、停留、活动空间。

（6）游线。对于儿童活动区的游线而言，既有区域内的道路、也有隐性的路线，比如可以穿越的广场、草坪。儿童的方向感较差，对于普通的道路辨识度并不高，因此设计中可在道路上设置一些醒目的、具有趣味性的标识引导他们达到各个活动区域。

比如：昆山开发区公园的儿童活动区的选址靠近公园主要出入口，场地界面以植物围合的地形、水体为主，场地类型为口袋式的半开敞空间，口袋式的场地安全性较好，半开敞空间使其与外界环境的联系恰到好处。整个场地设置4个出入口，入口处有大型构架，能引起儿童的关注，一条迷你跑道贯穿其中，导入的活动项目与景观设施共30余个，根据儿童的心理及行为特征、儿童的喜好把该活动区分为7个区域。整个儿童活动区环境生态优美、活动项目丰富、场地极富趣味，为儿童塑造了一个积极向上、帮助脑力与体力发展、与家长亲子互动的活动空间，如图3-5-2、图3-5-3所示。

3.5.3 活动分区与活动项目导入策略

1）活动分区明晰化

每个年龄段的儿童都有自己的心理和行为特征，他们对场地及活动的偏好和需求不同。因此，在面积允许的前提下，儿童活动场地的设计首先需要进行功能分区，保证各类儿童都有适合自己的活动空间。儿童活动场地的分区可以按年龄、活动内容等方法进行。按年龄分区可以划分为婴幼儿活动区、学龄前儿童活动区、学龄儿童活动区、少年活动区。按活动内容可以划分为体育活动区（比如适合少年儿童的田径场地、球类运动场地）、游戏活动区（比如启蒙游戏、益智游戏、素质拓展等活动）、科普教育区（比如种植一些趣味植物，激发儿童植物认知的兴趣、可以帮助儿童对体育知识认知的场地铺装等）[12]。按活动内容可以划分为沙地活动区、坡地活动区、草地活动区。

在3种户外活动中，除了必要性活动、社会性活动，还有一种自发性活动[13]。因此，各功能区也不应该是绝对隔离的，需要适当设置一些模糊空间、自发性空间。年龄的划分只是一个范围，不同年龄层的孩子也会愿意一起玩耍，那么模糊空间可以提供一个过渡区域。自发性空间可以是开敞的大草坪，适合所有儿童跑、跳、嬉戏、玩耍等自由活动，甚至只是坐在草坪上观看别人进行活动。许多研究表明，在儿童活动区中，20%~50%的儿童在观察活动中的其他儿童，这可能是他们参加活动的序幕，因此在设计中要合理地布置可坐和观看的空间[14]。

儿童活动空间也要考虑活动和休憩的关系，多样化的休息、停留空间满足儿童的心理偏好，也为家长提供看护、休息的场所。还要提供一些家长和孩子进行亲子活动的场地，家长可以参与的一些怀旧游戏场地。比如昆山开发区公园的儿童活动场地分为7个区域（见图3-5-3）：启蒙感知区、趣味活动区、益智互动区、少儿田径区、浅水嬉戏区、阳光大草坪、室内活动区。启蒙感知区适合由家长带领的0～3岁婴幼儿，趣味活动区适合3～6岁儿童，益智互动区适合6～12岁儿童，少儿田径区适

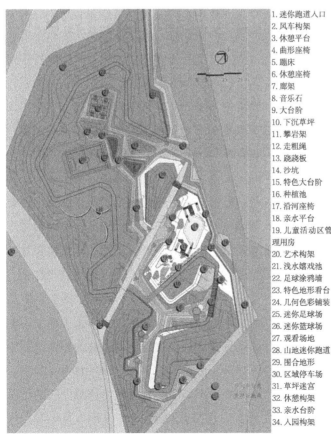

1. 迷你跑道入口
2. 风车构架
3. 休憩平台
4. 曲形座椅
5. 蹦床
6. 休憩座椅
7. 廊架
8. 音乐石
9. 大台阶
10. 下沉草坪
11. 攀岩架
12. 走粗绳
13. 跷跷板
14. 沙坑
15. 特色大台阶
16. 种植池
17. 沿河座椅
18. 亲水平台
19. 儿童活动区管理用房
20. 艺术构架
21. 浅水嬉戏池
22. 足球涂鸦墙
23. 特色地形看台
24. 几何色彩铺装
25. 迷你足球场
26. 迷你篮球场
27. 观看场地
28. 山地迷你跑道
29. 围合地形
30. 区域停车场
31. 草坪迷宫
32. 休憩构架
33. 亲水台阶
34. 入园构架

图 3-5-2 昆山开发区公园儿童活动区平面布局图

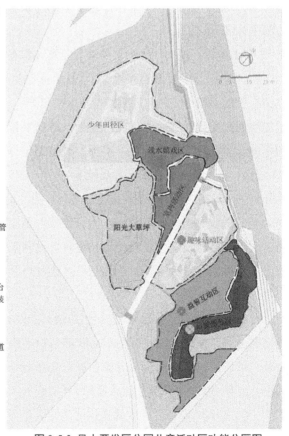

图 3-5-3 昆山开发区公园儿童活动区功能分区图

合5～15岁儿童，浅水嬉戏区适合5～10岁儿童，阳光大草坪属于自发空间，适合各年龄层的儿童及陪伴儿童的家长。

（1）启蒙感知区。让儿童在这个区域里进行体会声、行、体、色等不同感知的活动。水乐墙可以使得儿童在水声引导下，自主地去学习和感知事物，了解物质的状态、形态和体量。音乐石可以培养孩子的学习和探知事物的好奇心，在动手动脑的过程中培养孩子的协调能力，如图3-5-4所示。小小植物园，让孩子可以直观地接触到大自然，认知世间万物的神奇，在自主观察和动手触碰中，培养孩子拿、捏、走、爬等一系列的活动。

（2）趣味活动区。适合于学龄前的儿童，这个年龄段的儿童拥有一定的动手能力，手眼协调能力良好，可以自主地去完成基本的动作，对事物有好奇心，拥有一定的探索事物的能力。这个时期应注重孩子兴趣的培养和协作能力的养成。设置小体量的木马、沙坑、跷跷板、滑梯、粗绳、攀爬架等游戏设施，可以使孩子在玩耍中满足探索事物的好奇心，同时培养他们之间分享、谦让、协作的品质，如图3-5-5所示。

（3）益智互动区。这个年龄段的儿童开始有了一定的认同感、责任感和自豪感，心智开始有所表现，开始有了独立思考能力和征服周围事物的欲望，希望能够通过完成一定的动作或者任务，得到家长和同伴的认可。可以设置蹦床、拼图、模型制作、克莱因通道、彭罗斯地块镶嵌等游戏设施（见图3-5-6），使得孩子可以在游戏中培养独立性和实现自我满足；同时学会适应一定的环境氛围，体验和感悟现实生活，消除紧张和不适，培养处理问题和解决问题的能力。还可以设置涂鸦墙，让孩子可以放开思维大胆地去想象和创造。

（4）少儿田径区。该活动区包含迷你篮球场、迷你足球场、迷你跑道。球场不需要都与标准场地一致，可以通过铺装的划分对场地进行多功能综合利用，具有一定体育认知功能，如图3-5-7所示。

（5）阳光大草坪。为儿童提供开阔的大草坪，放置如图3-5-8所示的构架，形成一个趣味迷宫，同时还将草坪空间多样化，纳入各种自发性活动，如野餐、追逐、踢皮球、多足行走、打羽毛球和放风筝等活动和其他一些适合家长与儿童互动的亲子活动。还可以用贴墙纸做成可重复利用的涂鸦墙。

（6）浅水嬉戏区。水是生命之源，人类具有亲水的本性，儿童更是如此。水体变化万千能够引发儿童丰富的想象，激发儿童不同的情致。水景能够满足儿童形、声、色、态的不同心理感受，令人神往。而且水景可以舒缓儿童因缺乏耐心而产生的烦躁和压力，释放身心，可以在舒缓的水流中体验这种愉悦感。通过与水的接触可以满足儿童重返自然，达到人水互动的文化需要，如图3-5-9所示。

2）丰富空间类型与界面要素

封闭式场地围合度较高，领域感强、私密性较好，主要依靠植物、建筑物的限定阻挡使用者的视线，活动不易被外界打扰，但也会产生单调、沉闷的感觉，对儿童来说更是如此。开敞式场地垂直界面的限定较少，主要以底平面限定为主，流动性大，限制性小，与周围环境联系紧密。但是对于儿童来说，他们活动的轨迹具有不确定性，无法意识到活动场地和活动器械的某些潜在危险，因此场地安全性不够[15]。半开敞式儿童活动场地趣味性较强，既能保持一定私密性且受外界影响不大，同时又与外界保持联系，是最理性的空间类型。半开敞式场地可以通过界面要素调节场地的开敞程度，比如周围植物的疏密、地形的高低等，形成更为丰富的活动空间。

不同界面要素具有不同的效果。水面既能限定空间，免受外界打扰，视觉上又具有连续性，还能满足儿童及家长的亲水需求；植物可改善场地微气候，既能遮阴、保持美观又能激发儿童认知自然的兴趣；道路场地起到方便通达、集散及过渡的作用。因此，界面要素可以多种要素组合。如图3-5-10所示的波特兰水景游乐场，北侧以水体为界面，南侧以道路场地为界面，东西两侧以植物为界面。北侧与大水面相邻，视线开阔，为游乐场更添几分自然。南侧与木质平台相邻，是戏水池与道路之间的过渡区。西侧以一定高度挡墙围合，东侧以草地与乔木结合，视线有所渗透。整个水景游乐场自然环境良好，

编钟　　　　　　　　　　绷弦　　　　　　　　　　水杯

图 3-5-4　参与性音乐展廊

图 3-5-5　沙坑、滑梯、攀爬架意向图

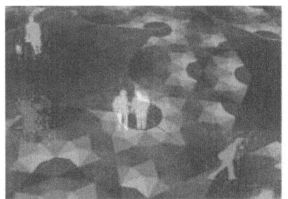

图 3-5-6　克莱因通道、彭罗斯镶嵌广场

图 3-5-7　江苏盐城小马沟体育公园少年运动健身园效果图一

图 3-5-8　趣味迷宫、涂鸦墙意向图（图片来源：网络）

图 3-5-9　江苏盐城小马沟体育公园少年运动健身园效果图二

南北方向视线通透，东西方向视线渗透。再如昆山开发区公园儿童活动区为例，两个戏水池以道路、植物为界面。其中一个戏水池三面开敞，一面以台阶式地形围合，既起到一定遮挡，也具有休憩功能。两个戏水池同样三面开敞，一面以大草坪为界面，并在草坪上放置涂鸦墙、趣味迷宫，儿童可以自由选择活动项目，如图 3-5-11 所示。

3）活动项目多元化

不同类型的城市公园儿童活动区设计也不尽相同，综合公园面积较大，活动项目一般以付费的机械动力设施为主，社区公园面积较小，活动项目一般以无动力游乐设施为主。其中面积较小的综合公园与社区公园一致，面积较大的社区公园与综合公园一致。植物园、森林公园的儿童活动区侧重"人与自然"的主题。体育公园的儿童活动区应突出体育运动的主题。体育公园除了室内场馆区以外，场地条件很适合各类户外运动与游戏。当然，任何城市公园儿童活动区设计首先还是应该分析不同年龄段儿童的心理与行为特征，并对各种活动项目进行适当分类（见表 3-5-1）。

根据不同年龄段儿童的心理和行为特征，对应活动项目特点可以对其进行大致分类。比如，以昆山开发区公园的儿童活动区的室外空间分为 6 个区、22 个活动项目，如表 3-5-2 所示。

3.5.4 活动设施与环境要素更新设计策略

1）活动设施特色化

（1）自然性。许多儿童活动场地缺乏原木、水、沙、石等天然材料，反而充斥着机械游乐设施，这些设施都是电动的，忽略了活动过程中儿童的自由发挥、认知学习和身心发展等许多方面[16]。无法激发孩子的创造力、探索及冒险精神、与其他孩子沟通交往的能力等。儿童生理学家认为，儿童基本的玩耍活动有 4 种形式：运动型玩耍活动、社会和交流型玩耍活动、创造性玩耍活动、感官型玩耍活动[17]。因此，活动设施的材质、造型、颜色等选择应以为儿童创造一个多样的、接近自然环境的活动场地为目的。

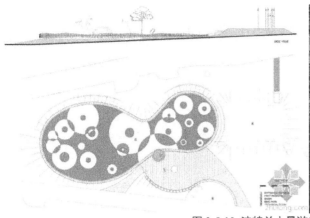

图 3-5-10 波特兰水景游乐场（图片来源：网络）

图 3-5-11 昆山开发区公园浅水池效果图

如图 3-5-12 所示，儿童活动设施模拟树杈和小动物造型，放置在绿色的铺装或沙坑中，展现了一个自然的场景，让儿童任意攀爬，绑在树干造型上的绳编睡袋给人感觉仿佛在丛林中度假。如图 3-5-13 所示，上海黄兴公园赤足游戏园内除了有常规攀爬架，也使用了塑木雕塑。

（2）趣味性。研究表明，儿童对色彩艳丽、造型独特的事物特别感兴趣。有趣味的活动设施可以激发儿童去探索未知新鲜事物，发挥想象力、动手

能力、社交能力。图 3-5-14 是以"植物球"为主题的交互式活动场地，"植物球"主要分为 5 种，有滑梯球（球内有滑梯），旋转球（球体旋转），攀爬球（内有攀爬网），游泳球（内部有水池），秋千球。球体内自带土壤，可以实现独立的灌溉以及排水。这些球体都是预制的，能够很快地安装并投入使用，简单的重复也具备无限的可能和乐趣。

表 3-5-1 适合不同年龄段儿童活动项目分类

0 ~ 3 岁 婴幼儿	感官类（音乐石、水乐墙）、沙坑、跷跷板、滑梯、塑胶坡地
3 ~ 6 岁 学龄前儿童	障碍小推车、滑梯、蹦蹦床、沙坑、攀爬架、走粗绳、涂鸦、植物迷宫、DIY（泥塑、火星沙）、马蹄铁游戏、乐高积木、儿童室内极限运动
6 ~ 10 岁 学龄儿童	益智项目（模拟驾驶、乐高机器人、模型制作）、飞盘、田径、素质测试园（包含有勇攀珠峰、跋山涉水、勇士冲浪、跨越山谷、踩石过河、巧过独木、争分夺秒等项目

表 3-5-2 昆山经济技术开发区体育公园儿童活动项目一览表

区域	活动项目与内容	特点
启蒙感知区	音乐石、水乐墙、风铃树、编钟墙、趣味认知植物园	通过听觉、视觉、触觉、味觉帮助婴幼儿及残障儿童感知大自然的各种元素
趣味活动区	木马、沙坑、跷跷板、滑梯、粗绳、攀爬架	适合学龄前儿童游乐玩耍
益智互动区	蹦床、拼图、模型制作、克莱因通道、彭罗斯地块镶嵌	适合儿童的一些智力游戏
少儿田径区	迷你足球、迷你篮球、迷你跑道	从尺寸、铺装等方面为少年儿童量身打造的运动场地

图 3-5-12 模拟自然的活动设施

图 3-5-13 黄兴公园儿童活动场地的攀爬架

图 3-5-14 植物球公园

（3）景观化。活动设施不仅具有游戏功能，同时也是儿童活动场地的景观要素之一。普通造型的设施很难吸引儿童的注意力。若从造型和色彩上将活动设施景观化，那么它可以同时满足活动和视觉景观的要求。如图3-5-15所示的环形设施，白天可以成为孩子们攀爬的对象，晚上与草坪灯搭配，形成一道独特的夜景观。

2）环境要素更新设计对策

（1）休憩设施主题化。调查结果显示，样本公园的儿童活动区的休憩设施主要为长条座椅、坐凳、圆形树池，亭、廊等休憩设施，而具有坐憩功能的景石、台阶等比较少见。儿童活动区的休憩设施应该多元化，坐凳、座椅可以制作成卡通形象（见图3-5-16）；利用景石兼作坐憩设施，架空步道与儿童滑梯巧妙连接（见图3-5-17），既具有较好的景观效果，也提供休憩功能；休憩设施还可以与地形结合，比如在儿童篮球场、足球场周围设置台阶看台（见图3-5-18）。

（2）铺装设计趣味化。儿童活动区铺装的材质与场地安全性关联，铺装的颜色、图案可以体现一定的主题性、趣味性，以吸引儿童注意力。铺装可分隔空间、限定空间，使得同一场地中可以进行多项活动，同时铺装还可以帮助孩子认知基本的体育知识。如图3-5-19所示，这块小型场地仅仅通过趣味铺装分成3个活动空间：数字跑道、舞蹈格、小

型篮球场。小型篮球场铺装图案体现了运动的主题，同时让孩子们认识篮球场的布局，比如这个篮球场并没有真的篮筐，但是在平面上显示了篮筐的位置。

（3）植物景观科普化。儿童活动区的植物配置一般需要注意以下几点：①根据环境特点适地适树，充分利用乡土植物和特色植物，保证季相变化、色彩变化、层次变化等。②植物品种丰富，常绿和落叶、乔木和灌木、地被和花草组合搭配，疏密有致，形成多样的空间。场地周边植物围合度应高一些，不易受外界打扰；场地中间保持视线通透，适当点缀球类和整形植物，起到分隔空间的作用即可。③选用观叶、观花、观果等特色植物，美化环境，增加场地趣味性，但应避免有毒有刺植物。花果的颜色和香气、形状奇特的植物能够引起孩子们的求知欲望，培养他们对于自然的热爱。植物可以挂上说明牌，标注植物的名称习性等，作为认知使用。比如，昆山经济技术开发区儿童活动区中的趣味植物认知园种植了以下植物，如表3-5-3所示。

此外，设计中也可以把植物和活动设施相结合，创造特色的活动空间。攀爬类的设施上可以用一些攀援植物，如澳大利亚堪培拉POD儿童游乐园的"豆荚"、荷兰海牙Billie游乐场（见图3-5-20）。在儿童球场边缘，可以设置一些小地形，种植耐践踏、生长速度快的草皮，为孩子们提供滑草运动的场地（见图3-5-21）。

图3-5-15 活动设施的公共艺术化

图 3-5-16 卡通座椅（图片来源：网络）

图 3-5-17 江苏盐城小马沟体育公园儿童探险园效果图三

图 3-5-18 景观台阶（图片来源：网络）

图 3-5-19 少儿多功能运动区

图 3-5-20 具有植物景观效果的活动设施（图片来源：网络）

表 3-5-3　趣味植物

猪笼草	含羞草	食虫草	跳舞草
南天竹	柿树	果石榴	土瓶草

图 3-5-21　多功能草坡（图片来源：网络）

本章注释

[1] 吴爽 . 儿童户外活动空间安全研究 [D]. 南京：南京农业大学，2008.

[2] Freeman C. Planning and play: creating greener environments.[J]. Children's Environments, 1995, 12(3):381-388.

[3] 上海市绿化和市容局网站—便民信息—公园（绿地）名录 .

[4] Stern G G. B=f (P, E)[J]. Journal of Projective Techniques & Personality Assessment, 1964, 28(3):161-168.

[5] 楼海文，徐浩，张秀乾，等 . 社区道路交往空间概念及特征 [J]. 上海交通大学学报（农业科学版），2013, 31(3):51-57.

[6] 胡洁，吴宜夏，安迪亚斯·路卡等 . 北京奥林匹克森林公园儿童乐园规划设计 [J]. 中国园林，2006 (3) :58-63.

[7] 姚时章，王江萍 . 城市居住外环境设计 [M]. 重庆：重庆大学出版社，2000.

[8] 汤晓敏，王云 . 景观艺术学——景观艺术与艺术原理 [M]. 上海：上海交通大学出版社，2013.

[9] 宛素春 . 城市空间形态解析 [M]. 北京：科学出版社，2004.

[10] 公园设计规范：GB51192-2016 [S]. 北京：中国建筑工业出版社，2016.

[11] 范长喜 . 北京城市公园儿童游戏场地空间布局研究 [D]. 哈尔滨：东北林业大学，2013.

[12] 韩燕 . 对综合公园儿童活动区场地的研析 [D]. 南京：南京林业大学，2009.

[13] 杨盖尔，何人可 . 交往与空间 [M]. 北京：中国建筑工业出版社，1992.

[14] 克莱尔·库珀·马库斯，卡罗琳·弗朗西斯 . 人性场所——城市开放空间设计导则 (第二版)[M]. 俞孔坚，孙鹏，王志芳，译，北京：中国建筑工业出版社，2001.

[15] 毛华松，詹燕 . 关注城市公共场所中的儿童活动空间 [J]. 中国园林，2005(9),14-18.

[16] 张天洁，刘庭风，李泽 . 发现与训育：20 世纪初中国儿童游戏场的发展 [J]. 中国园林，2012(5):91-94.

[17] 谭玛丽，周方诚 . 适合儿童的公园与花园——儿童友好型公园的设计与研究 [J]. 中国园林，2008(9):43-48.

4 安静休憩空间质量评价与更新策略研究

安静休憩空间是指适合开展静态类活动的空间。"安静"与"休憩"分别是对场地内部使用者适宜活动状态和活动内容的描述，它不是绝对的"安静"，而是用以表现一种与空间功能相协调的内部状态。由于人在空间中的活动的随意性，在概念界定和研究对象筛选时主要以场地本身性质和功能为依据，而不以场地空间中人群的行为和活动类型作为界定条件。

本书将"安静休憩空间"界定为在城市综合公园中，以硬质铺装为底界面，且边界清晰、空间相对独立，内部有一定休憩设施，适宜于静坐、观景、阅读等静态活动的休憩空间。具体而言，安静休憩空间具备以下三方面特征：①安静休憩空间的底界面是硬质铺装，适合开展静态类休憩活动；②安静休憩空间是相对独立的，与外部空间有一定的隔离，这种隔离可以是实体的垂直面限定，也可以是两种异质面所形成的暗示性隔离感，限定既可以是连续的，也可以是间断的，它不仅仅局限于公园中的安静休息区，还独立散置于各个功能分区中；③在场地内配置必要的休憩设施，主要包括座椅、坐凳、休憩建筑和具有坐憩功能的景观小品等。

4.1 研究对象与内容

基于区位、建造年代、风格以及规模等因素，筛选确定了 12 个上海城市综合公园作为研究样本：天山公园、复兴公园、徐家汇公园、人民公园、新虹桥中心花园、和平公园、鲁迅公园、杨浦公园、黄兴公园、长风公园、大宁灵石公园和世纪公园。通过对 12 个样本公园的预调研，最终确定了 61 个安静休憩场地作为研究样点（见表 4-1-1），样点分布如附录 2 所示。

基于文献研究和实地调研，首先从空间边界形态、开闭类型对 61 个研究样点进行分类，分析其布局特征、界面特征、内部构成要素与特征。采用层次分析法（AHP），通过建立质量等级评价模型，对 61 个样点的安静休憩适宜性等级进行评判。

4.2 安静休憩场地空间特征分析

4.2.1 场地空间类型与界面特征

调查结果显示，场地空间按照边界形态可分为口袋式、内凹式、环抱式、条带式 4 类；按照空间的开闭程度可分为开敞式、半开敞式、封闭式 3 类（见表 4-1-1）。

1）边界形态与布局特征

空间的高低、大小、曲直、开合等都影响着人们对空间的感受，不同的空间形态可引导人们的行动方向[1]。安静休憩场地作为城市综合公园中边界清晰的积极空间，研究其边界形态是判定场地空间功能的前提。通过对 61 个样点场地平面进行分析和研究得出，其边界形态可分为口袋式、内凹式、环抱式和条带式（见表 4-1-1）。

（1）口袋式。场地入口呈狭长通道式，如表 4-2-1 所示。调研结果显示，上海 12 个样本公园的 61 个样点场地中有 33 个口袋式边界，其特征包括：①常设置在密林深处、山林之间等环境优美处；②主要以植物为其特征界面，空间独立性好，围合度普遍较高；③整体场地边界形态多样，内部层次丰富，具有一定律动感；④适宜于内聚式活动和较长时间

的停留休憩。

（2）内凹式。调研结果显示，上海 12 个样本公园的 61 个样点场地中有 13 个内凹式空间（见表 4-2-2），其特征包括：①场地开口较大，并常与公园道路、其他场地直接相连，可达性较高；②以开敞空间为主，视线与外部空间连通，抗干扰性相对较弱；③适宜短时间的休憩活动，有时也作为一种其他功能场地的附属空间。

（3）环抱式。场地呈圆环式，形态规整。调研结果显示，上海 12 个样本公园的 61 个样点场地中有 8 个环抱式场地（见表 4-2-3），其特征包括：①空间比较独立，呈现出较高的向心力；②圆环中心常设置花坛、水体或雕塑等景观小品，形成视觉焦点；③休憩设施沿中央景观呈环形布置，有一定秩序性，内部活动相互干扰较小；④界面以透为主，边界要素以灌木、小乔为主；⑤适宜于内聚式观景活动和 2~3 人的小团体休憩。

（4）条带式。条带式场地空间狭长，整体连通度较好，有较强的秩序性和节奏感。调研结果显示，上海 12 个样本公园的 61 个样点场地中有 9 个条带式场地（见表 4-2-4），其特征包括：①条带式场地均滨水而建，背水面以植物围合为主；②空间具有一定的通过性，内部设施也呈线性布置；③场地内外视线通透连续，适宜于外向观景活动，私密性稍差。

2）界面特征与开闭类型

格式塔心理学认为视觉感知的空间不单单只是单个空间，更多的是一种全景空间[2]，因此，由不同界面所形成的空间具有其特定的性质和功能。安静休憩场地空间不仅仅是底面铺装的限定，其侧界面是影响空间品质、休憩者的心理感受和活动方式的重要因素[2]。休憩者对场地的感知是由各种界面和具体处理方式的叠加而综合产生的，但在不同场地当中各个界面对于主体所产生的影响有所不同，其中起主导作用的界面决定了空间特质和休憩者对场地的认知，这种主导的界面称为场地的特征界面。调研结果显示，61 个样点空间的特征界面分 3 种类型：水体界面、道路或场地界面和植物界面。安静休憩场地是以特征界面为主、多种要素相互组合来

限定空间的，如图 4-2-1 所示。

场地的空间感取决于其侧界面的围合度[3]，根据侧界面围合要素的形式、高度、密实度和连续性等的不同，可以分为开敞、半开敞和郁闭空间 3 种类型，任何一种空间类型都具有一定的属性和特质，从而引发使用者的不同感受并且从一定程度上暗示其行为。开敞空间使人心情舒畅、心旷神怡，封闭空间使人气定神宁、亲切宜人，适合私密性要求较高的静态休憩活动[4]。调查结果显示，61 个安静休憩样点场地中，开敞式场地有 33 个，以水、道路和场地的界定为主，内凹式边界形态最多；半开敞场地有 17 个，以植物为其特征界面，口袋式边界形态居多；郁闭场地都是以植物为特征界面，边界形态主要为口袋式。总体来说，安静休憩场地当中口袋式边界形态和开敞式空间类型较为常见，如图 4-2-2 所示。

通过对不同空间类型、边界形态的界面要素分析不难发现：植物可以视为安静休憩场地中最重要的界定要素，不论是以水为特征界面或是以道路场地为特征界面，都与植物要素产生关系，并借助植物来对空间进行界定。

表 4-1-1 安静休憩样点空间特征一览表

样点编号	场地规模 / m²	样本公园	边界形态	开闭类型	场地编号	场地规模 / m²	样本公园	边界形态	开闭类型
1	285	天山公园 7.33hm²	口袋式	开敞式	31	524	杨浦公园 22.00hm²	口袋式	封闭式
2	123		口袋式	开敞式	32	744		内凹式	开敞式
3	185		条带式	开敞式	33	574		条带式	半开敞式
4	162		口袋式	半开敞式	34	109		口袋式	封闭式
5	204		口袋式	半开敞式	35	240		口袋式	开敞式
6	236		口袋式	半开敞式	36	305		口袋式	封闭式
7	68		环抱式	半开敞式	37	157		环抱式	半开敞式
8	52		口袋式	半开敞式	38	1035	鲁迅公园 28.63hm²	条带式	开敞式
9	32		口袋式	半开敞式	39	355		口袋式	开敞式
10	597	复兴公园 7.68hm²	环抱式	开敞式	40	68		内凹式	开敞式
11	347		口袋式	开敞式	41	1600		口袋式	封闭式
12	55		内凹式	半开敞式	42	492		条带式	开敞式
13	497		口袋式	封闭式	43	162		内凹式	开敞式
14	368	徐家汇公园 8.66hm²	内凹式	开敞式	44	499	长风公园 36.60hm²	口袋式	开敞式
15	356		口袋式	半开敞式	45	128		口袋式	半开敞式
16	141		口袋式	开敞式	46	273		口袋式	封闭式
17	68		条带式	半开敞式	47	361		环抱式	封闭式
18	233	人民公园 12.00hm²	口袋式	封闭式	48	281		环抱式	封闭式
19	145		口袋式	开敞式	49	801		口袋式	半开敞式
20	211		口袋式	封闭式	50	70		口袋式	封闭式
21	280	新虹桥中心花园 13.00hm²	口袋式	封闭式	51	262		条带式	开敞式
22	58		内凹式	开敞式	52	230		内凹式	开敞式
23	190		口袋式	开敞式	53	98		口袋式	开敞式
24	115	和平公园 17.33hm²	口袋式	半开敞式	54	108		口袋式	开敞式
25	45		环抱式	半开敞式	55	185	黄兴公园 39.19hm²	口袋式	封闭式
26	173		环抱式	半开敞式	56	237		内凹式	开敞式
27	48		条带式	开敞式	57	86	大宁灵石公园 68.00hm²	内凹式	开敞式
28	500		内凹式	开敞式	58	524		口袋式	开敞式
29	244		环抱式	封闭式	59	589		口袋式	封闭式
30	1770		内凹式	开敞式	60	419	世纪公园 140.30hm²	条带式	开敞式
					61	2300		条带式	开敞式

表 4-2-1 口袋式形态特点与口袋式样本空间平面布局一览表

口袋式场地入口处呈收缩状态，开口通道狭长，形成一定缓冲空间，内部空间与入口通道视觉感受形成较为明显的开闭对比		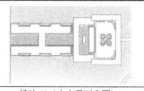
形态特征	典型样式	场地 59（大宁灵石公园）

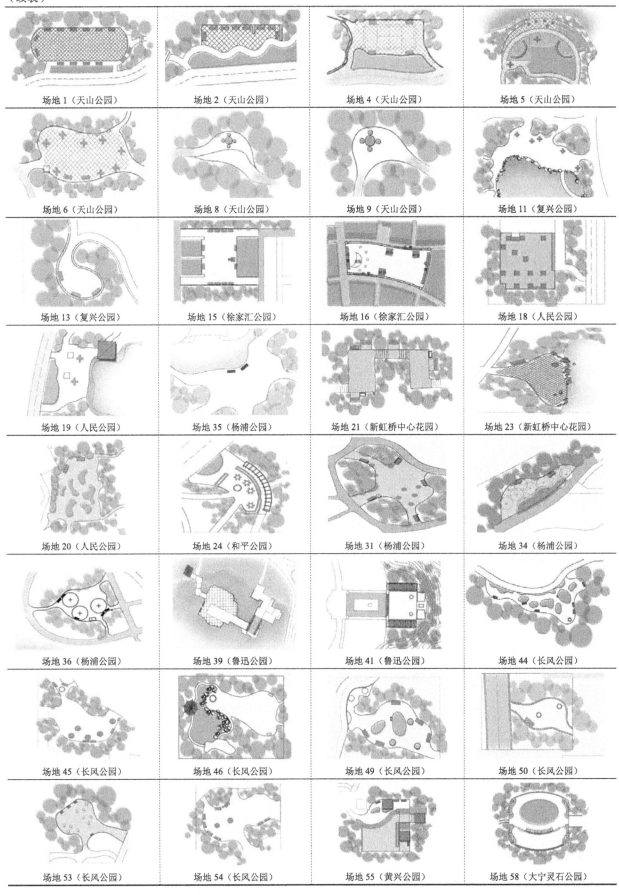

场地 1（天山公园）	场地 2（天山公园）	场地 4（天山公园）	场地 5（天山公园）
场地 6（天山公园）	场地 8（天山公园）	场地 9（天山公园）	场地 11（复兴公园）
场地 13（复兴公园）	场地 15（徐家汇公园）	场地 16（徐家汇公园）	场地 18（人民公园）
场地 19（人民公园）	场地 35（杨浦公园）	场地 21（新虹桥中心花园）	场地 23（新虹桥中心花园）
场地 20（人民公园）	场地 24（和平公园）	场地 31（杨浦公园）	场地 34（杨浦公园）
场地 36（杨浦公园）	场地 39（鲁迅公园）	场地 41（鲁迅公园）	场地 44（长风公园）
场地 45（长风公园）	场地 46（长风公园）	场地 49（长风公园）	场地 50（长风公园）
场地 53（长风公园）	场地 54（长风公园）	场地 55（黄兴公园）	场地 58（大宁灵石公园）

表 4-2-2　内凹式形态特点与内凹式样本空间平面布局一览表

场地整体形态呈现内凹形式，在形态上与外部环境直接相连，入口呈外向开放式

边界特征		典型样式	
场地 12（复兴公园）	场地 14（徐家汇公园）	场地 22（新虹桥中心公园）	场地 28（和平公园）
场地 30（和平公园）	场地 32（杨浦公园）	场地 40（鲁迅公园）	场地 43（鲁迅公园）
场地 52（长风公园）	场地 56（黄兴公园）	场地 57（大宁灵石公园）	

表 4-2-3　环抱式形态特点与环抱式空间平面布局一览表

环抱式的场地以圆形为基底，中部挖空，首尾相连，呈环状，以圆心为中心，内部空间呈现一定的对称性

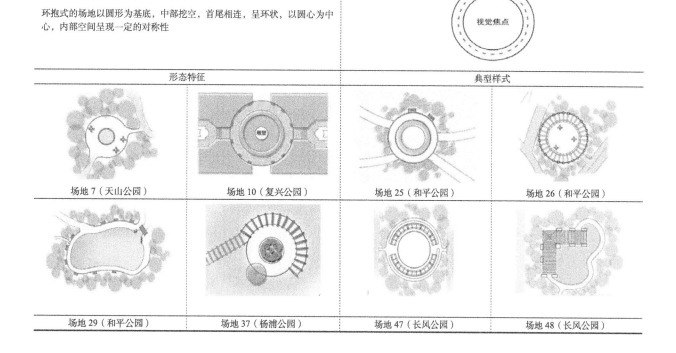

形态特征		典型样式	
场地 7（天山公园）	场地 10（复兴公园）	场地 25（和平公园）	场地 26（和平公园）
场地 29（和平公园）	场地 37（杨浦公园）	场地 47（长风公园）	场地 48（长风公园）

表 4-2-4 条带式形态特点与条带式空间布局一览表

形态特征	典型样式	场地 3（天山公园）
属线性空间，边界形态狭长，整体连通度较好，空间呈现较强的秩序性和节奏感		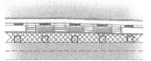

场地 17（徐家汇公园）	场地 27（和平公园）	场地 33（杨浦公园）	场地 38（鲁迅公园）

场地 42（鲁迅公园）　　场地 51（长风公园）　　场地 60（世纪公园）　　场地 61（世纪公园）

（1）开敞空间。人的视平线高于空间侧界面时，空间是开敞的，其开敞程度与视点和景物之间的距离成正比，与视点高出景物的高差成正比[3]。开敞空间主要通过水体和道路等在水平面上的延展和分隔，而在垂直面上的界定较少，使人的视平线高于周边景物，这样的空间在视觉上具有连续性，内部活动以外向观景为主。

26 个开敞式场地中，以水为特征界面的场地有 16 个（见表 4-2-5）；以道路、场地为特征界面的场地有 6 个（见表 4-2-6）；以植物为特征界面的场地有 4 个（见表 4-2-6）。

开敞式场地空间主要以乔木、地被以及水生植物等形成上层结构和下层结构对场地予以限定。常用乔木包括：香樟、悬铃木、华盛顿棕榈、广玉兰、无患子、中国梧桐、雪松、垂柳、池杉、水杉；常用灌木包括：珊瑚、八角金盘、红叶石楠、棕榈、瓜子黄杨、夹竹桃、茶梅、红枫、青枫、毛鹃、红花檵木、小叶黄杨球、黄馨；常用地被包括：麦冬、草坪、一年生草花（矮牵牛、太阳花、三色堇等）、大吴风草；水生植物包括：再力花、睡莲。

（2）半开敞空间。半开敞场地主要是通过渗透的手法与外部空间分割，但又使其与外环境产生一定的视线关系，可以通过镂空的景墙、植物枝叶等形成漏景、框景和借景，这样不仅从视觉上扩大空间、

丰富层次，也可以从场地内部进行多个空间的划分，增加其多样性和趣味性，形成开合有致、视线通透，又具有一定私密性的场地空间。

17 个半开敞场地空间中，以植物为特征界面的场地有 14 个（见表 4-2-7）；以道路、场地为特征界面的场地有 1 个（见表 4-2-7）；以水体为特征界面的场地有 2 个（见表 4-2-7）。

半开敞式空间主要以乔灌草等组合搭配形成视线渗透的上中下结构、中下结构以及中上结构的植物界面。常用乔木包括：雪松、香樟、悬铃木、枫杨、广玉兰、棕榈；常用灌木包括：龙柏球、紫藤、金桂、慈孝竹、垂丝海棠、毛鹃、海桐、红花檵木、珊瑚、红叶李、青枫、茶梅、南天竹、红枫、金边黄杨；常用地被包括：麦冬、大吴风草；水生植物为香蒲。

（3）郁闭空间。郁闭式场地主要依靠侧界面的密实度和连续性来营造出一种内聚式的空间，常以植物、墙体和地形限制人的视线，形成的空间近景具有感染力，四面景物清晰可见，这类场地给人以亲切和安全感，但近距离、长时间停留易使视觉疲劳，产生闭塞感。

18 个封闭式场地空间中，均是以植物为特征界面，采用不同形式的乔灌草组合搭配形成视线内聚的郁闭场地（见表 4-2-8）。郁闭式场地主要运用乔灌草的密植式组合形成上中下结构、中上结构、中

下结构的植物界面，使得内外视线无法穿透。常用乔木包括：水杉、香樟、雪松、国槐、湿地松、悬铃木、广玉兰；常用灌木包括：洒金桃叶珊瑚、八角金盘、夹竹桃、枇杷、金桂、早园竹、木槿、龙柏、毛鹃、冬青、红枫；常用草本地被包括：红花酢浆草、麦冬、葱兰、矮麦冬。

4.2.2 空间内部要素

安静休憩场地空间内部构成要素可以分为休憩设施、场地铺装、植物、装饰性和服务性的景观小品等。

1）休憩设施

对于安静休憩场地来说，休憩设施是其内部重要组成要素，主要包括座椅、坐凳，亭、廊等休憩建筑以及一些具有坐憩功能的景石、花坛、台阶等。

不同材质的休憩设施体感差异较大，石材和金属坐凳耐久性好，但夏热冬凉；木质设施舒适度高，但耐久性差。61 个场地内的休憩设施布局有 3 种形式：石桌凳组合和休憩建筑点状散布于场地边缘或中央；休憩座椅和坐凳线形布置于场地边缘；网格式布置于场地中的树池和花坛，形成林荫休憩空间。

（1）座椅、坐凳。座椅、坐凳是安静休憩场地中最为常见的休憩设施，以木质和石料为主，如表4-2-9 所示。

（2）休憩建筑。亭、廊等景观建筑内部一般设有座椅与坐凳，也是场地中重要的休憩设施，同时具有遮阳挡雨的功能，通常布置于场地边界处。休憩建筑的美感度和识别性有助于场地空间景观品质的提升，如表 4-2-10 所示。

（3）具有坐憩功能的景观小品。场地中的景石、台阶、花坛、种植池等具有坐憩功能，兼具实用性和景观性，在布局上相对灵活，多在场地当中成行列式的布置或沿边界设置，如表 4-2-11 所示。

2）场地与铺装

空间主要是由垂直面限定的，但唯一的连续界面是底界面，场地铺装为安静休憩活动的开展提供最基础的保障。好的铺装不仅可以削弱硬质场地带来的单调感，还可以通过局部变化的图案形式暗示空间范围，丰富场地层次，同时还可以界定空间的边界，强化场地领域感。

调研结果显示，61 个安静休憩样点场地铺装主要包括块状铺装、碎石铺装、嵌草铺装和整体铺装 4 种，其中块状铺装在安静休憩场地中运用最为普遍，常选用天然块石、砖、预制混凝土块等铺砌成席纹、

水体界面：通过底平面限制空间，让休憩者在视觉上有充分的连续性和渗透性，加上水体本身的灵动性，其所形成的空间整体氛围也相对活泼和外向，具有亲水性

道路场地界面：通过底平面来限定空间，铺装的不同形式和肌理等来分隔空间，或通过场地的抬高或下沉，这类空间通常具有良好的识别性和可达性

植物界面：可在底平面、垂直面和顶平面上界定，植物枝干大小、疏密程度和种植形式都会对场地的使用和内部行为造成影响。以植物界定的空间常常具有较好的围合感和私密性

图 4-2-1 样点空间特征界面

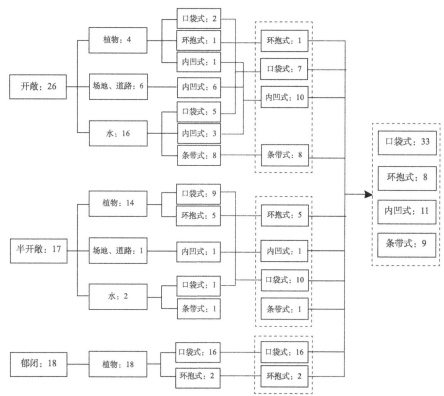

图 4-2-2 样点场地界面特征与空间类型一览表

表 4-2-5 以水为特征界面的开敞式场地

| 场地 60- 条带式 | 场地 6 条带式 | 场地 11- 口袋式 | 场地 19- 口袋式 |

| 场地 35- 口袋式 | 场地 39- 口袋式 | 场地 42- 条带式 | 场地 51- 条带式 |

表 4-2-6 以植物、道路与场地为特征界面的开敞式场地

植物特征界面

| 场地 10- 环抱式 | 场地 57- 内凹式 | 场地 1- 口袋式 | 场地 22- 口袋式 |

| 植物特征界面 | | 道路与场地特征界面 | |
| 场地 14- 内凹式 | 场地 14- 内凹式 | 场地 28- 内凹式 | 场地 40- 内凹式 |

道路与场地特征界面

| 场地 32- 内凹式 | 场地 43- 内凹式 | 场地 52- 内凹式 | 场地 52- 内凹式 |

表 4-2-7 半开敞式场地与特征界面

植物特征界面

| 场地 15- 口袋式 | 场地 26- 环抱式 | 场地 6- 口袋式 | 场地 8- 口袋式 |

| 场地 17- 口袋式 | 场地 24- 口袋式 | 场地 7- 环抱式 | 场地 4- 口袋式 |

植物特征界面

| 场地 9- 口袋式 | 场地 25- 口袋式 | 场地 45- 口袋式 | 场地 49- 口袋式 |

水体界面特征　　　　　　　　　　　　　　道路场地界面特征

| 场地 5- 口袋式 | 场地 33- 条带式 | 场地 37- 环抱式 | 场地 12- 内凹式 |

表 4-2-8 封闭式场地界面特征和要素组成

场地 13- 口袋式	场地 21- 口袋式	场地 31- 口袋式	场地 36- 口袋式
场地 41- 口袋式	场地 44- 口袋式	场地 46- 口袋式	场地 50- 口袋式
场地 53- 口袋式	场地 54- 口袋式	场地 55- 口袋式	场地 48- 环抱式
场地 29- 环抱式	场地 59- 口袋式	场地 20- 口袋式
场地 34- 口袋式	场地 18- 口袋式	场地 58- 口袋式

间方、冰纹等形式；其次为碎石铺装，常以卵石、瓦缸片等镶嵌而成；整体铺装在安静休憩场地中的使用相对较少，局部常以卵石等其他材质作为修饰，如表4-2-12、表4-2-13、表4-2-14所示。

3）植物

植物是安静休憩场地中的关键要素。61个安静休憩场地空间植物种植形式可分为孤植、散植和群植3类。安静休憩场地内部植物常以下层结构、中下层结构为主；也有利用乔木的阵列式布置对空间进行划分，以上层结构和上下层结构为主。不同种植形式的植物在场地中发挥不同的功能，可分为林荫型、装饰型、生态隔离型3类，常用乔木包括水杉、香樟、黄山栾树、垂柳、中国梧桐、雪松等；常用灌木包括木芙蓉、毛鹃、紫藤、南天竹、红叶石楠、鸡爪槭、构骨球、红枫、紫竹；地被包括四季草花、麦冬、红花酢浆草等。

在61个场地当中共有42个场地内部借助植物来分隔空间。其中林荫型主要是以植物覆盖性的树冠为内部休憩者提供宜人的活动空间（见表4-2-15）；景观视觉型则是充分利用植物的造景功能在场地内部形成视觉焦点，为休憩者提供具有观赏价值的园林景观，还常运用爬藤类植物与休憩建筑搭配，对其进行修饰（见表4-2-16）；生态环境型侧重于利用植物防风、防尘、降噪等生态功能（见表4-2-17）。

4）其他景观小品与设施

在安静休憩场地中，除了休憩设施外，还需配置装饰类景观设施和功能性景观设施，主要包括：水体与附属设施、景墙与雕塑、景石与假山、照明设施、卫生设施和信息设施，如表4-2-18、表4-2-19所示。

4.3 安静休憩空间质量评价体系构建

4.3.1 评价指标的筛选

1）安静休憩行为发生的条件

安静休憩场地主要承担闲坐、静思、下棋、阅读、闲聊等静态类活动，这些活动对环境的要求比动态类活动发生的条件更加苛刻，需要更高的环境品质，如果物理空间与游人心理需求有偏差，则较难引导安静休憩行为的发生。因此，安静休憩行为的发生应具备以下条件：①空间具有领域感和私密性，即休憩者在环境当中拥有暂时的占有权和排他性，能够自由控制与外界的信息交流，从而获得心理上的安全感，全身心融入环境中；②空间人性化，空间宜人、尺度适中、景色优美，让休憩者产生心理上的舒适感和归属感；③空间使用的自主性，使用者在空间中有选择、支配空间的权利和自由。

2）安静休憩场地空间质量影响因素分析

安静休憩场地的好坏取决于这类空间是否能为休憩者营造出功能与行为相符、实用性与舒适性相结合、景色优美的高品质环境[5]，满足休憩者生理、心理和社会等多方便需求。只有当人们找到环境与心理上的共鸣，使行为和环境相互配合，才能够更加固化这种模式，将场地价值最大化。

本研究从上海综合公园安静休憩场地的实际情况出发，结合景观设计学、环境心理学、游憩行为学和环境美学等多学科理论，对其内部构成、界面要素等特征进行分析和总结，基于使用者的心理需求，初步筛选出安静休憩场地空间质量的影响因素，通过相关专家意见征询后，确定安静休憩场地空间质量的3个层面影响因素：私密性、舒适度、美感度。

（1）私密性。奥尔特曼把私密性定义为个体有选择地控制他人或集体接近自己，总体来说私密性就是休憩者对信息的有效控制，从而使得其有心理上的安全感[5]。霍尔将人际交往划分成了4种距离[6]，其中的"公共距离"是指使用者在看书、静坐、思考等活动过程中不受外界干扰的距离，但这种距离会随国家、地区的文化差异而产生变化。因此，在设施布置时需进一步考量间距的适宜性，确保空间的私密性，以满足使用者在看书、交流、观景时不受干扰，并得到心理上的安全感。

（2）舒适度。基于使用者对整体环境的感受，考察作为行为载体的安静休憩场地是否满足使用者休憩需求，避免受到环境、行为障碍和气候等影响；休憩设施、场地铺装等实体要素是否与其行为和心理需求相协调，同时也包含了使用者与外部环境信

表 4-2-9　座椅、坐凳一览表

场地 24（和平公园）	场地 26（和平公园）	场地 52（长风公园）	场地 19（人民公园）
场地 6（天山公园）	场地 7（天山公园）	场地 8（天山公园）	场地 9（天山公园）
场地 11（复兴公园）	场地 5（天山公园）	场地 16（徐家汇公园）	场地 58（大宁灵石公园）
场地 17（徐家汇公园）	场地 21（新虹桥中心花园）	场地 40（鲁迅公园）	场地 57（大宁灵石公园）
场地 20（人民公园）	场地 22（新虹桥中心花园）	场地 25（和平公园）	场地 27（和平公园）
场地 31（杨浦公园）	场地 32（杨浦公园）	场地 34（杨浦公园）	场地 35（杨浦公园）
场地 36（杨浦公园）	场地 10（复兴公园）	场地 38（鲁迅公园）	场地 42（鲁迅公园）

场地 43（鲁迅公园）	场地 44（长风公园）	场地 45（长风公园）	场地 49（长风公园）
场地 4（天山公园）	场地 51（长风公园）	场地 60（世纪公园）	场地 53（长风公园）
场地 18（人民公园）	场地 50（长风公园）	场地 29（和平公园）	场地 46（长风公园）
场地 33（杨浦公园）	场地 13（复兴公园）	场地 55（黄兴公园）	场地 23（新虹桥中心花园）
场地 1（天山公园）	场地 2（天山公园）	场地 15（徐家汇公园）	场地 14（徐家汇公园）

表 4-2-10 休憩建筑一览表

场地 12（复兴公园）	场地 19（人民公园）	场地 24（和平公园）	场地 26（和平公园）
场地 33（杨浦公园）	场地 37（杨浦公园）	场地 39（鲁迅公园）	场地 41（鲁迅公园）

场地 46（长风公园）	场地 47（长风公园）	场地 48（长风公园）	场地 55（黄兴公园）
场地 56（黄兴公园）	场地 57（大宁灵石公园）	场地 58（大宁灵石公园）	场地 59（大宁灵石公园）

表 4-2-11 坐憩型景观小品一览表

场地 3（天山公园）	场地 18（人民公园）	场地 23（新虹桥中心花园）	场地 28（和平公园）
场地 29（和平公园）	场地 30（和平公园）	场地 61（世纪公园）	场地 16（徐家汇公园）
场地 39（鲁迅公园）	场地 46（长风公园）	场地 57（大宁灵石公园）	场地 59（大宁灵石公园）

表 4-2-12 块状铺装形式一览表

场地 1 花岗岩	场地 3 花岗岩	场地 10 花岗岩	场地 12 花岗岩
场地 13 花岗岩	场地 14 花岗岩	场地 9 弹石	场地 15 花岗岩

场地17 花岗岩	场地18 花岗岩	场地19 花岗岩加条石	场地21 花岗岩
场地27 花岗岩	场地48 花岗岩	场地56 花岗岩	场地59 花岗岩夹卵石
场地60 花岗岩加广场砖	场地23 人造石	场地55 广场砖	场地37 人造石
场地22 弹石	场地39 石材加砖	场地58 弹石	场地53 波形透水砖
场地2 青砖	场地4 透水砖	场地6 花岗岩加砖	场地16 席纹青砖
场地20 席纹青砖	场地28 青砖	场地31 水泥砖	场地32 透水砖
场地34 透水砖	场地36 陶粒砖	场地44 透水砖	场地45 透水砖

（续表）

| 场地 49 青砖 | 场地 50 波形透水砖 | 场地 52 透水砖 | 场地 27 防腐木 |
| 场地 5 防腐木 | 场地 57 防腐木 | 场地 61 防腐木 | 场地 38 人造石 |

表 4-2-13 碎石铺装形式一览表

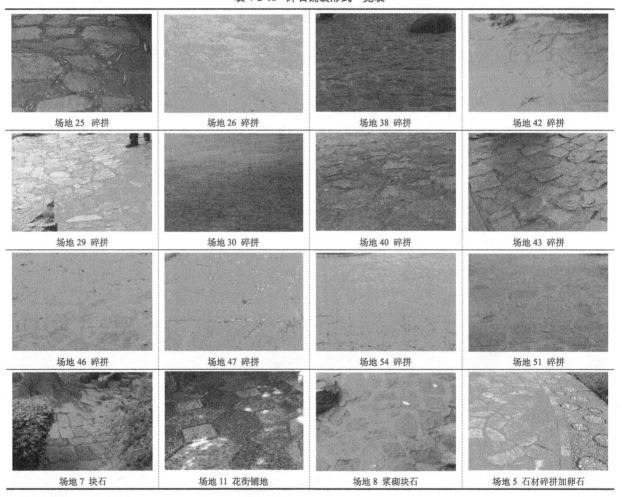

场地 25 碎拼	场地 26 碎拼	场地 38 碎拼	场地 42 碎拼
场地 29 碎拼	场地 30 碎拼	场地 40 碎拼	场地 43 碎拼
场地 46 碎拼	场地 47 碎拼	场地 54 碎拼	场地 51 碎拼
场地 7 块石	场地 11 花街铺地	场地 8 浆砌块石	场地 5 石材碎拼加卵石

表 4-2-14　整体场地铺装与嵌草铺装形式一览表

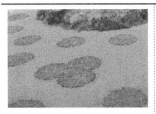

| 场地 35 混凝土嵌卵石 | 场地 55 沥青铺地 | 场地 24 混凝土嵌卵石 | 场地 33 混凝土砌块嵌草 |

表 4-2-15　林荫型植物景观一览表

| 场地 5 水杉树阵 | 场地 34 水杉树阵 | 场地 20 水杉树阵 | 场地 28 黄山栾树树阵 |

| 场地 30 香樟树阵 | 场地 31 香樟树阵 | 场地 18 香樟树阵 | 场地 33 香樟 |

| 场地 49 香樟 / 茶梅 | 场地 50 香樟 | 场地 51 香樟 | 场地 58 香樟 / 麦冬 |

| 场地 36 朴树 | 场地 38 垂柳 + 麦冬 | 场地 43 散点式梧桐 | 场地 45 广玉兰 |

| 场地 53 雪松 | 场地 54 桩景树 | 场地 52 紫竹 | 场地 57 雪松 |

表 4-2-16　装饰型植物景观一览表

| 场地 10 四季草花 | 场地 16 矮牵牛 | 场地 25 整形花坛 | 场地 37 红叶石楠球 / 毛鹃 |

| 场地 41 瓜子黄杨 | 场地 42 红枫 / 构骨球 / 麦冬 | 场地 47 红枫 / 景石 / 毛鹃 / 草花 | 场地 48 红叶石楠球 / 苏铁 |

| 场地 26 紫藤 | 场地 33 紫藤 | 场地 58 紫藤 | 场地 35 黄金菊 / 蒲苇 / 麦冬 |

表 4-2-17　生态隔离型植物景观一览表

| 场地 12 紫藤 / 藤本月季 / 毛鹃 | 场地 59 紫藤 | 场地 59 龙柏 | 场地 37 红叶石楠球 / 毛鹃 |

表 4-2-18　装饰类景观设施一览表

水体与附属设施

| 场地 10 喷泉 | 场地 19 水岸与景石 | 场地 29 水体 | 23 边界置石 |

| 场地 17 水岸护栏 | 场地 27 水岸护栏 | 场地 38 水岸护栏 | 场地 22 水岸护栏 |

景墙与雕塑

| 场地 41 纪念性景观墙 | 场地 1 景墙 | 场地 41 鲁迅雕像 | 场地 14 雕塑 |

景石与假山			

场地33 假山	场地39 假山	场地52 景石	场地58 景石

表 4-2-19　功能性景观设施一览表

照明设施				

场地2（天山公园）	场地10（复兴公园）	场地21（新虹桥中心花园）	场地21（新虹桥中心花园）	场地27（和平公园）

场地43（鲁迅公园）	场地46（长风公园）	场地60（世纪公园）	场地58（大宁灵石公园）	场地59（大宁灵石公园）
卫生设施				

场地49（长风公园）	场地58（大宁灵石）	场地11（复兴公园）	场地21（新虹桥中心公园）	场地32（鲁迅公园）

（续表）

挂衣设施

| 场地 1（天山公园） | 场地 28（和平公园） | 场地 30（和平公园） | 场地 39（鲁迅公园） | 场地 39（鲁迅公园） |

信息设施

场地 16（徐家汇公园）　场地 19（人民公园）　场地 31（杨浦公园）　场地 58（大宁灵石）　场地 61（世纪公园）

息交流的适宜性和整体环境带给使用者的心理感受。

（3）美感度。使用者以感觉器官在外部环境的刺激中收集各种信息，并结合大脑判断出在这类空间中所进行的行为，形成一种对环境的认知和理解，即环境认知[6]，其中又属视觉感知最为发达，能从外环境获取大量信息。在环境当中，以视觉为主的感知要素主要有实体要素的色彩、形式和一些非视觉的生理感知，如光影、芳香、鸟鸣等，都在一定程度上影响了休憩者对环境的生理与心理反应，左右着人们的情感和对空间的感受，因此，将物理空间带给人的视觉、听觉、嗅觉等感官上的冲击和影响力作为研究安静休憩场地空间适宜性的一个重要因素。

4.3.2 评价模型构建

根据对使用者行为心理研究和场地空间质量的影响因素分析，构建了 3 个层级的 12 项因子的评价指标体系（见图 4-3-1、表 4-3-1）。

1）评价指标权重确定

指标权重的判断主要是以专家打分法为主，邀请风景园林相关专业的教师、公园管理人员、景观

设计师与工程师，风景园林专业的硕士和本科生在内的 30 位专业人士共同参与填写判断矩阵，将结果输入 YAAHP v6.0patch2 软件生成模型，并计算结果，如图 4-3-1 所示。在判断矩阵当中，当 n≥3 时，将计算结果代入公式 4-3-1。

$$CR = \frac{\lambda_{\max} - n}{RI(n-1)} \qquad (4\text{-}3\text{-}1)$$

只有当 $CR < 0.1$ 时，矩阵一致性检验通过，准则层一致性检验结果为：λ_{max}=3.0092、CI=0.0046、CR=0.0088<0.1，因子层一致性检验通过。根据对各层次单排序的计算和一致性检验，最终确定了各指标因子的总排序权重（见表 4-3-1）。

2）评价模型构建

根基于多因子指数分析法，将城市公园安静休憩空间综合质量指数设为 M，影响综合质量指数 M 的各项因子得分设为 Xi，其中 r 代表所发放的调查问卷中有效问卷的数量，则对于单个安静休憩空间而言，单因子质量评价采用公式 4-3-2 计算：

$$\overline{Xi} = \frac{X_1 + X_2 + X_3 + \dots + X_r}{R} \qquad (4\text{-}3\text{-}2)$$

在确定各层指标权重的基础上，可以建立安静休憩场地空间质量的综合评价模型：

$$M_{\beta} = \sum_{i=1}^{n} F(C_i)W(C_i) \qquad (4\text{-}3\text{-}3)$$

其中，M_{β} 代表空间综合评价值，$F(C_i)$ 表示各指标层因子的得分，$W(C_i)$ 代表此指标因子相对于目标层的权重大小。

4.3.3 质量等级划分与取值标准

通过对 61 个安静休憩样点的现状调研和特征总结，从使用者行为心理出发，借鉴相关研究成果[7][8][9][10][11][12]，征询专家建议并修正后，最终确定各指标层的评分标准。

根据评分标准，运用李克特量表 (Likert scale)，将评价因子赋值由高到低划分为 5 个等级：Ⅰ级（优）、Ⅱ级（良）、Ⅲ级（中）、Ⅳ级（差）、Ⅴ级（极差），如表 4-3-2 所示，并将安静休憩场地空间质量等级划分为 4 个等级（见表 4-3-3）。

1）私密性评价指标取值标准

安静休憩空间的私密性程度 B1 由空间围合度 C1、空间抗干扰性 C2 两方面决定，其取值标准如表 4-3-4 所示。

（1）空间围合度 C1。它是指鉴于安静休憩活动的特殊性，需要寻求私密的围合而不是完全的闭合，主要取决于垂直界面要素（植物、水体、景墙等）的形式、疏密程度以及高度。有一定围合度的空间边界清晰，能满足使用者的私密需求，并获得心理上的安全感，并从一定程度上暗示空间功能，引导使用者进入。

（2）空间抗干扰性 C2。它是指空间通过对外界干扰的抵御而给使用者营造出具有安全感的休憩环境，主要包括场地对外界干扰的抵御能力和场地内部个人空间的抗干扰能力，是影响私密性的一个重要因子。

2）舒适度评价指标取值标准

安静休憩场地的舒适度 B2 是从使用者感受出发，考察空间的空间容量适宜度 C3、空间使用协调

度 C4、微环境舒适度 C5、休憩设施人性化 C6、场地铺装适用性 C7 等方面的质量。受内部设施的容量、场地微环境、休憩设施和底平面铺装等因素影响。各指标因子的评分标准如表 4-3-5 所示。

3）美感度评价指标取值标准

安静休憩场地的美感度 B3 有助于安静休憩场地空间品质的提升。主要考察休憩设施造型美感度 C8、场地铺装艺术性 C9、植物景观美感度 C10、硬质景观要素美感度 C11、周边环境美感度 C12 等方面的质量，其评价指标的取值标准详见表 4-3-6。

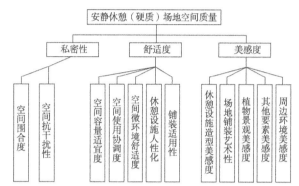

图 4-3-1 YAAHP v6.0patch2 生成 AHP 层次结构模型图

4.4 安静休憩空间质量等级分析

4.4.1 安静休憩场地空间综合质量等级分析

1）样本空间综合质量等级

如图 4-4-1 所示，61 个安静休憩场地中，质量等级Ⅰ级以上的场地数为 8，占 13%；Ⅱ级场地数为 30，占 49%；Ⅲ级场地数为 22，占 36%；Ⅳ级场地数为 1，占 2%。

8 个Ⅰ级场地中有 6 个属于口袋式场地，其最大的优势在于空间私密性高；而在良好以下的内凹式和口袋式分别有 8 个，主要劣势在于其空间围合度和抗干扰能力较弱，或是舒适度和场地艺术性不佳。

2）样本公园的安静休憩空间综合质量等级

如图 4-4-2 所示，12 个样本城市综合性公园中，安静休憩场地空间综合质量为Ⅰ级和Ⅳ级的公园皆为 0 个；Ⅱ级的公园 7 个，占 58%；Ⅲ级公园 5 个，占 42%。

表 4-3-1 安静休憩场地空间质量评价指标层次与权重

目标层	准则层	准则层权重	因子层一致性检验	因子层	单排序权重	总排序权重
安静休憩（硬质）场地空间质量评价 A	私密性 B1	0.5396	$N=2$ 不用一致性检验	空间围合度 C1	0.2500	0.1349
				空间抗干扰性 C2	0.7500	0.4047
	舒适度 B2	0.2970	$\lambda_{max}=5.046$ $CI=0.011$ $CR=0.0103<0.1$	空间容量适宜度 C3	0.3015	0.0895
				空间使用协调度 C4	0.0889	0.0264
				场地微环境舒适度 C5	0.2924	0.0868
				休憩设施人性化 C6	0.2760	0.0820
				铺装适用性 C7	0.0411	0.0122
	美感度 B3	0.1634	$\lambda_{max}=5.1088$ $CI=0.0272$ $CR=0.0243<0.1$	休憩设施造型美感度 C8	0.3189	0.0521
				场地铺装艺术性 C9	0.1832	0.0299
				植物景观美感度 C10	0.3751	0.0613
				其他要素美感度 C11	0.0581	0.0095
				周边环境美感度 C12	0.0648	0.0106

表 4-3-2 空间质量评价因子评分标准

分值	5	4	3	2	1
等级	I级（优秀）	II级（良好）	III级（一般）	IV级（较差）	V级（极差）

表 4-3-3 安静休憩空间质量等级划分标准

分值	4.5＜X≤5.0	4.0＜X≤4.5	3.0＜X≤4.0	1.0＜X≤3.0
等级	I级（优）	II级（良）	III级（中）	IV级（差）

表 4-3-4 安静休憩空间私密性评价指标取值标准

准则层	指标层	取值标准
私密性 B1	空间围合度 C1	场地围合度适中、边界要素组合效果佳、能较好引导游人进入的得5分，空间垂直面无围合或者过于封闭、安全感差的得1分，其他等级依次类推
	空间抗干扰性 C2	空间独立性强、不受外部干扰、内部设施布置合理、使用者互不影响的得5分，周边环境嘈杂、设施布置不合理、造成活动者相互影响较大的得1分，其他等级依次类推

表 4-3-5 安静休憩空间舒适度评价指标取值标准

准则层	指标层	取值标准
舒适度 B2	空间容量适宜度 C3	设施数量和尺度完全符合整体空间和使用者的需求、没有拥挤感所引起的不适、空间非常适合开展休憩活动的得5分，设施数量和尺度不符合整体空间和使用者的需求、不适合开展休憩活动的得1分，其他等级依次类推
	空间使用协调度 C4	空间氛围安静、场地开展的活动皆为静态类、以个体或小团体活动为主的空间得5分，场地空间嘈杂、聚集较多人群的得1分，其他等级依次类推
	微环境舒适度 C5	空间微环境的温度、光照、通风、绿化率等条件较好，夏季阴凉，冬季阳光充足的得5分；场地内部温度光照通风等条件较差，绿化率低，几乎没有遮阴的得1分，其他等级依次类推
	休憩设施人性化 C6	休憩设施的尺度合适，材质舒适柔和，坐凳表面干净整洁，使用安全，完全满足休憩和交流需求的得5分；休憩设施的尺度失调，材质较差，坐凳表面脏乱，破损严重的得1分；无休憩设施的得0分，其他等级依次类推
	场地铺装适用性 C7	铺装的材质优良，路面平整，没有积水现象，反光度低，使用十分便捷舒适的得5分；铺装的材质较差，路面明显凹凸不平，易积水，影响基本功能的得1分；其他等级依次类推

3）上海城市公园安静休憩空间综合质量等级

将单因子平均质量等级代入公式4-3-3，可得出上海综合公园安静休憩场地空间综合质量得分为3.9902，III级（中等）。

4.4.2 安静休憩空间的私密性分析

1）样本空间的私密性等级

如图 4-4-3 所示，61 个安静休憩样本空间中，私密性 I 级以上的场地数为 3，占 5%；II 级场地数为 20，占 33%；III 级场地数为 31，占 51%；IV 级场地数为 7，占 11%。

其中，I 级场地中都属于口袋式场地，其优势在于空间私密性较高；而 IV 级场地中内凹式有 4 个，条带式 2 个，口袋式 1 个，场地的围合度和私密性较弱。

通过对样本空间私密性指标的质量计算，空间

表 4-3-6 安静休憩空间美感度评价指标取值标准

准则层	指标层	取值标准
美感度 B3	休憩设施造型美感度 C8	在契合整体空间和满足使用需求基础上，休憩设施造型统一美观，设计独特，艺术性极佳，视觉冲击力极强得 5 分；休憩设施无特色；造型差得 1 分；其他等级依次类推
	场地铺装艺术性 C9	材质、色彩和形式与场地整体氛围十分协调，铺装形式美观且极具艺术性得 5 分；功能性极差，铺装材质、色彩和形式凌乱不堪，与场地整体氛围格格不入得 1 分；其他等级依次类推
	植物景观美感度 C10	植物长势良好，群落层次丰富，配置方式多样，色叶树比例和常绿落叶比合理，形成识别性好、观赏性极强的植物景观得 5 分；植物景观单一、植物长势较差得 1 分；无植物得 0 分；其他等级依次类推
	其他景观要素美感度 C11	其他景观要素包括水体、照明设施、雕塑、景墙、护栏等要素。设计极富艺术性，与铺装、休憩设施等相互协调，很好地融入整体场地并烘托其氛围，有很好的观赏性得 5 分；与整体场地、铺装、休憩设施等格格不入，协调性极差，不具观赏性得 1 分；其他等级依次类推
	周边环境美感度 C12	周边环境主要是指以个体或小团体为单位，考察其与外部整体环境的一种感知关系，主要包括了视觉、嗅觉、听觉、触觉等多种器官上面的感知，是整体空间品质的升华。所处大环境优美，能够得到嗅觉、听觉、触觉等多种器官的感受体验，活动中精神高度放松，得到生理和心理多方面的享受得 5 分；周边环境差、有臭味或噪声大得 1 分；其他等级依次类推

围合度均值为 4.00，空间抗干扰性均值为 3.62，均在良好线（4 分）以下，由此可见，安静休憩场地空间质量最主要的制约因素是私密性。

2）不同公园安静休憩空间私密性等级分析

如图 4-4-4 所示，12 个样本公园的安静休憩场地平均私密性等级都为中等。

4.4.3 安静休憩空间的舒适度分析

1）样本空间的舒适度分析

通过对舒适度指标的计算，空间容量适宜度为 4.26、空间使用协调度为 4.45、微环境舒适度为 4.58、休憩设施人性化为 4.23，场地铺装适用性为 4.56，有 3 项指标都在良好线以上，说明安静休憩场地整体舒适度较好。

如图 4-4-5 所示，61 个安静休憩场地空间综合质量等级Ⅰ级以上的场地数为 7，占总数的 11%；Ⅱ级场地数为 38，占 62%；Ⅲ级场地数为 12，占 20%；Ⅳ级场地数为 7，占 2%。

其中，7 个Ⅰ级场地中有 6 个属于口袋式场地，其优势在于空间私密性较高；而在良好线以下的以口袋式和内凹式为主。口袋式有 9 个，内凹式有 5 个，在舒适度的营造和场地艺术化上的考虑欠缺。

2）样本公园安静休憩空间舒适度分析

如图 4-4-6 所示，12 个样本公园的安静休憩场地私密性等级都为Ⅰ级和Ⅳ级的公园数为 0；Ⅱ级的公园数为 9，占 75%；Ⅲ级公园数为 3，占 25%。

4.4.4 安静休憩空间的美感度分析

1）样本空间的美感度分析

通过对样本空间美感度指标的质量计算得出，休憩设施造型美感度为 3.84、场地铺装艺术性为 3.85、植物美感度为 4.58、其他要素美感度为 4.15，周边环境美感度为 4.53，整体来看，安静休憩空间美感度层面上走势不稳定，功能性要素的美感度均位于良好线以下，休憩设施和场地铺装在美感度层面特点不突出，没能很好地服务于功能， 缺少艺术性和人文内涵。

如图 4-4-7 所示，61 个安静休憩场地空间综合质量等级Ⅰ级以上的场地数为 9，占 15%；Ⅱ级场地数为 35，占 57%；Ⅲ级场地数为 17，占 36%。其中，9 个Ⅰ级场地中有 4 个属于口袋式场地，其最大的优势在于空间私密性较高；而在良好线以下的口袋式有 13 个，劣势在于场地艺术性不佳。

2）样本公园安静休憩空间美感度分析

如图 4-4-8 所示，12 个样本公园中，安静休憩场地空间综合质量为Ⅰ级和Ⅳ级的公园数为 0；Ⅱ级的公园数为 10，占 83.3%；Ⅲ级公园数为 2， 占 16.7%。

4.4.5 单因子质量等级分析

1）样本场地单因子平均质量等级

如图 4-4-9 所示，12 个样本公园中的 61 个安静休憩场地质量的评价因子平均质量分布在良好线上下浮动，其中，Ⅰ级因子数为 4 项，依次为微环境舒适度 C5、植物景观美感度 C10、场地铺装适用性 C7、周边环境美感度 C12；Ⅱ级（良）因子数为 4，依次为空间使用协调度 C4、空间容量适宜度 C3、休憩设施人性化 C6、其他要素美感度 C11；Ⅲ级（中）因子数为 4，依次为空间围合度 C1、场地铺装艺术性 C9、休憩设施造型美感度 C8、空间抗干扰性 C2；Ⅳ级（差）因子数为 0。

基于现场调查分析可知，安静休憩场地空间质量最主要的制约因素是私密性不佳，空间围合度 C1 和抗干扰性 C2 较弱；其次，内部各要素虽能满足休憩功能，但其美感度参差不齐，特别是功能性要素的美感度均位于良好线以下，休憩设施和场地铺装美感度不佳，缺乏艺术性。

2）样本公园安静休憩空间单因子质量等级

如图 4-4-10 所示，12 个样本公园中的安静休憩场地质量评价因子等级整体走势呈现一定波动，其中，12 个公园中的 39 个因子的质量等级为Ⅰ级（优）；12 个公园中的 68 个因子的质量等级为Ⅱ级（良）；12 个公园中的 36 个因子的质量等级为Ⅲ级（中）。

4.4.6 不同类型休憩空间质量等级相关性分析

1）边界形态与空间质量相关性分析

由图 4-4-11 可知，4 种边界形态的安静休憩场地空间单因子质量分布情况，内凹式和条带式场地的空间围合度和抗干扰能力质量等级相对较低，而环抱式和口袋式场地的私密较高；条带式场地周边环境美感度等级最高，主要是由于其滨水的大环境

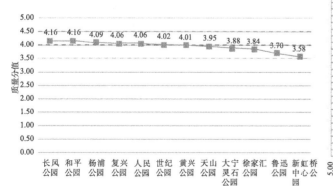

图 4-4-2 上海城市综合公园安静休憩空间质量等级排序

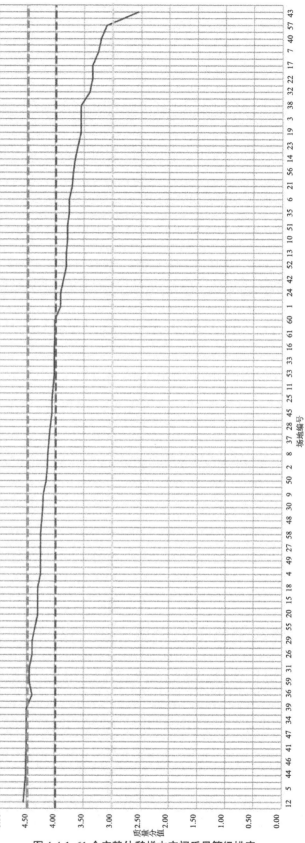

图 4-4-1 61 个安静休憩样本空间质量等级排序

为休憩者创造出了感知丰富的休憩场地，提升了整体空间的休闲氛围。条带式和口袋式场地在休憩设施造型美感度上整体等级较低，而环抱式和内凹式在铺装艺术化上呈现不足。

将各形态场地指标均值代入空间质量计算公式，得出口袋式场地 M_β=4.15，环抱式场地 M_β=4.07，均为Ⅱ级（良）；内凹式 M_β=3.81，条带式场地 M_β=3.60，均为Ⅲ级（中），4 种形态场地空间综合质量较为平均，口袋式稍高，但均处于良、中两极，没有优级和差级场地 (见图 4-4-12)。

2）空间开闭类型与质量等级的相关性分析

如图 4-4-13 所示，不同开闭类型的安静休憩场地空间单因子质量等级呈现一定的规律。3 类空间的围合度和抗干扰性的等级随空间的闭合程度而上升，郁闭式场地是私密性较高的休憩空间，而开放式场地没有重视和协调好内部活动的外向型和使用者在场地内的"看"而不"被看"的心理需求，使得整体空间缺乏安全感，易被外环境所干扰，在人性化设置上有待提高；从周边环境美观度 C12 的质量等级可知：开放式场地整体环境感知优秀，得益于其基于外向观景空间的需求而将场地大都布置于环境优美、景观视野良好的空间中。

将 3 类空间各指标均值代入空间综合质量计算公式，得出开敞式场地空间质量 M_β=3.743，综合质量等级为Ⅲ级（中），半开敞场地 M_β=4.0792，综合

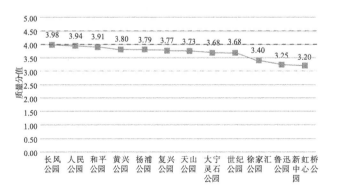

图 4-4-4 12 个样本公园安静休憩场地私密性等级排序

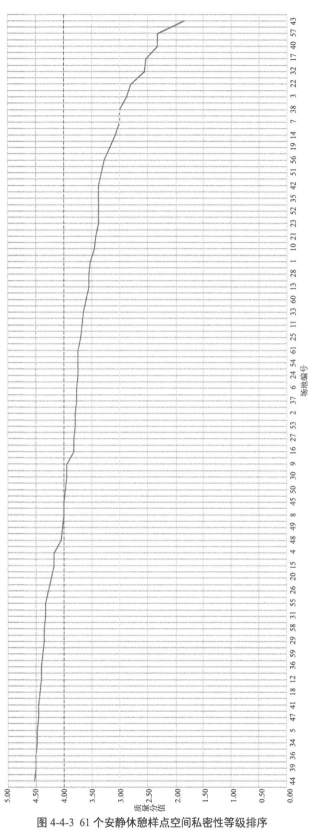

图 4-4-3 61 个安静休憩样点空间私密性等级排序

质量等级为Ⅱ级（良），郁闭场地 M_β=4.2633，综合质量等级为Ⅱ级（良）。根据空间类型场地质量排序可以看出空间综合质量等级与场地开合程度呈反比，如图 4-4-14 所示。

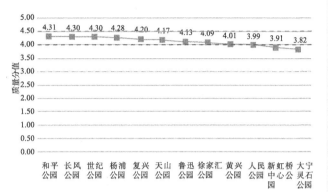

图 4-4-6 12 个样本公园安静休憩场地舒适度等级排序

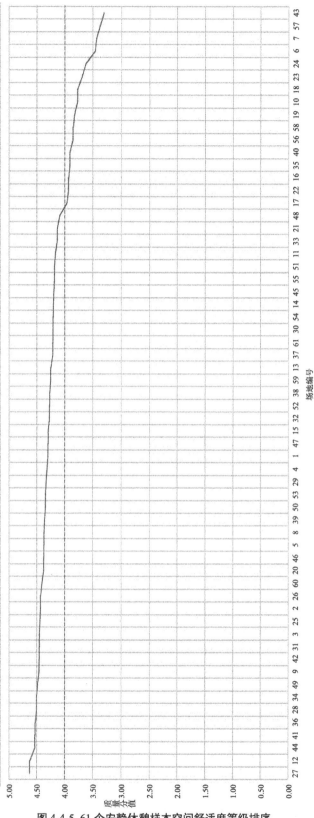

图 4-4-5 61 个安静休憩样本空间舒适度等级排序

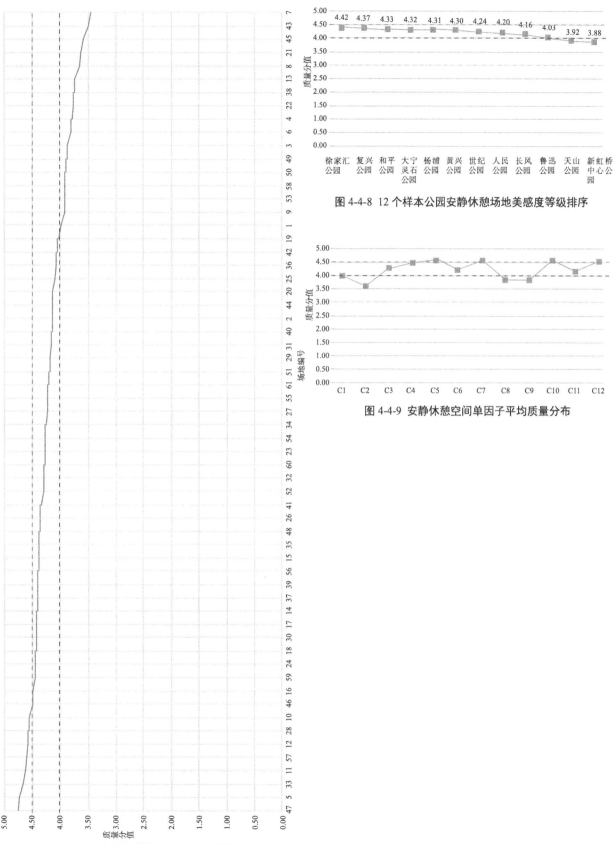

图 4-4-7 61个安静休憩样本空间美感度等级排序

图 4-4-8 12个样本公园安静休憩场地美感度等级排序

图 4-4-9 安静休憩空间单因子平均质量分布

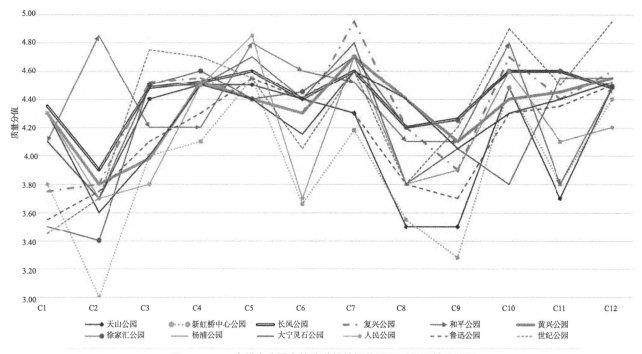

图 4-4-10　12 个样本公园安静休憩场地评价因子质量比较分析图

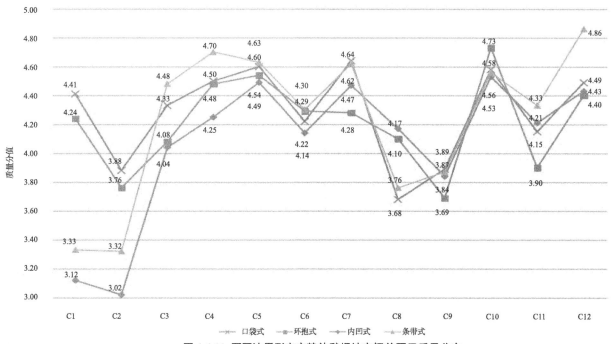

图 4-4-11　不同边界形态安静休憩场地空间单因子质量分布

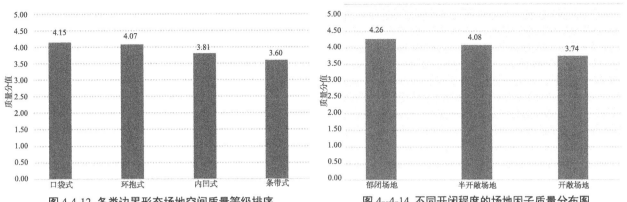

图 4-4-12 各类边界形态场地空间质量等级排序

图 4--4-14 不同开闭程度的场地因子质量分布图

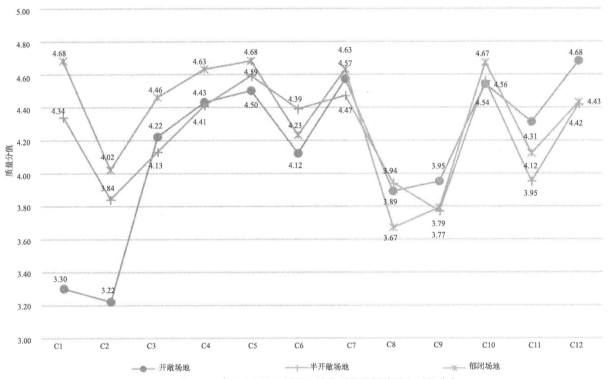

图 4-4-13 不同开闭类型的安静休憩场地评价因子质量分布

4.5 安静休憩空间更新设计对策

综上所述，上海城市综合公园安静休憩空间具有以下优点：①休憩场地空间类型丰富。从滨水的外向观景空间到以植物围合的内聚空间，再到与道路或其他场地相接的、可达性较高的渗透空间，空间开闭类型多样，满足了不同使用者的休憩需求。②微环境舒适度较高。安静休憩场地整体环境优美，内部的温度、光照、通风、绿化率等条件水平较高，为使用者营造了宜人舒适的休憩环境。③休憩设施和场地铺装功能性强。休憩设施在设计上符合人体工学，使用无障碍，并结合人的行为模式，常在场地边界布置，背部有一定倚靠和遮挡，同时有一定的遮阴效果；场地与铺装平整、选材优良，安全性高。④空间功能多元化。针对安静休憩活动的较强时效性，在一些场地当中设置了标准网格线，便于使用者可以根据现场状况自主选择停留点，提升了场地的使用率。

现状调查和空间质量评价结果显示，上海城市综合公园安静休憩场地空间仍存在以下不足：①私密性不佳，空间围合度 C1 和抗干扰性 C2 较弱；②场地内部各要素美感度参差不齐，特别是功能性要素的美感度均位于良好线以下，休憩设施和场地铺装美感度不佳，缺乏艺术性。

4.5.1 优化空间围合度

基于场地具体特征和内部活动需求选择适宜的界面要素，根据场地规模确定适宜的界面高度，形成合理、人性化的界面围合，让使用者能够有效地感知空间，如开放式观景空间可以水体或其他场地作为主要界面，保持休憩者的视线通透、有景可观。

1）针对水体界面的优化建议

以水为特征界面的场地以开敞空间为主，应在保证观景视野通透的情况下，采用多要素、复合式组合手法对滨水界面进行组织，形成局部遮挡，提升空间内部活动的私密性。

场地的临水界面应合理搭配水生植物与陆生植物，营造出自然生态的水岸空间。可选用荷花、菖蒲、芦苇、水葱、水生鸢尾等水生植物，迎春、黄馨、垂柳、枫杨、小叶榕、竹类、黄菖蒲、萱草、玉簪等陆生植物。例如，和平公园的滨水内凹式休憩场地（场地 30），驳岸形式单一，场地私密性不佳（见图 4-5-1）。可在水湾处增加湿生植物种植带，配置垂柳、枫杨、萱草、芒草等植物，软化硬质驳岸，适当遮挡对岸的视线，丰富立面层次，如图 4-5-2、图 4-5-3 所示。

场地背水面则以"隔""围"为主，借助行列式种植的大乔木以及层次丰富的乔灌草进行围合，形成具有安全感的背景林，局部可用景墙与植物组合形成限定较强的背部隔离；其次，尽量减少背景林一侧的出入口设置，避免穿行的人流影响场地内的使用者，以提升场地的抗干扰性。

2）针对道路与场地界面的优化建议

道路或场地界面，宜借助内部植物组团形式进行局部遮挡，强化空间感，减少道路、场地过往人群对休憩者的干扰和影响。

例如，鲁迅公园的内凹式休憩场地（场地 40）与道路直接相连，面积也十分有限，内部活动私密性较差。建议在边界处增加乔灌草植物组团，在场地内外形成缓冲区域，减少外部通行者对场地内部活动的影响和干扰，如图 4-5-4-a、图 4-5-4-b 所示。

3）针对植物界面的优化建议

以植物为特征界面的场地通常以郁闭式空间为主，在保证其私密性要求的同时，应结合休憩者的心理需求，使其视听屏障有一定的单向穿透性，扩大空间的视觉感知，给在内部进行较长时间休憩活动的使用者以安全感，舒缓因郁闭空间产生的紧张、压抑心理。

图 4-5-1 场地 30 现状

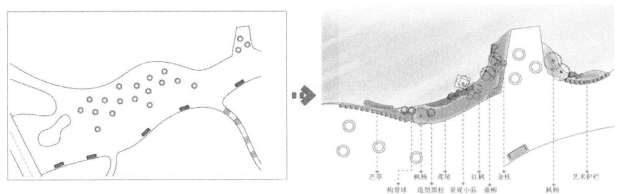

图 4-5-2 场地 30 改造前后平面图

图 4-5-3 场地 30 改造前后效果对比

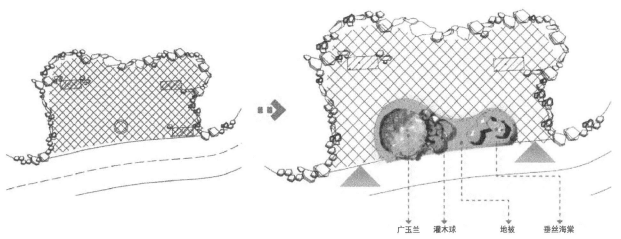

图 4-5-4-a 场地 40 改造前后平面图

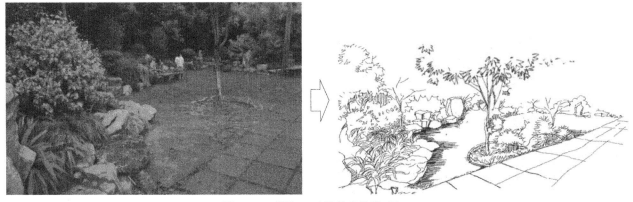

图 4-5-4-b 场地 40 改造前后效果对比

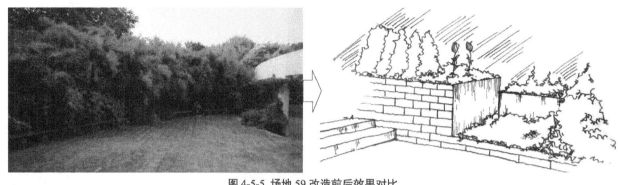

图 4-5-5 场地 59 改造前后效果对比

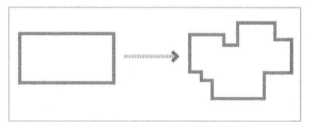

图 4-5-6 直线型边界形态

图 4-5-7 曲线型边界形态

例如，大宁灵石公园中的口袋式郁闭场地（场地 59），以其密实的植物围合形成了内外视线无法穿透的郁闭空间，营造出舒适度高且环境感知较好的休憩氛围；但从使用者的角度出发，较为封闭的界面不适宜于长时间的休憩活动。因此，改造时以高低错落的种植花坛配以花灌木、地被和小型乔木等，局部打开屏障，保持内部视线与外界的连续和渗透，创造出多样化的视觉空间，如图 4-5-5 所示。

4.5.2 提高空间的有效抗干扰性

1）合理选择边界要素及其组合方式

开敞式休憩空间的垂直围合较低，使得空间隔离效果不佳，因此可以通过拉大水平界面的距离来降低干扰，如以观赏为主的大片草坪、地被和小灌木将其与外界分隔开来，在保证视线不受阻挡的情况下，局部以植物组团形成隔离和修饰；在植物为主的垂直界面上，可采用乔灌草的组合搭配，形成阻隔屏障，并适当利用具有降噪功能的植物来减少外界影响。常用降噪植物有雪松、龙柏、圆柏、水杉、云杉、悬铃木、梧桐、垂柳、香樟、鹅掌楸、栎、臭椿、珊瑚树、女贞、桂花、海桐等。

2）丰富场地空间边界的形态

在面积一定的情况下，尽可能加大边界长度，丰富边界的平面形式，将空间划分成若干小空间，

使之具有围合感和韵律感，同时降低了不同活动组群之间的相互干扰。可以缓解尺度较大的场地带给休憩者对空间的疏离感，也使其在尺度和形式上与休憩者的关系更为亲切，如图 4-5-6、图 4-5-7 所示。

以徐家汇公园西北部的开放式安静休憩场地（场地 14）为例，评价结果显示，场地 14 的优势在于空间整体环境舒适、优美，注重设计细节和文化内涵的赋予，营造出了特色鲜明并且具有一定场所感的休憩空间。但空间缺少有效围合，场地的抗干扰性弱，空间私密性不足。

因此，改造时应在保证场地内部景观视野通透的情况下，丰富种植池内的植物，形成有效围合，抑制外部人群视线对内部活动的影响，同时增加边界长度而形成的凹凸有致的边界也为内部利用创造了条件，如图 4-5-8、图 4-5-9 所示。

3）内部空间序列化

安静休憩场地作为一种具有功能性的游憩空间，完善内部的空间结构，将其内部层次清晰化，建立起一种有秩序的休憩空间是提高场地抗干扰性的重要途径，使得休憩者能够形成系统的空间意向，产生良好的方向感和认同感，从而以暗示的方式引导使用者有序地使用空间，减少相互间的干扰。当人们处于小而私密的空间中，可进行内聚或者外向的休憩活动，既保持了个人空间的安全性，使其不受

外界干扰[13]，同时也反作用于人对空间的认知，有利于场所感的形成，如图4-5-10所示。

长风公园条带式场地（场地51）具有一定的宽度，但内部空间层次单一，休憩设施背后设置了通过性的滨水步道，使得休憩者心理上产生不安全感，抗干扰能力弱。因此，改造时建议利用其宽度，以地形将场地划分为休憩区和步道区两个部分，并将休憩停留区后置，与波浪形景墙搭配绿化边界布置，使过往人群从休憩者视线控制范围内经过，形成内部团体间互不干扰的观景休憩场地，同时在两端入

口处留出空间作为缓冲区域，上层缓冲空间放置艺术花钵形成障景，如图4-5-11、图4-5-12所示。

在创造多层次空间时，可借用框景、漏景、借景等传统古典园林的常用手法对场地进行划分，在保持空间独立不受干扰的同时丰富了内部层次，建立了空间秩序，增加了景观的多样性与复杂性，也达到扩大空间、增加景观观赏性的艺术效果，营造出既符合休憩者私密需求又具有情境的艺术化休憩空间。

大宁灵石公园中的口袋式休憩场地（场地59），周边以紫藤、造型松、棕榈、香樟等植物进行围合形成较为封闭的休憩空间，内部休憩廊架以方形镂空墙体将内部视线进行渗透，如图4-5-13所示。改造时建议丰富景墙形式，与围合植物共同形成不同视觉感受的框景，增加空间可观性和层次感。

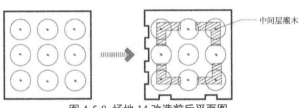

图 4-5-8 场地 14 改造前后平面图

中间层灌木

图 4-5-9 场地 14 改造前后效果对比

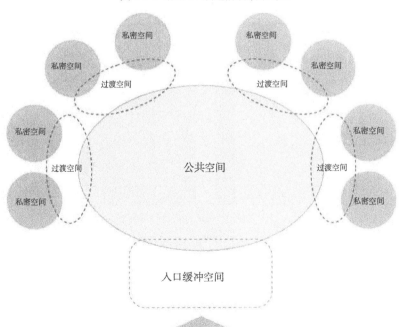

图 4-5-10 建立内部空间序列

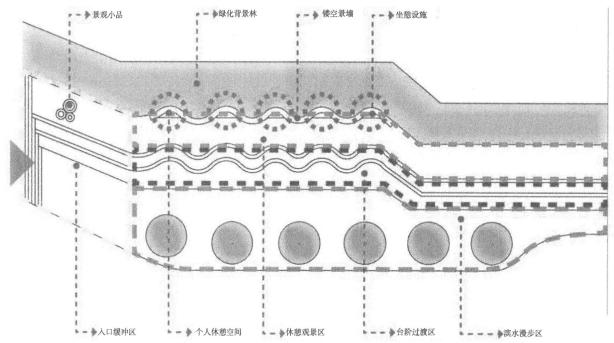

景观小品　　　绿化背景林　　　镂空景墙　　　坐憩设施

入口缓冲区　　个人休憩空间　　休憩观景区　　　台阶过渡区　　滨水漫步区

图 4-5-11　场地 51 改造后平面图

图 4-5-12　场地 51 现状与改造后对比

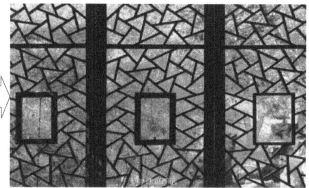

图 4-5-13　场地 59 现状与改造后效果意向

4）休憩设施的布置

首先，通过空间序列的建立丰富和延长场地边界，有效利用多样化的场地边界放置休憩设施，如图4-5-14所示。如在曲折凹凸的边界设置一系列休憩设施，不仅使休憩者背部有一定心理或实体上的倚靠，给予其安全感，也能给休憩者遮阴，使整个休憩活动的舒适性更好。其次利用不同形式的座椅组合来减少同个区域当中不同休憩者之间的相互影响，也是增加整体抗干扰性的途径之一。

例如，人民公园方形树阵休憩场地（场地18）内部的主要休憩设施为方形树阵花坛和围合种植池边缘，但由于其尺度不适宜，鲜有人使用。此外，方形花坛设置偏多，内部空间比较拥挤，即使营造出了舒适、安逸的小环境，但依旧使场地常处于闲置状态，如图4-5-15所示。因此在改造时移除部分方形花坛，丰富场地边界形式，并充分利用其延长的边界设置不同造型和功能的坐憩设施，如布置适合个人使用的线型座椅和适合群体交谈的L型长椅，同时在座椅之间放置材质温和的条形石凳，共同创造出多功能且具有视觉律动的休憩空间，如图4-5-16所示。

从人性化角度出发，不论是1~2人的座椅、坐凳，还是适宜于3~5人的坐凳组合，它们在高度、倾斜角度、背部和顶部的设计上都应反映出人体适宜的尺度，依据人体工学理论，休憩座椅的一般尺寸为椅高450mm，坐面宽度400mm，宽度按人均450mm[14]计算。此外，从使用者角度出发，休憩设施坐面材料以木质为佳，在实际使用时可以根据情况采用多种材质的组合形式，如以石材为主的组合式坐凳，可局部设置木质坐面，在不影响其整体效果情况下，又提高了休憩设施的使用舒适度。

大部分场地在休憩设施的布置上都较好地考虑了人的需求，多布置于景观丰富且能够给休憩者提供遮阴并具有一定安全感的边界处，但有一些场地为了观景需求将其设施布置于邻水一侧，如杨浦公园中的滨水口袋式场地（场地35），休憩设施周边没有任何有效隔离和遮阴设置，座椅背后的空旷和过往人群的影响使得休憩者心理上处于不安状态，无法投入静态休憩活动当中，如图4-5-17所示。

因此，改造时建议将休憩设施错位放置并与植物小品搭配，不仅为休憩者提供了一定遮阴、互不干扰的休憩空间，同时在其背部设置的花艺景观也起到了倚靠和遮挡作用，带给休憩者心理上的安全感，也有助于领域空间的形成，如图5-4-18所示。

图4-5-14 休憩设施布置意向

图4-5-15 场地18现状

4.5.3 提高空间内部要素的艺术性

环境品质不仅仅取决于它的功能,功能引导人们进入和使用空间,而环境整体的感知则是影响停留时间和让休憩者得到精神享受的重要因素。公园中的设施若只具备功能性,它完全可被其他设施所取代[1]。将艺术性融入场地,带来的不仅是使用者身体上的放松,也可以带给使用者心理和精神上的愉悦和满足。

人们从外界接收的信息中,有87%是通过眼睛捕获的,并且75%～90%的人体活动是由视觉引起的[19]。空间及其内部各要素形成的以视觉为主的知觉美感可以说是提升场地整体质量的重要一步,让场地不仅仅是一个满足使用者基本需求的功能性空间,也通过艺术化手段将其营造成融入了社会、文化以及人情感、思想的场所,使场地不仅耐用而且耐看。

1)铺装主题化和精致化

铺装设计在满足功能的基础上,应该将其与场地整体氛围相融合,坚持协调统一的原则,以不同的形式烘托休憩场地的功能和文化内涵,如通过联想的方式唤起休憩者与环境的共鸣。传统园林当中对铺装的设计十分重视,如以蝙蝠、仙鹤、"福"等铺装图案来表达主题,寓意长寿、吉祥等;对于规模较小,内部构成单一的场地,可借用传统园林

中的"花街铺地",以卵石、碎砖、碎瓦而铺成的四方灯锦、攒六方、海棠芝式花等图案精美、色彩丰富的地纹,从底界面上丰富了整体空间,如图4-5-19所示。

也可以在局部细节上赋予铺装特殊文化烙印,如提炼出场地、公园、城市等的文化元素,将其运用于铺装设计当中,彰显独特的文化脉络,如图4-5-20所示。

例如,长风公园的口袋式安静休憩场地(场地44),空间综合质量较高,但铺装形式单一,缺乏特色。因此从入口通道、内部铺装和细节处理上对场地铺装进行全面改造。

(1)将主要入口的形态单一的透水砖铺面换成以碎卵石形成的灰白相间的缓冲通道,将入口处游人视线直接引入内部精致的障景花坛,铺装与植物相互配合、衬托,营造出具有吸引力和艺术感的入口景观(见图4-5-21)。

(2)将次要入口通道铺装替换成碎石铺面,以卵石切缝,局部用碎石、卵石等组合而成的精致图案作为修饰,在细节的处理上提升铺装的艺术效果和文化寓意(见图4-5-22)。

(3)选用透水性沥青铺面为基底,局部采用卵石、碎砖瓦的组合,形成具有古典韵味的花街铺地,与内部精致的植物组团相辅相成,共同营造出具有艺术情境的休憩空间(见图4-5-23)。

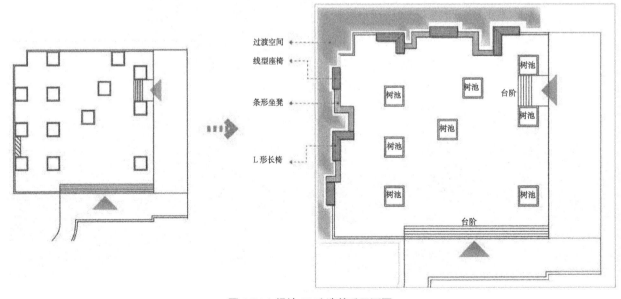

图 4-5-16 场地 18 改造前后平面图

图 4-5-17 场地 35 改造后局部透视图

图 4-5-18 休憩设施改造效果图

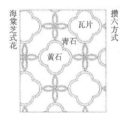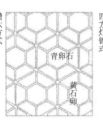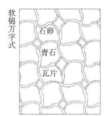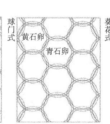

图 4-5-19 古典园林铺装形式

长风公园杜鹃园（场地 47）铺装细节意向

图 4-5-20 融入文化元素的铺装形式

2）休憩设施造型艺术化

在设计当中从整体空间氛围营造入手，融入一定的文化元素，赋予休憩设施文化烙印，在提升艺术内涵的同时也强化了其基本功能，也可以结合场地边界形态来丰富座椅布置形式。其次，将植物、小品与休憩设施相结合，使其造型多样化，借助艺术造型的景观小品形成带给休憩者视觉冲击和唤起场所精神的休憩设施；在场地当中可以根据不同的场景和主题而赋予休憩设施特定的形式，并局部运用色彩和图形变化使休憩设施场景化、主题化；也可以利用休憩建筑相对突出的体量，打造场地标志，彰显场地风格特色。整体来说，场地中的休憩设施造型需要为空间本身功能服务，能够让休憩者在使用的同时得到精神上的愉悦和享受（见图4-5-24）。

例如，和平公园的条带式休憩场地（场地27），整体环境优美，并借助滨水环境，使场地在景观视野上具有独特的优势和魅力，但休憩设施陈旧、造型一般。改造时结合场地整体环境，设置使用舒适并且能够带给休憩者视觉冲击的艺术化休憩设施，营造出具有场所感和吸引力的休憩空间（见图4-5-25、图4-5-26）。

总之，作为安静休憩场地当中兼具功能性和景观性的重要构成要素，休憩设施的艺术化设计是提升场地吸引力的关键。

3）提高植物景观的多感官性

艺术化的体现不仅仅是利用视觉形式上的美感去激发精神，更需要将各种感知共同调动，从不同的方面刺激人的体验感受，以此展现出诗画一般的场景。日本园林就是将追求精神体验体现到极致的代表，讲究的即是视觉、触觉等多种生理感觉的共存，使得人们得到心灵上的熏陶[15]。安静休憩场地中，植物不仅是重要的界面类型，也是空间内部的组成要素，更是营造多感官体验的主要形式，丰富植物在知觉层面的多种功能，以此增加场地活力，打造出多感知体验的精神场所。

植物景观的园艺化。深化植物可观性，组团式植物可以更加精致，向园艺化发展，以精致的造型树、灌木球以及多层次的地被相搭配，形成极具观赏价

值的艺术花境，不仅有效划分了场地空间，也增加了场地的整体可观性；还可以将植物与景观小品搭配，形成具有场景性质的视觉焦点。其次注重植物光影效果的营造，借助内部散植物枝干或叶片等形成的光影效果，打造出虚实结合的休憩场地，创造出艺术化的场景空间（见图4-5-26）。

（1）强化植物景观的听觉效果。在听觉上营造出与安静休憩场地功能相匹配的感知体验，如树枝上栖息鸟所发出的清脆悦耳的鸣叫声，枝叶被风吹过的沙沙声，水与植物共同创造的雨打芭蕉的意境等都可以使休憩者不自觉地进入与这些场景相适应的氛围当中，引起人与环境的共鸣，从而使休憩者得到精神上的放松和享受。

（2）强化嗅觉感知。嗅觉是一种远感，会使人发生感觉的变化，带来一定的情感效应，在环境当中属于更进一个层次的情境研究。植物的嗅觉感知具有独特的审美效应，安静休憩场地当中主要是运用植物的芳香对休憩者的嗅觉产生一定的刺激，使其获得与其行为相符合的内在感知，来达到一种深层次的美感体验，如可以将一些具有治疗、保健功能的植物引入场地，为休憩者提供精神上的愉悦和享受。

（3）强化触觉感知。增加休憩者与场地内部各要素的实体接触，运用触觉感受来强化休憩者对环境的认知和体验。首先，在设计当中有不同的手法来丰富这类感知体验，如在保证用于触感体验的植物不会危害人健康的基础上，借助地形的营造为休憩者与植物的接触创造机会；其次，内部场景的设计也能够激发休憩者的接触行为；再者，可以借用一定的色彩、形式去诱导休憩者进行触觉体验，将植物功能发挥到最大。

总体来说，人性化设计营造了舒适宜人的功能空间，艺术化则在细节上显示出丰富的精神内涵，烘托出整体氛围，两者相辅相成，共同营造一个舒适的休憩空间，并通过不断地丰富和创造富有意义的空间，借助环境的反作用去引导和促进人的行为。

图 4-5-21 入口区铺装改造前后对比图

图 4-5-22 铺装细节改造前后对比图

图 4-5-23 局部铺装改造前后对比图

图 4-5-24 休憩设施造型示意图

图 4-5-25 场地 27 现状

图 4-5-26 场地 26 中休憩设施改造意向图

图 4-5-27 休憩空间的园艺化组团

本章注释

[1] 徐从淮. 行为空间论 [D]. 天津：天津大学, 2005.

[2] 库尔特·考夫卡. 格式塔心理学原理 [M]. 杭州：浙江教育出版社, 1997.

[3] 汤晓敏, 王云. 景观艺术学——景观要素与艺术原理 [M]. 上海：上海交通大学出版社, 2013.

[4] 夏云峰. 城市居住社区公共空间情境化营造的方法研究 [D]. 大连：大连理工大学, 2008.

[5] 汤晓敏. 为游憩者创造良好的行为环境 [J]. 上海：上海交通大学学报（农科版）, 2001(9): 206-210.

[6] 杨公侠, 徐磊青. 环境心理学 [M]. 上海：同济大学出版社, 2002.

[7] 邬涛. 老年公寓外环境康复支持性评价与设计研究 [D]. 上海：上海交通大学, 2013.

[8] 陈开伟. 上海废旧工业厂房改造型创意产业集聚区景观调查研究 [D]. 上海：上海交通大学, 2013.

[9] 夏绚绚. 城市综合性公园的使用后评估研究初探 [D]. 南京：南京林业大学, 2008.

[10] 张亚伟. 景观环境中人的行为模式与心理特征初探 [D]. 南京：东南大学, 2009.

[11] 陈永生. 城市公园绿地空间适宜性评价指标体系建构及应用 [J]. 东北林业大学学报, 2011(7):105-108.

[12] 陈勇. 城市空间评价方法初探：以重庆南开步行商业街为例 [J]. 重庆建筑大学学报, 1997(4):38-46.

[13] 陈贝贝, 杨剑. 论空间与场所 [J]. 四川建筑, 2007(2):19-21.

[14] 李茞, 曲敏. 创造人性化户外公共座椅设计研究 [J]. 包装工程, 2009(12):142-144.

[15] 李皓. 以环境行为学观点探讨城市公共空间活力营造 [D]. 咸阳：西北农林科技大学, 2008.

5 运动专用场地游憩度评价与更新研究

运动专用场地是指城市公园中以休闲运动为主要功能，以优美环境为依托，具有专业的运动场地与设施，配套设施完善，能满足使用者休闲运动需求，舒适、绿色、优美的运动空间。运动专用场地既可以是城市公园中体育活动区的组成部分，也可以位于体育活动区之外。公园中的运动专用场地不仅要有安全的运动场地和适宜的设施，更应该强调动场地空间的"公园化"，突出环境的舒适性、美观性和特色性。

本章研究运动专用场地的游憩度，内容涵盖运动专用场地的物理空间与使用者需求两个方面。

5.1 研究范围与对象

5.1.1 研究范围界定

运动专用场地是指城市公园中以休闲运动为主要功能，以优美环境为依托，具有专业的运动场地与设施，配套设施完善，能满足使用者休闲运动需求，舒适、绿色、优美的运动空间。运动专用场地既可以是城市公园中体育活动区的组成部分，也可以位于体育活动区之外。体育活动区是城市综合公园内体育活动较为集中的区域，具有人流较多、集散时间较短、对其他活动干扰较大等特征。因此，体育活动区要着重考虑其出入口设置、与其他区域的隔离。由于体育活动可看性强，在条件允许的情况下，可以考虑看台的设置。体育活动区具有体育活动主题特色，需着重考虑其与整个公园的景观协调性。场地和休憩等设施的美感度需要提升，从而赋予活动空间一定的复合功能，这样可以改善体育活动区在空闲时段的使用满意度[1]。

《辞海》中指出，"运动"是体育的基本手段，包括游戏、专门运动项目以及锻炼方法，主要可分为田径、武术、体操、游戏、球类、游泳和棋艺等类型。运动对身体素质或运动技能有一定的要求，具有一定的竞技性。大部分运动项目对于场地和设施有特定的要求。由于棋艺和儿童游戏具有特殊性；跳广场舞、普通健身器械使用属于一般的娱乐和健身方式，不在本研究范围内。

"专用"是指目标运动相比其他活动在该场地具有优先权，但不是绝对排斥，在场地闲置时段允许开展其他活动。而运动专用场地的游憩度可理解为运动专用场地空间的功能对运动健身需求的满足程度。因此，运动专用场地游憩度的研究内容涵盖运动健身场地的物理空间与使用者需求两个方面。

5.1.2 研究对象筛选

基于上海综合公园的区位、规模、是否具有运动专用场地等因素，筛选出外环线以内的 12 个综合公园为研究样本，分别为天山公园、徐家汇公园、人民公园、新虹桥中心花园、和平公园、杨浦公园、鲁迅公园、中山公园、长风公园、黄兴公园、大宁灵石公园和世纪公园。经过预调研，确定了 16 个运动专用场地为研究样点，如表 5-1-1、附录 2 所示。

表 5-1-1 样本公园及其运动专用场地信息一览表

公园名称	样地编号	场地规模 / m²	运动类型	空间类型	场地特征	典型照片
天山公园	1	300	抖空竹	半开敞	场地规则，由植物、围栏、围墙和建筑围合，局部视线开敞或渗透，空间感较舒适，同时具有向心性和展示性	
徐家汇公园	2	1500	篮球	半开敞	场地分为运动区、休息区、管理区、绿化区 4 个区，边界形态规则，四周由围栏和植物围合，视线可渗透，空间感略压抑，向心性和展示性较好	
人民公园	3	320	篮球	半开敞	场地分为运动区、休息区、管理区、绿化区 4 个区，半开敞空间，具有一定的展示性	

公园名称	样地编号	场地规模 / m²	运动类型	空间类型	场地特征	典型照片
新虹桥中心公园	4	500	篮球	半开敞	场地分为运动区、休息区、管理区、绿化区、通道 5 个区，边界形态规则；场地上方是市政高架桥，三向由植物围合，一向视线可渗透，空间感压抑，向心性强，无对外展示性	
	5	100	羽毛球	开敞	场地分为运动区、绿化区、休息区（共用）通道 4 个区，边界形态规则；毗邻健身跑道和休憩草坪，空间四面开敞，局部由植物限定空间，空间开敞明朗，场地向心性尚可，展示性极佳	
和平公园	6	360	羽毛球	半开敞	场地分为运动区、休息区、绿化区、通道 4 个区，边界形态规则；紧挨主园路和游乐设施，东西两向由植物围合，南向朝路开敞，形成半开敞空间，空间感舒适，场地向心性和展示性尚可	
杨浦公园	7	350	羽毛球	半开敞	场地分为运动区、绿化区、休息区 3 个区，边界形态规则；四向由植物和金属围栏围合限定，视线渗透，属于围合度偏高的半开敞空间，空间感较舒适，向心性好，展示性略低	
鲁迅公园	8	400	羽毛球	半开敞	场地分为运动区、休息区、准备活动区、绿化区、通道 5 个区，边界形态规则；紧挨主园路，三向由植物围合，朝主园路方向开敞，空间极为舒适，向心性和展示性俱佳	
	9	100	羽毛球	开敞	场地分为运动区、休息区、绿化区 3 个区，边界形态规则；紧挨北活动广场和健身跑道，四向开敞，东南两向由植物围合，空间感较好，略有向心性，展示性较好	
中山公园	10	100	羽毛球	半开敞	场地分为运动区、绿化区、休息区（共用）3 个区，场地与游乐场连接，界限不明确；两向由植物、金属栏杆和游乐设施密实围合，两个界面向道路场地开敞，空间不舒适，向心性差，展示性尚可	
长风公园	11	70	抖空竹	开敞	场地边界不规则；背景由植物限定，其余各界面开敞，视线通透，空间感舒适，有一定的向心性，展示性较好	
黄兴公园	12	17000	CS 野战	闭合	场地边界规则，运动区融入绿化区中；场地四向由植物、地形、围墙和围栏围合，局部视线渗透，但场地整体呈现闭合空间，空间较为舒适，向心性强，适合该项运动的展开	
	13	3000	沙滩排球、攀岩	半开敞	场地分为运动区、休息区、绿化区、管理服务区 4 个区，场地边界形态不规则；场地由植物和围栏围合，临水方向视线较为通透，空间感舒适，向心性强，对外展示性一般	

（续表）

公园名称	样地编号	场地规模/m²	运动类型	空间类型	场地特征	典型照片
大宁灵石公园	14	200	羽毛球	开敞	场地分为运动区、绿化区、休息区（共用）3个区，边界形态规则，紧挨健身跑道和健身器械场地，东向由植物密实围合，空间整体开敞，植物围合空间效果较好，展示性好	
	15	900	篮球	半开敞	场地分为运动区、绿化区、休息区（共用）3个区，边界形态规则，三向由植物、围栏和建筑围合，市政道路方向视线可渗透，空间略压抑，向心性和展示性较好	
世纪公园	16	18000	足球	开敞	场地分为运动区、运动准备区、休息观看区、管理服务区、绿化区5个区，边界形态规则，四向由金属围栏围护，局部由植物和建筑设施限定空间，但视线整体通透、渗透，空间偏开敞，场地面积大，空间感舒适，有一定的向心性和对外展示性	

5.2 综合公园运动专用场地特征分析

本节从数量与规模、运动类型、空间分布、界面、构成要素、场地使用状况等方面，从整体到局部对运动专用场地进行全面系统地分析。

5.2.1 运动专用场地功能与空间分布特征

1）功能类型

16个运动专用场地中，运动类型以球类为主，少数场地开展极限运动类（攀岩）、游戏类（CS野战）、特色类（空竹）（见图5-2-1）。球类中，以羽毛球和篮球运动为主，少数场地开展足球和沙滩排球运动（见图5-2-2）。由此可见，上海综合公园中运动专用场地类型单一，运动项目多样化程度较低。调查发现，羽毛球和篮球等运动广受欢迎。

2）空间分布特征

调查结果显示，运动专用场地往往靠近公园出入口，连接主园路，可达性高；为了减少对其他区域的影响，一般靠近公园边界、"边缘化"设置场地、远离安静休憩区（见图5-2-3），且与公园中动态活动区域（闹区）接壤（见图5-2-4）。

5.2.2 运动专用场地数量与规模特征

调查结果显示（见表5-1-1），每个综合公园运动专用场地的数量一般为1~2个，规模为300~18000m²不等。数量与规模皆有限，难以满足市民日益增长的运动需求，市民常常在公园的非运动专用的活动广场或园路周边的空地上打羽毛球，或在休闲草坪上踢足球（见图5-2-5）。

5.2.3 运动专用场地空间类型与界面特征

运动专用场地的空间是由多种界面组合而成，各类界面对于场地的空间感和围合度影响不同，决定了空间的开闭特征和游憩者对空间的感知度。上海综合公园运动专用场地的界面主要有3种类型（见表5-1-1），即道路场地界面、植物界面和水体界面，可形成开敞、半开敞、闭合3种空间类型（见图5-2-6）。

半开敞空间的优点是场地领域感较强，可以借景周边环境，同时将运动的场景向其他游人展示。而开敞的场地围合感不足，且有些运动（如羽毛球运动、毽球）更易受到风的干扰。黄兴公园游戏类CS野战场地属于闭合空间，该空间是为了营造相对独立的游戏环境和较为浓厚的游戏氛围。

场地的特征界面多数是植物和道路（见图5-2-7），且金属围栏出现的频率较大。金属围栏作为安全设施，是为了保证场地内的运动有序开展，同时也确保了来往行人的安全。但是金属围栏将运动专用场地和周围园林环境生硬的隔离，降低了场地与环境的融合度。

运动专用场地多为规则式场地（见图5-2-8）。

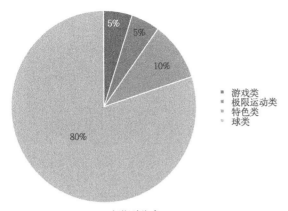

图 5-2-1 运动类型分布

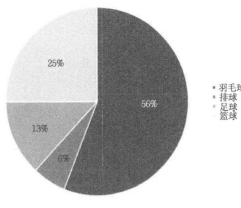

图 5-2-2 球类运动类型分布

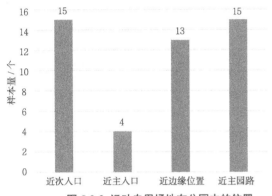

图 5-2-3 运动专用场地在公园中的位置

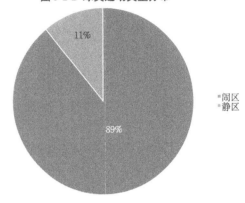

图 5-2-4 运动专用场地位于静区或闹区的比例

天山公园—
游憩草坪上踢足球

杨浦公园—
禁入的草坪上踢足球

中山公园—
私设毽球场地

和平公园—
活动广场上打羽毛球

图 5-2-5 公园各类运动开展状况图

调查结果显示，少数边界形态不规则的运动场地具有较高的环境融合度，给游憩者带来更好的景观体验，例如 11 号样地空间（见表 5-1-1）。

5.2.4 运动专用场地分区布局与构成要素

1）场地分区与布局

运动专用场地分区的主要依据是场地空间的使用功能。运动专用场地以运动功能为主，同时也需要观看、休憩、管理等辅助功能，一般可分为运动区、休息区、绿化区，规模较大的运动专用场地还需配置管理服务区。场地各分区要合理组织，将各项功能恰当地布置安排（见表 5-1-1）。

运动区是运动专用场地的核心区，一般为规则形，居中布局，其长轴布局要充分考虑朝向，以免阳光照射对运动的干扰；休息观看区一般位于运动区短轴方向两侧，避免与运动产生冲突，同时应注重其观看视角和遮阳效果等；绿化区一般位于场地四周，起到围合场地边界的功能，改善场地微气候，美化环境，提升运动场地的"公园化"程度，运动场地内部配置植物可提升场地的景观效果与游憩度。管理服务区一般位于场地出入口、出入通道或者角落。运动训练区作为场地的拓展区，在场地中空闲的合适的位置布置即可。

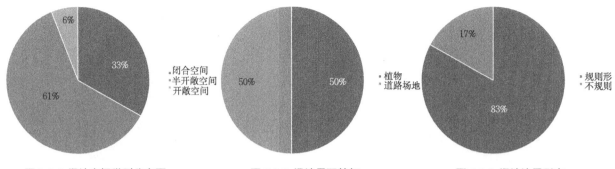

图 5-2-6 场地空间类型分布图　　　　　图 5-2-7 场地界面特征　　　　　图 5-2-8 场地边界形态

2）空间构成要素

运动专用场地的构成要素主要包括运动场地铺装、运动设施、配套设施、地形与植物等。

（1）运动场地铺装与运动设施。运动区主要由铺装、运动设施以及必要的隔离网组成。调查结果显示，球类运动的设施较为简单，可分为固定型和移动型。例如，样地 8（鲁迅公园）是固定型羽毛球网，样地 9（鲁迅公园）则是游憩者自备的羽毛球网，都在不同程度上满足了运动需求。特色运动抖空竹场地不需要特定的设施，而极限运动类攀岩和游戏类 CS 野战的运动设施要求较高。

运动专用场地运动区的铺装要求高平整度和防滑度。如表 5-1-1 所示，上海综合公园运动专用场地的铺装材料有砖、混凝土、塑胶、假草坪、草地和沙地，色彩有红色、蓝色、绿色和黄色等，总体上满足了运动需求，部分场地的铺装坑洼不平，存在较大的安全隐患。

大部分篮球、足球运动专用场地都设置了围栏等安全设施，同时保证了运动者和路过行人的安全，但是金属材质的围栏将运动场地与周围环境生硬的分割，致使运动场地与景观的融合度极大降低，这是运动专用场地 "公园化" 需要直面和妥善解决的问题。

（2）服务配套设施。运动专用场地的配套设施，主要包括坐憩设施、照明设施、卫生设施、标识设施和景观小品设施等。

上海综合公园运动专用场地的服务设施种类具有共性（见表 5-3-1）：常设有坐憩设施、服务钩或衣帽架、垃圾箱等，照明设施、运动标识、景观小品与设施、游憩设施种类偏少。坐憩设施多放置于

场地四周或角落，具有较好的运动观赏角度。偶见木栅栏、景石等点缀于场地边缘，景观小品的运动主题性弱，运动场地 "公园化" 程度偏低。

（3）地形与植物景观。地形与植物影响运动专用场地空间的围合度和形态，也是场地重要的景观元素，但植物配置不能影响运动的正常开展、不能布置有毒有害有飞絮的品种，同时要关注植物运动主题的体现。

调查结果显示，大部分场地的绿化区位于场地四周，部分场地内部也有植物造景，有助于运动场地 "公园化" 的提升。一些植物的形态和色彩契合体育精神和主题，如挺拔的枝干、简洁的绿篱、沉稳长青的绿色、热烈奔放的红色等。比如，样地 5（新虹桥中心花园）和样地 7（杨浦公园）配置了挺拔的水杉；样地 8（鲁迅公园）配置了高大的悬铃木，显得雄浑有力；样地 3（人民公园）配置了长青的柏树；样地 4（新虹桥中心花园）和样地 16（世纪公园）配置了挺拔的银杏，如表 5-3-2 所示。

5.3 运动专用场地游憩度评价体系构建

5.3.1 运动专用场地游憩度影响因素分析

游憩者在场地内部发生的行为是空间本身和游憩者心理互相作用的结果，因此需要从人的心理需求出发，探讨运动专用场地游憩度的影响因素。由于大部分运动项目对于场地、设施和环境具有较高的要求，因此满足运动项目本身对于场地的基本要求是这类场地游憩度评价的基础。

1）游憩者的心理需求

人对实体环境的反应主要来自心理需求[2]，基本的需求主要来自安全层面，如个人距离、领域感等；在满足基础需求后开始追求更高层次的需求，即和社会关系、精神生活相关联的归属、爱和尊重的需要。运动专用场地的使用人群以中青年和青少年为主，中青年偏爱互动性强的中度体力运动，青少年喜爱竞技型和强度较大的运动项目。因此，运动专用场地应满足此类群体的需求。

（1）安全性与领域感。运动专用场地中的运动项目一般强度较大，动作幅度较大，游憩者在运动过程中较易受伤，因此场地和设施的安全性需要重点考虑。游憩者在场地当中拥有暂时的占有权和排他性，全身心投入环境使用中，具有较强的空间归属感。因此运动专用场地需要较为清晰的边界界定和必要的空间围合以增强游憩者的领域感。

表 5-3-1 服务配套设施一览表

样地5（新虹桥中心花园）坐凳4个、座椅3个	样地6（和平公园）座椅4个	样地7（杨浦公园）长条坐凳	样地8（鲁迅公园）座椅布置于边界
样地9（鲁迅公园）	样地12（中山公园）	样地14（大宁灵石公园）	样地13（黄兴公园）
样地1（天山公园）6个座凳	样地11（长风公园）2个座椅	样地16（世纪公园）休憩桌凳	样地16（世纪公园）足球场围网
样地15（大宁灵石公园）座凳＋紫藤架	样地2（徐家汇公园）四周有座凳	样地3（人民公园）	样地4（新虹桥中心花园）周边12个座凳
样地5（新虹桥中心花园）草坪灯	样地6（和平公园）照明设施	样地2（徐家汇公园）照明设施	样地12（中山公园）卫生设施与照明设施

| 样地9（鲁迅公园）卫生设施 | 样地1（天山公园）衣物挂钩 | 样地14（大宁灵石公园）衣物挂钩 | 样地6（和平公园）衣物挂钩 |

| 样地11（长风公园）衣物挂钩 | 样地3（人民公园）标识设施 | 样地6（和平公园）指示设施 | 样地14（大宁灵石公园）标识设施 |

表5-3-2 植物景观一览表

| 样地5（新虹桥中心花园） | 样地7（杨浦公园） | 样地3（人民公园） | 样地8（鲁迅公园） |

（2）舒适性和优美性。运动的目的除了强身健体外，还需要放松休闲，需要舒适和优美的环境条件。有研究指出人们偏爱在优美的环境中运动。而舒适的环境不仅有助于游憩者在运动过程中更好地发挥运动水平，也有助于运动间隙和运动结束后休憩时缓解运动的劳累。

（3）公共性与自我炫耀。大多数运动项目具有竞技性，因此具有一定的可观赏性，游憩者在运动过程中往往乐于受到他人的关注，有"自我炫耀"的行为特点。因此运动专用场地除了必要的空间围合外，应具有公共性，在运动场地四周留出适当的场地用于观众休息观看，同时在场地边界为路过的游憩者留出必要的观看"窗口"。

2）运动类型及其对环境的要求

运动专用场地主要开展球类、游戏类、极限运动类等动态类活动，如前文所述，这些活动具有竞技性与可观赏性等特点，对环境条件和品质有一定

的要求，良好的环境条件和品质有助于提高运动专用场地的游憩度。

游憩者在进行运动前，需要一定的运动准备，在条件允许下可以设置专门的运动准备区及配套设施。游憩者在运动间隙和运动结束后均需要休憩，运动进行过程中，往往会吸引一些观众观看，观众也需要休憩，因此场地中需要留有休憩区和设置必要的休憩设施，并能保证夏季遮阴、冬季日晒和适宜的通风等。运动专用场地的运动功能明确，可以结合综合公园的主题定位，通过植物、地形、装饰性景观小品等要素设计营造运动主题和氛围，以提升场地的环境品质。

3）运动专用场地空间构成要素及其设计原则

运动专用场地的构成要素可以分为自然要素和人工要素两大类。自然要素主要包括地形和植物。人工要素主要包括铺装、运动设施、休憩设施、安全设施、环卫设施、照明设施和具有装饰作用的景

观小品等。

运动专用场地往往需要平坦的地形，场地周边的地形设计宜有助于空间的围合。植物可以结合地形起到限定场地边缘空间的作用，植物也可以布置在场地内部起到遮阴和造景的效果；一些具有较高观赏价值或能反映运动主题的植物景观的布置可以极大提升场地的景观品质；同时可配置具有运动保健作用的植物，进一步提高场地空间的健康度。

基于安全考虑，运动专用场地的运动区对于铺装具有较高的要求，运动设施要符合相关标准与规范。休憩设施、环卫设施、照明设施和标识设施的设置要基于人性化的考虑。具有装饰作用的景观小品主要用于场地空间运动主题的体现和氛围的营造。

5.3.2 运动专用场地游憩度评价模型构建

运动专用场地游憩度评价体系构建主要包括以下步骤：第一，合理选择确定评价维度和评价指标，建立层次结构模型；第二，计算评价指标的权重；第三，根据相关规范、标准及研究，确定各个指标的评分标准；第四，拟定游憩度评价模型。

1）评价指标筛选

如前文所述，游憩者在运动专用场地内开展特定的运动，希望获得较好的环境体验，以锻炼身体、提高运动的技能、愉悦身心并实现自我满足。运动专用场地要为游憩者营造功能符合行为、实用性与舒适性兼备、景观优美的环境[3]。因此，运动专用场地游憩度评价体系的构建主要从人们开展运动的环境需求和对运动环境的知觉体验两个方面切入，从场地空间、配套设施和环境景观3个维度选取指标，借鉴文献资料与运动专用场地的特征确定评价因子，经过专家咨询法，确定各准则层下的指标构建评价指标体系（见表5-3-3）。本节使用软件YAAHP建立相应的层次结构模型（见图5-3-1）。

（1）场地空间。运动专用场地空间在植物、地形、围栏等要素的界定下形成一定的围合感；运动场地铺装、周边缓冲区以及安全设施的设置是运动安全开展的基础与保障；合理的场地分区和布局有助于运动的有序开展。合理的空间容量能提升场地的游憩度。因此，运动空间围合度、场地分区和布局、空间容量适宜度、空间使用协调度、运动场地安全性等因素决定场地空间游憩度。

（2）配套设施。配套设施包括服务设施、游憩设施两类。服务设施主要包括环卫设施、照明设施、安全设施（栏杆、围栏、救生设施等）、标识设施等。游憩设施主要包括运动设施、休憩设施和装饰性景观小品设施等。运动设施对于运动专用场地来说至关重要，因此单列一项，既考虑其安全性又考虑其适宜度。因此，运动设施适宜度、运动设施安全度、配套设施适宜度等因素决定配套设施游憩度。

（3）环境景观。环境景观不仅包括人们对于环境的舒适感受，也包括景观的美感度和运动主题特色，强调运动场地空间的"公园化"。该维度考察环境的舒适性、美观性和特色性。

2）评价指标权重确定

指标权重的判断主要是以专家咨询法为主，邀请了风景园林相关专业的教师，公园管理人员，景观行业的工程师，设计师以及风景园林专业的硕士和本科生在内的30位专业人士共同参与填写判断矩阵，将结果输入YAAHP v6.0 patch2软件生成模型和计算结果，如图5-3-1所示。

在判断矩阵当中，当$n \geq 3$时，将计算结果代入公式：

$$CR = \frac{\lambda_{max} - n}{RI(n-1)} \qquad (5-3-1)$$

只有当CR结果<0.1时，矩阵一致性检验通过。根据对各层次单排序的计算和一致性检验，最终确定了各指标因子的总排序权重，如表5-3-3所示。

准则层中，空间场地维度和环境景观维度同等重要，说明运用场地既要为运动提供合适的空间，又要重视环境的舒适和景观美感。权重最大的前5项指标依次是运动场地安全性（0.1291）、运动场地及配套设施环境协调性（0.1282）、运动设施安全性（0.0987）、场地分区与布局合理性（0.0979）、微环境舒适度（0.0972）。其中安全性和运动场地"公园化"是运动专用场地游憩度评价的重点关注内容。

表 5-3-3 运动专用场地游憩度评价指标体系和权重一览表

目标层	准则层	准则层权重	因子层	单排序权重	总排序权重	备注
A 运动专用场地游憩度	B1 空间场地	0.40	C1 运动空间围合度	0.1854	0.0742	
			C2 场地分区和布局合理性	0.2447	0.0979	
			C3 空间容量适宜度	0.1405	0.0562	
			C4 空间使用协调度	0.1065	0.0426	
			C5 运动场地安全性	0.3229	0.1291	含安全设施
	B2 配套设施	0.20	C6 运动设施适宜度	0.3108	6.22	运动设施单列一项
			C7 运动设施安全性	0.4934	0.0987	运动设施单列一项
			C8 配套设施适宜度	0.1958	0.0392	不含安全设施和运动设施
	B3 环境景观	0.40	C9 微环境舒适度	0.2429	0.0972	
			C10 运动场地及配套设施环境协调性	0.3205	0.1282	含安全设施和运动设施
			C11 植物景观美感度	0.1996	0.0798	
			C12 周边环境美感度	0.0975	0.0390	
			C13 运动主题和氛围	0.1395	0.0558	

3）单因子评价模型

根据上文中所建立的层次结构评价模型以及指数权重的确定，并基于多因子指数分析法，将城市公园运动专用场地游憩度综合指数设为 Y，影响综合指数 Y 的各项因子得分设为 X_i，则对于单个运动专用场地而言，单因子质量评价采用以下计算公式：

$$\overline{X_i} = \frac{X_1+X_2+X_3+X_4+X_5+\cdots+X_n}{n} \quad (5\text{-}3\text{-}2)$$

其中 n 代表所发放调查问卷中有效问卷的个数。

4）运动专用场地游憩度评价模型

设运动专用场地游憩度综合等级为 Y，在确定指标权重的基础上，可定义其计算公式为

$$Y = \sum_{i=1}^{n} X_i C_i \quad (5\text{-}3\text{-}3)$$

式中，C_i 则为单个指标相对总目标的总权重，X_i 为单个因子得分，n 为指标个数，$n=13$。

5.3.3 质量等级划分与指标取值标准

依据 16 个样本运动专用场地的现状特征调查结果，将运动专用场地游憩度评价因子的取值分为 5 个等级：Ⅰ级（优）、Ⅱ级（良）、Ⅲ级（中）、Ⅳ级（差）、Ⅴ级（极差）（见表 5-3-4）；而运动专用场地游憩度综合等级划分为 4 个（见表 5-3-5）。

基于专家意见和运动专用场地的现状特点，借鉴行为心理学、运动场地空间研究、游憩度评价等相关领域的研究，对评价指标进行释义，确定各评价因子的取值标准。

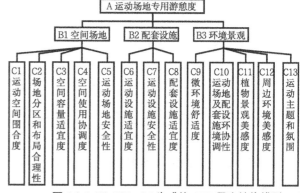

图 5-3-1 YAAHP v6.0 生成的 AHP 层次结构模型

表 5-3-4 评价因子取值标准

分值	5	4	3	2	1
等级	Ⅰ级（优秀）	Ⅱ级（良好）	Ⅲ级（中）	Ⅳ级（较差）	Ⅴ级（极差）

表 5-3-5 入口空间景观质量综合等级划分标准

分值	4.5 < X ≤ 5.0	3.5 < X ≤ 4.5	2.5 < X ≤ 3.5	1.0 < X ≤ 2.5
等级	Ⅰ级（优秀）	Ⅱ级（良好）	Ⅲ级（中）	Ⅳ级（差）

1）空间场地维度评价因子取值标准

运动专用场地空间游憩度由运动空间围合度、场地分区与布局的合理性、空间容量适宜度、空间使用协调度、运动场地安全性等方面决定的，取值标准如表 5-3-6 所示。

2）配套设施维度评价因子取值标准

运动专用配套设施游憩度由运动设施适宜度、运动设施安全性、配套设施适宜度等方面决定。取值标准如表 5-3-7 所示。

3）环境景观维度评价因子取值标准

运动专用环境景观游憩度由微环境舒适度、运动场地及配套设施环境协调性、植物景观美感度、周边环境美感度、运动主题和氛围等方面决定。取值标准如表 5-3-8 所示。

表 5-3-6 空间场地维度评价因子取值标准

准则层	指标层	指标释义	取值标准
场地空间 B1	运动空间围合度 C1	运动专用场地需要开闭有序的围合来界定运动空间，有利于强化游憩者的领域感；大多数运动项目具有一定的竞技性和观赏性，运动者普遍具有"自我炫耀"的心理特点，较为开敞的运动空间有利于其展示自我	空间围合度合理、领域感和展示性极好的运动空间得 5 分，空间开闭失调、展示性与领域感较差的得 1 分，其他等级依次类推
	场地分区与布局合理性 C2	场地分区包括运动区、休息观看区、运动准备区、管理服务区等。场地布局考虑场地内部各区位置的合理关系	场地有明确分区，布局合理者得 5 分，场地有分区、但布局不合理造成运动无序者得 1 分，场地内仅有运动区、其他功能混合使用得 0 分，其他等级依次类推
	空间容量适宜度 C3	衡量空间的规模与其所应承载的人、物等要素的匹配程度，简言之即是否有拥挤感和适中的人气	空间规模与其所应有承载力符合，人气旺，无拥挤感，非常适合运动开展得 5 分；空间规模与其所应有承载力不符合，人气过低或过于拥挤得 1 分；其他等级依次类推
	空间使用协调度 C4	主要关注场地的动态活动对于公园整体和周边环境的干扰程度，以及场地内部是否以动态活动为主，是否对其他游憩者的正常活动造成明显影响	场地运动对公园整体和周边环境无干扰，场地内部在主要时段仅限于运动类，以团体活动为主、动静相宜得 5 分，场地内无运动类活动得 1 分；其他等级依次类推
	运动场地安全性 C5	主要考察场地平整、运动区铺装和界定、缓冲区的设置、安全护栏围栏等的设置。铺装的考查要素有平整度、材质、积水现象、反光度等。缓冲区的设置和安全护栏围栏等能有效提高场地安全性	场地平整，运动区铺装合理，运动区域和缓冲区域界定明确，安全护栏围栏等设置合理得 5 分；场地较不平整，运动区铺装不合理，运动区域和缓冲区域界定不明确，安全护栏围栏等设置不合理得 1 分，其他等级依次类推

表 5-3-7 配套设施维度评价因子取值标准

准则层	指标层	指标释义	取值标准
配套设施 B2	运动设施适宜度 C6	主要考察运动设施的种类、数量、分布、清洁度等	运动设施种类齐全，数量充足，分布合理，干净清洁，能完全满足人的游憩需求得 5 分；运动设施单一、数量不足、设施维护较差得 1 分；其他等级依次类推
	运动设施安全性 C7	考察运动设施质量是否符合相关安全标准，设施维护状态如何，设施功能是否运行	运动设施符合相关标准，破损程度极低，修复及时，运行良好得 5 分；运动设施未达到相关标准，或破损程度高，且未及时修复，影响正常使用甚至危及游憩者的安全得 1 分；其他等级依次类推
	配套设施适宜度 C8	照明、标识和休憩设施的配套设施种类是否齐全，数量与分布是否合理，清洁度及质量如何	配套设施种类齐全，数量充足，分布合理，整洁度高，完全满足人的游憩需求得 5 分；照明设施等配套设施种类缺失，数量不足，分布极不合理，设施破损、完全不能满足人的游憩需求得 1 分；其他等级依次类推

表 5-3-8 环境景观维度评价因子取值标准

准则层	指标层	指标释义	取值标准
环境景观 B3	微环境舒适度 C9	考察场地的温、光、风、绿等环境因素是否适合运动的开展	温、光、风、绿等条件完好，有助于运动开展，微环境舒适得 5 分；温、光、风、绿等条件较差，不利于运动开展，得 1 分；其他等级依次类推
	运动场地及配套设施环境协调性 C10	考察场地与配套设施的形、色、质感、设施体量等协调	设施体量适宜，场地和设施形、色与质感符合环境及场所氛围需求，场地及设施与环境融合得 5 分；设施体量不合宜，场地和设施的形、色与质感环境和场所冲突严重，场地与设施环境融合程度差得 1 分；其他等级依次类推
	植物景观美感度 C11	植物景观的形、色和配置效果	植物长势好，群落层次感丰富，配置方式多种多样，植物景观识别性好和观赏性强得 5 分；植物搭配不合理、长势较差得 1 分；无植物的 0 分；其他等级依次类推
	周边环境美感度 C12	周边环境景观由植物、地形、水景、建筑等综合而成，属于中景和远景的层次	周边环境景观形式、色彩和材质搭配和谐，可观性强，给人以极高的视觉美感得 5 分；周边环境景观形式、色彩和材质搭配不和谐，可观性差，给人的视觉美感得 1 分；其他等级依次类推
	运动主题和氛围 C13	考察运动专用场地在空间场地、配套设施和环境景观全方面对运动主题和氛围的营造效果	场地空间的运动主题突出，运动氛围好得 5 分；主题不突出，运动氛围一般得 1 分；其他等级依次类推

5.4 运动专用场地游憩度等级分析

5.4.1 运动专用场地游憩度综合等级分析

1）样本空间游憩度综合等级分析

如图 5-4-1、图 5-4-2 所示，16 个运动专用场地中，Ⅰ 级和 Ⅳ 级场地各 1 个，分别占样地总数的 6%，游憩度 Ⅱ 级场地数 8 个，占 50%，游憩度 Ⅲ 级场地数 6 个，占 38%。

2）不同公园运动专用场地游憩度比较分析

如图 5-4-3 所示，12 个样本城市综合性公园中，运动专用场地游憩度等级为 Ⅰ 级的公园为 0 个；Ⅱ 级的公园 7 个，占总数的 58%；Ⅲ 级公园 4 个，占总数的 34%；Ⅳ 级的公园 1 个，占总数的 8%。总体看来，上海综合性公园运动专用场地的游憩度整体水平不高。

3）上海城市公园运动专用场地游憩度等级分析

通过单个公园运动专用场地游憩度等级的计算，将其代入 5.3.2 中的公式 5-3-3，可得出上海综合公园运动专用场地游憩度综合等级：$Y=3.5363$，Ⅲ级（中等）。

5.4.2 不同类型运动专用场地游憩度比较分析

1）不同运动类型的场地游憩度比较分析

如图 5-4-4 所示，16 个运动专用场地中，球类运动场地的游憩度总体较高，抖空竹运动场地游憩度较高，而攀岩、CS 野战场地的游憩度较低。由于各羽毛球运动场地游憩度差异大，导致平均游憩度等级较低。

2）不同空间类型和边界形态的场地游憩度比较分析

如图 5-4-5、图 5-4-6 所示，16 个运动专用场地中，空间类型为半开敞和边界形态为不规则形的运

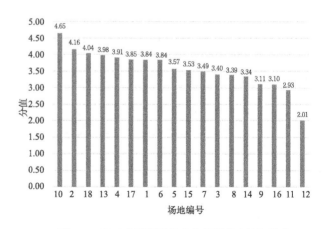

图 5-4-1 运动专用场地样本空间游憩度等级排序

动专用场地具有更高的游憩度。结合相关理论和实地调查可知，半开敞空间的运动专用场地围合度较佳，游憩者具有一定的领域感，同时提供了对外展示的"窗口"。空间过于开敞或过于封闭都对运动场地的游憩度有一定影响。边界不规则形的运动专用场地往往具有更高的环境协调性和融合度，这能在一定程度上提升场地"公园化"程度。边界规则形的运动场地若边界处理不得当，则会使场地和周边环境"割裂"。

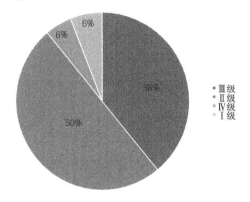

图 5-4-2 运动专用场地样本空间游憩度等级分布

5.4.3 单因子游憩度等级分析

1）运动专用场地游憩度评价单因子均值分析

如图 5-4-7 所示，上海综合公园的运动专用场地游憩度评价因子的得分均值在良好线（3.5）上下浮动，其中，Ⅱ级（良）指标数为 10 项，占总指标数 76.9%，依次为微环境舒适度 C9 为 3.83、空间使用协调度 C4 为 3.78、植物景观美感度 C11 为 3.78、周边环境美感度 C12 为 3.75、运动空间围合度 C1 为

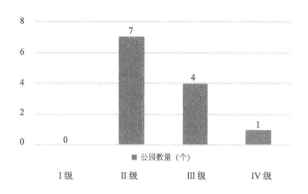

图 5-4-3 运动专用场地游憩度各等级公园数量

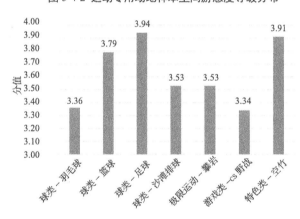

图 5-4-4 不同运动类型的场地游憩度等级

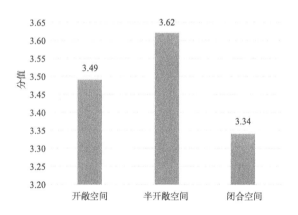

图 5-4-5 不同空间类型的场地游憩度等级

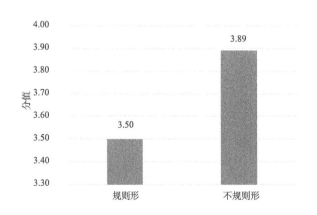

图 5-4-6 不同边界形态的场地游憩度等级

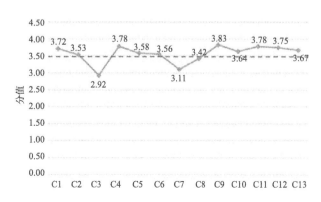

图 5-4-7 运动专用场地游憩度单因子均值分布图

3.72、运动主题与氛围 C13 为 3.67、运动场地与配套设施环境协调度 C10 为 3.64、运动场地安全性 C5 为 3.58、运动设施适宜度 C6 为 3.56、场地分区与布局合理性 C2 为 3.53。Ⅲ级（中）指标数为 3 项，占总指标数 23.1%，依次为配套设施适宜度 C8 为 3.42、运动设施安全性 C7 为 3.11、空间容量适宜度 C3 为 2.92。

根据上文分析，上海综合公园运动专用场地微环境舒适度高、空间使用的协调度好、周边环境及植物景观美感度高，这也是运动场地设置在公园中的环境优势（见表 5-4-1）。运动专用场地主要的制约因素在于空间容量和设施。不适宜的空间容量极大影响了运动专用场地的游憩度，而运动设施存在明显的安全隐患，配套设施数量、布局与美感度都存在较大问题（见表 5-4-1）。为了达到较高的"公园化"水平，必须重视场地及设施与环境的协调性。

2）不同游憩度的运动专用场地单因子等级分析

如表 5-4-2、表 5-4-3、表 5-4-4 所示，不同游憩度等级的运动专用场地各评价因子得分存在较大的差异。

5.5 运动专用场地游憩度提升设计策略

5.5.1 适量增设综合公园运动专用场地

1）丰富运动专用场地的类型

目前成熟的运动项目丰富多彩，既有规范的竞技类运动项目，也有各种颇具特色的民间运动项目和适合青年人的极限运动项目。有多种方式可以确定新增的运动类型：①参考竞技比赛运动项目，结合各综合公园实际情况，决定可增加的运动类型；②参考国内外知名综合公园、运动公园或体育公园运动项目设置，结合各综合公园实际情况，决定可增加的运动类型（见图 5-5-1）；③向公园内广大的游憩者直接征求建议。

随着老龄化社会的到来，城市综合公园提供的运动项目需要针对中老年人的运动需求，以激发老年游憩者的运动热情，例如设置充足的广受欢迎的门球、毽球、迷你高尔夫球场等运动专用场地（见图 5-5-2）。

随着极限运动在我国的不断普及，爱好者人数也逐渐攀升，尤其受到年轻人的喜爱。上海极个别

表 5-4-1 运动专用场地游憩度评价因子等级分析

微环境舒适度（C9）3.83-Ⅱ级（良）	空间使用协调度（C4）3.78-Ⅱ级（良）	植物景观美感度（C11）3.78-Ⅱ级（良）
周边环境美感度（C12）3.75-Ⅱ级（良）	运动空间围合度（C1）3.72-Ⅱ级（良）	运动主题与氛围（C13）3.67-Ⅱ级（良）
配套设施适宜度（C8）3.42-Ⅲ级（中）	运动设施安全性（C7）3.11-Ⅲ级（中）	空间容量适宜度（C3）2.92-ⅢⅤ级（中）

运动场地与配套设施环境协调度（C10）3.64- Ⅱ级（良）	运动场地安全性（C5）3.58- Ⅱ级（良）	运动设施适宜度（C6）3.56- Ⅱ级（良）	场地分区与布局合理性（C2）3.53- Ⅱ级（良）

配套设施适宜度（C8）3.42- Ⅲ级（中）	运动设施安全性（C7）3.11- Ⅲ级（中）	空间容量适宜度（C3）2.92- Ⅲ级（中）	

表 5-4-2 运动专用场地游憩度 Ⅰ 级和 Ⅳ 级样本空间单因子游憩度评价结果分析

单个场地游憩度评价结果	评价结果分析	典型照片
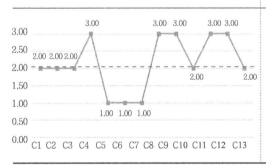	游憩度 Ⅰ 级－样地 8（鲁迅公园）羽毛球场：Ⅰ 级（优）指标数为 7 项，良好指标数为 4 项，综合游憩度评分为 4.65，为 Ⅰ 级。但空间容量适宜度中等、空间使用协调度较差	
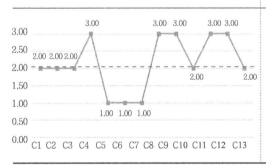	游憩度 Ⅳ 级－样地 10（中山公园）羽毛球场：所有评价因子的得分均在中等及以下，其中 Ⅳ 级（差）指标数为 8 项；Ⅲ 级（中）指标数为 5 项。游憩度综合评分为 2.01，Ⅳ 级。运动场地的安全性、运动设施的安全性与适宜度都较差	

表 5-4-3 运动专用场地游憩度 II 级样本空间单因子游憩度分析

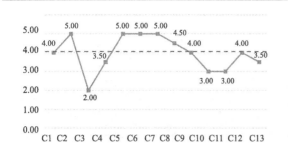

游憩度 II 级 – 样地 16（世纪公园）足球场：I 级（优）指标数为 4 项，II 级良好指标项 4 项，IV 级（差）指标数为 1 项，空间容量不适宜；III 级（中）指标数为 4 项，环境景观维度分值较低。游憩度评分为 4.04，游憩度等级为 II 级

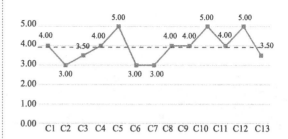

游憩度 II 级 – 样地 11（长风公园）抖空竹：场地安全性高，场地及设施的环境协调度、周边环境美感度高。游憩度评分为 3.98，游憩度等级为 II 级

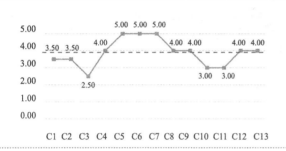

游憩度 II 级 – 样地 2（徐家汇公园）篮球场：场地安全性、运动设施适宜度、运动设施安全性较高。场地人气较旺，空间容量适宜度较低，与周边环境协调度及植物景观美感度不佳。综合游憩度评分为 3.91，游憩度为 II 级

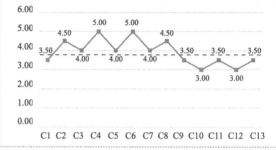

游憩度 II 级 - 样地 15（大宁灵石公园）篮球：场地空间使用协调度、运动设施适宜度较高，与周边环境的协调度、周边环境的美感度较低。综合游憩度评分为 3.85，游憩度等级为 II 级

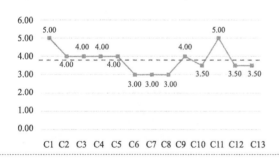

游憩度 II 级 – 样地 1（天山公园）抖空竹：运动空间围合度、植物景观美感度较高。综合游憩度评分为 3.84，游憩度等级为 II 级

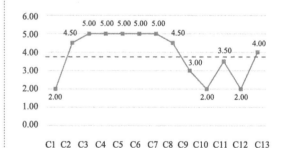

游憩度 II 级 - 样地 4（新虹桥中心花园）篮球场：空间容量适宜度、空间使用协调度、运动场地适宜度、运动设施安全度较高，但运动空间围合度、运动场地及配套设施的环境协调性、周边环境的美感度较差。综合游憩度评分为 3.84，游憩度等级为 II 级

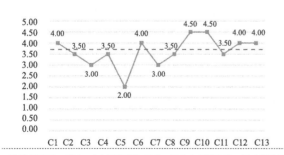

游憩度 II 级 – 样地 3（人民公园）篮球：运动空间围合度、运动设施适宜度、微环境舒适度、运动场地及配套设施的环境协调度良好，但运动场地的安全性较低。综合游憩度评分为 3.57，游憩度等级为 II 级

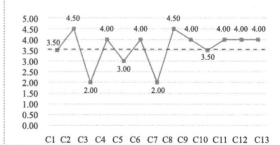

游憩度 II 级 – 样地 13（黄兴公园）攀岩 + 沙滩排球场：场地分区和布局合理性、空间使用协调度、运动设施适宜度、配套设施适宜度、微环境舒适度、植物景观美感度、周边环境美感度、运动主题和氛围良好，但空间容量适宜度、运动设施安全性较差。综合游憩度评分为 3.53，游憩度等级为 II 级

表 5-4-4 运动专用场地游憩度 Ⅲ 级样本空间单因子游憩度分析

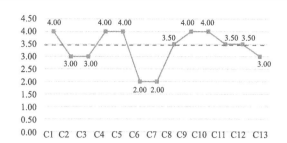

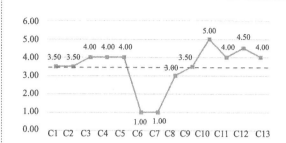

游憩度 Ⅲ 级 - 样地 5（新虹桥中心花园）羽毛球：运动空间围合度、空间使用协调度、运动场地安全性、微环境舒适度、运动场地及配套设施的环境协调性良好，运动设施适宜度、运动设施安全性较差。综合游憩度评分为 3.49，游憩度为 Ⅲ 级

游憩度 Ⅲ 级 - 样地 6（和平公园）羽毛球：运动场地及配套设施的环境协调性较高，周边环境美感度、运动主题和氛围、植物景观美感度、运动场地安全性、空间使用协调度、空间容量适宜度良好，但运动设施适宜度、运动设施安全性极低。综合游憩度评分为 3.39，游憩度为 Ⅲ 级

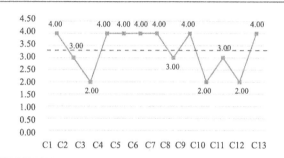

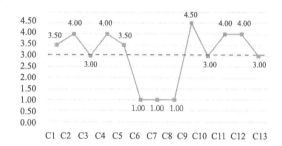

游憩度 Ⅲ 级 – 样地 12（黄兴公园）CS 野战：运动空间围合度、空间使用协调度、运动场地安全性、运动设施适宜度、运动设施安全性、微环境舒适度、运动主题和氛围良好，但空间容量适宜度、运动场地及配套设施的环境协调性、周边环境美感度较差。综合游憩度评分为 3.34，游憩等级为 Ⅲ 级

游憩度 Ⅲ 级 - 样地 7（杨浦公园）羽毛球场：场地分区和布局合理性、空间使用协调度、微环境舒适度、植物景观美感度、周边环境美感度良好，但运动设施适宜度、运动设施安全性、配套设施适宜度极低。综合游憩度评分为 3.11，游憩度为 Ⅲ 级

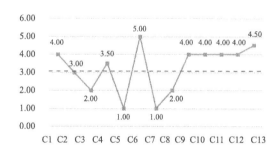

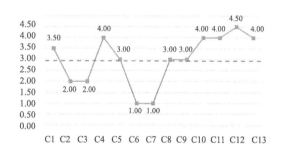

游憩度 Ⅲ 级 - 样地 14（大宁灵石公园）羽毛球：场地各评价因子得分起伏较大，运动设施适宜度较高，运动空间围合度、微环境舒适度、运动场地及配套设施的环境协调性、植物景观美感度、周边环境美感度、运动主题和氛围良好，但运动场地安全性、运动设施安全性极低。综合游憩度评分为 3.10，游憩度为 Ⅲ 级

游憩度 Ⅲ 级 - 样地 9（鲁迅公园）羽毛球：周边环境美感度、运动主题和氛围、植物景观美感度、运动场地及配套设施的环境协调性、空间使用协调度良好。运动设施适宜度、运动设施安全性极低。综合游憩度评分为 2.93，游憩度为 Ⅲ 级

(1)棒球

(2)滑冰

(3)溜旱冰

图 5-5-1 多样的运动专用场地

(1)门球

(2)毽球

(3)微型高尔夫

图 5-5-2 适老化运动项目

(1)极限滑板一

(2)极限滑板二

(3)极限自行车

图 5-5-3 极限运动项目

综合公园有设置攀岩极限运动专用场地。近些年上海也出现了极限运动主题公园，例如新江湾城滑板公园。综上，可以考虑在合适的综合公园尝试增加极限运动专用场地（见图 5-5-3）。

2）因需增设运动专用场地

关于综合公园运动专用场地的数量和总占地面积，目前国内无相关的规范、标准加以限定。目前通用的《公园设计规范》仅对绿化、建筑、园路及铺装场地的用地比例做了大致限定。公园建设和管理实践中对公园体育运动区的占地比例做了大致规定，且这里的"体育运动区"与"运动专用场地"的概念并不一致。因此，对综合公园运动专用场地的合适数量及面积需做进一步研究，以基本满足游憩者运动需求为原则，通过游憩者运动需求调查，结合公园实际情况，从而确定大致的数量和面积。

5.5.2 提升运动专用场地的安全性与舒适性

1）提升运动的安全性

安全性主要从场地（地面、围护）和运动设施两个维度考虑。场地的安全性重点关注的是运动区的安全性，即运动区铺装、划线，缓冲区设置，安全围护等。运动设施主要关注其安全设计和保养维修。

如图 5-5-4（a）和（b）所示，场地选择了塑胶铺地或平整的水泥铺地，划线清晰，运动区边缘留有一定的距离作为缓冲区；图 5-5-4（b）的场地铺地通过颜色来区分不同的区域。如图 5-5-4（c）所示，篮球运动设施上包裹了海绵，是典型的防撞设计。如图 5-5-4（d）和（e）所示，球类场地采用了柔性的围护网，防止球砸伤人。如图 5-5-4（f）所示，通过设置球状石墩，暗示过往的车辆和游憩者注意避让。如图 5-5-4（a）所示，通过及腰的护栏设置，将运动区较为自然地围护。

此外，可以更加全面地遵循相关领域的"安全性设计"规范。

2）因需调整空间容量提升运动舒适度

场地容量出现两种完全不同的现象，一种是人气旺盛，拥挤感明显；另外一种是场地冷清。

对于拥挤感明显的场地，建议增加单个场地面积或增加同类型运动场地的数量。例如康健园的2号场地、鲁迅公园的10号场地，人气较旺，在主要运动时段有一定拥挤感。2号场地可向东面拓展，扩大场地面积，同时在园中合适的位置增加设置运动场地；10号场地四周为地形或道路围合，已无法原地拓展，可考虑在公园内合适位置增加场地数量。

对于人气衰落的场地，需要调查分析其原因。若是区位不佳或与周边完全不融合，则可考虑取消该场地。若是由于具体的设计不佳，则从设计层面提高其运动游憩度。例如中山公园12号场地区位较佳，并且和周边相融合，但其设计不佳，因此可根

据游憩度评价体系和评价结果为指导，对其进行优化设计。

而黄兴公园14号和15号场地，场地总体游憩度较高，存在诸如运动项目特殊，收费高，人气较差等市场经营方面的问题，本书不作详细探讨。

3）配套设施人性化设置

运动专类场地应因需设置运动设施、安全设施和服务配套设施。不少场地未提供必要的运动设施，大大降低了场地的游憩度和游憩者的满意度。例如7、8、9、11、12和15号场地均未提供运动设施。

人性化的运动专用场地应配置包括座椅等休憩设施（见图5-5-5）。休憩设施推荐木质带靠背的座椅，如场地7、12、13的座椅，如图5-5-5（b）、（c）和（d）所示；不推荐石质材料或无靠背的座凳，如场地2的矮墙座凳，如图5-5-5（a）所示。座椅应选择形态佳、有细部装饰的款式。

|（a）| （b）| （c）|
|（d）| （e）| （f）|

图 5-5-4 运动专用场地安全性优化

|（a）|（b）|（c）|（d）|

图 5-5-5 休憩设施

| (a) | (b) | (c) | (d) |

图 5-5-6 照明设施

| (a) | (b) | (c) | (d) |

图 5-5-7 衣帽架

图 5-5-8 电子储物柜

图 5-5-9 草坪小音响

同时应为运动场地配备充足的照明设施，如场地 4 和 6 的照明设施充足，如图 5-5-6（a）和（b）所示。在照明充足的基础上，进一步提升照明设施的艺术感，使之成为场地综合景观的有机组成，如场地 7 和 8 的照明设施有一定的设计感，如图 5-5-6（c）和（d）所示。

运动游憩者有放置衣物和运动用品的需求，服务钩或衣帽架正好能满足这一需求。如场地 3 无衣帽架等，导致座椅被用于放置衣物，如图 5-5-7（a）所示；部分场地的边缘或角落提供了衣帽架或服务钩，如图 5-5-7（b）、（c）和（d）所示；在有条件的场地，可以提供电子储物柜和广播音响等设施（见图 5-5-8、图 5-5-9）。电子储物柜的选择要注意与运动场地和园林环境相融合，一般设置于场地出入口、角落、边缘，可与休息观看区或管理服务区一并设计。

5.5.3 提升运动专用场地的景观性与艺术性

1）柔化空间界面和边界形态

综合公园中的运动专用场地与普通运动场地最大的区别就是其较高的"公园化"程度。普通运动场地只需要满足运动功能即可。运动场地及设施与环境的协调性，即融合度，是"公园化"程度的重要体现。

不少运动场地，特别是篮球、足球等球类运动场地都设置了金属围栏，虽能提高场地的安全性，却将运动场地与周边的园林环境割裂开，如图 5-5-10（a）和（b）所示。可采用降低金属围栏高度、降低金属围栏网眼密度、将金属围栏向场地外围尽可能推远、将金属围栏隐匿于绿化中、"下层金属矮围栏＋上层非金属围网"组合形式来解决这个问题，如图 5-5-10（d）所示；或采用柔性围护，如图 5-5-10（c）等所示。对于单个场地，优先采用植物特征界面（见图 5-5-11）和不规则的边界形态，提高环境协调性。

2）增加运动标识和主题雕塑

运动主题和氛围是游憩者关于运动的综合感受。运动区的设置和运动设施最能点明运动主题，此外运动主题和氛围需要通过景观小品、运动标识、植物景观等要素来烘托，如图 5-5-12 所示。

3）植物景观适宜运动休闲

运动专用场地除了大量运用乡土植物外，还可以尝试应用保健类的芳香植物、能释放杀菌素的常绿植物等。目前国内有 60 多科 400 多种的芳香植物被发现有健康利用价值。一些常绿树种的分泌物能够杀死空气中的病菌、清洁空气以利于人体健康。

植物配置在不干扰运动的前提下，尽可能去表现运动主题。植物景观设计应遵循简约的原则，使用简洁的线条和纯净明快的色彩去展现运动的动感。体育运动的外在美较为显而易见，可通过植物的形态、色彩进行各种组合以传递运动主题。例如将泳池边的绿篱修剪出波浪形以模拟游泳运动的肢体动作；将不同色的植物块穿插、应用对称式种植去呼应体育的动态美感。体育运动有关于生命力、意志力等方面的内在美，可借用植物的寓意来表现，如松柏隐喻坚强的意志，绿竹象征高洁与进取精神。

如图 5-5-13（a）和（c），枝干挺拔的棕榈和银杏，给游憩者传递一种积极向上、奋发进取的运动精神；如图 5-5-13（b），松柏植物景观传达了一种意志坚强和生命力强的运动精神。

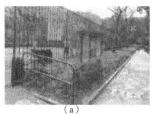   

（a） （b） （c） （d）

图 5-5-10 场地及设施的环境协调性

（a） （b） （c） （d）

图 5-5-11 较高的环境协调性

（a）场地 16 运动标识 （b）场地 6 运动主题海报 （c）上海九子公园雕塑 A

（d）上海九子公园雕塑 B （e）上海九子公园雕塑 C （f）上海九子公园雕塑 D

图 5-5-12 运动主题与氛围优化示意

（a）棕榈群植景观 （b）松柏群植景观 （c）银杏群植景观

图 5-5-13 植物配置表现运动主题

本章注释

[1] 李丹 . 城市综合性公园的使用功能及区划研究 [D]. 保定 : 河北农业大学 , 2010.

[2] 董亮 . 创建人性化的都市交往空间 [D]. 西安：西安建筑科技大学 , 2006.

[3] 汤晓敏 . 为游憩者创造良好的行为环境 [J]. 上海交通大学学报 , 2001(09): 206-210.

6 场地空间运动健身兼容性研究

　　面对上海用地资源高度紧张、运动健身资源严重不足的现状，城市综合公园不仅可达性高、使用方便，且园内的空气清新、景色秀丽、自然环境舒适优美，适宜开展各种运动健身活动。因而城市综合公园已经逐渐成为大众开展运动健身活动的重要场所。因此，迫切深入挖掘综合公园中非运动专用场地空间的运动健身兼用潜力，能够缓解体育资源供需不匹配的突出矛盾，推进全民健身运动的开展。

6.1 研究缘起与背景

6.1.1 上海市运动健身空间供需矛盾突出

为了更好地促进群众开展运动健身活动，提高身体素质，国务院于 1995 年颁布实施《全民健身计划纲要》。但近年调查数据显示，可开展运动健身活动的场所数量难以满足民众需求，已成为深入推广运动健身活动的最大限制因素。《体育"十二五"规划》也提到体育健身资源的供需矛盾是我国体育事业发展的最大矛盾。

《体育发展"十三五"规划》提出，到 2020 年人均体育场地面积要达到 $1.8m^2$。2013 年末上海市体育场地普查数据显示上海人均体育场地面积 $1.72 \ m^2$，与十年前相比反而减少 $0.03 \ m^2$。普查发现，体育场地规模虽然在稳步增长，但远远不能满足民众对于健身的需求和热情。总之，全民健身运动背景下，上海市运动健身空间供需矛盾突出。

6.1.2 城市公园是居民偏爱的运动健身场所

由于城市综合公园不仅可达性高、使用方便，且园内的空气清新、景色秀丽、自然环境舒适优美，适宜开展各种运动健身活动，因而城市综合公园已经逐渐成为大众开展运动健身活动的重要场所[1]。

政策上，《全民健身计划》（2011—2015 年）也指出"在有条件的公园、绿地、广场建设体育健身设施"。《全民健身计划纲要》第二期也提到要"充分利用城市广场、公园等公共场所和适宜的自然区域建设全民健身活动基地"。

城市综合公园是服务半径最大、受众面最广的公园绿地，因此，应当深度挖掘其运动休闲资源，将其改造成为大众"运动健身"的重要场所。

6.1.3 非运动专用场地空间利用潜力巨大

城市综合公园中的非运动专用场地空间，使用功能灵活，在分时分域的使用上都有着巨大潜力。优美舒适的自然环境也是相较于许多室内运动健身场所的天然优势，而功能上的包容性相较于专用型运动健身空间则更能支持多样的运动健身活动。

深入挖掘综合公园中非运动专用场地空间的运动健身兼用潜力，能够缓解体育需求与体育资源突出的供需矛盾，推进全民健身运动的开展。从公园本身的可持续发展来看，深入挖掘其运动健身资源，使其走向"体育化"也是综合公园未来一个重要的发展转型。因此，对城市综合公园中兼用型运动健身空间的研究势在必行。

6.2 研究对象与内容

城市综合公园中的非运动专用场地空间是否适宜兼用于运动健身活动，主要取决于以下几个方面：首先，场地本身是否有适合开展运动健身活动的安全舒适的环境条件，是否有能满足运动健身活动正常展开的潜力；其次不影响其特定功能和基本功能、活动的前提下，该场地在时间和空间上，对于运动健身活动的容纳与承载能力。

本研究对象为上海城市综合公园中的非运动专用场地空间，首先，在对相关文献研究进行分析综述的基础上，确定了研究的内容、方法与技术路线；其次，对选定的样本空间进行现场调查，并从多个层面分析其特征，结合现场调查结果，建立了运动健身兼用适宜性评价模型；最后通过分析评价结果，挖掘空间开展运动健身活动的潜力以及影响其运动健身适宜性的关键因素，并针对场地空间运动健身兼用存在的潜力和问题提出优化建议。

6.2.1 研究对象筛选

参考上海公园的发展历程以及鉴于研究的可操作性，本研究基于规模（$\geq 15hm^2$）、关键年代节点（1949 年中华人民共和国成立和 1978 年改革开放）及研究内容的相关性三大原则进行样本公园的筛选（见图 6-2-1）。

然后确定鲁迅公园、中山公园、和平公园、长风公园、黄兴公园和世纪公园为本次研究的样本公园（见图 6-2-2）。在前期概念界定和预调研的基础上，最终确定了 6 个公园中的 43 个场地空间作为研究的样本空间（见附录 2，表 6-2-1）。

6.2.2 研究内容与方法

本研究内容包括城市综合公园非运动场地空间的现状特征及其运动健身兼用适宜性两个部分。

非运动场地空间的现状特征分析主要通过对样本空间进行实地调研,结合文献分析,从布局与规模、边界形态、开闭类型和内部构成要素 4 个维度进行定性分析。

现场调查遵循客观性、科学性、可操作性原则。

采用现场观察法、测量法调查样本空间的区位、形态规模、边界形态、开闭类型以及内部构成要素。调研工作在 2017 年 3 月 15 日至 2017 年 8 月 15 日期间展开。

场地空间运动健身兼用适宜性的评价主要采用层次分析法（AHP），对选定的 6 个上海城市综合公园中的 43 个样本空间的运动健身兼用适宜性进行定量评价与分析。

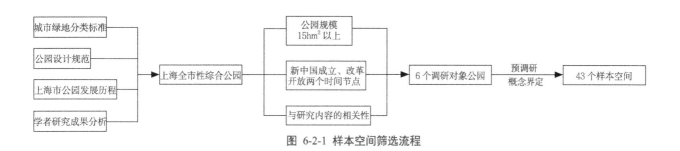

图 6-2-1 样本空间筛选流程

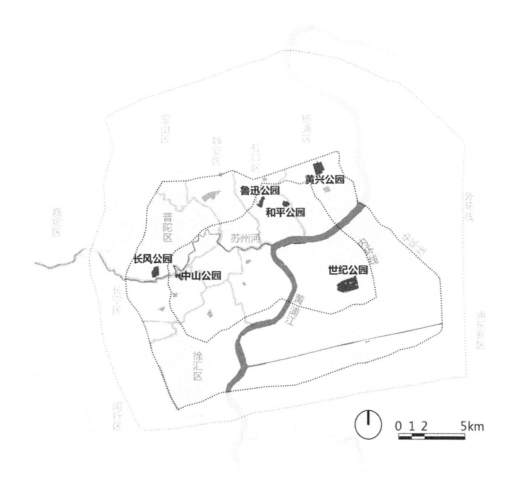

图 6-2-2 样本公园分布图

表 6-2-1 样点空间特征一览表

样点	空间类型	功能类型	边界形态	开闭类型	规模 / m²	样本公园
1	硬质空间	出入口广场	口袋式	郁闭	1803	鲁迅公园
2	硬质空间	休闲集散广场	向心式	半开敞	8858	
3	软质空间	开敞草坪空间	内凹式	开敞	3868	
4	软质空间	开敞草坪空间	内凹式	开敞	2790	
5	硬质空间	硬质活动场地	内凹式	半开敞	4530	
6	硬质空间	滨水垂钓空间	环绕式	开敞	164	
7	软质空间	开敞草坪空间	内凹式	开敞	5785	中山公园
8	软质空间	开敞草坪空间	向心式	开敞	12694	
9	硬质空间	休闲集散广场	内凹式	开敞	1294	
10	硬质空间	硬质活动场地	内凹式	开敞	2456	
11	硬质空间	硬质活动场地	内凹式	开敞	533	
12	软质空间	疏林草坪空间	内凹式	半开敞	2757	和平公园
13	硬质空间	休闲集散广场	口袋式	开敞	2700	
14	硬质空间	硬质活动场地	内凹式	开敞	53	
15	硬质空间	滨水垂钓空间	环绕式	开敞	167	
16	软质空间	开敞草坪空间	向心式	开敞	5806	
17	硬质空间	硬质活动场地	口袋式	半开敞	782	
18	硬质空间	硬质活动场地	向心式	开敞	679	
19	硬质空间	硬质活动场地	向心式	半开敞	1940	
20	硬质空间	休闲集散广场	内凹式	半开敞	2280	
21	硬质空间	出入口广场	口袋式	半开敞	1984	
22	硬质空间	休闲集散广场	内凹式	开敞	625	长风公园
23	硬质空间	硬质活动场地	内凹式	开敞	623	
24	硬质空间	滨水垂钓空间	环绕式	开敞	238	
25	硬质空间	滨水垂钓空间	环绕式	开敞	528	
26	软质空间	开敞草坪空间	向心式	开敞	2771	
27	硬质空间	硬质活动场地	内凹式	开敞	508	
28	硬质空间	建筑附属广场	口袋式	郁闭	2213	
29	硬质空间	建筑附属广场	内凹式	开敞	1807	
30	软质空间	开敞草坪空间	内凹式	开敞	2886	
31	软质空间	封闭草坪空间	口袋式	郁闭	3957	世纪公园
32	软质空间	封闭草坪空间	口袋式	郁闭	1821	
33	软质空间	开敞草坪空间	内凹式	开敞	12763	
34	软质空间	开敞草坪空间	内凹式	开敞	8752	
35	软质空间	开敞草坪空间	内凹式	开敞	3382	
36	软质空间	开敞草坪空间	向心式	开敞	15592	
37	软质空间	开敞草坪空间	向心式	开敞	9419	
38	硬质空间	休闲集散广场	口袋式	半开敞	2512	
39	硬质空间	硬质活动场地	内凹式	开敞	640	
40	硬质空间	硬质活动场地	口袋式	郁闭	580	
41	硬质空间	休闲集散广场	口袋式	开敞	4344	黄兴公园
42	硬质空间	硬质活动场地	内凹式	开敞	568	
43	软质空间	疏林草坪空间	向心式	开敞	9231	

6.3 上海城市综合公园场地空间特征分析

6.3.1 场地功能分类与空间构成要素

1）场地空间功能分类

依据底界面的材质，公园中场地空间可分为软质场地空间与硬质场地空间两类。硬质场地可依据功能进一步分为出入口广场、建筑附属广场、休闲集散广场、滨水垂钓空间、硬质活动场地等 5 类，软质场地可依据界面特征及植物种植方式进一步分为开敞草坪空间、疏林草坪空间和封闭草坪空间 3 类（表 6-3-1）。

基于现场调查数据，对 43 个样本空间的规模、边界形态、开闭类型和内部构成要素 4 个层面进行进一步划分（见表 6-2-1）。调查结果显示，每个样本公园都配备了休闲集散广场和硬质活动场地（见图 6-3-1、图 6-3-2）。其中长风公园、和平公园和鲁迅公园有自然的垂钓空间；长风公园因为有海洋馆等收费活动项目，因而有可利用的建筑附属广场。世纪公园在软质空间数量上优势明显，而黄兴公园与和平公园软质空间数量较少，且长风公园、和平公园和鲁迅公园的软质空间类型比较单一。

2）场地空间构成要素

调查结果显示，场地空间内部包括活动设施、休憩设施、配套服务设施、场地铺装和植物等要素。

（1）活动设施。6 个样本公园的 43 个样点空间中仅有 4 处活动设施（见表 6-3-2），皆为付费类儿童游戏设施，且适合较低年龄层的儿童游乐使用。

（2）休憩设施。综合公园中的非运动专用场地空间，休憩设施主要有座椅坐凳，休憩建筑以及具有坐憩功能的小品 3 类（见表 6-3-3、表 6-3-4）。座椅坐凳数量最多，具有休憩功能的小品其次，休憩型建筑最少。大部分软质空间都没有休憩设施；而硬质空间的休憩设施一般布置在场地空间边界，或以有坐憩功能的树池散置在场地中间。主要材料包括木材、石材和混凝土等，也有少数木材结合金属或者木材结合混凝土作为材料。基于使用的舒适度考虑，石材和金属材质在极端天气容易过冷或过热，建议以木质作为坐面材料。

（3）配套服务设施。调研结果显示，样地空间中配套服务设施主要包括卫生设施、照明设施、标识设施、储物设施等 4 类（见表 6-3-5）。

（4）铺装。硬质场地铺装是活动开展的基础保障，铺装材质的好坏也直接关系到活动体验的好坏，甚至影响到活动的安全性。从形式上来看，美观耐看的场地铺装可以丰富场地的层次，给人带来美的视觉享受和感官体验。

由于软质空间的底平面都是草坪基质，这里不展开讨论。仅对硬质空间的场地铺装进行分析。调查结果显示（见表 6-3-6），硬质空间的铺装材质有石材、地砖、混凝土以及塑胶 4 类；铺装形式有整

表 6-3-1 空间功能分类与特征一览表

出入口广场（2 个）	建筑附属广场（2 个）	休闲活动广场（7 个）	滨水垂钓空间（4 个）
公园内外的过渡空间	功能建筑的外广场	功能复合的开敞空间	条带状的滨水硬质空间
硬质活动空间（12 个）	开敞草坪空间（12 个）	疏林草坪空间（2 个）	封闭草坪空间（2 个）

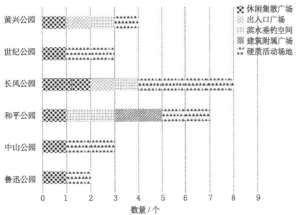

图 6-3-1 样本公园硬质空间功能分类与特征

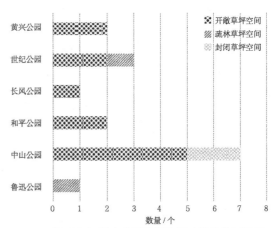

图 6-3-2 样本公园软质空间功能分类与特征

体铺装、块状铺装和碎石铺装 3 种。材料使用上，石材类最多，混凝土类其次，再接着是地砖类和塑胶类。形式上，块状铺装运用最多；其次为整体铺装，主要当材质为塑胶橡胶和混凝土时运用较多；碎石铺装运用最少，主要在滨水垂钓空间中使用。

（5）植物。调研结果显示（见表 6-3-7），43 个样点空间内部的植物主要有孤植、散植、群植 3 种形式。功能上，主要有林荫型和观赏型两种类型。孤植和散植常常与休憩设施搭配，具有遮阴的功能；群植的植物一般作为视觉焦点出现，属于观赏型。

6.3.2 场地空间的界面特征与开闭类型

调研结果显示，43 个样点空间的特征界面分三种类型：水体界面、道路或场地界面和植物界面。不同的界面特征影响空间的开闭程度，形成开敞空间、半开敞空间和郁闭空间 3 类。

1）开敞空间

开敞空间在垂直方向的界定较少，多以底界面限定，视线通透程度高，与外部空间有很强的连通交流性。43 个样本空间中总共 31 个开敞空间（见表

6-3-8、表 6-3-9），其中，20 个以道路或场地为特征界面；9 个以水体为特征界面；2 个以植物为特征界面。

2）半开敞空间

半开敞空间是介于封闭空间和开敞空间之间的一种过渡形式[2]，空间内局部与外部连通，通过视线渗透既能与外部空间产生联系，又能保持一定的独立性和私密感。43 个样本空间中有 7 个半开敞空间（见表 6-3-10），其中以道路或场地为特征界面的场地有 4 个；以植物为特征界面的有 3 个。

3）郁闭空间

郁闭空间视线和外部连通较少，一般由密实连续的围合界面营造出内聚的空间氛围[3]。高度围合的郁闭空间往往独立性、私密性极高，给使用者以安全感，但长时间停留易使视觉疲劳，产生闭塞感[4]，空间规模较小时这种情况尤为严重。

43 个样本空间中共 5 个郁闭空间（见表 6-3-11），均属于口袋式场地，且都以植物为特征界面，形成以乔灌草组合进行围合的郁闭空间。

表 6-3-2 样点空间的活动设施一览表

| 场地 2 | 场地 20 | 场地 23 | 场地 28 |

表 6-3-3 样点空间的座椅坐凳一览表

场地 1	场地 2	场地 6	场地 9	场地 10
场地 11	场地 13	场地 15	场地 22	场地 28
场地 29	场地 30	场地 24	场地 25	场地 41
场地 21	场地 18	场地 17	场地 32	场地 42
场地 8	场地 14	场地 38	场地 41	场地 27

表 6-3-4 样点空间的坐憩型小品与设施一览表

场地 25	场地 32	场地 41	场地 42	场地 41
场地 11	场地 16	场地 39	场地 19	场地 20
场地 2	场地 13	场地 17	场地 20	场地 41

场地 1	场地 21	场地 21	场地 21	场地 38
场地 6	场地 15	场地 25	场地 8	场地 41

表 6-3-5 样点空间的配套服务设施一览表

场地 1	场地 8	场地 10	场地 5	场地 11
场地 13	场地 18	场地 19	场地 21	场地 23
场地 29	场地 28	场地 38	场地 40	场地 41
场地 42	场地 1	场地 1	场地 2	场地 5

场地 7	场地 8	场地 9	场地 10	场地 11
场地 12	场地 21	场地 39	场地 38	场地 29
场地 13	场地 18	场地 19	场地 2	场地 27
场地 5	场地 6	场地 8	场地 10	场地 19
场地 10	场地 10	场地 22	场地 19	场地 41
场地 5	场地 9	场地 10	场地 11	场地 12

（续表）

| 场地 13 | 场地 14 | 场地 16 | 场地 17 | 场地 20 |
| 场地 21 | 场地 22 | 场地 21 | 场地 41 | 场地 39 |

表 6-3-6 样点空间的场地铺装特征分析

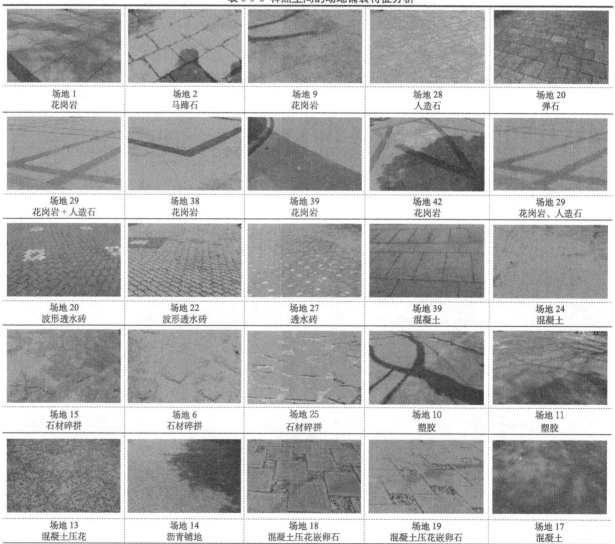

场地 1 花岗岩	场地 2 马蹄石	场地 9 花岗岩	场地 28 人造石	场地 20 弹石
场地 29 花岗岩+人造石	场地 38 花岗岩	场地 39 花岗岩	场地 42 花岗岩	场地 29 花岗岩、人造石
场地 20 波形透水砖	场地 22 波形透水砖	场地 27 透水砖	场地 39 混凝土	场地 24 混凝土
场地 15 石材碎拼	场地 6 石材碎拼	场地 25 石材碎拼	场地 10 塑胶	场地 11 塑胶
场地 13 混凝土压花	场地 14 沥青铺地	场地 18 混凝土压花嵌卵石	场地 19 混凝土压花嵌卵石	场地 17 混凝土

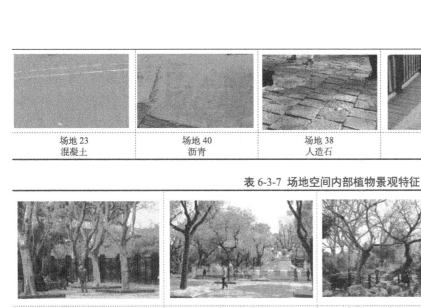

场地 23 混凝土	场地 40 沥青	场地 38 人造石	场地 27 防腐木	场地 32 人造石嵌草

表 6-3-7 场地空间内部植物景观特征

场地 1 悬铃木 散植，林荫型	场地 2 香樟 散植，林荫型	场地 6 三角枫、悬铃木 散植，林荫型	场地 7 香樟、雪松 散植，林荫型、景观视觉型
场地 8 雪松、柳树 散植，林荫型、景观视觉型	场地 10 悬铃木 散植，林荫型	场地 12 雪松、香樟、垂丝海棠、圆柏 散植，林荫型、景观视觉型	场地 15 雪松、麦冬 散植，景观视觉型
场地 16 香樟 散植，林荫型	场地 19 广玉兰 散植，林荫型	场地 20 广玉兰 散植，林荫型	场地 22 植物组团 群植，景观视觉型
场地 28 悬铃木 散植，林荫型	场地 25 广玉兰、柳树 散植，景观视觉型	场地 32 鸡爪槭 孤植，林荫型、景观视觉型	场地 33 三色堇、郁金香 群植，景观视觉型
场地 41 香樟 散植，林荫型	场地 35 雪松 群植，景观视觉型	场地 8 香樟、落羽杉 散植，林荫型、景观视觉型	场地 13 香樟、罗汉松 散植，林荫型、景观视觉型

6.4 场地的运动健身兼容性评价体系构建

6.4.1 评价指标的筛选

1) 评价指标筛选依据

基于对"运动健身兼用适宜性"的概念界定，从"运动健身的条件"与"场地兼用的条件"两方面，对评价指标进行筛选（见图6-4-1）。

（1）运动健身的条件。通过心理学家库尔特曾提出的行为函数公式可以知道行为是环境的函数，人的行为是个体和当前环境相互作用的结果[4]。因此，可以从空间特征和使用者行为心理特点出发寻求行为发生的影响因素。综述国内外文献得出，运动健身空间往往具有公共性与可达性、识别性与模糊性、舒适性与生态性、安全性与持续性等特点（见表6-4-1），同时，结合需求层次理论[5]以及专家意见筛选出最重要的指标，力求创造出符合使用者行为特征的空间环境，并最终确定"场地的安全性"和"场地的舒适性"作为"运动健身条件"准则层的因子。

表 6-3-8 以道路或场地为界面特征的开敞空间

场地 3: 内凹式场地，两侧与道路和场地相连，视线可与外部交流，属于开敞式空间	场地 4: 开敞式场地，一侧以乔灌草组合作为背景，三面与道路直接相连形成视线极为开阔的开敞式空间	场地 8: 开敞式场地，两侧与道路相连，两侧以植物为隔离，形成视线通透的开敞式空间	场地 14: 内凹式场地，一侧与道路相邻，视线通透，是开敞空间

场地 22: 内凹式场地，两侧紧邻道路，另外两侧用丰富的乔灌草搭配对空间进行垂直界面限定，是视线通透的开放空间	场地 23: 内凹式场地，一面以道路为界，两侧种植丰富灌木作为隔离但实现可穿越，一侧散植乔木视线通透，形成开敞空间	场地 26: 开敞式场地，四周都以道路场地为限定，局部种植植物，是视线通透的开敞空间	场地 29: 内凹式场地，一侧以建筑为界，两侧与道路相连，中央有大片草坪，形成视线通透的开敞式空间

场地 30: 开敞式场地，两侧以道路或场地为界，形成视线极为通透的开敞式空间	场地 33: 内凹式场地，两侧与道路相连并面向公园最大水面，形成视线极为开阔的开敞式空间	场地 34: 内凹式场地，场地有一定坡度，一侧以道路为界，形成视野开阔的开敞式空间	场地 35: 内凹式场地，呈扇形被道路环绕，一侧地形将场地抬起，形成视线通透的开放空间

场地36：开敞式场地，四周被道路环绕，视线极为通透，是开放空间	场地9：内凹式场地，一侧有墙体配合植物在垂直界面进行限定；一侧与道路相ధ，达到视线上的通透形成开敞式空间	场地10：内凹式场地，两侧以道路为界，边缘散植乔木，形成视线与外部空间联系较强的的开敞空间	场地11：内凹式场地，两块地中间被植物分隔，三侧与道路相连，形成视线开阔的开放空间

场地12：内凹式场地，临道路的两侧散植乔木，形成视线可渗透的开敞空间	场地16：四周以道路为界，一侧散置乔木，形成视线开阔的开放空间	场地18：四周都与道路为邻，边缘散植乔木，视线通透，是开敞空间	场地37：开敞式场地，四周以道路为界，形成视线极为通透的开敞式空间

表 6-3-9　以水体、植物为界面特征的开敞空间

场地39：内凹式场地，三面被水环绕，一侧与道路相接，视线在各个方向都极为通透	场地41：口袋式场地，最长的一边与广阔的水面相接，形成视线开阔的开敞空间	场地42：内凹式场地，一面与水为邻，一侧有低矮的种植池将其与道路相隔离，形成开放空间	场地6：环绕式场地，滨水环形道路为主要活动场所，背景以植物为界面，视线通透

场地13：口袋式场地，三面以植物为界，剩下较长的一侧以水面为界，形成相对独立又在视线上极为开阔通透的开敞式空间	场地15：环绕式场地，整个场地被乔灌草搭配围合，但视线聚集在中间宽阔的水面，视线上通透开敞	场地24：环绕式场地，四周以植物隔离，视线聚焦于中间的开阔水面，通透开敞，形成开放空间	场地25：环绕式场地，视线聚集在中部水域，形成视线开阔的开放空间

场地43：属于内凹式场地，场地呈扇形，围绕水面展开，视线聚焦在中间宽阔的水面，是开敞空间	场地7：内凹式场地，一侧与道路相邻，两面由低矮的灌木围合，视线上与外部空间联系极强，是开敞式空间	场地27：内凹式场地，两侧以道路为界面，一侧是低矮的草坪，整体视线通透，形成开放空间	场地8：内凹式场地，两侧以植物为界面，一侧是低矮的草坪加上散植乔木，视线通透，形成开放空间

表 6-3-10 半开敞空间界面特征和要素组成

| 场地 17：口袋式场地，三侧被乔灌草植物组合围合，剩余一侧以草坪为界，列植乔木，形成视线局部渗透的半开敞空间 | 场地 21：口袋式场地，其中三面被墙体、地形结合植物围合，一侧可以透过低矮灌木使得视线局部渗透，形成半开敞空间 | 场地 38：口袋式场地，周边台阶式种植整形修剪的灌木结合地形进行围合，四周都可以透过低矮灌木使得视线局部渗透，形成与外部环境有一定视线联系的半开敞空间 | 场地 2：开敞式场地，四周都以道路为边界并散植乔木，形成视线渗透的半开敞空间 |

| 场地 5：内凹式场地，一侧与道路相邻并散植乔木，另外三面由乔灌草结合地形高度围合，形成视线局部渗透的半开敞空间 | 场地 19：开敞式场地，一侧以建筑的墙面为界，三侧与道路相连，但沿线都种植常绿乔木，形成视线渗透的半开敞空间 | 场地 20：内凹式场地，紧邻道路的两侧散置乔木形成视线局部渗透的半开敞空间 | 场地 14：内凹式场地，紧邻道路一侧，三面以植物围合，形成视线局部渗透的半开敞空间 |

表 6-3-11 郁闭空间界面特征和要素组成

| 场地 1：口袋式场地，整个场地由乔灌草植物组合结合周边建筑共同围合，形成相对独立的郁闭空间 | 场地 28：口袋式场地，四周以乔灌草配合栅栏形成相对独立的郁闭空间 | 场地 31：口袋式场地，除两个较为狭窄的出入口外，四周都被乔灌草的植物组合围合，形成相对私密的郁闭式场地 |

| 场地 32：口袋式场地，中间低四周高的地形配合周边植物的种植，视线难以穿透 | 场地 40：口袋式场地，三面被植物围合，形成内聚式郁闭空间 | 场地 21：口袋式场地，四周种植乔灌草，形成内聚式郁闭空间 |

（2）场地兼用的条件。由表 6-4-1 可知[6][7][8][9]，运动健身空间具有一定的模糊性，其功能和性质在一定条件下可以发生转换，而人们的生活习惯有一定的规律性，许多场地空间在使用方式上具有明显的时间性和规律性，从而为场地空间的兼用创造了可能。参考空间资源优化配置模式的相关文献[10][11]，结合专家意见，最终以"场地分域利用的兼容性"和"场地分时利用的兼容性"作为"场地兼用的条件"准则层的因子。

2）评价指标释义与赋值

基于国内外研究综述，从"运动健身的条件"与"场地兼用的条件"两方面出发，结合 43 个样本空间的现状特征分析，初步筛选出评判场地空间运动健身兼用适宜性的准则与影响因子。通过专家咨询法，对准则层与指标进行删减、合并和补充，最终确定了评价体系的准则层以及因子层，建立了以场地分域利用的兼容性、场地分时利用的兼容性、场地的安全性和场地的舒适性为准则层的适宜性评价模型，如表 6-4-2 所示。

（1）场地分域利用的兼容性 B1。空间是运动健身活动发生的载体，空间的大小反映了空间的容纳能力。大容量的空间有能力承载更多的活动人数与活动类型，也意味着有更高的分域利用的可能，更有利于其他运动健身活动的导入和展开，则该空间具有较高的运动健身适宜性。然而除了空间本身的规模大小以外，场地的完整性与专用设施的附属空间也在一定程度上决定了空间的实际可利用条件，因此将从场地规模指数、场地空间完整度以及专用

表 6-4-1 运动健身空间的特点

运动健身空间的特点	描述
公共性与可达性	公共性是城市中所有公共开放空间的基本前提，指应采用开放式管理；可达性建立在公共性的基础上，指人们可以自由参与其中，除此还应该满足在时间上的可达性，如清晨和晚上，都应该开放合适场所供人群使用
识别性与模糊性	识别性是指空间具有比较明显的特征使得人对于所处的场所产生强烈的认同感；模糊性一是指由于使用者目的的不同而带来空间功能的不确定性，二是指由于空间形式或者时间的变化
舒适性与生态性	舒适的环境可以带来身心愉悦，更好更快地释放压力，恢复精力，有助于人们保持良好的心理状态。而重视空间的生态环境、尊重自然，不仅能保护生态，更能提升空间品味
安全性与持续性	运动健身空间相对于一般空间来说，对安全的需求更高，园方对于设施、场地、后勤等方面的安全问题都应加以关注；体育健身运动是长期性的，园方应该全面考虑时间和天气的影响，力求满足人们的长期运动健身的需求

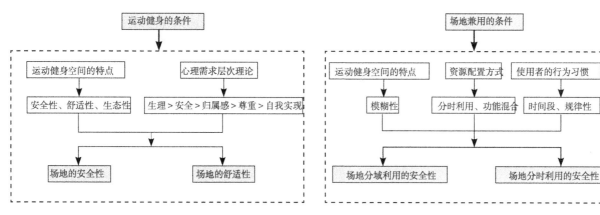

图 6-4-1 评价指标筛选流程

设施附属空间占比 3 个方面来对空间的容量进行评价。

（2）场地分时利用的兼容性 B2。对于综合公园中具有运动健身兼用条件的空间，都有其特定的基本功能，运动健身并不是这类空间的主要功能，其特定功能的特性和宽容性决定了场地空间对运动健身活动在时间维度上的容纳程度，也就是场地分时利用的兼容性。兼容性越高，越利于运动健身活动的导入，则说明该空间拥有较高的运动健身适宜性。场地分时利用的兼容性可以从场地特定活动频度、场地特定活动持续时长两个方面进行评价。

（3）场地的安全性 B3。安全性是场地内开展一切活动的重要前提，对于运动健身活动尤其是某些激烈的体育项目而言，本身就带有一定的危险性，安全性就更是重中之重。场地的安全性是指场地内开展运动健身活动的安全性，主要包括底平面安全性、设施安全性和环境安全性。

（4）场地的舒适性 B4。舒适的户外环境不仅能够提升使用者进行运动健身活动时的愉悦感，也是相对于室内体育馆等运动场所独有的自然优势，所以，舒适性是提升运动健身空间质量的关键因子之一，也是判断一个空间运动健身适宜性的重要指标。后续将从活动的环境条件（生理层面的舒适性）与场地环境美感度（心理层面的舒适性）两个方面对场地的舒适性进行评价。

从以上指标释义可知，场地空间运动健身兼容性评价指标包括定性和定量两种。

定量指标包括 4 项：场地规模指数 C1、专用设施附属空间占比 C3、场地特定活动频度 C4、场地特定活动持续时长 C5。其中，C1 根据绘制的 CAD 量出各场地面积进行计算得出；C3 根据实地调研记录专用设施数量和体积得出；C4、C5 根据实地观察记录得出数据再进行评分。

定性指标包括 6 项：场地空间完整度 C2、底平面安全性 C6、设施安全性 C7、环境安全性 C8、活动环境条件 C9、场地环境美感度 C10。定性指标采用李克特量表，对因子进行 5 个等级的尺度测量来获得，从好到差分别计分为 5、4、3、2、1。其中，

C2、C6、C7、C9 由调研小组成员现场评分，再通过平均值法得到最终结果；C10 通过邀请风景园林系 20 名师生作为评判人员观看照片打分，综合得出评判结果；C8 通过对实地树种的调查记录，并咨询专家来确定指标得分。

6.4.2 评价模型构建

1）指标权重的确定

（1）构建层次结构模型。使用层次分析法（AHP），根据已确定的评价指标体系构建如下评价模型（见图 6-4-2）。

（2）权重计算与一致性检验。首先邀请相关专业老师、公园管理人员、景观工程师与设计师等 30 位专业人士参与填写判断矩阵，根据打分情况，使用软件 YAAHP V6.0 进行权重计算（见表 6-4-2）。得到权重结果后，再利用 $CR=CI/RI$ 进行一致性检验，确保模型的有效性（$CR<0.1$），从而得到各准则层及因子层权重（见表 6-4-2）。

2）运动健身兼用适宜性评价模型建构

根据所建立的运动健身兼用适宜性评价模型以及指标因子权重的确定，基于多因子指数分析法，将上海城市综合公园中非运动专用场地空间的运动健身兼用适宜性指数设为 N_β，各准则层因子得分为 Y_i，各单因子得分为 X_i，则对于每个单体空间而言，单因子适宜性分值计算使用以下公式：

$$\overline{X} = \frac{X_1+X_2+X_3\ldots X_r}{R} \tag{6-4-1}$$

式中，X 为单体空间的某项指标因子得分，X_1 到 X_r 为所有受访者为指定空间的某项指标因子给出的赋值，R 为实际受访人数。

获得各指标因子得分 X_i 与各指标相较于准则层的指标权重 Z_i 后，该空间各准则层因子的适宜性分值可以使用以下公式计算：

$$Y_i = \sum_{i=1}^{m} X_i Z_i \tag{6-4-2}$$

同理，获得各指标因子得分 X_i 与各指标相较于目标层指标权重 W_i 后，空间运动健身兼用适宜性指

表 6-4-2 场地空间运动健身兼用适宜性评价指标与权重一览表

目标层	准则层	准则层权重	因子层		单排序权重	总排序权重
场地空间运动健身兼用适宜性评价 A	场地分域利用的兼容性 B1	0.2926	场地规模指数 C1	1	0.7306	0.2138
			场地空间完整度 C2	2	0.1884	0.0551
			专用设施附属空间占比 C3	3	0.0810	0.0237
	场地分时利用的兼容性 B2	0.1553	场地特定活动频度 C4	4	0.7500	0.1165
			场地特定活动持续时长 C5	5	0.2500	0.0388
	场地的安全性 B3	0.5067	底平面安全性 C6	6	0.7143	0.3619
			设施安全性 C7	7	0.1429	0.0724
			环境安全性 C8	8	0.1429	0.0724
	场地的舒适性 B4	0.0455	活动的环境条件 C9	9	0.8333	0.0379
			场地环境美感度 C10	10	0.1667	0.0076

数的计算可定义为以下公式：

$$N_\beta = \sum_{i=1}^{m} X_i W_i \qquad (6\text{-}4\text{-}3)$$

6.4.3 指标赋值与适宜性等级划分标准

从使用者行为需求出发，以 43 个样点空间的现状特征为基础，借鉴相关文献，并反复与资深设计师、体育行业相关人士、公园管理方等专业人士进行沟通交流，对评价因子的赋值标准进行修订。

评价结合李克特量表，将场地空间运动健身兼用的因子适宜性分值由低到高分为 5 个等级（见表 6-4-3）。将分时利用适宜性等级 Ⅱ 级及以上的场地空间定义为场地分时利用的兼容性；同时鉴于场地规模指数的计算采用了平均值算法，将分域利用适宜性等级 Ⅲ 级（3.0 为平均场地面积规模指数）及以上的场地空间定义为场地分域利用的兼容性。

基于评价模型，结合综合公园非运动专用场地空间的实际情况，将场地空间运动健身兼用适宜性程度分为 4 个等级，以此反映各空间的运动健身兼用适宜性程度（见表 6-4-4）。本节将场地空间运动健身兼用适宜性等级 Ⅲ 级及以上的场地空间划定为兼用型运动健身空间。

1）场地分域利用的兼容性赋值标准

场地分域利用的兼容性 B1 由场地规模指数 C1

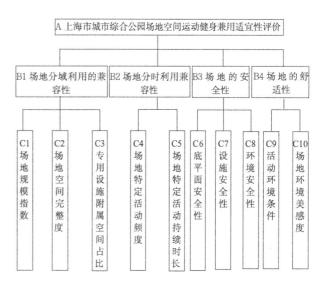

图 6-4-2 场地的运动健身兼用适宜性指标体系层次结构模型

（定量）、场地空间完整度 C2（定性）、专用设施附属空间占比 C3（定量）三方面决定，其赋值标准如表 6-4-5 所示。

（1）场地规模指数 C1（定量）。场地本身的规模在一定程度上反映了该空间对于人流和活动的容纳能力，也反映了该空间分域利用的潜力。为了方便研究，本研究不单纯探讨场地的绝对规模，而是研究其相对于同类活动空间平均规模的水平，从而得出每个场地的规模指数。

将所有的样本空间按照软质和硬质分别计算出两类空间的平均场地面积 X_1、X_2，设场地面积 Y，带入公式 Y/X_1 或 Y/X_2 得到结果规模指数 N，再用 N

乘以3（平均面积对应得分），得到每个空间的场地规模指数，上限为5，下限为1。

（2）场地空间完整度 C2（定性）。场地空间的完整度是指场地内的空间被分割的程度，场地如果被分割得越厉害，相同规模下的空间可利用面积就越小，可开展的运动健身活动类型也相应受到限制。通过现场调研及照片打分，对每个场地的空间完整度进行判定，这里的分割程度主要从被分割成的小空间数量以及被分割空间的分布来对空间的分割程度进行讨论。

（3）专用设施附属空间占比 C3（定量）。专用设施是指场地内解说类标识设施、宣传类设施，这类设施的周边时常会被使用者围绕，所以在一个场地空间中，此类专用设施数量越多，场地可利用空间规模相对越小，场地分域利用兼容性也相应降低。通过现场调研，综合考虑设施数量与体积两方面对每个空间的专用设施附属空间占比进行赋值。

2）场地分时利用的兼容性取值标准

场地分时利用的兼容性 B2 由场地特定活动频度 C4（定量）、场地特定活动持续时长 C5（定量）两方面决定，其赋值标准详见表 6-4-6。

（1）场地特定活动频度 C4（定量）。场地空间内特定活动功能的发生频度越高，意味着可供兼用运动健身活动的时段越零散。通过现场观察记录总结，得到每个空间场地的特定活动的频度。

（2）场地特定活动持续时长 C5（定量）。场地空间内特定活动功能的持续时间越长，意味着可供运动健身活动兼用的时长越短。通过现场观察记录总结，得到每个空间场地特定活动的持续时长。

3）场地的安全性赋值标准

场地的安全性 B3 由底平面安全性 C6（定性）、设施安全性 C7（定性）、环境的安全性 C8（定性）三方面决定，其赋值标准详见表 6-4-7。

（1）底平面安全性 C6（定性）。场地空间的底平面作为运动健身活动发生的载体，其安全性是开展运动健身活动的基本保障。底平面的平整度和铺装材料的防滑性是评判其安全性的关键因素。

（2）设施安全性 C7（定性）。设施是运动健身空间必不可少的元素之一，兼用型运动健身空间中的设施主要分为活动设施、休憩设施及配套设施。保障安全防护的设施是否齐备决定了活动的安全性，此外，设施布局若不合理、材质破损严重也都会对场地中活动的人群造成安全隐患。

（3）环境的安全性 C8（定性）。预调研发现，场地空间的边界围合主要是植物界面、道路铺装界面以及水界面。因此滨水场地的防护措施是否齐备、植物品种是否有利于运动健身的开展、空间的抗干扰性以及周边道路是否带来安全隐患，都是决定环境安全性的重要因素。

4）场地的舒适性赋值标准

场地的舒适性 B4 由活动的环境条件 C9、场地环境的美感度 C10 两方面决定，其赋值标准详见表 6-4-8。

（1）活动的环境条件 C9（定性）。好的环境条件是提升运动健身空间质量的关键因素之一，主要由使用者生理层面感受的舒适性，如通风采光条件、隔音条件的好坏、是否有臭味和配套设施的齐备情况等因素决定。

（2）场地环境的美感度 C10（定性）。环境的美感度作为舒适性的一部分，影响着使用者的心理感受，通过现场调研及照片打分，来判定视线范围内的绿视率是否合理，整体景观是否具备韵律和节奏、植物色彩是否和谐丰富、层次是否清晰、轻重配置是否均衡以及整体上是否给人带来舒适和愉悦的美感。

表 6-4-3 运动健身适宜性评价因子评价标准

得分	1	2	3	4	5
等级	V级（极差）	IV级（较差）	III级（一般）	II级（较好）	I级（极好）

表 6-4-4 运动健身兼用适宜性等级划分标准

分值	$4.5 < Y \leq 5.0$	$4.0 < Y \leq 4.5$	$3.0 < Y \leq 4.0$	$1.0 < Y \leq 3.0$
等级	I级（极高）	II级（高）	III级（中）	IV级（低）

表 6-4-5 场地分域利用的兼容性评价指标取值标准

准则层	指标层	取值标准
场地分域利用的兼容性 B1	场地规模指数 C1	场地面积远远高出该类型样地空间平均水平得 5 分，场地面积远远低于该类型样地空间平均水平得 1 分，其他等级依次类推
	场地空间完整度 C2	内部场地整体完整度高，几乎没有台阶、花坛、树穴、廊架、乔木等对场地进行分割，可利用空间规模相对很高得 5 分，内部场地整体完整度极低，整个场地被台阶、花坛、树穴、廊架、乔木等分割成多个小空间，可利用空间规模相对很低得 1 分，其他等级依次类推
	专用设施附属空间占比 C3	场地空间内没有专用设施，没有额外被占用的专用设施附属场地得 5 分，场地空间内有 2 个以上专用设施，需要额外被占用的专用设施附属场地占比很大得 1 分，其他等级依次类推

表 6-4-6 场地分时利用的兼容性评价指标取值标准

准则层	指标层	取值标准
场地分时利用的兼容性 B2	场地特定活动频度 C4	场地无特定功能活动，空间的分时利用可能性极高得 5 分；场地特定功能活动发生的频度 3 次以上，展开其他活动的时间非常零散，空间的分时利用兼容性很低得 1 分，其他等级依次类推
	场地特定活动持续时长 C5	场地无明确功能，空间的分时利用兼容性极高得 5 分；空间特定功能活动单次持续时间 1 个小时以内得 4 分；空间特定功能活动单次持续 1~2 小时左右得 3 分；空间特定功能活动单次持续 3 小时左右得 2 分；空间特定功能活动单次持续时间很长，长达 5 小时以上，空间的分时利用兼容性极低得 1 分

基于空间适宜性评价模型和场地现状分析，鉴于软、硬质空间场地规模及底平面差异较大，下文将分别对上海城市综合公园中的软、硬质空间的因子适宜性、综合适宜性进行分析，并对不同功能类型、不同样本公园、不同样点空间的运动健身兼用适宜性进行比较分析，最后得出上海城市综合公园场地空间的运动健身兼用适宜性等级。

6.5 场地的运动健身兼容性等级分析

6.5.1 单因子平均适宜性等级分析

1）硬质空间因子平均适宜性等级

由图 6-5-1 可知，除场地规模指数外，上海城市综合公园中硬质空间运动健身兼容性的 10 个评价因子的平均等级大部分都在良好以上。其中 I 级（极高）因子 2 项：专用设施附属空间占比 C3、环境安全性 C8；II 级（高）因子 5 项：场地特定活动频度 C4、设施安全性 C7、活动的环境条件 C9、场地特定活动持续时长 C5、场地空间完整度 C2；III 级（中）因子 2 项：底平面安全性 C6、场地环境美感度 C10；IV 级（低）因子 1 项：场地规模指数 C1。

由图 6-5-2 可知，上海城市综合公园中硬质空间运动健身兼容性的 4 个准则层的平均等级排序依次为场地分时利用的兼容性 B2、场地的舒适性 B4、场地的安全性 B3、场地分域利用的兼容性 B1。

由图 6-5-1、图 6-5-2 可知，受场地规模限制，上海城市综合公园硬质空间分域利用兼容性一般，但分时利用兼容性较高，两项指标因子都在良好线以上；安全性不佳，尤其是底平面安全是主要的限制因素，设施安全也需进一步提升；铺装与底平面的美感度较差，植物群落美感不足则是影响场地环境美感度的另一个重要原因。而不同类型空间运动健身兼用适宜性单因子等级差异较大（见图 6-5-3）。

2）软质空间单因子平均适宜性等级

由图 6-5-4 可知，上海城市综合公园中软质空间的单因子平均适宜性大部分都在良好线以上，其中 I 级（极高）因子 6 项，占比 60%，II 级（高）因子 3 项，占比 30%；III 级（中）因子 0 项；IV 级（低）因子 1 项，占比 10%。

由图 6-5-4、图 6-5-5 可知，上海城市综合公园软质空间运动健身兼容性评价因子平均等级大部分在良好线以上，其中分时利用兼容性相关的评价因子得分极高。场地舒适性不佳，即活动环境的条件和场地环境美感度不佳，植物景观仍需进一步提升。得分最低的底平面安全成为制约软质空间运动健身兼用的最大因素。

表 6-4-7 场地的安全性评价指标赋值标准

准则层	指标层	取值标准
场地的安全性 B3	底平面安全性 C6	硬质场地平整度高，铺装的材质优良且防滑度好，台阶、坡道符合规范且分布合理得 5 分；软质草坪无地形且底平面平整、草坪质量好得 5 分。硬质场地平整度极差，铺装的材质和防滑度都极差，台阶、坡道不符合规范且分布不合理 得 1 分；软质草坪地形起伏非常大，底平面凹凸不平程度严重，草质很差得 1 分。其他等级依次类推
	设施安全性 C7	活动设施、休憩设施、配套设施等分布恰当，材质耐久性好，形式完好无损，无安全隐患，必要的安全防护措施完善得 5 分；活动设施、休憩设施、配套设施等分布不恰当，材质耐久性差，形式损坏严重，安全隐患较大，没有必要的安全防护措施完善得 1 分；其他等级依次类推
	环境的安全性 C8	乔灌群落主要位于空间边缘，有毒、有刺、飞毛等植物少，整体空间相对独立，空间内完全不受外部干扰，安全感极高得 5 分；空间内部有大量乔灌群落，对空间内部活动开展影响较大且有较大安全隐患，有毒、有刺、飞毛等植物多，整体空间独立性很低，空间内严重受到外部干扰，安全感极低得 1 分；其他等级依次类推

表 6-4-8 场地的舒适性评价指标赋值标准

准则层	指标层	取值标准
场地的舒适性 B4	活动的环境条件 C9	有良好的通风采光条件，庭荫树为落叶乔木，且覆盖程度高；休憩环卫、照明等设施的齐备程度与扩展可能性高；植物种类丰富且稳定性高；空气清新，无噪声干扰，有植物芳香得 5 分。通风采光条件极差，没有庭荫树；几乎没有休憩环卫、照明等设施且扩展可能性极低；植物种类单一，稳定性差；空气污浊，噪声干扰大，有明显臭味得 1 分。其他等级依次类推
	场地环境的美感度 C10	可视范围内绿视率很高，空间整体景观富有韵律和节奏感；植物色彩和谐，形态优美，层次丰富得 5 分；可视范围内绿视率很低，空间整体景观毫无韵律和节奏感；植物色彩单调，形态呆板，层次单一得 1 分；其他等级依次类推

6.5.2 场地分域利用的兼容性分析

1）样本空间分域利用的兼容性

由图 6-5-6 可知，27 个硬质空间中，Ⅰ级（极高）空间 6 个，占比 22%；Ⅱ级（高）空间 2 个，占比 7%；Ⅲ级（中）空间 4 个，占比 15%；Ⅳ级（低）空间 15 个，占比 56%。说明场地空间运动健身分域利用的兼容性较低。

由图 6-5-7 可知，16 个软质空间中，有 5 个Ⅰ级（极高）空间，占比 31%；1 个Ⅱ级（高）空间，占比 6%；4 个Ⅲ级（中）空间，占比 25%；6 个Ⅳ级（低）空间，占比 38%。大部分软质样本空间分域利用兼容性中等偏低。

按照分域利用适宜性等级，Ⅲ级（3.0 为平均场地面积规模指数）及以上的场地空间定义为具有分域利用的兼容性的标准，12 个硬质样点空间、10 个软质样点空间具有分域利用的兼容性。

2）不同功能场地空间分域利用的兼容性

由图 6-5-8 可知，5 类硬质空间中，分域利用Ⅰ级（极高）空间无；Ⅱ级（高）空间 1 类：休闲集散广场；Ⅲ级（中）空间 2 类：建筑附属广场、出入口广场；Ⅳ级（低）空间 2 类：硬质活动场地、滨水垂钓空间。由图 6-5-9 可知，3 类软质空间中，分域利用Ⅰ级（极高）和Ⅱ级（高）空间无；Ⅲ级（中）空间 2 类：开敞草坪空间、疏林草坪空间；Ⅳ级（低）空间 1 类：封闭草坪空间。因此，按照分域利用适宜性等级，Ⅲ级（3.0 为平均场地面积规模指数）及以上的场地空间定义为具有分域利用的兼容性的标准，9 类功能空间中，仅有 5 类具有分域利用的兼容性：休闲集散广场、建筑附属广场、出入口广场、开敞草坪空间、疏林草坪空间。

3）不同公园场地空间分域利用的兼容性

由图 6-5-10、图 6-5-11 可知，鲁迅公园的硬质空间、中山公园的软质与硬质空间、黄兴公园的软质与硬质空间、和平公园的软质与硬质空间、世纪公园的软质空间都具有分域利用的兼容性。

4）城市综合公园场地空间分域利用的潜力大

如前文所述，上海城市综合公园场地空间分布均衡、类型丰富（见表 6-2-1）。场地空间分布在公园的各个区域，与其他各功能模块相互融合，空间与空间互为联系、相互渗透，能够促进不同人群之间进行交流,并保障运动健身活动开展的即时性,为将运动健身活动融于公园系统之中创造了良好的条件。评价结果显示,43 个样本空间中,具有分域利用兼容性(Ⅲ级及以上)的样地共 22 个,占比 51%。大部分场地空间都有较好的分域利用兼容性,可挖掘潜力较高(见表 6-5-1)。

6.5.3 场地分时利用的兼容性分析

1)样本空间分时利用的兼容性

由图 6-5-12 可知,27 个硬质空间中,Ⅰ级(极高)空间 16 个,占比 59%;Ⅱ级(高)空间 4 个,占比 15%;Ⅲ级(中)空间 5 个,占比 19%;Ⅳ级(低)空间 2 个,占比 7%。说明硬质场地空间运动健身分时利用的兼容性较高。由图 6-5-13 可知,16 个软质空间中,Ⅰ级(极高)空间 16 个,占比 100%。说明软质场地空间运动健身分时利用的兼容性较高。

2)不同功能空间分时利用的兼容性

由图 6-5-14 可知,5 类硬质空间中,分时利用Ⅰ级(极高)空间 2 类:休闲集散广场、硬质活动场地;Ⅱ级(高)空间无;Ⅲ级(中)空间 3 类:滨水垂钓空间、出入口广场、建筑附属广场。由图 6-5-15 可知,3 类软质空间的分时利用兼容性等级皆为Ⅰ级(极高)。

3)不同公园场地空间分时利用的兼容性

由图 6-4-16、图 6-4-17 可知,所有公园的软质空间皆为分时利用Ⅰ级(极高)空间。中山公园、世纪公园、和平公园、黄兴公园的硬质空间皆为分时利用Ⅰ级(极高)空间;鲁迅公园的硬质空间为分时利用Ⅱ级(高)空间;长风公园硬质空间为分

时利用Ⅲ级(中)空间。

4)综合公园场地空间分时利用的潜力大

研究结果显示,大部分的场地空间都没有特定活动,在使用时段上也具有比较明显的规律性,空间的闲置时间段比较多,可利用潜力较大,为从时间维度深入挖掘利用空间资源,对该类空间进行分时利用带来了巨大的可能性。43 个样本空间中具有分时利用兼容性(Ⅱ级及以上)的样地共有 35 个,占比 81%。绝大部分场地空间都有较好的分时利用兼容性,可挖掘潜力极高(见表 6-5-2)。

6.5.4 场地的安全性分析

1)样本空间安全性等级

由图 6-5-18 可知,27 个硬质空间中,有 7 个Ⅰ级(极高)空间,占比 26%;7 个Ⅱ级(高)空间,占比 26%;10 个Ⅲ级(中)空间,占比 37%;3 个Ⅳ级(低)空间,占比 11%。

由图 6-5-19 可知,16 个软质空间中,Ⅰ级(极高)空间 8 个,占比 50%;Ⅱ级(高)空间 4 个,占比 25%;Ⅲ级(中)空间 4 个,占比 25%;Ⅳ级(低)空间 0 个,占比 0%。说明场地空间运动健身综合安全性较高。

2)不同功能空间安全性等级

由图 6-5-20 可知,5 类硬质空间中,安全性Ⅰ级(极高)空间和Ⅲ级(中)空间无;Ⅱ级(高)空间 4 类:建筑附属广场、休闲集散广场、出入口广场;Ⅳ级(低)空间 1 类:滨水垂钓空间。由图 6-5-21 可知,3 类软质空间安全性等级为Ⅱ级(高)。

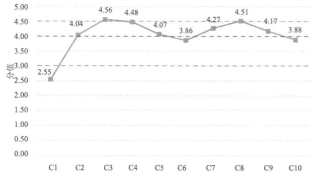

图 6-5-1 硬质空间运动健身兼容性单因子平均适宜性分布

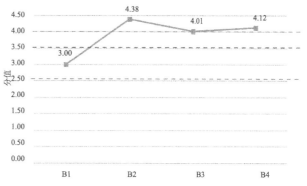

图 6-5-2 硬质空间运动健身兼容性准则层因子平均适宜性分布

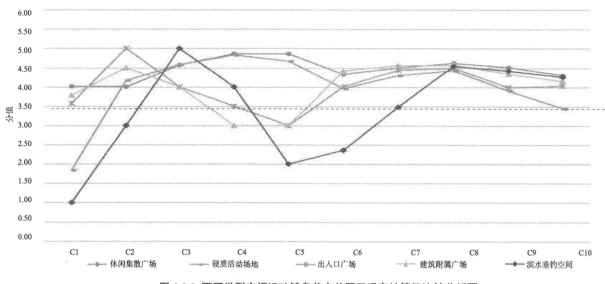

图 6-5-3 不同类型空间运动健身兼容单因子适宜性等级比较分析图

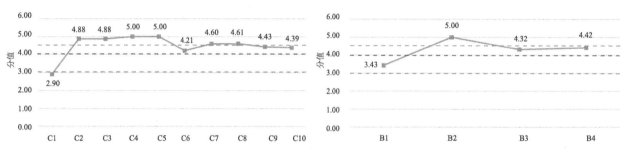

图 6-5-4 软质空间运动健身兼容性单因子平均适宜性分布

图 6-5-5 软质空间准则层因子平均适宜性分布

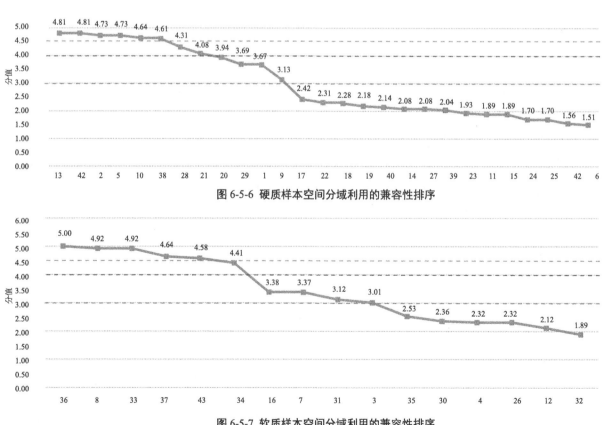

图 6-5-6 硬质样本空间分域利用的兼容性排序

图 6-5-7 软质样本空间分域利用的兼容性排序

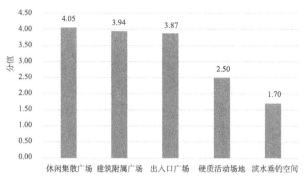

图 6-5-8 各类型硬质空间分域利用兼容性等级排序

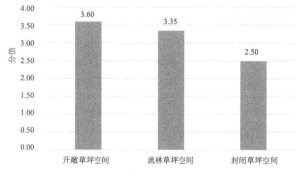

图 6-5-9 各类型软质空间分域利用兼容性等级排序

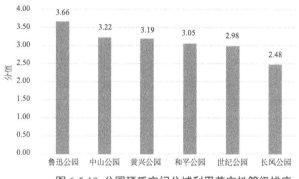

图 6-5-10 公园硬质空间分域利用兼容性等级排序

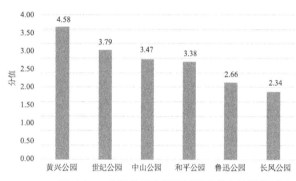

图 6-5-11 公园软质空间分域利用兼容性等级排序

表 6-5-1 具有分域利用兼容性场地空间一览表

场地	所在公园	功能类型	场地	所在公园	功能类型
1	鲁迅公园	出入口广场	21	和平公园	出入口广场
2	鲁迅公园	休闲集散广场	28	长风公园	建筑附属广场
3	鲁迅公园	开敞草坪空间	29	长风公园	建筑附属广场
5	鲁迅公园	硬质活动场地	31	世纪公园	封闭草坪空间
7	中山公园	开敞草坪空间	33	世纪公园	开敞草坪空间
8	中山公园	开敞草坪空间	34	世纪公园	开敞草坪空间
9	中山公园	休闲集散广场	36	世纪公园	开敞草坪空间
10	中山公园	硬质活动场地	37	世纪公园	开敞草坪空间
13	和平公园	休闲集散广场	38	世纪公园	休闲集散广场
16	和平公园	开敞草坪空间	41	黄兴公园	休闲集散广场
20	和平公园	休闲集散广场	43	黄兴公园	疏林草坪空间

注：红色编号的样点场地同时具备分时分域利用的兼容性。

3）不同公园场地安全性等级

由图 6-5-22、图 6-5-23 可知，安全性Ⅰ级（极高）空间有中山公园硬质场地和软质场地、和平公园的软质场地；安全性Ⅱ级（高）空间有黄兴公园硬质与软质场地、世纪公园硬质与软质场地、长风公园的软质场地；安全性Ⅲ级（中）空间有长风公园和鲁迅公园的硬质空间。

4）上海综合公园场地空间场地安全性欠佳

场地的安全性是决定非运动专用场地空间是否适合兼用运动健身场地的关键准则，其权重为0.5067。样点场地的安全性 B3 平均等级属于良好，但是底平面安全性 C6 欠佳，而底平面安全性对于场地空间运动健身兼容性的权重大（0.3619、总排序第一，见表 6-4-2），恰恰是运动健身活动开展的重要考量因素。实地调研结果显示，硬质空间底平面安全性的不足主要源于底平面平整度较低和空间内部台阶问题；软质空间的底平面安全性问题则主要因为场地微地形使得运动健身活动的开展受到一定限制。

6.5.5 场地的舒适性分析

1）样本空间舒适性等级

由图 6-5-24 可知，27 个硬质空间中，Ⅰ级（极高）空间 4 个，占比 15%；Ⅱ级（高）空间 16 个，占比 59%；Ⅲ级（中）空间 5 个，占比 19%；Ⅳ级（低）空间 2 个，占比 7%。由图 6-5-25 可知，16 个软质空间中，舒适度Ⅰ级（极高）空间 10 个，占比 63%；Ⅱ级（高）空间 5 个，占比 31%；Ⅲ级（中）空间无；Ⅳ级（低）空间 1 个，占比 6%。

2）不同功能空间舒适性等级

由图 6-5-26 可知，5 类硬质空间中，舒适度Ⅱ级（高）空间有 3 类：休闲集散广场、滨水垂钓空间、建筑附属广场；舒适度Ⅲ级（中）空间有 2 类：出入口广场与硬质活动场地。由图 6-5-27 可知，3 类软质空间中，舒适度Ⅰ级（极高）空间有 2 类：封闭草坪空间、疏林草坪空间；开敞草坪空间的舒适度为Ⅱ级（高）。

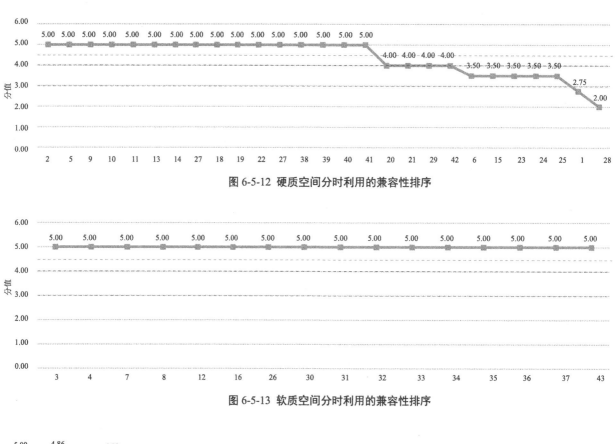

图 6-5-12 硬质空间分时利用的兼容性排序

图 6-5-13 软质空间分时利用的兼容性排序

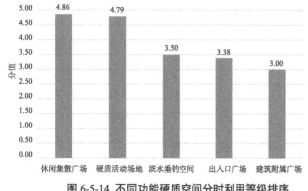

图 6-5-14 不同功能硬质空间分时利用等级排序

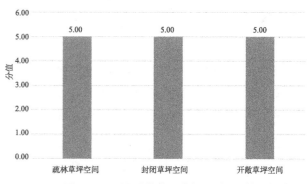

图 6-5-15 不同功能软质空间分时利用等级排序

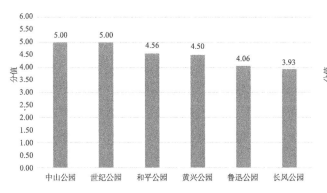

图 6-5-16 不同公园硬质空间分时利用等级排序

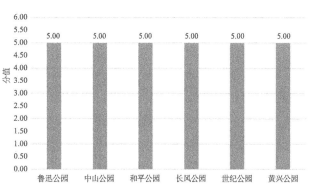

图 6-5-17 不同公园软质空间分时利用等级排序

表 6-5-2 具有分时利用兼容性场地空间一览表

样本编号	所在公园	功能类型	样本编号	所在公园	功能类型
2*	鲁迅公园	出入口广场	26	长风公园	开敞草坪空间
3*	鲁迅公园	开敞草坪空间	27	长风公园	硬质活动场地
4	鲁迅公园	开敞草坪空间	29*	长风公园	建筑附属广场
5*	鲁迅公园	休闲集散广场	30	长风公园	开敞草坪空间
7*	中山公园	开敞草坪空间	31*	世纪公园	封闭草坪空间
8*	中山公园	开敞草坪空间	32	世纪公园	开敞草坪空间
9*	中山公园	休闲集散广场	33*	世纪公园	开敞草坪空间
10*	中山公园	硬质活动场地	34*	世纪公园	开敞草坪空间
11	中山公园	硬质活动场地	35	世纪公园	开敞草坪空间
12	中山公园	疏林草坪空间	36*	世纪公园	开敞草坪空间
13*	和平公园	休闲集散广场	37*	世纪公园	开敞草坪空间
14	和平公园	硬质活动场地	38*	世纪公园	休闲集散广场
16*	和平公园	开敞草坪空间	39	世纪公园	硬质活动场地
17	和平公园	硬质活动场地	40	世纪公园	硬质活动场地
18	和平公园	硬质活动场地	41*	黄兴公园	休闲集散广场
19	和平公园	硬质活动场地	42	黄兴公园	硬质活动场地
20*	和平公园	休闲集散广场	43*	黄兴公园	稀林草坪空间
22	和平公园	休闲集散广场			

注：带＊号的的样点场地同时具备分时分域利用的兼容性。

3）不同公园场地空间舒适性等级

由图 6-5-28、图 6-5-29 可知，舒适度 Ⅰ 级（极高）空间为黄兴公园硬质与软质空间、中山公园的硬质与软质空间、世纪公园软质空间；舒适度Ⅱ级（高）空间为鲁迅公园的软硬质空间、世纪公园硬质空间、长风公园硬质空间、和平公园软质空间；舒适度Ⅲ级（中）空间为和平公园硬质空间和长风公园软质空间。

4）上海城市综合公园场地空间场地舒适性欠佳

场地的舒适性是决定非运动专用场地空间是否适合兼用运动健身场地的准则之一，以及影响活动体验的重要因素，其权重为 0.0455。样点场地的舒适性均值为良好，但硬质场地的空间美感度欠佳，实地调研结果显示，硬质场地铺装单调乏味、配套设施陈旧粗糙、千篇一律；软质空间虽然整体美感度在良好线以上，但仍有较大提升空间，尤其是部分开敞草坪空间过于空旷，缺乏植物造景。

6.5.6 场地空间运动健身兼用适宜性综合等级

1）样本空间运动健身兼用适宜性等级

由图 6-5-30 可知，27 个硬质空间中，运动健身兼容适宜性 I 级（极高）空间 4 个，占比 15%；II 级（高）空间 6 个，占比 22%；III 级（中）空间 13 个，占比 48%；IV 级（低）空间 4 个，占比 15%。说明场地空间运动健身兼用综合适宜性较高。4 个 I 级空间规模都较大，在分时分域上都有较大潜力，安全性高，舒适性良好；6 个 II 级空间相比 I 级

空间在分域利用上的兼容性稍低；III 级空间数量较多，各空间适宜性差异较大；4 个 IV 级空间适宜性较低，主要源于规模小，都为环绕式场地，且底平面铺装多为碎石，平整度低，非常不利于运动健身活动的展开。将获得的硬质空间单因子平均适宜性等级代入空间综合适宜性评价模型，可得到上海城市综合公园中硬质空间的综合运动健身兼用适宜性 N_β=3.5984，等级为 III 级（中）（见表 6-5-3、表 6-5-4、表 6-5-5）。

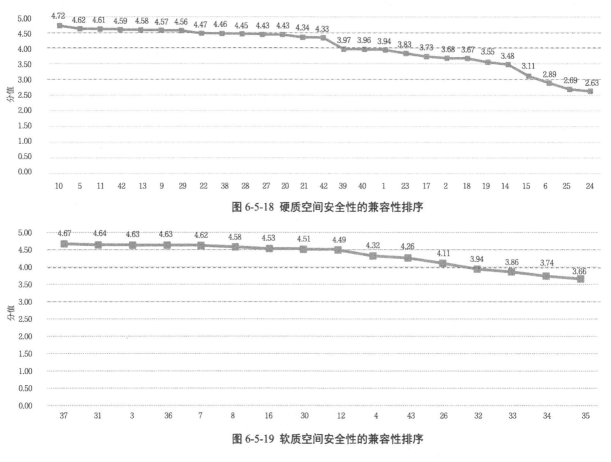

图 6-5-18 硬质空间安全性的兼容性排序

图 6-5-19 软质空间安全性的兼容性排序

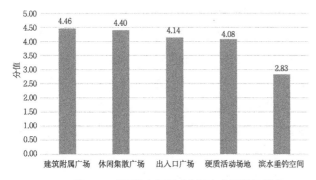

图 6-5-20 不同功能硬质空间安全性等级排序

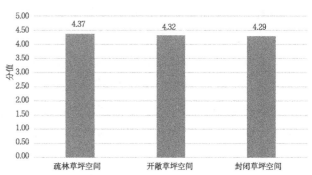

图 6-5-21 不同功能软质空间安全性等级排序

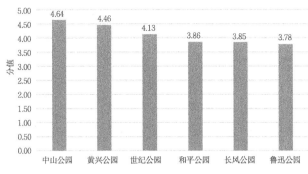

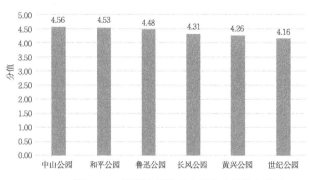

图 6-5-22 不同公园硬质空间安全性等级排序
图 6-5-22 不同公园硬质空间安全性等级排序　　图 6-5-23 不同公园软质空间安全性等级排序

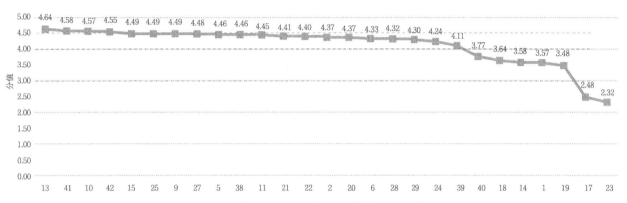

图 6-5-24 硬质空间舒适性的兼容性排序

由图 6-5-31 可知，16 个软质空间中，运动健身兼容适宜性 I 级（极高）空间 3 个，占比 19%；II 级（高）空间 6 个，占比 37%；III 级（中）空间 7 个，占比 44%；无 IV 级（低）空间。说明软质场地运动健身兼容适宜性较好。3 个 I 级空间规模指数都较高，草质良好，场地平整度高，空间安全，环境舒适优美，在分时分域上都有很高的兼容性；得分略低的 II 级场地主要源于空间规模相对略小或地形起伏造成运动健身活动类型受限；III 级空间数量较多，得分分布范围广，各空间适宜性差异较大，影响因素较复杂。将获得的软质空间单因子平均适宜性等级代入空间综合适宜性评价模型，可得到上海城市综合公园中软质空间的综合运动健身兼用适宜性 N_{β}=3.9706，等级为 III 级（中）（见表 6-5-3、表 6-5-4、表 6-5-5）。

2）不同功能空间运动健身兼容适宜性等级

27 个硬质空间中，共有出入口广场 2 个，建筑附属广场 2 个，滨水垂钓空间 4 个，休闲集散广场 7 个，硬质活动场地 12 个；16 个软质空间中，共有开敞草坪空间 12 个，疏林草坪空间 2 个，封闭草坪空间 2 个。休闲集散广场多为开敞空间，可达性较高，边界形态丰富。规模指数普遍较大，在分域利用上优势明显，无特定活动在分时利用上也有较高的兼容性，该类空间在设施的配备上一般也相对完善，活动的环境条件较好。出入口广场人流来往密集，分时利用潜力相对较低，但规模适中且底平面安全较高，在分域利用上仍有一定的挖掘潜力。建筑附属广场虽然有特定活动使得分时利用兼容性相对较低但普遍能够为游人提供大面积的活动场地，并且有较高的底平面安全性，比较适宜于运动健身活动的导入和展开。硬质活动场地数量多，规模差异、边界形态与类型丰富，各空间的运动健身兼用适宜性差异也较大。滨水垂钓空间多为环绕式，规模普遍较小；且多采用碎石拼接的材质使得平整度较低的场地空间底平面安全性也相应不高，部分空间内还有台阶，更是减少了空间的实际可利用规模，也带来一定的安全隐患。但得益于水的灵动性，营造出了活泼怡人的微环境，提升了整体空间的休闲氛围。

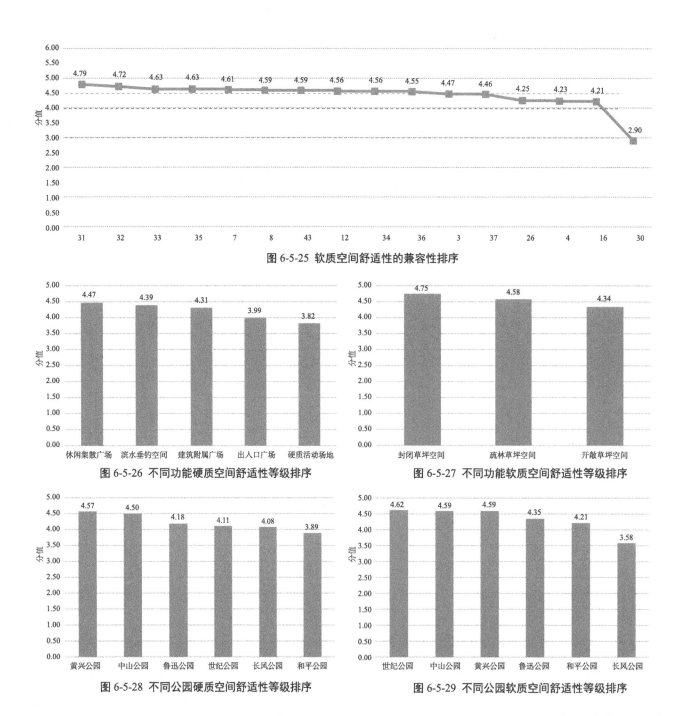

图 6-5-25 软质空间舒适性的兼容性排序

图 6-5-26 不同功能硬质空间舒适性等级排序

图 6-5-27 不同功能软质空间舒适性等级排序

图 6-5-28 不同公园硬质空间舒适性等级排序

图 6-5-29 不同公园软质空间舒适性等级排序

通过计算不同开闭程度的空间评价指标因子的均值，代入空间综合适宜性评价模型，得到城市综合公园的硬质空间中，休闲集散广场 N_β=4.1672，为 Ⅱ 级（高）；建筑附属广场 N_β=3.9195，出入口广场 N_β=3.7541，硬质活动场地 N_β=3.5404，为Ⅲ 级（中）；滨水垂钓空间 N_β=2.4765，为 Ⅳ 级（低），差异性较大（见图 6-5-32）。

通过计算不同类型软质空间评价指标因子的均值，代入空间综合适宜性评价模型，得到城市综合公园的软质空间中，开敞草坪空间 N_β=4.0184，为Ⅱ级（高）；疏林草坪空间 N_β=3.9712，封闭草坪空间 N_β=3.6827，为 Ⅲ 级（中）（见图 6-5-33）。开敞草坪空间数量较多，平均规模相对较大，主要有规则式和自然式两种，规则式的开敞草坪空间安全性较高，但场地舒适性相对较低，自然式则舒适性上有一定优势，地形上多有起伏，底平面安全性相对较低。总体来说该类空间的运动健身兼用适宜性有一定差异。

3）不同公园运动健身兼容适宜性等级

由图 6-5-34 可知，6 个城市综合公园中，硬质空间适宜性为 Ⅰ 级（极高）的公园数为 0；1 个公园适宜性为 Ⅱ 级（高），占比 17%；5 个公园适宜性为 Ⅲ 级（中），占比 83%；Ⅳ 级公园数为 0。其中适宜性最高的是中山公园，长风公园最低。总体看来，各公园硬质空间差异较小无明显两极分化。由图 6-5-35 可知，6 个城市综合公园中，软质空间适宜性为 Ⅰ 级（极高）的公园数为 0；3 个公园适宜性为 Ⅱ 级（高），占总数的 50%；3 个公园适宜性为Ⅲ 级（中），占总数的 50%；Ⅳ 级（低）公园数为 0。其中适宜性最高的是黄兴公园，长风公园最低。总体看来，各公园软质空间的设置比较中规中矩，有轻微差异。

4）场地空间运动健身兼用适宜性综合指数

通过计算出 6 个公园场地空间的平均因子适宜性等级，将其代入综合适宜性评价模型计算得到各公园的综合运动健身兼用适宜性指数，如图 6-5-36 所示。6 个上海城市综合性样本公园中，场地空间的运动健身适宜性平均等级为 Ⅰ 级（极高）和 Ⅳ 级（低）的公园数为 0；Ⅱ 级（高）的公园 2 个，占总数的 33%；适宜性为 Ⅲ 级（中）的公园 4 个，占总数的 67%。中山公园场地空间的运动健身适宜性平均等级最高，而长风公园最低。

通过计算出上海城市综合公园 43 个场地空间的平均因子适宜性等级，将其带入综合适宜性评价模型计算得出，上海城市综合公园场地空间的运动健身兼用适宜性指数为 N_β=3.7768，等级为 Ⅲ 级（中）。按照所述的场地空间运动健身兼用适宜性等级为 Ⅲ 级及以上的场地空间划定为兼用型运动健身空间的标准，上海城市综合公园的场地空间具有运动健身兼用的潜力，有条件进一步开发利用。

6.6 场地空间分时分域利用策略

实地调研发现，公园中许多场地空间只在特定时间段人满为患，大部分时间是处于状态，造成极大的资源浪费。挖掘公园场地空间分时分域利用的潜力，是对公园的资源进行配置优化的过程，以便实现场地功能的多样性和复合性。

6.6.1 合理组织空间序列

43 个样本空间中，具有分域利用兼容性（Ⅲ 级及以上）的样地共 22 个，占比 51%。大部分场地空间具有较高的分域利用潜力。一个规模较大的空间，若有较好的空间序列，往往能承载更多的人流和活动，否则许多活动无法共存、空间利用率下降。因此，想要提升空间的分域利用能力，组织好空间内部序列是需要解决的首要问题。

人是空间使用的主体，也是行为的发生者，虽然无法控制和强迫人群在何时、何地发生何种行为，但是可以根据空间属性和使用现状，探究该空间适宜发生的行为，并通过暗示和吸引来引导人们在该空间进行活动。因此，在空间的分域利用上，重在通过铺装、植物、配套设施等进行垂直界面和水平界面的暗示分割，增强领域感，并通过环境改造，吸引、暗示人群来进行活动。

针对出入口广场、建筑附属广场等有特定功能的场地空间，必须在确保场地特定活动正常开展的前提下进行分域利用。例如样点 1，鲁迅公园出入口广场，这是一个规模较大的出入口广场，属于口袋式场地，除出入口通道外还有另外两个通往公园其他道路的区域，通过分析流线发现：在确保公园出入口功能的前提下，仍有三块可利用的区域，但其中两块区域由于植物种植不合适导致空间被占用，可以通过调整植物位置并进行抽稀处理，结合铺装，引导人流方向，并划分空间；植物预留出活动空间，同时提供遮阴，空间变得更加有序，其分域利用能力也大大得到提高（见图 6-6-1）。

针对无特定使用功能的空间，则应充分利用铺装、植物等，对空间内部序列进行组织。例如位于

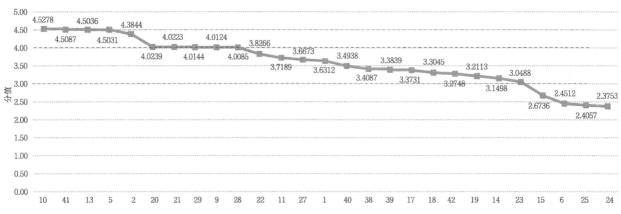

图 6-5-30 硬质空间运动健身兼用适宜性排序

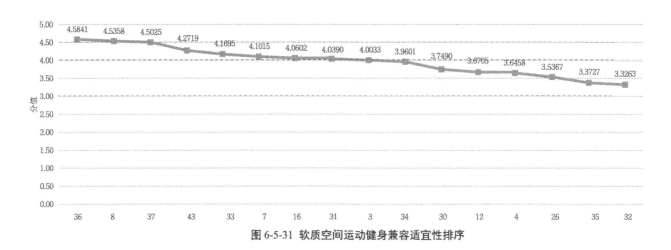

图 6-5-31 软质空间运动健身兼容适宜性排序

表 6-5-3 运动健身兼容性 I 级与 IV 级样点空间分析一览表

I 级

场地 10：中山公园硬质活动场地，开敞内凹式，4.5278 分

场地 41：黄兴公园休闲集散广场，口袋式，4.5087 分

场地 13：和平公园休闲集散广场，口袋式，4.5036 分

场地 5：鲁迅公园硬质活动场地，半开敞内凹式，4.5031 分

场地 36：世纪公园开敞草坪，向心式，4.5841 分

场地 8：中山公园开敞草坪，向心式，4.5358 分

场地 37：世纪公园开敞草坪，向心式，4.5025 分

Ⅳ级

场地15：和平公园滨水垂钓空间，环绕式，2.6736分	场地6：鲁迅公园滨水垂钓空间，环绕式，2.4512分	场地25：长风公园滨水垂钓空间，环绕式，2.4057分	场地24：长风公园滨水垂钓空间，环绕式，2.3753分

表 6-5-4 运动健身兼容性Ⅱ级样点空间分析一览表

Ⅱ级

场地2：鲁迅公园出入口广场，开敞式，4.3844分	场地20：和平公园休闲集散广场，内凹式，4.0239分	场地21：和平公园出入口广场，口袋式，4.0223分	场地29：长风公园建筑附属广场，内凹式，4.0144分

场地9：中山公园休闲集散广场，内凹式，4.0124分	场地28：长风公园建筑附属广场，口袋式，4.0085分	场地43：黄兴公园疏林草坪空间，内凹式，4.2719分	场地33：世纪公园开敞草坪空间，内凹式，4.1695分

场地7：中山公园开敞草坪空间，内凹式，4.1015分	场地16：和平公园开敞草坪空间，开敞式，4.0602分	场地31：世纪公园封闭草坪空间，口袋式，4.0390分	场地3：鲁迅公园开敞草坪空间，内凹式，4.0033分

表 6-5-5 运动健身兼容性Ⅲ级样点空间分析一览表

Ⅲ级

场地 22：长风公园休闲集散广场，内凹式，3.8266 分

场地 11：中山公园硬质活动场地，内凹式，3.7189 分

场地 27：长风公园硬质活动场地，内凹式，3.6673 分

场地 1：鲁迅公园出入口广场，口袋式，3.6312 分

场地 40：世纪公园硬质活动场地，口袋式，3.4938 分

场地 38：世纪公园休闲集散广场，口袋式，3.4087 分

场地 39：世纪公园硬质活动场地，内凹式场地，3.3839 分

场地 17：和平公园硬质活动场地，口袋式，3.3731 分

场地 18：和平公园硬质活动场地，开敞式，3.3045 分

场地 42：黄兴公园硬质活动场地，内凹式，3.2748 分

场地 19：和平公园硬质活动场地，开敞式，3.2113 分

场地 14：和平公园硬质活动场地，内凹式，3.1498 分

场地 23：长风公园硬质活动空间，内凹式，3.0488 分

场地 34：世纪公园开敞草坪空间，内凹式，3.9601 分

场地 30：长风公园建筑附属广场，开敞式，3.7490 分

场地 12：鲁迅公园出入口广场，内凹式，3.46705 分

场地 4：鲁迅公园开敞草坪空间，开敞式，3.6458 分

场地 26：长风公园开敞草坪空间，开敞式，3.5367 分

场地 35：世纪公园开敞草坪空间，内凹式，3.3727 分

场地 32：和平公园硬质活动场地，口袋式，3.3263 分

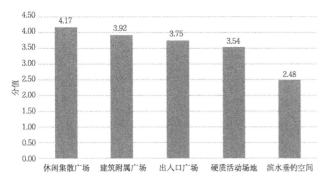

图 6-5-32 各类型硬质空间运动健身兼用适宜性等级排序

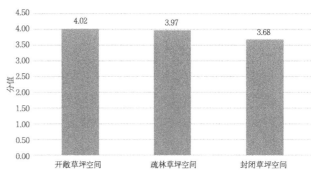

图 6-5-33 各类型软质空间运动健身兼用适宜性等级排序

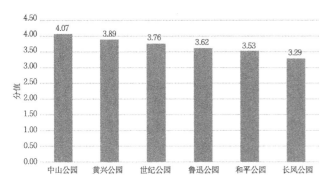

图 6-5-34 公园硬质空间运动健身兼用适宜性排序

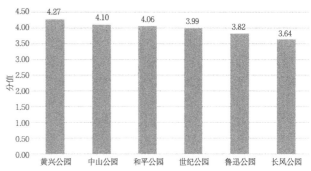

图 6-5-35 公园软质空间运动健身兼用适宜性排序

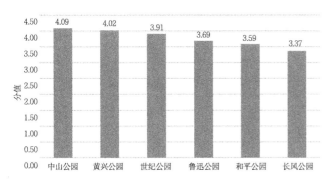

图 6-5-36 样本公园场地空间运动健身兼用适宜性排序

和平公园的样点场地 13，场地规模较大，具有较高的分域利用潜力，由于内部树木种植无序导致空间使用率降低。通过对树木进行抽稀和局部调整位置，场地空间被分为了两个较小的静态活动空间以及一个面积较大的动态活动空间，滨水游线也变得清晰起来，空间序列得到有效的重新组织（见图 6-6-1）。

6.6.2 场地空间的多功能化

著名的博士山（Box Hill）多功能花园式运动场，建立了一条 1km 的田径跑道，田径场中有保留的网球练习场，新增了篮球场、乒乓球台、座椅区、绿岛以及其他多样化的功能区，创造了一个新的公共活动空间（见图 6-6-2）。

再如，韩国的首尔运动场，通过结合设施与场地的多功能性，极大提高了场地空间的可能性和活跃度。根据人数、团体、所需活动、场地大小的不同，设施能随时实现形式、位置的移动和变换，更妙的是，就算没有人在此开展运动健身活动，设施也是一个非常棒的艺术装置（见图 6-6-3）。

6.6.3 分时导入活动与设施

人们的生活习惯有一定的规律性，许多场地空间在使用方式上具有明显的时间性和规律性。"功能"本就应该是指空间某一段时间的使用状态，而不是空间的全部状态，不同的时间，会有不同的人群来开展不同的活动，空间的使用方式和功能也随之产生变化。对空间进行分时利用，就是对空间功能的衍生和扩展。

评价结果显示，43 个样本空间中具有分时利用兼容性（Ⅱ级及以上）的样地共有 35 个，占比81%。绝大部分场地空间都有较好的分时利用适宜性，可挖掘潜力极高。同时，8 类样地空间中，除滨水垂钓空间外，其他功能类型的场地空间运动健身

兼用适宜性都在 Ⅲ 级及以上，可作为兼用型运动健身空间，并导入适宜开展的活动。同时从分时分域的角度给出了各类型空间的活动导入建议。

1）分时利用方式

基于资源提供者的分时段提供资源和资源需求者的即时性使用资源两个角度提出空间分时利用的方式。

人们在公园中的活动往往是自发性的，公园管理方可以通过精细化管理，分时段引入活动，组织、吸引人群来场地空间开展活动。比如，可以利用草坪空间举行草坪音乐会，草坪运动会等；又如，可以和商家协议合作，来公园设置搭建如儿童游乐设施、攀岩设施、滑板场地等运动健身设施，以获得公园管理方、商家、使用者三赢的局面，如图 6-6-4 所示。

许多运动健身活动的开展依托于设施，若将设施固定在场所必然大大削减了场地的多功能利用的可能性。因此，通过灵活的供给设施，实现场地的多功能利用，满足不同时间前来公园活动的人群的需求。

（1）设施租赁。轻量化、单个设施可以采用收费 / 抵押有效凭证的方式由公园管理方出租给使用者，如自行车、风筝、羽毛球球栏等，这类活动对于场地的专业性要求不是特别高，只要有齐备的设施，足够规模的场地便可以开展，通过租赁设施的方式可以极大程度地鼓励居民来开展活动。

（2）分时提供活动所需设施。对于体积较大、专业性较强的运动健身设施，在全面深入了解使用者的使用时间段的基础上，由公园管理方定时供给，如可移动的篮球架、乒乓球台等，科学的管理使空间在特定时间发生功能转换，如图 6-6-5 所示。

许多运动健身活动的开展并不需要特定的活动器械或设施，而是需要一片有舒适环境的空地，除了可移动的活动器械 / 设施外，还可以提供一些用于空间分隔的设施、休憩设施、储物设施等，意在让使用者能够自主地根据自己需求临时"搭建"属于自己的运动健身活动场地，如图 6-6-6 所示。

2）活动与设施导入

调查结果显示，8 类样地空间中，除滨水垂钓空间外，其他功能类型的场地空间运动健身兼用适宜性都在 Ⅲ 级及以上，可作为兼用型运动健身空间，并导入适宜开展的活动（见表 6-6-1）。同时从分时分域的角度给出了各类型空间的活动导入建议（见表 6-6-2）。

鉴于和平公园样地数量较多，规模、类型丰富，具有较强代表性，以下将在分时分域活动导入建议的基础上，结合和平公园的样地特征，给出 9 个样地空间的活动导入建议（见表 6-6-3）。

6.6.4 公园管理精细化

1）环境暗示

在场地空间具有分时分域利用条件的前提下，通过空间氛围的营造起到环境暗示的作用，以"告知""邀请"使用者前来场地开展运动健身活动，从而提升空间使用率和场地活力。

首先，可以在具有运动兼用功能的区域增设指示牌和场地使用说明解说牌，引导活动开展。其次，在可以开展晨间运动的场地播放舒缓的背景音乐，引导晨练的人来此活动；再次，配置好场地的夜间照明设施，引导夜间游园的人群前来运动。

2）适当延长公园开放时间

研究表明，上海城市公园的延长开放时间总体上较为适宜，但调研发现 6 个样本公园都过早闭园且未进行夜间开放[12]，公园附近居民的晚间活动需求无法完全得到满足，常出现在公园大门外跳广场舞、公园外缘跑步等现象，管理缺乏人性化。可在对公园进行科学评估的基础上适当延长公园开放时间。

6.7 场地空间安全性与舒适性提升策略

评价结果显示，场地最大的安全隐患是底平面安全性和配套设施陈旧带来的安全隐患。舒适性的不足则源于铺装和配套设施美感相对较低，以及植物景观形式的不适用性。因此，以下将从场地底平面、植物景观和配套设施三方面进行优化，以提升场地的安全性与舒适性。

6.7.1 底平面优化

调研发现，软质空间的底平面安全性问题则主要因为场地微地形；美感度提升则涉及草坪养护，在秉承保留空间原有属性的原则及保证研究针对性的前提下，这里不对软质空间底平面的优化进行讨论。硬质空间中，休闲集散广场、出入口广场、建筑附属广场存在着相同的问题，以下将集中进行讨论。

样点1现状		样点1分域利用策略	
	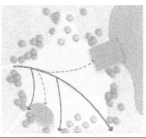	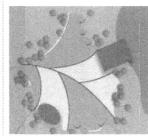	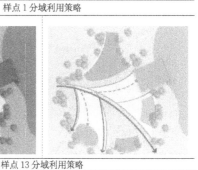
样点13现状		样点13分域利用策略	
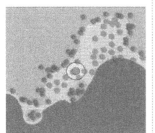	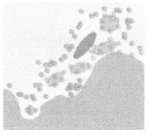	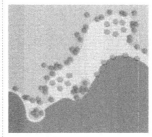	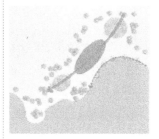

图 6-6-1 样点 1 与样点 13 分域利用改造示意图

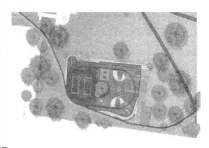

图 6-6-2 博士山多功能花园式运动场

图 6-6-3 韩国首尔运动场

图 6-6-4 分时引入活动意向

图 6-6-5 分时供给设施意向

图 6-6-6 可移动设施意向

表 6-6-1 各类型场地空间适宜导入的活动一览表

	休闲集散广场	建筑附属广场	出入口广场	硬质活动场地	开敞草坪空间	疏林草坪空间	封闭草坪空间
羽毛球	●	●	●	●	●	●	●
篮球				●			
足球					●	●	
排球	●	●		●	●		
乒乓球	●	●					
健美操	●	●	●	●			
街舞	●	●	●				
武术	●	●	●	●		●	●
太极	●	●	●	●	●	●	●
轮滑	●	●	●	●			
毽球	●	●	●	●		●	●
放风筝	●	●			●	●	
垂钓							
广场舞	●	●	●	●	●		

	休闲集散广场	建筑附属广场	出入口广场	硬质活动场地	开敞草坪空间	疏林草坪空间	封闭草坪空间
攀岩	●				●		
打陀螺	●	●	●	●			
抖空竹	●	●	●	●	●	●	●
瑜伽	●	●			●	●	●
健身器械	●			●			
跳绳	●	●	●	●	●	●	●
拍皮球	●	●	●	●	●	●	●
滑板	●	●					
游乐设施	●				●		
飞盘	●	●	●	●	●	●	●
舒展拉伸	●	●	●	●	●	●	●

表 6-6-2 分时分域活动导入建议

	休闲集散广场	建筑附属广场	出入口广场	硬质活动场地	开敞草坪空间	疏林草坪空间	封闭草坪空间
羽毛球	◔●	◔●	◔	◔●	◔●	◔	◔●
篮球				◕●			
足球					◕	◔	
排球	◔●		◔		◔●	◔●	
乒乓球	◔		◔		◔		
健美操	◔	◔				◔	
街舞	●	●	●				
武术	○	○	○	○	○◕	○◕	○◕
太极	○○	○	○	○	○◕	○○◕	○◕
轮滑	◕●	◔●	●	◕			
毽球	◔●	◔●	◔●	◔●	◔●	◔●	◔●
放风筝	◔◕				◔◕		
垂钓							
广场舞	●	●	●	●	◔		
攀岩	◔●				◔●		
打陀螺	◕●	◔●	●	◔			
抖空竹	◔●	◔●	◔●		◔●	◔●	◔●
瑜伽	○	○	○	○	○	○	○
健身器械	◔			◔			
跳绳	◔●	◔●	◔●	◔●	◔●	◔●	◔●
拍皮球	●	●	●	●	●	●	●
滑板	◔●	◔●					
游乐设施							
飞盘	◕	◕	◕	◕	◕	◕	◕
舒展拉伸	○						

注： ○早上 ◔上午 ◕下午 ●晚上

表 6-6-3 和平公园场地空间活动导入建议

运动类型 \ 场地空间	13 休闲集散广场	14 硬质活动场地	15 滨水垂钓空间	16 开敞草坪空间	17 硬质活动场地	18 硬质活动场地	19 硬质活动场地	20 休闲集散广场	21 出入口广场
羽毛球	◔◑	◔◑		◔◑	◔◑	◔◑		◔◑	◔
篮球					◑●				
足球				◔					
排球				◔◑	◔◑				
乒乓球	◔	◔◑			◔◑			◔	
健美操	◔	◔		◔		◔		◔	
街舞								●	●
武术		○		○◔◑	○	○		●	●
太极	○			○	○	○		○	
轮滑		◔						◑●	●
毽球	◔◑					◔◑	◔◑	◔◑	◔◑
放风筝	◔◑								
垂钓			◔◑						
广场舞	●							●	●
攀岩				◑					
打陀螺	◔					◑	◔◑	◑●	◑
抖空竹	◔			◔			◔	◔	
瑜伽	○			○				○	
健身器械					◔			◔	
跳绳	◔			◔◑		◔◑	◔◑	◔	◔
拍皮球	◔			◔		◔	◔	◔	◔
滑板								◑●	◔
游乐设施								◔	
飞盘	◔	◔		◔		◔	◔	◔	◔
舒展拉伸	○	○		○		○	○	○	○

注：○早上 ◔上午 ◑下午 ●晚上

（1）底平面优化原则。在底平面的优化改造中，场地空间的底平面作为运动健身活动发生的载体，安全性是最重要的前提和基础。对于开展运动健身活动而言，基本原则是平整、防滑、耐磨、有一定的强度以及易于维护。

在整个空间氛围的营造中，铺装起着至关重要的作用，其尺度、色彩、肌理、形成的图案，都会影响空间的风格基调。好的铺装，能塑造空间独特的个性、表达空间的主题文化、提升空间的艺术内涵。因此在对底平面进行改造时，要从尺度、色彩、肌理几个方面切入，形式上要和空间属性符合，与周围环境协调，同时要有一定的可观赏性和可识别性。

由于铺装形式多样，充满变化，有很强的识别性，往往能够通过暗示进行领域划分、空间分割，甚至能起到一些引导作用。因此在底平面的优化中，要善于利用铺装的颜色、纹理和图案，来对空间序列进行有效组织。

（2）底平面优化措施。平面依据不同功能空间类别提出底平面优化策略。就休闲集散广场、建筑附属广场、出入口广场 3 类空间而言，底平面安全性主要源于场地平整度和防滑度，因此，在铺装材质的选择上既要考虑耐久性，也要兼顾铺装的防滑性。考虑到这 3 类空间尺度较大，在铺装形式上，要考虑空间的整体感以及与空间尺度相适宜的比例尺寸。此外，这 3 类空间往往规模较大，有较高的分域利用潜力，可以利用铺装对空间进行分隔暗示，促进多种活动的分域开展。

比如，鲁迅公园的样地 2 是公园人流量最集中的广场，承载了各种活动，场地铺装表面凹凸不平且间隙较大，非常不利于活动的开展，甚至会影响部分老人、穿高跟鞋女士的正常行走。该场地还设置了低龄儿童游乐设施，若有儿童跌倒则是非常大的安全隐患（见图 6-7-1）。该场地散植较多树木，空间要素较多，加之鲁迅公园本身也是一个有年代感和历史感的公园，因此在铺装形式上，应该简洁

大气，厚重质朴，避免过于花哨，结合安全性方面的考虑，建议选用小尺寸的中灰荔枝面花岗岩，简洁稳重，朴实大气，材质在平整与防滑中取得平衡，小尺寸又避免整体铺装流于没有细节。

硬质活动场地规模差异较大、开敞程度各不相同、边界形态丰富多样，空间气质也迥然不一样，但在铺装上却往往千篇一律粗制滥造、缺乏个性也缺乏美感。因此精致化和主题化是硬质活动场地底

图 6-7-1 样地 2 底平面改造前后效果

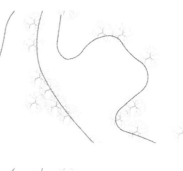

图 6-7-2 样地 14 底平面改造前后效果

平面优化的重点，力求让铺装和场地环境更协调，烘托空间氛围，强调场地功能。

以和平公园的样地 14 为例，这是一个内凹进山体的小规模空间，涂鸦墙营造了活泼的空间氛围，但混凝土铺装生硬呆板，与空间氛围极不和谐；与道路一致的铺装导致边界缺失，空间围合感和活动承载力也相对减弱。

建议使用彩色沥青图案装饰，与立面墙体在风格上互相呼应协调一致，丰富的色彩和活泼的图案也大大提高了空间美感，同时与旁边混凝土道路截然不同的铺装也将该空间划分开来，从而加强了领域感，是对使用者心理安全感和舒适感的双重提升，如图 6-7-2 所示。

6.7.2 植物景观优化

植物在场地空间中承担着非常重要的功能。通过第 3 章分析可知，场地空间的植物主要用来界定边界，分割内部空间。场地中的植物主要有林荫型和观赏型两种，起到遮阴、隔音等作用，同时也是空间中非常重要的造景要素和视觉焦点。对于边界植物而言，其主要功能是围合限定空间，分别在垂直面和水平面影响着空间的围合程度与边界形态。43 个样本空间中 23% 的特征界面都是植物界面，植物的种植形式影响着空间的围合感与边界形态。此外，对于软质空间而言，植物更是整个场地空间的底平面基质。

因此，植物景观的优化，主要从遮阴是否合理，是否能通过植物种植给空间提供合理有效的围合和优美舒适的边界形态，以及是否营造了良好的视觉景观三个方面进行探讨。

1) 软质空间的植物景观优化措施

封闭草坪空间和疏林草坪空间在舒适性和美感度上都不错，但部分规则式的开敞草坪空间存在着边界形态过于生硬，植物层次单一，景观自然美感度较低的问题。

例如世纪公园的场地 36，这是一个规模较大的规则式开敞草坪空间，四周被道路环绕，仅与主园路相邻的两侧列植乔木，空间四周设置低矮栏杆，

局部开放以引导人流出入，人群主要在草坪中心区域活动。若在草坪边缘角落种植低矮的灌木，不仅能够起到界定空间、优化空间边界形态的作用，也能更有效对人流进行引导，丰富了空间层次，增加领域感和心理安全感，增加该草坪空间角落的利用率（见图 6-7-3）。

2) 硬质空间的植物景观优化措施

43 个样本空间中普遍存在遮阴不足和空间围合不合理两个问题。个别空间视线范围内绿视率较低，甚至整个空间无任何乔木，影响到该空间生理层面的舒适性；还有部分空间的围合形式不够合理，体现在围合感过低或空间过于封闭。

比如，世纪公园的样地 38，场内无任何遮阴树木，四周却被较高灌木围合，舒适性较低，并缺乏视觉焦点。建议在现有的种植坛中散植分枝点高的大乔木，既能带来更舒适的微环境吸引人群来此停留，也能为整个场地提供一个立面上的视觉焦点，同时将原本临水侧的绿篱改为用开敞草坪，将场地空间视线延伸到水面打开（见图 6-7-4）。

6.7.3 配套设施优化

场地空间中的配套设施主要有安全设施、服务设施和休憩设施 3 类。设施优化要重点遵循以下几个原则：第一，休憩设施是否符合人体工学，尺寸、材质、形式是否人性化，使用是否舒适；服务设施数量、分布是否合理等。第二，配套设施的安全问题，避免因选材和特殊的造型而带来任何安全隐患。第三，配套设施的外形和视觉效果，应该注意与环境空间的气质氛围保持和谐一致，可融入一些文化元素到设施中以保证基础功能的同时提升其文化内涵，配套设施也可以与造景元素相结合，如将植物、小品与休憩设施相结合，使其造型多样化；第四，运用色彩和图形变化使配套设施场景化、主题化等。总的来说，配套设施的设计要保证基础使用功能、重视设施安全、提升设施美感度，追求功能与形式的完美结合，让使用者得到精神上的愉悦和享受。

根据实地调研分析发现，大部分空间配套设施齐备程度较高，但在安全性和舒适性上表现欠佳。

许多木质休憩设施磨损严重，风化程度高，存在一定的安全隐患；设施外形千篇一律，特色不明显，部分休憩设施选材不合理，体感较差（见图 6-7-5）。以和平公园的样地 20 为例，整个空间规模较大，人流量较多，利用台阶和铺装将场地划分为几个区域，但整个空间亮点不足，休憩设施更是毫无特色，甚至出现了风化破损的现象，视觉效果和使用体验都

较差。建议可以选择在材质上更耐磨，形式上更独特的具有休憩功能的树池，在舒适性和美观性上都能有所提升，同时在树池座椅的尺寸设计上，可以跳出常规尺寸，更多一点变化，提供给使用者更灵活的使用方式，比如较大尺寸的休憩设施往往能同时承担起储物功能（见图 6-7-6、图 6-7-7）。

图 6-7-3 样地 36 植物景观改造前后效果

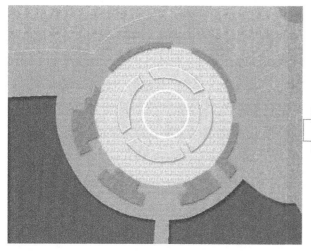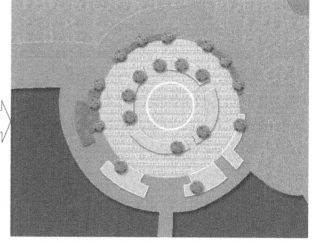

图 6-7-4 样地 38 植物景观改造前后

图 6-7-5 配样本空间的套设施现状

图 6-7-6 样地 20 休憩设施现状　　　　　图 6-7-7 样地 20 休憩设施更新意向

本章注释

[1]黄芊卉.城市公园与休闲体育资源整合研究 [C]// 第九届全国体育科学大会论文摘要汇编（3），2011.

[2]邱妍.城市健身休闲空间满意度体验研究 [D].福州：福建师范大学,2015.

[3]张俊玲.风景园林艺术原理 [M].天津：天津大学出版社,2015.

[4]何翠.城市休闲空间与居民行为的互动关系分析 [D].长春：东北师范大学,2014.

[5]周明.大学校园外部空间设计研究 [D].上海：同济大学，2000.

[6]严小娟.温州公园体育休闲空间的设计营造 [J].体育文化导刊,2013(5):30-3 3.

[7]咸宇鹏.城市公园绿地中体育休闲空间的设计与营造 [D].北京：北京林业大学,2010.

[8]周雁红.社区室外体育休闲场所的研究 [D].武汉：武汉理工大学,2003.

[9]范一凌.公园健身场地设计研究 [D].长沙：湖南农业大学,2012.

[10]柳洋.苏州城区街道空间设计研究 [D].北京：清华大学,2014.

[11]许树柏.实用决策方法：层次分析法原理 [M].天津：天津大学出版社，1988.

[12]张凯旋，董亮.城市公园延长开放适宜性的评价研究——以上海市公园为例 [J].中国园林，2016(7):67-72.

第 2 篇
上海城市综合公园游憩空间要素研究

城市公园应有优美的环境，起伏的地形、开阔的草地、水面与大片的森林；需要有舒适的园路系统，配备休憩、游乐、运动健身、科普与文化教育的场地与设施。综合公园游憩空间功能是依托园路与铺装，亭廊、构架、座椅等休憩设施，服务配套建筑与设施等单独或共同履行的。换言之，城市公园的游憩空间是由园路与场地、山石、水体、植物、建构筑物等要素界定的。

本篇研究内容侧重于游憩空间要素，包括：园路、园路与场地铺装、游憩与服务设施、水景观等。

7 公园园路研究

园路，即公园中的道路，是贯穿全园的交通网络，纵横交错的园路构成了公园的基本骨架，是联系园内各景区、景点的纽带和风景线[1]。园路系统主要有组织交通、划分空间[2][3]、引导游览、构成园景、布置管网[4]等重要作用。园路系统的优劣直接关系到城市公园的服务质量。园路等级分明、布局合理的公园能合理分流，方便游人的游览；园路等级模糊、布局混乱的公园常常使游人迷失方向、走回头路等。

园路按功能性质一般分为主路、支路和小路3种形式[5]。主路即主要道路，是联系园内各个景区、主要景点和活动设施的路，是公园内游人必经、人流量最大的路，必要时可通行少量管理车辆等，结构上必须同时满足消防车通行要求，一般5~8m。支路即次要道路，设在各个景区内的路，它联系分区内各个景点，对主路起辅助作用。考虑到游人的不同需要，在园路布局中，还应为游人由一个景区到另一个景区开辟捷径，一般3~4m。小路即游憩小路，又叫游步道，是深入到山间、水际、林中、花丛供人们漫步游赏的路，充满野趣，一般0.6~1.5m。

园路系统是城市公园的骨架和脉络，是综合公园休闲、娱乐、健身等服务功能发挥的重要依托，规模与结构是其两个重要属性。分析园路规模与路网结构的影响因素，掌握城市公园园路规模与路网结构各个技术指标的特征值，找出潜在的规律，建立城市公园园路系统评价体系，不仅是对公园设计规范的有益补充与完善，还为城市公园的规划设计与更新改造提供科学依据。

7.1 研究内容与研究方法

7.1.1 研究对象与内容

研究对象的选择本着代表性、科学性和完备性相结合的原则，对路网清晰、边界明确、规模适宜的上海综合公园进行筛选，最终确定了长风公园、中山公园、大宁灵石公园、世纪公园、鲁迅公园、复兴公园、和平公园、杨浦公园、新虹桥中心花园和黄兴公园 10 个综合公园为研究样本公园（见附录1），这些公园规模大小不一，建设年代不同，风格差异较大，具有良好的代表性。

通过实地测量，核对校正已有的相关信息，获得每个公园园路系统的基础数据，包括公园面积、水域面积比例、各级园路的长度和宽度、铺装场地面积等，为园路规模和路网结构研究的展开提供了基础资料。

（1）园路规模研究。首先从园路规模概念分析入手，描述不同技术指标的意义及计算方法，分析园路规模的影响因素，并分析相关国家标准规范的特征值和建议值；其次，在对样本公园进行实地详尽调研的基础上，整理汇总基础数据，计算园路整体规模技术指标，并进行影响因素的定性和定量研究，对显著相关关系建立回归方程，对园路规模技术指标进行区间预测或估计；再次，对不同功能区的园路规模技术指标进行计算，并进行差异性分析和区间估计；最后，提出园路规模的控制策略。

（2）路网结构研究。首先从路网结构概念分析入手，描述不同技术指标的意义及计算方法，分析路网结构的影响因素，并分析相关国家标准规范的特征值和建议值；其次，对上海综合公园路网结构形式进行判定和分析；再次，在对上海综合公园实地调研的基础上，整理汇总基础数据，寻求各种方式计算路网结构技术指标，并分别对这些指标进行分析；最后，对本章的研究结果进行汇总整理，提出路网结构的选型及技术指标控制策略。

（3）建立公园园路规模和路网结构评价体系，并尝试通过程序设计实现园路技术指标自动计算和智能评价，以充分发挥研究结果的应用推广价值。

7.1.2 研究方法

本章基于公园的测绘图与实地调研获得的园路系统的基础数据，并从园路规模和路网结构两个角度展开研究。

首先，计算园路规模和路网结构的技术指标；其次，运用数理方式，借助 Excel 2003、SAS 8.1 等分析软件进行影响因素的定性和定量分析；最后，找出各类技术指标的潜在规律，为现代综合公园的改造和新建提供依据，为城市公园园路系统的技术评价提供参照标准。

7.2 上海综合公园园路规模特征分析

园路规模主要是从城市公园道路的交通游览供给的角度来反映公园道路的服务水平。园路规模通常指的是道路网的总量，和城市道路的规模类似，城市公园设计中，总是追求以最小的道路规模量来发挥最大的交通功能，降低公园园路系统的占地面积，增加公园的绿地面积。当然，园路和城市道路又有较大的差异性，城市道路较多地关注道路的交通功能，而城市公园的道路在兼顾交通功能的同时，更多注重园路系统的环境美学、生态学等属性。

合理的园路规模是园路发挥其良好服务功能的前提，本书从可量化的角度去探析园路的规模，即以相关的技术指标为出发点，研究城市公园道路的长度、宽度、用地面积等。

7.2.1 园路规模及其影响因素释义

反映园路规模的技术指标有很多，根据现行公园设计规范，选择较直观、有代表性、可量化、易获取的指标来进行研究，主要包括：道路网密度、道路面积密度、园路及铺装场地用地比例等指标。

1）园路规模的评价指标释义

（1）道路网密度。道路网密度 δ_i（km/km²）最先出现在城市道路网规划中，指城市道路中心线总长度与城市用地总面积之比 [6]，在城市公园中道路网密度定义为 δ_j（m/hm²），指城市公园主路、支路和小路中心线总长度与城市公园用地面积之比，其中干道网密度是指城市公园主路和支路总长度与城市公园用地面积之比，其计算公式为：

$$\delta_i = \sum L_j / A \qquad (7\text{-}2\text{-}1)$$

式中，A 为城市公园用地总面积（hm^2），L_j 为 j 级道路的长度总和（m）。

道路网密度是评价城市公园道路规模合理性的重要指标，而干道网密度是评价城市公园干道（主路和支路）规模合理程度的基础指标。一般来说，道路网密度越大，交通联系越便捷，但密度过大不但会增加建设投资，造成交叉口过多，不利于发挥道路引导游览的功能，而且会削弱道路的景观效果；道路网密度过小，会造成连接不便捷，游人密度过高，影响公园道路交通游览功能的发挥，而且不利于发挥公园的休闲娱乐功能。因此，道路网密度能体现城市公园道路网建设数量和水平，是评价公园园路规模的理想指标之一。

单纯的道路网密度指标不能全面衡量城市公园园路的规模，因为当同一级园路宽度及横断面形式不同时，就无法用道路网密度区分开来。因此，为了能更全面清晰地反映城市公园的园路规模特征，须同时选取道路面积密度作为园路规模研究的重要指标之一。

（2）道路面积密度。城市公园道路面积密度 λ，能综合反映城市公园对道路的重视程度及道路交通设施的发达程度，但不能体现道路分布状况和布局质量，计算公式如下：

$$\lambda = \sum L_i B_i / 10^4 A \qquad (7\text{-}2\text{-}2)$$

式中，L_i 和 B_i 分别为各级道路的长度和宽度（m），A 为城市公园用地总面积（hm^2）。

（3）人均道路面积。根据城市道路的研究内容，人均道路面积的含义为城市道路用地面积与城市总人数的比值：

$$\varepsilon = \sum (L_i B_i) / P \qquad (7\text{-}2\text{-}3)$$

式中，ε 表示人均道路面积（m^2/人），L_i 表示城市中各类道路总长度（m），B_i 表示各类道路的宽度，P 表示城市总人口数。

而在城市公园中人均道路面积 ε 可以转换为瞬时人均道路面积（m^2/人），L_i 表示公园中各级道路总长度（m），B_i 表示各级道路的宽度（m），P 表示游览旺季星期日高峰小时内同时在园游人数。按照公园设计规范（GB51192–2016），游览旺季星期日高峰小时内同时在园游人数即为公园游人容量，其计算只与公园用地面积和已预定的公园人均占有面积相关，缺乏实际意义；如果 P 取高峰小时内实际同时在园游人数有较好的实际意义，但无法准确获取，而且在公园规划设计时也无法准确预知高峰小时内游人数，因此对人均道路面积不列入本研究范畴。

（4）园路及铺装场地用地比例。

园路及铺装场地用地比例。在描述公园内部用地比例（%）时出现的指标，即公园园路总面积与铺装场地总面积的加和与公园用地面积的比值。

该项指标反映了公园内硬质场地所占的比例，道路用地比例包含于其中。一般来说，比值越大，公园中园路系统越发达，适合游人健身活动的硬质场地越多，但公园绿化用地会相应缩减，不利于公园生态效益的发挥；比值越小，可能会影响公园园路的交通功能或铺装场地的集散功能，故该指标也是公园园路规模评价的一个重要指标。通过对该指标与道路面积密度的对比分析还可以了解公园铺装场地的规模。

2）园路规模的影响因素释义

类比城市道路规模的影响因素[7][8]，结合城市公园的特点，得出城市公园道路规模大小受公园用地面积、水域面积比例、公园地形特点、公园游人容量、公园形状等多种因素的影响[9]。

（1）公园用地面积。城市综合公园面积越小，要发挥多种多样的功能就不得不提高公园的利用率，公园绿地被园路划分得较细碎，每个功能区绝对面积较小，虽然园路的绝对规模不大，但相对规模较大；公园面积越大，服务功能越丰富，园内基础服务设施越多，可容纳的游客量也越多，公园绿地被园路划分的密度较小，每个功能区的绝对面积较大，整个公园绝对园路规模较大，但相对园路规模不一定大。

公园用地面积是园路规模的一个重要影响因素，需要找出公园用地面积与园路规模指标之间的关系。

（2）水域面积比例。水是公园之血脉，水域是公园功能发挥的重要因素，因为不仅可以在较大的水面上开展各类水上娱乐活动，而且水域还往往成为景观塑造的核心。但过大的公园水域面积，势必会压缩陆地面积，影响公园效能的发挥，可能会对园路的布设规模造成一定的影响，但公园水域面积比例与园路规模之间存在一种怎样的相关性目前无据可查，一般而言，公园水域面积越大，相应的园路规模越小，因此本章将对二者的关系进行定性和定量[10]分析研究。

（3）公园形状。公园形状指的是公园基地的边界形状。一般来说，公园形状越规则，如方形、圆形等，公园园路系统越简洁实用，较小的园路规模就能满足游人游园的需求；相反，公园用地外围轮廓参差不齐，或呈条带状，公园园路系统就不可避免地相对复杂凌乱些，有可能会增大园路规模才能满足交通和游憩需求。因此，必须找到一个能够反映这种用地规则程度的参数。根据 A-M 雅克申的研究提出了一种以公园中心为基准的公园用地平面形状系数计算方法，认为圆形为公园的最佳平面形状（见图7-2-1）。公园形状系数定义为以公园中心（形心）为圆心，能够覆盖所有公园建设用地的最小圆的半径，与相同实际用地规模的圆半径的比值。设最小圆面积为 So，则形状系数可表达为 $\sqrt{So/S}$ 。

（4）公园地形特点。地形是公园景观塑造的一个活跃因素，在城市公园中，平坦地形和坡度较小的凸地形较多见，平坦地形简洁、稳定，给人舒适和踏实的感觉，凸地形具有动态感和行进感。多变的地形对园路的设置有一定的影响，但其对园路规模的影响机制很复杂，而且上海城市公园地形起伏

不大，往往也是由人工后天塑造而成，因此公园的地形与园路规模之间的关系不列入本研究范畴。

（5）公园游人容量。一般而言，公园的游人量越大，也就需要配置更多的基础服务设施，同时需要较大的园路规模以满足游人的正常需求。按照公园设计规范的术语解释，公园游人容量指游览旺季星期日高峰小时内同时在园游人数；第 3.1.2 条规定公园游人量计算公式为：

$$C=A/A_m \qquad (7\text{-}2\text{-}4)$$

式中，C 为公园游人容量，A 为公园面积，A_m 为公园游人人均占有面积；市区级公园游人人均占有公园面积以 $60m^2$ 为宜。可见，公园游人容量的计算与公园面积有直接的关系，鉴于此，本书不作重复研究。

7.2.2 园路规模影响因素的相关性分析

通过对 10 个样本公园的详尽调查研究，校正了公园园路系统的布局，根据不同级别园路的功能特性及游人密度，对这些公园的园路进行分级，并现场测量记录不同园路的实际宽度，同时，现场核算记录除园路之外的铺装场地和水域面积。

参照园路规模指标的计算公式，对以上基础数据进一步计算，得到了 10 个样本公园园路的规模指标，即道路网密度、道路面积密度、园路及铺装场地用地比例（见表7-2-1）。

1）公园用地面积与园路规模的关系分析

以 10 个公园的用地面积为横坐标，分别以道路网密度、道路面积密度、园路及铺装场地用地比例为纵坐标，绘制二者关系折线图，如图7-2-2 至图7-2-4 所示，城市公园道路网密度和道路面积密度都与公园的用地面积息息相关，二者存在一种负相关的关系，即公园道路网密度随着公园用地面积的增大而逐渐减小（见图 7-2-2 中的虚线）；道路面积密度除了复兴公园外，基本恒定在一定的区间范围内，说明该项指标与公园用地面积关系不大；园路及铺装场地用地比例除复兴公园和新虹桥中心花园以外，基本随着公园用地面积的增大而减小，只有新虹桥中心花园、长风公园、黄兴公园、大宁灵石公园和世纪公园的园路及铺装用地比例在公园设计规范规

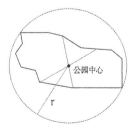

图 7-2-1 公园最佳平面形状

定的范围内，其他公园都高于建议值。

2）公园水域面积比例与园路规模的关系分析

以10个样本公园的水域面积比例为横坐标，分别以道路网密度、道路面积密度、园路及铺装场地用地比例为纵坐标，绘制二者关系折线图，如图7-2-5至图7-2-7所示，公园道路网密度与公园水域面积比例的关系并没有规律性，例如长风公园水域面积超过30%，道路网密度却并没有小于水域面积仅占20.82%的大宁灵石公园；公园的道路面积密度除复兴公园以外，同样基本维持在0.08~0.15m/hm²恒定的范围内，且公园道路面积密度随着水域面积比例的增大而有减小的趋势；园路及铺装场地用地比例除复兴公园外有所波动，但波动幅度不大，形式类似破浪曲线，说明此指标与水域面积比例关系不明显。

3）公园形状与园路规模的关系分析

10个样本公园的平面形状各不相同，形状系数也有一定的差异，如表7-2-2所示。

以10个样本公园的平面形状系数为横坐标，分别以道路网密度、道路面积密度、园路及铺装场地用地比例为纵坐标，绘制两者关系折线图，如图7-2-8至图7-2-10所示。公园道路网密度与公园平面形状系数并没有清晰的变化规律，并没有像预想的那样随着平面形状系数的增大而增大，说明二者相关性不大；公园道路面积密度也没有呈现出明显的变化规律，依旧维持在一定的区间波动，说明二者相关性也不大；公园园路及铺装场地用地比例同样也没有随着公园平面系数的递增而发生规律性的变化。

4）园路规模影响因素相关性检验

通过公园园路规模技术指标影响因素的定性分析可以初步判断道路网密度受公园用地面积大小的影响较大，公园道路面积密度和公园园路及铺装场地用地比例指标受其他影响因素较小，基本稳定维持在一定的区间范围内。

为了明确判断公园用地面积、水域面积比例、公园平面形状系数等因素对城市公园园路规模技术指标影响的强弱，下面通过数据统计分析软件SAS 8.1进行显著相关性分析。

在用SAS 8.1进行相关性分析的过程中，公园

表 7-2-1　上海综合公园园路规模指标统计一览表

公园名称	指标名称	指标数据
中山公园	道路网密度 /（m/hm²）	525.45
	道路面积密度 /（m/hm²）	0.1252
	园路及铺装场地用地比例 / %	20.82
长风公园	道路网密度 /（m/hm²）	345.83
	道路面积密度 /（m/hm²）	0.0886
	园路及铺装场地用地比例 / %	13.51
杨浦公园	道路网密度 /（m/hm²）	444.08
	道路面积密度 /（m/hm²）	0.1429
	园路及铺装场地用地比例 / %	22.17
世纪公园	道路网密度 /（m/hm²）	198.36
	道路面积密度 /（m/hm²）	0.0939
	园路及铺装场地用地比例 / %	12.34
鲁迅公园	道路网密度 /（m/hm²）	471.17
	道路面积密度 /（m/hm²）	0.1048
	园路及铺装场地用地比例 / %	20.53
新虹桥中心花园	道路网密度 /（m/hm²）	401.43
	道路面积密度 /（m/hm²）	0.1019
	园路及铺装场地用地比例 / %	13.16
和平公园	道路网密度 /（m/hm²）	581.84
	道路面积密度 /（m/hm²）	0.1487
	园路及铺装场地用地比例 / %	21.27
复兴公园	道路网密度 /（m/hm²）	626.44
	道路面积密度 /（m/hm²）	0.2740
	园路及铺装场地用地比例 / %	35.07
黄兴公园	道路网密度 /（m/hm²）	268.81
	道路面积密度 /（m/hm²）	0.0842
	园路及铺装场地用地比例 / %	11.97
大宁灵石公园	道路网密度 /（m/hm²）	308.39
	道路面积密度 /（m/hm²）	0.1069
	园路及铺装场地用地比例 / %	13.58

用地面积、公园水域面积比例和公园平面形状系数分别作为自变量 x_1、x_2、x_3，三者相互独立，互不影响，公园道路网密度、道路面积密度和园路及铺装场地用地比例分别作为因变量 y_1、y_2、y_3。用 DATA 步建立计算用数据集，再用 PROC CORR 作两两变量间的直线相关分析，最后固定相关性不显著的因素，进行相关性显著因素的偏相关分析。

（1）公园道路网密度影响因素相关显著性检验。基于表 7-2-3 所示的数学模型，程序运行输出的结果显示，公园道路网密度与总用地面积、水域面积比例及平面形状系数的相关系数分别为 -0.76883

（P=0.0094<0.01）、-0.57540（P=0.0818>0.05）、-0.41615（P=0.2316>0.05），前者相关系数较大且相关性极显著，后两者相关性较小且无统计学意义；故固定水域面积比例及平面形状系数时求得的道路网密度与公园用地面积的偏相关系数为 -0.72648（P=0.0412<0.05），达到了显著水平。即可以清晰地说明公园水域面积比例和公园平面形状系数与公园道路网密度相关性不显著，无统计学意义；而公园用地面积对道路网密度的影响较大，有较好的统计学意义。

（2）公园道路面积密度影响因素相关显著性检

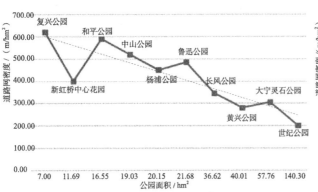

图 7-2-2　道路网密度与公园用地面积关系

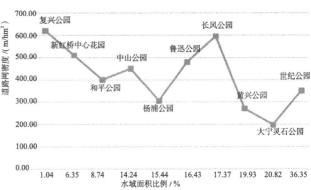

图 7-2-5　道路网密度与水域面积比例关系

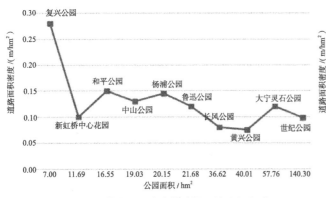

图 7-2-3　道路面积密度与公园用地面积关系

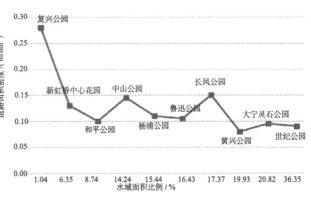

图 7-2-6　道路面积密度与水域面积比例关系

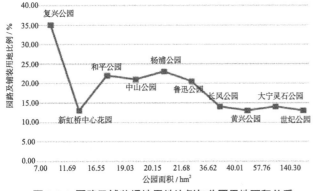

图 7-2-4　园路及铺装场地用地比例与公园用地面积关系

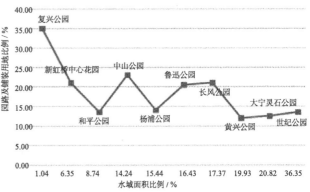

图 7-2-7　园路及铺装场地用地比例与水域面积比例关系

验。基于表 7-2-4 所示的数学模型，程序运行输出的结果显示，公园道路面积密度与总用地面积、水域面积比例及平面形状系数的相关系数分别为 -0.40666（$P=0.2435>0.05$）、-0.64227（$P=0.0452<0.05$）、-0.56371（$P=0.0897>0.05$），x_2 与 y_2 相关系数较大，且相关性显著，x_1、x_3 与 y_2 相关性较小且无统计学意义；固定公园用地面积及平面形状系数时求得了道路面积密度与公园水域面积比例的偏相关关系数为 -0.75774（$P=0.0294<0.05$），达到了显著水平。即可以清晰地说明公园用地面积和平面形状系数与公园道路面积密度相关性不显著，无统计学意义；而公园水域面积比例对道路面积密度的影响较大，有较好的统计学意义。

（3）公园园路及铺装场地比例影响因素相关显著性检验。基于表 7-2-5 所示的数学模型，程序运行输出的结果显示，公园园路及铺装场地用地比例与总用地面积、水域面积比例及平面形状系数的相关系数分别为 -0.51568（$P=0.1271>0.05$）、-0.62625（$P=0.0527>0.05$）、-0.5728（$P=0.1016>0.05$），三者相关系数都不大，且无统计学意义。同时参照公园用地面积、水域面积比例和平面形状系数与公园园路及铺装场地用地比例的定性分析可知，公园园路及铺装场地用地比例受其他因素影响较小，基本维持在稳定的范围内，但随着公园用地面积的增大有减小的趋势。

5）显著相关因素回归方程的建立

通过对 10 个样本公园园路规模指标的定性和定量分析，可知公园道路网密度和公园用地面积存在显著的相关性，道路面积密度与公园水域面积比例也存在显著的相关性。下面通过 SAS 8.1 建立合理的

表 7-2-2 上海综合性公园平面形状系数

公园名称	复兴公园	和平公园	新虹桥中心花园	中山公园	杨浦公园	鲁迅公园	长风公园	黄兴公园	大宁灵石公园	世纪公园
平面形状系数	1.3015	1.3529	1.7028	1.6483	1.3984	1.6742	1.4749	1.4708	1.8608	1.5565

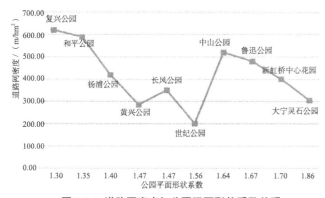

图 7-2-8 道路网密度与公园平面形状系数关系

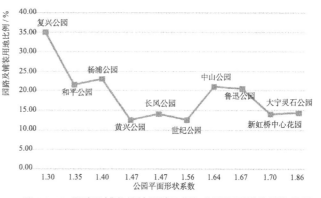

图 7-2-10 园路及铺装场地用地比例与公园平面形状系数关系

线性回归方程：

（1）道路网密度与公园用地面积。将总用地面积作为自变量 X，道路网密度作为因变量 Y（见表 7-2-6）。

在园路规模指标影响因素的定性分析中就可以看出公园道路网密度和公园用地面积之间隐约存在一种线性回归关系，而在后面的定量分析中也证明了二者之间的确存在显著的相关关系。现假设二

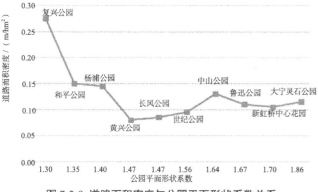

图 7-2-9 道路面积密度与公园平面形状系数关系

者之间存在直线回归关系，在方差分析的结果中，本例 $F=11.56$，$P=0.0094<0.05$，说明模型是有意义的。在参数估计的结果中，常数项 INTERCEPT 估计值为 517.80330，标准误差为 41.96962，与总体参数为 0 的 t 检验中的 t 值为 12.34，所以对应的 P 值 $<0.0001<0.05$，表示常数项与 0 的差别有统计学意义。变量 X 的回归系数（回归方程中的 b）为 -0.00027137，与总体参数为 0 的 t 检验中的 t 值为 -3.40，所对应的 P 值 $0.0094<0.05$，表示回归系数与 0 的差别有统计学意义，故说明公园道路网密度和公

园用地面积之间存在显著的直线回归关系。回归方程为：$\hat{Y} = 517.80330 - 0.00027137X$。

（2）道路面积密度与公园水域面积比例。将水域面积比例作为自变量 X，道路面积密度作为因变量 Y（见表 7-2-7）。

同上述回归分析的方法，假设二者之间存在直线回归关系，在方差分析的结果中，本例 $F=5.62$，$P=0.0452<0.05$，说明模型是有意义的。在参数估计的结果中，常数项 INTERCEPT 估计值为 0.18596，

表 7-2-3 样本公园道路网密度及影响因素

公园名称	因素 x_1 总用地面积 / m^2	因素 x_2 水域面积比例 / %	因素 x_3 平面形状系数	因素 y_1 道路网密度 / (m/hm²)
复兴公园	70042.09	1.04	1.3015	626.44
中山公园	190257.80	6.35	1.6483	525.45
新虹桥中心花园	116857.12	8.74	1.7028	401.43
杨浦公园	201491.93	14.24	1.3984	444.08
大宁灵石公园	577646.47	15.44	1.8608	308.39
鲁迅公园	216774.27	16.43	1.6742	471.17
和平公园	165521.11	17.37	1.3529	581.84
世纪公园	1403042.36	20.82	1.5565	198.36
长风公园	366170.84	36.35	1.4749	345.83
黄兴公园	400106.47	19.93	1.4708	268.81

表 7-2-4 样本公园道路面积密度及影响因素

公园名称	因素 x_1 总用地面积 / m^2	因素 x_2 水域面积比例 / %	因素 x_3 平面形状系数	因素 y_2 道路面积密度 / (m/hm²)
复兴公园	70042.09	1.04	1.3015	0.2740
中山公园	190257.80	6.35	1.6483	0.1252
新虹桥中心花园	116857.12	8.74	1.7028	0.1019
杨浦公园	201491.93	14.24	1.3984	0.1429
大宁灵石公园	577646.47	15.44	1.8608	0.1069
鲁迅公园	216774.27	16.43	1.6742	0.1048
和平公园	165521.11	17.37	1.3529	0.1487
世纪公园	1403042.36	20.82	1.5565	0.0939
长风公园	366170.84	36.35	1.4749	0.0886
黄兴公园	400106.47	19.93	1.4708	0.0842

表 7-2-5 样本公园园路及铺装场地用地比例及影响因素

公园名称	因素 x_1 总用地面积 / m^2	因素 x_2 水域面积比例 / %	因素 x_3 平面形状系数	因素 y_3 园路及铺装场地用地比例 / %
复兴公园	70042.09	1.04	1.3015	35.07
中山公园	190257.80	6.35	1.6483	20.82
新虹桥中心花园	116857.12	8.74	1.7028	13.16
杨浦公园	201491.93	14.24	1.3984	22.17
大宁灵石公园	577646.47	15.44	1.8608	13.58
鲁迅公园	216774.27	16.43	1.6742	20.53
和平公园	165521.11	17.37	1.3529	21.27
世纪公园	1403042.36	20.82	1.5565	12.34
长风公园	366170.84	36.35	1.4749	13.51
黄兴公园	400106.47	19.93	1.4708	11.97

标准误为 0.0287，与总体参数为 0 的 t 检验中的 t 值为 6.48，所以对应的 P 值 0.0002<0.05，表示常数项与 0 的差别有统计学意义。变量 X 的回归系数（回归方程中的 b）为 −0.00376，与总体参数为 0 的 t 检验中的 t 值为 −2.37，所对应的 P 值 0.0452<0.05，表示回归系数与 0 的差别有统计学意义，故公园道路面积密度和水域面积比例之间存在显著的直线回归关系，回归方程为：$\hat{Y}$ =0.18596−0.00376X。

综上所述，公园道路网密度与公园总面积有显著的线性回归关系，其回归方程为 Y= 517.80−0.0002714X_1（其中 X_1 为公园总面积），与其他影响因素相关性不显著；道路面积密度与水域面积比例也有显著的线性回归关系，回归方程为 Y=0.1860−0.00376X_2（其中 X_2 为公园水域面积比例），与其他影响因素相关性不显著；园路及铺装场地用地比例受公园用地面积、水域面积比例、公园平面形状系数等影响较小，且稳定在一定的范围内，只是随着公园面积的增大有减小的趋势。3 个园路规模技术指标的区间估计或预测值分别为 [452.90−0.0002714X_1，582.70−0.0002714X_1]、[0.1546−0.00376X_2, 0.2174−0.00376X_2] 和 [13.57%, 23.31%]（其中 X_1 和 X_2 分别为公园总面积和水域面积比例）。

7.2.3 不同功能分区园路规模差异性分析

城市综合公园的功能区主要有儿童活动区、文化娱乐区、观赏游览区和安静休息区。首先，详细

统计样本公园不同功能区的总面积，各功能区内各级园路的总长度、总面积、铺装总面积，并计算了不同功能区园路的道路网密度、道路面积密度、园路及铺装用地比例等指标（见表 7-2-8）。

由于城市公园功能分区较复杂，存在一定的人为主观影响，为了减小系统误差，增强分析的科学性，在进行具体的功能分区规模指标分析时，首先分别将每类指标数据的最大值和最小值舍去，然后再利用剩余的指标数据成组地进行单因素方差分析，检验不同功能分区的园路规模技术指标是否有显著差异，且进行方差分析之前通过 SAS 8.1 证明不同功能分区园路规模指标均符合正态分布且具有方差齐性。

将功能分区视为各个规模指标的影响因素，即水平，分别将道路网密度、道路面积密度、园路及铺装场地用地比例的 8 个数值视为实验重复次数，建立单因素方差分析模型，然后通过 SAS 8.1 进行单因素方差分析，通过 F 检验，判定不同水平园路规模指标的差异性是否显著，并进一步详细判断具有显著差异的水平，最后对每个水平下的园路规模指标的分布函数进行期望区间估计。

1）不同功能分区道路网密度差异性

基于表 7-2-9 的数学模型，通过 SAS 程序运行的结果是对模型的有效性作 F 检验，列出了各部分变异所对应的自由度（DF）、离均差平方和、均方及 F 值。本例中 F=1.96 <$F_{0.05}$（4，8）=3.84，P=0.1425>0.05，按照 α=0.05 的检验水准，说明公园

表 7-2-6 样本公园道路网密度与总用地面积关系

公园名称	自变量 X 总用地面积 / m²	因变量 Y 道路网密度 /（m/hm²）
复兴公园	70042.09	626.44
中山公园	190257.80	525.45
新虹桥中心花园	116857.12	401.43
杨浦公园	201491.93	444.08
大宁灵石公园	577646.47	308.39
鲁迅公园	216774.27	471.17
和平公园	165521.11	581.84
世纪公园	1403042.36	198.36
长风公园	366170.84	345.83
黄兴公园	400106.47	268.81

不同功能分区的道路网密度的差异无统计学意义，即不同功能分区道路网密度无显著差异，下面的 snk 检验也验证了这一点。

不同功能分区的道路网密度数值均来自正态总体，所以利用正态分布期望区间估计的原理，已知 $n=8$，可查得 $t_{a/2}(n-1)=2.3646$，分别可以求出儿童活动区、文化娱乐区、观赏游览区、安静休息区的道路网密度期望区间估计为：[322.83, 490.27]、[381.08, 596.64]、[265.77, 499.70]、[403.99, 662.99]。

2）不同功能分区道路面积密度差异性

基于表 7-2-10 的数学模型，通过 SAS 程序运行的结果显示，其中 $F=1.81 < F_{0.05}(4,8)=3.84$，$P=0.1673>0.05$，按照 $\alpha=0.05$ 的检验水准，说明公园不同功能分区的道路面积密度的差异无统计学意义，即不同功能分区道路面积密度无显著差异，下面的 snk 检验也验证了这一点。

不同功能区的道路面积密度数值也均来自正态总体，所以利用正态分布期望区间估计的原理，已知 $n=8$，可查得 $t_{a/2}(n-1)=2.3646$，分别可以求出儿童活动区、文化娱乐区、观赏游览区、安静休息区的道路面积密度期望区间估计为：[0.1099, 0.1543]、[0.0785, 0.2112]、[0.0774, 0.1374]、[0.0956, 0.1538]。

3）不同功能区园路及铺装场地用地比例差异性

基于表 7-2-11 的数学模型，通过 SAS 程序运行的结果显示，其中 $F=6.36 > F_{0.05}(4,8)=3.84$，$P=0.0020<0.05$，按照 $\alpha=0.05$ 的检验水准，说明公园不同功能分区的园路及铺装场地用地比例的差异具有统计学意义，即不同功能分区园路及铺装场地用地比例总体均数不等或不全相等，下面的 snk 检验表明儿童活动区和文化娱乐区之间、观赏游览区和安静休息区之间的园路及铺装场地用地比例无显著差异，而这两组之间的差异达到了极显著水平，具有统计学意义。

由于不同功能区的园路及铺装场地用地比例数值也来自正态总体，所以利用正态分布期望区间估计的原理，已知 $n=8$，可查得 $t_{a/2}(n-1)=2.3646$，分别可以求出儿童活动区、文化娱乐区、观赏游览区、安静休息区的园路及铺装场地用地比例期望区间估计为：[21.46, 31.88]、[17.78, 28.54]、[9.57, 18.07]、[11.65, 18.15]。

综上所述，综合公园的用地面积、水域面积比例是影响园路整体规模水平的重要因素，而且不同功能区因功能的差异性对园路规模也有较大的影响，具体分析如下：道路网密度与公园用地面积、道路面积密度与水域面积比例有显著的线性回归关系，园路及铺装场地用地比例则稳定在一定的范围内，一般随着公园面积的增大有减小的趋势；儿童活动区、文化娱乐区、观赏游览区和安静休息区的道路网密度和道路面积密度差异不大，但儿童活动区与文化娱乐区的园路及铺装场地用地比例显著大于观赏游览区和安静休息区，综合分析可知儿童娱乐区

表 7-2-7 公园道路面积密度和水域面积比例的关系

公园名称	自变量 X 水域面积比例 / %	因变量 Y 道路面积密度 / (m/hm²)
复兴公园	1.04	0.2740
中山公园	6.35	0.1252
新虹桥中心花园	8.74	0.1019
杨浦公园	14.24	0.1429
大宁灵石公园	15.44	0.1069
鲁迅公园	16.43	0.1048
和平公园	17.37	0.1487
世纪公园	20.82	0.0939
长风公园	36.35	0.0886
黄兴公园	19.93	0.0842

表 7-2-8 样本公园不同功能分区园路规模技术指标

功能分区	园路规模指标	上海综合公园									
		中山公园	长风公园	杨浦公园	世纪公园	鲁迅公园	新虹桥中心花园	和平公园	复兴公园	黄兴公园	大宁灵石公园
儿童活动区	道路网密度 / (m/hm²)	461.85	312.01	411.34	183.94	45.18	434.40	500.33	502.07	472.33	476.19
	道路面积密度 / (m/hm²)	0.1267	0.0973	0.1524	0.0900	0.0055	0.1276	0.1512	0.2723	0.1748	0.1370
	园路及铺装场地用地比例 / %	23.18	19.65	36.04	12.54	29.80	15.56	23.21	49.65	24.38	17.56
文化娱乐区	道路网密度 / (m/hm²)	730.82	281.96	530.29	202.54	523.18	626.22	554.26	666.67	393.09	335.27
	道路面积密度 / (m/hm²)	0.1788	0.0770	0.1593	0.1222	0.1228	0.1473	0.1373	0.3475	0.1493	0.1310
	园路及铺装场地用地比例 / %	27.58	14.24	19.24	21.26	35.73	17.04	29.01	37.02	19.14	16.28
观赏游览区	道路网密度 / (m/hm²)	505.31	273.70	396.54	157.56	462.69	372.60	720.38	632.41	178.17	240.41
	道路面积密度 / (m/hm²)	0.1200	0.0698	0.1341	0.0722	0.0947	0.0973	0.1852	0.2334	0.0604	0.0861
	园路及铺装场地用地比例 / %	16.16	9.38	20.01	7.46	11.75	10.34	23.16	25.16	7.73	12.06
安静休息区	道路网密度 / (m/hm²)	536.49	545.08	633.38	411.37	646.57	435.11	800.38	855.77	246.03	259.52
	道路面积密度 / (m/hm²)	0.0931	0.1221	0.1599	0.1657	0.1279	0.0710	0.1666	0.2490	0.0581	0.0913
	园路及铺装场地用地比例 / %	18.60	13.91	18.82	16.57	14.80	7.60	18.58	31.09	6.32	10.29

和文化娱乐区以主路和支路为主，且铺装场地面积较大，观赏游览区支路和主路较多，铺装场地面积较小，安静休息区以支路和小路为主，铺装场地面积较小（见表 7-2-12）。

7.3 上海综合公园路网结构特征分析

路网结构的提出得益于结构主义的观点，即任何客观研究对象都有复杂的层次结构，人们对其的主观反映与表述，也应具备相应的层次结构。由此可知，公园中的道路网同样具有结构特征，是路网内部各要素内在联系而形成的组合形态[11]。本质上讲，公园路网结构是一个更具综合的概念，较之城市路网更强调其整体功能，只有处理好路网的总体形态、等级配置、排列方式、衔接处理等，才能充分发挥公园园路系统的整体功能，满足日益增长的游人使用需求。

如果说园路规模是园路的量，则路网结构就是园路的质，质与量统一，相互协同，缺一不可。路网与整个城市公园的布局结构密不可分，本节将从路网结构的不同角度入手，分析园路的布局结构、等级结构及路网的便捷性和连通性，对各种较清晰具体的路网结构技术指标进行分析研究，为优化综合公园的路网系统提供可靠的依据。

7.3.1 路网结构评价指标及其影响因素释义

路网结构的评价指标多种多样，本书参照城市道路结构的研究内容[12]，选取代表性好、评判性高、方便计算的技术指标来研究，主要有等级级配、非直线系数、可达性系数、连接度指数等。

1）路网结构的评价指标释义

（1）等级级配。等级级配是不同级别道路总长度的比例，对城市公园来说，即主路、支路、小路的长度比例，其表达式为

$$M=N_1 : N_2 : N_3 \qquad (7\text{-}3\text{-}1)$$

式中，N_i 表示 i 级道路的总长度，1~3 分别对应城市

公园主路、支路、小路。现行公园设计规范中并没有给出等级级配的建议值，而由城市规划设计规范给出的路网密度可以大致推算出城市道路等级级配比例[13]。城市公园道路系统类似于城市道路系统，因此也应当有合理的等级级配，以保障园内交通流从低一级道路向高一级道路有序汇集，同时保证高一级道路向低一级道路有序疏散。国内外城市建设经验表明，从高一级道路到低一级道路大体呈现为上小下大的"金字塔"形结构，即等级越高，比重越小。但是相关规范与已有研究未对城市公园道路系统等级级配特点做出规定。

（2）非直线系数。非直线系数 θ 亦称曲度系数，是指从一个节点到另一个节点的实际交通距离与它们之间的直线距离之比，非直线系数可以表达为

θ_{ij}= 两点间的道路距离／两点间的空间直线距离

$$（7\text{-}3\text{-}2）$$

整个道路网的非直线系数称为道路网综合非直线系数，其表达式为

$$\theta=2\sum_{i=1}^{N}\sum_{j=i+1}^{N}\theta_{ij}/[N(N\text{-}1)] \qquad （7\text{-}3\text{-}3）$$

式中，θ 为整个道路网的非直线系数，θ_{ij} 为 i、j 节点间的非直线系数，N 为道路网节点的数量。非直线系数是衡量道路短捷程度的重要指标。非直线系数越小，说明绕行的距离越小，短捷程度越好。对城市道路来说，一般要求干道的曲度系数在 1.1~1.2 之间，最大不宜超过 1.4（等腰直角三角形斜边和直角边的比值）；而对城市公园的道路系统来说，考虑到地形、美观性以及游览体验等因素，曲度系数相对较大，但盲目过大的非直线系数会影响公园道路的便捷性，因此非直线系数也是衡量道路性能的一个重要指标。

非直线系数的计算理论上可用 TransCAD 内

表 7-2-9 样本公园不同功能区道路网密度

公园（重复）	儿童活动区（水平 1）	文化娱乐区（水平 2）	观赏游览区（水平 3）	安静休息区（水平 4）
1	461.85	281.96	505.31	536.49
2	312.01	530.29	273.70	545.08
3	411.34	523.18	396.54	633.38
4	183.94	626.22	462.69	411.37
5	434.40	554.26	372.60	646.57
6	500.33	666.67	632.41	435.11
7	472.33	393.09	178.17	800.38
8	476.19	335.27	240.41	259.52
均值	406.55	488.87	382.73	533.49

表 7-2-10 样本公园不同功能区道路面积密度

公园（重复）	儿童活动区（水平 1）	文化娱乐区（水平 2）	观赏游览区（水平 3）	安静休息区（水平 4）
1	0.1267	0.1788	0.1200	0.0931
2	0.0973	0.1593	0.0698	0.1221
3	0.1524	0.1222	0.1341	0.1599
4	0.0900	0.1228	0.0722	0.1657
5	0.1276	0.1473	0.0947	0.1279
6	0.1512	0.1373	0.0973	0.0710
7	0.1748	0.1493	0.1852	0.1666
8	0.1370	0.1310	0.0861	0.0913
均值	0.1321	0.1435	0.1074	0.1247

表 7-2-11 样本公园不同功能区园路及铺装场地用地比例

公园（重复）	儿童活动区（水平 1）	文化娱乐区（水平 2）	观赏游览区（水平 3）	安静休息区（水平 4）
1	23.18	27.58	16.16	18.60
2	19.65	19.24	9.38	13.91
3	36.04	21.26	20.01	18.82
4	29.80	35.73	11.75	16.57
5	15.56	17.04	10.34	14.80
6	23.21	29.01	23.16	7.60
7	24.38	19.14	7.73	18.58
8	17.56	16.28	12.06	10.29
均值	23.67	23.16	13.82	14.90

表 7-2-12 城市综合性公园及其功能区园路规模影响因素的相关性一览表

园路规模指标（因变量） 影响因素（自变量）	道路网密度 /（m/hm²）		道路面积密度		园路及铺装场地 用地比例 / %	
公园用地面积 X_1 / m² 公园水域面积比例 X_2 / %	$\hat{Y}=517.80-0.0002714X_1$ 当 $X_1=x_1$ 时预测区间为 [452.90- $0.0002714x_1$, 582.70-0.0002714 x_1]		$\hat{Y}=0.1860-0.00376X_2$ 当 $X_2=x_2$ 时预测区间为 [0.1546- $0.00376x_2$, 0.2174-0.00376x_2]		[13.57, 23.31] 随公园面积增大有减小的 趋势	
儿童活动区	A	[322.83, 490.27]	A	[0.1099, 0.1543]	A	[21.46, 31.88]
文化娱乐区	A	[381.08, 596.64]	A	[0.0785, 0.2112]	A	[17.78, 28.54]
观赏游览区	A	[265.77, 499.70]	A	[0.0774, 0.1374]	B	[9.57, 18.07]
安静休息区	A	[403.99, 662.99]	A	[0.0956, 0.1538]	B	[11.65, 18.15]

注：只要含有相同字母 A 或 B，表示二者差异不显著，否则二者差异显著。

的宏语言 GISDK 实现[14]，但是计算工作量大，误差也相对较大，因此本节将尝试用 rhino5.0 的 grasshopper 插件来实现非直线系数的计算。

（3）可达性系数。可达性是指利用一种特定的交通系统从给定区位到达活动地点的便利程度[15]，可达性系数用来评价各区域内到达干道网的便捷程度，就某一区域而言，可达性系数 ζ 可表示为

$$\zeta = \sum L_i / \sum R_i \qquad (7-3-4)$$

式中，L_i 表示该区范围内主路和支路的总长度（即干道网长度），R_i 指该区中心至四周干道最短路径的长度。该指标能较好地反应交通区内干道网的发达程度和整个干道网的分布状况，是评价道路网结构合理性的重要指标之一。由于城市公园园路系统相比城市道路系统，园路规模较小，路网形式多样，又有出入口的限制，故城市道路可达性系数的计算方法对公园园路系统来说不科学且较模糊，在本研究中不做深入分析。

（4）连结度指数。连结度指数是与道路网的总节点数和边数有关的指标，用于衡量道路网的成熟度，连结度指数越高表明路网断头路越少，成环成网程度越好，反之则表明成环成网率越低，连接度 γ 可表示为

$$\gamma = \sum m_i / N = 2M / N \qquad (7-3-5)$$

其中，m_i 表示第 i 节点所邻接的边数，N 表示路网总的节点数，M 表示道路网的总边数。不同形式的路网连接度差异较大，表 7-3-1 为几种简单路网布局的连接度[16]。对城市公园来说，路网形式多样，综合考虑环境美学、心理学、生态学的相关要求，

并不是路网连接度越高越好，而是应该有一定的合理范围才能更好的发挥园路的综合功能。

2）路网结构的影响因素释义

城市公园路网结构特征是公园地形特点、空间布局特色、游人容量、自然历史条件、公园功能特点等多种因素共同作用的结果。对路网结构影响因素的分析有助于深入理解不同城市公园的路网结构特色，有助于理解路网结构与公园功能性发挥的关系，有助于科学地评价城市公园路网。结合城市路网结构的影响因素[17]及公园的特点[18][19]，具体来讲，公园路网结构影响因素主要有公园风格特征、公园规模及功能特征、公园地形特色、公园游人容量等。

（1）公园风格特征。公园常见的风格以中式自然山水园和英式自然风致园为主，少量法式风格和意式风格。中式风格公园常以丰富多变的山水空间为主；英式风格公园多常见开阔的大草坪、英式亭廊等；法式风格公园布局多规整对称；意式风格公园多常见规整台地、喷泉等。不同风格公园内容设置不同，平面布局形式不同，因此路网设置也各具特色。

（2）公园规模及功能特征。城市公园规模大小有所差异，规模较大的公园功能复合多样，能满足不同人群的需求；规模较小的城市公园功能简单。而城市综合公园功能都较复合多样，相比而言，大规模的综合公园的游人密度相对较小，而规模较小的综合公园，游人密度就相对较大，不同的游人密度对路网结构的要求有所差异，因此公园规模及功

能特性也是路网结构的影响因素之一。

（3）公园地形特色。地形对公园路网结构的影响较复杂，往往同公园的布局、功能特性等共同发挥作用。一般来说，公园的地形平坦，有利于园路的布设，路网通达性较好；公园地形复杂，增加园路的布设难度，但借助多变的地形更能营造特殊的氛围，营造优美自然的景观。

（4）公园游人容量。按照《公园设计规范》，公园游人容量与公园用地面积息息相关，因此对游人容量与路网关系的研究类似于对公园规模与路网关系的研究。但公园区位不同，服务人群数量不同，公园实际游人密度差异较大，一般来说，游人密度较高，对路网通达性的要求也较高。

（5）路网结构相关国家标准规范。无论是在城市路网结构方面还是在公园路网结构方面，国家标准规范较少，仅间接规定了城市道路的等级级配，即依据道路在网络中的地位、交通功能以及建筑物的性质等，将城市道路分为快速路、主干路、次干路和支路4个等级。国家标准规范虽然没有明确规定各级道路的比例，但通过道路网密度的规定，可以间接地推算出城市道路的等级级配[20]（见表7-3-2）。

通过表7-3-2可以发现，等级级配大体呈现上小下大的金字塔形结构，等级越高比例愈小，各等级道路比例大致在1：（2~3）：（3~4）：（8~10）左右浮动。

关于城市路网结构的国家标准规范较少，但有大量学者都对城市路网结构做了深入的分析研究，

如城市路网的连接度、非直线系数等结构技术指标。分析研究表明，我国中小城市的路网连接度值应为3.3~3.6，大城市则应为3.6~3.9[21]；方格式路网平均非直线系数为1.15，环加放射式为1.08，而单纯放射式为1.49，一般来说，非直线系数小于1.15的路网为优良形式，1.15~1.25之间为中等，大于1.25为不佳[22]。而对于城市公园来说，综合考虑到美学、艺术学、行为学的相关要求，非直线系数一般较大，但具体数值无资料可查。

城市公园路网结构和城市路网结构具有一定的相似性，必定也存在着一定的结构特征值，但至今没有专家学者对城市公园的路网结构进行深入的探究分析，因此本书将从路网的技术指标研究出发，初探城市公园的路网结构，为公园路网的建设和评价提供依据。

7.3.2 公园路网结构形式与分析

1）公园路网结构形式及特点

城市公园道路网结构形式依平面布局主要分为3类[23]：套环式、树枝式、条带式，每种形式的道路网都有自己的特点和适用环境。

（1）套环式园路系统。现代综合公园的道路网以套环式布局为主，其特征是主要道路构成一个闭合的大型环路或一个8字形的双环路，连接着公园的主要出入口，再由许多的次要道路和游憩小路从主要道路上分出，相互穿插连接闭合，构成一些较小的环路。主要道路、次要道路及游憩小路构成环环相套、互通互联的关系，其中很少有"断头路"，

表 7-3-1 简单路网布局连接度一览表

路网布局形式	节点数	邻接边数	γ 值
	12	24	2.0
	16	48	3.0
	9	16	1.78
	9	32	3.56
	17	64	3.76

因此可以满足游人游赏中不走回头路的要求。套环式道路系统最能适应公园环境与游人需要，故应用最广泛，多适用于面积较大、游人较多的环境空间，其中套环式道路系统主要分为简单式、组合式、卫星式、8字式、轮辐式等5种形式（见图7-3-1至图7-3-5）。

其中简单式园路系统适用于用地平面规则、形状系数接近于1的场地；组合式园路系统适用于用地平面较规则、呈近似矩形的场地；卫星式园路系统适用于用地平面不规则或地形多变化，除主体用地还有附属用地的场地；8字式园路系统多适用于用地呈哑铃型或L型的场地；轮辐式园路系统多适用于用地面积小、地形变化不复杂、无大面积水域的场地。

（2）树枝式园路系统。在山地城市或地形复杂的城市中，以山谷、河谷地形为主的城市公园，主要道路往往只能布置在谷底，沿着谷底从上到下延伸，两侧山坡上有许多景点，都是从主要道路上分出一些次要道路，甚至再从次要道路分出一些小路加以连接，主路和支路只能是尽端道路，游人到了景点游览完后不得不原路返回到主要道路，整个道路系统形似叶片的叶脉，游人为了游览景色不得不走回头路，从游览角度而言，树枝式园路系统是最差的一种城市公园道路布局形式，只有在迫不得已时才采用（见图7-3-6）。

（3）条带式园路系统。条带式园路系统成条状，起点和终点各在一方，并不闭合成环；在主要道路的一侧或者两侧可以穿插一些次要道路和游憩小径，次路和小路相互之间也可以局部闭合成环路，但主要道路是怎样都不会闭合成环的，在地形狭长的公园绿地中，采用此种方式比较合适，但是条带式公园园路系统不能保证游人不走回头路，所以只有在林荫道、滨河公园等带状公园绿地中，才采用条带式园路系统[24]（见图7-3-7）。

2）上海综合公园路网结构形式

调查结果显示，上海综合公园路网基本都是连接性和服务功能较好的套环式园路系统，但是由于公园形状不同、布局形式不同而各具特色（见图7-3-8至图7-3-17，表7-3-3）。

通过对上海综合公园路网结构形式的判定可知，除中山公园以外其他公园均以简单式或组合式的套环型结构为主，究其原因如下：①除中山公园平面呈L型、新虹桥中心花园呈三角形之外，其他公园平面形式基本呈较规则的矩形或近矩形，且平面形状系数较小，有利于园路布置。因此中山公园采用了适宜L型场地的8字式园路系统，而其他公园采用了更为简洁的简单式或组合式的套环型园路系统。②上海综合公园所处地域地形较平坦，园内地形和水域皆为人工挖湖堆坡，园路路网结构规划设计的自由度较大，可以选择交通性最好、利用效率最高、最能满足较大游人容量、应用最广泛的套环式园路结构形式。不仅高效地满足组织交通、引导游览的功能，而且有效地将整个公园连接为一个整体，有利于公园休闲娱乐休憩等功能的发挥。

7.3.3 公园路网结构评价指标计算方法

目前，关于城市道路的研究较深入，但在道路结构方面较多地反映在对城市道路等级级配的研究，对其他结构技术指标的系统研究并不多见，而且城市公园路网结构特征和城市道路结构特征也存在较大的差异，对城市公园路网结构的研究还面临不少难题，比如，由于园路与铺装场地界限不清、较多

表 7-3-2 不同规模城市道路网密度及级配比例

| 城市规模 / 万人 | 道路密度 | | | | 道路级配 |
	快速路	主干路	次干路	支路	
>200	0.4~0.5	0.8-1.2	1.2-1.4	3-4	1:2:3:7.5 1:2.4:2.8:8
50~200	0.3~0.4	0.8-1.2	1.2-1.4	3-4	1:2.7:4:10 1:3:3.5:10
20~50	——	1.0-1.2	1.2-1.4	3-4	1:1.2:3 1:1.2:2.5
5~20	——	3-4		3-5	1:1 1:1.3

注：同一城市规模下的道路级配上行为低密度下的级配，下行为高密度下的级配。

自然形成的"抄近道"等因素造成路网结构精确度不够，研究中需通过实地调研，对各级园路的平面布局形式、园路交叉口等进行精确化处理；在园路和铺装场地合二为一的地域，从游人的心理角度出发，以步行距离最短、最便捷的路线作为园路，其余部分作为铺装场地来处理。

同城市道路类似，反映城市公园路网结构的技术指标有很多，每个指标代表的意义不同，计算方法和难易程度也有较大差异。为了科学准确地对城市公园路网结构进行研究，本书选择了概念清晰、代表性好、准确度高、能够计算的路网结构指标进行对比分析研究，主要有等级级配、非直线系数、连接度指数。

在选定路网结构技术指标后，需要对各个指标进行精确计算。等级级配的计算较简单，在对园路规模进行研究的同时就可以得到各级道路的长度。虽然园路非直线系数和连接度指数的概念清晰、计算公式精确，但相关论著或文章中只有部分城市道路的结构技术指标数值，并没有介绍这些指标的具体计算途径，这就为本章路网结构的研究带来困难。

通过对路网非直线系数和连接度指数公式的分析，在城市公园路网CAD图的基础上，借助AutoCAD2008插件breakall.lsp（将公园路网CAD图所有节点进行打断处理）及rhino5.0的grasshopper编程功能创造性地实现了这两个路网结构技术指标的准确计算（见图7-3-18、图7-3-19）。

在解决了城市公园路网结构研究中存在的关键问题之后，并创造性地提出了路网结构技术指标的程序计算方法，运用规划设计领域的相关软件精确计算得到了上海综合公园路网非直线系数和连接度指数；在对园路规模进行研究时就可以用CAD的插件"燕秀工具箱"的"线工具"统计得到各等级道路的长度，即可以计算出路网的等级级配，则所选定的10个样本公园的路网结构指标如表7-3-4所示。

7.3.4 上海综合公园路网结构等级级配分析

等级级配是公园路网结构特征的重要指标之一，与公园路网的结构形式、公园风格等密切相关，合理的等级级配有助于发挥园路组织交通、引导游览的功能。

1）等级级配的影响因素

城市道路等级级配主要受城市规模、道路网形态、城市交通模式、城市用地分布、经济发展水平等主要因素影响[25]；借此，结合城市公园的特点，可知城市公园等级级配主要受公园用地面积、路网结构形式、公园风格等因素影响。

（1）公园用地面积。同城市道路等级级配的影响因素类似，公园规模是公园路网等级级配的一个影响因素，但其对路网等级级配的影响较复杂，常常同公园的功能特点和服务人群数量共同起作用，较难量化。一般而言，面积较小，服务人群较多的城市综合公园，主路和支路的比重稍大；面积较大，服务人群相对较少，以观赏游览为主的城市公园同样主路和支路比重稍大；面积适中，服务人群相对较少，观赏休憩功能较强的公园支路和小路所占比重较大。

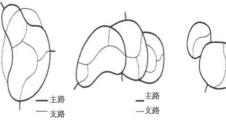

图 7-3-1 简单式　　　图 7-3-2 组合式　　　图 7-3-3 卫星式

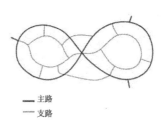 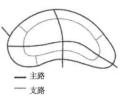

图 7-3-4 8 字式　　　　　图 7-3-5 轮辐式

图 7-3-6 树枝式园路系统　　　图 7-3-7 条带式园路系统

（2）路网结构形式。路网结构形式也是等级级配的影响因素之一，如树枝式路网由于主路承担的交通量过大而比重较大，条带式路网也因受场地特点的影响，常以主路和支路为主，这两种路网形式较多地出现在山地景区或滨水绿地中，现代城市公园较多的以套环式路网为主，而其中又以简单式和组合式最为常见。结合上海综合公园的路网结构形式特点，仅对简单式和组合式的套环型路网的等级级配进行研究。

城市公园由于建设背景不同、建设年代不同、设计师不同而具有多样的风格，如中式的以自然山水园为主，英式的以自然风致园为主，法式的以几何花园为主，意式的以台地园为主[26]。在现代公园中，各种风格杂糅在一起，但基本以一种风格为主，中国的自然山水园和英式的自然风致园最为常见，10个样本综合公园中，除复兴公园为法式风格之外，

表 7-3-3 样本公园路网结构形式

公园名称	中山公园	长风公园	杨浦公园	世纪公园	鲁迅公园	新虹桥中心花园	和平公园	复兴公园	黄兴公园	大宁灵石公园
路网形式	8字式	简单式	组合式	简单式	组合式	简单式	简单式	组合式	简单式	简单式

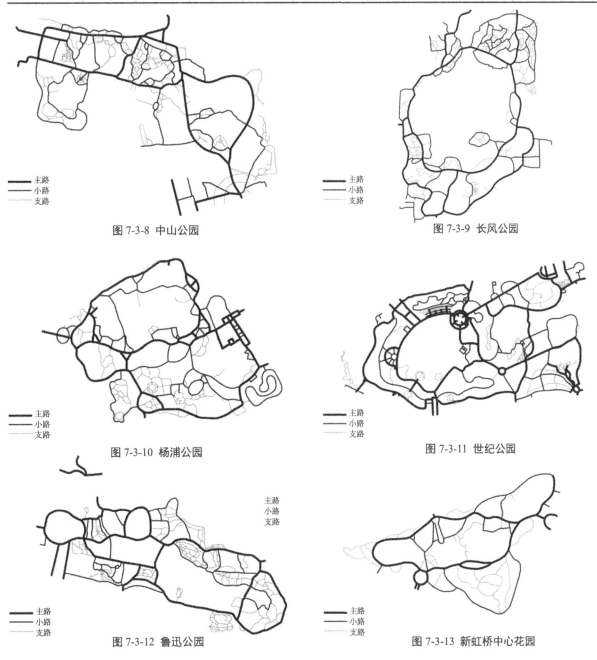

图 7-3-8 中山公园

图 7-3-9 长风公园

图 7-3-10 杨浦公园

图 7-3-11 世纪公园

图 7-3-12 鲁迅公园

图 7-3-13 新虹桥中心花园

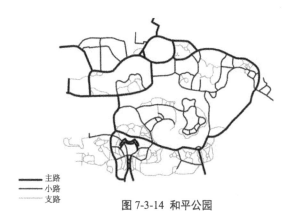

　　主路
　　小路
　　支路

图 7-3-14 和平公园

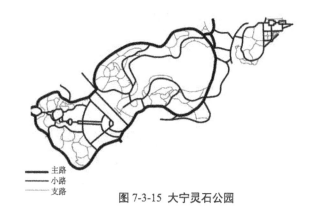

　　主路
　　小路
　　支路

图 7-3-15 大宁灵石公园

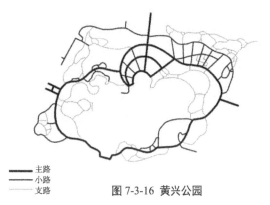

　　主路
　　小路
　　支路

图 7-3-16 黄兴公园

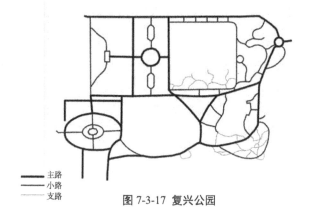

　　主路
　　小路
　　支路

图 7-3-17 复兴公园

其余 9 个都呈现自然山水园或风致园的特色。

　　2）等级级配特征值分析

　　调查结果显示，公园园路等级级配并不是像城市道路的等级级配一样呈金字塔形，而是变化多样的，下面从等级级配的影响因素入手进行具体分析。

　　（1）等级级配与公园用地面积。以公园用地面积为横坐标，以路网等级级配为纵坐标绘制二者关系图，发现面积最小的复兴公园和面积最大的世纪公园的主路所占比重都最大，小路占的比重最小，没有规律的折线证明二者并无直观的关系（见图7-3-20）。

　　（2）等级级配与路网结构形式。在上海 10 个样本综合公园中，除中山公园外，其他公园的路网均是简单式或组合式的套环型结构，本书重点针对这两种结构形式的路网进行研究（见表 7-3-5）。

　　通过对表 7-3-5 中简单式和组合式路网结构等级级配的观察发现，两种路网形式下的各等级道路比例并无明显的差异，通过 SAS 8.1 的方差分析结果 P_2（支路）=0.4417>0.05、P_3（小路）=0.4195>0.05 也可以说明两种路网形式下等级级配的差异无统计学意义，即可以理解为二者无显著差异。

　　（3）等级级配与公园风格。鉴于城市公园风格以中式自然山水园和英式自然风致园较为常见，本节主要对这两种风格的公园路网进行研究。所调研的 10 个综合公园样本中，复兴公园属于典型的法式风格，大宁灵石公园则集中英法意风格于一体、无明显的主导风格，中山公园属于英式风格但路网结

表 7-3-4 上海综合公园路网结构评价指标

技术指标	中山公园	长风公园	杨浦公园	世纪公园	鲁迅公园	新虹桥中心花园	和平公园	复兴公园	黄兴公园	大宁灵石公园
等级级配	1:1.46:1.61	1:1.11:1.33	1:1.09:0.91	1:0.78:0.56	1:0.74:1.38	1:0.93:1.11	1:1.28:1.61	1:0.90:0.30	1:1.20:1.81	1:2.33:2.19
非直线系数	1.4404	1.3809	1.3356	1.3960	1.2178	1.2708	1.5708	1.3277	1.2604	1.2586
连接度指数	2.6715	2.7851	2.8453	2.7657	2.7368	2.6465	2.8475	2.6543	2.8976	2.6547

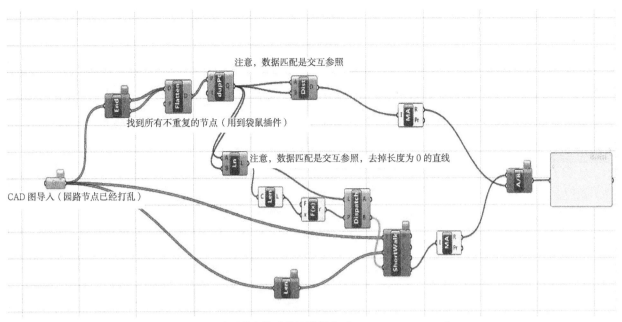

图 7-3-18 路网非直线系数计算程序（rhino5.0-grasshopper）

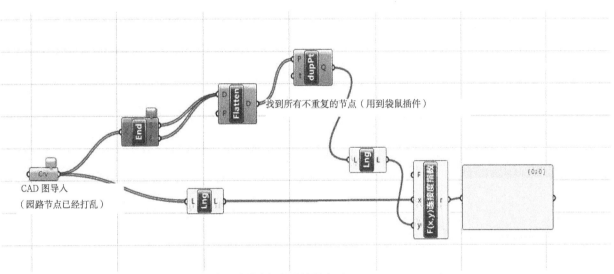

图 7-3-19 路网连接度指数计算程序（rhino5.0-grasshopper）

构形式有别于其他公园，为了研究的科学性和严谨性，这 3 个公园不作为等级级配与公园风格关系的研究对象。其余公园风格与等级级配的关系如 7-3-5 所示。

表 7-3-6 的结果显示，英式风格公园的支路比重稍低，小路比重除世纪公园较低外，其余基本无明显差异。通过 SAS 8.1 方差分析程序对这两种风格公园路网的支路和小路的比重进行分析，结果为 P_2（支路）=0.0042<0.01、P_3（小路）=0.2505>0.05，说明中式风格和英式风格公园的支路比重的差异性达到了极显著水平，有统计学意义，小路比重的差异性不显著，无统计学意义。

由于路网等级级配中支路和小路长度的比重（以主路长度为单位 1）符合正态分布，则分别对支路和小路长度比重进行期望 μ 的区间估计，置信水平为 0.95，由 $n_1=4$、$n_2=3$、$n_3=7$ 得：$t_{\alpha/2}(4-1)=3.1824$，$t_{\alpha/2}(3-1)=4.3027$，$t_{\alpha/2}(7-1)=2.4469$，则中式风格公园支路长度比重 μ 的置信区间为 [1.05,1.29]、英式风格公园支路长度比重 μ 的置信区间为 [0.62,1.02]、两种风格公园小路长度比重 μ 的置信区间为 [0.88,1.60]。

综上所述，本章研究的综合公园路网等级级配特征值如表 7-3-7 所示。

7.3.5 公园路网结构非直线系数与连接度指数

1）非直线系数分析

非直线系数是衡量道路短捷程度的重要指标，对城市道路来说，非直线系数越小表明城市道路便捷程度越好，交通越方便，而对城市公园来说，并非单独追求园路的短接程度，而是兼顾美学、生态学、心理学的相关要求。由于无法准确预知量化公园路网非直线系数的影响因素，所以对城市公园路网短接程度的研究存在一定的难度，但通过对10个公园路网非直线系数（见表7-3-8）的观察发现，除和平公园和鲁迅公园外，其余公园的非直线系数稳定在1.25~1.45之间，明显大于常规城市道路的非直线系数，本节将对综合公园路网的非直线系数进行期望区间估计，得到综合公园路网非直线系数的常规水平。

由于综合公园路网非直线系数值符合正态分布，则根据所调研公园的非直线系数进行总体期望 μ 的区间估计，置信水平为0.95，为了研究的科学性，将非直线系数最大的和平公园和鲁迅公园予以排除，当 n=8 时，$t_{\alpha/2}(8-1)=2.3646$，可算得综合性公园路网非直线系数 μ 的置信区间为 [1.2805,1.3871]，则可知一般综合公园路网的非直线系数宜在 1.2805~1.3871之间。

2）连接度指数分析

连接度指数是衡量路网成环成网程度的重要指标，城市道路往往追求较大的连接度指数，从而有利于减少出行距离，缓解交通问题；而对城市公园来说，并不单纯追求较高的连接度指数，在实际中考虑到安静休息等功能，选择适度的、较短的断头路更为合适，而且通往公园洗手间的路往往也都

是较短的断头路，但为了保证园路最基本的交通功能，也需要保证公园路网的成网率达到一定水平。通过对10个综合公园路网连接度指数的计算（见表 7-3-9），发现几乎所有公园的连接度指数稳定在2.65~2.85之间，低于城市道路连接度指数的常规水平，本节也将对公园连接度指数的常规水平进行期望区间估计。

同非直线系数指标相似，公园路网连接度指数符合正态分布，利用已算得的综合公园路网的连接度指数进行总体期望 μ 的区间估计，置信水平为0.95，同样将连接度指数最高和最低的黄兴公园及新虹桥中心花园舍去，由 n=8，$t_{\alpha/2}(8-1)=2.3646$，可算得综合公园路网连接度指数 μ 的置信区间为 [2.6828,2.8074]，则可知一般综合公园路网的连接度指数宜在 2.6828~2.8074之间。

综上所述，通过对上海综合公园路网结构的分析可知，受制于公园的平面形状、地形及功能性，10个样本公园都采用了连接性和服务功能较好的简单式或组合式的套环型路网结构。对路网结构评价指标来说，等级级配并不像城市道路一样呈"金字塔"形，而是中式和英式风格公园路网的主路和小路的

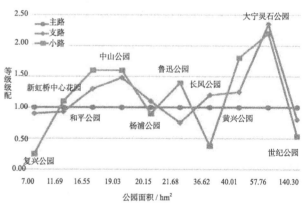

图 7-3-20 等级级配与公园用地面积关系

表 7-3-5 样本公园路网结构形式及等级级配

公园名称		长风公园	世纪公园	新虹桥中心花园	黄兴公园	大宁灵石公园	鲁迅公园	复兴公园	和平公园	杨浦公园
路网形式		简单式	简单式	简单式	简单式	简单式	组合式	组合式	组合式	组合式
等级级配	主路	1.00	1.00	1.00	1.00	1.00	1.00	1.00	1.00	1.00
	支路	1.11	0.78	0.93	1.20	2.33	0.74	0.90	1.28	1.09
	小路	1.33	0.56	1.11	1.81	2.19	1.38	0.30	1.61	0.91

比重差异不显著，但前者支路比重大于后者；综合公园路网的非直线系数普遍大于城市路网，连接度指数普遍小于城市路网，说明可能受美学、艺术、行为等因素的影响，公园路网的短捷程度和成网率都低于城市道路（见表7-3-10）。

7.4 上海城市综合公园园路控制策略

园路系统布局应根据公园的规模、各分区内容、管理需要以及公园周围的市政道路条件，确定公园出入口位置与规模、园路的路线和分类分级、铺装场地的位置和形式。

7.4.1 公园园路规模控制策略

园路规模是城市公园园路系统的基础属性，与公园用地面积、水域面积比例等因素息息相关，对综合公园园路规模进行科学评价，以及对园路的规模进行有效控制是本研究的价值所在。

基于前文的园路规模的研究结论，对待改建或新建的综合公园园路系统进行评价后，需要采用实用的方法与策略对园路规模进行调整控制，从量上优化公园道路系统，结合综合公园的特点及园路规模的各个技术指标的特征，本节主要提出以下几种

园路规模调整控制方法：

1）预测人流，调整园路宽度

公园园路的最基本的功能是组织交通、引导游览。可从游人游园体验的角度评判园路规模、各级道路以及同级道路不同区段宽度的合理性。

不同级别园路只有宽度差异明显、主次分明，才能更好地疏散分流，且同级园路宽度应视游人流量区别对待，可以有差异。因此，在调整园路规模时有必要依公园的布局对游人密度和流量进行预测，结合不同路段潜在游人流量适当增加或者减少园路的宽度。一般来说，通往公园主入口、主要集散活动广场或主要景点的园路应有足够的宽度满足游人的需求。适当削减游人流量较小的支路和小路的宽度，从而在符合标准的前提下提高园路的利用率。

2）分析场地，优化园路布局

公园园路具有划分空间的作用，合理的园路规模在承担交通功能的同时可以将公园划分为尺度适宜的小空间。

从公园场地的布局特点出发，结合游人的心理，适度地对园路布局进行调整，同时考虑路网的等级级配，目的在于在满足园路规模标准的前提下，既可以形成有利于大众参与的开放性空间，又可以形

表 7-3-6 样本公园风格与园路等级级配

公园名称		长风公园	和平公园	杨浦公园	黄兴公园	鲁迅公园	世纪公园	新虹桥中心花园
公园风格		中式	中式	中式	中式	英式	英式	英式
等级级配	主路	1.00	1.00	1.00	1.00	1.00	1.00	1.00
	支路	1.11	1.28	1.09	1.20	0.74	0.78	0.93
	小路	1.33	1.61	0.91	1.81	1.38	0.56	1.11

表 7-3-7 样本公园路网等级级配特征值

公园风格	主要道路	次要道路	游憩小路
中国自然山水园	1.00	[1.05,1.29]	[0.88,1.60]
英国自然风致园		[0.62,1.02]	

注：公园路网均为简单式或组合式的套环型结构。

表 7-3-8 样本公园路网非直线系数

技术指标	中山公园	长风公园	杨浦公园	世纪公园	鲁迅公园	新虹桥中心花园	和平公园	复兴公园	黄兴公园	大宁灵石公园
非直线系数	1.4404	1.3809	1.3356	1.3960	1.2178	1.2708	1.5708	1.3277	1.2604	1.2586

成有利于游人安静休息、交谈的半开敞空间或私密空间，切忌不顾场地特性一味追求合理的道路网密度数值。

3）依据功能，调整铺装场地

铺装场地不仅可以为游人提供集会活动的空间，还可以提供安静休息的空间。过大的铺装场地容易丧失领域感，而过小的铺装场地则不能满足游憩的需求。

园路及铺装场地用地比例需要结合道路面积密度及公园的功能分区对铺装场地进行调整。一般来说，位于公园主入口、文化娱乐区、儿童活动区的铺装场地面积宜大，以满足游人集散活动的要求；而观赏游览区和安静休息区的铺装场地面积较小，但数量较多，能满足游人驻足观赏、安静休息的要求。

总而言之，公园园路是一个系统的概念，对园路规模进行调整和控制，需要兼顾公园的布局特点、功能特征、游人密度和流量、游人心理等因素。只有对园路的布局、宽度、铺装场地布局及面积进行多次调整和评价比较，才能在满足园路规模的前提下，充分发挥道路系统的功能。

7.4.2 园路路网结构选型及控制策略

1）路网结构选型

基于对上海综合公园路网结构形式的判定，分析不同形式路网结构的优缺点，在新建或改建综合公园时，如果地形较平坦、用地形状平面不呈狭长带状，宜首选套环型路网结构，且又以简单式或组合式为最优，既有利于景观序列的展开，又有利于道路引导游览功能的发挥。

综合公园路网结构选择优先次序为套环型（简单式—组合式—其他形式）—条带型—树枝型。

2）路网结构控制策略

在满足公园园路规模要求的基础上，进一步评价对道路系统的结构，对不符合路网结构标准的道路系统须采用以下几种控制策略，从质上优化公园道路系统，调整路网结构。

（1）分析场地布局，调整园路等级。等级级配是路网结构合理性的一个重要指标，每一级道路比重的不合理都会影响整个公园道路系统组织交通、引导游览功能的发挥，对等级级配进行调整和控制需结合公园的场地布局和功能特征。

主路、支路和小路所发挥的作用有所差异，一般而言，主路宜连接公园主入口和所有功能分区；支路宜连接每个分区内部的主要景点，且临近区域之间宜有捷径，小路则自由灵活，充满野趣。对园路等级进行调整需首先分析场地布局，其次分析园路的结构功能特性，然后进行分级，避免主路当支路、支路当小路用，人流相对过小会浪费空间资源，也要避免支路当主路、小路当支路用，人流相对过大会损伤绿地。

（2）基于美学与行为心理学理论，优化园路线

表 7-3-9 样本公园路网连接度指数

技术指标	中山公园	长风公园	杨浦公园	世纪公园	鲁迅公园	新虹桥中心花园	和平公园	复兴公园	黄兴公园	大宁灵石公园
连接度指数	2.6715	2.7851	2.8453	2.7657	2.7368	2.6465	2.8475	2.6543	2.8976	2.6547

表 7-3-10 样本公园路网结构影响因素的相关性分析一览表

路网结构指标 公园风格	等级级配			非直线系数	连接度指数
	主路	支路	小路		
中式	1.00	[1.05, 1.29]	[0.88, 1.60]	[1.2805, 1.3871]	[2.6828, 2.8074]
英式		[0.62, 1.02]			

注：公园路网均为简单式或组合式的套环型结构。

形。公园道路相比城市道路,多曲折迂回,较多地注重景观效果,虽然园路规划设计不以捷径为准则,但园路非直线系数过大,过于曲折复杂,影响园路交通功能;而非直线系数过小则不利于塑造自然优美的道路景观。

对公园园路系统短捷程度的调整控制应该结合环境美学、游人的行为心理及场地特性等因素,在塑造道路景观的同时把握游人的"抄近路""右侧通行""交叉口驻足观察""识途性"等行为习惯,适度调整园路平面布局、平面线形和曲度,使干道(主路和支路)的非直线系数控制在合理的范围内,从而取得道路交通与景观最好的平衡。

(3)根据功能分区,调整成网率。公园道路的成网程度弱于城市道路,换言之,公园道路断头路相对较多,通达性相对较弱,这与公园的特性有密切的联系,即公园路网并不单独追求过高的连接度指数,因为过高易使公园空间划分过于细碎,而过低则不利于道路引导游览功能的发挥。

公园路网的连接度指数与公园的功能分区密切相关,如在游人密度较高的文化娱乐区、儿童活动区应保证道路的连通性较好,除通往洗手间、商店等场所的较短的断头路外,应尽量避免断头路;而安静休息区则因需满足游人安静休息的要求可以出现适量较短的断头路,但路的尽端应有休息设施。

总而言之,对公园路网结构进行调整和控制,同样需要兼顾公园的场地布局、功能特征、环境美学、行为心理等因素。只有对园路的等级划分、平面布局、空间组织进行修整,同园路规模的调整控制相结合,在满足园路规模标准的前提下,优化路网结构。

7.4.3 园路系统智能评价

如前文所述,本研究旨在分析综合公园园路系统规模和结构技术指标的潜在规律,为解决公园园路系统存在的问题,建立公园园路系统技术评价体系,并为综合公园的改建和新建提供依据。

1)园路系统评价体系

园路规模与路网结构是公园园路系统技术层面的两个重要属性,适宜的园路规模是公园园路系统各种功能发挥的基础,合理的路网结构是公园园路系统得以充分利用的保障,二者相辅相成,缺一不可。对公园的园路系统进行科学系统的评价就必须兼顾园路规模与路网结构的合理性,结合本节对园路规模与路网结构的深入分析研究,建立了如图7-4-1所示的城市综合公园园路系统评价体系。

2)智能评价程序设计

为了充分发挥本研究的实际应用价值,本书借助 Rhino 5.0 的 grasshopper 插件,通过程序设计,按照园路系统评价体系,结合园路规模和路网结构的特征,创造性地建立了城市综合公园园路系统规模和结构技术指标自动计算的智能评价体系(见图7-4-2),使用该程序需要进行以下操作。

(1)安装 Auto CAD 及 Rhino5.0。电脑最低配置为 P4 1.6GHz, 512M RAM 内存, 40G 硬盘。安装 Auto CAD2000 以上版本(含 breakall.lsp), 安装 Rhino5.0 及最新版 grasshopper 插件(含 horsterReference.gha、shortest-walk-gh.gha、KangarooPhysics.gha)。

(2)整理公园及园路基础内容。安装软件后需要将公园及园路的基础内容,按图层分类(见图7-4-3),其中归类整理的图层有公园边界、功能分区边界、铺装、水域、文字标注、主路(宽度)、支路(宽度)、小路(宽度)。

此外,关闭除园路以外的所有图层,加载 break.lsp 执行 break 命令,将园路所有节点打断。

(3)程序操作。在 Rhino5.0 中打开 dwg 格式的已整理好的公园 CAD 平面图,然后打开 grasshopper

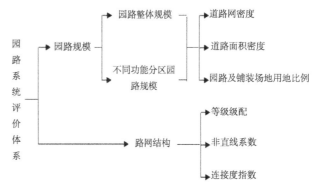

图 7-4-1 园路系统评价体系

插件及智能评价程序（见图 7-4-3），进行 3 次选择（选择所有图示内容 1 次，选择每个功能分区边界 1 次，并选择公园风格）即可得到智能评价结果。

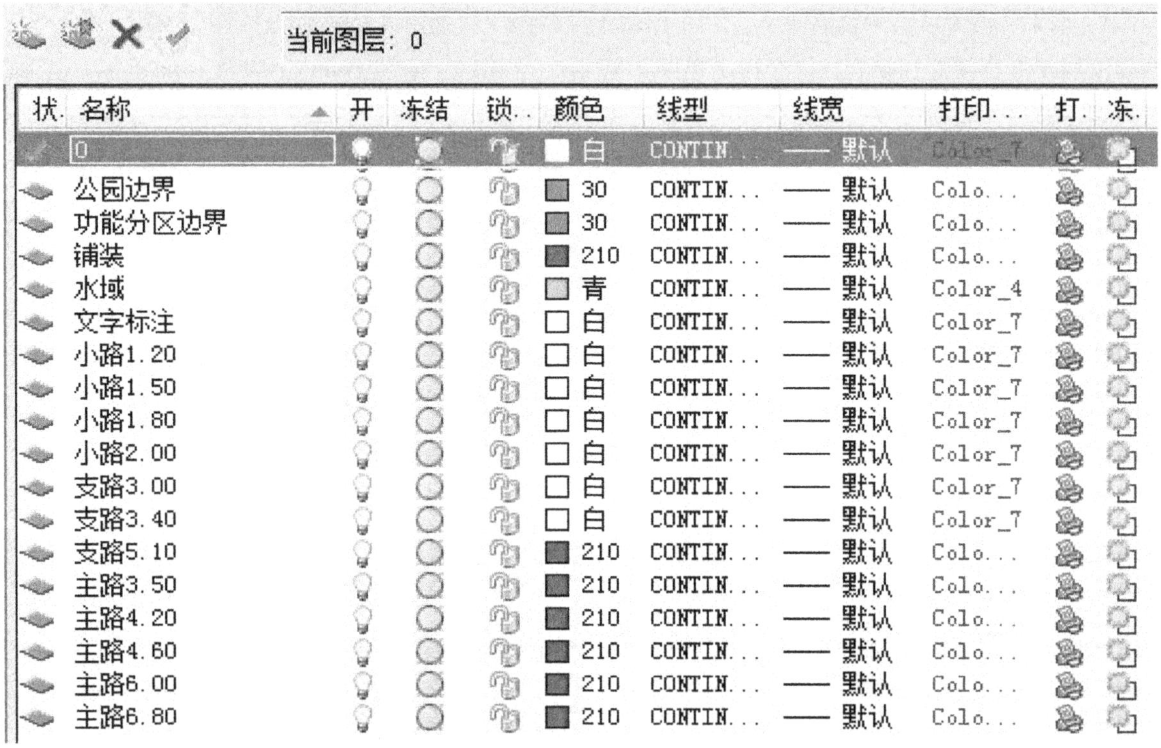

当前图层：0

状.	名称	开	冻结	锁..	颜色	线型	线宽	打印...	打.	冻.
	0				白	CONTIN...	—— 默认	Color_7		
	公园边界				30	CONTIN...	—— 默认	Colo...		
	功能分区边界				30	CONTIN...	—— 默认	Colo...		
	铺装				210	CONTIN...	—— 默认	Colo...		
	水域				青	CONTIN...	—— 默认	Color_4		
	文字标注				白	CONTIN...	—— 默认	Color_7		
	小路1.20				白	CONTIN...	—— 默认	Color_7		
	小路1.50				白	CONTIN...	—— 默认	Color_7		
	小路1.80				白	CONTIN...	—— 默认	Color_7		
	小路2.00				白	CONTIN...	—— 默认	Color_7		
	支路3.00				白	CONTIN...	—— 默认	Color_7		
	支路3.40				白	CONTIN...	—— 默认	Color_7		
	支路5.10				210	CONTIN...	—— 默认	Colo...		
	主路3.50				210	CONTIN...	—— 默认	Colo...		
	主路4.20				210	CONTIN...	—— 默认	Colo...		
	主路4.60				210	CONTIN...	—— 默认	Colo...		
	主路6.00				210	CONTIN...	—— 默认	Colo...		
	主路6.80				210	CONTIN...	—— 默认	Colo...		

图 7-4-3 城市综合公园园路技术指标智能评价程序

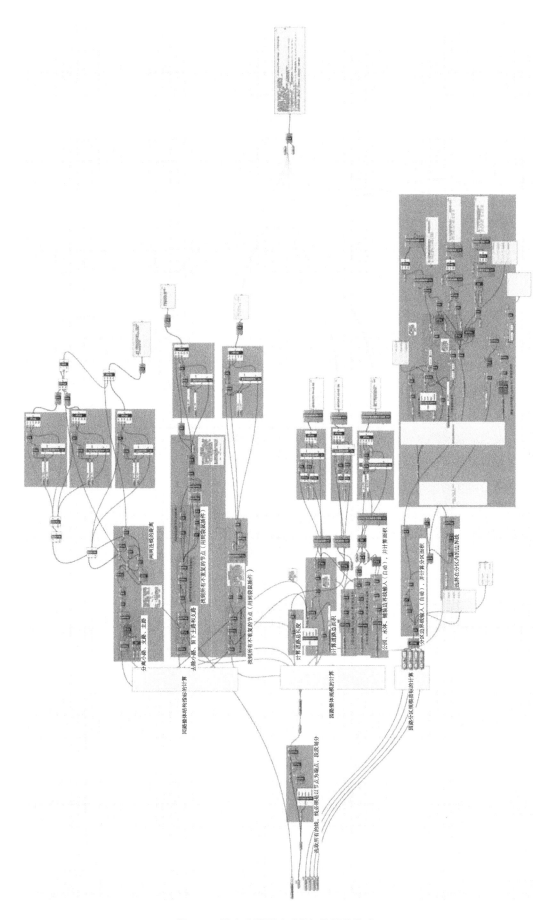

图 7-4-2 综合公园园路系统智能评价体系

本章注释

[1] 孟刚,李岚,李瑞冬,等.城市公园设计 [M].上海:同济大学出版社,2003.

[2] 庞焘,胡雷明.园林道路的功能作用及设计原则 [J].现代园艺,2006(3):28-29.

[3] 陈永贵.园林工程 [M].北京:中国建材工业出版社,2010.

[4] 谭辉.城市公园景观设计 [M].重庆:西南师范大学出版社,2011.

[5] 丁绍刚.风景园林概论 [M].北京:中国建设工业出版社,2008.

[6] 沈建武,吴瑞麟.城市道路与交通 [M].武汉:武汉大学出版社,2006.

[7] 过秀成.城市交通规划 [M].南京:东南大学出版社,2010.

[8] 陆化普,隋亚刚,郭敏,等.城市道路混合交通流分析模型与方法 [M].北京:中国铁道出版社,2009.

[9] 黄东兵,魏春海.园林规划设计 [M].北京:中国科学技术出版社,2006.

[10]M.C. 费舍里松.城市交通(第二版)[M].北京:中国建筑工业出版社,1984.

[11] 张丁雪.开放式城市公园园路系统设计初探——以杭州为例 [D].重庆:重庆大学,2011.

[12] 周鑫鑫.基于 RS 与 GIS 的城市道路网评价技术研究 [D].郑州:郑州大学,2009.

[13] 城市道路交通规划设计规范:GB50220-95 [S].北京:中国计划出版社,1995.

[14] 闫小勇,刘博航.交通规划软件实验教程(TransCAD 4.x)[M].北京:机械工业出版社,2010.

[15] 马林兵,曹小曙.一种启发式 A3 算法和网格划分的空间可达性计算方法 [J].地理研究,2008(3):93.

[16] 史永红.城市道路网的布局规划及方法研究 [D].长春:吉林大学,2007.

[17] 党武娟.城市道路网合理结构研究 [D].西安:长安大学,2009.

[18] 刘扬.城市公园规划设计 [M].北京:化学工业出版社,2010.

[19] 李铮.城市园林绿地规划与设计 [M].北京:中国建筑工业出版社,2006.

[20] 徐吉谦.关于城市道路规划设计几个问题的探讨 [J].城市道桥与防洪,2001(2):5-9.

[21] 张举兵,张卫华,焦双键.城市道路交通规划 [M].北京:化学工业出版社,2009.

[22] 李朝阳.城市交通与道路规划 [M].武汉:华中科技大学出版社,2009.

[23] 陈祺.园林工程建设概论 [M].北京:化学工业出版社,2011.

[24] 重庆市园林局.园林景观规划与设计 [M].北京:中国建筑工业出版社,2007.

[25] 王建军,王吉平,彭志群.城市道路网络合理等级级配探讨 [J].城市交通,2005(1):41-46.

[26] 陈志华.外国造园艺术 [M].郑州:河南科学技术出版社,2001.

8 公园铺装的平面镶嵌形式研究

　　铺装是利用各种材料，按照一定的形式进行地面铺砌装饰。公园铺装包括道路铺装与场地铺装两种类型，具有引导运动方向、影响游览的速度与节奏、暗示场地的功能、影响空间尺度感、协调统一空间、表达空间个性、创造视觉趣味及背景的作用[1]。大量的案例证明，铺装形式都具有平面镶嵌的特征。因此，本章将平面镶嵌理论引入公园铺装设计的研究中，以数学中平面镶嵌的视角分析公园的铺装形式，以求对公园铺装形式设计提供理论支持，提升公园铺装的技术合理性和艺术表现力。

　　本章从铺装角度对平面镶嵌形式进行分类，并对上海8个综合公园的铺装形式进行调查分析，归纳总结公园铺装的平面镶嵌形式，为公园铺装形式的更新设计提供有益的借鉴。

8.1 适用于景观铺装的平面镶嵌形式

平面镶嵌是指用一种或几种平面几何图形无缝隙而又不重叠地铺满整个二维平面[2]。平面镶嵌有以下几种不同的分类[3]：①按照镶嵌图形的种类与数量，可分为单一多边形镶嵌、两种或两种以上多边形镶嵌；②按照镶嵌图形的排列组合方式，平面镶嵌可分为周期性（对称式）镶嵌、准周期性（准晶体结构）镶嵌、非周期性（非对称式）镶嵌；③在进行平面镶嵌时，不同的多边形可以用不同的颜色着色。即使完全相同的镶嵌方式，由于着色的方法不同，镶嵌而成的图案也会有完全不同的效果。同时，变换多边形的着色方案而形成的图案可以避免过于单调，如针轮镶嵌（Pinwheel tiles）可以配合不同的颜色使用，形成色彩斑斓的镶嵌图样（见图8-1-1）；④曲线形图案同样也可以进行平面镶嵌。从古时的欧洲开始，城市地面的铺装中就出现了用曲线形图案完成的地面铺装，曲线赋予铺装柔美的特点；⑤图案同样可以进行镶嵌，图案的镶嵌多用于壁画等装饰画中，如埃舍尔的镶嵌绘画作品。

数学中的平面镶嵌需满足的条件为镶嵌的每个顶点的所有多边形的内角和为360°，在此限制条件之下，多边形的形状可以是任意的，图形的排列组合方式也不受限制。但是在实际景观铺装设计中由于受铺砌材料和铺装功能等条件的限制，不是所有的平面镶嵌形式都适用于景观铺装，所适用的平面镶嵌形式首先要具有艺术表现力，其次要满足铺装的铺砌技术的合理性。

按照铺砌单元的形状和排列组合方式的不同，可以将适用于公园铺装的镶嵌类型分为以下几类。

8.1.1 规则铺砌单元的周期性镶嵌

铺装设计中，选用规则的镶嵌单元，采用平面镶嵌中的对称形式的排列组合方式，即可产生规则镶嵌单元的周期性镶嵌（以下简称为规则周期性镶嵌）类型的铺装。公园的块砌铺装的镶嵌形式多为此种形式，采用此种类型的铺装易于形成规整、有序的空间铺装图案。根据平面镶嵌形式在铺装应

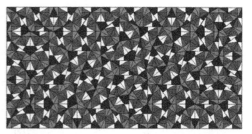

图 8-1-1 针轮镶嵌（Pinwheel tiles）配色后的镶嵌图案

用的技术合理性与艺术表现力要求，适用于景观铺装中的规则周期性镶嵌形式应该具有以下条件。

（1）镶嵌单元形宜简单、规则。公园铺装中规则周期性镶嵌的镶嵌单元形通常选用正方形、长方形、正六边形以及由这些图形加以简单埃舍尔变形而形成的图形。对称式镶嵌的晶格多为正方形、长方形、正六边形等形状，简单、规则的镶嵌单元不但方便进行某种单一形式的对称式镶嵌，其经过一定的排列组合所形成的图形也易于形成新的对称单元，并可以继续运用其他的对称形式，进行铺装的多级镶嵌。

（2）镶嵌单元形应具有一定的对称性。使用具有一定对称性的规则镶嵌单元（包括其形状和其表面的镶嵌纹理等）对铺砌单元进行周期性重复镶嵌时，易于形成均衡稳定的铺装形式。不宜使用过于奇特另类的镶嵌单元，一是可以降低镶嵌单元的制作成本，二是可避免形成过于杂乱的铺装效果。

根据规则周期性镶嵌在铺装中的各种应用条件，公园铺装中适宜应用的规则周期性镶嵌形式包括：p111、pma2、pmm2 等一维周期性镶嵌形式；p1、p1m1、p1g1、c1m1、p211、p2mg、p2mm、p2gg、c2mm、p3m1、p4、p4mm、p4gm、p6mm 等二维周期性镶嵌形式。其中，p111 和 p1 分别为一维和二维周期性镶嵌的基本对称形式。以长方形、正方形和正六边形镶嵌单元为例，各种镶嵌形式的示意图如表 8-1-1 所示。表中的规则周期性镶嵌形式，可作为公园铺装镶嵌形式的基本示意图，具体的铺装设计中可对铺装镶嵌单元形重新进行选择并加以再创造，运用单种镶嵌单元或多种镶嵌单元的组合形式作为对称基本形，按照一种、多种或多级对称形式进行铺装设计。

8.1.2 规则铺砌单元的非周期性镶嵌

非周期性（非对称性）镶嵌是指不具有平移与旋转对称性的镶嵌。非周期性镶嵌不能通过对镶嵌单元形或者镶嵌单元形的组合图形进行平移对称操作而得到，它不是某一种基本模式的重复排列，不管对整个平面进行何种平移，图案都不能和原来的重合，镶嵌平面中的任何一部分都不能作为基本的对称单元形完成整个平面的镶嵌。如特鲁切特镶嵌 (Truchet tiles)，可以将一种正方形镶嵌单元旋转，将旋转后的两个图形随机自由组合完成非周期性镶嵌（见图 8-1-2）。另外，非周期镶嵌还有泰森多边形镶嵌（Voronoi tiles）、椅子镶嵌（Chair tiles）、三叶虫镶嵌（Trilobite tiles）等多种其他形式。

规则铺砌单元的非周期性镶嵌（以下简称规则非周期性镶嵌）类型的铺装是指运用正方形、长方形、

正六边形以及由这些图形加以简单埃舍尔变形而形成的其他规则图形，在遵循平面镶嵌的每个顶点的内角和为 360° 的前提下，经过非周期性、较为自由的排列组合而形成的镶嵌形式。

此种类型铺装镶嵌单元都为规则的几何形状，一种类型的规则非周期性镶嵌可以有一种或多种镶嵌单元。镶嵌单元的排列组合不按对称规则进行镶嵌，镶嵌单元的排列在满足镶嵌条件下较为自由随机，形成的镶嵌图案不重复。但由于镶嵌单元为规则图形，具有一定的对称性，其镶嵌形式仍具有一定的秩序感。铺装形式的自由度和秩序感高于自然石材的碎拼形式，而低于规则镶嵌单元的周期性镶嵌形式。

可以应用于铺装中的规则非周期性镶嵌类型有特鲁切特镶嵌 (Truchet tiles)（见图 8-1-2）、罗马马

表 8-1-1 公园铺装中适用的规则周期性镶嵌形式

对称形式	示意图	对称形式	示意图	对称形式	示意图	镶嵌维度
p111		pma2		pmm2		一维周期性镶嵌
p1		p1m1		p1g1		
c1m1		p211		p2mg		
p2mm		p2gg		c2mm		二维周期性镶嵌
p3m1		p4		p4mm		
p4gm		p6mm				

赛克镶嵌（Roman Mosaics tiles）等，现有的规则铺砌单元的非周期性镶嵌有罗马马赛克铺装等形式。规则式的镶嵌单元具有便于制作铺砌的优点，非周期性的镶嵌能形成自由灵活的景观效果。规则非周期性镶嵌既方便进行铺装材料的生产铺砌，提高铺装效率，又可营造出更加自由活泼的氛围。

8.1.3 不规则铺砌单元的周期性镶嵌

不规则铺砌单元的周期性镶嵌（以下简称不规则周期性镶嵌）的镶嵌单元为不规则形状，但镶嵌单元经一定的排列组合，或加以平移、旋转、镜像等操作后，能够按照适宜的对称形式，经平面平移对称而镶嵌满整个平面，从而完成周期性镶嵌（见图8-1-3）。

镶嵌单元的形状可以为普通的多边形，也可以为图案。进行周期性镶嵌的对称单元形可以为一种镶嵌单元，也可以为多种镶嵌单元的组合图形。镶嵌单元组成的对称单元形状与镶嵌的对称形式——晶格形状相同，或者为晶格形状的埃舍尔变形。块砌镶嵌的不规则镶嵌单元形状通常为较为简单的不规则多边形或其变形，变化不宜过多。对于图案镶

嵌的不规则周期性镶嵌，形式的选择较为灵活。可以采用塑胶、沥青、鹅卵石等铺装材料，并根据需要设计镶嵌图案。

不规则非周期性镶嵌的周期性镶嵌形式可以选用的对称类型与规则周期性镶嵌类似，可选用的对称形式有p111、pma2、pmm2等一维周期性镶嵌形式和p1、p1m1、p1g1、c1m1、p211、p2mg、p2mm、p2gg、c2mm、p3m1、p4、p4mm、p4gm、p6mm等二维周期性镶嵌形式。

此种镶嵌类型的铺装，有序中含有变化，重复中不显单调，可以小面积应用，亦可进行大面积铺砌。例如可将不规则的几种镶嵌单元拼接成规则的长方形对称单元，进行c2mm式对称式镶嵌。

8.1.4 不规则铺砌单元的非周期性镶嵌

不规则铺砌单元的非周期性镶嵌（以下简称不规则非周期性镶嵌）包括整体形式、不规则图案镶嵌、不规则块砌图形的非周期性镶嵌等形式的铺装。整体形式和不规则图案镶嵌的铺装，整个镶嵌图形可视为镶嵌的不规则铺砌单元，与此种镶嵌类型相对应的公园铺装形式有整体形式、板块铺装和不规则图案的花街铺地等；不规则块砌图形在满足镶嵌单元每个顶点内角和为360°的镶嵌条件下，形式自由多样，镶嵌单元通常也没有重复，与此种镶嵌类型相对应的公园铺装形式有碎拼、冰裂纹等。

整体形式和板块形式的铺装在公园主园路中有较多的应用，通常为沥青或混凝土的整体形式，随着工艺的发展，也出现了不同构型的彩色混凝土以及在混凝土上压制出图案的整体形式；另外，公园

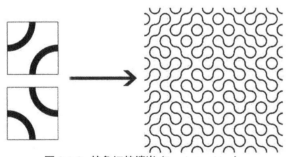

图8-1-2 特鲁切特镶嵌（Truchet tiles）

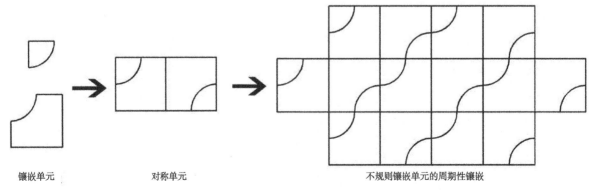

镶嵌单元　　　　　　　对称单元　　　　　　　　　　　　不规则镶嵌单元的周期性镶嵌

图8-1-3 不规则镶嵌单元的周期性镶嵌

中的无图案的塑胶形式铺装也属于整体铺装。

不规则图案镶嵌在中国古典园林中有较多的应用，较为典型的为鹅卵石与青砖铺砌而成的花街铺地铺装；现代不规则图案镶嵌还包括用各种景观沙石、塑胶等材料所构成的现代铺装图案。这些图案可以较为直接地表达铺装的主题，形状自由，艺术感强。

块砌形式的不规则非周期镶嵌铺装的材料多为自然石板，自然石板没有固定的形状、尺寸和厚度，在进行铺砌时没有规则，可任意连续镶嵌。中国古典园林中也有碎拼的做法，这种铺装用劈裂法生产出自由形状的板材，在基本满足平面镶嵌的条件下，选用不规则板材拼合在一起，形成无规则非周期性的铺装。这种铺装形式具有自由随意的特点，其天然性和随意性适用于氛围轻松的公园场地。具备此种天然性质的板状石材有斑岩、石英石、板岩以及一些天然的片岩等[4]。

不规则的镶嵌单元也可有规律地镶嵌整个平面，但铺砌单元并非按照数学中的对称形式进行排列组合（铺装平面有呈现一定的对称性的情况存在）。比如发射形式的铺装，构形为特殊的重复和渐变，铺砌单元的形状和尺寸有渐变规律，相同类型的铺砌单元沿同心圆的方向进行排列。铺装整体上呈中心对称与轴对称，但铺砌单元之间的连接不受对称形式的限制。这种铺装的视觉效果强烈，具有向心性。

不规则非周期性镶嵌是最为灵活的镶嵌类型。对于整体形式和图案镶嵌的铺装，由于镶嵌单元和镶嵌形式的多变性，常采用小尺寸的铺装材料来构成镶嵌单元，以增强铺装的整体感或突出镶嵌图案，并减少不必要的切割。对于块砌单元的不规则非周期性镶嵌，镶嵌单元的不规则性通常难以单独通过块状铺砌单元完成严格意义上的镶嵌，需结合其他小尺寸的铺装材料进行"补缝"处理。

8.1.5 准周期性镶嵌

准周期性镶嵌的图案形式较为特别，在我国目前的铺装设计中还少有应用。但因其镶嵌形式个性突出，采用的镶嵌单元种类不多，且形式简单，艺术表现力和技术合理性都能满足景观铺装的要求，可以在景观铺装中加以应用。根据镶嵌在铺装中的应用条件，可以应用于铺装中的准周期性镶嵌类型有彭罗斯镶嵌（Penrose tiles）、阿曼镶嵌（Ammann tiles）等形式。准周期镶嵌的形式较为固定，其图案样式可直接应用于公园铺装之中。准周期镶嵌的镶嵌单元存在凹多边形等不规则形式，在应用于公园铺装中时，可分解成形式更为简单、易于进行模式化生产、便于铺贴的图形，以满足技术合理性的要求。

1）彭罗斯镶嵌（Penrose tiles）

彭罗斯镶嵌是 1974 年由英国数学物理学家罗杰·彭罗斯（Roger Penrose）提出的一种具有 5 次旋转对称的平面镶嵌形式。彭罗斯镶嵌有多种形式，又都具有自相似性，不同的彭罗斯镶嵌具有其独有的膨胀率，可按膨胀率进行缩放。镶嵌单元形都与黄金分割比例密切相关，但是每种彭罗斯镶嵌的镶嵌单元形又各不相同，能形成不同的镶嵌图案。目前发现的彭罗斯镶嵌有 3 种形式，分别为 p1 型、p2 型和 p3 型。

p1 型是最基本的彭罗斯镶嵌形式，也是彭罗斯镶嵌产生的最初形式，它是基于正五边形镶嵌发展而来的[5]。p1 型镶嵌有 4 种镶嵌基本形：正五边形、正五角星形、"船形"（3/5 个五角星）和 36°菱形，p1 型镶嵌也因此被称为"星船镶嵌"。p1 型镶嵌的正五边形可经过膨胀得到一个边长为原五边形边长 Φ^2（Φ 为黄金分割率）倍的正五边形。因而，它具有一定的"缩放不变性"，可以按照 Φ^2 的比例进行无限的缩放，形成具有嵌套的分形结构（见图 8-1-4）。p2 型彭罗斯镶嵌形式由两种四边形完成镶嵌，两种四边形分别被称为"风筝"和"飞镖"，这两种图形合并得到一个菱形。"风筝"和"飞镖"各自都是由两个三角形组成，这两种三角形被称为罗宾逊三角形。组成 p2 型镶嵌的两个四边形中，"风筝"形四边形的内角分别为 72°、72°、72° 和 144°，"飞镖"

形四边形的内角分别为36°、72°、36°和216°。p2型镶嵌的镶嵌单元形在进行平面镶嵌时，共有7种排列组合方式，这些排列组合方式也是p2型镶嵌得以膨胀镶嵌满整个平面的基本组合单元（见图8-1-5）。p2型镶嵌也具有"缩放不变性"，并有多种膨胀收缩方式，其缩放率为Φ。其缩放方式如表8-1-2所示。

p3型彭罗斯镶嵌的镶嵌单元为两种菱形，这两种菱形的边长相等，但内角不同（见图8-1-6）。其中一种菱形的内角分别为36°、144°、36°和144°，另一种菱形的内角分别为72°、108°、72°和108°。这两种镶嵌单元形既可以完成周期性镶嵌，又可以完成准周期性镶嵌，通常在进行准周期性镶嵌时不能将两种镶嵌单元形组合为平行四边形。两种菱形在进行p3型镶嵌时，不但菱形的数量比为黄金分割率Φ，而且两种菱形的面积比也为黄金分割率Φ，经过一次膨胀后，菱形的边长变为原来的Φ倍，而面积变为原来的Φ²倍。

由p3型彭罗斯镶嵌可以扩展出广义的彭罗斯镶嵌。广义的彭罗斯镶嵌包括由上述彭罗斯镶嵌衍生出的无限种菱形镶嵌形式。如对p3型彭罗斯镶嵌的镶嵌形式进行扩展——以棱长相等、内角不等的基本菱形（或多边形）铺砌而成准周期性平面镶嵌图案。完成平面镶嵌的镶嵌单元种类可以为两种或两种以上，而不仅局限于两种菱形，这样既可通过一系列菱形，构成n次旋转对称的准周期性镶嵌，菱形的种类也随着旋转次数的增加而增加。图8-1-7所示的p3型彭罗斯镶嵌就是五重准周期性平面镶嵌。

而七重准周期性平面镶嵌的镶嵌单元形为3种菱形，其内角分别为π/7、2π/7、3π/7，如图8-1-8所示。九重准周期性平面镶嵌的镶嵌单元形则有4种菱形，其内角分别为20°、40°、60°和80°，如图8-1-9所示。

当前，彭罗斯镶嵌已经在建筑表皮设计和铺装设计中有所应用。彭罗斯镶嵌的准周期性结构具有随机、复杂的美感，并且由于其不同于简单的平面平移对称，而广受欢迎。例如，在得克萨斯农工大学米切尔研究所大厅（见图8-1-10）和西澳大利亚大学化学楼的地面铺装设计都是采用了p3型彭罗斯镶嵌形式（见图8-1-11）。

2）阿曼镶嵌（Ammann tiles）

1977年，阿曼（Ammann）发现了一种构成"五重准周期网格"的方法，称为阿曼格子（Ammann Grid）（见图8-1-12、图8-1-13）。阿曼格子是由五组平行线构成的，平行线间的夹角分别为0°、72°、144°、216°和288°，组与组间的夹角为72°。在阿曼格子中，相互平行的每组平行线间的距离遵循斐波那契链（Fibonacci chain）的排序规则，L与S的比值为 $\phi = (1+\sqrt{5})/2$。阿曼格子是准晶体二维镶嵌所具有的结构，如彭罗斯镶嵌中的五重准晶体镶嵌又可称为A5阿曼镶嵌。准晶体结构通常都具有"收放不变性"的特点，其结构可经过特定的膨胀率（某一无理数）进行缩放。目前发现的准晶体结构除彭罗斯镶嵌中的五重准晶镶嵌外，还有八重准晶、十重准晶、十二重准晶等平面镶嵌形式的准晶结构，并有各自特定的膨胀率。这些准晶体结构具有高度的组织性，每个镶嵌单元的位置都是固定的，其阿曼线间的距离遵循各自的迭代数列。如八重准周期

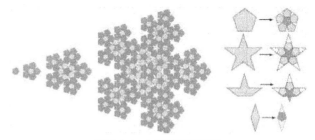

图 8-1-4 p1 型彭罗斯镶嵌

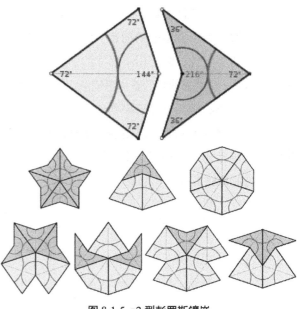

图 8-1-5 p2 型彭罗斯镶嵌

表 8-1-2 p2 型彭罗斯镶嵌缩放方式

名称	缩放原始图形	一次膨胀	二次膨胀	三次膨胀
半风筝形				
半飞镖形				
太阳形				
星形				

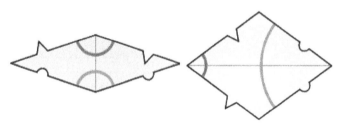

图 8-1-6 p3 型彭罗斯镶嵌的镶嵌单元

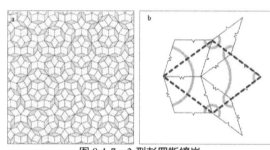

图 8-1-7 p3 型彭罗斯镶嵌

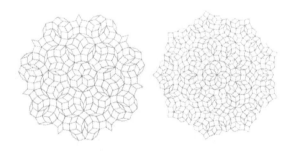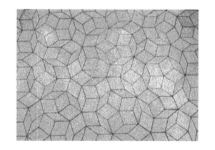

图 8-1-8 七重准周期镶嵌　图 8-1-9 九重准周期镶嵌　图 8-1-10 彭罗斯镶嵌铺装一　　图 8-1-11 彭罗斯镶嵌铺装二

平面镶嵌的形式（见图 8-1-14），其准晶体结构的膨胀率为白银系数 $\delta = 1 + \sqrt{2}$，其阿曼线间的距离遵循 Octonacci 的迭代数列，阿曼线之间形成阿曼格子。

除上述介绍的几种旋转对称所形成的阿曼格子之外，还有另外 3 种准周期镶嵌图案，分别被称为 A4 镶嵌、A3 镶嵌和 A2 镶嵌。它们的每一个单元形都可以由低层级的"单元形"拼合而成，其镶嵌形式如图 8-1-15 所示。

这些阿曼镶嵌形式具有镶嵌单元形简单、镶嵌图案多变等优点。可以将镶嵌单元分解成更为简单、易于进行模式化生产的铺装单元，铺砌时加以拼接，用于公园的铺装设计中。

8.2 综合公园铺装平面镶嵌特征调查分析

本研究基于建造年代、公园风格、所在区域、公园规模等因素对上海城市综合公园进行筛选，确定了徐家汇公园、复兴公园、和平公园、杨浦公园、中山公园、鲁迅公园、黄兴公园、世纪公园 8 个代表性综合公园作为研究样本（见附录 1）。

研究采用实地拍照与测量的方法，对公园各类场地的铺装构形、尺寸和平面镶嵌类型进行调查分析，主要从构形和尺寸两方面对铺装镶嵌单元进行分类，而镶嵌单元的色彩、质感等方面的差异不作为分类依据。同时，对公园的入口空间、园路空间、安静休憩空间、集会活动空间和儿童活动空间等进行分类调查，并按照不同建成时期，对每种空间类型的铺装进行对比分析。归纳总结适用于不同类型

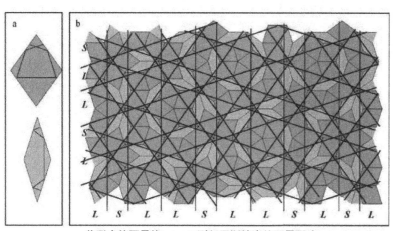

a. 菱形中的阿曼线；b.p3 型彭罗斯镶嵌的阿曼网络

图 8-1-12 p3 字体彭罗斯镶嵌和阿曼网格

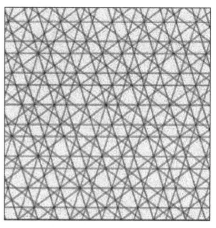

图 8-1-13 五重准周期镶嵌的阿曼格子

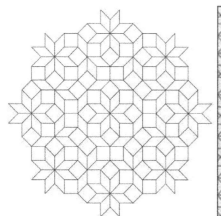

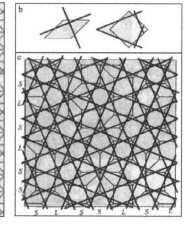

图 8-1-14 p3 字体八重准周期性镶嵌与其阿曼格子

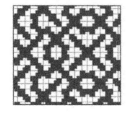

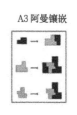

A4 阿曼镶嵌

A3 阿曼镶嵌

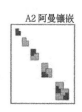

A2 阿曼镶嵌

图 8-1-15 A4、A3、A2 阿曼镶嵌

空间的铺装形式，并对不同建成时期公园的铺装平面镶嵌形式的变化规律进行探究。

调查结果显示，样本公园中的铺装镶嵌形式主要有规则周期性镶嵌、规则非周期性镶嵌和不规则非周期性镶嵌。不规则周期性镶嵌运用实例较少，没有准周期性镶嵌。铺装中的周期性镶嵌形式包括：一维周期性镶嵌的 pma2、pmm2 等对称形式和二维周期性镶嵌的 p1m1、p1g1、c1m1、p211、p2mg、p2mm、p2gg、c2mm、p3m1、p4、p4mm、p4gm、p6mm 等形式。鉴于 p111 和 p1 是周期性镶嵌的基本对称形式，本章不再将其作为单独对称形式对铺装进行分析。铺装中的非周期性镶嵌形式包括图案、碎拼、冰裂纹等。

8.2.1 入口场地铺装平面镶嵌形式

公园入口空间是公园与城市的过渡空间，是展示城市公园景观的第一序列（详情参阅第 2 章）。入口空间的场地铺装不但具有铺装的基本功能，还应发挥交通引导功能和形象礼仪功能。

1）20 世纪初期公园入口场地铺装及其镶嵌类型

如表 8-2-1 所示，20 世纪初期建成的综合公园的入口场地铺装的镶嵌形式有规则周期性镶嵌和不规则非周期性镶嵌两种类型。规则周期性镶嵌形式有 c2mm 和 p4mm 两种对称式，镶嵌单元的形状分别为长方形和正方形。镶嵌形成的铺装图案简单，为公园中常用的铺装形式。公园每处入口的铺装采用的是同种镶嵌单元的单种镶嵌方式。c2mm 对称式铺装的镶嵌单元为不同尺寸的同种长方形错砌形式，p4mm 为相同规格的同种正方形规整铺砌。

3 个样本公园入口的规则周期性铺装所形成的铺装效果具有单向或双向的方向感，根据入口广场的尺度和形状选择不同的引导方式和镶嵌单元的尺寸，正方形规整铺砌效果基本满足公园入口空间交通功能，也满足铺装的规整和礼仪的要求。但由于铺砌形式简单，铺装的艺术表现力略差，变化少，易产生单调感。

2）20 世纪中期公园入口空间铺装及其镶嵌类型

由表 8-2-2 可知，20 世纪中期建成的综合公园的入口场地铺装的镶嵌形式主要为规则周期性镶嵌形式，包括 c2mm、p4mm、p2gg 和 p2mg 等对称形式，镶嵌单元选用规整的正方形和长方形。同一入口场地的铺装除了同种镶嵌单元形的应用，还采用了多种镶嵌单元组合镶嵌的做法，运用多种对称形式，进行多级或组合式周期性镶嵌，形成的铺装效果具有单向的方向感，入口的引导功能表现明显。镶嵌单元形的形状和尺寸选择不但契合场地尺度形状的特点，尺度比例协调，而且镶嵌单元形的尺寸、色彩和材质有所区分，削弱了单一镶嵌单元与对称形式产生的单调感，艺术表现力得到提升。

3）20 世纪末 21 世纪初公园入口空间铺装及其镶嵌类型

由表 8-2-3 可知，20 世纪末 21 世纪初期建成的综合公园的入口场地铺装的镶嵌形式主要为规则周期性镶嵌，包括 p4mm、c2mm、p4 和 p4gm 等多种形式，镶嵌单元仍采用规整的正方形或长方形，铺装设计基本舍弃同种镶嵌单元的单种镶嵌方式，而采用单种或多种镶嵌单元的组合或多级镶嵌。同一场地的铺装采用多种镶嵌方式相结合，有助于强化铺装的图案效果。在诸多公园入口空间的多级周期性镶嵌中，一级镶嵌采用 cmm、p4gm、p4 和 p4mm 等多种对称形式，并将不同的镶嵌单元组合使用；而在二级镶嵌时，铺装共同采用了 p4mm 的对称形式，构成大尺度的正方形图案单元。铺装的对称性高，铺装效果的礼仪感强，并且由于对称形式的选择共性中包含个性，因此铺装效果既满足入口场地礼仪庄重的要求，又不失灵活性。

总体而言，通过对上海 8 个综合公园入口场地铺装进行调查分析可知，公园入口空间的场地铺装主要运用规则周期性镶嵌（见表 8-2-4），常用的对称形式有 c2mm 与 p4mm 两种，c2mm 与 p4mm 式对称而成的铺装图案方向性明确，能有效地对游人的行进方向进行引导，功能合理，满足交通引导需要。铺装图案按照特定的方向进行有规律的变化与重复，形成特定方向上的节奏感。铺装镶嵌单元的选择上多采用规整的正方形和长方形，铺砌单元的拼贴方式秩序明显，形成的图案效果规整、正式，体现出铺装的礼仪性。公园铺装中各种镶嵌的具体应用如表 8-2-4 所示。

通过对 3 个时期不同公园铺装的对比分析可知，随着时间的推移，公园入口空间铺装的对称种类愈加丰富，对称单元形愈加复杂。对称单元形由单一的一种正方形或长方形，向正方形或长方形组成的组合图形演变；规则周期性铺装形式由简单的一级对称镶嵌向多级对称镶嵌发展。在多级对称的铺装中，一级对称的形式较为灵活，有 c2mm、p4gm、p4、p4mm 等多种形式，但二级对称中则以共同应用 p4mm 或 c2mm 形式居多，并且主入口以 p4mm 式对称为主，次入口则较多地运用 c2mm 式对称。

8.2.2 园路铺装平面镶嵌形式

《园冶》中讲道："惟厅堂广厦中，铺一概磨砖，如路径盘溪，长砌多般乱石，中庭或宜叠胜，近砌亦可回文。"对园林中园路的设计方法进行了描述。园路具有组织交通与引导游览、分隔空间、构成园景、为综合管线工程打好基础等功能。园路的交通和引导功能对园路铺装表现出的方向性有着一定的要求。通常园路铺装的图案需要具备方向明确、节奏感强等特点。园路的构成公园景观的功能对园路铺装的艺术表现力提出了一定的要求。除此之外，园路也是表现公园文化内涵的元素。如早在我国古典园林中，就有着表现园林文化、寓意吉祥的花街铺地做法，如在园路上镶嵌鹤的图案象征长寿，在园路上镶嵌蝙蝠的图案表现福寿文化等。

表 8-2-1　20 世纪初期上海城市公园入口空间铺装形式

公园	场地铺装镶嵌形式	公园	场地铺装镶嵌形式
鲁迅公园	周期性镶嵌（c2mm）	鲁迅公园	非周期性镶嵌（整体形式）
中山公园	周期性镶嵌（p4mm）	中山公园	周期性镶嵌（p4mm）
中山公园	周期性镶嵌（c2mm）	复兴公园	周期性镶嵌（c2mm）
复兴公园	周期性镶嵌（p4mm）	复兴公园	周期性镶嵌（p4mm）

表 8-2-2 20 世纪中期上海城市公园入口空间铺装形式

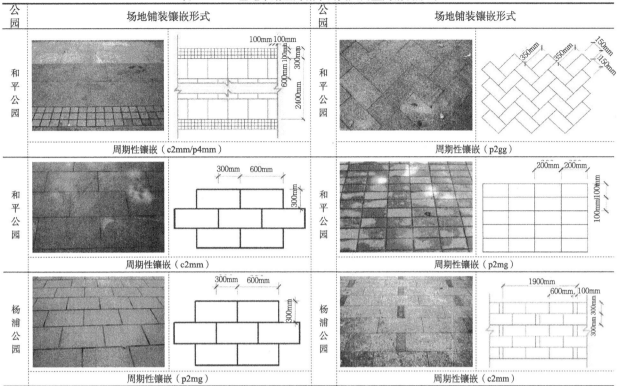

表 8-2-3 20 世纪末 21 世纪初期上海城市公园入口空间铺装形式

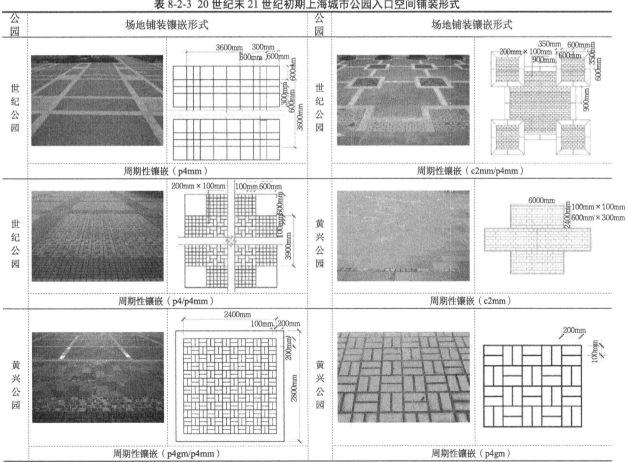

（续表）

公园	场地铺装镶嵌形式	
徐家汇公园	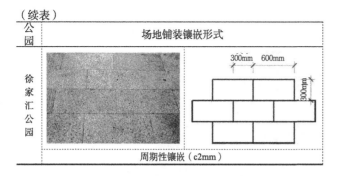周期性镶嵌（c2mm）	300mm 600mm 300mm

表 8-2-4 上海城市公园入口空间铺装各种镶嵌形式应用情况

规则周期性镶嵌	镶嵌形式	c2mm	p4mm	p4gm	p4	p2gg	p2mg
	出现频率	11	10	2	1	1	3
不规则非周期性镶嵌	镶嵌形式	整体形式					
	出现频率	3					

1）20 世纪初期公园园路铺装及其镶嵌类型分析

由表 8-2-5 可知，在 20 世纪初期建成的综合公园中，园路的铺装镶嵌形式有规则周期性镶嵌和不规则非周期性镶嵌。

在不同公园的园路铺装中，共同应用的镶嵌形式为不规则非周期性镶嵌和规则周期性镶嵌。3 个公园的园路有规则周期性镶嵌中的 c2mm、p4mm 等平面镶嵌形式，pmm2 式带状镶嵌形式和不规则非周期性镶嵌中的整体形式、碎拼和冰裂纹形式的铺装等。其中，各个公园铺装共同使用的镶嵌形式有 c2mm 式周期性铺装、整体形式铺装和碎拼式铺装等，并以 c2mm 式规则周期性镶嵌为主。

在公园园路铺装中，车行主园路的铺装设计多基于承载功能性考虑，铺装采用耐压并具有一定柔韧性的沥青面层，满足承载车辆的要求，铺装的镶嵌形式为不规则非周期性镶嵌的整体形式。公园中的次园路以及休闲小径等的铺装设计则是以 c2mm 式镶嵌为主，对称单元形为 600mm×300mm、200mm×200mm、300mm×250mm 等多种尺寸的长方形，形成的铺装图案简单、节奏感强。另有 p4mm 式镶嵌、碎拼镶嵌以及图案镶嵌等多种镶嵌形式，对应有正方形、不规则石板和图案等不同种类的镶嵌单元形。

2）20 世纪中期公园园路铺装及其镶嵌类型分析

由表 8-2-6 分析可知，20 世纪中期建成的综合公园的园路铺装的镶嵌形式包括规则周期性镶嵌、不规则非周期性镶嵌等多种类别。园路的规则周期性镶嵌形式有 c2mm、p4mm、p2mm、p2mg、p2gg 等平面平移对称镶嵌形式，以及 pmm2 和 p2ma 等带状对称镶嵌形式，其中应用最为广泛的为 c2mm 式平面平移对称形式的镶嵌。规则周期性镶嵌的园路铺装的镶嵌单元形为不同尺寸的长方形和少量的正方形，平面平移对称与带状平移对称形式、不同的平面平移对称形式之间搭配应用，铺装图案丰富，艺术表现力较强。另外，镶嵌单元的方向性明确，长方形或正方形镶嵌单元的铺砌方向与游人在园路的行进方向相平行或垂直，并通过园路的铺装图案及园路本身的线形来实现园路的引导功能。

公园的主园路铺装多采用整体形式的沥青铺装，满足主园路对承载力的较高要求；少量的公园游步道采用整体形式的鹅卵石镶嵌（无图案）或碎拼式铺装，营造轻松自由的空间氛围与行走感受，这些园路的镶嵌类型为不规则非周期性镶嵌。

另外，在公园园路铺装中存在不规则周期性镶嵌的图案镶嵌式铺装，如中国传统园林铺地中的花街铺地做法，通过在游人行进中有节奏地呈现不同的花街铺地图案，展现铺装的文化内涵和较强艺术表现力。

3）20 世纪末 21 世纪初期公园园路铺装及其镶嵌类型

由表 8-2-7 可知，在 20 世纪末 21 世纪初期建成的综合公园的园路铺装有规则周期性镶嵌和不规则非周期性镶嵌。园路铺装的规则周期性镶嵌有 c2mm、p4mm、p2gg、p4gm 等平面镶嵌形式，以及 pmm2 和 pma2 等带状镶嵌形式，其中应用最广泛的为 c2mm 式对称式铺装。公园的主园路多采用整体形式的沥青或混凝土路面，为不规则非周期性镶嵌式铺装。整体形式的路面有 7 种不同的设计形式，铺装面层的纹理、图案形状丰富。碎拼形式在公园的游步道的铺装设计中大量应用，有 5 种不同的设计形式，种类多样。

总体而言，通过对不同时期的 8 个综合公园的园路铺装调查分析可知，公园园路铺装的镶嵌形式有规则周期性镶嵌和不规则非周期性镶嵌，部分公园有不规则周期性镶嵌。

园路的镶嵌形式与园路的类型有着直接的关系，车行主园路多采用整体形式，为不规则非周期性镶嵌；游步道由于所处的位置及空间氛围的不同，镶嵌形式较为灵活，对称式与非对称式形式都有应用。

园路的规则周期性镶嵌形式有 c2mm、p4mm、p2mm、p2mg、p2gg 等平面镶嵌形式，以及 pmm2 和 p2ma 等带状镶嵌形式。在各个时期的园路铺装中，应用最广泛的镶嵌形式为规则周期性镶嵌的 c2mm 式镶嵌。c2mm 对称式铺装采用的对称单元形有正方形、长方形以及组合图形，方向明确、易于在行进方向上形成节奏感。

园路的不规则非周期性镶嵌有整体形式（沥青或混凝土路面）、图案镶嵌、碎拼等形式的应用。整体形式铺装根据园路的级别和空间氛围，选择不同的具体铺装形式。沥青和混凝土路面抗压性强，主要应用于主园路铺装；图案镶嵌和碎拼镶嵌等形

式则应用于公园中的游步道，营造轻松自由的空间氛围与行走感受。各种镶嵌形式应用情况如表 8-2-8 所示。

对比不同时期的园路镶嵌形式可以发现，随着时间的推移，公园铺装的镶嵌形式由早期的种类单一，到种类逐渐丰富，再到后来向与园路功能、空间特点相结合的方向发展。规则周期性镶嵌的对称单元形由单一规格的长方形，向多种形状、多种规格的长方形和正方形，以及组合图形演变；镶嵌层级由一级提高至二级或多级，单处场地铺装镶嵌形式由单种向多种形式组合搭配发展。不规则非周期性镶嵌的形式由早期的单一材质、单一图案，向多种纹理、多种图案样式演变，体现出公园的个性。

8.2.3 安静休憩场地铺装平面镶嵌形式

如第 4 章所述，公园的安静休憩空间是指适合开展静态类活动的空间，其场地铺装应满足营造悠闲轻松和诗情画意的意境，形式应多样自由。

1）20 世纪初期公园安静休憩场地铺装及其镶嵌类型

由表 8-2-9 可知，20 世纪初期建成的综合公园，其安静休憩空间的铺装镶嵌形式有规则周期性镶嵌和不规则非周期性镶嵌。鲁迅公园中安静休憩场地的铺装以碎拼形式的不规则非周期性镶嵌为主，局部场地采用 c2mm 式规则周期性镶嵌，铺装的镶嵌形式与公园自然、古朴的风格相适应。中山公园的安静休憩场地铺装同样频繁使用不规则非周期性镶嵌，并有二级不规则非周期性镶嵌的形式。另外，其规则周期性镶嵌的铺装中，部分采用了鹅卵石结

表 8-2-5 20 世纪初期上海城市公园园路铺装形式

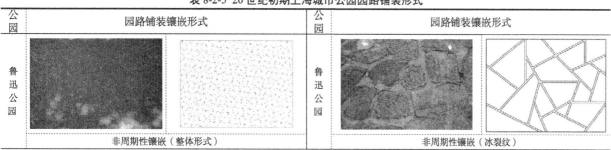

公园	园路铺装镶嵌形式	公园	园路铺装镶嵌形式
鲁迅公园	非周期性镶嵌（整体形式）	鲁迅公园	非周期性镶嵌（冰裂纹）

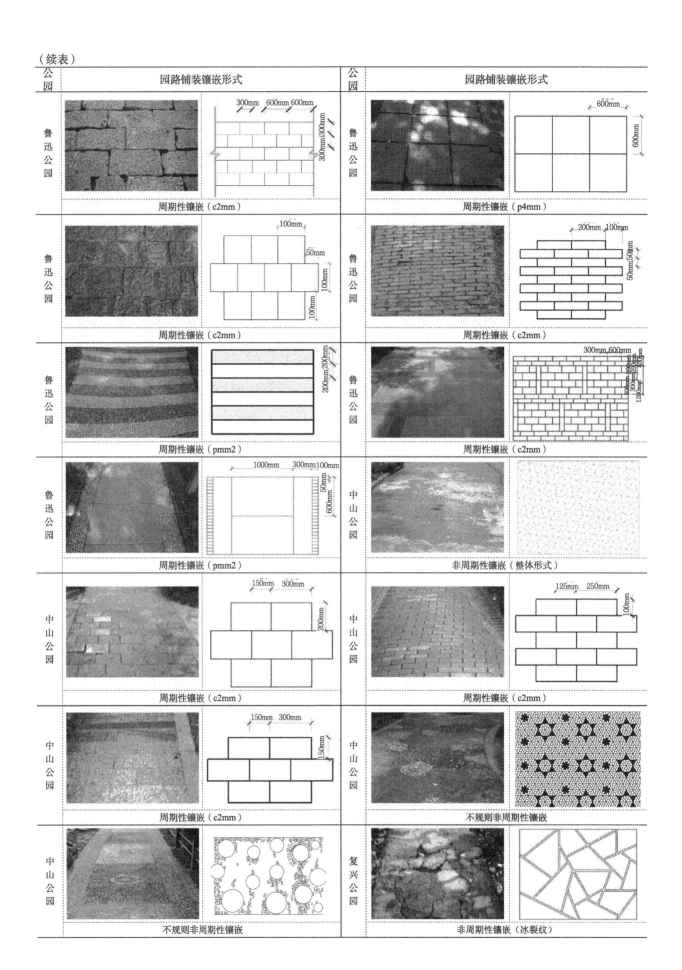

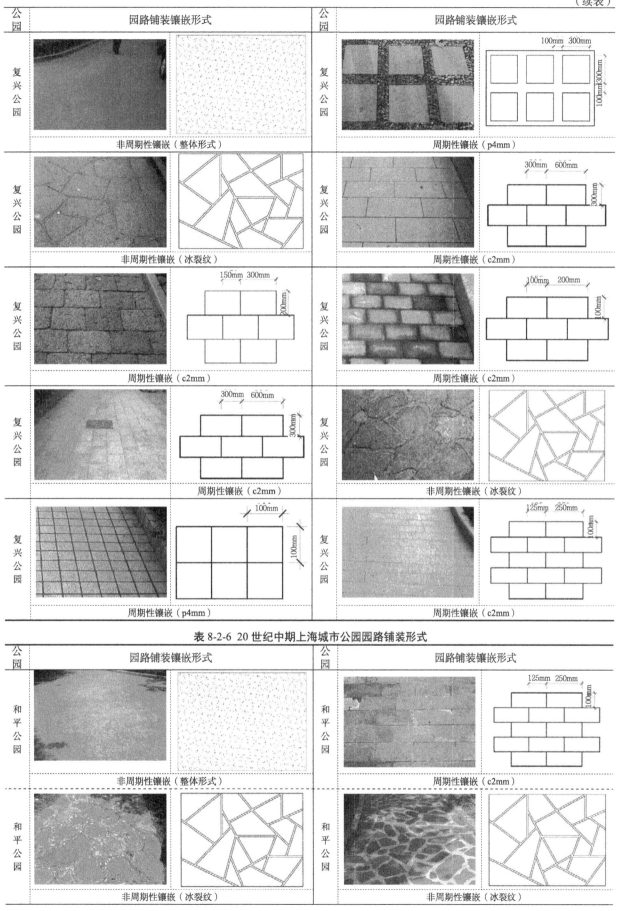

表8-2-6 20世纪中期上海城市公园园路铺装形式

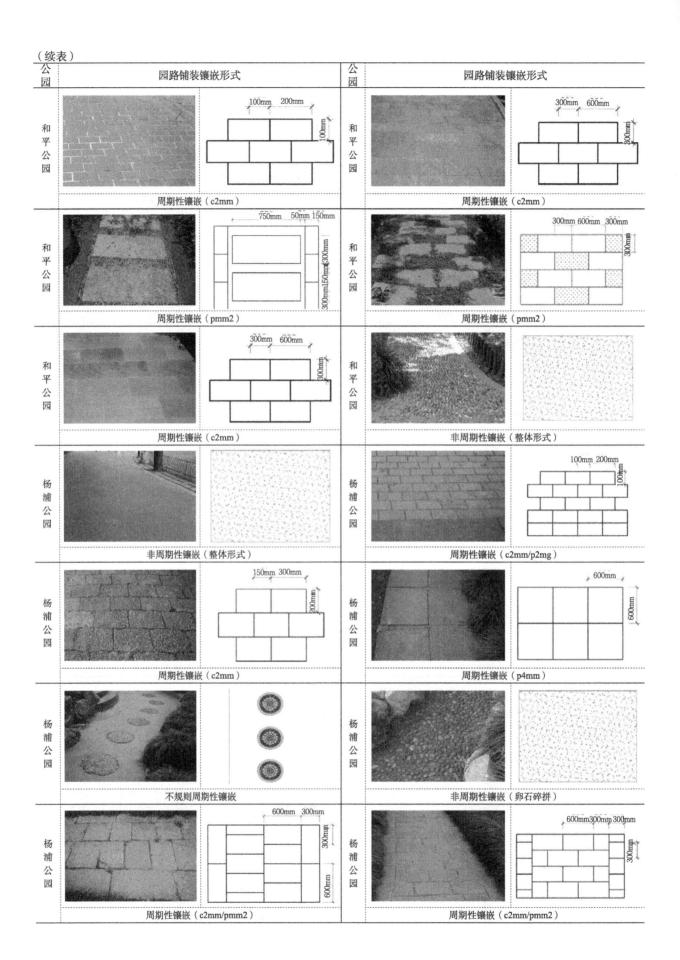

公园	园路铺装镶嵌形式	公园	园路铺装镶嵌形式
和平公园	周期性镶嵌（c2mm）	和平公园	周期性镶嵌（c2mm）
和平公园	周期性镶嵌（pmm2）	和平公园	周期性镶嵌（pmm2）
和平公园	周期性镶嵌（c2mm）	和平公园	非周期性镶嵌（整体形式）
杨浦公园	非周期性镶嵌（整体形式）	杨浦公园	周期性镶嵌（c2mm/p2mg）
杨浦公园	周期性镶嵌（c2mm）	杨浦公园	周期性镶嵌（p4mm）
杨浦公园	不规则周期性镶嵌	杨浦公园	非周期性镶嵌（卵石碎拼）
杨浦公园	周期性镶嵌（c2mm/pmm2）	杨浦公园	周期性镶嵌（c2mm/pmm2）

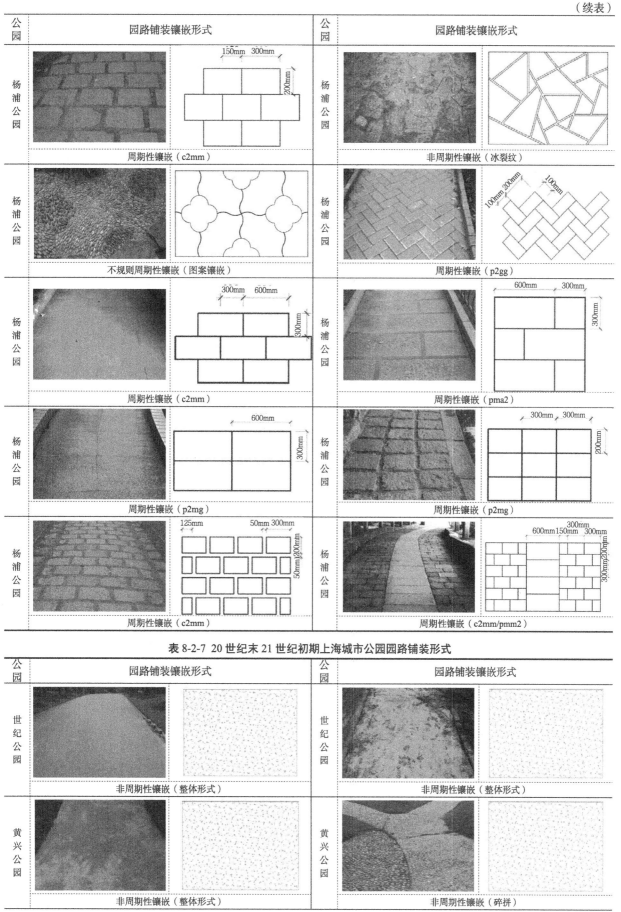

表 8-2-7 20 世纪末 21 世纪初期上海城市公园园路铺装形式

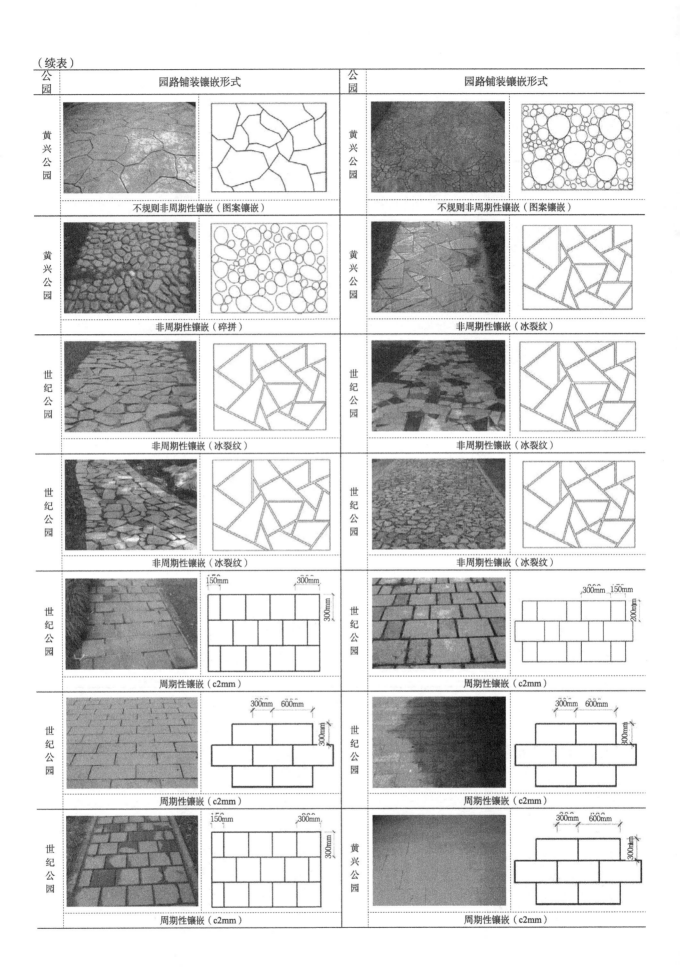

公园	园路铺装镶嵌形式	公园	园路铺装镶嵌形式
黄兴公园	不规则非周期性镶嵌（图案镶嵌）	黄兴公园	不规则非周期性镶嵌（图案镶嵌）
黄兴公园	非周期性镶嵌（碎拼）	黄兴公园	非周期性镶嵌（冰裂纹）
世纪公园	非周期性镶嵌（冰裂纹）	世纪公园	非周期性镶嵌（冰裂纹）
世纪公园	非周期性镶嵌（冰裂纹）	世纪公园	非周期性镶嵌（冰裂纹）
世纪公园	周期性镶嵌（c2mm）	世纪公园	周期性镶嵌（c2mm）
世纪公园	周期性镶嵌（c2mm）	世纪公园	周期性镶嵌（c2mm）
世纪公园	周期性镶嵌（c2mm）	黄兴公园	周期性镶嵌（c2mm）

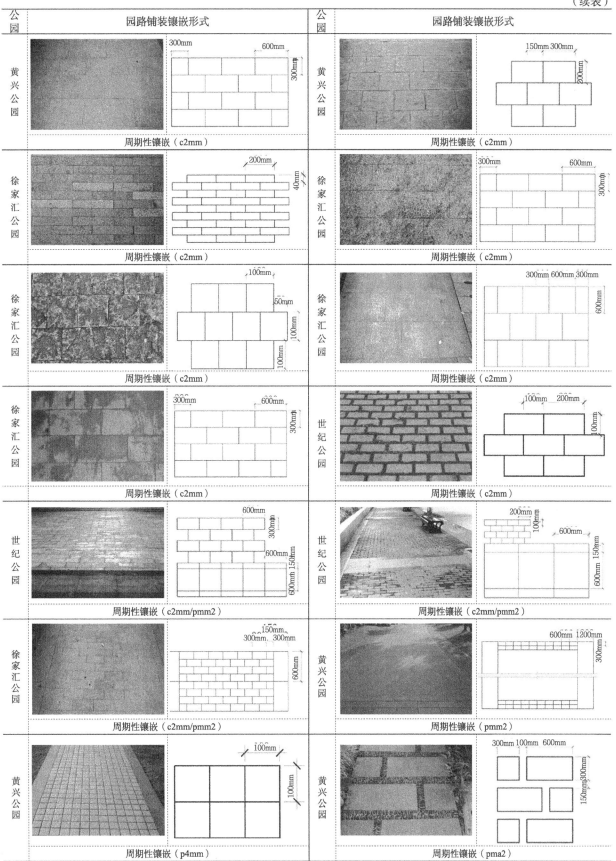

公园	园路铺装镶嵌形式	公园	园路铺装镶嵌形式
黄兴公园	周期性镶嵌（c2mm）	黄兴公园	周期性镶嵌（c2mm）
徐家汇公园	周期性镶嵌（c2mm）	徐家汇公园	周期性镶嵌（c2mm）
徐家汇公园	周期性镶嵌（c2mm）	徐家汇公园	周期性镶嵌（c2mm）
徐家汇公园	周期性镶嵌（c2mm）	世纪公园	周期性镶嵌（c2mm）
世纪公园	周期性镶嵌（c2mm/pmm2）	世纪公园	周期性镶嵌（c2mm/pmm2）
徐家汇公园	周期性镶嵌（c2mm/pmm2）	黄兴公园	周期性镶嵌（pmm2）
黄兴公园	周期性镶嵌（p4mm）	黄兴公园	周期性镶嵌（pma2）

（续表）

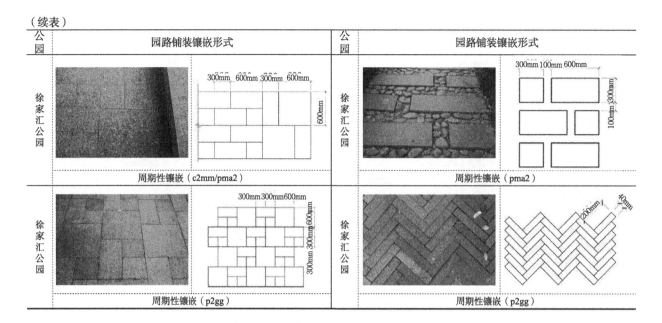

公园	园路铺装镶嵌形式		公园	园路铺装镶嵌形式	
徐家汇公园		周期性镶嵌（c2mm/pma2）	徐家汇公园		周期性镶嵌（pma2）
徐家汇公园		周期性镶嵌（p2gg）	徐家汇公园		周期性镶嵌（p2gg）

表 8-2-8 上海城市公园园路铺装各种镶嵌形式应用情况

规则周期性镶嵌	具体形式	c2mm	p4mm	p2mg	p4gm	p2gg	p2mm	pmm2	pma2
	出现频率	43	4	3	1	4	1	9	4
不规则非周期性镶嵌	具体形式	整体形式		碎拼/冰裂纹		图案镶嵌			
	出现频率	14		3		3			

合小青砖的铺装形式，与中国古典园林的花街铺地做法相结合，色彩、材质等具有古典园林的意境美，但部分铺装形式采用锐角的规则图形。复兴公园安静休憩场地铺装以碎拼形式为主，结合高地形与封闭性空间的植物配置，营造山林野趣。公园中的规则周期性镶嵌中，c2mm 式镶嵌较为简单，镶嵌单元的尺度较小，与整体空间氛围相协调，p4mm 式镶嵌结合古典园林中的鹅卵石与小青砖，使得铺装在对称的秩序中包含底蕴。

这一时期公园安静休憩空间铺装的共同特点是以不规则非周期性镶嵌的碎拼形式为主，在规则周期性镶嵌的铺装中，结合传统园林的景观元素与色彩，形成适宜停留休息，且不乏文化特色的古典园林式安静休憩场地铺装。

2）20 世纪中期公园安静休憩场地铺装及其镶嵌类型分析

由表 8-2-10 可知，20 世纪中期建成的公园中，安静休憩场地铺装采用了规则周期性镶嵌、规则非周期性镶嵌和不规则非周期性镶嵌等 3 种镶嵌形式，但以不规则非周期性镶嵌为主，铺装结合传统园林

元素，并且有对新铺装材料、铺装形式的应用。

和平公园安静休憩场地铺装中，规则周期性镶嵌和不规则非周期性镶嵌各有 5 种，其中不规则非周期性镶嵌以碎拼形式为主，运用不同材质、不同形状的石材，营造悠闲的空间氛围。规则周期性镶嵌采用了中国传统园林中的青砖铺地做法，镶嵌形式也为传统铺地的席纹、错砌等形式，配合古典建筑，形成规则、和谐、富有意境的铺装。杨浦公园安静休憩场地的规则周期性镶嵌的铺装所占的比例相对较高，铺装的镶嵌单元尺度较小，部分对称式镶嵌结合嵌草铺装，贴近自然，营造自然野趣，利于人们放松身心；或者在铺装表面加以纹理的变化，减少正方形镶嵌单元产生的单调感。

3）20 世纪末 21 世纪初公园安静休憩场地铺装及其镶嵌类型分析

由表 8-2-12 可知，在 20 世纪末 21 世纪初期建成的公园中，安静休憩场地的铺装镶嵌形式有规则周期性镶嵌、规则非周期性镶嵌和不规则非周期性镶嵌 3 种，以非周期性镶嵌居多。铺装形式整体的方向感不强，氛围较为自由轻松。规则式镶嵌在继

承传统镶嵌形式的基础上，加入了现代感、几何感较强的做法；不规则式镶嵌采用常用的碎拼做法，随着工艺水平的提高，逐渐多地使用整体形式压制出铺装纹理图案的做法。

在世纪公园的安静休憩区中，有2种碎拼式铺装、3种对称式铺装、1种规则非周期性镶嵌形式的铺装以及1种鹅卵石整体形式铺装，对称式铺装和碎拼式铺装为铺装的主要镶嵌类型。镶嵌单元的尺寸较小，镶嵌单元排列方式的秩序感比早期公园有所加强，铺装在营造自然悠闲氛围的同时较为注重场地的平整与方便施工的要求。

黄兴公园的安静休憩区铺装以不规则非周期性镶嵌为主，较为普遍的做法为在整体路面压制出不同的纹理图案。图案的形状自由多变，而又有一定的规律可循。

徐家汇公园的安静休憩区铺装多为规则式做法，与公园几何性强的特点相吻合。公园安静休憩空间有两处规则非周期性镶嵌、两处规则周期性镶嵌和一处不规则非周期性镶嵌。规则周期性镶嵌采用传统园林的小青砖席纹做法；规则非周期性镶嵌铺装运用不同颜色、尺寸的镶嵌单元形成具有一定规律的铺装图案，铺装图案的几何形式感强，使人们的心理产生不稳定感；不规则非周期性镶嵌铺装为鹅卵石嵌草铺装，自然轻松。

总体而言，通过对上海市不同时期的8个综合公园安静活动空间场地铺装的调查可知，公园中安静休憩场地的铺装镶嵌形式主要为规则周期性镶嵌和不规则非周期性镶嵌。其中，规则周期性镶嵌多应用中国古典园林的青砖铺地做法，形成传统的铺装图案，使场地具有古朴文化气息；不规则非周期性镶嵌类型中应用最为广泛的为碎拼式镶嵌和图案镶嵌，碎拼式镶嵌形式的方向性弱，易于形成自然郊野的空间特点，具有自然轻松的空间意境；而图案镶嵌则反映出铺装的文化内涵，具有诗情画意的意境。各种镶嵌类型中具体的镶嵌形式应用情况见表8-2-14。

对比不同时期安静活动空间场地铺装形式可以发现，镶嵌形式由早期公园中以碎拼形式为主，结合文化性的不规则非周期性镶嵌，向现代公园中注重工艺和个性的规则非周期性镶嵌和不规则非周期性镶嵌的铺装形式发展，铺装形式既继承传统青砖铺地和花街铺地的做法，又有创新型的个性化设计。

8.2.4 集会活动场地铺装平面镶嵌形式

集会活动型空间具有极高的开放性及公共性，其空间尺度一般很大，具有很高的开敞性。高开敞性的空间有利于人数众多的群众集会，可作为紧急避难场所。集会活动空间往往为公园中的大型活动提供场所，包括大型集会、文化展览、表演等，吸引并承载较大规模的人群；在日常的公园经营中，集会活动场地则成为游人进行各种自发活动的聚集场所，人们可在此进行较小规模的集会、唱歌、放风筝、锻炼等。

1）20世纪初期公园集会活动场地铺装及其镶嵌类型

由表8-2-15可知，在20世纪初期建成的综合公园中，集会活动空间的铺装镶嵌形式有规则周期性镶嵌、规则非周期性镶嵌和不规则非周期性镶嵌3种形式，以形式简单的规则周期性镶嵌为主，并以c2mm和p4mm式对称式镶嵌居多。场地原有的铺装形式多为单种镶嵌单元形按照一种镶嵌形式进行铺砌，形式简单；在后期新建的铺装中，镶嵌形式仍以规则周期性镶嵌为主，镶嵌形式种类多，图案丰富，并有体现场地形状特点的铺装形式。铺装的尺度与集会活动空间的特点基本相符，铺装在运用小尺度镶嵌单元的情况下通常借助镶嵌形式的组合、铺装色彩的变化来构建较大尺度的铺装图案。

鲁迅公园原有的公园铺装形式有c2mm和p4mm式规则周期性镶嵌，以及碎拼式等不规则非周期性镶嵌，后期新建有p2mg式嵌草铺装，镶嵌形式较为简单，风格古朴，与场地的空间氛围结合不密切。

中山公园原有的铺装镶嵌形式有c2mm、p4mm和p2mm式等对称式镶嵌，镶嵌单元为花岗岩石板或水泥预制块。在后期新建的场地铺装中，铺装的镶嵌形式种类增多，有p4式、p2gg式对称式镶嵌，有c2mm和p2mg、c2mm和p4gm式两级镶嵌形式，

表 8-2-9 20 世纪初期上海城市公园安静休憩空间铺装形式

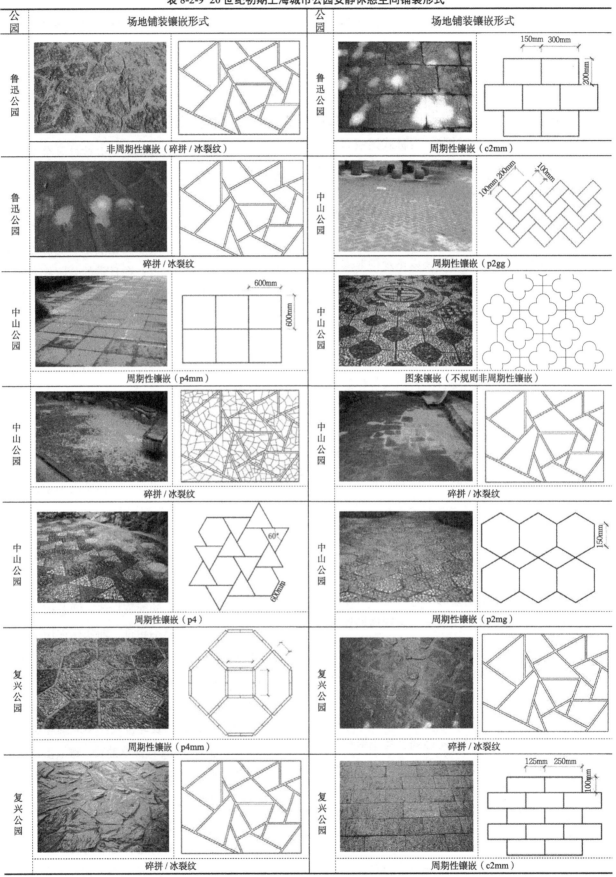

公园	场地铺装镶嵌形式	公园	场地铺装镶嵌形式
鲁迅公园	非周期性镶嵌（碎拼 / 冰裂纹）	鲁迅公园	周期性镶嵌（c2mm）
鲁迅公园	碎拼 / 冰裂纹	中山公园	周期性镶嵌（p2gg）
中山公园	周期性镶嵌（p4mm）	中山公园	图案镶嵌（不规则非周期性镶嵌）
中山公园	碎拼 / 冰裂纹	中山公园	碎拼 / 冰裂纹
中山公园	周期性镶嵌（p4）	中山公园	周期性镶嵌（p2mg）
复兴公园	周期性镶嵌（p4mm）	复兴公园	碎拼 / 冰裂纹
复兴公园	碎拼 / 冰裂纹	复兴公园	周期性镶嵌（c2mm）

表 8-2-10　20 世纪中期上海城市公园安静休憩空间铺装形式

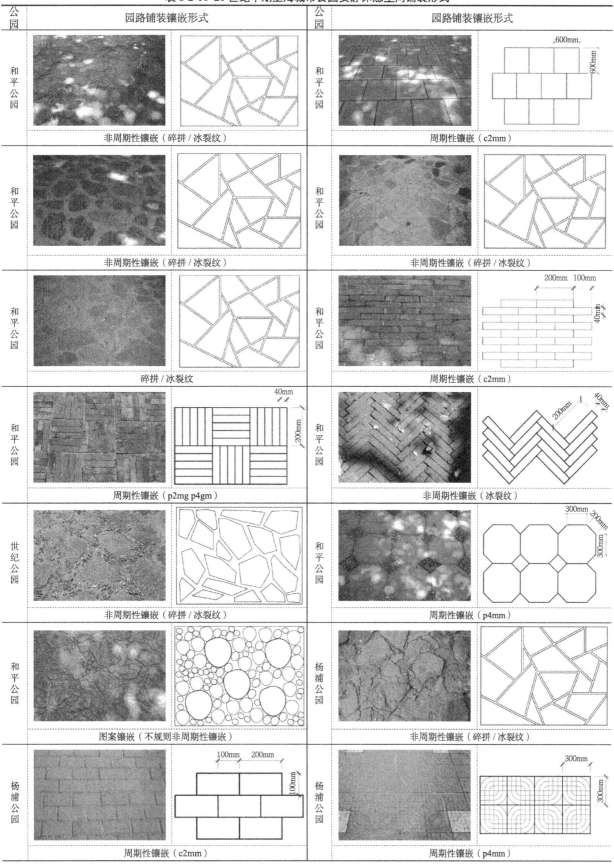

公园	园路铺装镶嵌形式	公园	园路铺装镶嵌形式
和平公园	非周期性镶嵌（碎拼／冰裂纹）	和平公园	周期性镶嵌（c2mm）
和平公园	非周期性镶嵌（碎拼／冰裂纹）	和平公园	非周期性镶嵌（碎拼／冰裂纹）
和平公园	碎拼／冰裂纹	和平公园	周期性镶嵌（c2mm）
和平公园	周期性镶嵌（p2mg p4gm）	和平公园	非周期性镶嵌（冰裂纹）
世纪公园	非周期性镶嵌（碎拼／冰裂纹）	和平公园	周期性镶嵌（p4mm）
和平公园	图案镶嵌（不规则非周期性镶嵌）	杨浦公园	非周期性镶嵌（碎拼／冰裂纹）
杨浦公园	周期性镶嵌（c2mm）	杨浦公园	周期性镶嵌（p4mm）

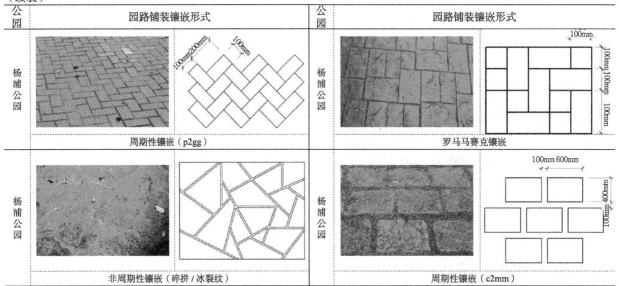

公园	园路铺装镶嵌形式	公园	园路铺装镶嵌形式
杨浦公园	周期性镶嵌（p2gg）	杨浦公园	罗马马赛克镶嵌
杨浦公园	非周期性镶嵌（碎拼/冰裂纹）	杨浦公园	周期性镶嵌（c2mm）

表 8-2-11 20 世纪中期上海城市公园安静休憩空间铺装各种镶嵌形式应用情况

镶嵌类型	规则周期性镶嵌					规则非周期性镶嵌	不规则非周期性镶嵌	
	c2mm	p4mm	p2gg	p2mg	p4gm	罗马马赛克镶嵌	整体形式	碎拼
数量	4	2	2	1	1	1	1	7

表 8-2-12 20 世纪末 21 世纪初期上海城市公园安静休息空间铺装形式

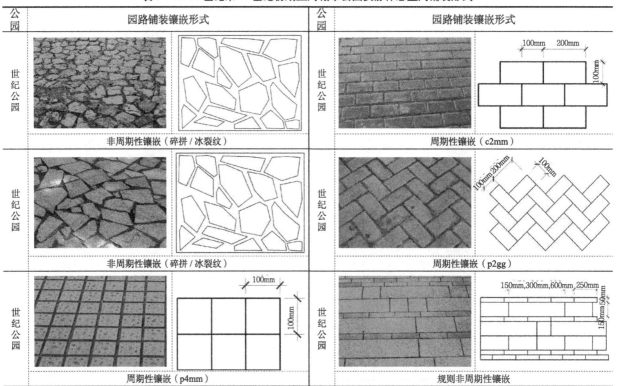

公园	园路铺装镶嵌形式	公园	园路铺装镶嵌形式
世纪公园	非周期性镶嵌（碎拼/冰裂纹）	世纪公园	周期性镶嵌（c2mm）
世纪公园	非周期性镶嵌（碎拼/冰裂纹）	世纪公园	周期性镶嵌（p2gg）
世纪公园	周期性镶嵌（p4mm）	世纪公园	规则非周期性镶嵌

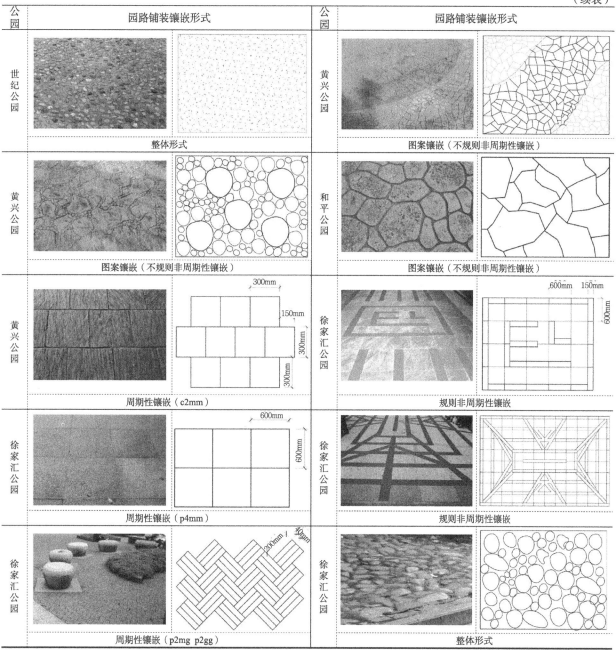

表 8-2-13 20 世纪末 21 世纪初期上海城市公园安静休憩空间铺装各种镶嵌形式应用情况

镶嵌类型	规则周期性镶嵌				规则非周期性镶嵌	不规则非周期性镶嵌		
	c2mm	p4mm	p2gg	p2mg		碎拼	图案镶嵌	整体形式
数量	2	2	2	1	3	3	3	2

表 8-2-14 上海市公园安静休憩空间铺装各种镶嵌形式应用情况

规则周期性镶嵌	具体形式	c2mm	p4mm	p2mg	p4gm	p2gg	p4
	出现频率	8	6	3		5	1
规则非周期性镶嵌	具体形式	罗马马赛克镶嵌					
	出现频率	1					
不规则非周期性镶嵌	具体形式	碎拼		图案镶嵌		整体形式	
	出现频率	16		4		3	

并且铺装形式设计开始结合场地形状和功能，出现发射式镶嵌的做法，体现出空间向心性。

复兴公园的集会活动空间场地铺装多为后期新建，原有的铺装形式有 p4mm 式对称式镶嵌，为花岗岩石板铺砌形式。后期新建的铺装，其镶嵌形式有 p4mm、c2mm、p2mg、pmm2 以及 p4mm、pmm2 和 p4mm 等多级组合镶嵌形式，以 p4mm 式对称式镶嵌居多。铺装尺度大小各异，在小尺度镶嵌单元的铺装中，运用色彩的变换构成较大尺度的图案形式，形成较大的尺度和空间感。

2）20 世纪中期公园集会活动场地铺装及其镶嵌类型

由表 8-2-16 可知，在 20 世纪中期建成的综合公园中，集会活动空间的铺装镶嵌形式有规则周期性镶嵌和不规则非周期性镶嵌，以规则周期性镶嵌为主，并以 c2mm 和 p4mm 式对称式镶嵌居多。对称式铺装的组合对称单元形和多级镶嵌用法增多，铺装趋向于运用小尺度的镶嵌单元进行多级镶嵌，或运用色彩的变化形成较大尺度的铺装图案。

和平公园集会活动空间的铺装类型有 c2mm 和 p4 式对称式铺装、整体形式铺装、碎拼式铺装以及 c2mm 式镶嵌和图案镶嵌相结合的铺装。铺装以 c2mm 式规则周期性镶嵌为主，c2mm 式镶嵌的镶嵌单元形有传统的长方形和长方形的衍生形式。

杨浦公园集会活动空间的铺装全部为规则周期性镶嵌，对称形式有 c2mm 式、p4mm 式和 pmm2 式等，其中，有两处场地铺装为两种对称形式的二级镶嵌，一处场地为组合式对称单元形的对称式铺装。场地铺装平整，有秩序感，适宜大规模集会活动。

3）20 世纪末 21 世纪初公园集会活动场地铺装及其镶嵌类型

由表 8-2-17 可知，在 20 世纪末 21 世纪初期建成的综合公园中，集会活动场地的铺装逐渐形成公园各自的特色，铺装的镶嵌形式以规则周期性镶嵌为主，镶嵌形式注重与场地形状相结合，形成不同形式的圆形发射的镶嵌形式。在铺装构形的基础上，结合色彩等其他铺装要素，在不变的构形中创造出变化的景观效果，显现出公园的铺装特色。

在世纪公园的铺装中，规则周期性镶嵌形式有 c2mm、p4mm、p1m1、pmm2 式对称形式等，以 c2mm 和 p4mm 两种形式为主。对称式铺装中多级镶嵌形式应用广泛，运用较大尺寸、不同色彩和质感的花岗岩石板铺装进行多级镶嵌，形成秩序感强的铺装图案；铺装中小尺度广场砖和鹅卵石结合应用，并运用不同的色彩处理，形成构形简单、铺装图案丰富、尺度感大的铺装图案形式。

在黄兴公园铺装中，规则周期性镶嵌形式有 c2mm、p4mm、p1m1 和 p4gm 式等。不同色彩的铺装搭配应用形式广泛。场地运用一种对称形式，对一定区域的镶嵌单元进行色彩上的改变，形成铺装的节奏感和秩序感，并扩大广场的尺度感，能引起视觉上的铺装变化。铺装方式既简单，又可减少单调感。另外，铺装形式结合场地形状，形成圆形发射式的铺装形式，既形成视觉的焦点，又加强空间的向心性。

徐家汇公园是上海海派文化公园的代表作之一，其铺装特色在集会活动空间体现得较为明显。铺装镶嵌形式有规则周期性镶嵌和规则非周期性镶嵌两类，规则周期性镶嵌形式有 c2mm、p2mg 和 pmm2 等形式，不规则非周期性镶嵌为圆形发射形式。规则周期性镶嵌的铺装，其镶嵌单元为普通正方形或长方形石板，但对称单元通常不只由单一一种形状组成，对称单元为多种图形的组合图形；或者用不同的颜色加以区分，运用简单的镶嵌单元设计出与众不同的铺装图案。公园存在两处发射形式的铺装，其中一处为公园入口附近圆形场地的铺装，铺装形式与场地形状相符合，并且用向心式的铺装强调出广场中心的景观元素，形成广场空间的主景。另一处圆形场地在公园景观轴线的交点，圆形发射形状的铺装使两条景观轴线在交点处得到和谐过渡。

总体而言，通过对上海不同时期的 8 个综合公园的集会活动空间场地铺装的调查可知，集会活动空间场地的铺装镶嵌形式主要为规则周期性镶嵌和规则非周期性镶嵌两类。公园集会活动场地铺装的镶嵌形式多样、景观效果佳（见表 8-2-18）。

公园集会活动场地铺装的镶嵌形式与公园建造

年代有关。通过对不同建成时期的公园铺装对比分析可知，铺装镶嵌形式由 20 世纪初期公园的单种镶嵌，发展到 20 世纪中期公园铺装中的多种对称形式、多种镶嵌形式，直至 20 世纪末 21 世纪初期公园铺装的多种镶嵌形式，并形成公园的铺装特色。

公园集会活动场地的铺装构形与场地的形状相关。集会活动空间的场地通常为正方形、长方形、圆形以及各种图形的组合形式，铺装的镶嵌形式和整体图案与场地的形状有着一定相关性。在中山公园、和平公园和徐家汇公园等公园的集会活动空间铺装中，有多处圆形场地采用了发射形式的铺装构形，既形成视线的焦点，又强化场地的空间感。

8.2.5 儿童活动场地铺装的平面镶嵌形式

儿童活动区铺装的材质与场地安全性关联，铺装的颜色、图案应体现一定的主题性、趣味性，以吸引儿童注意力。铺装可分隔空间、限定空间，使得同一场地中可以进行多项活动，同时铺装还可以提升孩子的认知能力。

1）20 世纪初期公园儿童活动场地铺装及其镶嵌类型分析

由表 8-2-19 可知，20 世纪初期建成的上海综合公园中，儿童活动场地以静态的池塘垂钓和动态的旋转木马等游戏活动为主，铺装所采用的对称形式分别为 c2mm 和 p4mm 两种，镶嵌单元形分别为长方形和正方形，镶嵌单元形的尺寸有较大差异。铺装的镶嵌图案形状简单，为公园中常用的铺装形式，儿童活动场地的特色不明显。

2）20 世纪中期公园儿童活动场地铺装及其镶嵌类型分析

由表 8-2-20 可知，20 世纪中期建成的综合公园中，儿童活动空间铺装的镶嵌形式有规则周期性镶嵌和不规则非周期性镶嵌。在和平公园中，儿童活动空间为儿童提供的活动主要为过山车、碰碰车等以大型游乐设施为主导的游戏类型，并且游乐设施的周围提供较大的家长休息空间。儿童与场地的接触不密切，场地主要用以承载游乐设施。铺装采用的镶嵌形式有规则周期性镶嵌的 p6mm 和 p4mm 形式，以及不规则非周期性镶嵌的碎拼形式。

杨浦公园中儿童活动空间的场地采用了塑胶铺地与沙坑，塑胶场地色彩鲜艳，卡通图案多样，为图案镶嵌形式。场地铺装镶嵌有太阳、海豚、海浪等图案，营造出儿童活动空间的场景感，可以调动儿童活动的欲望，吸引更多的儿童主动参与活动。

表 8-2-15 20 世纪初期上海城市公园集会活动空间铺装形式

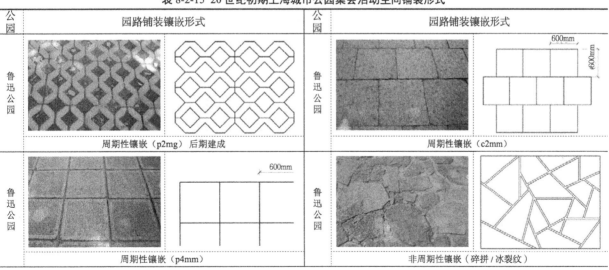

公园	园路铺装镶嵌形式	公园	园路铺装镶嵌形式
鲁迅公园	周期性镶嵌（p2mg）后期建成	鲁迅公园	周期性镶嵌（c2mm）
鲁迅公园	周期性镶嵌（p4mm）	鲁迅公园	非周期性镶嵌（碎拼/冰裂纹）

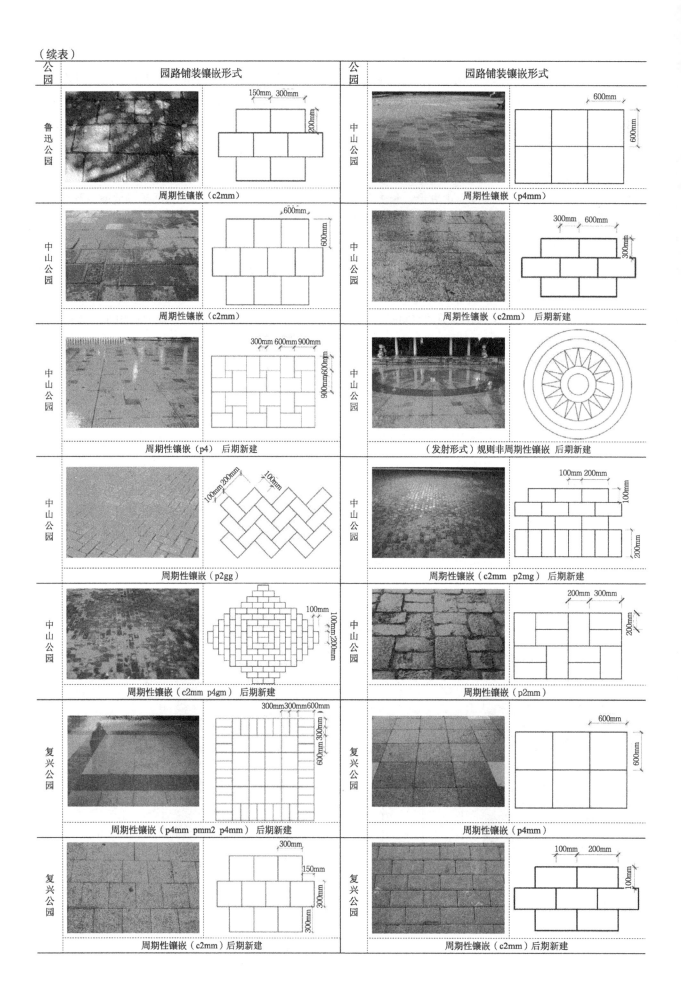

公园	园路铺装镶嵌形式	公园	园路铺装镶嵌形式
鲁迅公园	周期性镶嵌（c2mm）	中山公园	周期性镶嵌（p4mm）
中山公园	周期性镶嵌（c2mm）	中山公园	周期性镶嵌（c2mm）后期新建
中山公园	周期性镶嵌（p4）后期新建	中山公园	（发射形式）规则非周期性镶嵌 后期新建
中山公园	周期性镶嵌（p2gg）	中山公园	周期性镶嵌（c2mm p2mg）后期新建
中山公园	周期性镶嵌（c2mm p4gm）后期新建	中山公园	周期性镶嵌（p2mm）
复兴公园	周期性镶嵌（p4mm pmm2 p4mm）后期新建	复兴公园	周期性镶嵌（p4mm）
复兴公园	周期性镶嵌（c2mm）后期新建	复兴公园	周期性镶嵌（c2mm）后期新建

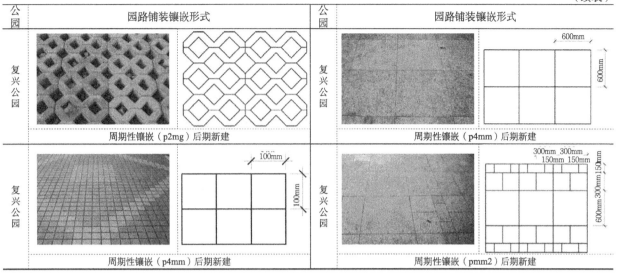

公园	园路铺装镶嵌形式	公园	园路铺装镶嵌形式
复兴公园	周期性镶嵌（p2mg）后期新建	复兴公园	周期性镶嵌（p4mm）后期新建
复兴公园	周期性镶嵌（p4mm）后期新建	复兴公园	周期性镶嵌（pmm2）后期新建

表 8-2-16 20 世纪中期上海城市公园集会活动空间铺装形式

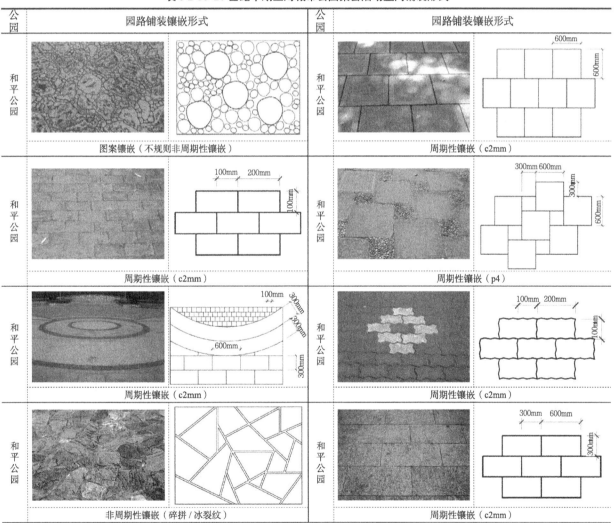

公园	园路铺装镶嵌形式	公园	园路铺装镶嵌形式
和平公园	图案镶嵌（不规则非周期性镶嵌）	和平公园	周期性镶嵌（c2mm）
和平公园	周期性镶嵌（c2mm）	和平公园	周期性镶嵌（p4）
和平公园	周期性镶嵌（c2mm）	和平公园	周期性镶嵌（c2mm）
和平公园	非周期性镶嵌（碎拼/冰裂纹）	和平公园	周期性镶嵌（c2mm）

（续表）

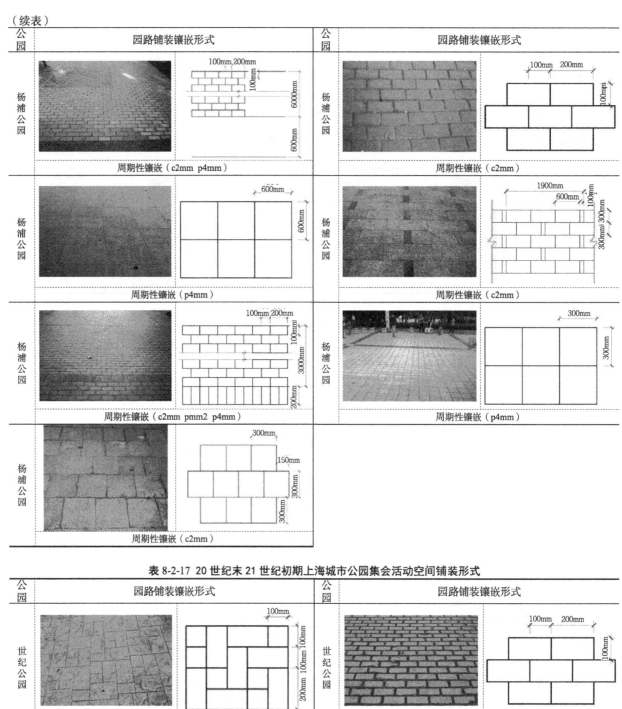

公园	园路铺装镶嵌形式	公园	园路铺装镶嵌形式
杨浦公园	周期性镶嵌（c2mm p4mm）	杨浦公园	周期性镶嵌（c2mm）
杨浦公园	周期性镶嵌（p4mm）	杨浦公园	周期性镶嵌（c2mm）
杨浦公园	周期性镶嵌（c2mm pmm2 p4mm）	杨浦公园	周期性镶嵌（p4mm）
杨浦公园	周期性镶嵌（c2mm）		

表 8-2-17 20 世纪末 21 世纪初期上海城市公园集会活动空间铺装形式

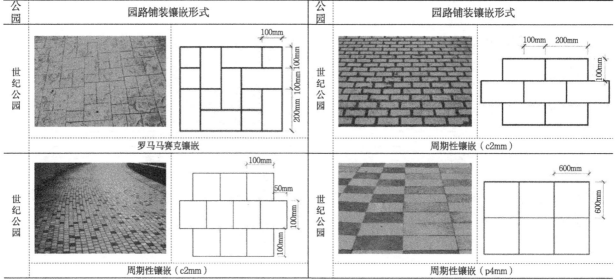

公园	园路铺装镶嵌形式	公园	园路铺装镶嵌形式
世纪公园	罗马马赛克镶嵌	世纪公园	周期性镶嵌（c2mm）
世纪公园	周期性镶嵌（c2mm）	世纪公园	周期性镶嵌（p4mm）

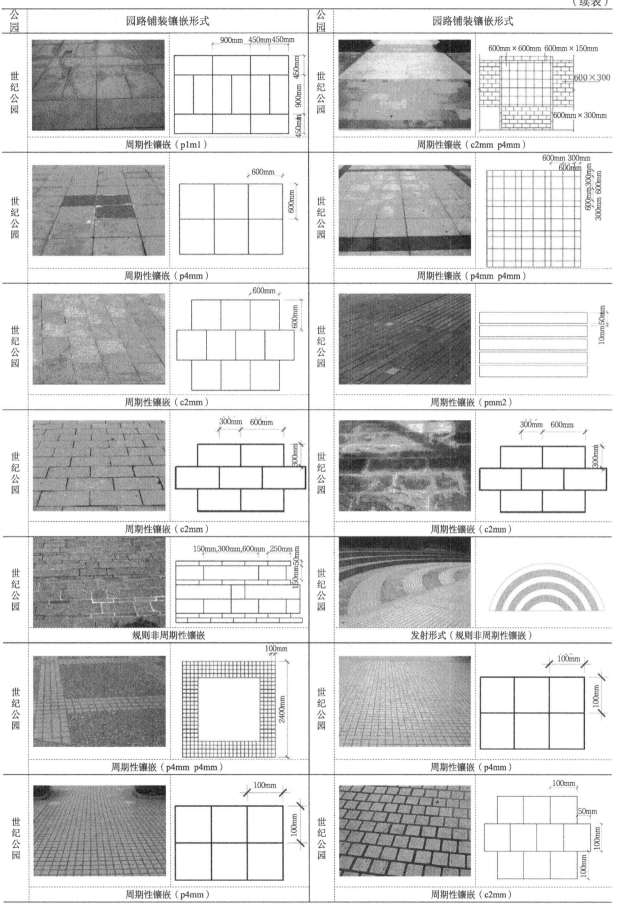

公园	园路铺装镶嵌形式	公园	园路铺装镶嵌形式
世纪公园	周期性镶嵌（p1m1）	世纪公园	周期性镶嵌（c2mm p4mm）
世纪公园	周期性镶嵌（p4mm）	世纪公园	周期性镶嵌（p4mm p4mm）
世纪公园	周期性镶嵌（c2mm）	世纪公园	周期性镶嵌（pmm2）
世纪公园	周期性镶嵌（c2mm）	世纪公园	周期性镶嵌（c2mm）
世纪公园	规则非周期性镶嵌	世纪公园	发射形式（规则非周期性镶嵌）
世纪公园	周期性镶嵌（p4mm p4mm）	世纪公园	周期性镶嵌（p4mm）
世纪公园	周期性镶嵌（p4mm）	世纪公园	周期性镶嵌（c2mm）

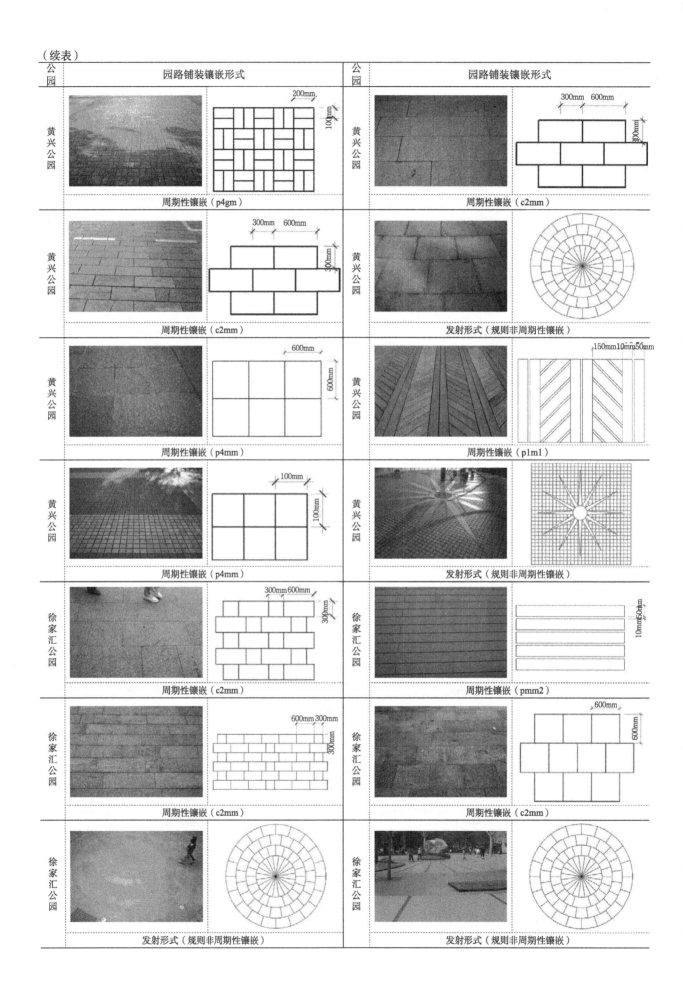

公园	园路铺装镶嵌形式	公园	园路铺装镶嵌形式
黄兴公园	周期性镶嵌（p4gm）	黄兴公园	周期性镶嵌（c2mm）
黄兴公园	周期性镶嵌（c2mm）	黄兴公园	发射形式（规则非周期性镶嵌）
黄兴公园	周期性镶嵌（p4mm）	黄兴公园	周期性镶嵌（p1m1）
黄兴公园	周期性镶嵌（p4mm）	黄兴公园	发射形式（规则非周期性镶嵌）
徐家汇公园	周期性镶嵌（c2mm）	徐家汇公园	周期性镶嵌（pmm2）
徐家汇公园	周期性镶嵌（c2mm）	徐家汇公园	周期性镶嵌（c2mm）
徐家汇公园	发射形式（规则非周期性镶嵌）	徐家汇公园	发射形式（规则非周期性镶嵌）

表 8-2-18 上海城市公园集会活动空间铺装各种镶嵌形式应用情况

规则周期性镶嵌	具体形式	c2mm	p4mm	p2mg	p4gm	p4	p2gg	p2mm	pmm2
	出现频率	30	23	4	2	2	5	4	5
规则非周期性镶嵌	具体形式	发射形式		罗马马赛克镶嵌			其他		
	出现频率	5		1			1		
不规则非周期性镶嵌	具体形式	整体形式		图案镶嵌			碎拼		
	出现频率	1		1			2		

调查发现，杨浦公园儿童活动区中儿童的数量多于和平公园，儿童兴奋程度更高，在场地停留时间更长。

3）20 世纪末 21 世纪初期公园儿童活动场地铺装及其镶嵌类型分析

由表 8-2-21 可知，在 20 世纪末 21 世纪初期建成的综合公园中，儿童活动场地铺装的镶嵌形式以非周期性镶嵌为主。

世纪公园的儿童活动场地铺装有 1 种图案式镶嵌、1 种罗马马赛克镶嵌和 1 种 p4mm 式对称式镶嵌，其中，p4mm 式镶嵌单元形中存在图案镶嵌的形式。

黄兴公园的两个儿童活动场地铺装分别采用了整体形式和图案式镶嵌，场地铺装为不规则非周期性镶嵌。铺装场地配合景石的设计，运用简单的景观元素搭配整体形式的塑胶铺装，给儿童提供足够的想象与自我发挥的空间。图案镶嵌的铺装结合地形，场地高低起伏，波浪形的图案纹理形成有节奏的变化，儿童在场地上可进行奔跑、滑板等多种活动。

总体而言，通过对上海市的 8 个综合公园的儿童活动空间场地铺装的调查可知，儿童活动空间铺装的镶嵌形式有规则周期性镶嵌、规则非周期性镶嵌和不规则非周期性镶嵌（见表 8-2-22）。对比不同建成时期的公园可知，随着时间的推移，

儿童活动空间的场地铺装镶嵌形式中，规则周期性镶嵌应用逐渐减少，而规则非周期性和不规则非周期性镶嵌的应用有所增加。其中，规则周期性镶嵌中应用较多的为罗马马赛克镶嵌，不规则非周期性镶嵌中则主要应用图案镶嵌。

儿童活动场地的铺装镶嵌形式与其为儿童提供的活动类型有着直接关系。在有大型游乐器械的场地，铺装与儿童的直接接触较少，而是用于承载游乐设施，采用耐压的硬质铺装，运用石板、砖等材质，进行规则周期性或规则非周期性的镶嵌，并且规则非周期性的镶嵌应用实例增多，规则周期性镶嵌也力求有所变化，如在镶嵌单元上进行图案镶嵌等镶嵌形式。

儿童活动空间中，与儿童接触较为紧密、直接承载儿童活动的场地铺装，其镶嵌形式多为不规则非周期性镶嵌，包括整体形式和图案镶嵌等。铺装运用的材质以塑胶为主，铺装面层镶嵌图案，或者点缀其他景观元素、结合地形进行个性化设计，以营造出适合儿童行为心理特点的空间氛围。

通过对上海市的 8 个综合公园调查分析可知，公园中使用的镶嵌形式有规则周期性镶嵌、规则非周期性镶嵌和不规则非周期性镶嵌，不规则周期性镶嵌与准周期性镶嵌在公园铺装中应用较少。

规则周期性镶嵌有同种镶嵌单元的单种镶嵌方式镶嵌、同种镶嵌单元的多种镶嵌方式组合或多级

镶嵌、多种镶嵌单元组合形的单种镶嵌方式铺砌和多种镶嵌单元的多种镶嵌方式组合或多级镶嵌等不同方法的应用。应用的对称形式有 c2mm、p4mm、p2mg、p4gm、p4、p2gg、p6mm、p2mm、pmm2、pma2 等。规则非周期性镶嵌的具体镶嵌形式有罗马马赛克镶嵌、鹅卵石铺砌的规则图案的非周期性镶嵌等。不规则非周期性镶嵌的具体镶嵌形式有整体形式、鹅卵石花街铺地的图案镶嵌、整体形式的图案镶嵌等。

公园不同的空间，其场地铺装有各自的镶嵌特点。入口空间铺装多应用规则周期性镶嵌，周期性镶嵌的对称形式主要为 p4mm 式和 c2mm 式。园路铺装应用较多的为规则周期性镶嵌和不规则非周期性镶嵌，规则周期性镶嵌的对称类型主要为 c2mm，不规则非周期性镶嵌的具体形式为整体形式镶嵌、碎拼或冰裂纹镶嵌和图案镶嵌。安静休憩空间铺装应用较多的镶嵌类型为规则周期性镶嵌和不规则非周期性镶嵌，规则周期性镶嵌的镶嵌形式多为中国古典园林铺地形式，对称形式有 c2mm、p4mm、p2mg、p4gm、p2gg、p4 等，以 c2mm、p4mm 和 p2gg 居多；不规则非周期性镶嵌具体形式有碎拼或冰裂纹镶嵌、图案镶嵌、整体形式镶嵌等。集会活动空间铺装的镶嵌类型有规则周期性镶嵌、规则非周期性镶嵌和不规则非周期性镶嵌。规则周期性镶嵌的具体对称形式有 c2mm、p4mm、p2mg、p4gm、p4、p2gg、p2mm、pmm2 等，并以 c2mm 和 p4mm 居多，规则非周期性镶嵌主要为圆形场地的发射形式镶嵌，不规则非周期性镶嵌有整体形式和少量的碎拼形式。儿童活动空间铺装的镶嵌类型有规则周期性镶嵌、规则非周期性镶嵌和不规则非周期性镶嵌，规则周期性镶嵌的具体对称形式有 c2mm、p4mm 和 p6mm 等，规则非周期性镶嵌的具体形式为罗马马赛克式镶嵌，不规则非周期性镶嵌的具体形式有图案镶嵌和碎拼形式。其中，规则非周期性镶嵌中的图案镶嵌形式在儿童活动空间铺装中应用最为广泛。

8.3 基于平面镶嵌理论的铺装设计策略

公园道路与场地铺装具有引导运动方向、影响游览的速度与节奏、暗示场地的功能、影响空间尺度感、协调统一空间、表达空间个性、创造视觉趣味以及背景的作用。铺装设计除了要遵循安全防滑、经济耐用、艺术性等原则外，通常还运用隐喻、象征的手法来表现某种文化传统和乡土气息，引发人们视觉的、心理上的联想和回忆。使人产生认同感和亲切感，是铺装构形设计中创造个性特色常用的手法。在公园铺装的构形设计中还经常运用文字、符号、图案等焦点性创意进行细部设计，以突出空间的个性特色。这些带有文字、符号、图案的焦点性铺装部分具有很强的装饰性和趣味性，有的充满地方色彩，有的表现地图内容，有的具有指向、标示作用，也有的间隔排列作路标使用。它们有效地吸引人们的注目，赋予了空间环境文化内涵，增强了环境的可读性和可观赏性。

8.3.1 入口场地铺装设计策略

公园入口空间为公园景观的第一序列，要满足交通组织功能和基本的礼仪功能。公园的入口分为主入口与次入口，主入口空间对铺装的礼仪性要求相对次入口较高，镶嵌设计时应更加注重景观效果的营造；次入口空间的主要功能为组织引导人流，且交通功能性较强，镶嵌形式的设计则应更加注意其引导功能。

1）铺装镶嵌单元的选择

入口空间场地铺装可选择多种铺装镶嵌单元，且以一种镶嵌单元占主导，与其他附属镶嵌单元形成视觉上的对比，暗示场地的交通组织，便于形成铺装的秩序与节奏。并且采用一种镶嵌单元在入口空间进行大面积镶嵌，可以强化入口空间的整体性，具有稳定感。多种镶嵌单元形易于镶嵌成图案丰富的铺装景观，避免空间产生单调感。

铺装中应有方向性明确的镶嵌单元。入口空间的交通引导功能主要为区域性引导，通过铺装的构形来实现，方向性明确是区域性引导的一个基本要

表 8-2-19 20 世纪初期上海城市公园儿童活动场地铺装形式

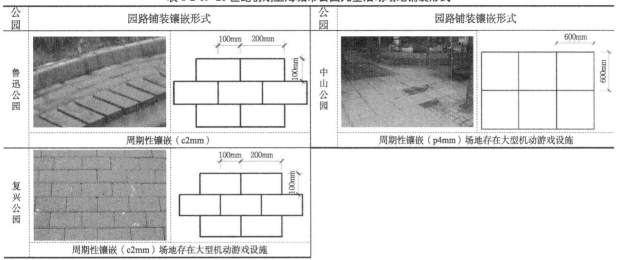

表 8-2-20 20 世纪中期上海城市公园儿童活动空间铺装形式

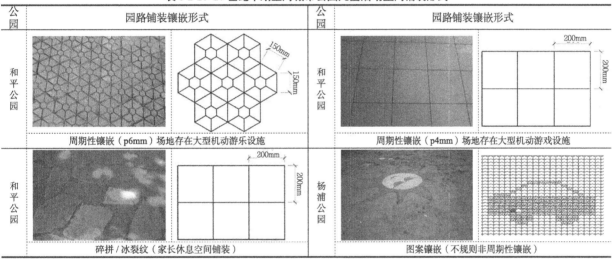

表 8-2-21 20 世纪末 21 世纪初期上海城市公园儿童活动场地铺装形式

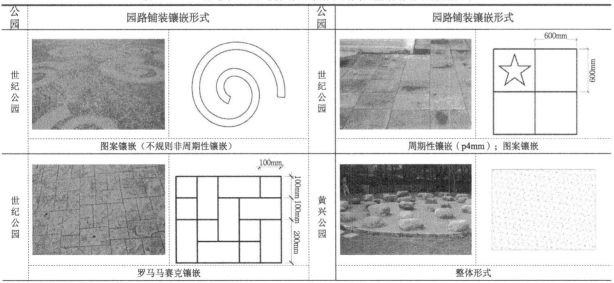

（续表）

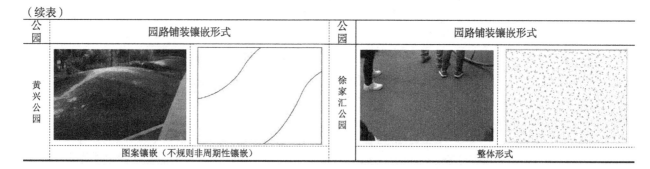

公园	园路铺装镶嵌形式		公园	园路铺装镶嵌形式	
黄兴公园			徐家汇公园		
	图案镶嵌（不规则非周期性镶嵌）			整体形式	

表 8-2-22 上海城市公园儿童活动空间铺装各种镶嵌形式应用情况

规则周期性镶嵌	具体形式	c2mm		p4mm	p6mm
	出现频率	2		3	1
规则非周期性镶嵌	具体形式		罗马马赛克镶嵌		
	出现频率		1		
不规则非周期性镶嵌	具体形式	图案镶嵌		整体形式	碎拼
	出现频率	3		2	1

求。通常长方形具有较强的导向性，而正方形具有次之的双向导向性，圆形具有较强的装饰性，而六边形在稍弱的装饰性中含有多向性。公园入口空间铺装对镶嵌单元的选择以正方形和长方形为主（见图 8-3-1）。

2）铺装镶嵌形式的运用

周期性镶嵌易于产生秩序感，满足入口空间对礼仪性的要求。入口空间铺装可选用周期性镶嵌的形式，或将周期性镶嵌与其他镶嵌形式相结合。可考虑运用整体形式的混凝土铺装。

周期性镶嵌的图案宜简洁、规整，首选的对称形式有 p4mm、c2mm、p2mg、p4、p4gm，其次可以为 c1m1、p2gg、p2mm、p1m1、p211、p1g1 等。主入口铺装采用 p4mm、p2mg 式镶嵌，可增强空间的正式感和礼仪性；次入口空间采用 c2mm 镶嵌，增强对游人的引导，加强次入口交通疏散的功能。

镶嵌形式的组合嵌套式是增强铺装艺术表现力的重要手法。入口空间铺装不局限于单种镶嵌形式的运用，可以进行多级镶嵌，在满足功能性的基础上增加其艺术效果。多级镶嵌的运用使多种镶嵌单元做到物尽其用，发挥出各自最佳的铺装效果。如 p4mm 式镶嵌具有较强的秩序感，图案镶嵌具有较强的艺术表现力，将两种镶嵌形式结合运用，既显得庄严规整，又不乏变化与艺术性（见图 8-3-2）。

8.3.2 园路铺装设计策略

园路铺装的主要功能是交通和引导，除通过园路线性引导交通外，还可以通过园路铺装的镶嵌形式来加强引导功能。通常运用周期性镶嵌强化园路的引导效果；运用非周期性镶嵌的图案镶嵌等形式，提升铺装的艺术性。通过园路线形与铺装形式共同引导的园路，其铺装形式则主要运用周期性镶嵌，平面平移对称形式以 c2mm 式对称式镶嵌为主，带状平移对称形式以 pmm2 等对称形式为主。另外，从交通引导功能出发，园路中可以应用的周期性镶嵌形式有 pma2 等一维对称形式，p4mm、p2mg、p2mm、p2gg、p4gm、p4、p1m1、c1m1 等二维对称形式。

1）根据园路的类型选择铺装镶嵌形式

园路的铺装形式与园路的类型有着直接关系。主要园路需考虑车辆通行，对铺装承载力的要求较高，通常选择沥青路面或混凝土路面的整体铺装形式，部分公园路段运用花岗岩石板进行周期性镶嵌。整体形式的路面设计可结合图案镶嵌，或者有规律地运用周期性镶嵌，形成行进过程中的节奏感。块砌路面的铺装镶嵌形式可进行周期性镶嵌，以 c2mm 式对称形式为主，结合 p2mm、p4mm 等其他对称形式。

公园的次要园路铺装宜使用周期性镶嵌作为主

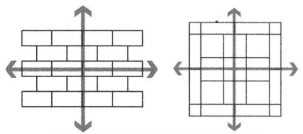

图 8-3-1 长方形和正方形镶嵌单元的方向性

要镶嵌方式,以长方形镶嵌单元的 c2mm 式对称形式居多,形成简单而不单调的铺装效果。

休闲步道的铺装形式较为灵活。主要以营造悠闲的氛围为主,使用者在游步道上的行进速度慢,以散步为主,心情轻松,停留时间相对较长。因此,游步道常用的铺装方式有以 c2mm 式镶嵌为主的规则周期性镶嵌,也有采用图案镶嵌等非周期性镶嵌形式,如中山公园中游步道大量运用花街铺地的做法,体现铺装的文化内涵。

异型园路的铺装设计形式相对较为固定,主要为碎拼形式和块石汀步形式。块石汀步形式的异型园路运用 pmm2 式或 p2mm 式带状对称形式。而碎拼或冰裂纹铺地则是运用不规则非周期性镶嵌形式。

2)根据园路所处的功能区选择铺装镶嵌形式

园路铺装形式应满足其特有的交通引导的特点,同时园路不是独立于公园的功能区而存在的,它连通着公园的各种类型的空间,其铺装形式还受到其所处的空间氛围的影响。根据园路所处的功能区的不同,园路的铺装形式应有着与其所在功能区空间

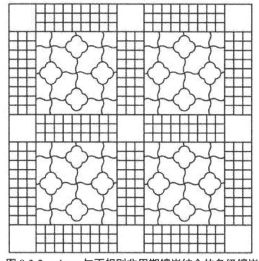

图 8-3-2 p4mm 与不规则非周期镶嵌结合的多级镶嵌

氛围相符合的镶嵌类型。比如,庄重严肃的空间氛围中,宜选择规则周期性镶嵌,规整严谨;悠闲轻松和自然野趣的氛围中,可选用不规则非周期性镶嵌中的碎拼形式;诗情画意的空间中可选用不规则非周期性镶嵌中的花街铺地做法等。

8.3.3 安静休憩场地铺装设计策略

安静休憩空间具有悠闲轻松和诗情画意两种特点,场地铺装应该从人们的放松身心、缓解工作疲劳这一需求出发,合理选择镶嵌形式。

安静休憩场地铺装的镶嵌单元、镶嵌形式应弱化其规律性与方向性。不规则非周期性镶嵌形式的镶嵌单元或镶嵌方式都较为自由,规律性弱。因此,安静休憩场地的铺装适宜选择不规则非周期性镶嵌形式,如碎拼式镶嵌、冰裂纹式镶嵌、整体形式镶嵌和图案镶嵌等。

由于中国特有的古典园林铺装文化,中国古典园林中的诸多周期性镶嵌形式运用于安静休憩场地的铺装中,营造出诗画意境的空间氛围。这些镶嵌的形式主要是基于传统青砖铺地、花街铺地等铺装形式。古典园林中传统铺装形式的做法对应的周期性镶嵌形式如表 8-3-1 所示。

除了对传统铺装镶嵌方式选择不规则非周期性镶嵌以外,安静休憩空间的铺装还可对规则镶嵌单元进行改造,弱化其直线性所带来的明确的方向性,并结合规律性不突出的镶嵌方式进行铺装设计。如对镶嵌多边形按照埃舍尔镶嵌方式进行改造,将直线边改为曲线边,进行镶嵌单元的柔化处理,按照原有的镶嵌方式镶嵌,即可营造较为自由轻松的氛围(见图 8-3-3)。

8.3.4 集会活动场地铺装设计策略

公园中集会活动空间的服务人群最广,活动类型多样,其铺装镶嵌方式也应做到多种方式结合。通过铺装视觉效果暗示场地的空间性格,通过铺装材质的变化暗示场地空间的分隔与功能变化。铺装镶嵌单元的尺度应与整个场地的尺度比例相协调,镶嵌方式可与场地形状相结合,体现空间的特色。

1）根据活动场地的尺度选择铺装镶嵌形式

根据规模的不同，公园中通常设置有一处或多处集会活动空间，空间尺寸有大、中、小之分。不同规模的集会活动场地的铺装镶嵌形式有所差别。

大尺度的集会活动空间场地铺装宜选用多种镶嵌单元的多种镶嵌方式组合或多级镶嵌形式，进行周期性镶嵌。可以选用的周期性镶嵌方式有p1m1、p1g1、c1m1、p211、p2mg、p2mm、p2gg、c2mm、p3m1、p4、p4mm、p4gm、p6mm等对称式镶嵌形式。在进行多级镶嵌时，一级镶嵌对称形式的选用可灵活多样，二级或更高级镶嵌形式可选用p4mm等对称形式，对称性高的镶嵌形式宜将整个铺装统一为一个整体。

小尺度的集会活动空间场地铺装宜选用单种或多种镶嵌单元的单种周期性镶嵌方式，或其他非周期性镶嵌方式。铺装镶嵌单元的尺寸与场地尺寸相协调，不宜过大。周期性镶嵌方式宜使用p2mg、p2mm、p2gg、c2mm、p4、p4mm、p4gm和p6mm等形式。非周期性镶嵌则使用特鲁切特镶嵌、罗马马赛克镶嵌、不规则图案镶嵌、发射形式等多种镶嵌形式。

2）根据活动场地的形状选择铺装镶嵌形式

在公园各种类型的空间中，集会活动场地的镶嵌形式与场地形式的结合相对较为紧密。正方形的场地从几何角度归类既属于轴对称，又属于中心对称，而长方形场地属于轴对称图形，这两种场地的铺装可选用对称性较高的规则周期性镶嵌形式。运用正方形或长方形砌块，根据场地尺度等其他因素选择单种镶嵌形式或多种、多级镶嵌形式。可以选用的规则周期性镶嵌的对称形式有p1m1、p1g1、c1m1、p211、p2mg、p2mm、p2gg、c2mm、p3m1、p4、p4mm、p4gm、p6mm等。

圆形场地属于中心对称，其重心位于圆心，场地具有向心性和汇聚性。圆形场地铺装形式应与场地的向心性相协调，可选择不规则非周期性镶嵌中的圆形发射形式的铺装图案，也可选择彭罗斯镶嵌等准周期镶嵌或规则周期性镶嵌形式。

3）场地铺装的特色化设计

集会活动空间作为公园面向公众的一个重要窗口，铺装镶嵌形式不宜过于单调，可运用传统的铺装设计方法，选择多种镶嵌单元、多种镶嵌方式组合或多级嵌套的镶嵌方式，也可创新使用新型镶嵌方式，运用彭罗斯镶嵌、针轮镶嵌和阿曼镶嵌等多种非周期性镶嵌形式，也可将传统周期性镶嵌结合新型准周期性镶嵌，根据场地的尺度、形状合理搭配，融入色彩、质感等变化，减少场地不同区域铺装的单调性重复，提高铺装图案的丰富度。比如，徐家汇公园集会活动空间的铺装设计，单处场地运用了4种镶嵌单元形，3种不同色彩与质感的材料，加以2种镶嵌形式的多级嵌套铺装，其铺装采用传统常见的镶嵌形式，但形成了公园独有的特色铺装形式（见图8-3-4）。

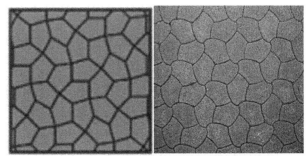

图 8-3-3 五边形经埃舍尔变形后形成的镶嵌图形

表 8-3-1 古典园林中传统铺装的周期性镶嵌形式

铺地形式	人字式	席纹式	间方式	斗纹式	六方式	攒六方式
镶嵌形式	p2gg	p2mg、p2gg	p2mg、p4	p4	p6mm	p6mm
铺地形式	八方间六方式	长八方式	八方式	海棠式	球门式	套六方式
镶嵌形式	p2mg	p2mg	p4mm	p2mg	c2mm	p2mg

8.3.5 儿童活动场地铺装设计策略

儿童是公园一个较为特殊的人群，他们有着不同于成年人的好动、好奇心强等特点，同时又处于学习的启蒙阶段。因此，儿童活动场地铺装形式的设计有其特殊的要求。

1）安全性与趣味性设计

儿童活泼好动，在公园活动中通常兴奋度高，又加之其小脑发育不完全，容易跌倒摔伤，因而儿童活动场地铺装设计必须满足安全性的要求，特别是直接承载儿童活动的铺装场地。现有的公园铺装材料中，安全系数较高的主要为塑胶铺装。从铺装材料的角度考虑，儿童活动场地铺装通常设计为不规则非周期性镶嵌中的整体形式的塑胶场地，塑胶弹性高，并且整体形式的场地平整，儿童在场地中出现磕绊的情况相对较少。在塑胶场地上运用不同的色彩形成铺装构形的变化，或加以各种卡通形象的图案镶嵌。

承载游乐设施的儿童活动场地与儿童的直接接触较少，其铺装材料安全性的限制相对较小，承载功能要求相对较高。场地铺装可运用硬质材料的石材砌块或整体混凝土等材料进行铺砌，选择新奇、趣味性的镶嵌形式。块砌铺装可运用特鲁切特镶嵌、罗马赛克式镶嵌、准周期性镶嵌等，整体形式的硬质场地铺装可运用彩色混凝土等材料。

2）科普性设计

童年期和学龄少年期的身体和心智发育较快，他们对新事物容易产生较浓的兴趣，模仿学习能力较强。针对这一年龄段儿童的铺装设计应寓教于乐，在为他们提供游戏空间的同时，铺装形式上应融入科普性设计方法。

儿童活动场地可以根据公园的主题，选择图案镶嵌等形式的铺装，营造出一定的情景氛围，寓教于乐。在采用块砌铺装时，镶嵌单元形的尺寸与形状宜有所变化，并将多种镶嵌形式结合运用，可选用多种镶嵌单元的多种镶嵌铺装形式，满足儿童的好奇心，并启发他们对图形的认识。儿童活动空间场地的周期性镶嵌形式可以选用17种平面平移对称形式中的多种进行搭配组合与多级嵌套，镶嵌单元形可包括五角星、六边形等易于引起儿童兴趣的形状。非周期性镶嵌除了可以选用图案镶嵌外，还可以选择特鲁切特镶嵌、罗马马赛克镶嵌等图案变化多样的镶嵌形式。

另外，儿童活动空间的场地铺装最适宜进行创新性的设计，新型的铺装设计形式适宜应用于此。儿童容易对奇异形状的镶嵌单元产生兴趣，彭罗斯镶嵌、针轮镶嵌、阿曼镶嵌等准周期性镶嵌的铺装设计适宜在儿童活动场地加以应用。这些准周期性镶嵌形式的数学规律强、图案生动，具有良好的科普教育意义，铺装镶嵌单元再配以色彩的变化，可以对儿童产生较大的吸引力，达到寓教于乐的目的（见图8-3-5）。

3）结合其他景观元素设计

儿童对周围环境的变化较为敏感。因此，儿童活动空间的铺装与其他景观元素相结合，往往可以使儿童的心理和行为产生较为明显的变化。

儿童公园的铺装设计可以结合地形、山石小品、植物和水体等景观元素，运用形式自由的不规则非周期性镶嵌铺装，与景观元素相协调，形成既灵活多变，又和谐统一的铺装效果，可较大程度地提高儿童的兴奋度。公园中形式灵活的镶嵌形式多为塑胶材质的图案镶嵌，采用不规则非周期性镶嵌的铺装形式。如黄兴公园儿童活动场地的铺装结合地形、置石设计，在丰富景观效果的同时，提升了活动的趣味性（见图8-3-6）。

图 8-3-4 徐家汇公园特色铺装

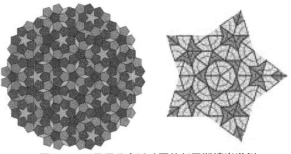

图 8-3-5 可用于儿童活动区的彭罗斯镶嵌举例

图 8-3-6 黄兴公园儿童活动空间铺装

本章注释

[1] 汤晓敏，王云. 景观艺术学——景观要素与艺术原理 [M]. 上海：上海交通大学出版社，2013.

[2] http://en.wikipedia.org/wiki/Tessellations.

[3] 王晓峰. 平面镶嵌 [J]. 数学教学，2003(10)：20-24.

[4] 陈国本，彼埃罗·普立马沃利. 国外石材地面和墙面的铺装（之二）[J]. 石材，2008(1)：46-50.

[5] 沈源. 整体系统：建筑空间形式的几何学构成法则 [D]. 天津：天津大学，2010.

9 水景观研究

水作为造园的血脉是园林中不可或缺的组成要素。从古至今，不论是大型的北方皇家苑囿，或是小巧雅致的江南私家园林，还是各种类型的城市绿地，凡条件具备，必然引水造景。如今公园中的水景可以说是丰富百态，新材料、新技术的应用为公园创造了充满趣味又有艺术美的水景形式。

水景，顾名思义因水成景，是指以水为主体的环境[1]，包括水体本身以及依托水体所形成的景观环境。水体一般指江河、湖泊、池沼、溪涧等的总称；而水景是指水体与动物、悬浮物、底泥、堤岸、树木、建筑物以及相关设施等组成的完整环境系统。水景从狭义角度又分为水体景观和水体伴生景观。水体景观是指单纯的水体与水体之中的物质构成的景观，而水体伴生景观是指依托于水体形成的水陆交界区域的景观[2]。

9.1 研究对象与内容

本章研究对象为上海综合公园中的水景，包括水体本身和依托水体形成的景观两个方面，前者是后者的基础，后者是前者的艺术表现，两者相互依存，不可分割。

9.1.1 研究对象与数据采集

本研究通过为期 3 个月两个阶段的实地调查获得第一手资料。第一阶段通过对上海 28 个综合公园进行预调研（见附录 1），确定了公园规模大于 5hm² 、公园边界明确、公园水系边界清晰的 12 个综合公园为研究样本：大宁灵石公园、长风公园、复兴公园、中山公园、天山公园、新虹桥中心花园、徐家汇公园、杨浦公园、黄兴公园、世纪公园、和平公园、鲁迅公园（见附录 2、附录 3）。12 个综合公园修建年代不同，规模、区位、风格各异，具有较好的代表性。

第二阶段，针对已确定的 12 个样本公园，对其水体与水景做全面的调研。调查的主要内容包括：公园风格、水体类型、水体面积、水体布局以及水景构成要素等。确定了 12 个公园 46 个水体作为研究样点，如表 9-1-1 所示。

第三阶段，将调查的数据及时比对公园平面图及 Google earth、百度卫星地图等，借用绘图软件 AutoCAD，将水域边界、公园用地边界、建筑占地轮廓等各项内容绘制成 dwg. 文件；将照片整理归类。

9.1.2 研究内容

首先从水体类型、水体形态两方面分析归纳上海综合公园水体类型特征以及水体面积、水体面积比例、水体岸线等形态度量指标的特征规律；其次，从水体景观和水体伴生景观两个维度，侧重水体伴生景观的分析，深入研究水体伴生景观的空间模式。

（1）在水体类型中，归纳了水体基本类型并分析了水体类型的影响因素以及不同功能区中的水体类型，以期为水景设计中水体类型的选择提供借鉴。

（2）水体形态特征描述。以水体面积、水岸分形维度作为主要的参数，首先通过水体面积和水体面积比例与其影响因素的定性和定量研究，建立回归方程，并结合公园设计规范，求得水景面积比例的合适范围，然后计算 12 个样本公园水体的整体分

表 9-1-1 样本公园水景信息调查一览表

公园名称	水景描述
大宁灵石公园	

公园东部是原广中公园的自然式园林景区，有狭长曲折的荷花池水景（图 a）；南部是南国风情景区，包括河湖港汊湿地沼泽水景（图 b、c）；西部是西方规则式园林，有各式的几何喷水池水景（图 d）；北部是公园水景——北海（图 e）；此外彭越浦河南北贯穿（图 f）

长风公园	长风公园为典型的江南园林，有着一湖（图b为银锄湖，面积约10hm²，湖面宽达300多米，容纳300多条游船，并可开展水上体育活动，连接着长300多米的老西河河湾，为游人提供了幽静水域区），三山，三池（图c为水禽池、图d为钓鱼池、图e为荷花池），四岛的山水格局（图a为公园鸟瞰图）
和平公园	公园整体为中式自然山水风格，水面聚散结合（图a为公园布局鸟瞰图），由带状水体相连（图b）
鲁迅公园	公园整体为中英结合的风格。山与水的布局顺应公园狭长地貌，纵向伸展，水源于山，先为宽阔水面，后成曲折溪流，最后回转成水池（图a、图b、图c），纵贯公园，把各个功能区有机地联系在一起
复兴公园	复兴公园以法国古典风格为主，公园南半部分是中式自然风格，包括入口的假山瀑布（图a）、弯曲的小溪和自然式的睡莲水池（图b）。公园北半部分为法国规则式风格，十字轴线中央布置了几何喷水池（图c）

中山公园

中山公园为以英国自然风格为主，中西合璧的自然山水园。水景有雕塑跌水（图 a 为公园 1 号门入口区流线型的水池与立体雕塑相结合的跌水景观）、陈家池（图 b，水体开合有度，开阔水面可游船，水体北面是疏林草坪，水体环绕着中间的小岛，水自西向东逐渐缩小形成带状溪流并向北面延伸，此为藏源，水面共有 3 座石桥作分隔）、水杉池（图 c 为水杉池，中心有水杉岛，水池与莲香池连通）、莲香池（图 d，水面环绕中心小岛，水面细长，水边有竹廊，驳岸用湖石构筑）、荷花池（图 e，水池呈月牙形，池中遍植荷花）、鸳鸯湖（图 f，由一大一小两个水面组成的葫芦形水池，凹处聚水凸处为山）

天山公园

公园整体为自然式风格，湖面占据了公园中部及北部，形似葫芦，湖东部有风光岛，湖西岸有规则式跌水（图 a）和弧形喷泉水池（图 b），湖南部与荷花池相连。在游乐场中还分布有游戏型的小水景（图 c）

新虹桥中心花园

公园为自然山水风格，园内水景形式多样，自然式的湖面位于公园中心（图 a）；湖南部山上有天池，水流顺应地势高差缓缓流入中心湖面（图 b 为溪流）；公园北部入口区狭长的规则式跌水与圆形喷水池结合（图 c），并与湖中的喷泉相呼应

徐家汇公园

公园为法国现代风格，湖面模拟黄浦江形状（图 a），规则与自然相结合（图 b），入口处有现代雕塑喷泉（图 c）、跌水等形式

杨浦公园	 a	 b	 c
	中山公园为以英国自然风格为主，中西合璧的自然山水园。水景有雕塑跌水（图 a 为公园 1 号门入口区流线型的水池与立体雕塑相结合的跌水景观）、陈家池（图 b，水体开合有度，开阔水面可游船，水体北面是疏林草坪，水体环绕着中间的小岛，水自西向东逐渐缩小形成带状溪流并向北面延伸，此为藏源，水面共有 3 座石桥作分隔）、水杉池（图 c 为水杉池，中心有水杉岛，水池与莲香池连通）、莲香池（图 d，水面环绕中心小岛，水面细长，水边有竹廊，驳岸用湖石构筑）、荷花池（图 e，水池呈月牙形，池中遍植荷花）、鸳鸯湖（图 f，由一大一小两个水面组成的葫芦形水池，凹处聚水、凸处为山）			
黄兴公园	 a	 b	 c
	公园为现代的自然山水风格，浣纱湖位于公园中心，湖边布置有缓坡草地（图 a）、广场（图 b）、木质平台（图 c）			
世纪公园	 a	 b	 c
	 d	 e	 f
	公园是具有自然野趣的生态型公园（图 a 为鸟瞰图）。公园水景类型丰富，镜天湖与张家浜（图 b）相通；园中有高柱喷泉（图 c）、音乐旱喷泉（图 d）、林间小溪、卵石沙滩、缘池（图 e）、几何雕塑喷泉、绿植雕塑水景（图 f）等等。			

注：长风公园图 a、和平公园图 a、徐家汇公园图 a、杨浦公园图 a、世纪公园图 a 引自网络，其余照片自摄。

维指数，并与东部平原湖区天然湖泊分维指数作对比，得出 12 个上海综合公园水体岸线整体分维的特征。

（3）水景特征。以水体伴生景观的分析为主。依据环境心理学和行为心理学等相关的研究，提出水体感知区，并限定水体伴生景范围，结合实际调研结果，将水体伴生景观分解为两类景观空间进行分析，最后按照两类空间的组合方式，归纳上海综合公园水体伴生景观的空间模式及分布特征。

9.2 上海综合公园水体类型特征分析

水体的分类方式多种多样。就水体边界的曲折程度而言，其形状可以从规则的外形（如近似圆形或椭圆形）变化到不规则外形（湖汊众多），简单概括为两类：规则式和自然式。

从水的运动方式可以分为平静的、流动的、跌落的和喷涌的 4 种基本类型。每一种运动方式中又根据具体形态的差异分为很多子类型。平静的水体可分为湖海、池沼、潭、井等；流动的水体可分为溪流、水渠、水墙、溢流、泄流、水涛、漩涡等；落水有瀑布、水帘、水幕、跌水、管流、跌水等类型；喷泉可以分为涌泉、跳泉、雾化喷泉、旱地喷泉、间歇喷泉等。

从平面几何角度可将水体分为点、线、面 3 种类型。点状水，指池泉（喷泉、壁泉、柱流），人工瀑布，跌水，落水等最大直径不超过 200m 的水体（这一数值是在综合人的视觉及步行距离等因素的基础上确定的[3]）；线状水，指平均宽度不超过 200m 的河、渠、溪等；面状水，指湖泊，最大直径超过 200m 的池塘以及平均宽度超过 200m 的河流等。

按照人的心理感受可以将水体分为激动豪放型，水的流速较快或势能变化大，如大型喷泉、瀑布；宁静柔和型，如浅水池、小河流；幽深思远型，水体深度、广度大，或者形态边界模糊暧昧，给人以幽深、捉摸不透的感觉；艳丽活泼型，如小且动态的水体；理念启迪型，富含哲学思想或宗教文化的水体类型，如日本枯山水。

按照水质优劣，可以把水体分成可参与水和不可参与水两类[4]。

本章根据公园水体实际情况，采用水体运动方式和平面几何形状相结合的分类方法，归纳总结调查结果（详见表 9-2-1，表 9-2-2）。

9.2.1 不同功能区的水体类型分析

公园内不同功能区主要承载的游人活动各有侧重，因此，相应的水体类型也会有所差异。本节主要对入口管理区、安静休憩区、观赏游览区、文化娱乐区、儿童活动区的水景进行研究（见附录 2）。按照水体运动方式与水体平面几何形式相结合的分类方法，12 个上海综合公园中涉及的水体类型共有 6 种：点状喷水、点状滞水、点状落水、线状流水、线状落水、面状滞水。

调查结果显示，12 个公园中有 11 个都运用了点状滞水，观赏游览区应用频率最高，其次是儿童活动区、文化娱乐区和入口区，安静休憩区中的点状滞水应用频率最低；12 个公园中有 6 个公园应用了

表 9-2-1 12 个上海综合公园水景类型与面积一览表

公园名称	水体类型		水体总面积 / m²
	类型名称	面积 / m²	
大宁灵石公园	①河	8382.15	85488.31
	②湖	66805.65	
	③规则式水池（含喷泉）	800.94	
	④自然式水池	3705.18	
	⑤湿地	5794.39	
长风公园	①河	30675.09	131543.59
	②湖	90451.38	
	③自然式水池	10417.12	
复兴公园	①规则式水池（含喷泉）	244.34	2864.85
	②自然式水池（含瀑布）	2620.51	
中山公园	①规则式水池（含跌水）	338.85	12614.76
	②自然式水池	12275.91	
天山公园	①湖	15597.43	15685.03
	②规则式水池（包含喷泉，叠水）	87.60	

公园名称	水体类型		水体总面积 / m²
	类型名称	面积 / m²	
新虹桥中心花园	①溪	763.33	10995.55
	②湖	7043.09	
	③规则式水池（包含叠水和喷泉）	542.41	
	④自然式池	2646.72	
徐家汇公园	①湖	1917.27	5269.22
	②规则式水池（含喷泉）	493.58	
	③混合式水池	2858.37	
杨浦公园	①河	3911.46	30157.84
	②溪	372.74	
	③湖	22764.50	
	④自然式水池	3109.14	
黄兴公园	①湖	76377.12	76377.12
	②旱喷	/	
世纪公园	①河	98647.49	302723.97
	②溪	1423.13	
	③湖（包含喷泉）	190600.00	
	④规则式水池	314.16	
	⑤自然式水池	11514.19	
	⑥旱喷	225.00	
和平公园	①河	7744.50	30184.65
	②湖（含瀑布）	12638.07	
	③池	9802.08	
鲁迅公园	①河	1100.07	37070.73
	②湖（含瀑布）	32101.65	
	③自然式水池	3869.01	

点状喷水，文化娱乐区应用最多，安静休憩区无点状喷水；12 个公园中有 3 个公园应用了点状落水，分布在入口区和安静休憩区。12 个公园中有 8 个公园应用线状流水，出现频率最高是观赏游览区；线状落水的水体形式只出现在新虹桥中心花园的入口区和天山公园的观赏游览区；面状滞水是公园中最大的水体，并跨越几个功能区，例如大宁灵石公园的主要水体"北海"分布在观赏游览区和安静休憩区两个功能区，黄兴公园中的"浣纱湖"跨越了 4 个功能区：儿童活动区、文化娱乐区、观赏游览区以及安静休憩区。跨越的功能区中都包含观赏游览区，间接说明了面状水体承载的主要功能。

综上所述，点状滞水是运用最多的水体类型，多分布在单个功能区，应用频率从高到低依次是观赏游览区、儿童活动区、文化娱乐区、入口区、安静休憩区；面状水体通常跨越多个功能区，分布的功能区个数随其占公园面积比例的增大而增多，观赏游览区是其分布的最主要功能区；点状喷水分布的功能区应用频率从高到低依次是文化娱乐区、观赏游览区、入口区、儿童活动区，安静休憩区没有分布；线状流水虽然是线性延伸的水体类型，但多为单功能区分布，主要分布在观赏游览区和文化娱乐区；点状落水和线状落水应用得较少，在入口区、观赏游览区和安静休憩区都有分布。

表 9-2-2　上海综合公园点、线、面水型分布一览表

水体类型		功能区
点状水	点状滞水	A 儿童活动区（长风公园、中山公园、世纪公园、天山公园、鲁迅公园） B 文化娱乐区（大宁灵石公园、新虹桥中心花园、杨浦公园、世纪公园） C 观赏游览区（长风公园、中山公园、新虹桥中心花园、杨浦公园、世纪公园、和平公园） D 安静休憩区（长风公园、天山公园、中山公园） E 入口区（中山公园、徐家汇公园、世纪公园、鲁迅公园）
	点状喷水	A 儿童活动区（复兴公园、天山公园） B 文化娱乐区（大宁灵石公园、复兴公园、徐家汇公园、世纪公园） C 观赏游览区（新虹桥中心花园、世纪公园） E 入口区（新虹桥中心花园、徐家汇公园）
线状水	点状落水	D 安静休憩区（复兴公园、鲁迅公园） E 入口区（徐家汇公园、中山公园）
	线状流水	A 儿童活动区（大宁灵石公园、和平公园、世纪公园） B 文化娱乐区（大宁灵石公园、徐家汇公园、新虹桥中心花园、鲁迅公园） C 观赏游览区（中山公园、长风公园、杨浦公园、复兴公园、徐家汇公园、世纪公园） D 安静休憩区（长风公园、徐家汇公园、杨浦公园） E 入口区（长风公园、世纪公园）
	线状落水	D 安静休憩区（天山公园） E 入口区（新虹桥中心花园）
面状水	面状滞水	A 儿童活动区（长风公园、天山公园、新虹桥中心花园、杨浦公园、黄兴公园、世纪公园） B 文化娱乐区（长风公园、新虹桥中心花园、黄兴公园、世纪公园、和平公园、鲁迅公园） C 观赏游览区（大宁灵石公园、长风公园、天山公园、新虹桥中心花园、杨浦公园、黄兴公园、世纪公园、和平公园、鲁迅公园） D 安静休憩区（大宁灵石公园、长风公园、天山公园、黄兴公园、和平公园、鲁迅公园） E 入口区（长风公园、天山公园、和平公园）

9.2.2 水体类型的影响因素分析

如上所述，水体有多种类型，不同的水体表达的性格、营造的环境氛围都有所差异，因此，水体类型是发挥赏景游憩功能的关键因子，具体来讲，公园中水体类型的影响因素主要有：

1）公园风格

上海城市公园素来有"海派园林"之说[5]，本土风格与外来风格经历"对立—认同—并存—融合"的过程，最终形成中西合璧的园林风格，然而海派风格并不存在固定、模式化的形式，而是一种多样的、多变求新的园林风格形式。通过对 12 个上海综合公园水景的调查发现，上海综合公园水景与公园风格一样，受到了来自中国古典文化、上海近现代租界园林设计思想、苏联文化休憩公园规划理论以及现代园林风格的影响。从表 9-2-1 可以看出12 个上海综合公园的整体风格，除了复兴公园以规则式为主要形式外，其余 11 个都为自然式，而公园局部风格随不同时代的改建扩建，或多或少都融合

了多种风格，水景同样也呈现出丰富多样的类型变化。例如复兴公园既有中式的假山瀑布也有法式的雕塑喷泉，徐家汇公园的中心水池为自然和规则相结合的形式。

总之，上海综合公园因其独特的社会文化风格，其水体类型同样呈现出中西合璧的海派风格。这也是其区别于其他地区园林的最显著特征。

2）建造年代

如附录1所示，根据公园始建年代不同，12个调查对象中鲁迅公园、复兴公园、中山公园属于近代园林（1840—1949）；长风公园、和平公园、天山公园、杨浦公园属于现代园林（1949—1978）；大宁灵石公园、徐家汇公园、黄兴公园、世纪公园属于当代园林（1978年至今）。始建年代的不同导致公园风格的差异，这也表现在水景类型上。然而12个样本公园始建至今，从整体到局部已被改建扩建多次，水景类型及其包含的工艺、材料等方面的差异都随着时间的推移逐渐缩小。而各个公园在特定时期的改造，因当时的政治经济等因素，在水体类型或功能上也呈现过相对的统一。例如1965年为了响应中央关于"大力开展群众性游泳"的号召，复兴公园、和平公园、天山公园等都兴建了游泳池，并将原有水体作为体育用水，在水边修建配套的更衣室、器材室等。而至20世纪60年代，游泳场被陆续关闭，各类水体多用于生产，景观受到不同程度的破坏。

3）公园地形

就原有地形来说，水景的设计必是遵循因地就势的原则，低洼的地形有利于挖凿湖泊、池沼，高耸的山势有利于布置叠水瀑布。而人工堆叠挖凿的地形在一定程度上弥补了原地形条件的不足。例如鲁迅公园的山水胜境就是在人工堆叠的山体上营建的瀑布，落差15m，是上海最高的人工瀑布。

4）公园用地面积

一般来说，若用地面积受到限制，那么水景设计就以小巧精细的喷泉、溪涧、池沼为主。而研究样本公园均为5hm²以上的城市综合公园，所以公园用地面积对水景类型的影响并不明显。

综上所述，公园风格、建造年代、公园地形是影响公园水景类型的主要因素。不同类型的水景各有性格，若单纯将水体描述成动或静，就可以初步确定水体可能分布的公园功能区。

9.2.3 水体选型的问题与更新建议

1）水体选型创新化

"旱作"是水景中较为巧妙的类型，也可称为虚水景，不仅可以运用传统的旱溪、旱桥、枯泉等类型，还可以利用现代的新技术、新材料仿水声、仿水纹、仿水色、仿水形营造虚拟的水景。另一种类型是薄水（10~25cm），既节约水资源又具有很高的安全性，若用于静水池中，搁浅时还可作为铺装场地使用，有丰枯变化的"季节性"水景同样也可营造另一番风味。此外，趣味性的水景小品或游戏型的水体类型在12个公园中都很少应用（见图9-2-1）。

2）水型组合多样化

除了公园中已经运用的较为传统的组合类型外（如瀑—溪—湖、喷泉—水池组合），还可选用经典的"一气呵成"系列式组合[6]，增加水景的丰富度，或者应用瀑—瀑组合等，营造幽邃之境（见图9-2-2）。

图9-2-1 "旱作"

图9-2-2 组合式水景

图 9-2-3 点状动态水体

图 9-2-4 与雨洪管理结合的水体选型

3）水体选型动态化

根据关于水景研究的实验结果可知，儿童喜好占视野约 50% 的水体，并偏向动态水体[7]，因此，儿童活动区适宜布置小型点状的动态水体，而并不适宜布置较大规模的面状水体（见图 9-2-3）。

4）水体选型功能化

水体选型要与公园的雨洪管理相结合，实现雨洪管理设施的景观化（见图 9-2-4）。

9.3 上海综合公园水体形态特征分析

9.3.1 水体形态度量指标描述

依照自然界中湖泊形态的定义，水体形态一般是指水体结构及其大小。水体结构通常由沿岸带、亚沿岸带和水体中心敞水带或深水带三部分组成；水体形态的大小是以某一水位条件下相应的面积、水体长度（水体岸线两点间最大距离）、宽度（垂直于水体长度的水体岸线上两点间最大距离）、岸

线长度、水体深度、容积等几何形态度量指标来描述[8]。水体形态度量指数在很大程度上决定了水体的理化性质和水生生物的分布规律，研究水体的形态特征及其动态变化，对水体资源的保护利用和管理，以及水生生物的合理配植等方面都具有重要的意义[9]。

上海城市综合公园中，不同的水体类型的结构也不同。完全由人工建造的水池结构简单，水体深度较为均一，岸带也无明显区分；大型的人工湖泊都属于浅水型湖泊，整个湖盆被沿岸带和亚沿岸带所占据，基本不存在深水带。

水体几何形态，以平面形状、水深、面积和容积 4 个要素表示，其中，容积是水深和面积的函数，即容积随着水深和面积的变化而变化。公园中水体的水位通常控制在恒定范围之内，降雨或排水引起的水位变化可以忽略不计。因此，选用水体面积、岸线长度、岸线曲折度等指标描述公园水体形态。

水体面积指在常水位条件下水体的表面积，是从视觉上反映水体大小的最直观的技术指标。岸线长度是指水体边界周长。相同表面积的水体若平面形状不同，对应的岸线长度也不同。岸线长度越长，人与水体接触面也相对较大，从亲水性角度来看岸线长度是水体规模的一个重要指标。

岸线曲折度指水体岸线的不规则程度。曼德尔布罗在研究海岸线时提出用"分形维数"这一指标来描述岸线的曲折度[10][11]，一般用字母 D 表示。光滑曲线的分型维数 $D=1$，如圆形，而其他复杂的曲线，其分维在 1~2 之间，当 $D=1.5$ 时，表明其处于布朗随机运动状态，越接近该值，表明稳定性越差[12]。分维的计算有 3 种方法：

（1）分形维数 $D=1-m$，m 是公式 $\log[L(s)]=m \times \log[s]+a$ 中的斜率，$L(s)$ 是在尺度为 s 时测得的岸线长度；

（2）分形维数 D 可以根据公式 $C_1=L_1/D$ 或 $Ln(L)=C_2+(D/2)Ln(A)$ 来求得，其中 L 是岸线长度，A 是水体面积，C_1、C_2 是常数；

（3）分形维数 D 还可以根据 Korcak 法则进行计算[13]。

从方法（1）中可以看出，岸线长度 L 依赖于测量尺度 S 的值，即在不同的测量精度下，分形维数是不同的，本节调查水景时，测量精度采用 1m。方法（2）的两个公式其实是岸线长度与水体面积之间的关系。本节采用方法（2）中的公式计算 12 个上海城市综合公园水体整体的分形维数。

综上所述，水体形态的特征主要采用"面积指数"和"分形维数"两个参数来描述。

9.3.2 水体面积及其影响因素分析

明代计成的《园冶》提过："约十亩之基，须开池者三，曲折有情，疏源正可……"，道出了园林水景规模的初步定量关系，至今仍可沿用。而今，面临着水资源日益短缺的挑战，水体面积作为水量控制的指标之一，其定性和定量的分析研究将会为更好地结合艺术与科学营造水景奠定基础。一般而言，公园中水体的面积受到多种因素的影响。假设水源、公园地形、公园用地面积、公园绿化种植面积比例、公园形状特点、公园游人容量等因素对水体面积有一定的影响，下文通过分析测评各因素对水体面积的影响度。

1）水体面积影响因素分析

（1）公园边界形状。形状指的是物体的一种存在或表现形式。本节所指的公园边界形状，是指公园边界围合成的形状。一般来说，公园边界形状规则，比如正方形、圆形、椭圆形等，公园水景营造就相对简单，用水相对集中，水景面积比例有可能相对较高；反之，公园边界参差不齐，或者呈狭长的带状，那么水景营造肯定会相对分散，园路场地以及建筑就不免相对复杂凌乱，还有可能要增大道路场地规模才能保证交通和游憩功能的正常发挥，势必会压缩水体用地面积。

采用 A-M 雅克申提出的一种以公园中心为基准的公园用地平面形状系数计算方法，该方法认为圆形是公园最佳的平面形状。根据雅克申的研究，定义公园形状系数为：以公园中心（公园平面形状中心）为圆心，画外切于公园平面的圆，外切圆面积为 S_O，公园面积为 S，形状系数表示为 $\sqrt{S_O}/S$[14]。以

黄兴公园平面图为例，如图 9-3-1 所示，图中点 O 是公园平面中心，S 是指公园平面面积，$\bar{R}$ 是指外接圆的半径，S_O 是指外接圆的面积。

12 个公园边界形状各不相同，形状系数也有一定的差异，如表 9-3-1 所示。

以 12 个综合公园的平面形状系数为横坐标，分别以水体面积和水体面积比例为纵坐标，绘制两者关系的折线示意图，如图 9-3-2、图 9-3-3 所示，公园水体面积与公园边界形状系数没有明显的关系；公园水体面积比例也没有呈现出明显的变化规律，依旧维持在一定区间波动，说明两者相关性不大。

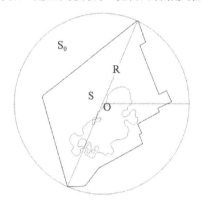

图 9-3-1 黄兴公园平面形状系数示意图

综上所述，虽然公园边界形状系数作为影响公园水体面积的一个因素，但折线示意图反映出两者相关性较小或几乎不相关。究其原因，12 个上海城市综合公园的边界形态都接近方正类型，没有涉及狭长细带型，故在形状系数上无明显差异，对应的水景面积和水景面积比例也没有相应的大幅度变化，因此平面形状系数这一影响因素没有得到体现。

（2）公园用地面积。在保证公园各种服务功能正常发挥的前提下，公园面积越小，公园布局就越紧凑，每个功能区绝对面积就越小，并且要保证有足够的陆地面积建设配套设施，从而水体用地面积就会相应受到限制。因此，公园用地面积是影响水体面积的一个重要因素。

以 12 个上海综合公园的用地面积为横坐标，分别以水体面积和水体面积比例为纵坐标，绘制表示两者关系的折线示意图，如图 9-3-4、图 9-3-5 所示，公园水体面积与公园用地面积息息相关，两者

存在一种正相关关系，即公园水体面积随着公园面积的增大而逐渐增大；水体面积比例与公园用地面积没有明显的相关性，水体比例波动较大，除了天山公园和长风公园，其余公园水体面积比例都低于22%。

（3）公园绿化种植面积比例。公园中的绿化种植面积是公园陆地面积中的最主要用地类型。因此，若公园用地面积相同，水体面积与绿化种植面积比例可能存在一种此消彼长的线性关系。水体面积过大，势必会压缩陆地面积，影响陆地功能的发挥。

以 12 个综合公园的绿化种植面积为横坐标，分别以水体面积和水体面积比例为纵坐标，绘制表示两者关系的折线示意图，如图 9-3-6、图 9-3-7 所示，水体面积与绿化种植面积存在正相关的关系；而水体面积比例与绿化种植面积无明显相关关系，水体面积比例的波动也没有固定的规律。

（4）公园游人容量。一般而言，公园游人量越大的公园，要求更大的陆地面积来布置配套服务设施和园路场地，以满足游人的正常需求。根据现行《公园设计规范》的规定，公园游人容量应按照以下公式计算：

$$C = A/A_m \qquad （9\text{-}3\text{-}1）$$

式中，C 为公园游人容量（人）；A 为公园总面积（㎡）；A_m 为公园游人人均占有面积（㎡／人）。

市、区级公园游人人均占有公园面积以 60 ㎡ 为宜。可见，公园游人容量的计算与公园面积有着直接的关系，因此，关于水体面积与游人容量的关系本节不作重复探讨。

此外，第 7 章提出：道路面积密度与水景面积

比例有着显著的相关性，并且有着线性函数关系，在此不作阐述。

（5）上海城市综合公园水体面积受水源与地形影响不大。在不考虑公园风格的前提下，用地面积相近的公园若水源越充足，水体面积也有可能越大。然而，调查结果表明，公园是否毗邻水源对水体面积及水体面积比例并无明显影响（见表 9-3-7）。例如都为自然风格的中山公园与和平公园公园用地面积相近，中山公园面积略大，公园西北面为苏州河，但和平公园的水体面积和水体面积比例都大于中山公园。

由于上海地属北亚热带季风性气候，降水充沛，地下水量充足，因此水源因素的影响力远不如水资源短缺的西北地区明显。

此外，地形是造园的骨架，其他任何造园要素都承载在地形之上。园林地形改造遵循着" 随形就势 —— 低挖池、高堆山 "的原则。地形是水景设计不可替代的营造基础，对水体面积及岸线形状等的影响机制较为复杂。调查结果显示，12 个样本公园，以平坦地形和坡度较小的凸地形为主，并且大多数凸地形都是人工塑造而成，因此，对公园地形与水景规模之间的关系不作研究。

总之，通过对公园水体面积影响因素的分析可初步判断，水体面积受公园用地面积、公园绿化种植面积的影响较大，而公园水体面积比例受到的影响较小，基本维持在一定的区间范围之内。

2）相关性检验及线性模型的建立

为了明确判定公园用地面积、绿化种植面积、

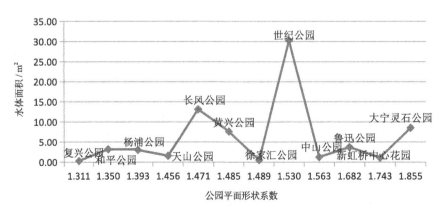

图 9-3-2 水体面积与公园平面形状系数的关系

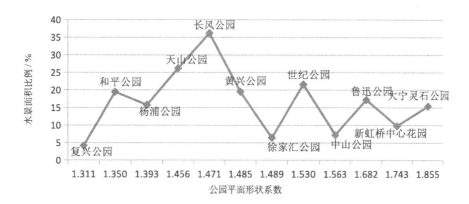

图 9-3-3 水体面积比例与公园平面形状系数的关系

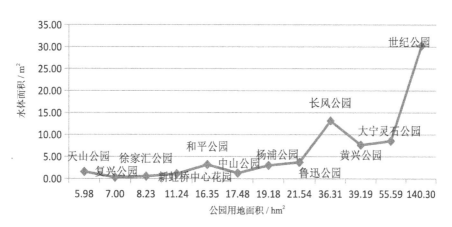

图 9-3-4 水体面积与公园用地面积的关系

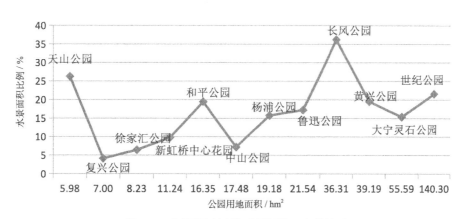

图 9-3-5 水体面积比例与公园用地面积的关系

表 9-3-1 12 个上海综合公园公园平面形状系数

公园名称	大宁灵石公园	长风公园	复兴公园	中山公园	天山公园	徐家汇公园	新虹桥中心花园	杨浦公园	黄兴公园	世纪公园	和平公园	鲁迅公园
平面形状系数	1.855	1.471	1.311	1.563	1.456	1.489	1.743	1.393	1.485	1.530	1.350	1.682

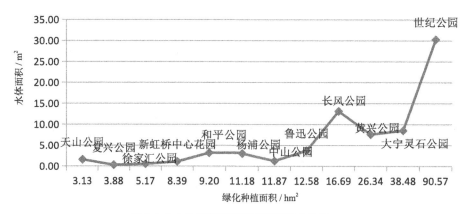

图 9-3-6 水体面积与绿化种植面积的关系

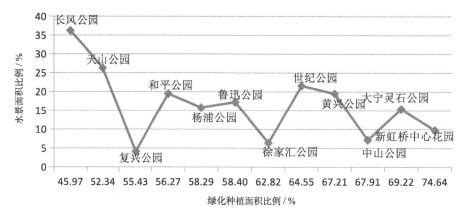

图 9-3-7 水体面积比例与绿化种植面积比例的关系

公园边界形状系数等因素对城市公园水体面积、水体面积比例影响的强弱，以下通过数据统计分析软件 SPSS19.0 进行显著相关性检验。

在用 SPSS19.0 进行相关分析的过程中，公园用地面积、公园绿化种植面积和公园平面形状系数分别作为自变量 X_A、X_G、X_S，三者独立，互不影响，公园水体面积和公园水体面积比例分别作为因变量 Y、y。

（1）公园水体面积与影响因素的相关性检验

运用 SPSS19.0 对公园水体面积 Y 与公园用地面积 X_A、公园绿化种植面积 X_G 和公园平面形状系数 X_S 分别作偏相关分析。汇总输出结果中的回归函数模型及 R 值、Sig. 值（见表 9-3-2）。

由表 9-3-2 可知，水体面积与公园边界形状系数回归模型中相关系数 R 值太小，显著水平 P 值为 0.758 > 0.05，说明它们之间无明显的线性相关关系，建立的回归方程无统计学意义；水体面积与公园总面

积、公园绿化种植面积拟合较好，R 值分别为 0.969、0.963，Sig. 值都为 0.000，因此水体面积与公园总面积和绿化种植面积这两个因素有着显著的线性相关关系。水体面积与公园用地总面积、绿化种植面积之间的线性回归模型为

$$Y=0.221X_A-0.775 \qquad (9\text{-}3\text{-}2)$$
$$Y=0.32X_G-0.313 \qquad (9\text{-}3\text{-}3)$$

方程式中 Y 代表公园水体面积，X_A 代表公园用地总面积，X_G 代表公园绿化种植面积。方程不仅反映了水体面积与公园面积、公园绿化种植面积的正比关系，更重要的是表达了水体面积与两个影响因素之间的定量关系。

（2）公园水体面积比例与影响因素的相关性检验。运用 SPSS19.0 对公园水体面积比例 y 与公园用地面积 X_A、公园绿化种植面积比例 Z_G 和公园平面形状系数 X_S 分别作偏相关分析。汇总输出结果中的回归函数模型及 R 值、Sig. 值（见表 9-3-3）。

由表9-3-3可知，公园水体面积比例与公园面积、公园平面形状系数、公园绿化种植面积比例的相关系数分别为0.308（P=0.330 > 0.05），0.081（P=0.802 > 0.05），0.580（P=0.058 > 0.05），三者相关性系数都不大，且无统计学意义。参照公园水景面积比例与公园总面积、公园平面形状系数、绿化种植面积的定性分析可知，公园水体面积比例受这3个因素影响较小，并基本维持在一定范围之内。

3）水体面积比例区间估计

上海12个综合公园水体面积的分析结果显示，公园水体面积与公园总面积和公园绿化种植面积存在显著相关性，线性方程分别为方程式（9-3-2）和方程（9-3-3）。

12个样本公园的陆地面积都大于5hm^2，根据现行《公园设计规范》中综合公园陆地面积与园路及铺装场地面积、建筑占地面积、绿化种植面积比例的相关规定（见表9-3-4），得出园路及铺装场地、建筑占地面积之和占公园陆地面积的比例为5%~25%，绿化种植面积的比例大于70%，即为约束方程（9-5-4）和方程（9-5-5），方程中 Y 代表公园水体面积，X_A 代表公园用地总面积，X_G 代表公园绿化种植面积。

$$5\%\left(X_A-Y\right) \leq X_A-Y-X_G \leq 0.25\left(X_A-Y\right) \quad (9\text{-}3\text{-}4)$$
$$X_G > 0.7\left(X_A-Y\right) \quad (9\text{-}3\text{-}5)$$

根据线性回归方程（9-3-2）、方程（9-3-3）和约束方程（9-3-4）、方程（9-3-5），变换形式得到水体面积比例与绿化种植面积比例的方程组：

$$y=0.552Z_G-0.149$$
$$Z_G > 0.7\left(1-y\right) \quad (9\text{-}3\text{-}6)$$
$$0.05 \leq 1-Z_G/(1-y) \leq 0.25$$

解方程组得：$0.19 \leq y \leq 0.249$，即在 $X_A \geq 5$ 的约束条件下，综合公园水景面积比例的范围为

表 9-3-2 水体面积回归函数模型及 R 值、Sig. 值

相关函数	R 值	Sig.
$Y=0.221X_A-0.775$	0.969	0.000
$Y=5.261X_S-1.846$	0.100	0.758
$Y=0.329X_G-0.313$	0.963	0.000

注：Y 表示公园水体面积；X_A 表示公园面积；X_S 表示公园平面系数；X_G 表示绿化种植面积。

表 9-3-3 水体面积比例回归函数模型及 R 值、Sig. 值

相关函数	R 值	Sig.
$y=0.001X_A+0.142$	0.308	0.330
$y=-0.046X_S+0.236$	0.081	0.802
$y=-0.652Z_G+0.564$	0.580	0.058

注：y 表示公园水体面积比例；X_A 表示公园面积；X_S 表示公园平面系数；Z_G 表示公园绿化种植面积比例。

表 9-3-4 综合公园内部用地比例 / %

陆地面积 / hm^2	用地类型			
	I	II	III	IV
5~10	8~18	<1.5	<5.5	>70
10~20	5~15	<1.5	<4.5	<75
20~50	5~15	<1.0	<4.0	>75
≥50	5~10	<1.0	<3.0	>80

注：I——园路及铺装场地；II——管理建筑；III——游览、休憩、服务、公用建筑；IV——绿化园地。

19%~24.9%。推导方程（9-3-7），描述了水景面积比例与绿化种植面积比例的函数关系。

$$y=0.55Z_G-0.149 \quad (9-3-7)$$

借助 SPSS17.0 的探索性描述分析功能对 12 个公园水体面积比例进行区间估计，输出结果显示，水体面积比例均值呈正偏态高狭峰分布，置信度为 95% 的置信区间为 [10.78%，22.37%]。

9.3.3 水体岸线分维指数计算与分析

利用分形维数计算方法（2）中的公式 $\ln(L)=C_2+(D/2)\ln(A)$ 计算岸线分形维数 D。12 个上海综合公园共 44 个独立的水体，除去 11 个规则式水体剩余 33 个自然式水体的面积及对应的周长如见表 9-3-5 所示。

根据 33 个水体的面积和周长，计算面积对数 $\ln(A_1)$ 和岸线长度对数 $\ln(L_1)$，利用 Excel 绘图工具，绘制以 $\ln(A_1)$ 为横坐标，$\ln(L_1)$ 为纵坐标的散点图，见图 9-3-8。运用 SPASS19.0 拟合，拟合方程为 $\ln(L)=0.6533\ln(A)+0.8418$，$R^2=0.9494>0.80$，说明线性相关显著，因此，33 个自然式水体岸线的整体分形维数 $D_1=1.3066$。

为了进一步探究 12 个公园中自然式水体岸线的曲折程度，选取 25 个天然湖泊计算天然湖泊整体分维指数。为了对比参考的相对科学性，选用的 25 个天然湖泊位于东部平原湖区。东部平原湖区系指长江及淮河中、下游，黄河下游，海河下游及大运河沿岸所分布的大小湖泊，这些湖泊大多是由构造运动，水流冲积作用或古洉湖演变而成的外流湖。结合书籍文献资料的文字记载和 Google earth，借助 AutoCAD 勾绘湖泊岸线，得出 25 个湖泊的面积及岸线长度（见表 9-3-6）。

根据表 9-3-5 中的数据，计算 $\ln(A_2)$、$\ln(L_2)$。以 $\ln(A_2)$ 为横坐标，$\ln(L_2)$ 为纵坐标画散点图，见图 3-9。进一步拟合数据，拟合函数为：$\ln(L_2)=0.6066\ln(A_2)+0.1351$，$R^2=0.9436>0.8$。25 个天然湖泊岸线的整体分形维数 $D_2=1.2132$。

综上所述，D_2 较接近 1.5，表明水体岸线的曲折程度较为随机，各不相同；$D_2<D_1$，表明公园中自然式水体的岸线比东部湖区的天然湖泊的岸线更加曲折。究其原因，一是根据分形维数的计算方法（1）中的公式可知，在以 m 为最小测量尺度时，对规模较大的天然湖泊而言，m 是相对较高的计算精度，因此，计算公式中的 m 值会偏大，$D=1-m$ 偏小；二是，33 个自然式水体不管是传统的中式风格还是典型的英式风格，理水理念都是"源于自然而高于自然"的人为艺术化再处理，因此，水体必曲折有致，变化丰富。

总体而言，上海综合公园水体整体风格呈现中西合璧的海派风格，水体类型丰富。公园中使用频率从高到低的水体类型依次为点状滞水、面状滞水、点状喷水、线状流水、点状落水、线状落水。公园各功能区中观赏游览区应用的水体类型最多，其次是文化娱乐区，安静休憩区分布的水体类型最少。水体形态主要用面积指数和分维指数描述。其中求得的水体面积比例范围为 19%~22.37%。在具体的设计中，设计人员可以参照此范围，再结合地形条件、尺度大小、美学规律等，并同时考虑当地的水资源现状及供需，最后确定水景面积。12 个

表 9-3-5　水体面积与岸线周长指标

序号	公园名称	水体面积 A_1/ m²	岸线长度 L_1/ m
1	大宁灵石公园	75876	2958
2		3705	559
3		150	50
4	长风公园	131986	4728
5		218	120
6		90	63
7	复兴公园	2621	412

序号	公园名称	水体面积 A_1 / m^2	岸线长度 L_1 / m
8		2142	313
9		1087	375
10		854	231
11	中山公园	1032	145
12		6731	1023
13		192	67
14		430	81
15		147	48
16	天山公园	15597	967
17	新虹桥中心花园	10453	945
18	徐家汇公园	5022	807
19		89	49
20	杨浦公园	26806	2182
21		2108	249
22		1298	313
23	黄兴公园	76400	2075
24		98647	5482
25		190979	6178
26		1423	927
27	世纪公园	2886	304
28		85	46
29		3939	363
30		109	48
31	和平公园	1348	297
32		29100	2758
33	鲁迅公园	37071	2614

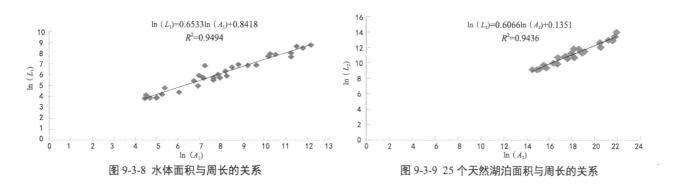

图 9-3-8 水体面积与周长的关系　　　　图 9-3-9 25 个天然湖泊面积与周长的关系

表 9-3-6 25 个天然湖泊面积和岸线长度

序号	湖泊名称	水体面积 A_2 / m²	岸线长度 L_2 / m
1	东钱湖	19140000	45000
2	鄱阳湖	3283000000	1200000
3	太湖	2338000000	400000
4	洪泽湖	1597000000	431478
5	玄武湖	3680000	10000
6	巢湖	820000000	170236
7	洞庭湖	2820000000	680527
8	高邮湖	760670000	311614
9	沂湖	36000000	50872
10	阳澄湖	119040000	137148
11	澄湖	45000000	39094
12	淀山湖	62000000	77675
13	元荡	12970000	21364
14	雪落漾	1938000	9334
15	盛泽湖	2946000	9113
16	傀儡湖	6864000	11495
17	昆承湖	18400000	19055
18	尚湖	5483000	16761
19	滆湖	163421000	79191
20	洮湖	81900000	43558
21	石臼湖	196000000	96571
22	南漪湖	148109000	98659
23	固城湖	38854000	47971
24	黄陂湖	38318000	52748
25	白荡湖	77324000	140007

表 9-3-7 12 个上海综合公园用地平衡一览表

序号	公园名称	总面积 / hm²	水景面积 / hm²	建筑占地面积 / hm²	道路及铺装场地面积 / hm²	绿化面积 / hm²
1	大宁灵石公园	55.59	8.55	0.72	7.84	38.48
2	长风公园	36.31	13.15	1.52	4.95	16.69
3	复兴公园	7.00	0.29	0.37	2.46	3.88
4	中山公园	17.48	1.26	0.39	3.96	11.87
5	天山公园	5.98	1.57	0.27	1.01	3.13
6	新虹桥中心花园	11.24	1.10	0.21	1.54	8.39
7	徐家汇公园	8.23	0.53	0.23	2.30	5.17
8	杨浦公园	19.18	3.02	0.51	4.47	11.18
9	黄兴公园	39.19	7.64	0.42	4.79	26.34
10	世纪公园	140.30	30.27	2.15	17.31	90.57
11	和平公园	16.35	3.18	0.45	3.52	9.20
12	鲁迅公园	21.54	3.71	0.80	4.45	12.58

公园共 33 个自然式水体面积与水岸线长度的函数关系为：ln(L)=0.6533ln(A)+0.8418，整体分维指数 D=1.3066，大于人为干扰较少的自然湖泊岸线分维指数，水体岸线具有自相似性。分维指数的直观意义在于可以很好地描述水岸线的复杂程度；潜在价值在于定量化分析沿岸带（沿岸带是生物种类繁多，营养元素交换集中的区域），在景观生态学上有较多的运用[15]。

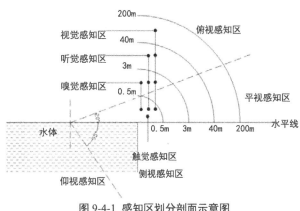

图 9-4-1 感知区划分剖面示意图

9.4 上海综合公园水体伴生景观特征分析

9.4.1 水体伴生景观范围界定与分析方法

水体类型不同，其伴生的环境也会有所差异。因此，本研究将水景的概念和范围确定为水体景观和水体伴生景观，也即既包括水体本身的景观，又涵盖依托水体所形成的景观。

1）水体景观

所谓 "水景"，是指水体本身，水体与水中物质共同构成的狭义上的水体景观，以水底为底面，水陆界限线（或水体容器边缘线）垂直水平面向上延伸为立面，天空为顶面。狭义的水体景观主要构成要素有水体本身、水中动植物、水中小品、水中洲岛、倒影等。

2）水体伴生景观

借鉴 "桥梁伴生景观" 的概念[16]，将 "水体伴生景观"定义为水体周边可以作为视觉审美对象的环境景象，即水陆交界区域的景观。本节根据人对水体的感知确定水体伴生景观的空间范围。

处于不同的空间范围内，水体给人的感官体验是不同的。借鉴格式塔心理 "等质视野" 的概念[17]，本节将人对水体感知基本相同的连续区域称为一个 "感知区"。距离水体边界 0~0.5m 的范围确定为 "触觉感知区"；距离 0~3m 的范围定为 "嗅觉感知区"；距离 0~40m 的范围定为 "听觉感知区"；距离 0~200m 的范围定为 "视觉感知区"[18]，依据相关视觉理论[20]，"视野的外缘大约是右 100°，左 60°，上 55°，下 65°"。当人的视线与水面夹角在 0~55° 时，可以认为人处于侧视感知区；而当人视线与水面的夹角在 0°~20° 时，被称为平视感知区，大于 20° 的区域被称为俯视感知区[18]，如图 9-4-1 所示。

综上所述，对水景特征的分析应该从水体景观和水体伴生景观两方面进行。水体伴生景观的分析采用逆向分析的方法 —— "执果溯因"，具象分析与抽象分析相结合。因为由具象分析到抽象分析的研究步骤，符合人们对事物认知的一般规律；抽象分析可以简单明了地概括水体伴生景观的空间模式及其特征。

9.4.2 水体伴生景观类型分析

根据在和平公园马府翠绿茶坊的调查结果（见图 9-4-2），图中数字代表游客到达的次序，从中不难看出当作为 "依靠" 的水体伴生区域的建筑容纳不下时，人们才会选择没有建筑庇护的岸边凭栏落座。即使在普通的水岸边，背后有植物遮挡的座椅落座率也明显比无物体遮挡的座椅落座率高。《建筑外环境设计》在 "环境的依托" 一节，以及《交往与空间》在 "逗留区域 —— 边界效应"[19]中同样论及了类似的现象，并对其原因做了进一步的推测和研究。显然，这个现象的背后隐藏着游人的生理与心理需求：游人很少会在众目睽睽、没有任何依托和遮挡的的空地中逗留，无论是谈天、观看、静坐、站立、漫步、晒太阳…… 人们总是选择那些有依靠的地方就位。人们选择的依托物，本节称之为 "依托要素"。因此，在 "有效地利用水体" 的基本前提下，以是否以 "依托要素" 为主作为分类依据，将水体伴生景观空间分解为两类基本单元：依托型空间单元、无依托型空间单元。依托型空间是指以依托要素为主的景观空间，这种空间有利于引导人们做滞留型活动；无依托型空间是指以无依托要素为主的景观空间。依托要素主要包括：建筑、植物、山石等构筑要素，根据芦原义信在《外部空间设计》中关于高度对人心理影响的描述，山石、墙体、植物的高度限定在 1.2m 之上，乔木树冠离地面高度应小于 10m[20][21]；非依托要素包括：园路铺装场地、低矮的植物山石（高度小于 0.3m）等。两种水体伴生景观空间类型并无实际空间大小限定，但平面范围在距离水体 40m 之内是前提条件。

1）水体伴生景观的依托型空间

依托型空间与水体有 4 种平面位置关系（见图9-4-3），这里将依托型空间和无依托型空间抽象成矩形表示。每种相位关系均为身处其中的游人展开活动提供了不同的场所条件。下面就对天气的适应性、所承载活动的类型进一步加以分析。

（1）相离关系。如图 9-4-3 中 A 所示，依托型空间位于水体一侧，近水体一侧有无依托型空间与水体过渡连接。典型的依托型空间包括以植物为主体（见图 9-4-4、图 9-4-5）和以建筑或构筑物为主体（见图 9-4-6、图 9-4-7）两类。与水体处于相离关系的依托型空间只可能与无依托型空间组合出现，因此，组合中同时包含着有顶面和无顶面两类空间，对天气适应性强。当外界天气发生变化时，比如阳光过强时人们可移至树荫，或突遇降雨时，原本露天的活动可以移至建筑内。通过调查发现，依托型空间部分承载着例如喝茶、观演等停滞型的活动，而与其相接并近水的无依托空间所承载的则多是通过型和短暂停滞型活动。然而，这种组合也存在隐患，如前面所提到的马府翠绿茶坊，湖边喝茶的人群在一定程度上阻断了通过型人流与水环境的联系，使得这块临水区域"私有化"了。"私有化"的程度和组合中无依托型空间实际进深有很大关系，进深越小，"私有化"程度越高。

（2）相依与叠合关系。相依关系（见图 9-4-3 中 B），是指与水体直接毗连。叠合关系（见图 9-4-3 中 C），是指直接伸向水体，形成半水半陆的虚拟入水空间。这两种关系的空间与水体直接接触，亲水性较好，并且都有顶平面，受天气影响最小，可以布置在终年烈日高照或阴雨绵绵的水体伴生环境中，以保证游人的活动能正常进行。但也并非总是优势，即使在天气宜人的时候，身处这类空间中的人们也很难享受到充分的阳光。这两类空间主要承载停滞型活动。

相依关系的依托型空间有以植物为主体的（见图 9-4-8，图 9-4-9）和以建筑或构筑物为主体的（见图 9-4-10，图 9-4-11）两类。以植物为主的依托型空间中若植物直接毗邻水体并且植物种植密度大，那么近水一侧的空间并不利于开展游憩活动。例如世纪公园张家浜某段河道（见图 9-4-9），茂密的植物阻断了同侧的人们与水的视线连接和亲水联系，但从整体上看，视线的开合对比增加了水体伴生景观的丰富度和趣味性。

叠合关系的依托型空间主要是以建筑为主（见图 9-4-12），包括 3 种基本形式：其一，将水引入建筑体量之内，如某游艇俱乐部（见图 9-4-13）[22]；这一种形式由于将水体引入建筑体内（见图 9-4-14），理论上应该更便于建筑内的人们与水的交流，但事实并非如此。实际应用中，这个区域多被用作船只停靠，处于安全上的考虑，在与外界水体交接的出入口都有维护设施，而建筑内的人们只能接触被限制的小范围水体。而出于对船只保养的便利性，这一层的房间大多被用作工具间、材料库等，又拉大了人与水的距离。当然这种形式的架空处理仍然都具有一定优势，应根据现实的需要慎重选用。其二，建筑底层部分或完全处为外部空间，如大宁灵石公园的水门，黄兴公园的水边亭（见图 9-4-15），和平公园的怡香亭等。这类空间因与水体在平面上是叠合的关系，所以在一定程度上加强了水的视觉联系，但是人对水体大多数是"可望而不可及"。其三，当水体宽度较小，衍生出跨越关系的依托型空间，比如廊桥，具有很强的导向性，因此主要承载的是通过型活动。

（3）环绕关系。如图 9-4-3 中 D 所示，因其位

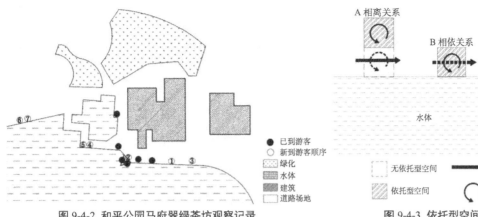

图 9-4-2 和平公园马府翠绿茶坊观察记录

图 9-4-3 依托型空间与水体的位置关系

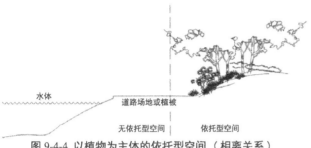

图 9-4-4 以植物为主体的依托型空间（相离关系）

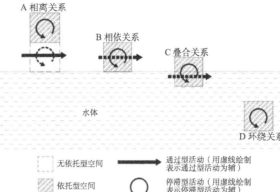

图 9-4-5 长风公园水边休憩场地

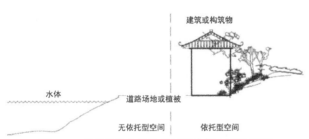

图 9-4-6 以建筑为主体的依托型空间（相离关系）

图 9-4-7 徐家汇公园水边长廊

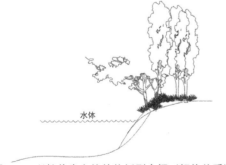

图 9-4-8 以植物为主体的依托型空间（相依关系）

图 9-4-9 世纪公园张家浜河道景观

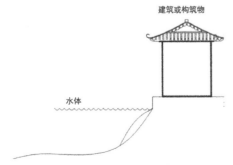

图 9-4-10 以建筑为主体的依托型空间（相依关系）

图 9-4-11 鲁迅公园水边餐厅

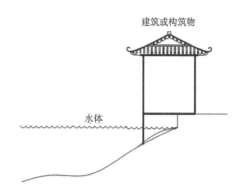

图 9-4-12 以建筑为主的依托型空间（叠合关系）

图 9-4-13 英国某游艇俱乐部

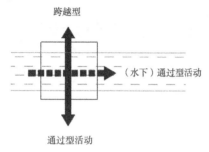

图 9-4-14 跨越关系

图 9-4-15 黄兴公园水边亭（底部架空）

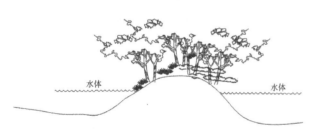

图 9-4-16 徐家汇公园水边长廊

图 9-4-17 浮水之屋

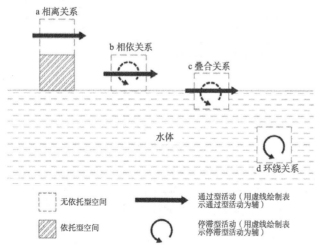

图 9-4-18 无依托型空间与水体的关系

图 9-4-19 黄兴公园观鱼池

置与陆地并无直接联系，所以只能承载停滞型活动或者不承载人类活动。以植物为主的环境关系，例如鲁迅公园中的动物岛密植乔灌木，是游人禁足区域，成了各种鸟类、两栖类动物的乐园，是保证物种多样性的有效方式（见图9-4-16）；水中建筑，比如MOS设计的浮水之屋（见图9-4-17），与水景完全融合，视觉感受甚佳。

综上所述，相离关系的依托型空间是和无依托型空间组合存在的，对天气变化有一定的适应能力，适宜布置在向阳的滨水环境中，组合可以兼顾通过型和停滞型两种活动；相依及叠合关系的依托型空间受天气影响最小，主要承载停滞型活动，若以建筑为主，宜布置在常年天气情况不利于室外活动的水体伴生环境中，但不宜布置在常年无法接受光照的背阴区域；环绕关系的依托型空间因其特殊的位置，虽对游客而言有所不便，但也增加了游玩的趣味性，主要承载的是停滞型的活动。

2）水体伴生景观的无依托型空间

按照依托型的分类方法，无依托型也同样有：①相离关系，②相依关系，③叠合关系，④环绕关系，如图9-4-18所示。

（1）相离关系。在图9-4-18相离关系a中，无依托单元在与水体联系时，不可能单独存在，必定是和依托型空间单元B或C组合存在，因此这类空间主要是承载通过型活动。例如，黄兴公园观鱼池边的小广场和廊架的组合（见图9-4-19），廊架承担了大部分的停滞型活动。

（2）相依关系与叠合关系。图9-4-18中的相依关系b和叠合关系c这两种类型，只含有无顶面的外部空间。天气的变化对人们的活动影响很大，有时就决定着活动是否能继续进行。公园中的广场、草地、滨水步道等与水体就是相依关系（见图9-4-20、图9-4-21），在日照较为强烈的夏日，广场或草坪便失去了聚集游人的功能。叠合关系的无依托空间实例如水边架空平台，公园中常与亭榭相结合（见图9-4-22）。这两种关系形成的空间理论上只适合承载停滞型或通过型两种活动中的一种。如果当两种活动类型同时出现，由于通过型人流都有偏向水体一侧的倾向，因此必定造成一定的相互干扰。当然干扰程度和空间实际的进深有关。例如水中木栈道通常间隔着宽度较大的平台，以减少通过与停滞游人之间的活动干扰。叠合关系还可以衍生出跨越

图9-4-20 世纪公园大草坪

图9-4-22 鲁迅公园架空平台

图9-4-21 长风公园滨水步道

图9-4-23 水中舞台

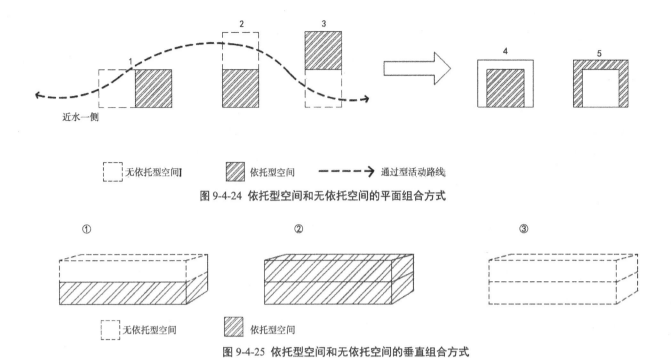

近水一侧

□ 无依托型空间]   ▨ 依托型空间   ┅━►通过型活动路线

图 9-4-24 依托型空间和无依托空间的平面组合方式

①   ②   ③

□ 无依托型空间   ▨ 依托型空间

图 9-4-25 依托型空间和无依托空间的垂直组合方式

关系，主要承载的是通过型活动，典型的实例如各式各样的桥。

（3）环绕关系。

调查结果显示，图 9-4-18 所示的环绕关系 d 的空间类型，常见的有水中的沙洲或渚等。如图 9-4-23 所示的水中舞台，但这一空间类型本身并不能承载游人活动，而是间接引导岸边游人的停滞型活动。

综上所述，水体伴生景观空间的无依托型是单一的开敞性的空间类型，承载通过型或停滞型活动。因身处其中的游人活动受天气影响较大，所以适宜布置在无阳光直射区，以提高其利用率。

9.4.3 水体伴生景观的组合方式与分布特征

1）组合方式

在实际的运用中，依托型空间和无依托型空间通常是相辅相成的，以不同的组合形式共同构成水体伴生景观。

（1）平面组合方式。依托型空间和无依托型空间的平面组合方式有 3 种（见图 9-4-24）。3 种基本方式可以演变出多种复杂的空间类型，如图 9-4-24 中的 4 和 5。两者相互结合，既增加了空间丰富度，同时也兼顾了通过型和停滞型活动。若将各种组合方式综合布置，那么通过型活动的线路（见图 9-4-24）在相位上与水体分离相间，增加了游赏的趣味性和视景的丰富度。

（2）垂直组合方式。在垂直空间上，依托型空间和无依托型空间也有 3 种基本组合方式（见图 9-4-25）。组合①最常见的就是架空的亲水平台，平台下有可以开展亲水活动的铺装场地或者地被（见图 9-4-26）；组合②常见的是双层建筑（见图 9-4-27）；组合③常见的是多层的滨水步道（见图 9-4-28）。将这种在垂直空间上含有两个或两个以上感知区的空间类型称为垂直复合型。垂直复合型既增加了空间层次，也丰富了人对水体的感受。垂直复合型对大落差的水环境有较好的适应性。12 个样本公园中，没有组合①③的类型，只有少量的建筑属于②类型。其原因主要是公园水体水位控制较为稳定，不存在季节性或瞬时性的水体大落差，所以公园中的水体伴生景观空间中存在的多层建筑或构筑物很大程度上是出于对造型的追求。因此，本节在总结水体伴生景观的基本组合模式时，不考虑垂直组合。

（3）基本组合模式。综合上述，水体伴生景观的依托型空间、无依托型空间与水体都有相离、相依、叠合、环绕 4 种关系，两种空间理论上共可形成 10

表 9-4-1 依托型空间与无依托型空间组合模式

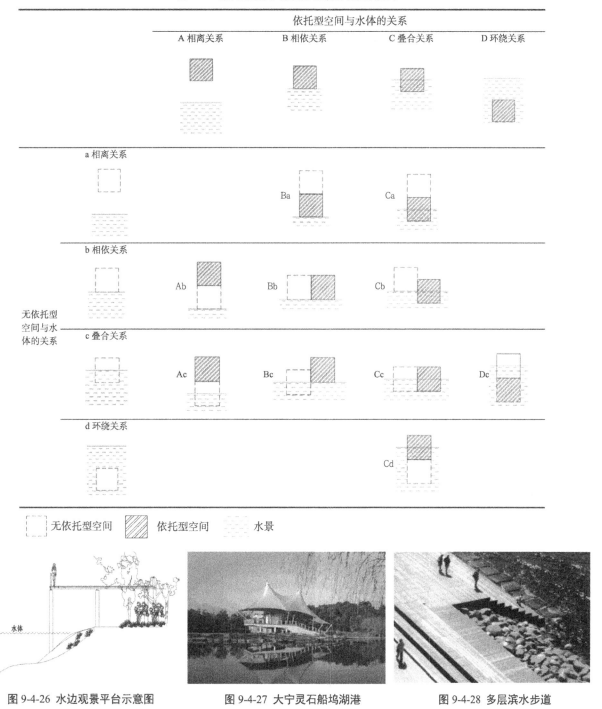

图 9-4-26 水边观景平台示意图   图 9-4-27 大宁灵石船坞湖港   图 9-4-28 多层滨水步道

种基本组合模式（见表 9-4-1）。其中，Ab、Ba、Ca、Cb 组合模式中依托型空间主要承载停滞型活动，无依托型空间主要承载通过型活动，分工较为明确，两种活动并无干扰，因此适宜布置的区域较为广泛。这 4 种模式在公园中都较为常见。

Ac、Bc、Cc 模式中，无依托型与水体是叠合关系，本身就有引导停滞型活动的趋向，与依托型空间组合后的组合模式更是以停滞型活动为主，所以适合布置在以休憩为主的区域内。

Bb 模式中，两种空间类型沿水体岸线呈线性布置，因此具有很强的沿水岸的导向性，适合布置在以通过型活动为主的区域。

Cd、Dc 组合模式常见于岛屿与水岸连接、线状水体两岸连通的实际案例中。从游憩角度来讲，Dc

比 Cd 更具有游赏趣味。

B、C、D、b、d 也可作单一型空间单独与水体结合运用。例如建筑中庭中的水景大多是 B 或 C 类型，主要承载停滞型活动，不受天气的影响；D 类型实例如水中小岛或建筑，只承载停滞型活动；b 类型实例如广场中的水景，主要承载通过型活动和短暂停滞型活动，对天气适应性较差；水中舞台是 c 类型，只承载停留型活动，受天气变化影响大。

组合型空间较单一型空间，受天气变化的影响都要小得多，但两者并无优劣之分，适用于不同的水体类型，营造的水体伴生景观也各有优缺。还应当指出的是，10 种组合模式也同样各有所长，每种模式对于水体伴生环境都有独特的价值。

2）依托型空间与无依托型空间的分布特征

如上所述，水体伴生景观是由依托型空间和无依托型空间组合构成。若不考虑与水体是相离关系的空间类型，以岸线长度作为量化指标，分析两种

空间类型沿水岸线的线性分布比重。12 个上海综合公园沿水岸线的空间类型示意图如表 9-4-2 所示。

（1）依托型空间和无依托型空间整体分布特征。12 个样本公园中水体伴生景观空间的依托型空间和无依托型空间的岸线长度占总岸线长度的比例，如表 9-4-3 所示，上海综合公园水体伴生景观主要以无依托型空间为主，无依托型空间岸线长度比例均值为 60.7%，依托型空间岸线长度比例均值为 39.3%。如表 9-4-3 所示，以各公园水体岸线总长度 L 为横坐标，依托型空间岸线长度 l 为纵坐标绘制散点图，如图 9-4-29 所示，12 个公园的 L 和 l 并未呈现统一的函数关系，但若忽略黄兴公园和杨浦公园，其他 10 个公园的依托型空间岸线长度 l 与水体岸线总长度 L 呈现明显的正相关关系。借助 SPSS19.0 对 10 个公园的 L 和 l 做拟合，线性拟合度最好，拟合函数曲线中的趋势线 $l = 0.2972L + 272.86$，$R^2 = 0.9508 > 0.8$，拟合度高。杨浦公园和黄兴公园与其他 10 个公园的

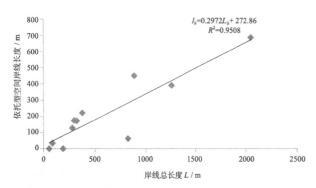

图 9-4-29 水体岸线总长度与其中的依托型空间岸线长度的散点图

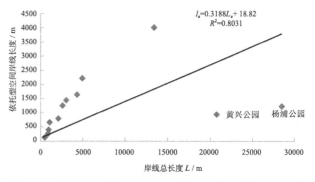

图 9-4-30 点状水体岸线总长度与其中的依托型空间岸线长度的散点图

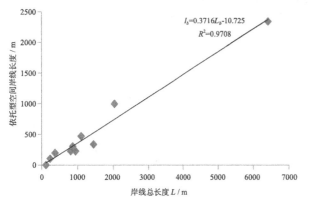

图 9-4-31 线状水体岸线长度与其中的依托型空间岸线长度的散点图

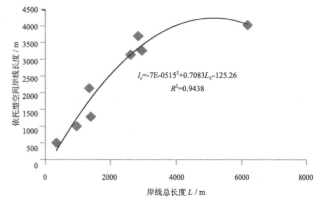

图 9-4-32 面状水体岸线长度与其中的依托型空间岸线长度的散点图

表 9-4-2 依托型空间与无依托型空间沿水岸线分布示意图

平面示意图及公园名称

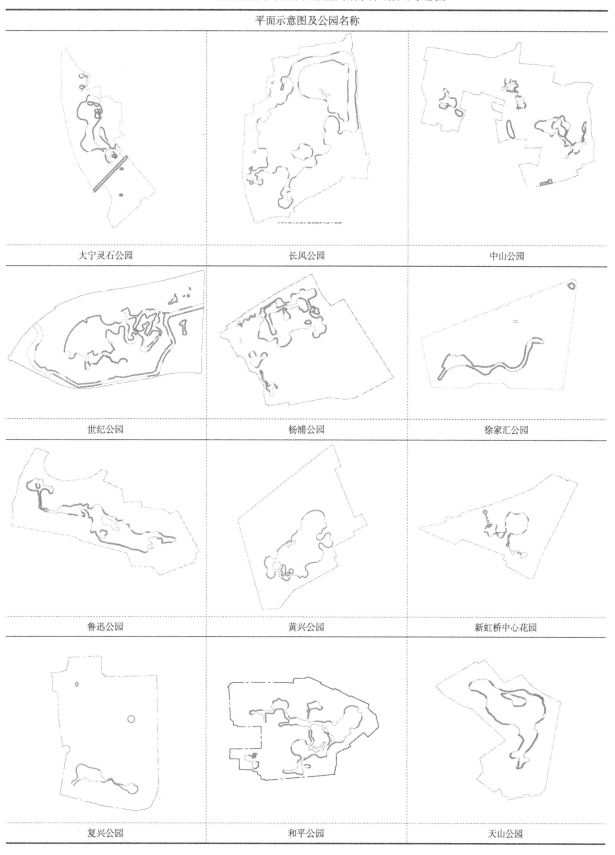

大宁灵石公园	长风公园	中山公园
世纪公园	杨浦公园	徐家汇公园
鲁迅公园	黄兴公园	新虹桥中心花园
复兴公园	和平公园	天山公园

—— 依托型水体伴生景观空间　　▬▬▬ 无依托型水体伴生景观空间　　▬▬▬ 公园边界

表 9-4-3 依托型空间岸线长度比例和无依托型空间岸线长度比例

公园名称	岸线总长 / m	依托型空间岸线长度比例	无依托型空间岸线长度比例
大宁灵石公园	4348	0.378	0.622
长风公园	4961	0.447	0.553
复兴公园	489	0.260	0.740
中山公园	2122	0.374	0.626
天山公园	967	0.414	0.586
新虹桥中心花园	1093	0.406	0.594
徐家汇公园	894	0.295	0.705
杨浦公园	28522	0.431	0.569
黄兴公园	20749	0.452	0.548
世纪公园	13410	0.300	0.700
和平公园	3054	0.474	0.526
鲁迅公园	2615	0.480	0.520
均值	6935	0.393	0.607

最明显区别在于：水体平面布局偏于公园一侧，因此，水体近公园边界一侧的用地面积较狭小，构景要素的布置受到限制，主要以无依托型空间为主，并不利于游人展开活动。借助 SPSS19.0 的数据描述性分析功能，分别对 12 个公园的依托型空间岸线长度比例和无依托型空间岸线长度比例做单样本分析，结果显示，依托型空间岸线长度比例均值呈负偏态低阔峰分布，在 95% 的置信水平下，置信区间为 [34.6%，43.9%]；无依托型空间岸线长度比例均值呈正偏态低阔峰分布，在 95% 的置信水平下，置信区间为 [56.1%，65.4%]。

（2）不同类型水体伴生的景观中两种空间类型的分布特征。对于不同类型的水体，依托型空间和无依托型空间沿岸线的分布比重也不同。具体数据如表 9-4-4 所示。

①点状水体。以各个公园的点状水体岸线总长度 L_a 为横坐标，点状水体伴生景观空间的依托型空间岸线长度 l_a 为纵坐标画散点图，如图 9-4-30 所示，点状水体伴生景观的依托型空间岸线长度 l_a 与总岸线长度 L_a 有正相关关系，其中大宁灵石公园和天山公园的点状水体只以规则的喷泉水池的形式出现在铺装场地上，因此依托型空间岸线长度 l_a =0。借用 SPSS19.0 拟合数据，线性拟合度最好，拟合的函数方程为 l_a =0.3188L_a +18.82（R^2=0.8031>0.8），见图

9-4-30 中的趋势线。借助 SPSS19.0 的描述性分析功能，对依托型空间岸线长度比例做单样本分析，结果显示，点状水体的依托型空间岸线长度比例均值为 34.4%，比例均值呈负偏态低阔峰分布，在 95% 的置信度下，置信区间在 [19.3%，49.4%]。

②线状水体。以各个公园线状水体的岸线总长度 L_b 为横坐标，其中的依托型空间岸线长度 l_b 为纵坐标画散点图。如图 9-4-31 所示，l_b 与 L_b 有明显的线性相关关系，拟合后的函数为 l_b=0.3716L_b−10.725，R^2=0.9708>0.8，见图 9-4-31 中的趋势线。借助 SPSS19.0 的描述性分析功能，得出线状水体依托型空间岸线长度比例数值呈负偏态高狭峰分布，比例均值为 33.8%，在 95% 的置信度下，置信区间在 [22.7%，44.9%]。

③面状水体。以各个公园中面状水体岸线总长度 L_c 为横坐标，其中的依托型空间岸线长度 l_c 为纵坐标画散点图。如图 9-4-32 所示，依托型空间岸线长度 l_c 与线状水体总岸线长度 L_c 有一定的正相关关系。借助 SPSS19.0 对数值进行拟合，二次方程拟合最好，函数方程为 l_c= -7E-05L_c^2 + 0.7083L_c -125.26，R^2 = 0.9438>0.8。从图 9-4-32 可以看出，l_c 有最大值，变形方程式求解得当 L_c=5059m 时，$l_c$max=1667m。而从理论角度而言，随着综合公园中面状水体的岸线变长，其中的依托型空间的岸线长度应该也会增

表 9-4-4 依托型空间和无依托型空间岸线长度和长度比例

水体类型	公园名称	水体岸线总长度 / m	依托型空间水岸长度 / m	无依托型空间水岸长度 / m	依托型空间水岸长度比例	无依托型空间水岸长度比例
点状水体	大宁灵石公园	190	0	190	0%	100%
	长风公园	1255	391	864	31%	69%
	复兴公园	280	127	153	45%	55%
	中山公园	2047	687	1360	34%	66%
	天山公园	55	0	55	0%	100%
	新虹桥中心花园	376	221	155	59%	41%
	徐家汇公园	87	34	53	39%	61%
	杨浦公园	298	174	124	58%	42%
	世纪公园	824	62	762	8%	92%
	和平公园	887	450	437	51%	49%
	鲁迅公园	323	172	151	53%	47%
	均值				34%	66%
带状水系	大宁灵石公园	1441	339	1102	24%	76%
	长风公园	863	305	558	35%	65%
	复兴公园	119	0	119	0%	100%
	中山公园	236	106	130	45%	55%
	新虹桥中心花园	373	198	175	53%	47%
	徐家汇公园	807	230	577	29%	71%
	杨浦公园	1097	471	626	43%	57%
	世纪公园	6409	2340	4069	37%	63%
	和平公园	2036	997	1039	49%	51%
	鲁迅公园	941	229	712	24%	76%
	均值				34%	66%
面状水体	大宁灵石公园	2958	1304	1654	44%	56%
	长风公园	2845	1478	1367	52%	48%
	天山公园	967	400	567	41%	59%
	新虹桥中心花园	345	203	142	59%	41%
	杨浦公园	1398	513	885	37%	63%
	黄兴公园	2615	1255	1360	48%	52%
	世纪公园	6178	1610	4568	26%	74%
	鲁迅公园	1351	854	497	63%	37%
	均值				46%	54%

大,而调查中只有世纪公园中的面状水体岸线长度 $L_c > 5059m$,所以说 l_c 存在最大值可能并不成立,但也不排除 L_c 与 l_c 存在周期函数的关系,那么 l_c 也存在最大值。由于 12 个样本数量较少,存在很大的局限性。

借助 SPSS19.0 的描述性分析功能,得出面状水体依托型空间岸线比例均值为 46.3%,长度比例均值呈负偏态低阔峰分布,在 95% 的置信度下,置信区间在 [36.3%,56.3%]。

综合上述,12 个上海综合公园水体伴生景观以无依托型空间为主,其岸线长度比例均值为 60.7%。

点状水体伴生的景观中依托型空间岸线长度比例均值为 34.4%,线状水体伴生的景观空间中依托型空间岸线长度比例均值为 33.8%,而面状水体伴生的景观空间中依托型空间岸线长度比例均值为 46.3%,较其他两种水体类型分布比例高。究其原因,面状水体规模较大,水体跨越的功能分区较多,为了适应各功能区的主导功能,水体周边为游人提供服务的休憩设施或建筑也相对较多,因此依托型空间岸线比例相对较大。

本章注释

[1] 金儒霖，张敖春，邹光洁等．人造水景设计营造与观赏 [M].北京：中国建筑工业出版社，2006.

[2] 王毅娟，郭燕萍．现代桥梁美学与景观设计研究 [J].北京：北京建筑工程学院学报，2004, 20 (3):47-50.

[3] 姚时章，环境设计，王江萍等．城市居住外环境设计 [M].重庆：重庆大学出版社，2000.

[4] 申献辰，邹晓雯，杜霞．中国地表水资源质量评价方法的研究 [J].水利学报，2002,12:63-67.

[5] 段然．海派园林浅析 [J].科技咨询导报，2007 (28):87.

[6] 汤晓敏，王云．景观艺术学——景观要素与艺术原理 [M].上海：上海交通大学出版社，2009.

[7] Yamashita S. perception and evaluation of water in landscape: use of photo-projective method to compare child and adult residents' perceptions of a Japanese river environment[J]. Landscape and Urban Planning 2002, 62 (1):3-17.

[8] 王苏民，窦鸿身．中国湖泊志 [M].北京：科学出版社,1998.

[9] 窦鸿身，姜加虎．中国五大淡水湖 [M].北京：中国科学技术大学出版社，2003.

[10] Mandelbrot B B. Self-affine fractals and fractal dimension[J]. Physica Scripta,2006, 32 (4):257.

[11] Nikora V I. Fractal structures of river plan forms[J]. Water resources research, 1991, 27 (6):1327-1333.

[12] 潘文斌，黎道丰，唐涛，等．湖泊岸线分形特征及其生态学意义 [J].生态学报，2003, 23 (12):2728-2735.

[13] 王勇，杨公训，路迈西．图像识别中颗粒形状表征方法的研究 [J].安徽理工大学学报（自然科学版），2005, 25 (1):27-29.

[14] 夏石宽，王云．上海综合公园路网结构研究 [J].上海：上海交通大学学报（农业科学版），2012, 30 (4):76-81.

[15] Sugihara G,May M.Applications of fractals in ecology[J]. Trends in Ecology & Evolution,1990, 5 (3):79-86.

[16] 盛洪飞．桥梁建筑美学 [M].北京：人民交通出版社,2001.

[17] 常怀生．建筑环境心理学 [M].北京：中国建筑工业出版社,1990.

[18] 三村翰弘．建筑外环境设计 [M].刘永德，译．北京：中国建筑工业出版社，1996.

[19] 盖尔，何人可．交往与空间 [M].北京：中国建筑工业出版社，1992.

[20] 芦原义信．外部空间设计 [M].尹培桐，译．北京：中国建筑工业出版社，1985.

[21] Hoffbuhr J W.Waterscape: an executive perspective[J]. Journal (American Water Works Association)，2002, 94(4):8.

[22] Dreiseitl H,Grau D,Robinson M.New waterscapes: planning, building and designing with water[M]. Boston：Birkhauser,2005.

10 上海城市公园游憩设施研究

城市公园的游憩设施包括休息座椅、游戏健身器材、棚架、码头、活动场等非建筑类设施，以及亭、廊、厅、榭、活动馆、展馆等建筑类设施。本章主要探讨上海城市公园中的亭、廊、座椅等常用游憩设施的现状特征与更新策略。

10.1 园亭研究

亭，是中国园林建筑中最活跃的类型，素有"园林中的眼睛"之称[1]，具有可观、可留、可游的特点。它四面迎风，玲珑剔透，是一种供人休憩、眺望和观赏的园林建筑小品。亭的造型完整并且独立，按"点景"与"景点"的双重功能进行相宜的布置，显得灵活、自由。

园亭是公园中的重要设施。1888 年，在中国第一座公园——上海黄浦公园中，将木结构的音乐亭改为了维多利亚式铁亭，外观金碧辉煌，成为全园的焦点（见图 10-1-1）。上海兆丰公园中的大理石亭和中式凉亭，都以树篱、乔木为背景，大草坪作为前景，在视线焦点处形成画面的中心[2]。

园亭的形式多样，布局上也变化多样，与水体、地形、山石、植物等景观要素相结合，成为公园中不可或缺的一部分。

10.1.1 研究对象与内容

本着科学性、完备性、代表性的原则，本章选取了规模大于 5hm² 、且有亭子的 11 座具有代表性的城市综合公园为研究样本（部分见附表 1），依次是鲁迅公园、复兴公园、中山公园、杨浦公园、和平公园、长风公园、人民公园、世纪公园、新虹桥中心花园、黄兴公园、大宁灵石公园。样本公园涵盖了不同建造年代、不同区域、不同规模的上海综合公园特征。预调研结果显示，11 个综合公园中有 83 个园亭（见表 10-1-1）：世纪公园、长风公园、中山公园的园亭数量超过了 10 座，其中世纪公园设有 16 座园亭；新虹桥中心花园、复兴公园中仅设有 1~2 座园亭。

本节从规模、形式、材质以及选址这 4 个方面，全面研究上海城市综合公园中园亭的特征，并采用定性与定量相结合的方法，归纳总结园亭在不同规模、不同建造年代公园中的规模、形式、材质以及

图 10-1-1 上海黄浦公园
（左图为建于 1870 年的木结构音乐亭、右图为建于 1888 年的铁制音乐亭，图片来源：《上海近代建筑风格》）

表 10-1-1 样本公园中园亭数量与占地面积一览表

公园名称	建造年代	公园面积/hm²	公园建筑占地面积/hm²	园亭规模		
				园亭数量/座	园亭建筑占地面积/m²	园亭占地面积比例
鲁迅公园	1905	21.54	1.19	8	213	0.100
复兴公园	1909	9.00	0.69	2	41	0.043
中山公园	1914	21.43	1.18	11	366	0.070
杨浦公园	1958	19.34	0.67	9	182	0.094
和平公园	1958	16.35	0.59	6	71	0.041
长风公园	1959	36.60	1.76	15	294	0.08
人民公园	1993	12.00	0.20	4	53	0.042
世纪公园	1995	140.05	2.03	16	716	0.046
新虹桥中心花园	2000	13.00	0.39	1	28	0.021
黄兴公园	2001	62.00	1.30	7	106	0.017
大宁灵石公园	2002	60.86	0.57	4	67	0.010

选址特征，以期为上海城市公园园亭设计与建设提供一定的参考。

从园亭本身的研究继而扩展到园亭所形成的景观空间，结合园亭选址的不同特征，归纳总结了不同景观空间类型、空间构成要素，并引入景观叙事理论，分析总结了4种不同叙事节奏、不同叙事主题、不同叙事路线的园亭叙事性景观空间。

10.1.2 园亭形式与材质特征分析

通过对11个样本公园和83座园亭的调查分析可知（见表10-1-2），园亭类型丰富，其中中国仿古式亭占54%、现代新式亭占42%、欧式亭占4%。在复兴公园、鲁迅公园、中山公园、杨浦公园、长风公园、和平公园、人民公园7个公园中，中国仿古式亭占80%、现代式亭占15%、欧式亭则占5%。而新虹桥中心花园、世纪公园、黄兴公园、大宁灵石公园中的现代新式亭，占到公园园亭总数的96%，而欧式园亭仅有1座。

1）园亭平面形式

公园园亭平面形式丰富多样，可分为正多边形与多边形两种类型（见表10-1-3），其中平面为正多边形的园亭占总数的80%，以中式仿古亭为主，

而多边形平面的园亭则占20%。正多边形包括正六边形、正四边形、圆形、正八边形以及正三角形（见表10-1-4、附表1）。

2）园亭立面形式

传统园亭立面造型由屋基、亭身与屋顶三部分组成，屋顶形式决定了园亭的立面造型或平面形式。如表10-1-5所示，公园中传统式园亭立面形式占64%，明显多于占比36%的现代式园亭立面形式。传统式的园亭立面形式可分为单檐亭与重檐亭两种形式，以单檐亭为主，占88%，立面形式丰富。

如表10-1-6所示，样本公园中园亭的立面形式以传统式立面形式为主，现代式立面形式为辅。传统式园亭立面形式中，除了攒尖顶形式外，还包括歇山顶式以及重檐攒尖顶式，立面形式丰富多样。

3）园亭的组合形式

园亭大多都是以单亭的形式出现在公园中，有时园亭也会以不同的组合形式出现，例如，亭与亭之间的组合、亭与景墙之间的组合以及亭与其他园林建筑之间的组合形式。通过对11个样本公园和83个园亭样本的分析，上海综合公园的园亭按组合形式可分为单亭、双亭组合、亭廊组合三大类型（见表10-1-7）。如表10-1-7所示，样本公园中的园亭以单亭为主，

表 10-1-2 样本公园中园亭建筑风格一览表

| 公园 | 不同形式的园亭数量 / 座 | | | | 园亭总数量 / 座 |
| | 中国仿古式亭 | | 现代新式亭 | 欧式亭 | |
	明清南式亭	明清北式亭			
鲁迅公园	7	1	/	/	8
复兴公园	1	/	/	1	2
中山公园	8	/	2	1	11
杨浦公园	7	/	2	/	9
和平公园	6	/	/	/	6
长风公园	13	/	2	/	15
人民公园	2	/	2	/	4
世纪公园	/	/	16	/	16
新虹桥中心花园	/	/	1	/	1
黄兴公园	/	/	7	/	7
大宁灵石公园	/	/	3	1	4
总数	44	1	35	3	83
所占比例	54%		42%	4%	100%

表 10-1-3 样本公园中园亭平面类型与数量一览表

公园名称	园亭平面类型数量 / 座									
	正多边形					多边形				
	三角形	正四边形	正六边形	正八边形	圆形	扇形	长方形	梅花形	不规则形	组合形式
鲁迅公园	/	4	2	/	/	/	1	1	/	/
复兴公园	/	/	1	/	1	/	/	/	/	/
中山公园	/	1	3	/	3	/	1	/	1	2
杨浦公园	/	1	3	/	3	1	/	/	1	/
和平公园	1	1	3	/	/	/	1	/	/	/
长风公园	/	1	9	2	1	1	/	/	/	1
人民公园	/	1	/	1	/	/	/	/	2	/
世纪公园	/	4	4	/	8	/	/	/	/	/
新虹桥中心花园	/	1	/	/	/	/	/	/	/	/
徐家汇公园	/	/	/	/	/	/	/	/	/	/
黄兴公园	/	4	/	/	/	/	/	/	3	/
大宁灵石公园	/	2	/	/	1	/	1	/	/	/
总数	1	19	26	3	17	2	4	1	7	3
所占比例	80%					20%				

表 10-1-4 样本公园中园亭平面类型一览表

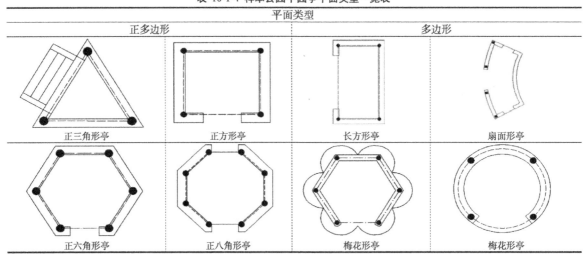

平面类型			
正多边形		多边形	
正三角形亭	正方形亭	长方形亭	扇面形亭
正六角形亭	正八角形亭	梅花形亭	梅花形亭

其数量占到园亭总数的 89%，依次是亭廊组合、多亭组合；11 个样本公园中仅有世纪公园设置有 3 种组合形式的园亭，有 3 个公园设置有 2 种园亭组合类型，其余公园只设置了单亭。由于前文对于单亭形式的特征做了较详细的分析，所以下面只对公园中出现的双亭组合及亭廊组合加以描述。

多亭组合主要以现代亭为主，在公园中并不多见，只在人民公园、世纪公园以及黄兴公园出现。例如，世纪公园香港园中的多亭组合（见图 10-1-2），为现代组合式张拉膜亭，五座园亭以圆形水池中的紫荆花雕塑为中心，绕着水池依次排开。园亭的一侧为公园的主要园路，可达性较强；位于中间的园亭为小卖部，游客可以在香港园中稍作停留，也可在园亭中驻足休憩。

亭廊组合形式在公园中较为少见，仅在长风公园与世纪公园中有。例如，世纪公园设置有两处亭廊组合（见图 10-1-3、图 10-1-3），一处亭廊组合位于公园的湖景观赏区，为钢筋混凝土亭廊组合，园

图 10-1-2 世纪公园现代亭照片及平、立面图　　　　图 10-1-3 世纪公园组合亭照片及平、立面图

表 10-1-5 样本公园园亭立面类型一览表

公园名称	园亭立面形式数量 / 座				
	传统式			现代式	园亭数量 / 座
	单檐亭		重檐亭		
	攒尖顶	歇山顶	攒尖顶		
鲁迅公园	7	/	1	/	8
复兴公园	1	/	/	1	2
中山公园	5	3	/	3	11
杨浦公园	7	/	/	2	9
和平公园	5	1	/	/	6
长风公园	13	1	1	/	15
人民公园	2	/	/	2	4
世纪公园	2	/	/	14	16
新虹桥中心花园	1	/	/	/	1
徐家汇	/	/	/	/	
黄兴公园	2	/	/	5	7
大宁灵石公园	1	/	/	3	4
总数	46	5	2	30	83
所占比例	64%			36%	100%

表 10-1-6 园亭立面类型一览表

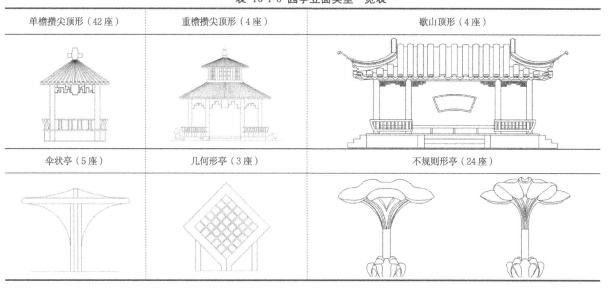

亭整体空间宽敞，视线开阔，东侧为模纹花坛，西侧则为木制亲水平台，在园亭中可欣赏到宽阔的湖景。而另一处位于世纪公园的春园中，园亭为木制亭廊组合，向日葵围绕在园亭周围，园亭北侧则是生态岛以及荷花池，南侧为公园的主要园路，可达性较强，游人可以在园亭中驻足休憩，与大片的向日葵合影留念。

4）园亭材质特征

通过对 11 个样本公园和 83 个园亭的调查发现，上海综合公园中园亭的材料可分为 6 大类型（见表 10-1-7）：木材、竹材、茅草、石材、钢筋混凝土及其他。从表 10-1-8 可知：① 11 个样本公园中钢筋混凝土亭占总数的 67%，其次是木制亭、竹亭、茅草亭，其他材料占 13%；② 11 个样本公园中，都采用了钢筋混凝土的材质；③ 11 个样本公园中 5 个公园园亭采用了

两种或两种以上的不同材质建造园亭，其中，中山公园采用了竹材、石材、钢筋混凝土以及铜顶等 4 种材质。

5）园亭形式与材质综合评析

从表 10-1-2 可以看出，公园风格对园亭形式有重要的影响。11 个样本公园的风格皆为自然式，而随着公园的不断改建，许多公园的局部风格出现多元化，园亭类型也呈现出多样的变化，例如中山公园，既有明清时期的南式仿古亭梅花亭，又有欧式风格的大理石亭，以及竹亭等，并且在新一轮的中山公园改建中，增加了 1 座铜顶亭。总体而言，上海综合公园园亭受到中国古典文化、上海近现代租界园林设计思想、苏联文化休息公园规划理论以及现代园林风格的影响，逐渐由以仿古亭为主转变为以现代园亭为主。

（1）园亭形式特征——继承与创新。首先，在对中国传统园亭形式的继承中，有两种形式：一是完全按照传统建筑的法式进行园亭的创作，运用现代材料，采用传统的工艺、色彩以及细部装饰等，以再现传统园亭风貌特色。例如，具有江南山水特色的长风公园中，设置了大量的明清时期的仿古式亭，园亭整体由红色柱身与绿色玻璃瓦组成，结构上采用传统的抹角梁法（见图 10-1-5），材质则运用钢筋混凝土，使得园亭更为经久耐用，细部装饰

图 10-1-4 世纪公园木制廊亭照片及平、立面图

表 10-1-7 园亭组合形式类型表

公园	园亭类型数量 / 座			园亭总数量 / 座
	单亭	多亭组合	亭廊组合	
复兴公园	2	/	/	2
鲁迅公园	8	/	/	8
中山公园	11	/	/	11
杨浦公园	9	/	/	9
长风公园	13	/	2	15
和平公园	6	/	/	6
人民公园	2	1	/	4
新虹桥中心花园	1	/	/	1
世纪公园	12	1	3	16
黄兴公园	6	1	/	7
大宁灵石公园	4	/	/	4
总数	74	3	5	83
所占比例	89%	5%	6%	100%

的处理上也十分精致，采用木制雕刻来体现传统园亭的韵味。二是对传统形式的简化和提炼，运用现代的营建手法，简化传统形式中的结构形式、屋顶形式、细部处理等内容，提炼出新的形式。例如中山公园中的钓鱼亭和杨浦公园中的知乐亭，采用折线形式的斗拱、混凝土封顶的形式，以及简洁的细部装饰（见图 10-1-6），从而使传统的形式具有了简洁明朗的新面貌，但也不失传统园亭的韵味。

其次，21 世纪，公园中逐渐出现了现代新式园亭。例如黄兴公园西北部的组合园亭（见图 10-1-7）和东南处的伞亭（见图 10-1-8），组合园亭中的 4 个园亭造型独特，呈正方体形状，园亭由木质材料、有色玻璃、不锈钢网格组成，其中 4 个园亭的顶部有色玻璃颜色各不相同，园亭的位置朝向、高差处理都有各自的特点，成为一个颇具风格的组合亭形式（见图 10-1-7）。位于公园东南处的现代伞亭，临水而建，园亭主体由钢筋混凝土制成，园亭造型

呈伞状，园亭右后方为一面 5 m 高的景墙，再配以高大的乔木，景观层次丰富。该伞亭不仅是一处位置极佳的观景点，更是岸线上颇具吸引力的竖向组合（见图 10-1-8）。由此可见，上海综合公园的园亭形式随着时代的发展而不断变化，形式多样、造型独特，为游人提供了良好的休憩场所。

（2）园亭材质特征——选择与表达。园亭的材质多种多样，包括木材、石材、砖、混凝土、金属、玻璃、塑竹等，在 11 个样本公园中，混凝土材质的园亭占到了 67%。仿木的混凝土材质不仅很好地表达了传统园亭的形式，也使园亭更为经久耐用，同时还应用于伞亭、蘑菇亭、铜顶亭等现代亭的营建，使得园亭形式更为丰富。

随着现代材料技术的发展，新型材料使得园亭赋予公园空间时代特征。例如人民公园的现代亭，位于上海当代艺术馆前广场，园亭采用金属材质，表面光亮，赋予广场空间时代的特征（见图 10-1-9

图 10-1-5 长风公园园亭

图 10-1-6 杨浦公园知乐亭

表 10-1-8 园亭材质类型表

公园	园亭材质数量 / 座						园亭总数量 / 座
	木亭	竹亭	茅草亭	石亭	钢筋混凝土	其他材料	
复兴公园	/	/	/	/	2	/	2
鲁迅公园	/	/	/	/	8	/	8
中山公园	/	2	/	2	6	1	11
杨浦公园	/	/	/	/	9	/	9
长风公园	/	/	/	/	15	/	15
和平公园	/	/	/	/	6	/	6
人民公园	/	/	/	/	2	2	4
新虹桥中心花园	/	/	/	/	1	/	1
世纪公园	2	/	/	/	1	13	16
黄兴公园	4	/	1	/	2	/	7
大宁灵石公园	/	1	2	/	1	/	4
总数	6	3	3	2	52	16	83
所占比例	8%	5%	4%	3%	67%	13%	100%

左图）。又如中山公园中的竹亭，为了体现出其清丽高雅、质朴无华，且经久耐用，造型上也不受材质的约束，则采用钢筋混凝土作支架，外包竹皮，既能在外观上保持竹子的纹理，又使园亭持久延年（见图10-1-9右图）。

（3）园亭形式与材质存在的问题。如前所述，上海城市综合公园中园亭的材质与形式趋于同质。在11个样本公园中，其中5个公园的园亭仅采用了1种材质，6个公园的园亭仅采用1种形式。例如，世纪公园的12座园亭均为张拉膜结构形式；而长风公园中的15座园亭均为钢筋混凝土结构，园亭的材质过于单一。鲁迅公园、和平公园内以中国仿古式园亭为主；而世纪公园、新虹桥中心花园、黄兴公园以及大宁灵石公园中以现代亭为主。和平公园中的6座园亭均为明清时期的仿古亭。

图10-1-9 人民公园现代亭与中山公园竹亭

10.1.3 园亭选址特征分析

中国传统园亭的选址强调"因地制宜、顺应自然"，11个样本公园的园亭选址遵循了就水建亭、因山构室、平地建亭的选址规律。

从表10-1-9、附表2中可以得出，11个样本公园中，园亭的选址主要分为3类：依水建亭、因山构室以及平地建亭。平地建亭占到园亭总数的51%，而临水建亭、因山构室依次为33%、17%。第一，园亭都具有"依水建亭"的选址特征，复兴公园中的六角亭即便建于假山之上，但另一侧为叠水景观，也可称之为"依水建亭"；第二，8个公园中的园亭具有"因山构室"的选址特征，但所占比例较少；第三，9个公园具有"平地建亭"的选址特征，其中世纪公园中平地而建的园亭占到其公园园亭总数的88%。11个样本公园中的10个公园具有2种或2种以上的选址类型，只有新虹桥中心花园仅在湖中心建亭。

1）依水建亭

调查结果显示，园亭与水体的选址关系具体可分为临水而建、架水而建和跨水而建这3种类型（见表10-1-10）。

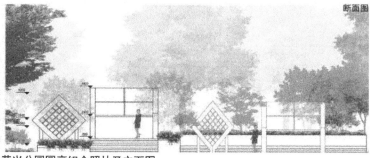

图10-1-7 黄兴公园园亭组合照片及立面图

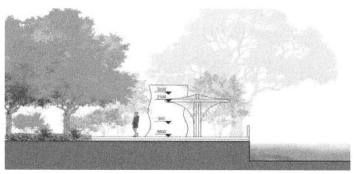

图10-1-8 黄兴公园伞亭照片及立面图

2）因山构室

正如《塔山四面记》中所说[3]："室之有高下，犹山之有曲折，水之有波澜，故水无波澜不致清，山无曲折不致灵，室无高下不致情。然室不能自为高下，故因山以构室者，其趣恒佳。"这段话总结园林建筑与地形相结合的一般规律就是相互依托、相互映衬，起到相得益彰的效果。园亭体量虽小但形势多样，被灵活地运用在自然景观和地形中，例

表 10-1-9　园亭选址特征一览表

公园	不同园亭选址数量 / 座			园亭总数量 / 座
	就水建亭	因山构室	平地建亭	
鲁迅公园	3	3	2	8
复兴公园	/	1	1	2
中山公园	2	2	5	11
杨浦公园	2	1	7	9
和平公园	3	1	2	6
长风公园	8	4	3	15
人民公园	1	1	2	4
世纪公园	2	/	14	16
新虹桥中心花园	1	/	/	1
黄兴公园	2	/	5	7
大宁灵石公园	3	1	/	4
总数	27	14	42	83
所占比例	33%	17%	51%	100%

表 10-1-10　园亭与水（依水而建）的位置关系

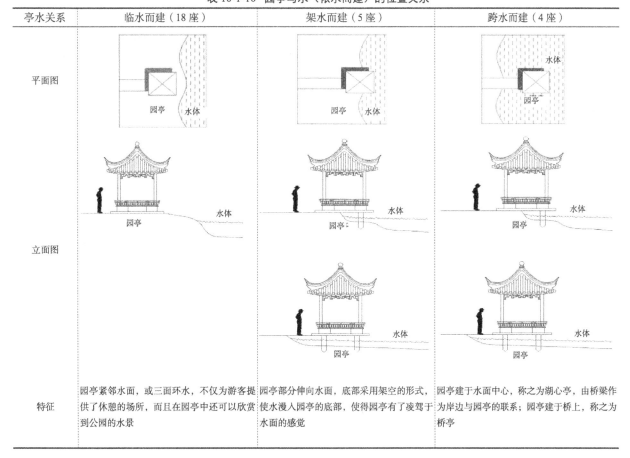

亭水关系	临水而建（18 座）	架水而建（5 座）	跨水而建（4 座）
平面图			
立面图			
特征	园亭紧邻水面，或三面环水，不仅为游客提供了休憩的场所，而且在园亭中还可以欣赏到公园的水景	园亭部分伸向水面，底部采用架空的形式，使水漫入园亭的底部，使得园亭有了凌驾于水面的感觉	园亭建于水面中心，称之为湖心亭，由桥梁作为岸边与园亭的联系；园亭建于桥上，称之为桥亭

如设置于山巅、山腰、山脚等区域，都为自然风光锦上添花。

调查结果显示，上海综合公园拟造自然山水风格，或挖土堆山，建造人工假山，或隆起小山坡，形成微地形，丰富公园的景观层次，构成优美的天际线。如表 10-1-11 所示，园亭与地形的选址关系可分为山麓建亭、山腰建亭、山顶建亭。

3）平地建亭

11 个样本公园的园亭选址，除了"依水建亭"和"因山构室"以外，其他园亭的选址被归为"平地建亭"，其中也分为路边建亭、功能主题区建亭两类（见表 10-1-12）。

10.1.4 园亭叙事性景观空间特征分析

园亭作为具有"点景"功能的园林建筑，除了园亭本身的建筑空间外，还与景观、园林相结合，使人的活动范围变得更大，空间开放性和透明性相当明显，为叙事思维的实现提供了可见的行为载体。因此，叙事性设计运用到园亭景观空间的设计中是合乎情理的。以往关于叙事性景观设计的讨论从不同角度并呈现出多种观点，如隐喻叙事、视觉叙事、宣言叙事等[4]。

园亭叙事性景观空间，即以园亭为中心，从叙事学角度出发，对园路、地形、植物、活动场所等空间要素进行编排，形成一个兼具景观功能与叙事

表 10-1-11　园亭与地形（因山构室）的位置关系

亭与地形关系	立面图	特征
山麓建亭（1 座）	园亭	山麓建亭，在景观序列中起到"起"的作用，即是一个开端
山腰建亭（7 座）	园亭	山腰建亭，具有"承转"的作用，园亭能独自成景与得景，又起到丰富山形的作用
山顶建亭（6 座）	园亭	山顶建亭，成为整个公园的制高点；四面开敞，视野开阔，可形成层次丰富、景色优美的天际轮廓线，成为标志性景观

表 10-1-12　园亭与平地（平底建亭）的位置关系

亭与平地关系	立面图	特征
路边建亭（30 座）	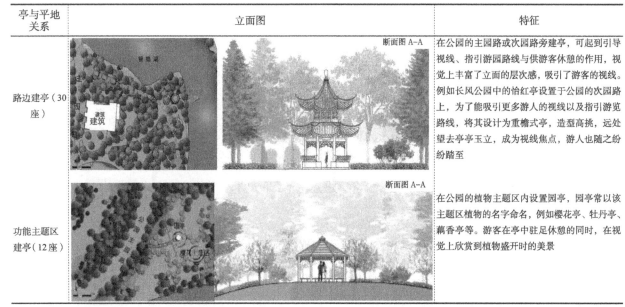 断面图 A-A	在公园的主园路或次园路旁建亭，可起到引导视线、指引游园路线与供游客休憩的作用，视觉上丰富了立面的层次感，吸引了游客的视线。例如长风公园中的怡红亭设置于公园的次园路上，为了能吸引更多游人的视线以及指引游览路线，将其设计为重檐式亭，造型高挑，远处望去亭亭玉立，成为视线焦点，游人也随之纷纷踏至
功能主题区建亭（12 座）	断面图 A-A	在公园的植物主题区内设置园亭，园亭常以该主题区植物的名字命名，例如樱花亭、牡丹亭、藕香亭等。游客在亭中驻足休憩的同时，在视觉上欣赏到植物盛开时的美景

功能的场所空间，增强空间感染力和提升景观空间品质。叙事设计中主要包括 3 个要素：①叙事者 – 设计者，②媒介 – 景观，③接受者 – 使用者，即叙事者通过媒介向使用者传达场所体验的过程。

园亭景观空间中的构成要素即叙事者的媒介，包括园亭、园路、地形、水体、植物与山石、铺装与指示牌等，叙事者通过对园亭景观空间中的要素重新组织编排，并选择不同的叙事要素，结合叙述方法，让使用者通过对空间场所感知而感受到叙事者所要叙述的故事。

通过对 11 个样本公园中园亭景观空间构成的调查发现，景观空间都以建筑为中心，配合周围地形、植物、水体等要素，形成 4 种不同类型的空间——开放或半开放、半封闭或全封闭围合空间；通过空间模式的变化，形成不同的叙事场所，进而决定体验者运动时间与体验时间的长短，以及使体验者有不同叙事感受。

1）省略式叙事景观空间

省略式景观空间为开放空间类型，以大面积的水体与大草坪为主要空间构成要素，视野较通透。省略式叙事空间采用"留白"的设计方法。中国古代画论、文论中的"留白"或"计黑当白"相当于

文学叙事中的省略。画面中的空白可能是一方水域或一片天空，画家不着点墨，却能达到"不着一字、尽得风流"之境；空间的省略处理减去的是场面内部的部分现状交代，增添的却是对体验者想象力或行为活动的激发[5]。因此，从某种程度上来讲，所谓的省略从表面上看似运用了减法，实则是运用了加法甚至是乘法，无形中扩大了空间的范围，增强了空间感染力，在此空间中，体验时间为不定数的时长"n"，运动时间为 0。

（1）以水体为叙事空间的主题。鲁迅公园中的正方形园亭，位于公园景观湖的西北部，其叙事的过程为：湖面——亲水平台——园亭——大草坪。园亭依水而建，架空的亲水平台与亲水长廊相连接（见图 10-1-10），在园亭与亲水平台上可观赏到湖景，视野非常开阔，让体验者产生无限的遐想；而园亭北部为五针松造型树以及简洁的山石配置，大草坪与园路相连接；园亭景观空间运用了省略的叙事手法，在开放性的空间中，构成要素主要为园亭、湖水以及简单的植物山石配置，使得体验者可以从不同视距观察到园亭景观空间的不同特征，增添了体验者对园亭景观空间的想象力，也增强了园亭景观的空间感染力。

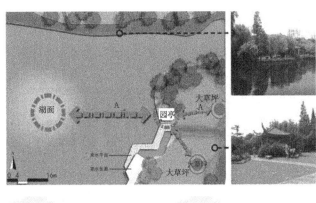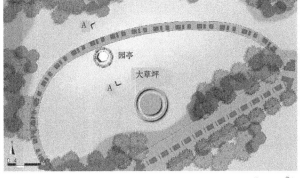

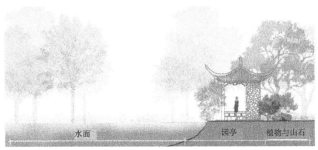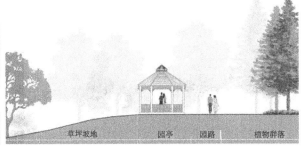

图 10-1-10　鲁迅公园园亭叙事景观空间分析图　　　　图 10-1-11　世纪公园园亭环境平面与断面示意图

（2）以大草坪为叙事空间的主题。在世纪公园东部的春景主题区中，设置有一座白色的木制凉亭（见图10-1-11），其叙事过程为：大草坪——弧形园路——园亭——大草坪。园亭造型整体上十分轻盈，矗立于大草坪中央，园路从园亭前穿过，视线非常开阔，草坪空间为叙事者"留白"的要素，园亭是唯一一处可以驻足休憩的场所，周围没有其他可供遮蔽的空间，体验者于园亭驻足休息。

2）停顿式叙事景观空间

停顿式景观空间为半封闭或封闭的空间类型，以水体、植物作为空间主题。空间通常被植物所环绕，形成封闭式的空间，或是以园亭为中心，植物环绕，建筑一侧临水，视线通透的半封闭式空间。设计者不能将时间暂停，但可以运用叙事手段将时间停留在半封闭或封闭空间中，体验者驻足观景、休憩，体验时间远大于运动时间。

例如，长风公园中的桂花亭廊组合（见图10-1-12），位于公园主园路旁的桂花园中，以水体、植物作为叙事空间的主题，其叙事过程为：桂花园景石——亭廊——亲水平台——花街铺地——植物造景。园亭入口处由景石与桂花植物组团形成障景的作用，园亭临水而建，由2个六角亭和1个八角亭

组合而成，3个园亭高低各不相同，内部空间开敞，立面造型此起彼伏，景观空间层次丰富；园亭被植物包围，园亭北侧面水并设有亲水平台，视野开阔，游人不仅可在亭中休憩驻足，还可亲近水面，感受银锄湖的美景；园亭南侧为花街铺地以及以桂花为主的植物组团，从视觉、味觉上给体验者带来不同的感受。

又如，中山公园中的牡丹亭景观空间呈半封闭型，位于中山公园的牡丹园中（见图10-1-13），以植物作为叙事空间的主题，其叙事的过程为：牡丹植物组团——轴式道路——园亭解说牌——牡丹亭。牡丹亭为中式歇山顶凉亭，景观空间采用先抑后扬的手法，园亭位于视觉通廊的尽头，而通往园亭的路径为宽2.5 m，长45 m的轴线，在乔木的遮挡下若隐若现，道路两侧以草坪及丰富的植物组团，形成了省略式的叙事空间，体验者在到达牡丹亭前需通过简洁的路径，园亭前方设置了具有文字叙事方式的解说牌，用文字的方式向体验者进行叙事，并通过对称式的石狮子雕塑、龙爪槐造型树，给体验者带来豁然开朗的感觉。在整个过程中，体验时间小于运动时间。

3）概述式叙事景观空间

概述式景观空间为半封闭或封闭的空间类型，以景观建筑作为空间主题。概述在叙事学上被解释为：用较短的讲述时间概括一个更长的虚构世界的时间[6]。体验时间大于运动时间。在园亭空间设计

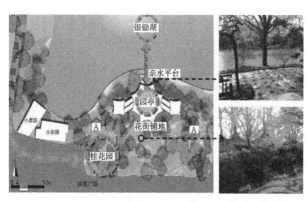

图10-1-12 长风公园桂花亭叙事环境分析

图10-1-13 中山公园牡丹亭叙事空间分析

中利用象征或隐喻的方式对场地中地域历史文化进行叙事，概述式景观空间叙事情节十分精炼。景观细部、雕塑的设置以及文字等叙事方式，让体验者在较短的时间内回溯一段漫长的历史事件。

如鲁迅公园中的鲁迅纪念亭，园亭为明、清北式仿古亭，整体风格庄严肃穆，位于鲁迅公园的中部、主园路的一侧，园亭景观空间由微地形以及植物包围，形成较半封闭的景观空间（见图10-1-14）。其叙事过程为：园亭解说牌——园亭——鲁迅雕塑——圆形广场——公园主园路。

园亭景观空间的北侧主入口处设有园亭解说牌，用文字叙述的方式向体验者简单地回顾了园亭的建造年代、建造目的；由阶梯进入园亭中，内部空间十分开敞，设置有石质座椅，园亭内氛围较安静；顺着西侧的阶梯走出园亭，为过渡型的路径空间，左侧设置有鲁迅先生的铜质雕塑；路径的尽头为圆形的休憩场所，视线较为开阔，设置有环形座椅，并在空间中央设置有石质"书本"雕塑，让体验者再一次回味鲁迅先生留下的众多著名文学作品。此概述空间中运用解说牌、人物雕塑或具有隐喻式的雕塑，让体验者在景观空间中根据空间要素，重塑

设计者所要传达或叙述的历史。在整个过程中，体验时间远大于运动时间。

4）扩张式叙事景观空间

扩张式景观空间为封闭型空间，以地形作为空间主题。扩张是电影叙事中特有的一种时间模式，电影叙事学的解释为："影片展现行动矢量进程中的每一分量，但用一些描写段或解说段来装饰叙事文本，造成叙事时间不定数的延长。"[6]在景观空间中，常常用曲折迂回或复杂多义的路径来延长体验时间，例如欧洲古典园林中的迷宫设计，苏州狮子林假山的布置都是属于利用迂回曲折的路径，或是多重路径的选择来延长体验者的体验时间，属于扩张式景观空间类型，此类空间体验时间大于运动时间。

例如，长风公园的铁壁山，模仿自然起伏的丘陵，具有连绵不绝的特征，分主次五峰组成，主峰铁壁山标高达26.4 m，其四面的次峰高低错落，颇有"横看成岭侧成峰，远近高低各不同"的韵味。在铁壁山主峰的东部与次峰的西南部分别设置探月亭与听泉亭（见图10-1-15），其叙事过程为公园主园路——迂回曲折的山路——探月亭——铁壁山主峰休息平

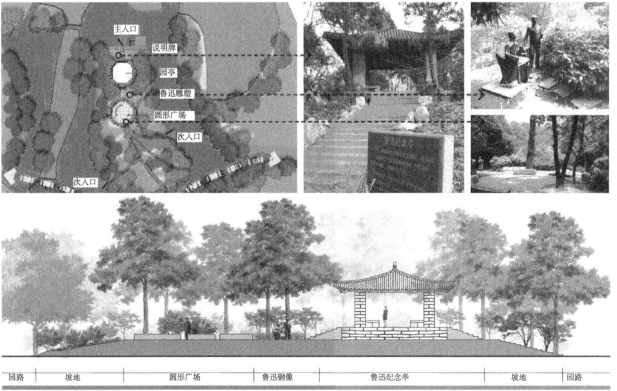

| 园路 | 坡地 | 圆形广场 | 鲁迅铜像 | 鲁迅纪念亭 | 坡地 | 园路 |

图10-1-14　鲁迅公园鲁迅纪念亭叙事空间分析图

台——听泉亭——公园主园路。在此过程中，铁壁山中假山置石，园路或迂回曲折，或有多种路径选择，探月亭周围由大乔木所环绕，地形较平稳，环境清新优雅；而听泉亭则由大量假山置石所环绕，地形较陡峭，体验者在地形起伏变化中体验江南之山变化无穷的特征，在园亭中"探月""听泉"，别有一番滋味。

综上所述，上海综合公园中存在园亭叙事性景观空间，且类型较为丰富，空间要素、空间主题变化多样（见表10-1-13）。

10.1.5 上海综合公园园亭空间更新设计策略

1）园亭形式与选材的更新策略

公园园亭形式的选择应遵循多样统一原则，即在确保园亭风格统一的基础上，有多样化的形式。例如杨浦公园中的园亭以明清时期的仿古亭为主，平面形式上有正四边形、正六边形、圆形；立面形式上有单檐与重檐攒尖顶等仿古亭形式，又设置了蘑菇亭与扇亭两座现代式园亭，蘑菇亭整体由树枝状檐柱与亭顶组成，形状类似蘑菇状，故取名蘑菇亭（见图10-1-16）；而扇亭整体由扇形底平面与平顶屋顶组成（见图10-1-17），材质均为混凝土，不仅丰富了公园园亭形式，而且使得游人能欣赏到不同形式风格的园亭。

园亭材料的选择要结合园亭的造型与风格，从以下3个方面进行优化：

第一，选用地方传统材料。传统的砖、石、木材、竹等自然材质，在园亭的营建中依然具有生命力，

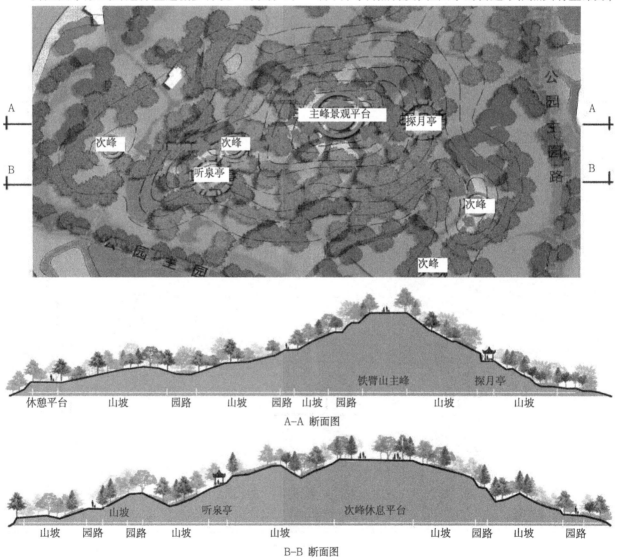

图10-1-15 长风公园听泉亭、探月亭叙事空间分析图

可以使园亭与周围环境更好地融合在一起。第二，用现代材料表达传统性。传统园亭中以木材为主，但在防腐、防虫、耐火等方面存在缺陷，所以在现代公园中，仿古式园亭用现代的钢筋混凝土替代了木料，一方面能够很好地保证园亭的安全性，可使其持久延年；另一方面，钢筋混凝土材质的可塑性较强，模仿出的梁、柱、斗拱的形状与传统木构非常相似。第三，新旧材料的对比与融合。竹亭可以给人带来清新高雅、超凡脱俗的感觉，在许多公园中都有设置，但不同的是，此类竹亭是由钢筋混凝土作为支架，外包一层竹皮来模仿竹亭的特征，这种形式的竹亭将新旧材料融合在一起，在保证竹亭造型的前提下，使得竹亭更为经久耐用。例如，在中山公园11座园亭中，主要运用了4种材质：竹材、钢筋混凝土、石材以及金属铜材料，既有运用表达传统乡土材料的竹亭，又包括运用现代材料表现传统形式的仿古亭，以及运用铜顶与混凝土亭柱组成的混合材料的园亭（见图10-1-18），园亭的材质变化丰富多样。

2）园亭选址的优化建议

在园亭的设计选址中，应该遵循两个原则：园亭选址应注重与公园不同要素的结合，或就水建亭、或因山构室、或平地建亭，以丰富公园的景观空间类型。

例如，大宁灵石公园，在湿地游览体验区设置有两座现代式的茅草亭，分别为单檐与重檐茅草亭，分别位于湿地区的两端（见图10-1-19），园亭亭身为传统式的木结构，屋顶则由茅草将其覆盖，两处园亭由木栈道以及木平台相连接，湿地种植有芦苇等具有湿地特色的水生植物，园亭整体风格与湿地景区环境要素相互融合，使游人能感受到湿地气息以及茅草亭山林野趣的味道。

和平公园中，园亭与公园中的水体充分结合，或临水建亭、或架水建亭、或跨水建亭。香怡亭位于公园的南入口处，矗立于环湖北侧（见图10-1-20），园亭整体由红色柱身与黑色瓦片组成，与马府翠绿茶坊建筑风格相吻合；园亭底部建有0.8m的基座，使得在园亭内视线更为开阔，底部四分之一伸向水面，使游人更接近湖面。

图10-1-16 杨浦公园蘑菇亭

图10-1-17 杨浦公园扇亭

图10-1-18 中山公园牡丹亭、铜顶亭

表10-1-13 典型园亭叙事景观空间模式表

叙事方式	叙事空间类型	叙事主题	案例	叙事线索
省略式	开放型空间	水体	鲁迅公园水边仿古亭	湖面—亲水平台—园亭—大草坪
		植物	世纪公园大草坪木制亭	大草坪—弧形园路—园亭—大草坪
停顿式	半封闭型空间	植物	中山公园牡丹亭	牡丹植物群—直线型道路—园亭说明牌—牡丹亭
	封闭型空间	水体	长风公园桂花亭	桂花园景石—亭廊—亲水平台—花街铺地—植物造景
概述式	半封闭型空间	景观建筑（园亭）	鲁迅公园鲁迅纪念亭	园亭说明牌—园亭—鲁迅雕塑—圆形广场—公园主园路
扩张式	封闭型空间	地形	长风公园探月、听泉亭	公园主园路—迂回曲折的山路—探月亭—铁壁山主峰休息平台—听泉亭—公园主园路

10.2 廊架空间适宜性评价与更新研究

廊在古汉语中的语义复杂,这主要是由于其功能的不断演变所致。明代计成《园冶》中"廊者,庑出一步也,宜曲宜长则胜[7]。"有学者对廊作出了系统的解释:"廊"是指辅助用房,所谓"堂下周屋",包括东西两侧的厢房。有时不以"屋"的形式出现,只作为封闭空间的"围墙",或者构成内部交通开敞的"连廊"及"游廊"。现代汉语中廊的概念是在古代廊概念的基础上,结合现代建筑的特点定义的。如《辞海》中说,"屋檐下的过道或独立有顶的通道,如走廊、廊庑、游廊"[8]。《现代汉语词典》对此词也做了解释,"廊子,屋檐下的过道或独立有顶的过道[9]。"包括两种类型,一类是依附于主体建筑的附属廊,一类是独立存在于园林景观中或主体建筑旁的独立式廊,两者在功能上都涵括了廊最基本的交通功能。

本研究的"廊"是指城市公园中具有通行和游憩功能的典型线形构筑物,包括传统意义上的廊及具有廊的空间形态的花架,被统称为"廊架"。廊是灵活多变的景观小品,具有丰富的形式。而城市公园内,功能类似于亭榭但不具有通行性的点式廊,有通行性但无休憩功能的通行式廊,均不属于本研究范畴。

本研究中"廊架空间适宜性"包括三方面的含义:一是指廊的布局合理性;二是指廊的形体与环境要素的协调性;三是指廊的空间能带给使用者的行为活动与心理的适宜性。

10.2.1 研究对象筛选

为了使研究对象更具代表性,本章采用配额抽样方法,选取了 8 个城市综合公园为研究样本,分别是:复兴公园、中山公园、杨浦公园、长风公园、人民公园、新虹桥中心花园、黄兴公园、大宁灵石公园(详见附录 1、附录 2)。

这些公园具有典型的综合公园特征,并涵盖不同建造年代、不同区域、不同规模的上海综合公园特征。公园的特点与其建造年代有着密不可分的关系。通过对 8 个公园的预调研,确定了 15 个满足研究要求的廊架作为研究样本(见表 10-2-1)。

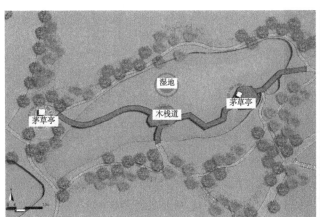

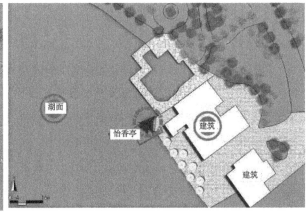

图 10-1-19 大宁灵石公园茅草亭

图 10-1-20 和平公园香怡亭平面图、立面图

10.2.2 廊的空间适宜性评价模型构建

1）评价指标筛选

基于人的空间体验，从人—建筑—环境的关系着手，结合相关文献研究与廊的空间特征，确定城市公园廊架的空间适宜性评价层次结构（见表10-2-2）。本着科学、全面、典型、易操作等原则，基于国内外研究综述，从"廊架与环境"与"廊架与人"两方面出发，结合15个样本廊架的现状特征分析，初步筛选出评判廊架空间适宜性的准则与影响因子。通过专家咨询法，对准则层与指标进行删减、合并和补充，最终确定了评价体系的准则层以及因子层，建立了以空间布局适宜性、形体与环境的协调性、内部空间使用适宜性为准则层的适宜性评价指标（见表10-2-3），并在此基础上，针对每个层面进行进一步的细分。

表 10-2-1 上海城市公园廊研究样本信息一览表

1 复兴公园法式长廊——折廊——双面空廊	2 复兴公园荷花廊——曲廊——单面空廊、双面空廊
3 中山公园休息廊——折廊——双面空廊	4 中山公园宣传廊——折廊——单面空廊
5 杨浦公园花架 A——曲廊——双面空廊	6 杨浦公园花架 B——曲廊——双面空廊
7 杨浦公园观鱼廊——曲廊——双面空廊	8 长风公园画廊——直廊——单面空廊
9 长风公园折廊——双面空廊	10 人民公园荷花廊——折廊——双面空廊

表 10-2-2 廊架的空间适宜性评价层次结构

空间适宜的需求		实现途径
廊架与环境	环境整体性	①优越的基址环境资源，如优美的水体、草坪、有活力的人文景观；②合理的道路交通组织；③廊架的形体与环境协调；④廊架在空间组织中发挥适当的空间功能
廊架与人	观景、休憩、交流	①廊自身多变灵活的空间形态；②廊内座椅不同的布置方式；③不同铺装形式的暗示；④不同开敞度的侧界面，便于形成不同的空间类型；⑤结合整体环境形成多样的空间类型
	舒适度	①廊架朝向合理，有较好的植物景观，形成良好的微气候；②依据人体工程学的要求，选择座椅材质、长度、宽度以及靠背的形式
	安全感	①提供具有"边界效应"形式的空间；②休憩的地方具有依托物
	领域感	①空间形态合理的尺度；②座椅合理的形式及布局；③廊架空间有植物围合，具有领域感

表 10-2-3 城市公园廊的空间适宜性评价指标及权重

目标层	准则层	准则层权重	因子层	因子层相对于准则层权重	因子层相对于目标层权重
空间适宜性	空间布局适宜性 B1	0.4518	可达性 C1	0.3991	0.1803
			基址环境条件优越性 C2	0.3665	0.1656
			空间组织合理性 C3	0.2344	0.1059
	形体与环境的协调性 B2	0.1299	形态与环境协调性 C4	0.3226	0.0419
			色彩与环境协调性 C5	0.3079	0.0400
			质感与环境协调性 C6	0.0739	0.0096
			体量与环境协调性 C7	0.2956	0.0384
	内部空间使用适宜性 B3	0.4183	通行适宜性 C8	0.3239	0.1355
			观景适宜性 C9	0.2620	0.1096
			坐憩适宜性 C10	0.2783	0.1164
			交往活动适宜性 C11	0.1355	0.0567

表 10-2-4 评价分值与评价等级对照表

评价分值	$90 \leqslant S \leqslant 100$	$75 \leqslant S \leqslant 89$	$60 \leqslant S \leqslant 74$	$S \leqslant 60$
评价等级	I级（优）	II级（良）	III（中）	IV级（差）

2）指标权重确定

本研究采用专家咨询法确定评价指标权重，首先邀请相关专业老师、公园管理人员、景观工程师与设计师等 30 位专业人士参与填写判断矩阵，根据打分情况，使用软件 YAAHP V6.0 进行权重计算。得到权重结果后，再利用 $CR=CI/RI$ 进行一致性检验，确保模型的有效性 ($CR<0.1$)，从而得到各准则层及因子层权重（见表 10-2-3）。

由表 10-2-3 可看出，可达性 C1、基址环境条件优越性 C2 和通行适宜性 C8 对廊的空间适宜性影响较大，是在廊架空间设计中需要重点考虑的因素。质感与环境协调性 C6 对廊的空间适宜性影响最小。在准则层中，空间布局适宜性 B1 对廊的空间适宜性影响最大，其次为内部空间使用适宜性 B3，形体与环境协调性 B2 的相对影响程度较低。说明在廊架空间设计中廊在环境中的布局是首要考虑因素，其次才是廊的内部空间使用适宜性。在空间布局适宜性 B1 的影响因子中，可达性 C1 影响度最高，这说明良好的可达性是廊架选址布局中应该首要考虑的因素。在形体与环境的协调性 B2 中，形态、色彩和体量的影响度相差不多，形态略高，这说明建筑具有整体性，建筑与环境的协调需综合考虑形态、色彩和体量。对内部空间使用适宜性 B3 影响最大的是通行适宜性 C8，通行是廊架空间最基本的功能，在设计中应充分考虑人通行时心理和行为的适宜性。其次是坐憩适宜性 C10，良好的坐憩空间，能增加人们的驻留机会，增强空间的活力。

3）评价模型建构

基于多因子指数分析法，将上海城市综合公园中廊的空间适宜性指数设为 N_β，各准则层因子得分为 Y_i，各单因子得分为 X_i，则对于每个单体空间而言，单因子适宜性分值计算使用公式如下：

$$X = \frac{X_1 + X_2 + X_3 + X_4 + \ldots + X_r}{R} \qquad (10\text{-}2\text{-}1)$$

式中，X 为廊架空间的某项指标因子得分，X_1 到 X_r 为所有评价者为指定廊架空间的某项指标因子给出的分数，R 为实际评价人数。

获得各指标因子得分 X_i 与各指标相较于准则层的指标权重 Z_i 后，该空间各准则层因子的适宜性分值可以使用如下公式计算：

$$Y_i = \sum_{i=1}^{m} X_i Z_i \qquad (10\text{-}2\text{-}2)$$

同理，获得各指标因子得分 X_i 与各指标相较于目标层指标权重 W_i 后，廊架空间适宜性指数可使用如下公式进行计算：

$$N_\beta = \sum_{i=1}^{m} X_i W_i \qquad (10\text{-}2\text{-}3)$$

4）指标取值与适宜性等级划分

将廊架的空间适宜性划分为 4 个等级，由高到低依次为等级 I（优）、等级 II（良）、等级 III（中）、等级 IV（差）。各自相对应的等级评价得分情况如表 10-2-4 所示。

（1）空间布局适宜性评价指标赋值标准。空间布局适宜性等级 B1 是由可达性 C1、基址环境条件优越性 C2 和空间组织合理性 C3 三方面决定的。

可达性 C1 是指游人在公园内活动时到达廊的位置所克服空间阻隔的难易程度，反映了城市公园内廊的位置合理度。在评价过程中，可达便捷、位置显著记为 I 级，可达便捷性差、位置过于隐蔽记为 IV 级，其间依次为 II、III 两个层级。

廊架选址的重要标准是"有景可观"。基址环境条件指在廊架内可观赏到的风景优美程度，例如是否具有优美的水体、草坪、植物群落、地形、充满活力的人文场地或良好的借景资源。结合专家访谈和实地调研，将基址环境条件优越性 C2 进行分级评价。廊架空间有良好的景观资源或有景可借的记为 I 级，周围环境没有景观资源，景色较差的记为 IV 级，其间依次为 II、III 两个层级。

空间组织合理性 C3 是指廊架结合植物、水体、山石、地形等景观要素，运用对比、渗透、障景等手法合理划分与组合空间，并通过路径的引导组织，使各景观要素不着痕迹地置于某种视觉联系的制约之中，满足"看与被看"的要求，形成统一变化的整体环境空间。空间组织合理性需明确三点：①范围界定。廊架往往是其所处环境的视觉中心，因此，廊架的外部空间是指以廊的侧界面为界限，由廊架四周的山石、树木等景物所构成的垂直面与地面、水面、草地灯构成的水平面所组成，廊架与其外部空间共同形成整体环境。②空间组织手法：对景、障景、空间渗透与层次、引导与暗示。③空间组织合理性包括两点：廊架与周围环境景观要素组织的协调性；整体空间统一而富有变化。在评价过程中，廊架与周围道路交通组织合理，廊架与周围环境各景观要素组织协调，整体空间类型多样为 I 级，廊架与周围道路交通组织不畅，廊架与周围环境各景观要素组织不协调，整体空间类型少且不明显记为 IV 级，其间依次为 II、III 两个层级。

（2）形体与环境协调性评价指标赋值办法。廊架的形体与环境协调性 B2 是由廊架的形态与环境的协调性 C4、色彩与环境的协调性 C5、质感与环境的协调性 C6、体量与环境的协调性 C7 决定的。

廊架的形态是指廊架的不同界面构成的廊的形象，主要取决于其底界面形状、侧界面形式及顶界面样式。形态与环境协调性是指廊架的形态与环境景观特征和功能的协调性。在评定过程中，形态与环境平面布局成契合或拓扑关系，侧界面和空间组合方式满足廊架在环境中的功能，屋顶形式与环境氛围相协调记为 I 级，形态与环境平面布局成排斥关系、侧界面和空间组合方式阻碍廊在环境中的功能的发挥，屋顶形式与环境氛围不协调记为 IV 级，其间依次为 II、III 两个层级。

色彩有冷暖、浓淡之分，不同的色彩适用于不同的建筑风格，给予人不同的感受。在评定过程中，廊架的色彩与环境的风格，氛围和功能协调度高记为Ⅰ级，廊架的色彩与环境的风格，氛围和功能协调度差记为Ⅳ级，其间依次为Ⅱ、Ⅲ两个层级。

体量是指廊架的体积大小。公园中的廊架讲究"随形而弯，依势而曲"，因此廊架的体量一般不大，但仍需根据环境的空间容量和空间氛围，以及廊在空间意境表达中的作用确定。

质感是指材料所表现出的粗细、刚柔以及纹理的特质。在评定过程中，廊架的质感与环境氛围和环境意境相融合，与环境硬质景观材质相适配记为Ⅰ级；与环境氛围和环境意境不符，与环境硬质景观材质不适配记为Ⅳ级，其间依次为Ⅱ、Ⅲ两个层级。

（3）内部空间使用适宜性评价指标评分标准。内部空间使用适宜性B3等级是由通行适宜性C8、观景适宜性C9、坐憩适宜性C10、交往活动适宜性C11决定的。

人的步行活动有两种可能[10]：一种是必要性活动；另一种为选择性活动，比如人被某些有趣的事情或者优美的声音吸引过去，以满足好奇心和心理的愉悦。在调研过程中发现，在城市公园中，即使周围有能够到达目的地的园路，有些游人也喜欢从廊内穿行。由此可见，廊架内的步行活动显然属于选择性活动。廊架内步行空间的质量决定了人们是否选择从廊内通行。在评价过程中，将交通线路顺畅、平面宽度满足游人通行时心理与生理的舒适性记为通行适宜性Ⅰ级，将交通线路迂回、平面宽度让游人产生拥挤感和干扰感记为通行适宜性Ⅳ级，其间依次为Ⅱ、Ⅲ两个层级。

视高、视距、视角和视域的组织直接决定了人们视觉感知的内容和效果。廊架在对人的行动引导过程中，通过灵活的形态变换，选取和提炼适宜的视点、视距和视野范围，并通过处理界面的高度、大小和位置，控制视高、视角、视线，引入合适的视觉形象，进而获得一系列不同且连续的空间印象，这些连续多变的空间印象形成人对环境抽象的归纳和认识，形成了丰富的景观序列，给予人在空间中

多样的体验。观景适宜性C9是指廊的形态要充分考虑视高、视距、视角和视野的组织，令游人在廊架内静态或动态观景时感到心理和生理的舒适性。依据视觉相关理论知识可知，正常人清晰的视距为25~30m，明确看到景物细部的距离为30~50m，能识别景物的视距为250~270m，能辨认景物轮廓的视距为500m，这个视距范围是人们正常视力辨别景物的极限距离。根据人的视网膜鉴别率可知，最佳垂直视角小于30度，水平视角小于45度[11]。在动态观景时，通过因景设置的廊的平面形状和侧界面高度、大小和位置，或通过门、漏窗、墙形成对景、框景和障景，达到步移景异的时空感知效果。在评定过程中，视线通畅、视距适宜、视角合适、景观效果丰富记为Ⅰ级，视线不通畅、视距不佳、视角不合适、景观效果单调记为Ⅳ级，其间依次为Ⅱ、Ⅲ两个层级。

坐憩适宜性C10是指使用者在廊架内安静休息时能得到的心理和生理的适宜感。心理的适宜度主要是指廊架内部空间能够满足游人坐憩时对私密性、领域性、安全性以及免干扰性的需求；生理的适宜度主要是指使用者在廊内休息时的身体舒适程度，包括座椅的材质、尺度、位置、形式的适宜以及空间微气候的适宜性。因此，在评定过程中，空间类型适宜、座椅舒适、微气候适宜记为Ⅰ级，空间类型不适宜、座椅舒适度差、微气候不良记为Ⅳ级，其间依次为Ⅱ、Ⅲ两个层级。

交往活动适宜性主要是指在廊内发生交谈、娱乐活动以及围观他人活动时心理和生理的舒适程度。在评定过程中，空间类型、尺度适宜交往活动，座椅的形式、尺度、位置适合不同行为活动记为Ⅰ级；空间类型与尺度不适宜交往活动，座椅的形式、尺度、位置不利于促进交往活动记为Ⅳ级，其间依次为Ⅱ、Ⅲ两个层级。

10.2.3 廊架空间的适宜性评价与分析

1）廊架空间布局适宜性分析

（1）空间布局适宜性对比分析。由图10-2-1可知，8个样本公园廊架空间布局适宜性整体水平普遍

较高，大部分样本能达到 II 级或者 I 级水平，但部分公园廊架空间布局适宜性仍存在分数较低的情况，等级只达到 III 级或者 IV 级。具体而言，复兴公园法式长廊达到 I 级水平，占 6.7%，居于 II 级水平的调查样本共有 11 个，占 73.3%，中山公园休息廊和宣传廊居于 III 级水平，占 13.3%。黄兴公园藤本廊居于 IV 级水平，占 6.7%。

（2）空间布局适宜性平均等级。由图 10-2-2 可知，样本公园廊架空间布局适宜性评价因子的平均值以及相对权重，由此得出样本公园廊架空间布局适宜性平均值为 81.8，为 II 级水平，说明上海城市公园廊的空间布局适宜性整体趋于良好，廊架一般临水而建，基址环境条件较为优越；大多数廊架位于城市公园内主景区或者入口区主路旁，可达性普遍较好。但廊架的空间组织方面仍存在一定的问题，有待进一步提升。

2）廊架形体与环境协调性分析

（1）廊架形体与环境协调性的对比分析。由图 10-2-3 可知，廊架的形体与环境的协调性整体水平普遍较高，所有样本公园的廊架均达到 II 级，其中杨浦公园弧形花架与黄兴公园藤本廊达到 I 级。虽然廊的形式与环境达到了很高的协调度，但廊架形体的视觉美感度仍有很大的提升空间。

（2）形体与环境协调性平均等级。由图 10-2-4 中可知，样本公园廊架的形体与环境协调性的平均分值为 85.7，居于 II 级，整体趋于良好，公园内廊架体量玲珑小巧，并多为通透的花架形式，因此容易与环境协调。色彩和质感虽然总体偏好，但部分样本廊架在细部设计上仍存在由于选材不当造成与环境协调度差的问题。

3）廊架内部空间使用适宜性分析

（1）内部空间使用适宜性的对比分析。由图 10-2-5 可知，样本公园廊架内部空间使用适宜性整体水平参差不齐。具体来看，I 级样本廊架数为 1，占 6.7%，包括人民公园荷花廊；II 级样本廊架数为 10，占 66.7%；III 级样本廊架数为 4，占 26.7%，包括杨浦公园弧形花架、观鱼廊，黄兴公园藤本廊，大宁灵石公园花架。

（2）廊架内部空间使用适宜性平均等级。由图 10-2-6 可知，公园廊架内部空间使用适宜性的平均分值为 80.2，为 II 级水平。说明上海城市公园廊架内部空间使用适宜性整体水平相对良好，公园廊架一般为双面空廊，视线、视角开阔，提供较好的观景条件。虽然内部空间功能适宜性刚好达到 II 级水平，但提升空间仍旧很大，各因子层的平均值整体水平并不高，尤其是通行适宜性与坐憩适宜性。而空间的使用程度才是空间存在的真正意义，因此，廊架内部空间仍需继续优化以提升廊架的利用率。

4）廊架空间适宜性综合等级

（1）廊架空间适宜性综合等级对比分析。由图 10-2-7 可知，上海城市公园廊架空间适宜性综合水平普遍较好。具体来看，I 级样本数为 2，占 13.3%，包括复兴公园法式长廊和人民公园荷花廊；II 级样本数为 11，占 73.3%；III 级样本数为 2，占 13.3%，包括黄兴公园藤本廊。

（2）廊架空间适宜性综合等级。由图 10-2-8 可知，廊架空间适宜性评价因子的平均值以及相对权重，依据 AHP 法算出上海城市公园廊架空间适宜性

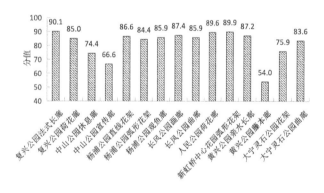

图 10-2-1 样本公园廊架的空间布局适宜性对比分析图

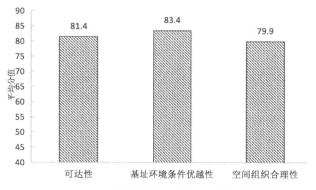

图 10-2-2 样本公园廊架空间布局适宜性评价因子平均值

的评价分值为 81.6，为 II 级水平。由此可见，上海城市公园廊架空间适宜性整体良好，但细节仍存在较大问题，后文将针对各个因子层提出优化建议。

10.2.4 廊架空间更新设计建议

通过对上海城市公园廊架空间特征调查、空间适宜性评价研究，分析得出上海城市公园廊架空间存在的主要问题如下：①公园廊架环境空间类型不够丰富，廊架与水体、植物的过渡衔接性较差，平地廊的基址环境普遍较差等；②公园廊架形态美感度不佳，局部装饰材料选择与环境协调度差等；③廊架空间使用人群较为单一，老年人居多，且活动形式也较为单调，廊架内座椅舒适度欠佳，各活动之间相互干扰大等。

1）廊架空间的布局问题与改进建议

（1）可达性问题。城市公园内，大多数廊架位于主景区主路旁或出入口处，可达性整体水平良好，但调查问卷结果显示，游人对部分廊架的可达性满意度较低（见图 10-2-9）。如黄兴公园的藤本廊位于公园西北角支路旁，位置隐蔽，外加公园面积较大，不易到达，建议应优先考虑将廊架置于主路旁或道路交叉口处，或增加游览指示设施。长风公园的曲廊位于银锄湖边，靠近主路，但公园规模及湖面较大，可达性也较低。

已有研究表明，步行 400~500m 是大多数人可以接受的距离。对儿童、老人、残疾人而言，合适的步行距离会更短。公园的主要使用群体为老人，所以针对长风公园画廊超出游人适宜的步行距离的问题，应通过合理组织公园内的游览路线，形成丰富的空间序列，降低游人到达空间的心理阻力，使游人感觉不到步行距离之长，同时通过廊与周围环境的组织配合，形成一个具有吸引力的场所，减少游人心理落差。

（2）廊架选址问题。由图 10-2-10 可知，样本公园廊架的基址环境条件整体水平较高，廊架大多布置于水边，或烟波浩渺的湖面，或曲折自然的水池以配合生动优美的水岸景观，但平地廊的基址环境条件普遍较为平庸，存在景色单一、黯淡无奇等

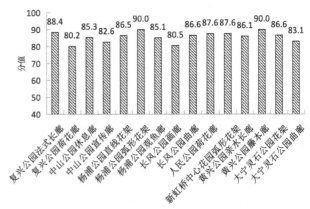

图 10-2-3 样本公园廊架形体与环境协调性对比分析

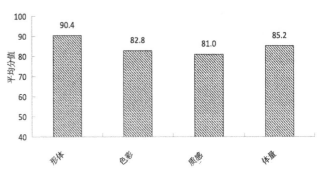

图 10-2-4 样本公园廊的形体与环境协调性评价因子均值

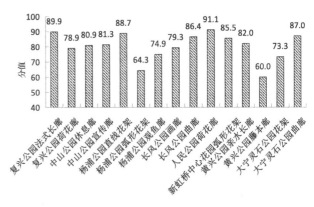

图 10-2-5 样本公园廊架内部空间使用适宜性对比分析

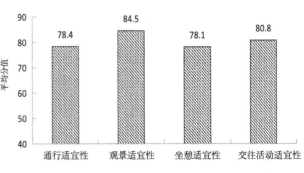

图 10-2-6 样本公园廊架内部空间使用适宜性评价因子均值

问题。5 个平地廊架样本中，仅有复兴公园法式长廊
毗邻图案精美的法式玫瑰园，基址环境条件较佳，
其他 4 个平地样本的基址环境普遍缺乏亮点。由图
10-2-11 可知，平地廊架周边仅有简单的绿化种植，
景观效果一般。对于平地建廊，建议首先加强运用
植物、假山石、地形等造景要素的组合形成观赏性
佳的风景，营造良好的基址环境，如图 10-2-12 所示。
其次，如果周围环境比较单一，可以在廊附近巧妙
设置饶有趣味的自然景物，通过独特姿态的树木，
精致的植物搭配以及玲珑剔透的山石等小型细微景
观，构筑廊的基址观景资源。

（3）空间组织问题。由图 10-2-13 可知，样本
公园廊架的空间组织合理性存在较大差异。与道路、
水体等景观要素组合缺乏细节考虑；廊架的基础种
植相对混乱；整体环境空间层次单一，存在亲水性
不足、台基与水体的过渡细部过于生硬等问题。如
杨浦公园的弧形花架，造型优美，曲直结合，但由
于周围密闭的植物以及距水面较远，廊架与湖面未
能形成良好的构景关系；杨浦公园观鱼廊位于水池
中央，位置适宜，合理分隔水面空间，但台基与水
体的衔接关系仍有些生硬（见图 10-2-14）。

针对以上问题，建议近水或临水建廊，首先，
要考虑亲水性，距离适中，视线通畅。其次，在台
基与水面的过渡方式上，建议根据不同位置选用合
适的植物配置形式。如将杨浦公园观鱼廊的花台换
成山石驳岸搭配植物配置的形式，植物种类可选取
枝条柔软下垂的黄馨、姿态优美的红花檵木等，效
果会更好。

在廊与植物的组织协调上，平地廊多存在基础
种植形式较为混乱的情况。远观时，廊包围在一片
绿葱葱的自然环境中，达到与环境协调的一般标准。
但近观时，细部植物配置多存在树种选择、配置密度、
种植位置不合理等问题。例如，中山公园宣传廊的
漏窗与稀疏混乱的竹丛、隐约可见的公园围墙未形
成良好的框景（见图 10-2-15 左）；而黄兴公园藤本
园中杂乱的植物种植，造成廊内空间压抑昏暗，过
于阴冷（见图 10-2-15 右）。针对基础种植问题，建
议首先应根据廊架特点，选择适合的配置形式和植

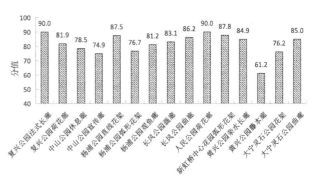

图 10-2-7　样本公园廊架空间适宜性综合等级对比分析

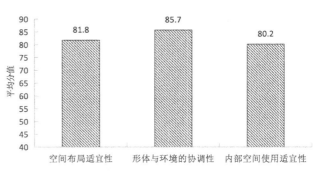

图 10-2-8　样本公园廊架空间适宜性评价准则层综合等级

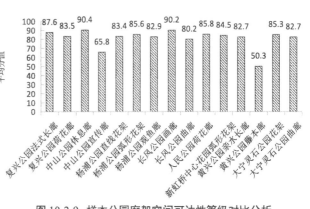

图 10-2-9　样本公园廊架空间可达性等级对比分析

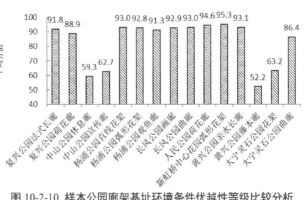

图 10-2-10　样本公园廊架基址环境条件优越性等级比较分析

物品种。如在柱基位置可采用孤植小灌木，整齐修剪低矮绿篱、藤本植物以及点缀少量草本地被的方式；在漏窗处、侧界面开敞处、廊的阴角处，应利用框景或对景手法，配以小丛花木，散置的嶙峋湖石，或在草地上点植低矮小灌木；在出入口处常由花台、孤植乔木构成视线焦点或者采用对植、均衡种植形成夹景，形成具有吸引力和暗示性的空间；在廊的背面一般布置观赏型植物群落，上层选用落叶乔木或者常绿与落叶搭配，其他植被需有一定耐阴能力，并且要注意留出合适的观景视距以及合理组织透景线，种植密度不宜过高，防止廊内空间黯淡。

廊架灵活多变的形态、通透的界面，具有分隔、围合、引导空间的作用。一般而言，廊架所处环境均有丰富的空间层次、多样的空间类型，但在细部营造处理时仍存在层次感不足、构图手法的运用不够巧妙自然等问题。如中山公园休息廊整体空间形成开敞、半开敞、封闭的空间层次，但封闭空间的组织不够得当，造成空间局促压抑，可剔除大乔木前杂乱的灌木，增加空间的开阔感。针对以上问题，建议首先要合理利用各种构图手法，增加空间的层次感。其次，在不同空间类型的营造上，应根据D（宽度）/H（高度）的关系，营造合适的开敞与闭合程度，避免过于开敞或过于封闭。总之，要充分考虑并利用廊架空间特性，形成统一多变的整体空间。

2）廊的形体与环境的协调性问题与改进建议

（1）形态问题。如图10-2-16所示，廊架形态与环境的协调性分值整体较高，由于廊架灵活的形态，与周边环境结合紧密，因此立面形态一般采用漏窗或者廊柱的形式，可将两侧景色引入廊架中，形态与环境的协调度较高，但样本公园中的廊架形态普遍缺乏亮点。若能采用玲珑多变的屋顶形式、不同材质组合以及具有艺术气息的立面形式，不仅廊架的形态能与环境协调，更能达到为彼此增色的效果（见图10-2-17）。

| 长风公园宣传廊 | 长风公园休息廊 | 复兴公园花架 |
| 大宁灵石公园花架 | 黄兴公园藤本廊 | 复兴公园金属廊架 |

图 10-2-11　平地廊基址环境

图 10-2-12　平地廊基址环境优化示例

（2）体量问题。由图10-2-18可知，样本公园廊架体量与环境的协调性分值均较高，但长风公园画廊、复兴公园荷花廊、大宁灵石公园曲廊等的体量过于轻薄或略大，廊衔接的临水平台挤压水面空间。

如图10-2-19所示，复兴公园宽近7m的临水平台与仅有25m宽的水池体量比例不当，而针对荷花廊的问题，适当减小临水平台的尺寸是最根本的解决方法，也可以配合种植水生植物进行遮挡，或将栏杆改变成低矮通透的形式，减少平台的空间围合感。人民公园临水平台的栏杆形式，低矮、通透，既满足游人亲水需求，又有扩大空间的效果。

（3）色彩和质感问题。色彩与质感是建筑材料的双重属性，两者相辅相成，共同体现了建筑的性格特征。相对于形态与体量而言，色彩与质感的分值较低，如图10-2-20所示。主要是由于材质与涂料的选择未充分考虑环境的色彩基调和质感，针对以上问题，提出以下几点建议。

①依据环境基调确定廊架的色彩。城市公园的环境基调一般都是深深浅浅的绿色，其他景观要素色彩穿插其间作为点缀色。在色相上，一般在城市公园中，如果要强调亲切、宁静、雅致和朴素的气氛，宜选用灰色、中性色为主的色彩或者选择石材、木材所呈现出的褐黄、褐红、青灰色等；如果为突出廊架空间的主体造型，则应选用山石、植物色彩的互补色或者对比色。比如人民公园荷花廊红色的屋顶与环境形成对比，烘托出热烈的气氛，黄兴公园的藤本廊，洁白的柱身掩映于翠绿的植物中，透出活泼与明朗的气息。在彩度上，多选择给人安静、简洁的低彩度或者稳重大方的中彩度基调。如石材、木材大多属于中彩度或低彩度，而漆色一般属于高彩度，不易与环境协调。若选用金属材料，应选择与环境协调性较高的涂料。如中山公园路廊，虽然周围植物已经对其进行遮掩，但高彩度的深绿色仍显生硬。可以考虑台基选用深褐色的毛石料，架条选用黑灰色接近石材颜色的金属材质，如图10-2-21所示。

②局部装饰应慎重选用金属材质，避免与环境

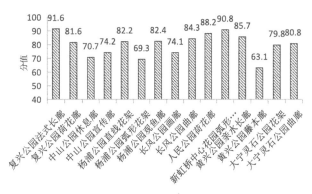

图 10-2-13　样本公园廊的空间组织合理性对比分析

图 10-2-14　杨浦公园观鱼廊池岸现状

图 10-2-15　基础种植现状

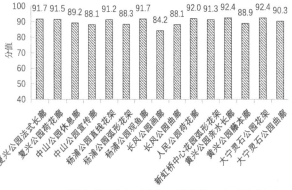

图 10-2-16　样本公园廊架形态与环境的协调度对比分析

不协调。如图 10-2-22 中图所示，长风公园画廊的宣传框均选用铝合金材质，与白墙砖红顶的质感和色彩都难以融合，如同一个白墙红瓦的古建筑安装了金属材质的门窗，淡雅、质朴的建筑气质大打折扣。如果为窗棂选用深褐色的木材，并对窗棂进行简洁的图案设计，既能达到色彩的协调，又能突显廊的素雅气质；栏杆适宜的材质和色彩能增强廊与水体之间协调过渡的效果，反之，会导致廊与水体之间过渡不自然。如图 10-2-22 左图、右图所示，复兴公园荷花廊明度较高的浅蓝色金属栏杆以及长风公园曲廊临水平台的蓝色金属栏杆，较为突兀。若选用与廊的基调一致的材料或与环境容易协调的石材、木材作为栏杆的用材，能形成较好的增色效果，如图 10-2-23 所示。

3）内部空间使用适宜性问题与改进建议

由图 10-2-24 可知，样本公园廊架内部空间使用适宜性整体偏低，这说明廊内空间使用情况并不理想。其中，通行、观景、坐憩、交往活动适宜性 4 个因子层评价分值中，观景适宜性得分最高，这主要是由于城市公园中廊多为双面空廊，具有开敞的界面，视线通畅并能提供开阔的视角。其他 3 个因子层均存在一些问题，其中坐憩适宜性分值最低，列为重点优化对象。通过调查发现，造成以上问题的原因，可归结为两点：①廊缺乏舒适的物理条件（休憩设施、微气候、空间形态）；②缺乏合理的空间划分和组织，造成各活动之间仍存在一定干扰性。

（1）通行舒适性存在的问题及优化建议。城市公园中，廊架空间的通行适宜性整体分值相对较好，已达到 II 级标准，但部分样本仍存在一些问题，主要问题为有效步行空间狭小、步行空间存在障碍物。针对以上问题提出两点建议：

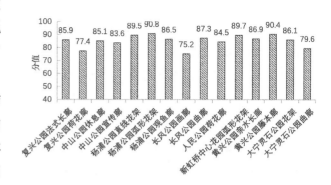

图 10-2-18 样本公园廊架体量与环境的协调度分析

图 10-2-19 复兴公园荷花廊与人民公园荷花廊临水平台栏杆比较

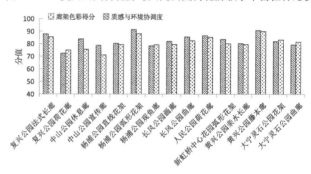

图 10-2-20 样本公园廊架色彩、质感与环境协调度对比分析

图 10-2-21 中山公园路廊现状色彩与建议选用色彩（图片来源：网络）

图 10-2-17 廊架形态与环境协调性提升示意图（图片来源：网络）

第一，改变廊的形态，满足游人步行时的心理舒适需求。爱德华·T.霍尔在《隐匿的尺度》中提及的个人距离（0.45~1.2m），基本满足个人空间不受侵犯。约翰·付立恩在《步行空间设计》一书中通过调查和试验表明，人在行走过程中，最少要占1.7~2.2m²。如果将个人气泡看成一个圆形，则得出人通行时周围存在一个半径至少为0.4m的空间范围，与个人气泡大小相仿。参照人体通行尺寸，如图10-2-25所示，廊架空间内休憩设施之间的距离（即有效步行空间的大小），至少为2.4~2.55m，才能满足相向而行的游人之间互不干扰，如图10-2-26所示，这也就意味廊的宽度要达到3.3m左右。调研结果显示，城市公园中仍有许多廊架的宽度不到3m，却不令人觉得压抑。通过公园游客的访谈得知，这是由于形态的曲折转换以及侧界面开敞度的变换，削弱了空间围合感，扩大了心理上的步行空间。

第二，消除通行障碍物。通行障碍物既包括影响游人通行生理舒适度的实体障碍物，也包括影响游人通行心理的虚拟障碍物，如图10-2-27所示，杨浦公园观鱼廊灌木球侵占道路空间，且在入口处设置桌凳聚集人群。更新设计中建议首先保证通行顺畅，植物配置宜与廊架侧边界保持一定距离或者选择较为规整的形式，避免植物形体或枝条干扰游人

通行。在廊架出入口处不宜在两侧均布置休憩设施，让人对这种"夹道欢迎"望而生畏[12]。

（2）坐憩舒适性存在问题及优化建议。城市公园中，廊空间坐憩适宜性相对于其他三个因子层分值最低，主要原因是座椅舒适度差，微气候不佳。针对以上问题，提出两点建议。

第一，选用舒适度高的座椅。调研发现，即使廊架周围有良好的环境条件，但如果座椅舒适度差，人们也会侧目而过，威廉·怀特对曼哈顿广场的研究也表明座椅是人们选择逗留的最重要因素[13]。城市公园廊架内座椅材质一般为石材和木材。人们普遍喜欢木质的座椅，这是由于木质座椅材料温暖，给人自然、亲切感；人们同样倾向于有扶手和靠背的座椅，这是由于人们在椅背上可以四肢伸展，身体放松并保持上身稳定，便于长时间逗留；舒适度高的座椅还应符合人体工程学要求的尺寸。

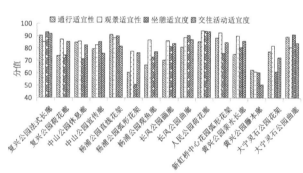

图10-2-24 样本公园廊架内部空间使用适宜性对比分析

图10-2-22 色彩与质感存在的问题示例

图10-2-23 临水平台栏杆示例（图片来源：网络）

根据人体工程学理论，适当的座高应使脚能向前伸展，肌肉放松，椅面高度一般取38~45cm。座椅的宽度应满足使用者可以变换姿态的要求，一般可取40~45cm，扶手椅应不小于50cm。座深不宜过深或过浅，通常座椅可取35~40cm[14]，如图10-2-28所示，依托物尺度的不同，人们的姿态也会有所不同。

第二，合理安排种植密度及种植形式，营造舒适微气候。廊内空间微气候的营造主要通过周围植物不同程度的围合形成良好的通风和光照。选用合理的种植形式、种植密度以及种植位置对微气候的塑造有重要作用。一般廊的北面宜种植常绿乔木、绿篱或者乔—灌—草的复层结构，以遮挡冬季寒风。但在种植时应注意控制种植的密度，常绿小乔木种植位置应与廊的边界保持一定距离，并且不宜过密种植，否则廊内空间会阴冷黯淡；在廊的南面宜种植落叶乔木，夏季既可以遮阴，冬季又不会遮挡阳光；利用攀援植物增加垂直绿化，以减弱硬质墙体的热辐射[15]，形成舒适的廊内环境温度，如图10-2-29所示。东南风为上海夏季主导风向，因此，东南方向的植物配置应以疏朗为佳，不宜密不透风。也

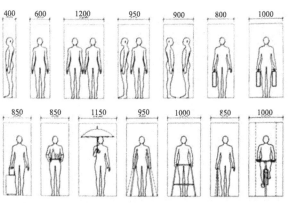

图10-2-25 人体通行尺寸（单位：mm）

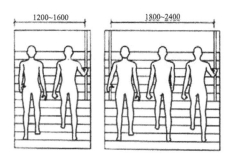

图10-2-26 有效通行步行空间尺寸（单位：mm）

图10-2-27 廊架空间通行障碍物

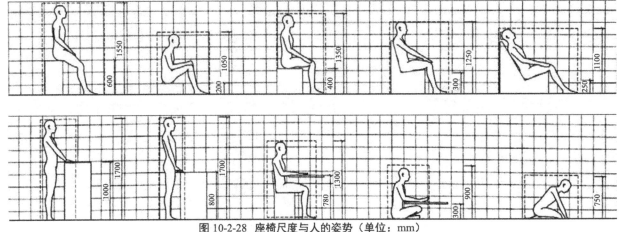

图10-2-28 座椅尺度与人的姿势（单位：mm）

可以平行于东南方向种植，形成引导风的通道。

以黄兴公园藤本廊为例，座椅均采用花岗岩贴面形式，周围植物配置过于封闭，顶界面被攀援植物完全遮蔽，侧界面是密植的常绿灌木。针对以上情况，首先应改变座椅形式，可用光滑的深褐色木材镶面，这样既能与廊的西式风格糅合，又满足舒适要求。其次，剔除部分常绿灌木，改用低矮地被形式。

（3）交往活动舒适性存在的问题及优化建议。在城市公园中，人们一般喜欢在廊架内进行交谈、棋牌以及歌咏活动等，因此，交往活动适宜性分值相对较高。但仍有需要改进的方面，如在保证安全的前提下，缩短台基到水面的距离，在座椅与水面之间留出亲水空间，采用亲水性较好的过渡方式，如宽台阶、亲水栈道等形式，如图 10-2-30 所示，左一为人民公园荷花廊采用台基拓宽的方式留出亲水的空间，中间为黄兴公园亲水长廊的底部镂空的弧形栈道，右一为徐家汇公园休息廊旁的亲水台阶，均有较好的亲水效果。

（4）减少活动间干扰性优化建议。即使廊架空间设计满足使用功能的舒适性，但如果空间划分不合理，造成各使用功能之间相互干扰，也会大大降低人们在廊内活动的心理舒适性。针对此种情况提出以下优化建议：

第一，合理组织划分廊架内部空间。根据使用行为将空间划分为公共空间、半公共空间、半私密空间和私密空间。城市公园中的廊架侧界面都较为通透，绝对私密的空间是极少的。因此，将廊的空间划分为公共空间、半公共空间和半私密空间。公共空间具有外向性特点，是指廊内供小群体开展公共交往活动的空间，比如打牌、交谈、围观等活动；半私密空间适用于个人或小群体的内部私密交往，具有一定的封闭性和领域感，一般与外界空间既保持视线的流通，又保持一定距离[16]；半公共空间是人们喜爱停留的空间，让人们可以看到或参与到群体活动中去，但又保持一定的私密性。通过廊的形态、座椅形式和布局以及周围植物围合的方式，形成廊内不同类型的活动空间，减少活动之间的干扰，减轻人们对活动干扰的消极心理反应。具体建议措施如下：

①利用廊架因地随形的形态特征，通过长宽变化、路径转折、局部扩大等手法设计廊的形态，形成不同的活动空间。长宽变化是指增大廊的长度或宽度，增强人们自主选择空间的余地，正如希望独

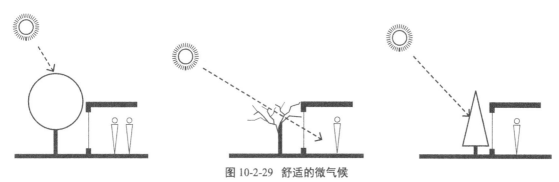

图 10-2-29 舒适的微气候
（图片来源：诺伯特·莱希那《建筑师技术设计指南——采暖·降温·照明》）

图 10-2-30 廊的亲水设计

处休憩的游人会选取远离群体活动的位置，进而自动形成不同的空间类型，如图10-2-31、10-2-32所示；路径转折是指通过廊转折的路径将空间划分为一系列密切联系的不同活动空间，如图10-2-33所示；廊通过局部扩大形成凹型空间，适合各种滞留型活动，通过对于凹形空间长宽比的不同设置，又可提供多样的空间类型，例如可以成为老年人进行娱乐活动的场地、独处或者私密交谈的空间以及群体聊天的场所，如图10-2-34所示。

②选择合适的座椅形式和布局方式。休憩设施可以很好地组织和划分空间。为避免个人空间受到干扰，当存在多种座椅形式时，人们会依据行为意愿选择适合的座椅形式。在《人性场所——城市开放空间设计导则》中，马库斯总结了适合独坐和群坐的座椅要求，比如独坐最好采用直线形布置的长椅，可以在人们之间造成自然间隔。为了满足三人以上群体的要求，建议采用无靠背长椅、直角形长椅以及向内弯弧的长椅。

③充分利用周围植物的围合功能。植物本身就是营造空间的极好要素，可以形成不同开敞程度的空间。廊架借助于植物围合空间的作用，可增强不同类型空间营造的效果。在公共空间内，廊的周围可选用枝干高大舒展的乔木配以低矮的灌木或者地被植物形成开敞外向的空间感；在半公共空间可在

人的背后利用小乔木、高大灌木或者绿篱形成较为密闭的围合，给人们依托感和安全感；在半私密空间同样应通过较为密闭的植物配置形成依托感，并在视线前方布置高大乔木、枝叶伸展的小乔木或者低矮灌木丛，形成适合独处但又与外界存在视觉联系的"安全点"。

第二，结合周围空间，扩大活动空间范围。由于廊架受自身线性空间形态特征的限制，因此设计中应将廊架作为环境的一部分，充分发挥廊的中介特质和线形特质，与周围环境通过合理组织形成多样的空间。廊在整体环境中的空间类型多为半私密、半开敞，一般周围空间可通过各种景观要素组织形成私密空间或开敞空间。

4）杨浦公园弧形花架的设计优化

本节针对上海城市公园廊架空间适宜性评价指标中的空间组织合理性和内部空间使用功能评价分值最低的临水廊——杨浦公园弧形花架提出改造策略。改造对象存在的问题主要有基础种植局部过于密闭，廊与水体组织关系不当致使亲水性较差，坐憩条件不佳，内部空间组织划分不合理，外环境空间略显空旷等，如图10-2-35所示。

（1）空间组织改造策略。改造前，廊与水体距离约10m，密闭的植物遮挡观看湖面的视线，在开

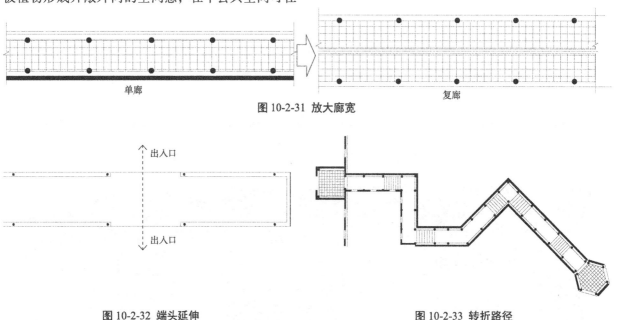

单廊　　　　　　　　　　　复廊

图10-2-31 放大廊宽

出入口

出入口

图10-2-32 端头延伸　　　　　　　　　图10-2-33 转折路径

敞通透的部分又设置观赏水景的座椅,故亲水性较差。改造后,如图10-2-36所示,将廊架设置在距离水面约7m的位置,既能形成较好的亲水性,又能围合成适宜的小空间。在临近小桥处设有小型亲水平台;在廊架水边侧的植物配置均留出透景线,靠近廊架处种植落叶乔木,靠近水边处种植垂柳以及姿态优美的小乔木,中部则种植常绿灌木或者小乔木,整体构成乔—灌—草的复层种植结构,这样既能与水体形成良好的过渡关系,又能形成良好的微气候;在廊周边根据位置和内部功能需求的不同,采用不同的植物配置方式。

（2）内部使用空间改造策略。依据廊架的形态以及周围环境,在廊架临路处布置半公共空间,采用背置形式布置的木质座椅,可避免相互干扰,一侧面临开敞的水面,可观看微波荡漾的湖面及对面树阵广场上热闹的活动场面,而另一侧透过中央花坛可隐约看到公共空间活动的人群。同时设有宽约3m的亲水平台,以增加亲水空间。

在廊架两侧,通过植物延伸的枝条与其他空间隔离,围合成半私密或私密空间,背后有依托物,面前透过隐约的花坛可以看到与之对景的山石、植物的组景,并能远距离看到公共空间活动的人群,形成与周围联系但又保持独立的"安全点"。中央

花坛,底层种植常春藤、大吴风草等常绿多年生的地被植物,中层选用姿态优美的小乔木或灌木,如鸡爪槭、红花檵木等。上层选用高大、枝繁叶茂的落叶乔木,如榉树、无患子、栾树等,既可以满足夏日遮阳,又可以满足冬季阳光直射。

在廊架临水一侧的毗邻空间,利用"边界效应",通过乔木分隔以及弧形座椅形成半私密或私密空间,分担廊内坐憩、交谈等安静活动,避免廊内娱乐性交往活动对其他活动的干扰。

公共空间设置在双面空廊处,选用无靠背并且座面较宽的座椅,便于人们开展野餐、棋牌等交往活动。廊内公共空间可与周围空间疏散的植物配置,围合形成交往活动空间或者在廊的外侧预留出人们围观的空间,笔者借鉴复兴公园荷花廊的做法,在廊外侧散置一些山石,既丰富了植物组团的边界,又可作为辅助性座椅,便于人们聚集开展活动。

双面空廊的尽端排列着单侧座椅,形成半公共空间,为人们提供良好的观景空间。周围环境通过缓坡草坪过渡到开阔的湖面,并通过小乔木增加廊与湖面之间的空间层次。背后为不可进入的植物群落,采用大灌木球作为游人心理安全感的依托物,并孤植大乔木以及观赏型的小乔木,形成良好的微气候和优美的植物组团。

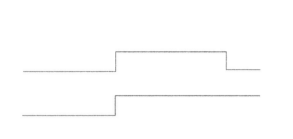

图10-2-34 局部拓宽形成凹入空间

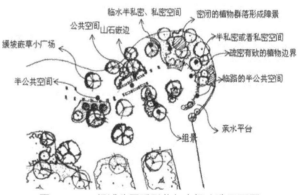

图10-2-36 杨浦公园弧形花架空间改造平面图

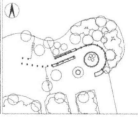

图10-2-35 杨浦公园弧形花架现状图

10.3 座椅规模与布局特征研究

本章以上海市中环线内9个具有代表性的综合公园为研究对象（详见附录1、附录2），分别为鲁迅公园、中山公园、和平公园、杨浦公园、长风公园、人民公园、世纪公园、静安公园、徐家汇公园、大宁灵石公园。通过实地调研，借助AutoCAD、Excel2003以及SPSS19.0等软件工具，分别对公园的座椅规模和布局特征进行研究。在规模方面，首先确定座椅规模的技术指标，分析影响座椅规模的因素，然后运用数理统计的方法对其影响因素进行定量和定性的分析，找出它们之间的关系，建立线性回归方程。在布局方面，分别对9个样本公园中的座椅布局模式进行了归类总结，探究座椅之间、座椅与环境之间以及座椅与空间之间的位置关系和布局特征，为现代城市公园的建设和管理提供科学依据，并对公园设计规范中相应的规定进行有益的补充。最后，针对座椅规模和布局存在的问题提出更新建议。

10.3.1 座椅规模特征分析

1）座椅规模的技术指标及影响因素

（1）座椅的数量和密度。数量——即座椅的个数，这是座椅规模分析的第一个技术指标。座椅虽小，在城市公园中的作用却不可小觑，也是城市公园中数量最多的设施。《公园设计规范》规定，公园中的条凳和座椅数量应为游人总量的20%~30%，每公顷陆地面积上的座椅数量为20~150个，分布应合理。由此可见，公园中座椅的设置要有合理的密度。因此，衡量公园座椅数量规模的另一个指标可确定为座椅密度。

$$座椅密度 = 座椅数量 / 公园面积 \quad （10\text{-}3\text{-}1）$$

（2）座椅的集中度。公园中每个功能区的作用不尽相同，故各个功能区的座椅分布和数量也存在一定的差异。为了更准确地描述这种差异，本研究引入一个数学指标"赫芬达尔指数"。赫芬达尔指数又称为赫希曼指数，是一种测量产业集中程度的综合指数，通俗地说，就是用来测定市场中厂商规

模的离散度。因此，可以用来分析不同功能分区座椅分布的聚集程度[17]。公式如下：

$$HI = \sum_{i=1}^{n} \left(\frac{Xi}{T} \right)^2 \quad （10\text{-}3\text{-}2）$$

式中 n 为区域中子区域的个数；X_i 为第 i 位的区域的设施总数；T 为整个区域设施的总规模

运用赫芬达尔指数可以较好地预测各个功能区座椅的集中程度，当所有的座椅都集中在一个功能分区中时，HI 的值为1，当每个座椅均匀分布在各个功能分区中，HI 的值为1/n，由此可见，HI 的值是有一个区间，就是在 1/n ~ 1 之间变动。数值越接近1，表明座椅集中程度越高，反之，数值越接近0，表明座椅分布越均匀[18]。通过对这一指标的分析，可以作为公园中不同功能区座椅配置的重要依据。

（3）座椅数量规模的影响因素。城市公园座椅规模的影响因素有很多，主要有公园总面积、公园陆地面积比例、公园铺装场地面积比例、座椅的其他形式以及公园的游人容量等。

①公园面积。城市综合公园中的座椅等公共设施的数量和公园面积是息息相关的。一般来说，公园面积越大，功能就越丰富，功能区相应的就越多，景观元素和基础服务设施就越多，游人容量也越大，相应地，座椅的设置就要相对增加，最大化地满足游人的休憩需求[19]。因此，公园面积是影响座椅规模的重要因素之一。

②公园陆地面积比例。每个公园都有不同规模和形式的水体存在。同样面积的公园，其水体的面积和陆地面积存在着此消彼长的关系[20]。水体面积越大，陆地面积就会减少，相应的座椅数量就受到了限制。因此，水体的面积通过陆地面积间接地影响了公园座椅的规模。通过计算水体的面积，进而转换成陆地面积，就构成了衡量座椅规模的另一个标准。

③公园硬质铺装场地面积比例。公园座椅大都布置在道路两旁、水边，或者开放的广场中。总而言之，它们都布置在硬质场地上。尤其是在开放广场中，由于视野开阔、景观性强，座椅的布置就更

加密集。因此，硬质铺装场地面积比例与座椅规模之间也存在着一定的关系。

④其他形式的座椅。公园中的台阶、花墙、置石、花坛、景观艺术装置（见图 10-3-1）以及绿化边缘和草坪（见图 10-3-2）也发挥着坐憩的作用，为人们提供临时休息的场所[21]。然而，由于我国公园中的草坪绝大多数以观赏型为主，因此，可以忽略此项因素。而置石多在水边连续布置，大多是作为一种装饰，体现园林古典深邃的效果[22]，游人就座的概率也较小，可以有选择地归为座椅之中。由此可见，座椅的其他形式中只有台阶和花坛对其影响效果最大，数量是以长度来计算的。为了计算分析方便，将辅助座椅的长度换算成座椅个数。以一个 1.5m 长的座椅作为标准，则辅助座椅的个数为：辅助座椅长度 /2，最终加入座椅个数中。

⑤游人容量。游人是公园中所有设施的最直接使用者[23]，因此游人的数量也是座椅规模的一个重要影响因素。《公园设计规范》中规定，游人容量

可以通过公式进行计算：

$$C=A/A_m \qquad (10-3-3)$$

式中 C 为游人容量，A 为公园面积，A_m 为公园游人人均占有面积。

从公式中可以看出，公园的游人容量与公园面积是正相关的关系，这与第一条公园规模重复，故不再进行计算。

综上所述，本研究选择公园总面积、陆地面积比例、硬质铺装场地面积比例 3 个变量作为座椅数量和密度的影响因素来对其进行定性和定量分析。

2）座椅规模指标的计算及相关性分析

本研究从两方面对座椅的规模进行分析，首先，纵向分析座椅数量与公园总面积，陆地面积比例以及铺装场地面积比例这些影响因素之间的相关性；其次，横向分析不同功能分区之间座椅的集中度以及密度特征。

（1）座椅规模指标的计算。依据 9 个样本公园的 CAD 图纸，测量各公园的占地面积，陆地面

图 10-3-1 和平公园中的台阶

图 10-3-2 世纪公园中的草坪

表 10-3-1 样本公园用地调查表

公园名称	公园面积 / hm²	陆地面积 / hm²	陆地面积比例 / %	铺装场地面积 / hm²	铺装场地面积比例 / %
静安公园	3.92	3.70	94.40	1.47	37.50
徐家汇公园	6.67	6.31	94.60	2.45	36.70
人民公园	12.00	9.64	80.30	3.60	36.70
和平公园	17.58	14.17	80.60	3.74	21.30
杨浦公园	19.30	16.7	86.50	4.28	22.20
鲁迅公园	22.61	18.26	80.80	4.64	20.50
长风公园	30.60	17.60	57.50	13.51	44.20
大宁灵石公园	60.68	51.43	84.80	8.24	13.60
世纪公园	140.30	108.94	77.60	17.31	12.30

积及比例，铺装场地面积及比例等数据（见表 10-3-1）。根据调研的资料，计算出各个公园的座椅数量和密度（见表 10-3-2）。影响因素的数量计算方法：① 陆地面积 = 公园面积 - 水体面积；② 陆地面积比例 = 陆地面积 / 公园总面积；③ 铺装场地面积 = 公园面积 - 绿化种植面积；④ 铺装场地面积比例 = 铺装场地面积 / 公园总面积。

（2）座椅规模与公园面积的关系分析。如图 10-3-3、图 10-3-4 所示，随着公园总面积的增加，公园的座椅数量也呈线性增长，二者是一种正相关的关系；而随着公园总面积的增加，座椅的密度则呈线性减小，二者是一种负相关的关系。因此，公园的座椅数量和座椅密度都与公园面积有很大的关系，而后者的变化更趋于线性[24]。

（3）座椅规模与陆地面积比例的关系分析。如图 10-3-5、图 10-3-6 所示，随着公园陆地面积比例的增加，公园座椅的数量和密度呈现一种无规则的波动，除了静安公园和徐家汇公园座椅密度较大之外，其余的关系呈二次函数分布，且数值都低于 15 个 /hm²。由此可见，公园的座椅数量和密度受公园陆地面积比例影响较小，无明显的线性关系。

（4）铺装场地面积比例与座椅规模的关系分析。如图 10-3-7、图 10-3-8 所示，随着铺装场地面积比例的增大，除长风公园外，其他公园的座椅数量呈线性减小的趋势，而公园的座椅密度先是呈线性增大，后而上下无规则波动，关系比较复杂。因此，座椅的数量受铺装场地面积比例影响较大，呈线性负相关关系，而座椅密度受铺装场地面积比例影响不大，两者无明显的关系。

（5）座椅规模与影响因素的显著相关性检验。公园的座椅数量受公园总面积、铺装场地面积比例影响较大；而公园的座椅密度只受公园总面积的影响，其他两个因素的影响效果并不明显。为进一步探讨和验证公园座椅数量及座椅密度与其影响因素之间的相关性，下文将采用数学统计分析软件 SPSS19.0 对所得数据进行显著性检验，即将座椅数量和座椅密度分别记为 Y_1 和 Y_2，自变量公园总面积、公园陆地面积比例、公园铺装场地面积比例，分别记为 X_1、X_2、X_3，建立数学模型（见表 10-3-3、表 10-3-5），并进行假设检验[25]。

① 公园座椅数量与其影响因素之间的相关性检验。将 9 个样本公园座椅数量值 Y_1 和影响因素 X_1、X_2、X_3 的值输入 SPSS 软件中，建立数据集，再分别对两两变量进行相关分析（见表 10-3-4），然后固定相关性不显著因素，对相关性显著因素做偏相关分析，分析结果出来后对最终具有显

表 10-3-2 样本公园座椅规模指标统计表

公园名称	技术指标	指标数据
静安公园	座椅数量 / 个	126
	座椅密度 /（个 /hm²）	32.14
徐家汇公园	座椅数量 / 个	180
	座椅密度 /（个 /hm²）	26.99
人民公园	座椅数量 / 个	169
	座椅密度 /（个 /hm²）	14.08
和平公园	座椅数量 / 个	283
	座椅密度 /（个 /hm²）	16.10
杨浦公园	座椅数量 / 个	210
	座椅密度 /（个 /hm²）	16.10
鲁迅公园	座椅数量 / 个	263
	座椅密度 /（个 /hm²）	11.63
长风公园	座椅数量 / 个	259
	座椅密度 /（个 /hm²）	8.46
大宁灵石公园	座椅数量 / 个	345
	座椅密度 /（个 /hm²）	5.69
世纪公园	座椅数量 / 个	410
	座椅密度 /（个 /hm²）	2.92

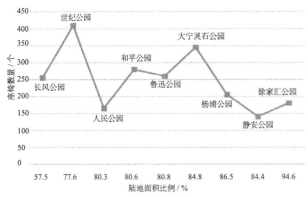

图 10-3-3 座椅数量与公园面积的关系

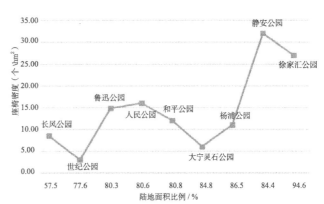

图 10-3-4 座椅密度与公园面积的关系

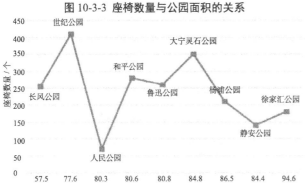

图 10-3-5 座椅数量与公园陆地面积比例的关系

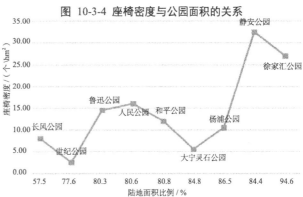

图 10-3-6 座椅密度与公园陆地面积比例的关系

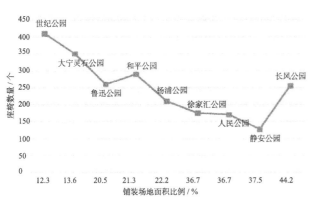

图 10-3-7 座椅数量与公园铺装场地面积比例的关系

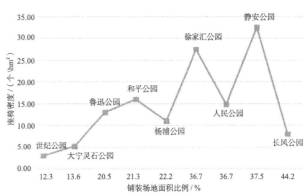

图 10-3-8 座椅密度与公园铺装场地面积的关系

表 10-3-3 样本公园座椅数量及影响因素

公园名称	因素 X_1 公园面积 / hm²	因素 X_2 陆地面积比例 / %	因素 X_3 铺装场地面积比例 / %	变量 Y_1 座椅数量 / 个
静安公园	3.92	94.40	37.50	126
徐家汇公园	6.67	94.60	36.70	180
人民公园	12.00	80.30	36.70	169
和平公园	17.58	80.60	21.30	283
杨浦公园	19.30	86.50	22.20	210
鲁迅公园	22.61	80.80	20.50	263
长风公园	30.60	57.50	44.20	259
大宁灵石公园	60.68	84.80	13.60	345
世纪公园	140.30	7.60	12.30	410

表 10-3-4 座椅数量的 t 检验值

		座椅数量	公园总面积	公园陆地面积比例	公园铺装场地面积比例
座椅数量	Pearson 相关性	1	-0.870**	-0.403	-0.755*
	显著性（双侧）	-	0.002	0.282	0.019
	N	9	9	9	9

注：** 表示在 0.01 水平（双侧）上显著相关；* 表示在 0.05 水平（双侧）上显著相关。

著相关性的变量，建立线性回归方程。分析结果显示：公园的座椅数量与公园面积，公园陆地面积比例及公园铺装场地面积比例的相关系数分别为 -0.870（$P=0.002<0.01$）、-0.403（$P=0.282>0.05$）、-0.755（$P=0.01<0.019<0.05$），即公园座椅数量与公园总面积在 0.01 的水平上显著相关，与公园铺装场地面积比例在 0.05 的水平上显著相关，而与公园陆地面积比例相关性较小且无统计学意义。固定陆地面积比例，分别求得座椅数量与公园面积和公园铺装场地面积比例的偏相关系数分别为 0.864（$P=0.006<0.01$）、-0.907（$P=0.002<0.01$），均达到了显著水平，即公园总面积和公园铺装面积比例对座椅数量的影响较大，有较好的统计学意义[26]。

②公园座椅密度与其影响因素之间的相关性检验。将 9 个样本公园座椅密度值 Y_2 和影响因素 X_1、X_2、X_3 的值输入 SPSS 软件中，建立数据库，再分别对两两变量进行相关分析（见表 10-3-6），然后固定相关性不显著因素，进行相关性显著因素的偏相关分析，分析结果出来后对偏相关系数较大的变量建立线性回归方程。

分析结果显示，公园的座椅密度与公园面积，公园陆地面积比例及公园铺装场地面积比例的相关系数分别为 -0.685（$P=0.042<0.05$）、-0.633（$P=0.067>0.05$）、-0.575（$P=0.105>0.05$），即公园座椅密度与公园总面积在 0.05 的水平上显著相关，而与公园陆地面积比例和公园铺装场地面积比例相关性较小且无统计学意义。固定陆地面积比例和铺装场地面积比例求得座椅密度与公园面积的偏相关系数为 -0.185（$P=0.692>0.05$），相关性较小且无统计学意义；而公园总面积虽然与座椅密度在 0.05 的水平上显著相关，但这是在陆地面积比例和铺装场地面积比例的共同影响下造成的，控制这两个影响因子，导致相关性不显著，故也不具有统计学意义。但参照公园座椅密度与公园总面积、陆地面积比例，铺装场地面积比例的定性分析可知，公园座椅密度受其他影响因素较小，基本保持在一个数量范围内，随着公园用地面积的增大有减小的趋势。

（6）显著相关性因素回归方程的建立。通过对这 9 个样本公园座椅规模的定性和定量分析，可以得出公园座椅数量和公园的总面积以及铺装场地面积比例具有显著的相关性，下面利用 SPSS19.0 统计软件对其建立线性回归方程。

①自变量 X_1 为公园面积，因变量 Y_1 为座椅数量的线性回归方程。将公园总面积作为自变量 X_1，座椅数量作为因变量 Y_1，建立模型（见表 10-3-7）；假设两者之间存在线性关系，将 X_1、Y_1 的数据输入 SPSS 中，进行回归分析，结果如表 10-3-8、表 10-3-9 所示：$F=21.834$，$P=0.002<0.01$，说明模型的存在具有意义。在参数估计的结果中，常数项的估计值为 186.121，标准误差为 20.780，与总体参数为 0 的 t 检验中 t 值为 8.957，所对应的 P 值为 0，拟合的刚刚好。而变量 X 的回归系数为 1.817，与总

表 10-3-5 样本公园座椅密度及其影响因素

公园名称	因素 X_1 公园面积 / hm²	因素 X_2 陆地面积比例 / %	因素 X_3 铺装场地面积比例 / %	变量 Y_2 座椅密度 /（个 /hm²）
静安公园	3.92	94.40	37.50	32.14
徐家汇公园	6.67	94.60	36.70	26.99
人民公园	12.00	80.30	36.70	14.08
和平公园	17.58	80.60	21.30	16.10
杨浦公园	19.30	86.50	22.20	10.88
鲁迅公园	22.61	80.80	20.50	11.63
长风公园	30.60	57.50	44.20	8.46
大宁灵石公园	60.68	84.80	13.60	5.69
世纪公园	140.30	77.60	12.30	2.92

表 10-3-6 座椅密度的 T 检验值

		座椅密度	公园总面积	公园陆地面积比例	公园铺装场地面积比例
座椅密度	Pearson 相关性	1	-0.685*	0.663	0.575
	显著性（双侧）	-	0.042	0.067	0.105
	N	9	9	9	9

注：* 表示在 0.05 水平（双侧）上显著相关。

体参数为 0 的 t 检验中 t 的值为 4.673，所对应的 P 值为 0.002<0.01，具有统计学意义，因此可以得出公园座椅数量与公园总面积之间存在显著的直线关系。回归方程为：$Y_1=186.121+1.817X_1$。

②自变量 X_3 为公园铺装场地面积比例，因变量 Y 为座椅数量的线性回归方程。将公园铺装场地面积比例作为自变量 X_3，座椅数量作为因变量 Y_1，建立数学模型（见表 10-3-10），假设二者之间存在线性关系，将 X_3、Y_1 的数据输入 SPSS 中，进行回归分析，分析结果如表 10-3-11、表 10-3-12 所示，$F=9.272$，

P=0.019<0.05，说明模型的存在具有意义。在参数估计的结果中，常数项的估计值为 407.591，标准误差为 56.010，与总体参数为 0 的 t 检验中 t 值为 7.277，所对应的 P 值为 0，拟合的刚刚好。而变量 X_3 的回归系数为 -5.809，与总体参数为 0 的 t 检验中 t 的值为 -0.755，所对应的 P 值为 0.019<0.05，具有统计学意义，因此可以得出公园座椅数量与公园铺装场地面积比例之间存在显著的直线关系。回归方程为：$Y_1=407.591-5.809X_3$。

表 10-3-7 样本公园座椅数量与公园面积的关系

公园名称	自变量 X_1 公园面积 / hm²	因变量 Y_1 座椅数量 / 个
静安公园	3.92	126
徐家汇公园	6.67	180
人民公园	12.00	169
和平公园	17.58	283
杨浦公园	19.30	210
鲁迅公园	22.61	263
长风公园	30.60	259
大宁灵石公园	60.68	345
世纪公园	140.30	410

表 10-3-8 座椅数量回归函数的检验值

模型	平方和	df	均方	F	Sig
回归	48764.542	1	48764.542	21.834	0.002
残差	15633.680	7	2233.383	-	-
总计	64398.222	8	-	-	-

注：预测变量为常量，公园总面积；因变量为座椅数量。

表 10-3-9 座椅数量回归函数的模型

模型		非标准化系数		标准系数	t	Sig
		B	标准误差	试用版		
1	常量	407.591	56.010	-	7.277	0.000
	公园铺装场地面积比例	5.809	1.908	-0.755	3.04	0.019

注：因变量为座椅数量。

表 10-3-10 样本公园座椅数量与公园铺装场地面积的关系

公园名称	自变量 X_3 铺装场地面积比例 / %	因变量 Y_1 座椅数量 / 个
静安公园	37.50	126
徐家汇公园	36.70	180
人民公园	36.70	169
和平公园	21.30	283
杨浦公园	22.20	210
鲁迅公园	20.50	263
长风公园	44.20	259
大宁灵石公园	13.60	345
世纪公园	12.30	410

表 10-3-11 座椅数量回归函数的检验值

	平方和	df	均方	F	Sig.
回归	36694.932	1	36694.932	9.272	0.019
残差	27703.290	7	957.613	-	-
总计	64398.222	8	-	-	-

表 10-3-12 座椅数量回归函数的模型

模型		非标准化系数		标准系数	t	Sig
		B	标准误差	试用版		
1	常量	407.591	56.010	-	7.277	0.000
	公园铺装场地面积比例	5.809	1.908	-0.755	3.045	0.019

注：因变量为座椅数量。

（7）无回归关系技术指标的区间估计。对座椅密度定性和定量分析的结果显示，座椅的密度不受公园其他因素的影响，但是其数值稳定在一定的范围内，且随着公园面积的增大有减小的趋势。故利用数理统计的方法，在 SPSS 中，建立单个样本的 t 检验，对座椅密度均值进行区间估计（见表 10-3-13）。分析结果显示：由于总体未知，则公园座椅密度指标在置信水平为95%时的置信区间为 [6.8806，21.7105]，其中 $P=0.002<0.01$，具有显著性水平。故上海综合公园座椅密度的范围为 7～22 个 /hm²。

3）不同功能分区座椅规模指标计算及分析

综合公园内容丰富，服务范围广，服务人群涉及各个年龄层。综合公园的内容应包括多种文化娱乐设施、儿童游戏场和安静休息区，也含游戏型体育设施。9 个样本公园座椅的调查结果显示（见表 10-3-14、图 10-3-9）：文化娱乐区和儿童活动区座椅数量相对少，但密度大；而在安静休息区、观赏游览区，座椅的数量相对多，但密度小。由此可见，座椅数量可能与各功能区的用地面积与功能有关。

本章选择用 Excel2003 绘制柱状图，直观地表现出座椅在公园中不同功能区的数量分布情况，然后计算出各公园座椅的赫芬达尔指数，检测各个公园中座椅的集中度。对于公园的座椅密度，本章选择用 SPSS19.0 进行单因素方差分析，以检验公园不同功能分区之间的座椅密度是否具有差异，并利用区间估计估算出各功能分区的座椅密度区间。

（1）不同功能分区的座椅规模指标计算。将表 10-3-14 中的各数据带入到公式中，其中 X_i 为公园 5 个功能分区每个区域的座椅数量，T 为整个公园的座椅总数量，代入公式计算出各公园的赫芬达尔指数（见表 10- 3-15）。再将数据放入 Excel2003 中，做折线图（见图 10-3-10），直观地观察趋势。

从折线图中我们可以看出，各样本公园的赫芬达尔指数在一定的范围内波动，这说明 9 个样本公园的座椅集中程度差异性很小，基本都是按照一定的比例布置。且它们的赫芬达尔指数在 0.3 ～ 0.4 之

表 10-3-13 座椅密度单个样本的 t 检验

	检验值 = 0					
	t	df	Sig（双侧）	均值差值	差分的 95% 置信区间	
					下限	上限
座椅密度	4.446	8	0.002	14.29556	6.8806	21.7105

表 10-3-14 不同功能分区座椅规模技术指标

公园名称	文化娱乐区		安静休息区		观赏游览区		儿童活动区	
	数量 / 个	密度 /（个 /hm²）	数量 / 个	密度 /（个 /hm²）	数量 / 个	密度 /（个 /hm²）	数量 / 个	密度 /（个 /hm²）
静安公园	30	58.67	40	42.10	46	37.40	10	37.04
徐家汇公园	70	73.94	28	12.44	80	59.70	2	24.24
人民公园	39	28.68	39	33.62	74	37.56	17	40.47
和平公园	39	20.42	75	14.07	142	17.81	27	20.45
杨浦公园	56	32.36	41	7.24	88	15.28	25	21.93
鲁迅公园	90	17.75	56	11.91	99	13.98	18	21.42
长风公园	49	17.01	72	10.27	125	12.50	13	12.26
大宁灵石公园	50	8.20	137	6.74	158	8.31	0	0.00
世纪公园	65	2.99	113	3.86	203	3.47	29	14.50

表 10-3-15 样本公园座椅数量的赫芬达尔指数

公园	静安公园	徐家汇公园	人民公园	和平公园	杨浦公园	鲁迅公园	长风公园	大宁灵石公园	世纪公园
HI	0.30	0.37	0.31	0.35	0.30	0.31	0.35	0.39	0.35

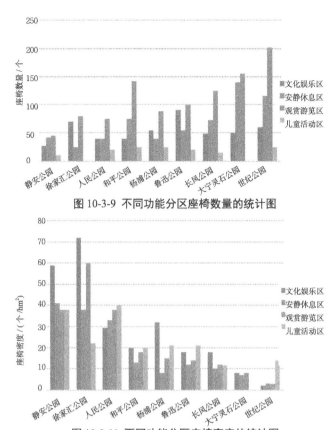

图 10-3-9 不同功能分区座椅数量的统计图

图 10-3-11 不同功能分区座椅密度的统计图

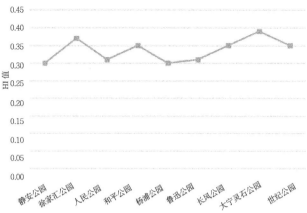

图 10-3-10 9 个综合公园座椅数量的赫芬达尔指数折线图

分别对文化娱乐区、安静休息区、观赏游览区和儿童活动区中的座椅密度进行区间估计[27]，结果分别为 [10.94，46.84]，[7.21，29.74]，[8.92，36.86]，[11.93，30.81]，[17.06，28.75]。

10.3.2 座椅布局特征分析

座椅常设在人们需要就座休息、环境优美、有景可赏之处。既可单独设置，也可以成组布置；既可以自由散布，也可以呈规则的几何式布置[28]。目的是给人们创造最佳的休息、交流环境，同时可以更好地配合周围的景观。由此可见，公园中的座椅不仅要有充足的数量，还要注重合理的布局。座椅的布局特征是指座椅在整个公园中的位置安排与组合关系。本章将从 3 个方面分析座椅的布局特征，一是从座椅本身出发，探究座椅的造型以及座椅与座椅之间的位置摆放和组合关系；二是从座椅与环境的关系出发，探究座椅与其所在场地中环境要素的位置关系；三是从空间的角度，探究成组的座椅对空间场所的塑造作用。

1）座椅的分类以及数量配比

公园中座椅的设置要满足游人休息、观景、交流等多方面的需求。按照使用需求的不同可将座椅分为私密性座椅和公共性座椅两类[29]。公共性座椅一般设置在公园出入口或开放的集散广场，是人们聚集活动的场所。游人在这里的主要行为是等待或开展活动，因此停留时间较为短暂，需要开阔的场地和热闹的气氛[30]。这类座椅的使用率较高，座椅的造型较为简单，有时甚至可以用花坛的边沿或较

间。根据赫芬达尔指数的定理可以得出，座椅在综合公园各功能分区中并不是均匀分布的。

（2）不同功能分区的座椅规模的指标分析。将表 10-3-14 中的密度的值输入 Excel2003，并绘制柱状图（见图 10-3-11），可以很清晰地看出座椅在各个分区中的密度情况。

从表 10-3-14 可以看出，在 9 个样本公园中，除了徐家汇公园和杨浦公园中文化娱乐区和世纪公园的儿童活动区座椅密度较大外，其他每个公园中的座椅密度差异性不大，基本维持在一定的范围内。下面用 SPSS19.0 对每个功能分区的座椅密度进行方差分析。

在 SPSS 中输入上述模型中的数据，运行得出以下结果（见表 10-3-16）。上述表格列出了座椅密度水平值所对应的自由度、均方值及 F 值，其中 $F=0.559$，$P=0.646>0.05$，无统计学意义，说明不同功能分区的座椅密度无显著性差异，与（1）中的定性分析结果相同。由于不同功能分区的座椅密度数值均来自正态总体，利用正态分布的期望区间估计，

表 10- 3-16 不同功能分区座椅密度单因素方差检验值

	平方和	*df*	均方	*F*	显著性
组间	520.617	3	173.539	0.559	0.646
组内	9930.029	32	310.313	-	-
总数	10450.646	35	-	-	-

表 10-3-18 座椅的造型特征分析

有靠背直线座椅	无靠背直线坐凳	折线形半围合座椅	弧线半围合座椅
	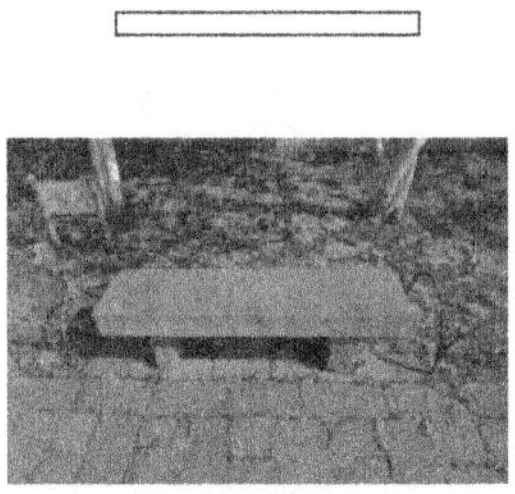		

圆环形树穴座椅	正方形树穴坐凳	多边形树穴座椅	

高的台阶作为辅助座椅。私密性座椅,多设置在乔灌木较多的围合或半围合空间中,游人在这里的主要行为是独坐或与好友交谈,因此停留的时间长,需要安静和隐蔽的环境。这里使用的人数较少,座椅造型较为舒适、自然,营造出一种亲密的交流空间[31]。

私密性座椅和公共性座椅的数量配比应按照不同使用需求确定。调查结果显示,9 个样本公园中,公共性座椅的数量多于私密性座椅,二者的比例为2:1(见表 10-3-17),究其原因主要是由于设置公共性座椅的地方游人多,人流量大;而设置私密性座椅的地方游人稀少,密度小。

2)座椅的造型特征分析

公共性座椅和私密性座椅主要是根据座椅所处的位置和环境来划分的,一般游人在私密性座椅上停留时间较长,座椅的造型有多种变化形式。而游人在公共性座椅上停留时间短暂,座椅造型相对简

表 10-3-17 公园私密性座椅与公共性座椅的数量及配比

公园名称	私密性座椅 / 个	公共性座椅 / 个
静安公园	32	94
徐家汇公园	54	126
人民公园	52	117
和平公园	103	180
杨浦公园	89	121
鲁迅公园	80	183
长风公园	123	136
大宁灵石公园	124	221
世纪公园	165	232
总数	822	1410
所占比例	37%	63%

洁。下文将对9个样本公园中私密性座椅造型特征进行分析（见表10-3-18），主要包括靠背式长椅、无靠背式座椅、环形长椅、半弧形或折形座椅等4种。具体特征分析如下：①靠背式长椅在9个样本公园中分布最广泛，出现率为100%，一般长度为2~2.5m，能容纳2~3人。这种座椅能给游人更好的安全感，具有较好的私密性，适合不善交际的人独坐；②无靠背式座椅一般设置在两面都有景可观的位置，人们可以自由地选择就座的角度和朝向，一般长度为1.5~2m，适合一人就座，多布置在临水的平台上或小路两侧。这类座椅在9个样本公园中的出现率也为100%，但在数量上略少于靠背式座椅；③环形长椅一般与乔木结合形成树池座椅，人们在此处就座时的视线是向外发散的，互相不构成干扰，从而可以保持较好的私密性，更适合喜欢热闹但又不喜欢被打扰的人群使用。这种座椅在和平公园和鲁迅公园中分布较多；④半弧形或折形座椅具有一定的私密性，且人们在此处就座时的视线是向内聚拢的，更有利于两三个人互相之间进行交谈。这类座椅在公园中的数量最少，一般结合场地的形状设置。在长风公园、大宁灵石公园、人民公园和徐家汇公园都有出现，但数量分别只有1~2个。

如表10-3-19所示，9个样本公园中，靠背座椅和无靠背坐凳数量所占比例最多且接近，靠背座椅的数量略多于无靠背坐凳；环形座椅和半围合座椅数量所占比例都很少，环形座椅数量是半环形座椅的两倍。四者基本上达到了16:14:2:1的比例。

3）座椅的组合类型分析

在一个场地空间中，座椅之间位置关系和座位朝向决定着使用者的观景效果。基于9个样本公园座椅的调查结果，可将公园座椅的组合关系总结为并排布置、平行布置、垂直布置、坐凳与桌子的组合、网状组合等5类（见表10-3-20），具体特征分析如下：①并排布置的座椅在公园中最为常见，一般是沿广场或道路的边缘和水边布置，以便使用者更好地欣赏前方的景观或观看他人的活动。组合本身具有一定的私密性，交往性并不是很强。在9个样本公园中的出现率为100%。②平行布置的座椅组合分为3种，第一种是座椅朝向相同，使用者的视线不会交汇，具有很好的私密性，但是交往性几乎为零；第二种是朝向相对的座椅，这种组合的私密性较弱，人们就座时的视线相对，因此具有很大的干扰性，但交往性很强。但如果座椅被一条道路隔开，交往性也变得很弱，为了更好地保障私密性，应该尽量把平行布置的座椅间距加大；第三种是朝向相反的组合，这类组合的座椅两侧都有很好的景观，使用者的视线完全接触不到，私密性很强，但交往性更弱。③垂直布置的座椅形成了一个半凹型空间，最

表10-3-19 样本公园座椅造型特征的分类统计

公园名称	有靠背座椅/个	无靠背坐凳/个	环形座椅/个	半围合座椅/个
静安公园	34	89	1	2
徐家汇公园	120	60	0	3
人民公园	101	46	2	8
和平公园	102	93	58	10
杨浦公园	165	64	8	5
鲁迅公园	125	62	30	9
长风公园	217	12	10	0
大宁灵石公园	69	290	1	5
世纪公园	193	196	6	29
总数	1024	912	116	71
所占比例	48%	43%	6%	3%

表 10-3-20 座椅的组合类型分析

并排布置	朝向相同的平行布置	朝向相对的平行布置	朝向相反的平行布置

垂直布置	座椅与石桌的组合	矩阵式	散布式
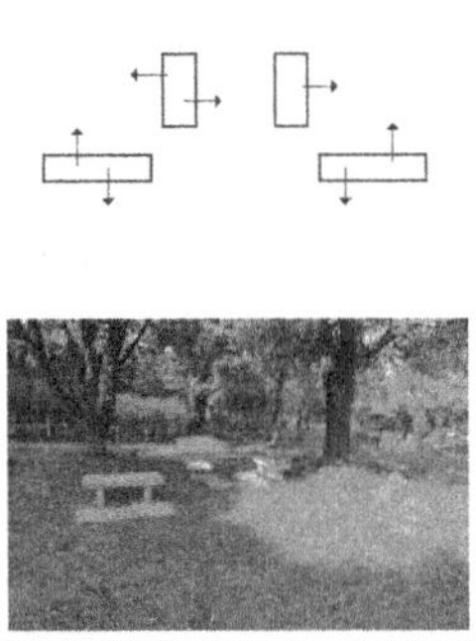			

易促进交流，私密性相对减弱。几个互成90°角的座椅相互组合，使人们可以有选择地决定是独坐还是与朋友进行交流，这类组合座椅常布置在开放的广场中，在公园中的出现率较少。④石凳和石桌的组合为一个石桌和互成90°角的石凳组合，一般适合两三个亲朋好友就座进行交谈、用餐或者下棋，私密性和交往性都很强。这类座椅一般布置在具古典风格的公园中，如和平公园、长风公园、鲁迅公园等。还有一部分设在亭、廊等建筑内。⑤同类座椅呈网格状布置在开放的广场中，一种为规则的方形广场，座椅的组合为矩阵式，沿着广场的走向布置；另一种为不规则的广场，座椅无规则地散布。这类座椅为公共性座椅，为人们短暂休息和等待的场所。因为数量多而导致私密性弱，交往性也较弱。以上5种类型中，前4类在每个公园中都有出现且数量无明显差异，网格状布置较为特殊，只出现在了和平公园中，且数量达到60%的比例。由图10-3-7可知，和平公园的铺装场地面积比例在9个样本公园中相对较高，广场众多，视野开阔，故在广场上设置了较多网状布置的座椅。

4）座椅与环境的关系分析

场所的环境特质也决定了座椅的造型风格必须与周围的环境协调，其摆放位置和朝向要满足使用者需求，尽量布置在游人的视线范围内，便于人们识别和使用，同时也要风景优美。

在对上海9个样本公园座椅的调查中发现，座椅大多布置在水边、道路两侧和特定的铺装场地上，且在每个场所的布置方式都不尽相同，但都具有共同的特点：座椅的周围一定会有植物的种植，与植物关系非常密切。下文将分别针对座椅与水体、园路、铺装场地以及植物之间的位置关系进行详细分析。

（1）座椅与水体的关系分析。公园中的水体大致分为两种形式：大而开阔的水面，一般布置在全园的重心，创造出开放的空间，可以开展水上活动；小而曲折的水面，一般布置在大水面的尽端，创造一种自然深奥的空间，具有良好的私密性，可以进行垂钓等安静活动。

综合公园中的水体一般都具有伴生景观，水体伴生景观是指水体周边可以作为视觉审美对象的环境景象，即水路交界区域的景观。如水中的岛、堤、桥，水边的亭、廊、榭、舫，亲水平台等。

基于公园水体的形式和内容，可以知道水体景观具有重要的观赏性和休憩性。因此在水边摆放座椅是非常重要的，无论是从欣赏景观还是创造私密性的角度，水边都是座椅布置的极佳场地。结合9个样本公园的调研结果，可总结出如下4种布置方式（见表10-3-21）：①临水型。这是座椅与水体最常见的位置关系，依据水体的形式，在水边布置的方式有3种，一是在开阔大水面的沿岸，座椅常成排布置，面向有水的一侧，岸边设置栏杆。为体现私密性，座椅之间的距离以大于8m为宜，且座椅的背侧一般种植较高灌木使得其与主要道路分隔开来，既能够欣赏湖光风景，又能够独处或与同伴进行交流；二是在岸线曲折的小面积水边，座椅则点状散布，无栏杆设置，背后也有植物分隔和阻挡，为垂钓者或是静心养神者提供一个安静的场所，多以植物和置石创造一个曲折幽静的环境；三是布置在水岸的亲水平台上，座椅常沿着亲水平台的边缘布置，与水面靠近。因为亲水平台都是硬质或木质铺装，因此空间较为开放，私密性弱，主要是为了满足人们的亲水性，使人们能够近距离地欣赏水带来的清凉与欣喜。②居岛型。岛在公园中可以划分水面空间，使水面形成几种形态功能各异的水域。岛居于水中，是欣赏四周风景的中心点，因此人们乐于在此停留较长时间，空间上要保持一定私密性。一般将座椅

布置在靠近水的一面，中间种植大片灌木将人们的视线遮挡，提供独自享受的空间。③桥上型。在公园具有古典风格的区域中常见，桥建立在两岸最窄的地方，一般为曲折的石桥。在桥的两侧设置长椅，一方面游人可以就坐暂时休息，欣赏桥两侧的水景，另一方面座椅也间接起到了栏杆的作用，增加了安全感。这种座椅公共性较强。④布置在亭、廊、榭中。临水布置的建筑中都设有座椅，具体特征在前文已有阐述，本节将不做重复分析。

（2）座椅与园路的关系分析。每个游人在公园的游览路线都是沿着园路展开的。因此，为了满足游人的休憩需求，在园路上设置一定数量的座椅是很有必要的。根据公园园路的分级，结合9个样本公园的调研，座椅与园路的关系大体归纳为以下4种（见表10-3-22）：①座椅直接布置在道路两侧。在公园的一级道路上，座椅可以直接成排布置在道路上；或者在路面凹入一点，形成一个座椅的"避风港"。而且最好在座椅前留出30~60cm的空地。②座椅布置在道路的转角处或交叉口，也叫道路的停顿区域。可以使游人在此稍停顿，观察选择自己的前进方向。在道路的转角处开辟一小块空地，将游人的视线错开，结合树木，放置座椅。③座椅布置在路旁空地。路旁的场地相当于一个半开放的小空间，游人可以在此进行时间稍长的休息且不会觉得被来往的人过分打扰。④座椅直接布置在道路两

表 10-3-21 座椅与水体的关系分析

布置在开阔水面沿岸	布置在曲折水面沿岸	布置在亲水平台上	环岛布置	布置在桥上

表 10-3-22 座椅与园路的关系分析

布置在园路两侧直线	沿路边凹入处布置	布置在园路转角处	布置在路旁空地	布置在桥上

侧的绿地中。这主要针对宽度很窄的道路，一般为三级小路旁。因为园路太窄，座椅无法直接摆放在道路两旁，而且此处游人较少，也无须在路旁开辟空地，因此将座椅直接放置在绿地中，但是在座椅前会有一部分铺装，防止草坪被践踏。

（3）座椅与空间场地的关系分析。不同类型和功能的场地空间决定了座椅的布置方式。场地按照平面形态可以分为：①规则的几何形广场，包括方形广场、梯形广场和圆形广场等，有明显的对称轴，并具有一定的方向性，形成一种空间序列，具有整齐、庄严的感觉。②不规则形广场，边界曲直不一，形成一种轻松、流动、亲切和舒适的感觉。无论是规则的广场还是不规则的广场，座椅的布置方式只有两种：沿广场的边界布置和在广场的中央聚集布置。

场地按照空间类型可以分为：①交流集散场地，主要在公园的入口或大量人流集散的建筑前广场。起组织和分散人流的作用，人多嘈杂，人员流动性大，因此人们不会在此长久停留休息。形成的是一种流动的空间。②休息活动广场，主要供游人休息、观看、游戏之用。多运用各种硬质材料铺装地面，也常设置花坛、喷泉、雕塑等小的景点供游人欣赏。形成的是一种停顿的空间。

依据场地空间的分类，结合 9 个样本公园座椅的调研情况，总结出座椅与场地的关系有以下 4 种（见表 10-3-23）：①沿场地的边界成排或成组布置，具有一定的私密性，中间留出大片空地供游人走动或游戏，而就座者的行为就是观看这些人的活动，视线由广场边缘聚合到广场中央。②集中在场地的中

间呈矩阵式或不规则棋盘布置，这种布局方式大多出现在休息活动场地中，以规则广场为主，公共性强而私密性较差。这种布局模式的场地周围一般具有观赏性强的景观，如水面、植物等，人们的视线从广场中间向四周发散。③流动空间，是一种动态的、连续的空间，一般设置在公园的入口处和园路两侧，座椅沿边界成排布置，与游人行走方向平行，加强了空间的导向性。座椅背靠实物，朝向游人活动的地方，视线聚拢。④停顿空间，是一种静态的、停顿性的空间。人们在这里进行长时间的休息与活动。这种空间一般布置在公园的中部，或周围具有可视性景观的场地中，座椅或沿边界布置或集中布置，空间是聚拢的，视线是发散的。

（4）座椅与植物的关系分析。首先，对于公园中的公共座椅，有植物作为背景，能给人更强烈的安全感；其次，植物具有遮阴的作用，将座椅布置在乔木下方，可以遮挡夏季的炎炎烈日，也可以阻挡冬季的寒风。因此，本节将从这两点出发，探究座椅与植物之间的关系。

根据以上分析，结合 9 个样本公园座椅的调研情况，总结出座椅与植物的关系如表 10-3-24 所示：①有植物背景的座椅，私密性良好，有较高的安全性。植物的气味和形成的微气候也提升了坐憩体验的舒适性。②高大乔木下的座椅，能满足使用者夏季遮阴的需求，落叶乔木是首选。

基于以上分类，将不同环境下的座椅分为临水座椅、园路座椅、广场座椅和植物座椅，并进行数量上的统计，计算其所占比例。因为公园中的座椅

表 10-3-23 座椅与场地的关系分析

在场地边界布置	在场地中间布置	沿流动空间边界布置

沿流动空间边界布置	停顿空间布置	停顿空间布置

表 10-3-24 座椅与植物的关系分析

植物充当植物背景	提供遮阴效果

基本上都会与植物结合布置，故只比较前3类座椅的分布情况，统计结果如表10-3-25所示：9个样本公园中临水座椅、园路座椅和广场座椅所占比例分别是16%、35%和49%。布置在水边的座椅较少，而布置在广场上的座椅最多，占到了公园的近一半，三者几乎达到了1∶2∶3的比例关系。

10.3.3 问题剖析与更新设计建议

1）座椅的数量配比测算模型及控制策略

（1）座椅规模的影响因素及测算模型。通过对上海9个样本公园座椅规模技术指标的深入分析可知，综合公园的总面积、陆地面积比例和铺装场地面积比例是实际影响座椅整体规模水平的重要因素，而且不同的功能分区内座椅的数量又具有显著的差异性，这也是影响座椅规模水平的一个重要因素，具体分析如下：公园的座椅数量受公园总面积、铺装场地面积比例影响较大，二者具有显著的线性回归关系，公园座椅的密度稳定在一定的范围内，随着公园面积的增大而减小；公园的文化娱乐区、安静休息区、观赏游览区和儿童活动区之间的座椅数

量差异较为显著，其中数量最多的区域始终是观赏游览区，安静休息区和文化娱乐区次之，儿童活动区并不是每个公园中都具备，且座椅数量较少。各个功能分区的座椅密度无显著性差异。笔者还对每个功能分区的座椅密度进行了区间估计。综上所述，综合公园的座椅规模的测算模型如表10-3-26所示。

（2）座椅规模的控制策略。依据表10-3-26的测算模型，对综合公园的座椅进行评价与分析，并按照公园的实际情况对座椅的规模进行调整和控制，从数量上对公园的座椅进行设置和优化。具体控制策略如下：

①预测人流，控制座椅数量。游人的数量对公园中的设施容量起决定性的作用。前文分析了影响座椅数量的首要因素是公园总面积，而公园总面积又决定了游人的数量。因此，合理地对公园的游客容量进行预测，对于公园座椅的数量设置有着重要的作用。此外，除了预测游人容量之外，还应该了解游人的年龄、身份以及他们的喜好[32]。通过调查总结出游人在公园中最常走的路线和最长停留的地点，这也是对座椅数量进行合理布置的重要依据。一般来说，游人经常在主园路中行走，而在公园入口、景点旁边和集散场地进行活动，在这些人流密集的区域应设置更多的座椅。而三级园路是游人相对较少的路径，座椅的数量可以适当减少，座椅间距加大；而在一些开放场地和活动场所，也可以减少座椅的设置。这是由于游人处于一种动态的环境下。

②分析场地，调整座椅密度。影响座椅规模的第二个因素是铺装场地，铺装场地在公园中具有集散和疏通人流的作用，不仅能为游人提供活动的场所，也可以提供安静休息的空间。因此，合理的座

表10-3-25　座椅环境特征的分类统计

公园名称	临水座椅/个	园路座椅/个	广场座椅/个
静安公园	40	10	76
徐家汇公园	22	84	74
人民公园	28	60	69
和平公园	40	80	251
杨浦公园	39	56	72
鲁迅公园	49	31	183
长风公园	58	78	103
大宁灵石公园	64	170	131
世纪公园	22	220	168
总数	362	789	1127
所占比例	16%	35%	49%

表10-3-26　上海综合性公园座椅规模测算模型

规模指标	影响因素					
	公园面积 X_1/（hm²）	铺装场地面积比例 X_3/%	功能分区			
			文化娱乐区	安静休息区	观赏游览区	儿童活动区
座椅数量/个	$Y_1=186.121+1.817X_1$ $Y_1=407.591-5.809X_3$		数量分布不均衡：观赏游览区最多，安静休息区和文化娱乐区次之，儿童活动区数量较少			
座椅密度区间（个/hm²）	[6.8806, 21.7105] 随公园面积增大有减小的趋势		[10.94, 46.84]	[8.92, 36.86]	[11.93, 30.81]	[17.06, 28.75]

椅布置要考虑场地的性质与功能。一般来说，疏散人流的集散场地游人密集，因此座椅的密度也应适当加大；而提供人们安静休息的小型场所，座椅的密度要适当减小。根据场地的性质调整座椅的密度，才能使每个场地发挥出作用，富有趣味。

③结合功能，调整座椅分布。公园各个区域因其所承担的功能不同，其座椅数量具有显著的差异。9个样本公园中，观赏游览区占地面积大，且为水体集中分布的区域。若水体面积较大，则水体伴生景观也更为复杂，相应地要增加座椅的数量来满足游人观景的需求；而安静休息区面积虽大，座椅布置不宜过密，需有较好的私密性；文化娱乐区虽然人流比较密集，因俱乐部、露天剧场、展览室、画廊等设置其中，已经为游人提供了足够的坐憩设施，故室外公共座椅的数量会相对减少；儿童活动区因为面积最小，故座椅的数量最少。因此，设计需要结合不同功能分区的性质与功能，对座椅的规模进行合理的分配和控制，以最大限度地满足每个功能区中游人的需求。

2）城市综合公园座椅布局的问题与不足

（1）座椅位置的合理性。调查结果显示，每个公园座椅的空间布局相似，基本布置地点为水边、园路旁和小场地上，利用率良好。然而具体到每一个座椅，也有一些不合理的现象，比如需要设置座椅的地方没有座椅，而无需设置座椅的地方却设置了过多的座椅。具体问题分析如下：

①座椅宜设而不设。例如，杨浦公园的安静休息区（见图10-3-12），此处植被茂盛，生态环境好，道路两旁具有多片空地，是游人休息交流的极佳场所。但由于没有设置座椅，游人只能自带桌椅开展娱乐活动。同样，杨浦公园的入口处（见图10-3-13），也没有设置相应的座椅，无法满足入园的游客休息需求。

②座椅数量充足但布局不当。和平公园是9个样本公园中座椅数量相对最多的一个，因为其所处的地理位置周围为老式居民区，老年人是公园的主要使用群体，即便在工作日，游客也非常多，因此，在公园中设置大量的座椅是必要的。总体而言，和

平公园将座椅与树池结合的做法使座椅显得整齐而自然，其中一组设置在开放场地中的座椅，结合长势较好的乔木设计成树池座椅，靠背还做成了书简的形式，颇具文化感。但座椅因临近厕所而不受欢迎，就座的人寥寥无几（见图10-3-14）。

图10-3-12 杨浦公园安静休息区

图 10-3-13 杨浦公园入口

图 10-3-14 杨浦公园厕所入口

（2）座椅与环境的配合度。座椅与环境的配合度体现在两个方面，一是在景观效果好的地方设置座椅，二是座椅的设置提升了景观的特色。在调查中发现，大部分公园的座椅设置满足了这一要求，而图10-3-15所示的大宁灵石公园的河滨长堤视野开阔，环境舒适，观赏效果极佳，堤上具有足够的场地，未设置供游人欣赏风景的座椅，以致游人在此匆匆走过而鲜少停留。同样，在大宁灵石公园入口的小路，因宽度很窄而将座椅设置在草坪上，以方便交通，这样的设置是合理的，但未在座椅前方落脚点设置硬质铺装，导致前方草地被踩踏，草坪的完整性被破坏，景观效果变差（见图10-3-16）。且在下雨的天气，这里会泥泞不堪，也给游人带来了不便。

（3）座椅的私密性。前文将座椅分为公共性座椅和私密性座椅。公共性座椅因为布置在开敞的空间，对私密性的要求较低，而私密性座椅在公园中占绝大多数。在调查中发现，大部分座椅的设置都考虑了私密性，但仍存在一些不足。以和平公园和大宁灵石公园中的座椅尤为明显。具体表现为：①座椅设置在空旷的广场中央而没有任何空间的界定；②座椅设置在道路的交叉口，阻碍了交通；③座椅朝向相对且距离很近，人们视线受到冲突。例如，和平公园假山脚下的周围环境私密性强，适合设置座椅。但是这个座椅放置在道路中央，既阻挡了交通，又缺乏私密性。虽然背后有大树依靠，但依旧缺乏安全感，因此没有人选择在此处就座（见图10-3-17）；在大宁灵石公园的安静休息区，高大茂密的树丛创造了一个典型的私密空间，但是在如此窄的小路上设置方向正对的座椅，会使人们的视线相互碰撞而导致人们觉得不自在（见图10-3-18）；大宁灵石公园中入口处的环形座椅与场地形状结合较好，但是前后缺少植物或构筑物作为背景进行围合，因此显得突兀，导致不安全感强烈（见图10-3-19）。

（4）座椅的可达性。在9个样本公园中的座椅大多设置在场地的边缘，特征明显，易于发现和到达。但仍有许多座椅设置在难以被发现的角落，人们走过去要花费时间和力气。因此很少有人选择这样的座椅。例如，在大宁灵石公园中，将这两个造型不同的座椅设置在草坪的深处，虽然与外界喧闹的环境隔离，但也造成了与环境的脱离，人们要通过踩踏草坪才能够到达，十分不便，因此导致两个座椅成了摆设（见图10-3-20）。

3）座椅布局的优化建议

针对公园座椅的布局问题，提出公园座椅布置需要满足位置合理性、私密性、配合景观性和可达性等原则。

（1）分析使用者需求，调整座椅间距与周围环境的关系。公园中座椅的功能是为人们提供休息和交流的场所，因此私密性是其最重要的一个特征。每个人都需要有一个不被人打扰的独立空间，人们在座椅上休息、赏景，两个关系亲密的人进行交谈，都需要一个安静的环境，若处在众目睽睽之下，人们的安全感会降低。因此在设置座椅时一定要把握人们的心理，悉知周围环境，即使在开放性空间中也需要营造相对私密的环境，切忌把座椅直接单独放置在道路和广场中央而无其他东西进行遮拦。最好的做法是将座椅设置在场地的边沿，如果一定要设置在中央，则需要有一定的倚靠，如用植物或树干作为背景。

（2）分析空间特征，因景而设。人们就座时最多的一个行为就是"看"[33]，也可能是看人，也可能是看景。因此，座椅的设置一定要与周围的景观配合，将座椅设置在景观较美的地方，或是如果一定要在一个地方设置座椅，就要注意将周围的环境进行美化和改造。

图 10-3-15 堤上未设置座椅

图 10-3-16 座椅前未设置铺装

图 10-3-17 场地中央设置座椅

图 10-3-18 道路两侧正对布置座椅

图 10-3-19 缺少背景的座椅

图 10-3-20 大宁灵石公园可达性不佳的座椅

附表

公园名称	园亭编号	园亭名称	园亭造型					
			平面类型	平面面积 / m²	面阔 / m	亭身高度 / m	柱宽 / m	柱高 / m
鲁迅公园	1—1	鲁迅纪念亭	正四边形	27	5.2	2.8	0.8	3
	1—2	园亭 1	正四边形	9	2.4	3	0.2	3.2
	1—3	园亭 2	正六边形	20	5	3.5	0.3	3.7
	1—4	园亭 3	正四边形	16	4	2.8	0.3	3
	1—5	园亭 4	正六边形	11	3.5	3.2	0.3	3.5
	1—6	园亭 5	正四边形	16	4	2.8	0.3	3
	1—7	园亭 6	正六边形	18	5	3	0.4	3.2
复兴公园	2—1	园亭 1	正六边形	12	3	3	0.22	3.2
中山公园	3—1	牡丹亭	长方形	32	8	2.2	0.3	2.5
	3—2	竹亭 1	长方形	12	6	2.2	0.1	2.4
	3—3	竹亭 2	长方形	108	18	2.8	0.1	2.8
	3—4	石亭	正六边形	10	2.8	3	0.3	3.2
	3—5	春在亭	正六边形	10	2.8	2.2	0.3	3.2
	3—6	樱花亭	圆形	14	4	3.5	0.25	3.5
	3—7	园亭 2	正六边形	12	3.8	3	0.3	3.2
	3—8	园亭 3	正四边形	16	4	4	0.3	4.2
杨浦公园	4—1	春晓亭	正四边形	12	3.5	2.5	0.25	2.5
	4—2	牡丹亭	正四边形	4	1.8	2.2	0.2	2.6
	4—3	松风亭	正六边形	16	4.3	3	0.3	3.2
	4—4	听候亭	正六边形	10	2.8	3	0.3	3.2
	4—5	听雨亭	正六边形	12	3.8	2.5	0.3	2.8
	4—6	知乐亭	圆形	32	5.7	3.2	0.3	3.4
	4—7	重檐亭	圆形	28	6	3.6	0.3	3.8
和平公园	5—1	湖心亭	正六边形	10	3.2	2.8	0.3	3
	5—2	园亭 1	正六边形	11	3.5	3.2	0.3	3.5
	5—3	香怡亭	正三角形	6	1.5	3	0.3	3.2
	5—4	竹亭	正四边形	16	4	2.7	0.2	2.8
	5—5	桥亭	长方形	24	6	3	0.3	3.2
	5—6	园亭 2	正六边形	8	1.5	2.2	0.2	2.4
长风公园	6—1	钓鱼亭	正四边形	9	3	2.2	0.3	2.2
	6—2	玉兰亭	正六边形	12	2.8	2.8	0.3	3.2
	6—3	藕香亭	正六边形	12	2.8	2.5	0.3	2.8
	6—4	青枫亭	圆形	12	3.4	2.6	0.2	2.8
	6—5	怡红亭	正六边形	18	5	2.8	0.3	3
	6—6	牡丹亭	正六边形	12	2.8	3	0.3	3.2
	6—7	扇亭	扇形	22	9	3	0.3	3.2
	6—8	百花亭	正八边形	20	3.7	3.2	0.3	3.4
	6—9	探月亭	正六边形	12	2.8	2.6	0.3	2.8
	6—10	听泉亭	正六边形	12	2.8	2.6	0.3	2.8
	6—11	水禽亭	正六边形	12	2.8	2.8	0.3	3.2
人民公园	7—1	四角亭	正四边形	13	3.6	2.6	0.25	2.8
	7—2	八角亭	正八边形	20	4.8	3.2	0.3	3.4

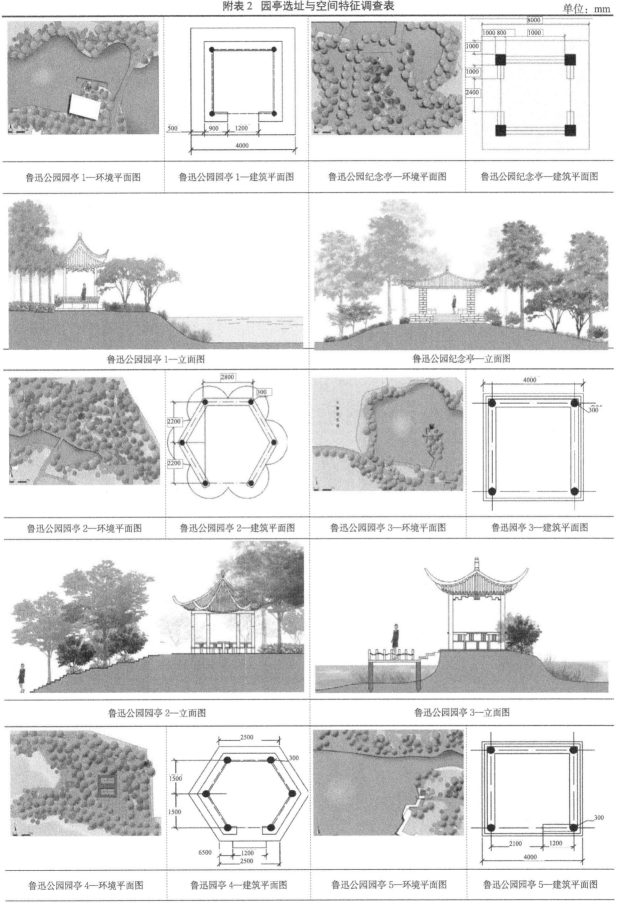

鲁迅公园园亭1—环境平面图　　鲁迅公园园亭1—建筑平面图　　鲁迅公园纪念亭—环境平面图　　鲁迅公园纪念亭—建筑平面图

鲁迅公园园亭1—立面图　　　　　　　　　鲁迅公园纪念亭—立面图

鲁迅公园园亭2—环境平面图　　鲁迅公园园亭2—建筑平面图　　鲁迅公园园亭3—环境平面图　　鲁迅园亭3—建筑平面图

鲁迅公园园亭2—立面图　　　　　　　　　鲁迅公园园亭3—立面图

鲁迅公园园亭4—环境平面图　　鲁迅园亭4—建筑平面图　　鲁迅公园园亭5—环境平面图　　鲁迅公园园亭5—建筑平面图

（续表）

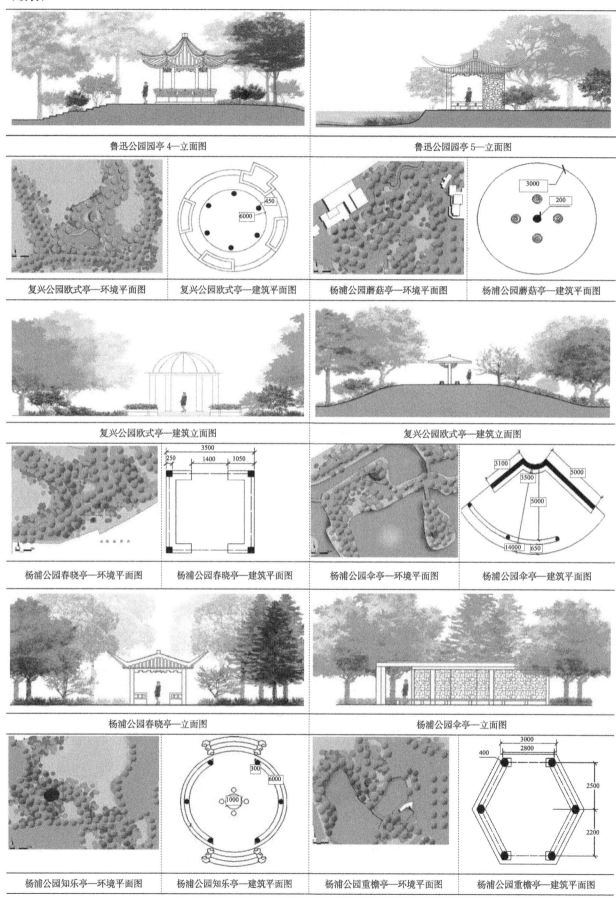

鲁迅公园园亭4—立面图	鲁迅公园园亭5—立面图
复兴公园欧式亭—环境平面图	复兴公园欧式亭—建筑平面图
杨浦公园蘑菇亭—环境平面图	杨浦公园蘑菇亭—建筑平面图
复兴公园欧式亭—建筑立面图	复兴公园欧式亭—建筑立面图
杨浦公园春晓亭—环境平面图	杨浦公园春晓亭—建筑平面图
杨浦公园伞亭—环境平面图	杨浦公园伞亭—建筑平面图
杨浦公园春晓亭—立面图	杨浦公园伞亭—立面图
杨浦公园知乐亭—环境平面图	杨浦公园知乐亭—建筑平面图
杨浦公园重檐亭—环境平面图	杨浦公园重檐亭—建筑平面图

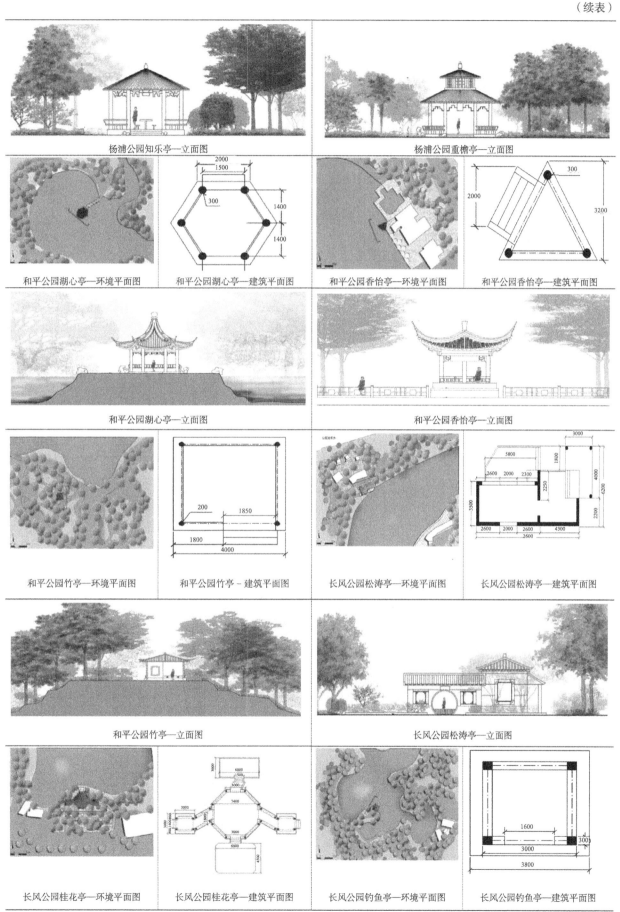

杨浦公园知乐亭—立面图

杨浦公园重檐亭—立面图

和平公园湖心亭—环境平面图

和平公园湖心亭—建筑平面图

和平公园香怡亭—环境平面图

和平公园香怡亭—建筑平面图

和平公园湖心亭—立面图

和平公园香怡亭—立面图

和平公园竹亭—环境平面图

和平公园竹亭-建筑平面图

长风公园松涛亭—环境平面图

长风公园松涛亭—建筑平面图

和平公园竹亭—立面图

长风公园松涛亭—立面图

长风公园桂花亭—环境平面图

长风公园桂花亭—建筑平面图

长风公园钓鱼亭—环境平面图

长风公园钓鱼亭—建筑平面图

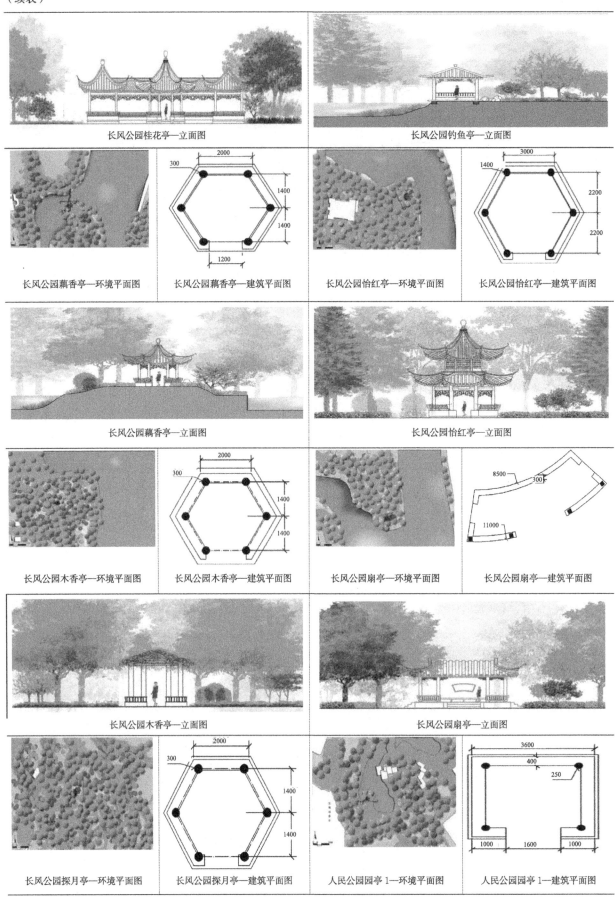

长风公园桂花亭—立面图

长风公园钓鱼亭—立面图

长风公园藕香亭—环境平面图

长风公园藕香亭—建筑平面图

长风公园怡红亭—环境平面图

长风公园怡红亭—建筑平面图

长风公园藕香亭—立面图

长风公园怡红亭—立面图

长风公园木香亭—环境平面图

长风公园木香亭—建筑平面图

长风公园扇亭—环境平面图

长风公园扇亭—建筑平面图

长风公园木香亭—立面图

长风公园扇亭—立面图

长风公园探月亭—环境平面图

长风公园探月亭—建筑平面图

人民公园园亭1—环境平面图

人民公园园亭1—建筑平面图

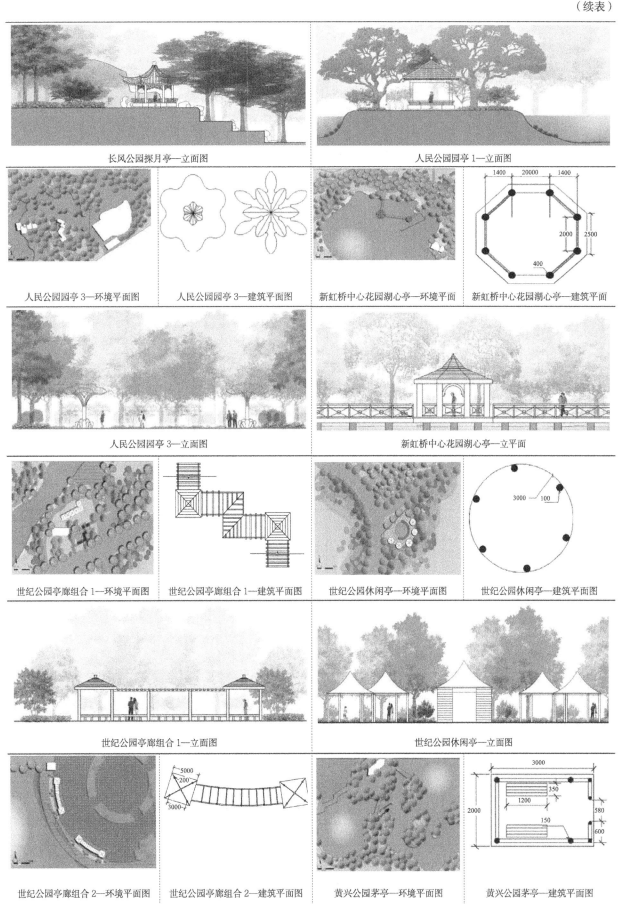

长风公园探月亭—立面图

人民公园园亭1—立面图

人民公园园亭3—环境平面图

人民公园园亭3—建筑平面图

新虹桥中心花园湖心亭—环境平面

新虹桥中心花园湖心亭—建筑平面

人民公园园亭3—立面图

新虹桥中心花园湖心亭—立平面

世纪公园亭廊组合1—环境平面图

世纪公园亭廊组合1—建筑平面图

世纪公园休闲亭—环境平面图

世纪公园休闲亭—建筑平面图

世纪公园亭廊组合1—立面图

世纪公园休闲亭—立面图

世纪公园亭廊组合2—环境平面图

世纪公园亭廊组合2—建筑平面图

黄兴公园茅亭—环境平面图

黄兴公园茅亭—建筑平面图

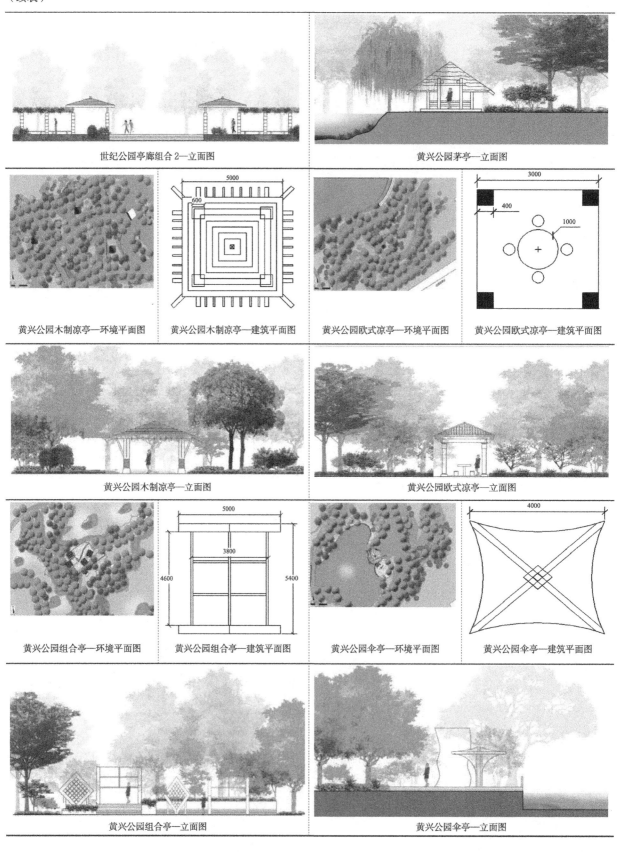

世纪公园亭廊组合2—立面图

黄兴公园茅亭—立面图

黄兴公园木制凉亭—环境平面图　黄兴公园木制凉亭—建筑平面图　黄兴公园欧式凉亭—环境平面图　黄兴公园欧式凉亭—建筑平面图

黄兴公园木制凉亭—立面图

黄兴公园欧式凉亭—立面图

黄兴公园组合亭—环境平面图　黄兴公园组合亭—建筑平面图　黄兴公园伞亭—环境平面图　黄兴公园伞亭—建筑平面图

黄兴公园组合亭—立面图

黄兴公园伞亭—立面图

本章注释

[1] 徐华铛，杨冲霄 . 中国的亭 [M]. 北京：轻工业出版社出版，1988.

[2] 沈颖 . 上海近现代公园的保存状况及保护对策探讨 [D]. 上海：同济大学，2008.

[3] 冯钟平 . 中国园林建筑设计 [M]. 北京：清华大学出版社，1988.

[4] 李沁茹 . 叙事景观设计的修辞策略 [J]. 郑州轻工业学院学报，2010(6):14-15.

[5] 翟剑科 . 景观空间设计的叙事性研究 [D]. 西安：西安建筑科技大学，2010.

[6] 朱晓璐 . 基于叙事学的景观空间体验与应用 [D]. 成都：西南交通大学，2010.

[7] 计成，陈植 . 园冶注释 [M]. 北京：中国建筑工业出版社，1981.

[8] 辞海编辑委员会 . 辞海 [M]. 上海：上海辞书出版社，1979 .

[9] 中国社会科学院语言研究所词典编辑室 . 现代汉语词典 [M]. 北京：商务印书馆,1997.

[10] 扬·盖尔 . 人性化的城市 [M]. 欧阳文，徐哲文，译 . 北京：中国建筑工业出版社，2010.

[11] 汤晓敏，王云 . 景观艺术学——景观要素与艺术原理 [M]. 上海：上海交通大学出版社,2013.

[12] 阿尔伯特·J. 拉特利奇 . 大众行为与公园设计 [M]. 俞孔坚，译 . 北京：中国建筑工业出版社,1990.

[13] 克莱尔·库珀·马库斯，卡罗琳 . 弗朗西斯 . 人性场所——城市开放空间设计导则 [M]. 俞孔坚，译 . 北京：中国建筑工业出版社,2001.

[14] 路爽 . 外部空间环境中休憩设施的设计研究 [D]. 西安：西安建筑科技大学，2007.

[15] 周之灿 . 长沙市城区老年人户外公共休憩空间研究 [D]. 长沙：中南林业科技大学，2009.

[16] 李南希 . 高校校园交往空间研究 [D]. 重庆：重庆大学建筑规划学院，2005.

[17] 孔令丞 . 产业经济学 [M]. 北京：中国人民大学出版社，2008.

[18] 沈建军 . 重庆市都市区文化设施空间布局和文化功能研究 [D]. 重庆：西南大学，2010.

[19] 夏石宽 . 上海综合性公园园路规模与路网结构研究 [D]. 上海：上海交通大学，2012.

[20] 丁静雯 . 上海城市综合性公园水体形态与水景特征研究 [D]. 上海：上海交通大学，2013.

[21] 谭辉 . 城市公园景观设计 [M]. 重庆：西南师范大学出版社，2011.

[22] 彭一刚，中国古典园林分析 [M]. 北京：中国建筑工业出版社，1986.

[23] 冯维波 . 城市游憩空间分析与整合 [M]. 北京：科学出版社，2009.

[24] 陈平，吴诚欧，刘应安，等 . 应用数理统计 [M]. 北京：机械工业出版社，2008.

[25] 北京交通大学概率统计课程组 . 概率论与数理统计 [M]. 北京：科学出版社，2010.

[26] 方开泰，全辉，陈庆云 . 实用回归分析 [M]. 北京：科学出版社，1988.

[27] 李绍珠 . 多元回归分析 [J]. 上海教育科研，1991(3):14.

[28] 芦原义信 . 外部空间环境设计 [M]. 尹培桐，译 . 北京：中国建筑工业出版社 .

[29] 区伟耕 . 新编园林景观设计资料 [M]. 乌鲁木齐：新疆科学技术出版社，2006.

[30] 李苒，曲敏 . 创造人性化户外公共座椅设计研究 [J]. 包装工程，2009 (12): 142-144.

[31] 高蓉 . 公共休憩空间研究 [D]. 天津：天津大学，2004.

[32] Guan S. Study on the leisure chair design of elderly people[J]. Advanced Materials Research, 2011(215) : 131-135.

[33] 麦克哈格 . 设计结合自然 [M]. 芮经纬，译 . 北京：中国建筑工业出版社，1992.

11 上海城市公园餐饮服务设施评价研究

　　本章通过对上海城市公园内的餐饮服务设施的调查，分析研究其数量、类型、规模和选址特征，并构建基于 BP 神经网络的城市公园餐厅服务设施的预测模型，评析上海城市餐饮服务设施现状并提出优化建议，有助于提高城市公园的服务质量，为城市公园餐饮服务设施的科学配置提供依据，可为《上海市公园管理条例》和《公园设计规范》的优化提供有益借鉴。

11.1 研究对象界定

《公园设计规范》规定，公园内应有常规的设施，这些常规设施在不同陆地规模的公园有不同的设置要求，规模在 5hm² 以上的公园可设置餐厅，规模在 2hm² 以上的公园可设置茶座、咖啡厅，可在所有城市公园设置小卖部 [1]。本章所研究的城市公园餐饮服务设施是指在公园管理范围内，以经营盈利为目的，具有实体建筑的餐厅、茶座、咖啡厅、小卖部等建筑类服务设施及其用地范围内的周边环境设施。

11.1.1 公园餐饮服务设施的功能

城市公园餐饮服务设施的设置主要是为了满足游人的餐饮需求。城市公园内的建筑类餐饮服务设施在满足餐饮功能的同时，也是公园重要的点景建筑，更是凸显公园风格、表达地域文化的重要载体。公园餐饮服务设施的设置在满足游客需求的同时，有助于公园收支的正常运转。自 2002 年上海城市公园 "管养分开" 制度实行后，政府财政拨款难以平衡公园的支出，公园餐饮服务设施能够为公园提供一些收入。上海城市公园内的餐饮服务设施大多租赁给个人或企业，在方便管理的同时也能增加公园的收入。各区县的绿化管理局根据公园的性质、建造年代以及风格的不同，给予公园管理的拨款也不同，一般给综合公园的拨款多于社区公园和街旁绿地，且给古典园林的多于现代园林。例如，桂林公园是古典园林风格的社区公园，建造年代久远，所以它的年度拨款会比较多。例如，2012 年的政府拨款为 90 万元，而当年度的开销为 150 万元。这些开支主要用于古建保护维修、绿化养护及工作人员的薪资等，其中 60 万元差额就要靠租金、门票等收入来填补。门票的票价为每人 2 元，且桂林公园多数游客为老人等免门票的人群，所以门票基本不能满足这些开支，而商业租金成为支撑公园开支的重要来源 [4]。

11.1.2 研究对象筛选

本章所指的城市公园餐饮服务设施是指在公园管理范围内，以经营盈利为目的，为全市市民服务的实体建筑类餐饮设施，而不仅仅是服务于来公园游玩的游客，包括餐厅、茶座、咖啡厅、小卖部等。

研究对象的筛选以科学性、全面性、代表性和完备性为原则，经过查阅主管部门提供的 2013 年存档资料和实地调研得出：上海共有 30 座城市公园，设有 53 个餐厅服务设施（见表 11-1-1）。排除上海市市容与绿化管理局直属管辖的 6 个专类公园（见附录 1），筛选确定了 23 座公园管理范围内的 41 个餐厅服务设施为研究对象，包括：长风公园、中山公园、大宁灵石公园、浦东世纪公园、鲁迅公园、复兴公园、和平公园、杨浦公园、新虹桥中心花园、黄兴公园、闸北公园、徐家汇公园、桂林公园、曲阳公园、蓬莱公园、南园公园、人民公园、静安公园、浦东塘桥公园、陆家嘴中心公园、浦东滨江公园、宝山临江公园、宝山泗塘公园。这些公园的类别、服务范围、规模、星级标准等皆有一定的差异性，样本具有一定的典型性与代表性（见表 11-1-1）。

11.2 餐饮服务设施现状及其影响因素

上海城市公园餐厅服务设施的现状分析主要从餐厅服务设施的数量、类型、规模以及布局特征 4 个方面对其作现状的描述，并且分析这些特征与各公园属性的影响关系。

11.2.1 餐厅服务设施的数量特征及影响因素

餐厅服务设施的数量是指公园内餐厅服务设施的个数，通过对样本公园的实地调研，统计上海城市公园内的餐厅服务设施数量，并且从宏观和微观的角度去分析餐厅服务设施的数量及其影响因素，即以上海 2013 年之前建成开放的 158 座城市公园为对象，探讨公园内餐厅服务设施的影响因素，以及

表 11-1-1 上海城市公园餐厅服务设施一览表（2013 年资料）

所属区县	公园名称	餐厅名称
闸北区	大宁灵石公园	潮府酒家
	闸北公园	东方明珠欧洲城
杨浦区	杨浦公园	丰收日
	黄兴公园	丹青诗墨
		绿荫餐厅
	共青森林公园	聚森园酒家
		泰阁苑酒楼
徐汇区	桂林公园	桂林公馆
		黄家花苑
		恒悦轩
	徐家汇公园	中唱小楼
	上海植物园	第一会所
长宁区	中山公园	御花园酒店
	新虹桥中心花园	申汇轩
		天鹅轩
	上海动物园	绿野馆厅
		竹园村餐厅
黄浦区	人民公园	芭芭露莎
		重庆鸡公煲
	蓬莱公园	重庆鸡公煲
		阿宝麻辣烫
		农屋里香
		振鼎鸡
	黄浦公园	厉家菜
	复兴公园	Muse at Park 97
	南园滨江绿地	海宴餐厅
静安区	静安公园	巴厘餐厅
虹口区	曲阳公园	烟雨江南茶艺酒吧
	和平公园	和平1号
浦东新区	世纪公园	潮府酒家
		世纪紫澜水上餐厅
	塘桥公园	金津咖喱 林家花园
	陆家嘴中心绿地	方方面面
		PATO
		麝香猫
	滨江公园	Paulaner Brauhaus
		天山恋餐厅
	滨江森林公园	蓼风阁餐厅
		南翔小笼
宝山区	顾村公园	衡山北郊宾馆
	临江公园	友临居饭店
		双喜麻辣烫
		伊斋牛肉面
	泗塘公园	老昌盛苏式汤包馆
		同汇馄饨店
		福建沙县小吃
嘉定区	古漪园	望鹤楼大酒店
		南翔小笼
		古龙饭庄
		南翔漪园小笼馆
松江区	辰山植物园	辰山植物园餐厅

23 座样本公园内餐厅服务设施数量的影响因素。由于无法量化餐厅服务设施数量的全部影响因素，所以本节对影响因素的分析主要以定性为主。

上海拥有餐厅服务设施的城市公园共 30 座，经整理资料发现，影响城市公园是否有餐厅服务设施的因素有公园风格、建造年代、陆地面积、类型、周边用地的性质、服务范围、区位及管辖性质等。经过数据的整理与统计发现，公园风格、服务范围对公园是否设置餐厅服务设施影响不明显，而公园的建造年代、陆地面积、类型、周边用地的性质、区位及管辖性质等因素对是否设置餐厅具有重要的影响。

"公园数量" 是指在特定的时间段建造的公园数量；"拥有餐厅的公园数量"是指公园中有餐厅服务设施的公园数量；"占百分比"是指拥有餐厅服务设施的公园数量占相应特定时间段开放的公园总数量的比例。

1）不同建造年代的公园餐厅数量对比分析

为统计方便，本节将上海城市公园建造年代分为 1868–1949 年、1949–1978 年、1978–1998 年、1998–2005 年、2005 年至今这 5 个阶段。统计结果如图 11-2-1 所示，从整体来看，拥有餐厅服务设施的公园所占公园建造年代内的公园总量比例呈减持的趋势。虽然 1978 年前开放的公园所拥有的餐厅比例在减少，但是数量在增加，且在 1978–1998 年，拥有餐厅服务设施的公园数量所占比例在增加，但是数量没有明显的增加。分析发现，作为公园发展的转折点， 1978–1998 年虽然是上海城市公园的增长阶段，但是这个时期开放的城市公园很少拥有餐厅服务设施，反而是 1949–1978 年上海城市公园的缓慢发展阶段，12 座城市公园都拥有餐厅服务设施。

这是由于每个阶段的社会历史背景不同，1949–1978 年国家经济发展缓慢，致使公园的发展也缓慢，对公园内的设施要求没有提出相应的法律法规。1978–1998 年是公园大力发展阶段，对公园的规划设计有一定的条例和规定约束，所以拥有餐厅服务设施的数量下降。

1998 年后开放的公园也在按照相关条例建设，所以数量上没有大的浮动。综上， 公园的建造年代是影响公园餐厅服务设施的重要因素。

2）不同陆地面积的公园餐厅数量对比分析

经过公园陆地面积的数据统计与计算得出（见图 11-2-2）。随着公园陆地面积的增大，餐厅数量呈明显的上升趋势，且公园陆地面积在 2 hm² 以下的公园中没有餐厅服务设施，2 hm² 以上的公园拥有餐厅数量的比例逐渐上升。所以，公园陆地面积是影响公园餐厅服务设施数量的重要因素。现行《公园设计规范》也有明确的规定：陆地面积大于 5hm² 的公园可以设置餐厅，陆地面积大于 2hm² 的公园可以设置茶座与咖啡厅。

3）不同类型的公园餐厅数量对比分析

如表 11-1-1 所示，除了带状公园内未设置餐厅服务设施外，其他类型的公园内都有餐厅服务设施。由图 11-2-3 可知，59% 的综合公园内拥有餐厅服务设施，是拥有餐厅的公园数量最多、比例最大的公园类型；仅有 4% 的社区公园拥有餐厅服务设施；23% 的专类公园有餐厅服务设施；带状公园内没有餐厅服务设施；17% 的街旁绿地拥有餐厅服务设施。

因此，公园的类型也是公园是否拥有餐厅服务设施的重要影响因素之一。如前文所述，公园类型决定了公园的服务范围和服务的主要对象，并且规定了各类型公园内设施设备的完整度，与分析结果一致。

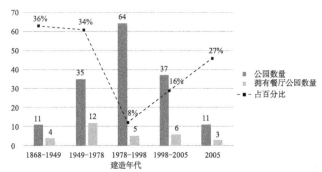

图 11-2-1 建造年代对公园拥有餐厅数量的影响

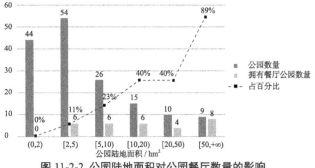

图 11-2-2 公园陆地面积对公园餐厅数量的影响

4）周边用地的性质对餐厅服务设施数量的影响

根据《城市用地分类与规划建设用地标准》（GB50137-2011），城市建设用地分八大类[2]：居住用地、公共管理与公共服务用地、商业服务业设施用地、工业用地、物流仓储用地、交通设施用地、公用设施用地、绿地。根据现场的调研和 Google earth 的辅助勘察，发现上海 158 座城市公园周边用地的性质都有交通设施用地，且还包括物流仓储用地、公用设施用地、绿地这 3 个性质的用地。因此，上海城市公园周边用地的性质基本为居住用地、公共管理与公共服务用地、商业服务业设施用地、工业用地、交通设施用地（见图 11-2-4）。

由图 11-2-4 可知，拥有餐厅服务设施的公园，其周边用地的性质为居住用地、公共管理与公共服务用地、商业服务业设施用地。从数量上来看，这三者相当，而周边城市用地若为工业用地，则公园内肯定没有餐厅服务设施。

由此，上海城市公园周边的用地性质基本为居住用地 R、公共管理与公共服务用地 A、商业服务业设施用地 B、工业用地 M、交通设施用地 S。其中它们的组合模式分别为 SR、SA、SB、SM、SRA、SRB、SRM、SAB、SAM、SBM、SRAB、SRAM、SRBM、SABM、SRABM 这 15 种（见表 11-2-1）。

综上，公园周边城市用地性质决定了公园周围的自然环境和人文环境，也决定了对餐厅服务设施的需求。所以公园周边城市用地性质是其中的重要影响因素之一，分析结果与现实相符。

5）公园区位对餐厅服务设施数量的影响

公园区位是指公园在上海城市内的区位特征，为了更直观比较，将上海的区位划分为内环以内、内环—中环、中环—外环、外环以外 4 类。由图 11-2-5 可知，公园区位是公园内是否拥有餐厅服务设施的重要影响因素之一。

6）公园的管辖性质对餐厅数量的影响

公园的管辖性质分为直属管辖和区县管辖，直属管辖是指由上海市市容与绿化管理局管辖的城市公园，而区县管辖是指由下属的各区县绿化管理所管辖的城市公园。

由图 11-2-6 可知，虽然直属管辖的拥有餐厅服务设施的公园数量明显少于区县管辖的公园，但直属管辖的公园 100% 拥有餐厅服务设施，而仅有 15% 的区县管辖公园拥有餐厅服务设施。综上，由上海市市容与绿化管理局管辖的城市公园内都有餐厅服务设施，且均为专类园。这些公园的游客不仅有本市市民，还有外来游客，所以很有必要在公园内设置餐厅服务设施。

11.2.2 餐厅服务设施的类型特征及影响因素

如前文所述，城市公园餐厅服务设施是指在公园管理范围内，以经营盈利为目的、具有实体建筑的餐馆，及餐馆用地范围内的周边环境设施。依据《餐饮建筑设计规范》（JGJ 64-89），餐馆可分为 3 个等级：一级餐馆为接待宴请和零餐的高级餐馆，餐厅座位布置宽敞、环境舒适，设施、设备完善；二级餐馆为接待宴请和零餐的中级餐馆，餐厅座位布置比较舒适，设施、设备比较完善；三级餐馆为供应零餐的餐厅。

调查结果显示，在 23 个样本公园中，共有 41 家餐馆。其中 10 个公园拥有一级餐馆 13 家，12 个

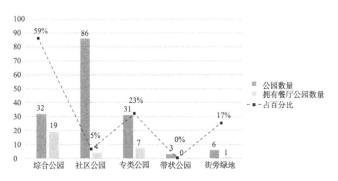

图 11-2-3 公园类型对公园餐厅数量的影响

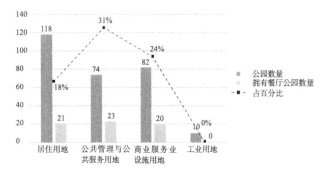

图 11-2-4 周边用地的性质对公园餐厅数量的影响

表 11-2-1 周边用地组合模式对上海 158 个城市公园拥有餐厅数量的影响

周边用地的性质组合模式	公园数量 / 个	拥有餐厅公园数量 / 个	占总数比 / %
SR	49	6	12
SA	3	1	33
SB	23	3	17
SM	3	0	0
SRA	19	5	26
SRB	36	8	22
SRM	0	0	0
SAB	9	4	38
SAM	0	0	0
SBM	3	0	0
SRAB	10	3	30
SRAM	1	0	0
SABM	0	0	0
SRABM	0	0	0
总计	158	30	18

公园拥有二级餐馆 17 家，5 个公园拥有三级餐馆 11 家。公园风格、陆地面积、类型、周边用地的性质、区位、管辖性质以及餐厅区位等影响着餐馆的等级。通过进一步的分析得出，公园类型、公园周边用地的性质、所属区县对餐厅服务设施类型的影响较大，并且具有一定的规律性。

1）公园类型对餐厅类型的影响

调调研结果显示（见图 11-2-7），专类园、综合公园、社区公园、街旁绿地拥有餐厅服务设施。综合公园的各等级餐厅数量都多于社区公园和街旁绿地，且 90% 以上的一级餐馆和二级餐馆集中于综合公园，街旁绿地没有一级和二级餐馆；三级公园分布在这三类公园中，且综合公园和社区公园没有明显的数量差别，只有 15% 的三级餐馆建在街旁绿地。

2）公园周边用地性质对餐厅类型的影响

由图 11-2-8 可知，公园周边用地为交通设施用地（S）+ 居住用地（R）+ 公共管理与公共服务用地（A）的组合模式中没有一级餐馆；公园周边用地为交通设施用地（S）+ 公共管理与公共服务用地（A）+ 商业服务业设施用地（B）的组合模式内只有一级餐馆；公园周边用地为交通设施用地（S）+ 商业服务业设施用地（B）的组合模式内没有二级餐馆。公园周边用地为其他两种的组合模式内均有各个等级的餐馆。综上，若公园周边用地的性质有商业服务业设施用地这一类性质，公园内肯定拥有一级餐馆。所以，

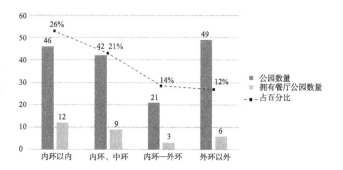

图 11-2-5 公园区位对公园拥有餐厅数量的影响

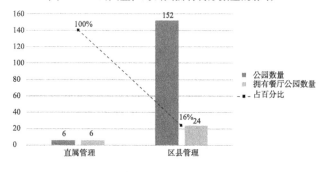

图 11-2-6 管辖性质对公园拥有餐厅数量的影响

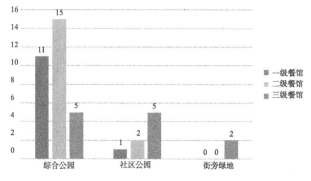

图 11-2-7 公园类型对餐馆等级的影响

公园周边用地的性质对餐馆等级具有重要的影响。

3）公园区位对餐厅类型的影响

由图 11-2-9 可知，一级餐馆全部分布在中环以内；二级餐馆多分布于中环以内；三级餐馆大部分位于中环——外环区域。随着远离城市中心，餐馆数量以及等级都有所下降。中高级餐馆集中于中心城区的公园内，而一般餐馆在郊区公园内的分布较多。

11.2.3 餐厅服务设施的规模特征及影响因素

城市公园餐厅服务设施的规模反映了公园的服务与接待能力。本研究以可量化、直观、代表性好的指标来分析城市公园内餐厅服务设施的规模特征。主要包括：餐厅服务设施的用地面积、餐厅建筑的占地面积、餐厅建筑面积。餐厅服务设施的用地面积是指餐厅的建筑用地及建筑外的附属设施用地面积的总和，其中的附属设施包括用餐的露天场地及周边的景观用地、洗手间、停车场等。餐厅服务设施的附属设施是因餐厅自身需求和公园情况设置的，不是必要的配套设施。餐厅建筑的占地面积是指厅服务设施建筑主体的占地面积，不包括餐厅服务设施的附属设施的占地面积。餐厅建筑面积是指厅服务设施建筑主体的建筑面积，不包括餐厅服务设施的附属设施的面积。

1）餐厅服务设施规模的影响因素分析

根据现行《公园设计规范》的相关规定，公园内餐厅服务设施规模的影响因素甚多，主要有公园面积、陆地面积比、公园内建筑占地面积、公园内建筑面积、游人容量等。由于 23 个样本公园的类型、建造和改建年代的不同，公园占地面积不同、陆地面积不同、公园建筑占地面积不同，因此公园内餐厅服务设施规模差异大。

（1）公园面积。公园面积越大，设置的餐厅服务设施规模也会越大。因此，公园面积是公园内餐厅服务设施规模的重要影响因素，本节将通过系统的分析研究，找出公园面积与餐厅服务设施规模指标之间的关系。如图 11-2-10、图 11-2-11、图 11-2-12 所示，自变量 x 轴为 23 个城市公园面积，分别以餐厅服务设施用地面积、餐厅建筑占地面积、餐厅建

筑面积为因变量 y 轴，绘制两者关系的折线图。

（2）陆地面积比。依据现行《公园设计规范》的规定，公园陆地面积在 [2hm^2, 5hm^2] 范围内不应该设置餐厅服务设施，同时规定了不同功能用地的比例应以公园陆地面积为基数进行计算。因此，餐厅服务设施的设定需要依据公园的陆地面积确定。陆地面积与公园面积的比是公园内餐厅服务设施的规模的重要测算指标，因此本节将对两者的关系进行定性和定量分析研究。

如图 11-2-13、图 11-2-14、图 11-2-15 所示，自变量 x 轴为 23 个公园的陆地面积比，分别以餐厅服务设施用地面积、餐厅建筑占地面积、餐厅建筑面积为因变量 y 轴，绘制两者关系的折线图。

（3）公园建筑占地面积。公园建筑占地面积是公园内所有建筑的占地面积总和。公园建筑包括：游览建筑、休憩建筑、服务建筑、公用建筑以及管理建筑。这些建筑的占地面积直接影响了餐厅服务设施的建筑占地面积，一般公园建筑占地面积越小，餐厅服务设施的建筑占地面积就越小，相应的餐厅服务设施的规模也越小。所以公园建筑占地面积是

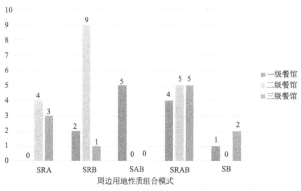

图 11-2-8 公园周边用地的性质对餐馆等级的影响

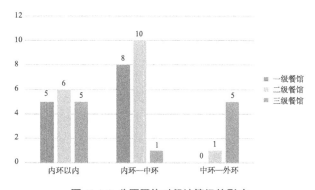

图 11-2-9 公园区位对餐馆等级的影响

影响餐厅服务设施建筑占地面积的重要影响因素，因此本节将对两者进行定性和定量分析。

自变量 x 轴为 23 个公园的建筑占地面积，分别以厅服务设施用地面积、餐厅建筑占地面积、餐厅建筑面积为因变量 y 轴，绘制两者关系的折线图，如图 11-2-16、图 11-2-17、图 11-2-18 所示。

（4）游人容量。现行《公园设计规范》规定，公园中方便游人使用的餐厅、小卖店等服务设施的规模应与游人容量相适应。按照《公园设计规范》的解释，公园游人容量指游览旺季星期日高峰小时内同时在园游人数；公园游人量计算公式为：$C=A/A_m$，式中 C 为公园游人容量，A 为公园面积，A_m 为公园游人人均占有面积；市、区级公园游人人均占有公园面积以 60 m^2 为宜，带状公园和居住小区游园以 30 m^2 为宜。可见，公园游人容量的计算与公园面积有直接的关系，因此本节不做重复研究，而是研究公园面积与餐厅服务设施规模的关系即可 [3][4]。

2）餐厅服务设施规模影响因素相关性检验

通过对城市公园内餐厅服务设施规模技术指标影响因素的定性分析后可以初步判断餐厅服务设施规模受公园建筑占地面积的影响较大，受公园面积、陆地面积比的影响较小。

为了明确判断公园面积、陆地面积比、公园建筑占地面积对城市公园餐厅服务设施规模技术指标影响的强弱，通过 SPSS19.0 进行双变量相关性分析（Bivariate Analysis）。在用 SPSS19.0 进行相关性分析的过程中，公园面积、陆地面积比、公园建筑占地面积分别作自变量 X_1、X_2、X_3；餐厅服务设施用地面积、餐厅建筑占地面积以及餐厅建筑面积分别作为因变量 Y_1、Y_2、Y_3。

（1）餐厅服务设施用地面积影响因素相关显著性检验。在 SPSS19.0 主界面中建立计算所用的数据集（见表 11-2-2），再用 Analysis 中的 BivariateAnalysis 作双变量相关性分析，并且分别选择 X_1、Y_1；X_2、Y_1；X_3、Y_1 为变量，最后得出结果为：公园餐厅服务设施用地面积与公园面积、陆地面积比以及公园建筑占地面积的相关系数分别为 0.478（P=0.021<0.05）、0.485（P=0.019<0.05）、0.321（P=

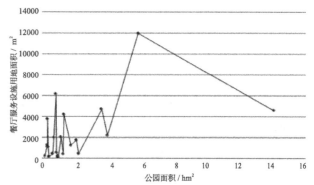

图 11-2-10 公园面积与餐厅服务设施用地面积的关系

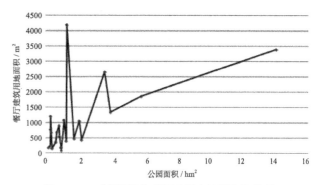

图 11-2-11 公园面积与餐厅建筑占地面积的关系

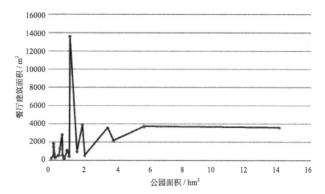

图 11-2-12 公园面积与餐厅建筑面积的关系

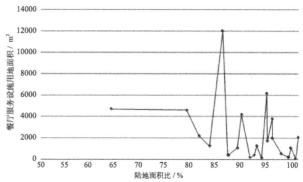

图 11-2-13 陆地面积比与餐厅服务设施用地面积的关系

0.135>0.05）。所以 X_1、Y_1；X_2、Y_1 之间的相关性显著。分析结果说明，公园面积、陆地面积比对餐厅服务设施的用地面积有较大的影响。故固定陆地面积比，求得了公园面积与餐厅服务设施用地面积的偏相关系数为 -0.102（P=0.651>0.05），无显著相关；固定陆地面积比与餐厅服务设施用地面积的偏相关系数为 0.142（P=0.529>0.05），无显著相关。所以公园面积、陆地面积比、公园建筑占地面积与餐厅服务设施的

用地面积没有统计学意义上的相关性。

（2）餐厅建筑占地面积影响因素相关显著性检验。在 SPSS19.0 主界面中建立计算所用的数据集（见表 11-2-3），再用 Analysis 中的 Bivariate Analysis 作双变量相关性分析，并且分别选择 X_1、Y_2；X_2、Y_2；X_3、Y_2 为变量，最后得出结果为：公园餐厅建筑占地面积与公园面积、陆地面积比以及公园建筑占地面积的相关系数分别为 0.608（P=0.002<0.005）、0.529（P=0.009<0.01）、0.822（P=0.00000154<0.01）。所以，X_1、Y_2；X_2、Y_2；X_3、Y_2 之间的相关性显著，且后者的相关系数较大。故固定陆地面积比及公园建筑占地面积，求得了公园面积与餐厅建筑占地面积的偏相关系数为 0.094（P=0.686>0.05），不显著相关；固定公园面积及公园建筑占地面积，求得了陆地面积比与餐厅建筑占地面积的偏相关系数为 0.151（P=0.513>0.05），不显著相关；固定公园面积及陆地面积比，求得了公园建筑占地面积与餐厅建筑占地面积的偏相关系数为 0.672（P=0.001<0.01），达到

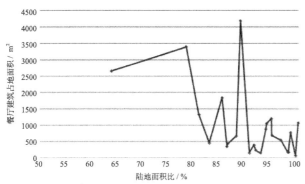
图 11-2-14 陆地面积比与餐厅建筑占地面积的关系

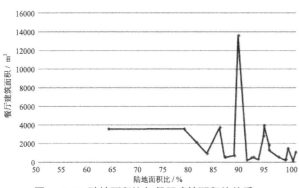
图 11-2-15 陆地面积比与餐厅建筑面积的关系

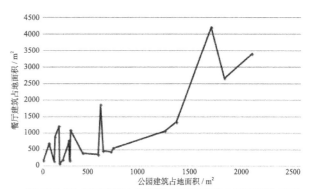
图 11-2-17 公园建筑占地面积与餐厅建筑占地面积的关系

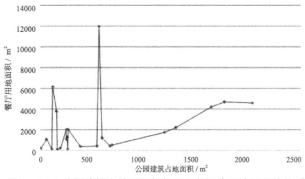
图 11-2-16 公园建筑占地面积与餐厅服务设施用地面积的关系

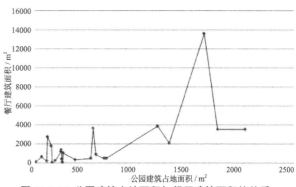
图 11-2-18 公园建筑占地面积与餐厅建筑面积的关系

表 11-2-2 样本公园餐厅服务设施用地面积及其影响因素

公园名称	因素 X_1 公园面积 / hm²	因素 X_2 陆地面积比 / %	因素 X_3 公园建筑占地面积 / m²	指标 Y_1 餐厅用地面积 / m²
大宁灵石公园	58.46	85.37	5674.60	11975.00
闸北公园	13.35	88.99	16347.00	4180.00
杨浦公园	22.36	86.49	6704.60	414.00
黄兴公园	39.86	80.83	12980.79	2202.00
桂林公园	3.55	94.93	1663.00	3782.00
徐家汇公园	8.65	93.87	1274.00	6146.00
长风公园	36.36	63.83	17628.34	4680.00
中山公园	20.96	93.99	11893.87	1740.00
新虹桥中心花园	13.00	91.54	3903.18	375.37
和平公园	17.63	82.87	5926.00	1220.00
曲阳公园	6.73	86.33	5443.35	410.00
人民公园	9.82	98.17	2020.00	180.00
蓬莱公园	3.53	98.58	2594.3	1068.00
黄浦公园	2.06	98.06	156.00	200.00
复兴公园	8.89	96.74	6920.12	525.00
南园滨江绿地	7.34	94.96	2561.00	1972.00
静安公园	3.36	91.96	2653.00	1255.00
世纪公园	140.3	78.42	20290.08	4587.00
陆家嘴中心绿地	10.00	99.5	1711.00	60.00
塘桥公园	3.98	88.19	709.25	1074.00
滨江公园	11.69	100.00	2754.00	2016.00
临江公园	9.87	90.68	2697.3	150.00
泗塘公园	4.50	92.89	1199.00	120.00

表 11-2-3 样本公园餐厅建筑占地面积及其影响因素

公园名称	因素 X_1 公园面积 / hm²	因素 X_2 陆地面积比 / %	因素 X_3 公园建筑占地面积 / m²	指标 Y_2 餐厅用地面积 / m²
大宁灵石公园	58.46	85.37	5674.60	1838.10
闸北公园	13.35	88.99	16347.00	4180.00
杨浦公园	22.36	86.49	6704.60	414.00
黄兴公园	39.86	80.83	12980.79	1321.00
桂林公园	3.55	94.93	1663.00	1191.00
徐家汇公园	8.65	93.87	1274.00	874.00
长风公园	36.36	63.83	17628.34	2641.80
中山公园	20.96	93.99	11893.87	1040.00
新虹桥中心花园	13.00	91.54	3903.18	375.37
和平公园	17.63	82.87	5926.00	447.00
曲阳公园	6.73	86.33	5443.35	340.00
人民公园	9.82	98.17	2020.00	167.00
蓬莱公园	3.53	98.58	2594.30	760.00
黄浦公园	2.06	98.06	156.00	156.00
复兴公园	8.89	96.74	6920.12	525.00
南园滨江绿地	7.34	94.96	2561.00	667.66
静安公园	3.36	91.96	2653.00	209.00
世纪公园	140.3	78.42	20290.08	3380.00
陆家嘴中心绿地	10.00	99.50	1711.00	60.00
塘桥公园	3.98	88.19	709.25	662.00
滨江公园	11.69	100.00	2754.00	1063.00
临江公园	9.87	90.68	2697.30	150.00
泗塘公园	4.50	92.89	1199.00	120.00

了显著水平。结果分析说明，公园面积及陆地面积比对餐厅建筑占地面积没有显著的相关关系，而公园建筑占地面积对餐厅建筑占地面积有较大的影响，有较好的统计学意义。

（3）餐厅建筑面积影响因素相关显著性检验。在 SPSS19.0 主界面中建立计算所用的数据集（见表 11-2-4），再用 Analysis 中的 Bivariate Analysis 作双变量相关性分析，并且分别选择 X_1、Y_3；X_2、Y_3；X_3、Y_3 为变量，最后得出结果为：公园餐厅建筑占地面积与公园面积、陆地面积比以及公园建筑占地面积的相关系数分别为 0.235（P=0.280>0.05）、0.235（P=0.281>0.05）、0.629（P= 0.01<0.05）。X_3、Y_3 两者的相关系数较大，且相关性显著，X_1、Y_3，X_2、Y_3 之间无统计学意义。故固定公园面积、陆地面积比，求得了公园建筑占地面积与餐厅建筑面积的偏相关系数为 0.708（P=0.000123<0.01），达到了显著水平。结果分析说明，餐厅建筑面积与公园面积、陆地面积比相关性不显著，无统计学意义；而公园建筑占地面积对餐厅建筑面积的影响较大，有较好的统计学意义。

3）显著相关因素回归方程的建立

（1）餐厅建筑占地面积与公园建筑占地面积。将公园建筑占地面积作为自变量 X，餐厅建筑占地面积作为因变量 Y。

在餐厅服务设施规模指标影响因素的定性分析中就可以看出餐厅建筑占地面积与公园建筑占地面积之间隐约存在一种线性回归关系，而在后面的定量分析中也证明两者之间存在显著的相关关系。先假设两者之间存在线性回归关系，在 SPSS19.0 输入表 11-2-5，在 Analysis 中选择 Linear-Regression Analysis，将 X 选择为自变量，Y 为因变量。

在方差分析的结果中，本例 F=43.609，P=0.00000154<0.01，说明模型是有意义的。在参数估计的结果中，常量的估计值为 85.620，标准误差为 289.020，与总体参数为 0 的 t 检验中的 t 值为 6.604，所以对应的 P 值为 0.00000154<0.01，表示

表 11-2-4 样本公园餐厅建筑面积及其影响因素

公园名称	因素 X_1 公园面积 / hm²	因素 X_2 陆地面积比 / %	因素 X_3 公园建筑占地面积 / m²	指标 Y_3 餐厅用地面积 / m²
大宁灵石公园	58.46	85.37	5674.60	3676.20
闸北公园	13.35	88.99	16347.00	13588.78
杨浦公园	22.36	86.49	6704.60	494.00
黄兴公园	39.86	80.83	12980.79	2118.00
桂林公园	3.55	94.93	1663.00	1797.00
徐家汇公园	8.65	93.87	1274.00	2774.00
长风公园	36.36	63.83	17628.34	3541.80
中山公园	20.96	93.99	11893.87	3890.00
新虹桥中心花园	13.00	91.54	3903.18	375.37
和平公园	17.63	82.87	5926.00	894.00
曲阳公园	6.73	86.33	5443.35	500.00
人民公园	9.82	98.17	2020.00	267.00
蓬莱公园	3.53	98.58	2594.30	1438.87
黄浦公园	2.06	98.06	156.00	156.00
复兴公园	8.89	96.74	6920.12	525.00
南园滨江绿地	7.34	94.96	2561.00	1230.00
静安公园	3.36	91.96	2653.00	433.00
世纪公园	140.30	78.42	20290.08	3557.00
陆家嘴中心绿地	10.00	99.50	1711.00	60.00
塘桥公园	3.98	88.19	709.25	662.00
滨江公园	11.69	100.00	2754.00	1063.00
临江公园	9.87	90.68	2697.30	150.00
泗塘公园	4.50	92.89	1199.00	240.00

表 11-2-5 样本公园餐厅建筑面积及其影响因素

公园名称	自变量 X 公园建筑占地面积 / m²	因变量 Y 餐厅建筑占地面积 / m²	公园名称	自变量 X 公园建筑占地面积 / m²	因变量 Y 餐厅建筑占地面积 / m²
大宁灵石公园	5674.60	1838.10	蓬莱公园	2594.30	760.00
闸北公园	16347.00	4180.00	黄浦公园	156.00	156.00
杨浦公园	6704.60	414.00	复兴公园	6920.12	525.00
黄兴公园	12980.79	1321.00	南园滨江绿地	2561.00	667.66
桂林公园	1663.00	1191.00	静安公园	2653.00	209.00
徐家汇公园	1274.00	874.00	世纪公园	20290.08	3380.00
长风公园	17628.34	2641.80	陆家嘴中心绿地	1711.00	60.00
中山公园	11893.87	1040.00	塘桥公园	709.25	662.00
新虹桥中心花园	3903.18	375.37	滨江公园	2754.00	1063.00
和平公园	5926.00	447.00	临江公园	2697.30	150.00
曲阳公园	5443.35	340.00	泗塘公园	1199.00	120.00
人民公园	2020.00	167.00			

回归系数与 0 的差别有统计学意义，故说明餐厅建筑占地面积与陆地面积比之间存在显著的直线回归关系。回归方程为：$\hat{Y}=0.152X+85.620$。

（2）餐厅建筑面积与公园建筑占地面积。将公园建筑占地面积作为自变量 X，餐厅建筑面积作为因变量 Y。

在餐厅服务设施规模指标影响因素的定性分析中就可以看出餐厅建筑面积与公园建筑占地面积之间隐约存在一种线性回归关系，而在后面的定量分析中也证明两者之间存在显著的相关关系。先假设两者之间存在线性回归关系，在 SPSS19.0 输入表 11-2-6，在 Analysis 中选择 Linear-Regression Analysis，将 X 选择为自变量，Y 为因变量。

在方差分析（Analysis of Variance, Anova）的结果中，本例 F=13.732，P=0.01<0.05，说明模型是有意义的。在参数估计的结果中，常量 的估计值为78.311，标准误差为 680.307，与总体参数为 0 的 t 检验中的 t 值为 3.706，所以对应的 P 值为 0.001<0.01，表示回归系数与 0 的差别有统计学意义，故说明餐厅建筑占地面积与陆地面积比之间存在显著的直线回归关系。回归方程为：$\hat{Y}=0.37X+78.311$。

11.2.4 餐厅服务设施的选址特征及影响因素

餐厅服务设施的选址是指餐厅服务设施在城市公园内的区位选择。关于餐厅服务设施的选址问题，现行《公园设计规范》中指出：建筑布局，应根据

功能和景观要求及市政设施条件等，确定各类建筑物的位置、高度和空间关系，并提出平面形式和出入口位置。同时明确指出，公园内景观最佳地段，不得设置餐厅及集中的服务设施。因此，餐厅服务设施的选址与其在城市公园中的方位、交通联系、景观联系这三者有着紧密的区位关系。所以本节将餐厅服务设施的选址技术指标确定为餐厅服务设施在公园内的方位、餐厅服务设施对外的交通联系以及餐厅服务设施与公园景观的联系。通过数据的统计分析发现，公园类型、周边用地的性质以及公园区位分别对餐厅服务设施的选址有较大的影响。

1）餐厅方位及其影响因素

餐厅服务设施在公园内的方位，指餐厅服务设施在公园内的位置。依据"公园内景观最佳地段，不得设置餐厅及集中的服务设施"的相关规定，餐厅服务设施在公园内的位置一般有 3 类：公园内部、公园边界沿街面以及公园的一角。

经过对拥有餐厅服务设施的 23 座公园的统计，公园内多个餐厅服务设施的方位具有不同的特征（见表 11-2-7）：共有 6 座公园的 16 个餐厅服务设施分布在公园边界的沿街面；共有 5 座公园的 5 个餐厅服务设施分布在公园一角；共有 15 座公园的 20 个餐厅服务设施分布在公园内部。

（1）公园类型。由图 11-2-19 可知，餐厅服务设施处于公园内部的共有 20 个，其中 19 个分布在综合公园中，1 个在社区公园中；占据公园一角的餐

厅服务设施共有 5 个，3 个分布在综合公园，2 个分布在社区公园；位于边界沿街面的餐厅服务设施共有 16 个，分别分布在综合公园（9 个）、社区公园（5 个）和街旁绿地（2 个）。其中，街旁绿地内的餐厅服务设施均在边界沿街面上，社区公园内的餐厅服务设施也集中分布在边界沿街面上，而综合公园内的餐厅服务设施超过 60% 分布在公园内部。由以上分析可知，综合公园内的餐厅服务设施有 62% 均位于公园内部，29% 位于公园沿街面，9% 位于公园一角；社区公园内的餐厅服务设施有 63% 均位于公园边界沿街面上，25% 位于公园一角，12% 位于公园内部；街旁绿地内的餐厅服务设施全部位于公园边界沿街面上。位于公园内部的餐厅服务设施有 95% 是分布在综合公园内，对公园内环境干扰较大，社区公园和街旁绿地内的餐厅服务设施基本上位于边界沿街面上，对公园内环境干扰小。因此公园类型影响了餐厅服务设施的方位。

（2）周边用地性质。由图 11-2-20 可知，周边用地的性质为居住用地的公园，餐厅服务设施基本设置在边界沿街面上；若周边用地的性质为没有公共管理与公共服务用地的公园，则餐厅服务设施不会设置在公园一角；公园周边用地的性质较为丰富时，餐厅服务设施都会位于公园内部。由此，餐厅服务设施位于公园的方位与周边用地的性质有极大的关系。

（3）公园区位。由图 11-2-21 可知，餐厅服务

设施位于公园内部的公园全部分布在中环以内，位于公园一角的餐厅服务设施大多分布在中环以内，公园边界沿街上的餐厅服务设施数量均匀分布在内环以内、内环—中环以及中环—外环。所以公园的区位对餐厅服务设施在公园内的方位有一定的影响。

2）餐厅交通联系及其影响因素

餐厅服务设施对外的交通联系是指餐厅服务设施的出入口与公园的关系，根据出入口与公园的关系可以总结为 3 种情况（见表 11-2-8）：餐厅服务设施与公园共同使用出入口、餐厅服务设施有单独的专用出入口以及餐厅服务设施既有公共出入口也有专用出入口。

23 个样本公园的调查结果显示，13 座公园内的 18 个餐厅服务设施与公园共用出入口；7 座公园内的 17 个餐厅服务设施拥有自己的专用出入口；6 座公园内的 6 个餐厅服务设施既有专用出入口，也可以使用公共出入口（见表 11-2-7）。

（1）公园类型对餐厅交通联系的影响。由图 11-2-22 分析可知，使用公共出入口的有 16 个餐厅服务设施，均分布在综合公园中；使用专用出入口的餐厅服务设施有 19 个，分布在综合公园（10 个）、社区公园（7 个）、街旁绿地（2 个）中；既有公共出入口又有专用出入口的餐厅服务设施有 6 个，5 个分布在综合公园内，1 个分布在社区公园内。

由以上分析可知，综合公园内有 51% 的餐厅服

表 11-2-6 样本公园餐厅建筑面积与公园建筑占地面积的关系

公园名称	自变量 X 公园建筑占地面积 / m²	因变量 Y 餐厅建筑面积 / m²	公园名称	自变量 X 公园建筑占地面积 / m²	因变量 Y 餐厅建筑面积 / m²
大宁灵石公园	5674.60	3676.20	蓬莱公园	2594.30	1438.87
闸北公园	16347.00	13588.78	黄浦公园	156.00	156.00
杨浦公园	6704.60	494.00	复兴公园	6920.12	525.00
黄兴公园	12980.79	2118.00	南园滨江绿地	2561.00	1230.00
桂林公园	1663.00	1797.00	静安公园	2653.00	433.00
徐家汇公园	1274.00	2774.00	世纪公园	20290.08	3557.00
长风公园	17628.34	3541.80	陆家嘴中心绿地	1711.00	60.00
中山公园	11893.87	3890.00	塘桥公园	709.25	662.00
新虹桥中心花园	3903.18	375.37	滨江公园	2754.00	1063.00
和平公园	5926.00	894.00	临江公园	2697.30	150.00
曲阳公园	5443.35	500.00	泗塘公园	1199.00	240.00
人民公园	2020.00	267.00			

务设施使用公共出入口，32% 的餐厅服务设施使用专用出入口，17% 的餐厅服务设施既有公共出入口又有专用出入口；社区公园内有 88% 的餐厅服务设施使用专用出入口，12% 的餐厅服务设施使用公共和专用出入口；街旁绿地内的餐厅服务设施均使用专用的出入口。

不同于综合公园，社区公园和街旁绿地内的餐厅服务设施基本上拥有专用出入口，对公园内的环境干扰小。使用公共出入口的餐厅服务设施大多是分布在综合公园内，对公园的环境干扰较大。所以公园类型影响了餐厅服务设施的交通联系。

（2）周边用地性质对餐厅交通联系的影响。由图 11-2-23 分析可知，公园周边用地的性质中没有商业服务业设施用地时，公园内的餐厅服务设施不会同时拥有公共出入口和专用出入口；公园周边用地的性质越丰富，公园内餐厅服务设施通常越会使用公共出入口。由此，公园周边用地的性质对公园内餐厅服务设施的交通联系方式有较大的影响。

（3）公园区位对餐厅交通联系的影响。由图 11-2-24 可知，拥有公共出入口的餐厅服务设施均分布在中环以内的公园里，拥有专用出入口的餐厅服务设施均匀分布在内环以内、内环—中环、中环—外环的公园里，既有公共出入口，又有专用出入口的餐厅服务设施全部分布在中环以内的公园里。所以中环以外的公园里的餐厅服务设施不会通过公共出入口进出餐厅，它们会有自己的专用出入口进出。所以公园的公园区位对公园内餐厅服务设施的交通联系有较大的影响。

3）餐厅景观联系及其影响因素

鉴于《公园设计规范》规定餐厅及集中的服务设施不能设置在公园景观的最佳地段，所以餐厅服务设施通常与公园有一定的隔离或缓冲空间。这些界定要素可以分为硬质界定和软质界定要素，硬质界定要素有道路、地形、构筑物等；软质界定要素有水体、植物等。依据餐厅能借景的程度分为 3 种：全景、半景以及无景（见表 11-2-9）。借全景是指餐厅服务设施借公园内景观时没有任何限制物的遮挡；借半景是指餐厅服务设施由于一些遮挡，只能够借

公园一部分的景观，但不能全览公园的景致；无借景是指由于界定要素的阻隔，餐厅服务设施无法借公园内的景观。

23 座样本公园调查结果显示，15 座城市公园中的 19 个餐厅服务设施能够借全景；8 座城市公园的 11 个餐厅服务设施能够借部分景观；4 座城市公园的 11 个的餐厅服务设施无法借景。

（1）公园类型。由图 11-2-25 分析可知，综合公园内的餐厅服务设施有 90% 以上都可以借景，只有不到 10% 无借景，对公园的干扰较大；社区公园内的餐厅服务设施有 63% 是无借景；街旁绿地都没有借公园之景。无借景公园的餐厅服务设施有 70% 分布在社区公园和街旁绿地内，对公园环境的干扰小。

综上，通过公园类型对公园内餐厅服务设施的方位、交通联系以及景观联系这 3 个技术指标的影响定性分析发现，公园类型对这 3 个技术指标都有较大的影响，且存在一些规律：社区公园和街旁绿地内的餐厅服务设施选址对公园环境的干扰影响较小，而综合公园内的餐厅服务设施选址对公园环境的干扰较大。综合整体的分析来看，公园类型对餐厅服务设施的选址有着极大的影响。

（2）公园用地性质。由图 11-2-26 分析可知，公园周边用地性质对公园内餐厅服务设施的景观联系没有显著的影响。综上，通过周边用地性质对公园内餐厅服务设施的方位、交通联系以及景观联系这 3 个技术指标的影响定性分析发现，周边用地的性质只对前两者有较大的影响，对景观联系没有明显的影响。综合整体的分析来看，公园的周边用地的性质影响着餐厅服务设施的选址。

（3）公园区位。由图 11-2-27 分析可知，能够借公园全景的餐厅服务设施均分布在中环以内，借公园半景的餐厅服务设施大多分布在内环－中环区位内，不借公园景致的餐厅服务设施均匀分布在内环以内、内环－中环、中环－外环区位内。所以公园的区位对公园内餐厅服务设施的景观联系有较大的影响。综上，通过公园区位对公园内餐厅服务设施的方位、交通联系以及景观联系这 3 个技术指标

的影响分析发现，公园区位对三者均有重要的影响，且存在一定的规律：餐厅服务设施对公园干扰大的选址均在中环以内，中环–外环的区位范围内，餐厅服务设施的选址对公园的干扰较小。综合整体的分析来看，公园周边用地性质影响着餐厅服务设施的选址。

11.2.5 餐厅服务设施存在的问题及成因

通过前文对上海城市公园餐厅服务设施数量、类型、规模和选址 4 个方面的特征分析发现，共有 16 座公园违反了相关的规范和条例。这些不规范问题的存在有一定的原因，本节将从微观和宏观的角度进行讨论。

1）上海城市公园餐厅服务设施存在的问题

（1）餐厅服务设施的数量不符合现行规范。公园的陆地面积对餐厅服务设施的数量有着显著的影响（见图 11-2-2）。这也是由于在《公园设计规范》明确了公园内常规设施项目的设置：规定 5 hm² 以下的公园不应设置餐厅服务设施，20 hm² 以上的公园应该设置餐厅服务设施。由图 11-2-2 可见，陆地面积 5 hm² 以下的公园有 6 座公园拥有餐厅服务设施，它们分别是：桂林公园、蓬莱公园、塘桥公园、静安公园、泗塘公园、黄浦公园；20 hm² 以上的公园有 7 座公园没有餐厅服务设施，它们分别是：吴淞炮台公园、鲁迅公园、广场公园、闵行体育公园、闵联生态园、世博公园、上海大观园。这 13 座公园设置或没有设置相应的餐厅服务设施，违背了《公园设计规范》的相关规定。

公园类型对餐厅服务设施的数量有着显著的影响。《公园设计规范》规定：公园内不得修建与其性质无关的、单纯以营利为目的的餐厅、旅馆和舞厅等。

公园的性质就是由它的内容和类型决定的，社区公园是为一定居住用地范围内的居民服务、具有一定活动内容和设施的集中绿地。其中桂林公园作为社区公园，拥有 2 个餐厅服务设施，且其中桂林公馆是一级餐厅，与其社区公园的性质不符。综合公园应该是内容丰富且具备相应设施，但酒吧等娱乐夜生活的餐饮不适合在公园内存在。作为综合公园的复兴公园，拥有 Muse at park 97 餐厅服务设施，其性质是酒吧兼餐饮，不适合在公园内营业。桂林公园和复兴公园内经营着与公园本身性质不符的餐厅，不符合《公园设计规范》的相关规定。

就公园的陆地面积及性质对餐厅服务设施数量的影响，共有 15 座公园没有按照《公园设计规范》来设置餐厅服务设施。鉴于《上海市公园管理条例》对公园内餐厅服务设施没有硬性的规定与要求，这 15 座违规的餐厅依旧在营业。

（2）餐厅服务设施的类型和定位不尽合理。公园中餐厅服务设施的类型分为了 3 类，但是一级餐馆根据不同的服务档次也有中高档之分。住房城乡建设部 2013 年《关于进一步加强公园建设管理的意见的通知》中提出：严格运营管理，确保公园公共服务性。严禁在公园内设立为少数人服务的会所、高档餐馆、茶楼等。

23 座样本公园中有 2 座公园拥有高档餐馆，分别是桂林公园和黄浦公园。位于桂林公园的桂林公馆人均消费高达 806 元，位于黄浦公园的厉家菜人均消费高达 1010 元，两者皆不适合设立于城市公园中。公园绿地主要向公众开放，以游憩为主要功能，兼生态、美化、防灾等作用。所以，公园内的餐厅服务设施主要是服务大众的常规设施，不能单纯以营利为目的，高档餐馆更是不应出现在公园内。

（3）部分餐厅服务设施的规模不符合现行规范。《公园设计规范》明确了城市公园内部游览、服务、公用建筑用地占陆地面积的比例（见表 11-2- 10）。对于具体的餐厅服务设施规模的占比没有相关的规范或是条例可以遵循。

通过实地调查发现，超过用地比例的只有 1 座公园，其余 22 座公园从内部游览、服务、公用建筑用地比例的角度来看，均符合现行的相关规范。通过调研计算发现，桂林公园中的陆地面积在 [2hm²,5hm²) 之间的社区公园，餐厅服务设施的用地比例应当小于 2.5%，而桂林公园中的桂林公馆餐厅建筑所占比例就为 3.53%，远大于规范中所规定的比例。

表 11-2-7　餐厅服务设施在公园内的方位及其交通联系特征

公园内部餐厅 – 公共出入口				
潮府酒家（大宁灵石公园）	丹青诗墨（黄兴公园）	桂林公馆（桂林公园）	中唱小红楼（徐家汇公园）	银锄湖 / 海上宴 / 白鲸馆欢乐餐厅（长风公园）
御花园酒店（长风公园）	和平 1 号（和平公园）	烟雨江南茶艺酒吧（曲阳公园）	芭芭露莎（人民公园）	厉家菜（黄埔公园）
Muse at Park 97（复兴公园）	Bali Laguna（静安公园）	海宴餐厅（南园滨江绿地）	金津咖喱林家花园（塘桥公园）	麝香猫 /Paulaner Brauhaus/ 天山恋餐厅（滨江公园）

公园内部餐厅 -公共出入口	沿街面餐厅 - 专用出入口			
世纪紫澜水上餐厅（世纪公园）	振鼎鸡 / 虹桥人家 / 舒友酒楼 / 新人人酒楼（闸北公园）	丰收日（杨浦公园）	申汇轩（新虹桥中心花园）	重庆鸡公煲 / 阿宝麻辣烫 / 振鼎鸡（蓬莱公园）

沿街面餐厅	沿街面餐厅 - 专用出入口	公园一角餐厅 - 专用出入口	公园一角餐厅 - 专用出入口	公园一角餐厅 - 公共出入口
PATO-专用出入口 / 方方面面 -公共出入口（陆家嘴中心绿地）	喜麻辣烫 / 伊斋牛肉面 / 老盛昌苏氏汤包馆 / 同汇馄饨馆（泗塘公园）	友临居饭店（临江公园）	潮府馆（世纪公园）	恒悦轩（徐家汇公园）

公园一角餐厅（专用出入口）				
黄家花苑（桂林公园）				

表 11-2-8 餐厅服务设施与公园的交通联系特征

公共出入口	专用出入口	公共 & 专用出入口
餐厅服务设施与公园共同使用出入口,对环境干扰大	餐厅服务设施有单独的专用出入口,对环境干扰小	餐厅服务设施既有公共出入口,也有专用出入口,对环境干扰一般

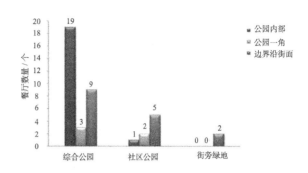

虽然按照现行的相关规范,上海大部分城市公园的餐厅服务设施符合《公园设计规范》,但是现行《公园设计规范》中没有明确餐厅服务设施的规模,只是将其归类为服务类建筑,对餐厅服务设施的建筑占地比例做了模糊的规定,而未具体规定餐厅服务设施的整体占地比例,使得在公园管理和运行中,存在一些漏洞。现行的《公园设计规范》应当与时俱进,对城市公园内餐厅服务设施的用地比例做出明确的规定。

(4)部分餐厅服务设施的选址值得商榷。《公园设计规范》规定:公园内景观最佳地段,不得设置餐厅及集中的服务设施。"景观最佳地段"是指公园的主景区域。

通过调查发现,有 3 座公园在主景区域设置了餐厅服务设施,消费者在餐厅建筑中可以饱览公园的美景,它们分别是桂林公园里的桂林公馆、黄兴公园的丹青诗墨以及和平公园的和平 1 号。这 3 家餐厅均选址在公园内部,并且都位于水景旁。桂林公馆位于桂林公园正园中,将正园中的亭、水榭等观赏性建筑作为就餐用地,占尽了有利的景观;丹青诗墨位于半岛上,将旁边的小岛屿也作为就餐用地,且只有通过餐厅才能通往岛屿,在餐厅建筑中可以全览公园美景,与周边环境形成了餐厅的小环境;和平 1 号位于和平公园的西北方向,餐厅建筑以落地窗的形式紧邻水面,呈半岛状,周边以茂密植物遮挡,可以尽览公园内和平广场等其他主景。

2)餐厅服务设施设置不尽合理的原因

导致上海城市公园餐厅服务设施设置不合理的原因,综合起来可能主要有以下几方面:

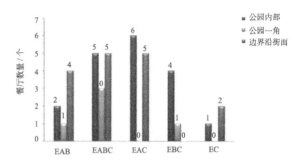

图 11-2-19 公园类型对餐厅服务设施方位的影响

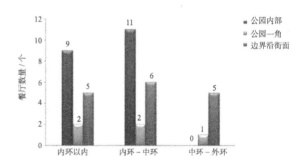

图 11-2-20 周边用地的性质对餐厅服务设施方位的影响

图 11-2-21 公园区位对餐厅服务设施方位的影响

(1)建设年代久远、无据可依。《公园设计规范》于 1993 年 1 月 1 日正式施行。通过统计发现,存在餐厅服务设施的 9 座公园中有 6 座公园是在 1993 年前开放的,这 6 座公园的规划设计之初没有相关规范的指导,而其余的黄兴公园、塘桥公园、泗塘公园这 3 座公园都于 1993 年之后正式开放,应当按照规范来实施。对于这 6 座公园的餐厅服务设施的历史遗留问题,应当妥善处理。

(2)设计管理条例不够完善。《上海市公园管理条例》以及《公园设计规范》都没有明确规定公园内餐厅服务设施的数量、规模、类型以及选址,描述比较笼统。建议相关设计管理条例要进一步的完善,以便更好地指导公园的设计和管理。

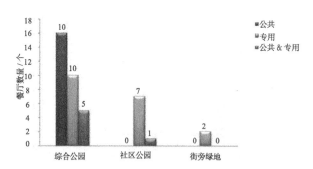

图 11-2-22 公园类型对餐厅服务设施交通联系的影响

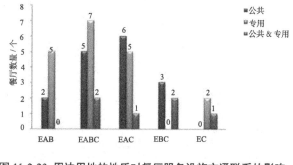

图 11-2-23 周边用地的性质对餐厅服务设施交通联系的影响

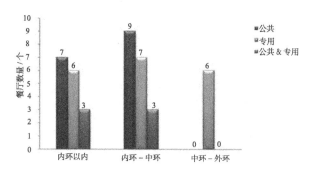

图 11-2-24 公园区位对餐厅服务设施交通联系的影响

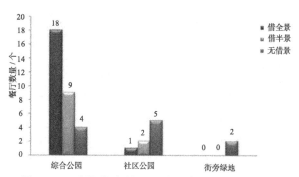

图 11-2-25 公园类型对餐厅服务设施景观联系的影响

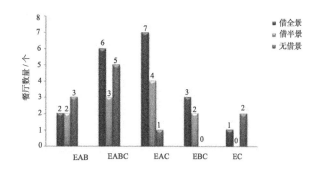

图 11-2-26 周边用地的性质对餐厅服务设施景观联系的影响

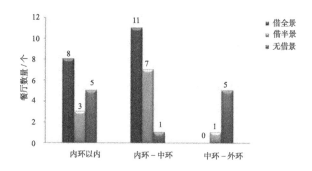

图 11-2-27 公园区位对餐厅服务设施景观联系的影响

表 11-2-9 餐厅服务设施与公园的景观联系特征

借全景	借半景	无借景
餐厅服务设施借公园内景观时没有任何限制物的遮挡，对环境干扰大	餐厅服务设施由于一些遮挡，只能够借公园一部分的景观，不能全览公园的景致，对环境干扰一般	由于界定要素的阻隔，餐厅服务设施无法借公园内的景观，对环境干扰小

表 11-2-10 城市公园内部游览、服务、公用建筑用地比例 / %

公园类型	陆地面积 / hm²					
	[0, 2)	[2, 5)	[5, 10)	[10, 20)	[20, 50)	[50, +∞)
综合公园	–	–	< 5.5	< 4.5	< 4.0	< 3.0
儿童公园	< 4.0	< 4.0	< 4.5	< 4.5	–	–
动物园	–				< 12.5	< 2.5
专类动物园	–	< 12	< 14	< 14	–	–
植物园	–	–	–	–	< 3.5	< 2.5
专类植物园	< 7.0	< 7.0	< 5.0	< 4.0	–	–
盆景园	< 8.0	< 8.0	< 8.0	–	–	–
风景名胜公园	–	–	–	–	–	< 2.5
其他专类园	–	< 5.0	< 4.0	< 3.5	< 2.5	< 1.5
居住区公园	–	< 2.5	< 2.0	–	–	–
居住小区游园	< 2.4	–	–	–	–	–
带状公园	< 2.5	< 2.0	< 1.5	< 1.5	< 1.5	–
街旁绿地	< 1.0	< 1.0	< 1.3	–	–	–

（3）公园管理的收支压力。公园陆续的免费开放以及"管养分开"制度，增加了管理者的收入和支出压力，当政府拨款远远不能维持公园的日常运转时，管理者们只能通过租赁公园内的建筑和场地来保持收支平衡。由于租金的上涨，相应的餐厅服务设施也只能提高档次，以营利为目的。这样的变相经营也是形势所迫。

从宏观的角度来看这些问题的存在，应当归结于体制问题和经济问题。体制问题是指公园设计和管理的相关条例不规范，没有细致地提出关于公园内餐厅服务设施的相关设计及管理标准，以至于有漏洞存在 [5]。且对于公园的历史遗留问题也没有提出相应的解决对策，无法解决根本上的问题。此外，相关部门提出和实施公园全部免费开放的政策的同时，要考虑如何做到公园收支平衡的对策。

11.3 基于 BP 神经网络的餐厅服务设施预测

BP 神经网络是采用 BP 算法的前馈型神经网络的简称。BP 算法是由信号的正向传播与误差的反向传播两个过程组成，实际上是一种特殊的多层感知器。

由于 BP 神经网络具有非线性映射能力、泛化能力以及容错能力，所以它在各类预测研究中得到了广泛的应用，取得了令人满意的效果 [6]。因此本节以影响公园餐厅服务设施是否存在的因素为输入特征向量，构建了基于 BP 神经网络的城市公园餐厅服务设施预测模型，预测上海城市公园内是否可以设置餐厅服务设施。

11.3.1 BP 神经网络的基本原理

1）BP 神经网络的拓扑结构

如图 11-3-1 所示，输入向量维度为 n，输出向量维度为 m，且具有 H 个神经元隐藏层的两层 BP 网络拓扑结构。$V[n,H]$ 是 $n*H$ 的隐藏层连接权矩阵，$W[H,m]$ 是 $H*m$ 的输出层连接权矩阵。F_1、F_2 分别为隐藏层和输出层神经元的激活函数 [6]。

2）BP 算法的实现步骤

设 BP 神经网络网络有 n 维输入向量，m 维输出向量，H 个隐藏层的神经元，s 个训练样本集中的样本数，隐藏层和输出层的神经元的激活函数分别是 F_1 和 F_2。算法主要的数据结构如下：$W[H, m]$ ——输出层的权值矩阵；$V[n,H]$ —— 输入（隐藏）层的权值矩阵；$o[m]$ —— 输出层各连接权的修改量组成的向量；$h[H]$ —— 隐藏层各连接权的修改量组成的向量；O_1 —— 隐藏层的输出向量；O_2 —— 输出层的输出向量；(X,Y) —— 一对训练样本。

11.3.2 公园餐厅服务设施预测模型构建

1）输入特征向量

在选取输入特征向量时，必须满足两个基本原则：一是必须选择对输出影响大且能够检测或提取

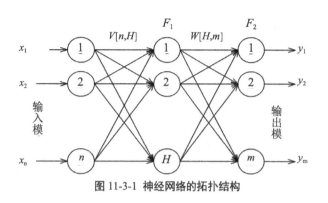

图 11-3-1 神经网络的拓扑结构

的变量，二是输入特征向量之间互不相关或相关性很小。从输入特征向量的性质来看，可分为两类：一类是数值变量，一类是语言变量。选用语言变量作为网络的输入特征向量时，需将其语言值转换为离散的数值量[7]。前文已分析了上海城市公园内餐厅服务设施存在的影响因素，分别有建造年代、公园面积、公园类型、公园周边用地的性质、区位和管辖性质，将这些影响因素作为神经网络的输入特征向量。除公园面积是数值变量，其他 4 个影响因素为语言变量，所以要将它们转换成离散的数值量。公园类型共有 5 个分类，分别是综合公园、专类园、社区公园、街旁绿地、带状公园，与它们分别一一对应的数值量为"1，2，3，4，5"；公园区位分为中心城区、郊区、郊县 3 类，与它们一一对应的数值量为"1，2，3"；管辖性质分为市直属管辖和区县管辖，与它们一一对应的数值量为"1，2"。其中由于公园周边用地性质的多组合性，多用地性质可同时存在，所以采用"n 中取 1"表示法编码，即按照交通设施用地、居住用地、公共管理与公共服务用地、商业服务业设施用地、工业用地这 5 个用地性质的顺序，分别用"0"和"1"来表示"没有"和"有"。例如公园周边用地性质为交通设施用地、居住用地、商业服务业设施用地，它的数值量可分别表示为"1，1，0，1，0"，按照这样的输入特征向量来看，该神经网络的输入节点数总共有 10 个。

2）输出特征向量

输出特征向量实际上是指对网络训练提供的期望输出，这里所要的输出特征向量是城市公园内有

没有餐厅服务设施，其结果为"有"和"没有"。同输入特征向量一样，需要将语言变量转换成数值变量，即离散的数值量，另外，网络实际输出只能是 0 ~ 1 或 –1 ~ 1 之间的数，所以该神经网络的输出需要进行尺度变换处理。所以将结果"有"表示成"1"，"没有"表示成"0"。按照这样的输出特征向量来看，该神经网络的输出节点数共有 1 个。

3）隐藏层节点数

隐藏层的作用是从样本中提取并储存其内在的规律，每个隐藏层节点有若干个权值，而每一个权值都是增强网络映射能力的一个参数。设置隐藏层节点数取决于训练样本数、样本噪声的大小以及样本中蕴含规律的复杂程度。通常确定最佳隐藏层节点数的方法是试凑法，在使用该方法时，有些经验公式可遵循。

本节使用的经验公式：

$$m = \sqrt{n} + l + \alpha \qquad (11\text{-}3\text{-}1)$$

式中，m 为隐藏层节点数，n 为输入层节点数，l 为输出层节点数，α 为 1~10 之间的常数。

本节将要训练的神经网络输入层节点数 n=10，输出层节点数 l=1，按照公式 11-3-1，将隐藏层节点数规定在 [5,15] 的范围，用同一个样本集对采用不同隐藏层节点数的网络进行训练，选取网络误差最小时对应的值。为了达到设定的训练目标为 $1*10^{-6}$ 的要求，本节选取不同的隐藏层节点个数对网络进行训练，通过综合比较误差和训练时间，得出合理的节点为 8 个。

4）学习样本的选取

上海城市公园共有 158 座，从 158 组公园数据中随机挑取有餐厅服务设施的公园和没有餐厅服务设施的公园各 5 组，作为检验网络的数据，将剩下的 148 组公园数据作为神经网络的学习样本。

5）Matlab 实现

在 Matlab 软件中，专门用于预测识别的人工神经网络构造函数为 patternnet，本节利用该函数构造了一个有 8 个隐藏节点的 BP 神经网络，把 10 维输入向量数据作为样本输入，1 维输出向量数据作为与样本对应的目标输出值，对该神经网络进行训练，构造出的人工

神经网络结构如图11-3-2所示。代码如下：

```
%  X - input data.
%  Y - target data.
inputs = X;
targets = Y;
hiddenLayerSize = 8;
net = patternnet(hiddenLayerSize);
net.trainFcn = 'trainlm'; % Levenberg-Marquardt
net.performFcn = 'mse'; % Mean squared error
[net,tr] = train(net,inputs,targets);
view(net)
plotperform(tr)
```

训练时的误差曲线如图11-3-3所示，经过对样本数据进行65次循环训练，最终误差为$4.96*10^{-7}$，达到了小于$1*10^{-6}$的训练目标，训练完成。

11.3.3 餐厅服务设施预测模型检验

1）餐厅服务设施预测模型的正确率检验

随机挑取158组公园中有餐厅服务设施和没有餐厅服务设施的公园数据各5组，用以检验该神经网络的准确性。

（1）广场公园。广场公园的输入向量Sample1为[2000,23.04,1,1,1,1,0,0,1,0]，Matlab识别并输出结果为$1.9197*10^{-7}$，结果与0相近，表示该神经网络通过公园数据的学习，预测广场公园内没有餐厅服务设施。事实上，广场公园确实没有餐厅服务设施，这个结果与现实情况相符合。

（2）亭林公园。亭林园的输入向量Sample1为[1995,1.16,3,2,1,1,1,0,0,0]，Matlab识别并输出结果为0，表示该神经网络通过公园数据的学习，预测亭林公园内没有餐厅服务设施。事实上，亭林公园确实没有餐厅服务设施，这个结果与现实情况相符合。

（3）和平公园。和平公园的输入向量Sample1为[1958,17.63,1,1,1,1,1,0,1,0]，Matlab识别并输出结果为1。表示该神经网络通过公园数据的学习，预测和平公园内有餐厅服务设施。事实上，和平公园内确实有餐厅服务设施，这个结果与现实情况相符合。

（4）中山公园。中山公园的输入向量Sample1

为[1914,20.96,1,1,1,1,1,1,1,0]，Matlab识别并输出结果为2.7922e-14，接近数值0，表示该神经网络通过公园数据的学习，预测中山公园内没有餐厅服务设施。事实上，中山公园内却有餐厅服务设施，这个结果不符合现实情况。

（5）虹桥公园。虹桥公园的输入向量Sample1为[1987,1.87,3,1,1,1,0,0,1,0]，Matlab识别并输出结果为0，表示该神经网络通过公园数据的学习，预测虹桥公园内没有餐厅服务设施。事实上，虹桥公园确实没有餐厅服务设施，这个结果与现实情况相符合。

（6）世纪公园。世纪公园的输入向量Sample1为[2000,140.3,1,2,1,1,1,1,1,0]，Matlab识别并输出结果为1，表示该神经网络通过公园数据的学习，预测和平公园内有餐厅服务设施。事实上，和平公园内确实有餐厅服务设施，这个结果与现实情况相符合。

（7）上海植物园。上海植物园的输入向量Sample1为[1974,81.86,2,1,2,1,1,0,0,0]，Matlab识别并输出结果为0.9902，接近数值1，表示该神经网络通过

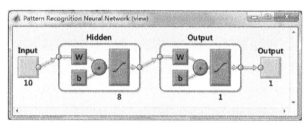

图11-3-2 模式识别神经网络结构

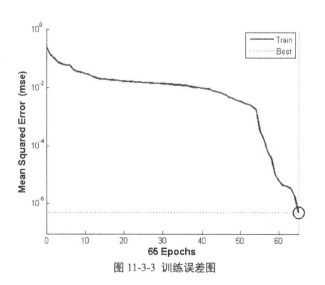

图11-3-3 训练误差图

公园数据的学习，预测上海植物园内有餐厅服务设施。事实上，上海植物园内确实有餐厅服务设施，这个结果与现实情况相符合。

（8）长寿公园。长寿公园的输入向量 Sample1 为 [2000,4.11,3,1,1,1,1,0,1,0]，Matlab 识别并输出结果为 0，表示该神经网络通过公园数据的学习，预测长寿公园内没有餐厅服务设施。事实上，长寿公园确实没有餐厅服务设施，这个结果与现实情况相符合。

（9）黄兴公园。黄兴公园的输入向量 Sample1 为 [2001,39.86,1,1,1,1,1,1,0,0]，Matlab 识别并输出结果为 1，表示该神经网络通过公园数据的学习，预测黄兴公园内有餐厅服务设施。事实上，黄兴公园内确实有餐厅服务设施，这个结果与现实情况相符合。

（10）醉白池公园。醉白池公园的输入向量 Sample1 为 [1959,5.13,2,2,1,1,1,0,0,0]，Matlab 识别并输出结果为 0，表示该神经网络通过公园数据的学习，预测醉白池公园内没有餐厅服务设施。事实上，醉白池公园确实没有餐厅服务设施，这个结果与现实情况相符合。

2）上海城市公园餐厅服务设施的检验结果

以上数据的分析结果统计见表 11-3-1，这 10 组检验数据中，仅有 1 组中山公园的分析结果不符合现实情况，其余 9 组数据完全与现实情况相符合，说明该模型预测的正确率达到了 90%。

本节的神经网络选取了建造年代、公园面积、

公园类型、公园区位、管辖性质、公园周边用地性质为其 10 维的输入向量，以是否存在公园餐厅服务设施的两种结果作为其 2 维的输出向量，并通过试凑法确定了其隐藏层的节点数为 8 个，最终将随机选取调研的上海城市公园的 148 组数据作为学习样本，完成 BP 人工神经网络的训练。最后，将 158 组公园数据除去学习样本剩下的 10 组公园调研结果数据后，输入该 BP 网络，该预测模型成功完成了城市公园是否存在餐厅服务设施预测。

11.4 餐厅服务设施更新设计与管理建议

11.4.1 建立科学预测模型，合理规划设计

根据对上海城市公园餐厅服务设施现状的评析，本节主要根据现状的事实情况，试图从管理和规划设计的角度对《公园设计规范》与《上海市公园管理条例》提供一些参考性的建议。

1）以满足游客不同层次需求为主旨

城市公园游客的需求是不同的，公园的服务对象是大众，不管是需求的种类，还是需求的档次，都有不同层次的要求[8]。所以要根据游客的需求提供相应的服务设施。餐厅服务设施作为公园内的常规服务设施的一种，不能只满足一类游客的需求，需综合各类游客的需求，解决游客与公园经营的现实矛盾。

表11-3-1 BP 神经网络预测的检验结果

公园名称	建造年代	公园面积 / hm²	公园类型	公园区位	管辖性质	周边用地的性质					输出向量 Y	实际情况
						交通设施	居住	公共管理与公共服务	商业服务业设施	工业		
广场公园	2000	23.04	1	1	1	1	0	0	1	0	0	0
亭林公园	1995	1.16	3	2	1	1	1	0	0	0	0	0
和平公园	1958	17.63	1	1	1	1	1	0	1	0	1	1
中山公园	1914	20.96	1	1	1	1	1	0	1	0	0	1
虹桥公园	1987	1.87	1	1	1	1	1	0	1	0	1	1
世纪公园	2000	140.3	1	2	1	1	1	0	1	0	1	1
上海植物园	1974	81.86	2	1	2	1	1	0	1	0	1	1
长寿公园	2000	4.11	3	1	1	1	1	0	1	0	0	0
黄兴公园	2001	39.86	1	1	1	1	1	1	0	0	1	1
醉白池公园	1959	5.13	2	2	1	1	1	0	0	0	0	0

2）平衡大众和公园利益

城市公园是以服务大众为目标的城市绿地，要兼顾游客的利益与经营者的利益，只有平衡两者的利益关系，才能更好地解决公园餐厅服务设施的社会问题。公园内的餐厅服务设施需要满足公园姓"公"的特征，所以不是纯市场经济的产物[9]。因此，城市公园内的餐厅服务设施都要求在大众利益优先的前提下设置，从种类和档次等方面兼顾大众利益和经营收入。

3）建立科学预测模型，防患于未然

数学方法可以从较为科学可信的角度对城市公园餐厅服务设施进行统计和判断，将数学方法运用于公园餐厅服务设施的规划设计和管理中，可以更加科学地处理现状中的矛盾。城市公园餐厅服务设施的管理和规划设计可以将现状数据同主要矛盾相联系，运用数学方法来提出解决的策略，由此更具有说服力。

11.4.2 建立规范管理机制

1）理性处理历史遗留问题

对于公园内的历史遗留问题，我们要科学对待、区别对待。如公园内存在违规的餐厅服务设施，可以在租期到期后令其撤退，如若在公园内已形成公园特色的就不用去强行改变，保留其存在。上海城市公园内的餐厅服务设施需要充分体现上海城市的海派文化，城市公园可以根据其自有的公园特殊属性，保留具有文化特色的餐厅服务设施，使其成为公园内的地标性服务设施，充分体现公园风格。

2）结合现实，科学修订《公园设计规范》和相关管理条例

公园管理者需遵守《公园设计规范》的相关规定，《公园设计规范》是行业的标准，同样也是管理者在管理上执行的基准。但是现状往往与理想不同，公园的经营管理是与实际状况相联系的。根据公园现状与公园本身属性，如公园类型、公园区位、周边用地的性质等的差异，可以对公园内餐厅服务设施的管理与规划稍作调整，但是不能超过设计与管理规范的"度"。

本章注释

[1] 公园设计规范 : GB51192-2016 [S]. 北京 : 中国建筑工业出版社 , 2016.

[2] 城市用地分类与规划建设用地标准 : GB50137-2011 [S]. 北京 : 中国建筑工业出版社 , 2012.

[3] 夏石宽 . 上海综合性公园园路规模与路网结构研究 [D]. 上海 : 上海交通大学 , 2012.

[4] 丁静雯 , 王云 . 上海综合性公园水景规模调查研究 [J]. 上海交通大学学报 (农业科学版), 2013(3):29-33+69.

[5] 车生泉 , 张凯旋 . 生态规划设计——原理、方法与应用 [M]. 上海 : 上海交通大学出版社 , 2013.

[6] 朱琪 . 基于关键参数的变压器状态监测系统研究 [D]. 上海 : 上海交通大学 , 2013.

[7] 韩力群 . 人工神经网络理论、设计及应用 [M]. 北京 : 化学工业出版社 , 2002.

[8] 古旭 . 上海城市公园游客结构、行为与需求特征及其影响因素研究 [D]. 上海 : 华东师范大学 , 2013.

[9] 刘静怡 , 许东新 , 杨学军 . 城市公园管理法规刍议 [J]. 中国园林 , 2011(6):52-55.

第 3 篇
上海大型线性绿色空间特征与游憩利用

沿江、河、交通设施的带状绿地是一种兼顾生态、绿色、健康与活力的线状城市绿色空间，具有连续性和联系性特征，在保护自然生态与历史文化资源方面具有较高的效率；在生物栖息与迁徙过程中，具有栖息、通道与障碍等生态功能；在雨洪管理与海绵城市建设中，可以成为洪涝防控与缓冲的空间，是城市中重要绿色基础设施，是城市生态和游憩网络的必需组成部分。线性城市绿色空间与以慢跑和骑行为代表的运动健身活动存在固有的联系，可以大大促进城市慢行交通的发展。本篇以上海大型线状绿色空间黄浦江、苏州河以及环城绿带百米林带为研究对象，探讨其空间特征与游憩利用。

12 黄浦江核心段滨江公共空间游憩机会谱构建与应用

游憩机会谱的研究就是从游憩主体入手，探讨其游憩环境偏好，并以此为基础进行游憩环境管理和游憩项目开发，促使其获得期望的游憩体验。本书是在上海市政府决定率先贯通黄浦江核心段 45km 公共空间的背景下，将游憩机会谱理论引入城市滨水公共空间的游憩资源管理中，有效补充了城市滨水游憩空间规划设计和建设管理研究的理论体系，对黄浦江核心段滨江公共空间的建设与管理具有重要意义。本书的黄浦江滨江公共空间是指黄浦江核心段沿岸的公园绿地和高桩码头平台。

12.1 游憩环境分析

黄浦江核心段集中了上海近代工业遗址，见证了上海的发展历程。随着黄浦江两岸产业结构调整和内港外迁进程的加速，在上海市委、市政府的努力下，黄浦江核心段自然生态环境得以"复育"改善，公共活动岸线得以开辟，生活、工作、休闲、旅游等实现了多元化融合，并形成了具有强烈都市特征的滨水景观带和休闲旅游带，黄浦江核心段生态廊道复育和生态基础建设已初见成效，两岸公共空间也因此焕发出全新的活力，已然成为市民和游客乐于前往的滨水前沿空间。

12.1.1 自然与人文特征

1）自然生态基底分析

黄浦江水源主要来自太湖和淀山湖，从吴淞口注入长江，上游支流在松江区境内汇流，以下始称黄浦江，全长约113km，河宽300~770m。黄浦江受长江口潮汐水流的影响，水流呈往复运动，多年平均高潮为3.25m，平均潮差为2.20m，呈不规则半日潮。黄浦江两岸地区受亚热带季风气候影响，气候湿润，但常受台风侵袭，夏季往往出现大风和暴雨。

滨水廊道是城市生态绿地系统的重要骨架，更是生态体系建设的重中之重。上海中心城区生态脉络呈现"一纵两横三环"的结构，黄浦江作为"一纵"是其中重要的南北向生态廊道。针对上海生态用地占市域面积比重不足、城市生态游憩空间相对匮乏、生态环境有待改善的现状，上海市非常重视黄浦江绿色廊道的建设，并对黄浦江两岸公园绿地开展了专项规划。

依据2016年的调研数据，核心段已经建成的绿地包括上海船厂绿地、南园滨江绿地、徐汇滨江绿地等15处，更有新华、民生等大量公共绿地项目正在推进。这些绿地以上层混交乔木林为主，注重提升乔木覆盖遮阴率，是艺术地再现地带性植物群落特征的城市绿地。同时，在有限的空间条件下，建立尽可能多的植物群落，注重生态廊道建设，初步形成天然过滤系统，增强滨水区乃至整个城市的生态调节能力，为改善城市环境作出了巨大贡献，更为动植物提供了良好的生态环境。生态廊道的绿化复育已经成为黄浦江两岸地区生态环境建设的重要物质基础，堤内森林、堤外湿地相对完整的生态基础已经初步形成，让绿色重返黄浦江，让市民接触自然的目标已经清晰可见。

以后滩湿地公园为例（见图12-1-1），场地原为钢铁厂和船舶修理厂，在狭窄的场地上，营造了丰富的空间。内河谷地的地形与两岸的乡土乔木相结合，创造了一片相对安静的溪谷景观和人工湿地游憩空间。它不但保留了原有的江滩湿地，并在公园中建设了一条具有水净化功能的带状人工内河湿地，通过净化池、叠瀑、梯田、不同植物净化群落的湿地净化水体，成为生态湿地建设的典范。

2）社会人文资源分析

黄浦江是一条具有独特历史人文价值的文化长河。上海是中国近代工业文明和民族工业的发祥地，于19世纪90年代后开始发展加速，至抗战前，较为完整的工业体系和雄厚的民族工业基础已经初步形成。新中国成立后，黄浦江两岸地区的工业为新中国建设做出重要贡献。上海黄浦江两岸的历史遗存见证了城市文明的变迁，更可以窥见全国工业发展的历程，因此必须加以保护。

黄浦江两岸综合开发以来，对历史遗存进行了保护、修缮与利用，成为历史文化传承与创新的典范。在建设开放性的滨江公共绿地时，滨江老码头地区特有的老上海元素，轨道、蒸汽机车头、大型吊车、系缆桩等元素都留了下来，并通过一定方式进行利用和展示，成为人们休闲、观景的绝好去处，成为一个个历史与生态交错、人文与自然并存的景点，形成了风貌特区，如"复兴""新华""民生"三大码头、仓储和船舶类风貌段等（见附录3）。

人工湿地　　　　　　江滩湿地

图 12-1-1 上海黄浦江后滩公园

12.1.2 游憩活动与环境类型划分

1）游憩活动类型分析

滨江公共空间因上海的城市特色、国际化大都市中心区的地理位置和黄浦江自身的条件而所承载的游憩活动与一般城市公园有所不同。除了日常游憩，时尚与前卫、艺术与创意、活力与动感完美融入滨江休闲带中。借助黄浦江水运特色，北外滩国际客运中心和十六铺等公共游船码头建成并投入使用，游轮、游船和游艇开始接待众多游客，游艇母港初步形成。针对陆家嘴金融核心区与外滩金融集聚带，滨江绿地为高端金融商务人士提供了更多游憩需求，沿江酒吧、咖啡吧、娱乐等配套服务功能日渐丰富；美术馆、展览馆等一批滨江文化休闲项目基本建成，跑酷、滑板、露天音乐、行为艺术等新尚活动不断涌现。

滨水区因其得天独厚的滨水优势和良好的生态基底以及景色优美的游憩环境，成为游憩活动的最佳承载区。游憩活动分类标准多样，既可按照老年人、中年人、青年人、少年儿童不同年龄段对活动进行分类[1]；又可按远水区域、近水区域、邻水区域和水域对游憩活动进行总结[2]。为了便于研究，基于现场调查的数据，黄浦江核心段滨江公共空间的游憩活动可分为健身锻炼、生活休闲、文化艺术和社会活动，共4大类31小类（见表12-1-1）。

2）游憩环境类型划分

上海百年的发展史和黄浦江水文的自身特点也决定了游憩环境的多样性和丰富性。截至2016年，黄浦江核心段两岸公共岸线已开放近51.38%，徐汇滨江、前滩、后滩湿地公园等一批水准较高的公共绿地已建成开放。黄浦江水面较宽，同一区段的两岸用地和环境相差较大，公共绿地建设基底和设计理念，甚至主要服务人群也呈现一定差异性，因此，本书对两岸进行分别研究。

国外早期游憩机会谱大多针对森林、国家公园等大尺度自然保护区，对游憩环境类型的划分大都基于环境的开发利用程度和游憩活动强度，如2003年的WROS使用者手册将其分为原始区域、半原始区域、自然乡村区域、开发的乡村区域、城郊区域和城市区域[3]，国内研究本土化的过程中对环境类型的划分虽有所改进，但并不适合完全在高度城市化区域的黄浦江核心段。同时，由于黄浦江两岸百年的工业发展历程及其防汛要求，滨江公共绿地人工化程度很高。因此，对其游憩环境的划分应相应地进行调整。

为了更有效地做好调查和研究，借鉴国外典型的水体类型划分，结合对黄浦江核心段游憩环境和现状的具体分析，初步将黄浦江游憩环境划分为自然游憩型、健身休闲型和人文体验型3个类型（见表12-1-2）。现场调查结果显示，3种环境类型的分布具有明显的分段特征，但各个类型的分布并未呈现明显的规律性。

表 12-1-1 黄浦江核心段滨江公共空间主要游憩活动一览表

4大类	运动锻炼类	生活休闲类		文化艺术类	社会活动类
	骑行	亲子活动	散步	书法绘画	户外沙龙（讲座）
	慢跑健走	宠物遛弯	静坐	拍照摄影	志愿活动
	球类运动	棋牌与阅读	欣赏风景	音乐歌唱	户外音乐会
31小类	器械运动	野餐露营	品饮闲聊	跳舞	企业、社区活动
	太极、瑜伽等	约会	放风筝	展览参观	儿童娱乐赛事
	集体舞	自然认知	游船快艇		实习考察
	轮滑滑板				民俗庆典活动

表 12-1-2 黄浦江核心段滨江公共空间环境类型一览表

类型	特征
自然游憩型	 侧重于系统性的生态保护、生态恢复和生态教育为主的游憩功能，给人以环境开发程度较低的感觉
健身休闲型	 侧重于承载与居民日常生活和健身锻炼密切相关的游憩活动，能为周边居民提供日常休闲锻炼功能的环境类型。周边用地多以居住用地为主
人文体验型	  尝试将黄浦江两岸遗存建筑物或构筑物加以改造利用，赋予公共化的功能，并结合滨江绿化，建成具有特色的历史文化风貌区。同时，浦江两岸也汇集众多商务办公区，成为集商务金融、会议会展、文化娱乐等功能为一体的交流展示平台、时尚休闲体验区

12.1.3 环境变量识别

环境因子的筛选是游憩机会谱构建的重要环节。游憩机会谱（ROS）自始至终都关注着自然、社会和管理 3 个属性[4][5]。基于黄浦江滨江公共空间的环境特点分析及游憩者的偏好调查结果，初步确定了滨江公共空间的游憩环境变量体系（见表 12-1-3），其中环境变量中 8 个属于自然维度，7 个属于社会维度，15 个属于管理维度。通过问卷调查，按照 5 个等级判定环境变量的重要程度，制作"重要程度（偏好程度）"量表，划分为"非常重要""比较重要""一般""关系不大""完全无关"5 个等级，受访者凭借个人主观认识进行重要性程度选择，后期将重要性程度由高到低依次赋值"5~1"，为环境因子的确定提供数据基础。

12.2 游憩者行为特征分析

游憩行为特征的研究可以预判游憩者的游憩偏好，为高品质游憩空间的营造与活动配置提供依据。游憩者行为特征研究内容包括游憩时间特征（包括到访频率、游憩时长和游憩时间段）、结伴方式特征、游憩动机、游憩活动偏好、体验满意度等。本书通过结构问卷调查获得游憩者行为特征的第一手数据，

表 12-1-3 黄浦江核心段滨江公共绿地环境变量体系

自然要素	社会要素	管理要素
N1 亲水机会	S1 与其他游憩者相遇机会	M1 可进入性
N2 生物多样性	S2 安静独处机会	M2 休憩设施
N3 景观与植被生长状况	S3 游憩活动的丰富程度	M3 餐饮等商业服务设施
N4 道路密度	S4 游憩活动的可参与性	M4 游乐设施
N5 场地微气候适宜度	S5 游憩活动可持续时间	M5 安全警告信息完整度
N6 微地形	S6 历史人文景观资源	M6 解说与服务信息
N7 水质情况	S7 可见的城市景观	M7 科普性信息丰富度
N8 空间尺度规模		M8 垃圾桶和公厕
		M9 游览路线合理畅通
		M10 工作人员服务态度
		M11 可见的治安管理巡视
		M12 植被养护管理状况
		M13 环境卫生管理状况
		M14 景观照明
		M15 环境噪音程度

通过 Excel2010 和 SPASS21.0 进行频数、百分比计算来分析黄浦江核心段游憩者年龄、文化程度等人口学特征，以及时间支配、偏好的游憩活动等行为特征，并进一步探析人口学及游憩行为特征与游憩环境的内在关系。

12.2.1 游憩者行为特征分析

随着黄浦江岸线的逐步开放，两岸公共绿地已经成为人们游览观光、运动健身、休闲娱乐等的重要游憩目的地。使用者的游憩需求是绿地建设与管理的核心，只有对其游憩偏好特征进行研究，揭示其行为规律，了解其实际需求，才能实现绿地的人性化、科学化的管理，为人们提供与游憩需求相适宜的场地空间，并合理引导和启发人们在最适宜的场所参与期望的活动类型，以获得满意的游憩体验。

如表 12-2-1 所示的是黄浦江滨江公共空间游憩者的人口学特征，其中 39.32% 是外来游客，其余均为附近上班族或居民。

1）游憩时间特征

（1）游憩时长。以游憩者游憩持续的时间来考察游憩活动的强度。如图 12-2-1 所示，受访人群中，持续时间 1~2 小时者占 51.28%，74.36% 的游憩者选择游憩持续时间在 2 小时内。76.92% 的游憩者每天游憩时间不少于 1 小时，其中 5.98% 的游憩者愿意每天花费 3 小时甚至更多的时间开展游憩活动。

（2）游憩频率。如图 12-2-2 所示，受访人群中，每天 1~2 次的游憩者占 5.98%，每周 1~2 次的占 29.06%，每月 1~2 次的为 33.33%，2~3 个月 1 次的为 12.82%，不定期者为 18.80%。普遍来说，人们的游憩频率相对较高，每月都会有外出游憩的已经占到 68.37%，因此，游憩已经成为人们日常生活不可或缺的一部分。

（3）游憩时段。如图 12-2-3 显示，游憩者每天开展游憩活动的时间多集中在上午（31.62%）和下午（58.12%），并未出现所预期的傍晚和晚上比例很高的结果。选择中午（23.08%）和傍晚（29.06%）的人群也占有较大比重，附近上班族午饭前后到绿

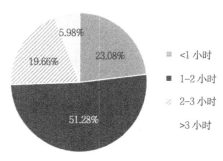

图 12-2-1 游憩时长

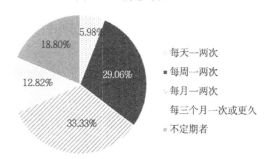

图 12-2-2 游憩频率

表 12-2-1 人口统计学特征分析

	人口学特征	人数 / 人	百分比		人口学特征	人数 / 人	百分比
性别	男	142	60.68%		机关事业单位人员	13	5.56%
	女	92	39.32%		专业技术人员	32	13.68%
年龄	55 岁以上	21	8.97%		公司 / 企业工作人员	128	54.70%
	28-55 岁	127	54.27%	职业	自由职业 / 个体户	12	5.13%
	14-28 岁	79	33.76%		军人	0	0.00%
	14 岁以下	7	2.99%		学生	32	13.68%
学历	初中及以下	6	2.56%		工人 / 农民	3	1.28%
	高中或中专	14	5.98%		无工作	14	5.98%
	大专或本科	168	71.79%	是否本地居民	附近居民	90	38.46%
	研究生及以上	46	19.66%		附近上班	52	22.22%
					外来游客	92	39.32%

地内稍作休憩、闲聊、散步等。5.98%的人群选择晚上，而仅有 3.42% 的游憩者喜好在清晨进行游憩活动，选择意愿最低。调查发现，游憩者常选择同一天的不同时间段进行游憩活动，如白天选择放风筝等休闲活动，而傍晚是散步等。

2）游憩结伴方式

如图 12-2-4 所示，在结伴而行的游憩者中，家人或朋友最多，占 63.68%，其次为独行者，占 22.22%，俱乐部、社团或单位团体占到 11.54%，旅游团的最少，仅占 2.56%。调查数据显示，滨江公共空间已经成为家人进行亲子活动、休闲游憩的重要目的地，也是朋友或同事交流、聚会的好场所，以及独处的好空间。这充分说明滨江公共绿地受到众多游憩者的欢迎，两岸公共绿地正逐步走向开放，真正做到了"还河于民"。

3）环境类型偏好

如前文所述，滨江公共空间分为自然游憩型、健身休闲型、人文体验型 3 种类型。图 12-2-5 数据显示，最受游憩者欢迎的是自然游憩型，占 52.56%，其次是健身休闲型，占 40.17%，人文体验型仅有 7.27%。滨江公共空间使用者更倾向于选择自然游憩型游憩环境，黄浦江作为上海市中心极为珍贵的自然生态廊道，应为游憩者提供更多接触自然、感受自然的机会；对健身休闲型游憩环境的偏好比自然游憩型略低，可能与居住地到滨江公共空间的距离大于人们心里能接受的到达游憩目的地的最短距离有关；对人文体验型游憩环境的偏好程度最低。由此可以得出，游憩者选择游憩环境与场地的自然程度呈现一定的正相关性。

4）游憩满意度

游憩满意度是游憩者在游憩需求得到满足后的愉悦感，满意水平是期望效果和实际感知效果之间的函数：游憩满意度 = 实际游憩体验 / 游憩期望值，表示游憩者主观感知与期望水平之间的差异程度。调查结果显示（见图 12-2-6），游憩者对滨江公共空间游憩现状总体持满意态度，有 27.35% 的游憩者认为"非常满意"，有 64.96% 的游憩者认为"满意"，有 7.26% 的游憩者认为"一般满意"，不太满意的

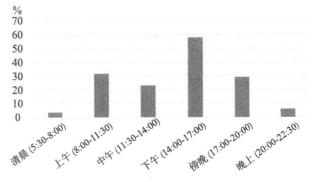

图 12-2-3 游憩时段

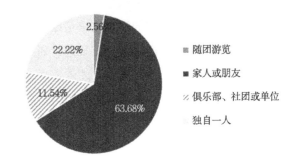

图 12-2-4 结伴方式

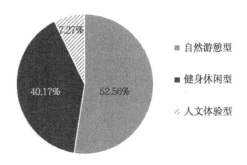

图 12-2-5 游憩环境类型偏好分析

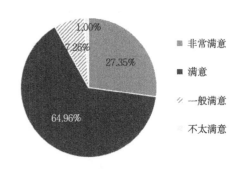

图 12-2-6 游憩满意度分析

仅有 1%，无"完全不满意"的游憩者。但依然存在令游憩者不满意的因素，了解造成游憩者不满意的因素是为游憩者提供高标准、高水平的游憩感知体验，提升游憩满意度的基础。

5）游憩体验偏好

游憩体验的优劣是影响游憩者是否再次来到滨江公共空间游憩的重要因素，也是影响游憩者进行何种游憩活动的决定性因素。把握滨江公共空间游憩者的户外游憩体验需求，可以为滨江公共空间游憩规划设计以及建设管理提供参考，推动黄浦江滨江公共空间与世界大型滨水区开发相比肩，提升游憩空间品质，同时，对上海和黄浦江发挥资源优势、丰富城市游憩休闲功能也具有重要意义。

以选择频次与样卷总数之比来反映游憩体验偏好，偏好度由高到低排序的前5项依次为：接触自然（63.25%）、休闲娱乐（47.86%）、缓解释放压力（42.74%）、欣赏江景（40.17%）、促进与亲人朋友的感情（35.9%），如图12-2-7所示。同时，调查发现游憩者希望获取1种以上的游憩体验。

6）游憩活动偏好

如前文所述，黄浦江滨江公共空间的游憩活动多种多样，分为运动健身类、生活休闲类、文化艺术类和社会活动类4大类31小类项（见表12-1-1）。受访者可选择不同种类的多个游憩活动，对各项活动被选频数百分比进行分析，调查发现（见图12-2-8），游憩者偏好的前5项活动依次为：慢跑健走（66.67%）、拍照摄影（52.99%）、亲子活动（50.43%）、散步参观（48.72%）和音乐会（46.15%）。选择频率低于10%的5项活动：依次为企业和社区活动（8.55%）、实习考察（7.69%）、跳舞（6.84%）、太极和瑜伽（5.13%）以及集体舞（5.00%）。

由于黄浦江独特的历史文化特性和生态基底条件，游憩活动也呈现出与一般城市公园或滨水绿地、风光带所不同的特征。活动多以静态休闲和强度较低的运动健身为主，游憩者期望欣赏、体验黄浦江所呈现的自然和文化魅力，适当从事一些散步、慢跑等轻体育运动。

如图12-2-9所示，各类游憩活动中，运动健身类虽占有一定比例，但总体偏好度并不是很高，表明滨江公共空间承载的游憩活动与社区公园具有一定差异。由于滨水的立地条件和带状形式，选择慢跑健走类活动的游憩者比较多，而选择太极、瑜伽以及集体舞等位置相对固定活动的游憩者比例较少。生活休闲类活动偏好度普遍较高，亲子活动、欣赏风景和散步是比例最高的3项活动，充分反映了滨江公共空间已经成为人们生活休闲游憩的最佳选择。

调查发现，拍照摄影和展览参观由于简便易行，受到普遍欢迎，音乐、乐器演奏和舞蹈等在徐汇滨江等公共绿地也蔚然兴起，吸引着很多游客驻足观看。

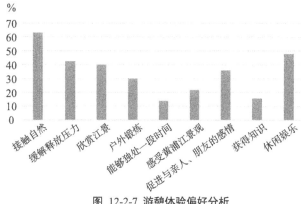

图 12-2-7 游憩体验偏好分析

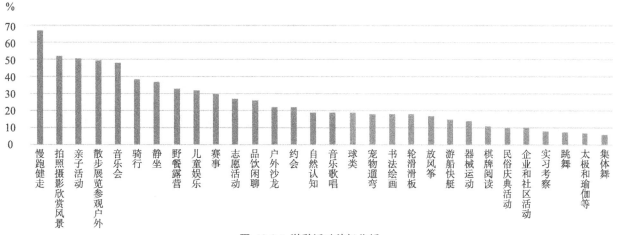

图 12-2-8 游憩活动偏好分析

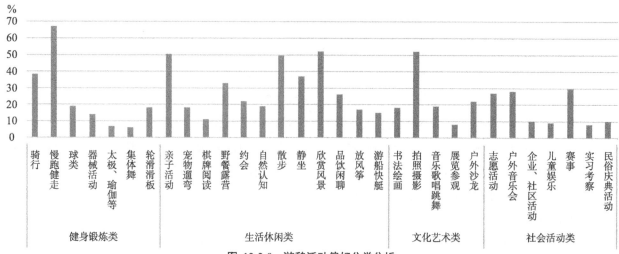

图 12-2-9 游憩活动偏好分类分析

社会活动类是指一些公众有组织或因风俗习惯而自发的节庆、学习、文化事件或赛事等。调查发现，该类活动内容丰富，类型日趋丰富多样，数量较多，频率也较高。户外音乐会、户外沙龙（讲座）、志愿者活动和儿童娱乐赛事比例相对较高，都在20%以上。这些社会公众文化活动在滨江绿地健康发展，有利于滨江公共绿地日常功能从管理向社会化服务转型，同时也说明滨江公共绿地在文化承载和传达方面发挥着日益重要的作用，浦江两岸不仅是生产岸线到生活岸线的转变，其开放程度和现代服务功能也正日益提升。

12.2.2 游憩者特征与环境偏好的相关性分析

良好游憩体验的获得不仅仅取决于游憩环境，也与游憩者自身和游憩行为特征相关，游憩者、游憩活动和游憩环境相互之间存在一定的关联。因此，有必要对游憩者的人口统计学特征和游憩行为特征与游憩环境偏好之间的关系进行分析，总结特征并寻找规律，为滨江公共绿地的游憩管理提出较有价值的建议。

在分析之前，需要验证游憩者人口统计学特征、游憩行为特征与环境偏好是否相关。采用二元变量的相关分析方法，运用SPASS21.0对获得的问卷数据进行Person相关分析，研究在0.05显著水平下，游憩者人口统计学特征、游憩行为特征与游憩环境偏好的相关度。调查中选取6个游憩行为特征，经Person相关分析（见表12-2-2）可知，游憩时长、游憩时间段和游憩体验3个行为特征与环境偏好显著相关，而游憩频率、出游方式和游憩满意度相关性较差。即游憩者结伴出游方式不会对游憩环境偏好产生影响，选择不同的游憩环境也不会对游憩频率和游憩满意度产生影响。下文将对关系显著的几项游憩行为特征做进一步描述性分析和特征对比。

1）游憩者的人口学特征与环境偏好相关分析

由表12-2-3可知，在0.05显著性水平下，游憩者的性别、年龄、文化程度和职业以及其居住地5项人口学特征中，年龄和居住地两项和环境偏好显著相关。

表 12-2-2 游憩行为特征与环境偏好相关分析

	游憩行为特征	游憩时长	频率	时间段	出游方式	游憩体验	满意度
游憩环境类型	Pearson 相关性	0.199*	0.034	0.167*	-0.040	0.292*	0.033
	显著性（双侧）	0.002	0.607	0.011	0.544	0.000	0.620

注：* 在 0.05 水平（双侧）上显著相关。

表 12-2-3 人口统计学特征与环境偏好相关分析

	人口学特征	性别	年龄	文化程度	职业	居住地
游憩环境类型	Pearson 相关性	-0.038	0.133*	0.045	-0.044	0.167*
	显著性（双侧）	0.567	0.042	0.491	-0.505	0.002

注：* 在 0.05 水平（双侧）上显著相关。

（1）年龄与环境偏好。由图12-2-10可以看出，14岁以上的游憩者更倾向于选择自然游憩型环境，与大多数受访者表示希望接触自然的游憩体验相一致。14岁以下的青少年大部分由家长陪伴，其偏好的环境类型更多地与其父母的意见相关；部分14岁以下独自出游者，或家长遵从孩子的选择来到人文体验型环境中，14岁以下的儿童倾向选择比较有趣味性的游憩环境。随着年龄增长，游憩者在3种环境的选择上开始更多地倾向于健身休闲型，说明随着年龄的增长，人们的健康意识不断提高。

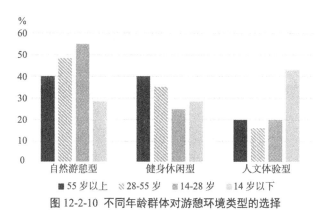

图 12-2-10 不同年龄群体对游憩环境类型的选择

（2）居住地与环境偏好。如图12-2-11所示，附近居民偏爱自然游憩型，附近上班族偏好健身休闲型，而外来游客偏好人文体验型，其中，外来游客选择人文体验型游憩环境的比例也明显高于附近居民和附近上班者，他们倾向感受海派文化特色与黄浦江特有的人文魅力。另外，3类游憩者大多来自城市，可以相信居住于城市环境中的群体更加倾向于选择更自然生态的游憩环境，以缓解城市快节奏的工作生活带来的各种压力，从而获得回归自然的体验。

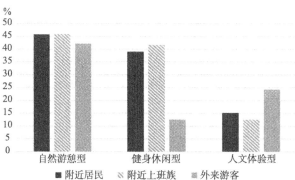

图 12-2-11 居住地对游憩环境类型的选择

2）游憩时间与环境偏好的相关性分析

（1）游憩时长与环境偏好相关分析。如图12-2-12所示，在自然游憩型和健身休闲型两种环境中，选择游憩时长为1~2小时的游憩者占比最高，选择小于1小时和2~3小时的所占比例相差不大，大于3小时的比例最低。健身休闲型环境中选择1~2小时的游憩者数量明显高于其他时长，说明游憩者会花费1~2小时在滨江公共空间中健身休闲；而人文体验型环境中，选择时长少于1小时的游憩者比例最高，说明大部分游憩者在人文体验型的游憩环境中来感知文化艺术的时间比较短，与人文体验型环境大多以观赏展览为主和带状空间的短暂停留性游憩特点相关。

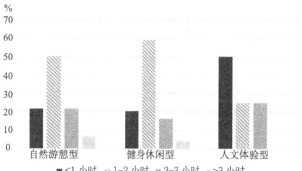

图 12-2-12 游憩时长与环境偏好相关分析

（2）游憩时段与环境偏好相关分析。在实际调查中将可供游憩的时间分为6个时间段，鉴于部分游憩者在一天中可能不止一次到滨江公共绿地中游憩，因此，被调查者可以选择多个时段。由图12-2-13可以看出，在各种环境类型中，选择下午的游憩者所占比例均明显高于其他时段，其次是上午和傍晚，最少的是清晨。人文体验型环境的游憩者在傍晚和晚上出现了比其他两类环境较高的比例，与外

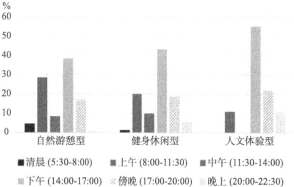

图 12-2-13 游憩时段与环境偏好相关分析

滩十六铺游览和黄浦江水上观光的最佳时间是晚上相关。

3）游憩体验与环境偏好相关分析

由图 12-2-14 可以看出，自然游憩型环境中，游憩者倾向的游憩体验前 3 项依次为接触自然、缓解释放压力和促进与亲人朋友的感情，而休闲娱乐和获得知识偏好度较低。健身休闲型环境中偏好度较高的 3 项依次为接触自然、户外锻炼、欣赏江景与缓解释放压力，能够独处一段时间偏好度较低，被调查的游憩者中没有希望获得知识这一游憩体验需求。在人文体验型环境中，占比较高的 3 项由高到低依次为促进与亲人朋友的感情，接触自然和缓解释放压力，户外锻炼、获得知识和休闲娱乐比例相对较低。

在各种环境类型中，接触自然和缓解释放压力广泛得到游憩者的高度认同，欣赏江景和感受黄浦江的特有魅力在 3 种游憩环境中认可度差别不大；而促进与亲人和朋友的感情在健身休闲环境中明

显要低于另外两种环境，休闲娱乐则在健身休闲型环境中的占比明显高于另外两种环境。滨江公共绿地是比较珍贵的较大面积的人工自然区域，是游憩者接触自然的主要途径。因此，接触自然、释放各种压力和促进与亲人、朋友的感情等游憩体验在各种游憩环境中的普遍偏好程度较高。

12.2.3 不同环境类型的活动偏好分析

滨江公共空间内可开展多种游憩活动，游憩者偏好不同的游憩环境，在不同的环境中所选择的游憩活动也不同。调查中列出可供选择的运动健身类、生活休闲类、文化艺术类和社会活动类 4 大类 31 项活动，被调查者可选择多个活动，分析活动频数占各个游憩环境类型中问卷总数的百分比，可以发现不同游憩环境类型与不同游憩活动之间的关系。

1）自然游憩型游憩环境活动偏好分析

从图 12-2-15 可以看出，在自然游憩型游憩环境

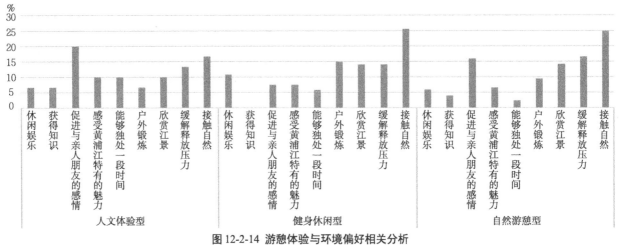

图 12-2-14 游憩体验与环境偏好相关分析

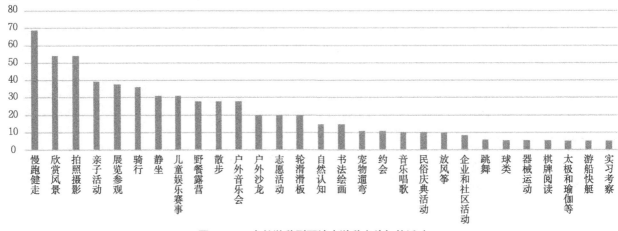

图 12-2-15 自然游憩型环境中游憩者偏好的活动

中，游憩者偏好的游憩活动类型排名前十位的依次是慢跑健走（68.85%）、欣赏风景（54.10%）、拍照摄影（54.10%）、亲子活动（39.34%）、展览参观（37.70%）、骑行（36.07%）、静坐（31.15%）、儿童娱乐赛事（31.15%）、野餐露营（27.87%）、散步（27.87%）和户外音乐会（27.87%）。由此可见，自然游憩型环境中各种活动均有涉及，但以生活休闲类为主，最受欢迎的为慢跑健走、欣赏风景和拍照摄影。自然游憩型游憩环境中良好的自然条件是其优势，环境也相对安静，适合强度较低的游憩活动，自然认知、约会和放风筝等几个相对安静、对环境产生干扰较少的活动可以更广泛地开展。

2）健身休闲型游憩环境活动偏好分析

从图12-2-16可以看出，健身休闲型游憩环境中，游憩者偏好度较高的前10项活动类型依次是慢跑健走（63.27%）、拍照摄影（53.06%）、亲子活动（53.06%）、欣赏风景（48.98%）、散步（40.82%）、户外音乐会（40.82%）、骑行（34.69%）、展览参观（32.65%）、志愿活动（32.65%）和野餐露营（28.57%）。其中，尤以"慢跑健走"最受欢迎，相对而言，球类运动、器械运动受欢迎程度有所上升。一些健身和游乐活动，因需要特定的场所和设施，对环境的要求较高，目前在滨江公共空间尚未配置相关的场地。

3）人文体验型游憩环境活动偏好分析

如图12-2-17所示，在人文体验型游憩环境中，游憩者需求最强烈的仍然是慢跑健走（66.67%），排名前十位的其余9项活动依次为亲子活动（55.56%）、骑行（55.56%）、野餐露营（55.56%）、宠物遛弯（55.56%）、游船快艇（55.56%）、拍照摄影（44.44%）、散步（44.44%）、展览参观（44.44%）、约会（44.44%）、儿童娱乐赛事（44.44%）和自然认知（44.44%）。相对而言，

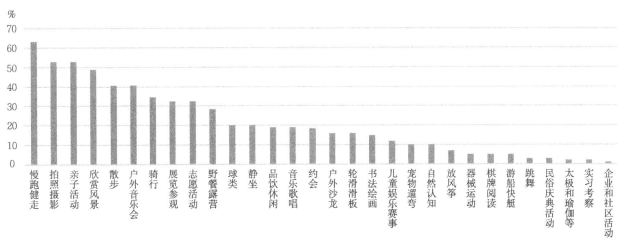

图 12-2-16 健身休闲型环境中游憩者偏好的活动

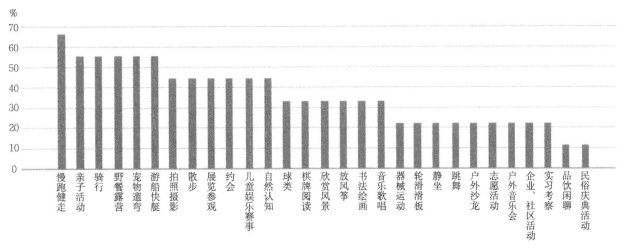

图 12-2-17 人文体验型环境中游憩者偏好的活动

拍照摄影和展览参观在该类游憩环境人群中所占比例均较高，而且游船快艇明显受到更高程度的偏好。

分析可知，不同游憩环境类型的活动中文化艺术类和社会活动类占有一定比例，但以健身锻炼类和生活休闲类为主。通过综合比较游憩者在这3类游憩环境中所偏好的游憩活动类型，可以发现偏好度较高的活动项目之间虽有很多相同之处，但也存在着一定的差异。慢跑健走在每类环境中都得到最高程度的欢迎，亲子活动、骑行、野餐露营、拍照摄影、散步和展览参观在各类环境中的选择频率普遍很高。另一方面，一些活动在某种环境下偏好较高但在另外的环境类型中则偏好较低。如欣赏风景和户外音乐会在自然游憩型和健身休闲型环境中偏好较高，在人文体验型环境中偏低；儿童娱乐赛事在自然游憩型和人文体验型环境中偏好较高，而在健身休闲型环境中则偏好较低；静坐更适合自然游憩型环境，志愿活动更倾向于健身休闲型环境，游船快艇、约会和自然认知则更倾向于人文体验型环境。需要说明的是，宠物遛弯在人文体验型环境中出现频率更高，更多的原因在于目前滨江绿地中，徐汇滨江等人文体验型环境对宠物开放，而其他很多滨江公共绿地限制宠物进入。游憩者进行的活动除依赖环境外，很多在一定程度上依赖于游憩设施的供给，在各类环境中的活动设施会对活动产生引导，设施不足则会进一步限制游憩活动的进行。此外，游憩者期望的文化类活动仍然以拍照摄影和展览参观等为主，停留在较浅层次，缺少更多互动性的文化感知和体验。

12.3 游憩机会谱构建

游憩机会谱的研究就是从游憩主体入手，探讨其游憩环境偏好，并以此为基础进行游憩环境管理和游憩项目开发，促使其获得期望的游憩体验。基于游憩者行为特征及其环境偏好的分析，对前文筛选的环境变量进行因子分析，建立游憩环境因子体系，总结不同游憩环境序列中相应的指标特征，综合构建黄浦江中心段滨江公共绿地的游憩机会谱（ROS）。

12.3.1 环境因子的筛选与确立

1）环境变量的重要性分析

通过对前文筛选出来的30个环境变量的赋值进行均值和标准差描述性分析，并按重要性程度进行排名。表12-3-1所示的"均值"反映各个环境变量的重要性程度，"标准差"表示不同游憩者对环境变量重要性程度感知存在的差异。分析结果显示，所有变量的均值都在"3"以上，即游憩者普遍认为所选环境变量比较重要，说明对环境变量的选择非常合理。"M2 休憩设施"均值最高，为4.607，而且标准差值为0.655，比较小，表明游憩者的重要性感知程度差异较小，一致高度认同滨江公共绿地内完善的休憩设施更利于人们获得最佳体验；其次是"M4 游乐设施"，均值为4.603，标准差为0.629，标准差值最低，即人们对游乐设施的重要性的认可程度具有高度一致性。从环境变量的性质来看，均值前10的变量中有5项为管理因素，可见良好的管理维护条件可以提高人们的游憩体验，是滨江公共绿地价值提升的重要因素。

"M7 科普信息丰富度（1.292）"和"M5 安全警告信息完整度（1.184）"为变量中标准差值最大的两个，表明不同游憩者对这两个变量的重要程度感知存在较大的差异。"M7 科普信息丰富度"的重要程度带有更强的主观性，陪同儿童进行亲子活动或自然认知的游憩者，会认同该环境变量更加重要，而其他游憩者则不会认同。基于滨江的条件和场地的复杂性，滨江公共绿地内存在一定安全隐患，对于儿童和老人来说，"M5 安全警告信息完整度"相对重要，但与环境不协调的安全警告信息反而影响游憩者的体验。

2）可靠性与适应性检验

调查中所选的环境变量较多且相对独立，为了能更系统地概括这些变量，可以将变量进行归类，构成多层次的因子体系。本书采用的李克特五点量表法，运用因子分析中的主成分分析法来确定各变量要素的关联程度和权重，以使游憩机会因子体系更具科学性，可操作性较强。主成分分析法的目的是通过对原有变量线性组合以减少变量，在众多变

表 12-3-1 环境变量重要性程度排序

环境变量	均值	标准差	重要程度
M2 休憩设施	4.607	0.655	1
M4 游乐设施	4.603	0.629	2
N3 景观与植被生长状况	4.440	0.654	3
S2 安静独处机会	4.295	0.760	4
M8 垃圾桶和公厕	4.248	0.912	5
N1 亲水机会	4.239	0.782	6
M12 植被养护管理状况	4.081	0.925	7
M6 解说与服务信息	4.047	0.809	8
S3 游憩活动的丰富程度	3.970	0.905	9
S7 可见的城市景观	3.962	0.856	10
M10 工作人员的服务态度	3.863	0.997	11
N2 生物多样性	3.731	0.747	12
S4 游憩活动的可参与性	3.722	0.933	13
S5 游憩活动可持续时间	3.684	0.932	14
M13 环境卫生管理状况	3.675	0.988	15
M11 可见的治安管理巡视	3.628	1.155	16
N7 水质情况	3.594	0.923	17
N8 空间尺度规模	3.547	1.011	18
M9 游览路线合理畅通	3.534	1.061	19
N5 场地微气候适宜度	3.496	0.982	20
M5 安全警告信息完整度	3.491	1.184	21
N4 道路密度	3.474	0.959	22
M1 可进入性	3.466	0.994	23
M15 环境噪音程度	3.423	1.059	24
M7 科普信息丰富度	3.415	1.292	25
S6 历史人文景观资源	3.385	1.149	26
M3 餐饮等商业服务设施	3.363	1.077	27
S1 与其他游憩者相遇机会	3.321	1.121	28
M14 景观照明	3.299	1.181	29
N6 微地形	3.205	1.069	30

注：其中"5"="非常重要"，"4"="比较重要"，"3"="一般"，"2"="关系不大"，"1"="完全无关"。

量中，确立几个综合性指标来反映原有变量所反映的主要问题。对环境变量的重要程度进行描述性分析（见表 12-3-2）后发现 30 个环境变量都很重要，因此，对 30 个环境因子全部做因子分析。

在进行因子分析之前，还需要进行信度和适应性检验。信度检验，即检测数据是否可信，是否能一致反映共同的问题；适应性检验，即 KMO 检验与 Bartlett 球度检验，以判断所选变量是否适于因子分析。

（1）信度检测。Cronbach's alpha 是常见的适于意见征询、态度调查式问卷（量表）信度检验的一种方法，一般来说，该系数愈高，信度愈高。信度系数 Alpha 如果大于 0.7，表示信度可以接受，介于 0.70~0.98 之间属高信度；若是介于 0.35~0.7 之间，

表 12-3-2 可靠性分析结果一览表

Cronbach's Alpha	基于标准化项的 Cronbachs Alpha	项数
0.827	0.824	30

表示为可接受信度；低于 0.35 时表示信度较低，不可以接受。运用 SPASS21.0 对 30 项游憩环境变量数据进行信度分析，得到 Alpha 值为 0.827>0.7，具有相当高的信度，说明所选变量有效程度较高，符合因子分析的前提条件。

（2）KMO & Bartlett 检验。理论上，KMO 检验值越高（接近 1.0 时），表明研究数据越适合进行因子分析；而 Bartlett 球度检验，当显著性水平值较低时（<0.05），所选数据适合进行因子分析。结果如表 12-3-3 所示，KMO 值为 0.749，根据 Kaiser 给出的标准，KMO 取值大于 0.6，符合因子分析的条件。Bartlett 球度检验给出的相伴显著值 Sig. 为 0，小于显著参照值 0.05，可以认为两者显著相关，即适于做因子分析。

3）环境变量的因子重要性分析

（1）提取主成分。因子分析中提取主成分作为初始因子的方法一般有 3 种，即特征值大于或等于 1、累计方差贡献率大于 60% 或碎石图上曲线斜率较大。理论上，一般选取特征值大于或等于 1 的主成分作为初始公因子，且提取的有效因子的累积方差贡献率至少为 60%。同时，为了使因子更具有代表性，往往需要进行因子正交旋转，对变量进行更好地组合，使关系较强的变量被归纳到同一个因子中。对 30 个环境变量运用 SPASS21.0 进行因子分析，结果如表 12-3-4 所示。

"成分"是对 30 个环境变量提取的 30 个成分，并按"初始特征值"的合计值由大到小依次编号。"初始特征值"的合计值显示，9 个成分的特征值大于 1，表示可以提取 9 个主成分作为初始因子；"方差 %"表示各个成分的特征值占总特征值的百分比；"累计 %"显示拟提取 9 个主成分（初始因子）的累计方差贡献率达到 61.469%，超过 60%，可以作为有效因子保留。第二栏"提取平方和载入"，是将特征值大于 1 的成分单独进行由大到小排列，与第一栏前 9 行数据完全一致。"旋转平方和载入"是正交旋转后的结果，表中可以看出其累积方差仍然为 61.469%。

图 12-3-1 所示为因子分析的碎石图，一般选择曲线开始变平缓处前面的几个点作为主成分，可粗略看出在第 9 个主成分处碎石图曲线趋于平缓，验

表 12-3-3 KMO 和 Bartlett 的检验结果

取样足够度的 Kaiser-Meyer-Olkin 度量		0.749
Bartlett 的球形度检验	近似卡方	2554.278
	df	435
	Sig.	0.000

表 12-3-4 因子分析解释的总方差

成分	初始特征值			提取平方和载入			旋转平方和载入		
	合计	方差 %	累积 %	合计	方差 %	累积 %	合计	方差 %	累积 %
1	5.951	19.836	19.836	5.951	19.836	19.836	4.045	13.482	13.482
2	2.632	8.775	28.611	2.632	8.775	28.611	2.544	8.479	21.961
3	2.049	6.831	35.442	2.049	6.831	35.442	2.030	6.768	28.729
4	1.749	5.830	41.272	1.749	5.830	41.272	2.024	6.745	35.474
5	1.530	5.099	46.371	1.530	5.099	46.371	1.923	6.409	41.883
6	1.259	4.196	50.567	1.259	4.196	50.567	1.799	5.996	47.879
7	1.201	4.003	54.570	1.201	4.003	54.570	1.579	5.262	53.141
8	1.056	3.520	58.090	1.056	3.520	58.090	1.377	4.589	57.730
9	1.014	3.380	61.469	1.014	3.380	61.469	1.122	3.740	61.469
10	0.955	3.184	64.653						
11	…	…	…						
…									
29	…	…	…						
30	0.038	0.127	100.000						

注：提取方法为主成分分析，11~29 的特征值小于 1，表中已省略。

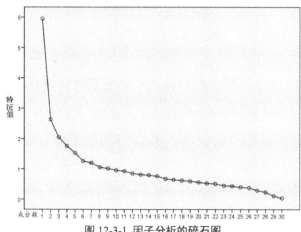

图 12-3-1 因子分析的碎石图

证了选取的 9 个主成分是合理的。表 12-3-5 为旋转后的因子负荷矩阵，可以看出各变量的因子负荷绝大部分在 0.5 以上，即因子分析结果符合相关原则和要求。

（2）环境变量聚类。提取的 9 个因子（F1~F9）可以代表所选环境变量的大部分信息，每个因子集中解释游憩环境构成的一个核心含义，为了解释这一核心含义，需要分析环境因子对应的环境变量。在最大方差正交旋转得到的旋转矩阵中，可以直观看出各因子相对应的环境变量。表 12-3-5 中的变量

表 12-3-5 因子分析旋转后的因子成分矩阵

环境变量	1	2	3	4	5	6	7	8	9
可见的治安管理巡视	0.781	0.099	-0.052	0.018	0.235	-0.028	0.057	-0.056	0.018
环境噪音程度	0.777	0.104	-0.042	0.070	0.131	-0.070	0.055	0.008	0.012
环境卫生管理状况	0.722	-0.012	0.164	0.081	-0.185	-0.081	-0.079	0.238	-0.016
工作人员服务态度	0.658	-0.086	0.094	0.385	0.055	-0.074	0.050	0.025	0.140
安全警告信息完整度	0.644	0.016	0.085	0.098	0.106	0.217	0.231	-0.124	0.194
科普性信息丰富度	0.561	-0.010	-0.053	0.261	0.201	0.155	0.304	0.137	-0.072
景观照明	0.550	0.088	-0.051	0.159	0.068	0.115	0.091	0.208	-0.284
休憩设施	0.024	0.946	0.000	0.018	-0.022	0.096	-0.033	0.035	0.000
游乐设施	0.044	0.945	0.013	0.032	-0.033	0.074	0.010	0.034	-0.034
垃圾桶和公厕	0.202	0.567	0.097	0.002	0.500	0.063	0.246	0.052	0.165
游憩活动的丰富程度	0.134	-0.026	0.743	-0.036	0.051	-0.026	-0.025	-0.024	-0.027
可见的城市景观	-0.097	-0.074	0.619	-0.047	-0.113	-0.178	0.261	0.221	0.041
安静独处机会	0.218	0.120	0.544	0.184	0.193	-0.182	0.137	-0.229	0.293
游憩活动可持续时间	-0.141	0.272	0.512	0.365	0.110	0.182	0.059	0.013	-0.247
游憩活动的可参与性	-0.106	0.041	0.509	0.180	0.095	0.367	-0.253	-0.050	-0.024
水质情况	0.210	-0.098	-0.091	0.803	0.051	0.056	-0.029	-0.021	-0.012
场地微气候适宜度	0.182	0.152	0.146	0.695	0.203	-0.024	0.061	0.085	0.154
与其他游憩者相遇机会	0.253	0.058	0.250	0.494	-0.050	0.066	0.283	0.192	-0.044
景观与植被生长状况	0.083	0.042	-0.022	0.109	0.618	-0.036	0.096	-0.009	-0.102
亲水机会	0.008	-0.102	0.135	-0.009	0.541	0.030	-0.504	0.163	-0.150
植被养护管理状况	0.407	0.427	0.079	0.027	0.540	-0.002	0.307	0.012	0.067
生物多样性	0.257	-0.192	0.174	0.203	0.442	-0.010	0.008	0.167	-0.116
游览路线合理畅通	-0.207	0.043	-0.081	-0.021	-0.037	0.732	0.010	0.243	-0.044
餐饮等商业服务设施	0.188	0.076	0.035	0.086	-0.189	0.676	0.130	-0.080	0.011
解说与服务信息	0.095	0.125	-0.057	-0.039	0.327	0.607	0.020	-0.113	0.255
可进入性	0.104	-0.001	0.022	0.108	0.168	0.158	0.661	0.069	0.029
道路密度	0.321	0.065	0.237	0.022	0.060	-0.078	0.510	0.157	-0.152
空间尺度规模	0.060	0.079	0.009	0.014	0.102	0.099	0.043	0.774	0.225
微地形	0.332	0.016	0.015	0.320	0.057	-0.135	0.185	0.526	-0.072
历史人文	0.006	0.016	-0.012	0.081	-0.184	0.121	-0.007	0.214	0.759

注：旋转法——具有 Kaiser 标准化的正交旋转法，旋转在 12 次迭代后收敛。

与 9 个因子对应的数值代表了该环境变量在每个因子上的负荷量，其中最大的因子负荷量越大，表示其对应的因子与该变量相关程度越高，即该变量对该因子贡献率越大。研究中一般选取因子最大负荷量高于 0.5 的变量，因此舍弃"生物多样性（0.442）"和"与其他游憩者相遇机会（0.494）"，最终保留 28 个环境变量。

确定因子对应的环境变量之后，还需要对各个因子的环境变量进行内部一致性检测，看其是否一致反映游憩环境某一方面的核心含义。如表 12-3-6 中的因子内部信度检验，因子 F1 内部一致性检验值为 0.841>0.7，表明具有高度有效性；因子 F2~F8 处于 0.35~0.7 之间，表示信度可接受。

12.3.2 不同类型环境因子的重要性比较分析

游憩环境包含不同的环境因子，各因子又由不同环境变量组成，不同环境因子及其变量在各种游憩环境中的重要性存在差异。根据李克特式五点量表的量化结果可以对其进行均值描述性分析，以便分析游憩者所偏好的环境组成特点和各环境变量在各类环境类型中的重要性差异和变化规律。

表 12-3-6 游憩环境变量的因子分析结果表

因子	环境因素	均值	变量在因子上的负荷	累计方差贡献率 %	因子内部信度检验
F1 环境条件与管理状况	可见的治安管理巡视	3.628	0.781	19.836	0.841
	环境噪音程度	3.423	0.777		
	环境卫生管理水平	3.675	0.722		
	工作人员的服务态度	3.427	0.658		
	安全警告信息完整度	3.491	0.644		
	科普性信息丰富度	3.415	0.561		
	夜间照明	3.299	0.550		
F2 体验与卫生设施供给	休憩设施	4.607	0.946	28.611	-
	游乐设施	4.603	0.945		
	垃圾桶和公厕	4.428	0.567		
F3 游憩活动的丰富度与开放度	游憩活动的丰富程度	3.970	0.743	35.442	0.418
	可见的城市景观	3.962	0.619		
	安静独处机会	4.295	0.544		
	游憩活动可持续时间	3.684	0.512		
	游憩活动的可参与性	3.722	0.509		
F4 微环境适宜性	水质情况	3.594	0.803	41.272	0.611
	场地微气候适宜度	3.496	0.695		
F5 植被状况与亲水性	景观与植被生长状况	4.440	0.618	46.371	0.382
	亲水机会	4.239	0.541		
	植被养护管理状况	4.081	0.540		
F6 导览与服务解说与服务信息	游览路线合理畅通	3.534	0.732	50.567	0.377
	餐饮等商业服务设施	3.363	0.676		
	解说与服务信息	4.407	0.607		
F7 可达性	可进入性	3.466	0.661	54.570	0.416
	道路密度	3.474	0.510		
F8 场地空间适宜性	空间尺度规模	3.547	0.774	58.090	0.448
	微地形	3.205	0.526		
F9 文化艺术	文化艺术资源	3.385	0.759	61.469	-

1）环境条件和管理状况

由表12-3-7可知，"环境条件与管理状况"因子包含了7个环境变量，该因子均值重要性从自然游憩型、健身休闲型到人文体验型依次降低。"工作人员的服务态度"和"环境卫生管理水平"变量在各类环境中的重要性相对较高，表明游憩者普遍希望游憩环境中应有较好的服务和环境卫生管理。分析数据表明，"环境噪音程度"、"环境卫生管理水平"、"工作人员的服务态度"和"安全警告信息完整度"对自然游憩型环境重要性程度较高；而健身休闲型环境对"科普信息丰富度"、"夜间照明"和"可见的治安管理巡视"具有较高的要求。

2）体验与卫生设施供给

如表12-3-8分析可知，游憩者对该因子的环境变量一致具有较高要求，均值均在4以上，可见"体验与卫生设施供给"是游憩者基本的需求，其中休憩设施重要性程度较高，说明休憩设施已经成为游憩环境中最基本的需求。3个变量的重要性均值从自然游憩型、健身休闲型到人文体验型依次递增。自然游憩型环境中该类设施的配置要尽量减少对环境的干扰。

3）游憩活动的丰富度与开放度

由表12-3-9可知，该因子内的5个环境变量的偏好程度各不相同，"游憩活动的丰富程度"和"可

表 12-3-7 不同游憩环境类型中环境条件与管理状况重要性分析

因子	环境变量	自然游憩型	健身休闲型	人文体验型
F1 环境条件与管理状况	可见的治安管理巡视	3.63	3.66	3.41
	环境噪音程度	3.50	3.32	3.47
	环境卫生管理水平	3.79	3.51	3.76
	工作人员的服务态度	3.90	3.83	3.76
	安全警告信息完整度	3.62	3.31	3.59
	科普性信息丰富度	3.40	3.52	2.94
	夜间照明	3.26	3.44	2.82
	因子累计均值	3.59	3.51	3.39

注：其中"5"="非常重要"，"4"="比较重要"，"3"="一般"，"2"="关系不大"，"1"="完全无关"。

表 12-3-8 不同游憩环境类型中体验与卫生设施供给重要性分析

因子	环境变量	自然游憩型	健身休闲型	人文体验型
F2 体验与卫生设施供给	休憩设施	4.57	4.62	4.82
	游乐设施	4.58	4.64	4.59
	垃圾桶和公厕	4.24	4.23	4.35
	因子累计均值	4.46	4.50	4.59

注：其中"5"="非常重要"，"4"="比较重要"，"3"="一般"，"2"="关系不大"，"1"="完全无关"。

表 12-3-9 不同游憩环境类型中游憩活动的丰富度与开放度重要性分析

因子	环境变量	自然游憩型	健身休闲型	人文体验型
F3 游憩活动的丰富度与开放度	游憩活动的丰富程度	4.04	3.89	3.88
	可见的城市景观	4.05	3.89	3.71
	安静独处机会	4.34	4.23	4.29
	游憩活动可持续时间	3.66	3.69	3.82
	游憩活动的可参与性	3.71	3.67	4.12
	因子累计均值	3.96	3.88	3.96

注：其中"5"="非常重要"，"4"="比较重要"，"3"="一般"，"2"="关系不大"，"1"="完全无关"。

见的城市景观"重要程度由自然游憩型到健身休闲型再到人文体验型依次递减,"游憩活动可持续时间"却是递增,"安静独处机会"在自然游憩型环境中最高,而"游憩活动的可参与性"在人文体验型环境中最高。因子累计均值在自然游憩型和人文体验型环境中一致且均高于健身休闲型环境。"安静独处机会"重要性程度最高,表明安静休息和能够独处一段时间成为普遍的游憩需求。

4）微环境适宜性

从因子累计均值来看(见表12-3-10),该因子在人文体验型游憩环境中的重要性程度最高,在自然游憩型中最低,可见人们在自然程度较低的环境中希望得到更好的自然体验,而在自然程度较高的环境中该要求却相对降低。健身休闲型游憩环境对微环境适宜性的要求也相对较高,休闲锻炼的人群也希望有一个舒适的环境条件。

5）植被状况与亲水性

"植被状况与亲水性"和"微环境适宜性"一样,是自然因子,如表12-3-11所示,在健身休闲型的游憩环境中该因子的重要性程度最高,其次是自然游憩

型。与"微环境适宜性"相比,其环境变量均值都在4以上,重要性介于"比较重要"和"非常重要"之间,说明游憩者期望在不同类型的环境中都获得较好的自然景观体验。

6）导览与服务

如表12-3-12所示,该因子中"解说与服务信息"在各种环境类型中重要性要高于另外两个环境变量。由因子累计均值可知该因子随着环境的自然程度降低而递增,说明随着场地开发利用程度提高,相应的导览与服务需求也会更高。自然游憩型环境中"游览路线合理畅通(3.59)"更为重要,游憩者普遍希望到更加生态的环境中感受自然,因此需要贯通便利的路线支持;人文体验型环境中"餐饮等商业服务设施(3.88)"和"解说与服务信息(4.06)"重要程度较高,游憩者需要在该类环境中喝咖啡、商务洽谈或闲聊放松,完善的解说和服务信息也便于游憩者了解场地历史以及其他景观元素所传达的文化。

7）可达性

可达性反映场地对游憩活动的限制条件,是否

表12-3-10 不同游憩环境类型中微环境适宜性重要性分析

因子	环境变量	自然游憩型	健身休闲型	人文体验型
F4 微环境适宜性	水质情况	3.51	3.66	3.82
	场地微气候适宜度	3.44	3.57	3.47
因子累计均值		3.48	3.62	3.65

注:其中"5"="非常重要","4"="比较重要","3"="一般","2"="关系不大","1"="完全无关"。

表12-3-11 不同游憩环境类型中植被状况与亲水性重要性分析

因子	环境变量	自然游憩型	健身休闲型	人文体验型
F5 植被状况 与亲水性	景观与植被生长状况	4.37	4.56	4.29
	亲水机会	4.33	4.12	4.24
	植被养护管理状况	4.07	4.13	3.88
因子累计均值		4.26	4.27	4.14

注:其中"5"="非常重要","4"="比较重要","3"="一般","2"="关系不大","1"="完全无关"。

表12-3-12 不同游憩环境类型中导览与服务重要性分析

因子	环境变量	自然游憩型	健身休闲型	人文体验型
F6 导览与服务	游览路线合理畅通	3.59	3.47	3.53
	餐饮等商业服务设施	3.25	3.41	3.88
	解说与服务信息	4.04	4.05	4.06
因子累计均值		3.63	3.65	3.82

注:其中"5"="非常重要","4"="比较重要","3"="一般","2"="关系不大","1"="完全无关"。

方便进入与园路密度会影响游憩者对环境的选择。"可进入性"上，游憩环境自然程度越高其重要程度也越高，反映游憩者希望获得良好自然生态环境的体验，与调查中偏好自然游憩型环境的游憩者比例最高相一致。"道路密度"重要性较高的是健身休闲型环境，与游憩者需要方便易达的游憩场地相关。由自然游憩型到人文体验型环境，因子累计均值依次降低（见表12-3-13）。

8）场地空间适宜性

场地空间适宜性反映游憩者在游憩场所开展游憩活动时对场地空间的要求。由自然游憩型到健身休闲型再到人文体验型环境，游憩者重要性评价均值递增。人文体验型环境中"空间尺度规模"重要性最高，因为游憩环境开发利用的强度越高，对场地的尺度规模和空间处理要求越复杂，甚至要求不同尺度和空间形态的游憩场地的组合（见表12-3-14）。

9）文化艺术性

该因子只有"文化艺术资源"1个环境变量，在人文体验型环境中重要性程度最高，浦江两岸荟萃了众多的历史和工业遗存等文化资源，游憩者也普遍希望体验丰富的人文艺术游憩资源，但重视程度尚不足，均值介于"一般"和"比较重要"之间。文化艺术审美需要引导，需要对黄浦江历史文化资源予以保护并利用，同时引入时尚文化艺术，使浦江文化氛围更加浓厚（见表12-3-15）。

分析可知，游憩者对不同游憩环境中的环境因子偏好不同，且各因子内环境变量重要性评价存在着一定程度的差异。游憩者对环境变量条件偏好并未都呈现出良好的单一线性规律，部分环境变量的变化比较复杂。环境变量的重要性程度均较高，并且是基于变量的重要性进行的相应聚类，因此，环境变量在各类游憩环境类型中的重要性程度相差不大。总体而言，自然游憩型游憩环境对"环境条件与管理状况"、"可达性"和"游憩活动的丰富度与开放度"的需求相对强烈；人文体验型对"微环境适宜性"、"体验与卫生设施供给"、"场地空间适宜性"和"导览与服务"的需求较高；健身休闲型对"植被状况与亲水性"的需求较高。

表12-3-13 不同游憩环境类型中可达性重要性分析

因子	环境变量	自然游憩型	健身休闲型	人文体验型
F7 可达性	可进入性	3.62	3.33	3.12
	道路密度	3.41	3.57	3.35
因子累计均值		3.52	3.45	3.24

注：其中"5"="非常重要"，"4"="比较重要"，"3"="一般"，"2"="关系不大"，"1"="完全无关"。

表12-3-14 不同游憩环境类型中场地空间适宜性重要性分析

因子	环境变量	自然游憩型	健身休闲型	人文体验型
F8 场地空间适宜性	空间尺度规模	3.59	3.41	4.00
	微地形	3.06	3.35	3.47
因子累计均值		3.32	3.38	3.74

注：其中"5"="非常重要"，"4"="比较重要"，"3"="一般"，"2"="关系不大"，"1"="完全无关"。

表12-3-15 不同游憩环境类型中文化艺术重要性分析

因子	环境变量	自然游憩型	健身休闲型	人文体验型
F9 文化艺术性	文化艺术资源	3.55	3.11	3.71

注：其中"5"="非常重要"，"4"="比较重要"，"3"="一般"，"2"="关系不大"，"1"="完全无关"。

12.3.3 游憩机会谱的综合构建

滨江公共空间游憩机会谱的构建目的是深入了解游憩主体，选择游憩活动和环境的偏好，有助于管理者对游憩环境有更全面的认识，为滨江公共空间游憩者提供丰富的游憩机会，从而使其获得最佳游憩体验。前文已经对游憩者的人口学特征和行为特征以及与环境类型之间的关系进行了分析，确立了环境因子体系，并对在不同游憩环境类型中的因子体系进行了重要性程度分析，得出基于3个环境类型9个因子的"九标三类"游憩机会谱（ROS），如表12-3-16所示。

12.4 游憩机会优化策略

游憩机会谱是一份游憩资源清单，同时也是游憩规划和管理框架，反映了游憩者对游憩活动以及环境的理想期望值，但滨江公共空间的建设现状与理想状态之间还存在一定的差距。基于前文构建的游憩机会谱（ROS），总结滨江公共空间现状的优点与不足，从规划设计与管理层面分别提出具体优化策略和措施，以期为上海黄浦江中心段滨江公共绿地的规划设计与建设管理提供有益的借鉴。

表 12-3-16 黄浦江中心段滨江公共绿地游憩机会谱

环境类型		自然游憩型	健身休闲型	人文体验型
环境偏好度		52.56%	40.17%	7.27%
环境因子	环境条件与管理状况	+++	++	+
	体验与卫生设施供给	+	++	+++
	游憩活动的丰富度与开放度	+++	++	+++
	微环境适宜性	+	++	+++
	植被状况与亲水性	++	+++	++
	导览与服务	+	++	+++
	可达性	+++	++	+
	场地空间适宜性	+	+	+++
	文化艺术	++	+	+++
游憩活动	偏好度较高的普适性活动	慢跑健走、亲子活动、骑行、野餐露营、拍照摄影、散步和展览参观		
	偏好度较高的特色活动	欣赏风景、户外音乐会、儿童娱乐赛事、静坐	欣赏风景、户外音乐会、志愿活动、静坐、球类、品饮闲聊	儿童娱乐赛事、游船快艇、约会、自然认知、宠物遛弯
	游憩体验	接触自然、缓解释放压力、促进与亲人和朋友的感情、欣赏江景、户外锻炼、感受黄浦江特有的魅力	接触自然、户外锻炼、欣赏江景、缓解释放压力、休闲娱乐、促进与亲人和朋友的感情	促进与亲人和朋友的感情、接触自然、缓解释放压力、能够独处一段时间、感受黄浦江特有的魅力、欣赏江景
游憩者人口学特征	年龄	14~55岁比例最高	28岁以上比例较大，55岁以上比例最大	14岁以下比例最高
	居住地	附近居民＞外来游客＞附近上班，人文体验型环境中外来游客比例高于附近居民和附近上班族		
游憩行为特征	逗留时间	1~2h为主，＜1h和2~3小时次之	1~2h比例最高，＜1h次之	＜1h比例最高，无＞3h
	游憩时段	下午＞上午＞傍晚	下午＞上午＞傍晚	下午＞傍晚＞上午

注：①+++、++、+分别表示基于游憩者重要性评价的单项因子重要性高、中、低；②游憩体验为各环境类型中比例较高的6项，按由高到低顺序排列；③游憩者性别、文化水平和职业与环境类型无显著性相关，故未列出；④游憩者是否独自出游等方式、游憩频率和游憩满意度与环境类型无显著性相关，故未列出。

12.4.1 滨江游憩空间现状优势

1）特色突出，游憩环境多样

浦江两岸立足打造世纪精品，高起点规划开发，经过多年的不懈努力，大量具有较高水准的滨江公共空间已建成开放，或贴近市民生活，或自然生态优势突出，亦或文化艺术氛围浓厚，为人们提供了高品质的多样游憩环境，黄浦江两岸景观得以重塑，成为上海一道亮丽的风景线，如图12-4-1（1）所示。

2）尊重场地，历史人文展示充分

黄浦江两岸地区历史与工业遗存文化资源丰富，每一处公共绿地都保留了该空间因历史变迁所遗留的印记，并加以艺术化演绎和文化创意催化。滨江公共绿地内历史人文资源与自然景观相互交融，提升了滨水绿地文化底蕴，丰富了游憩者的游憩体验，如图12-4-1（2）所示。

3）舒适整洁，游憩空间品质高

已建成滨江公共绿地整体上环境品质较高，绿地建设注重绿化、美化、亮化、净化等有序推进，场地空间内地面铺装、植物、景观小品、内部设施等各要素的造型、形式注重和整体环境契合，并且追求一定的艺术效果和视觉美感。滨江公共空间内的景观元素与环境高度契合，环境卫生条件突出，给人以整洁舒适、清爽愉悦美好的心理感受，如图12-4-1（3）所示。

4）活动丰富，空间开放程度提高

绿地建设从土地利用、配套设施到公共空间系统组织等方面致力于实现公共性，滨江公共绿地受到各个年龄段游憩者的欢迎，其承载的活动由居民的日常休闲到游客的游赏参观，由相对安静的散步静坐到动感热闹的轮滑竞技等，丰富多样。除日常生活休闲、锻炼健身和文化艺术等相关活动外，社会公众性的集体活动或文化事件在这里频繁发生，滨江公共空间承担着越来越多的公共服务设施职能，成为人们重要的共享活力空间，如图12-4-1（4）所示。

12.4.2 游憩空间现状的不足

1）游憩空间无序发展

长期以来，由于规划设计与建设层面缺乏明确的规范和引导，游憩空间建设水平呈现良莠不齐的局面，各类型的游憩空间布局缺乏统一的规划指导，游憩承载力高低不同，缺乏统一性与连续性。在黄浦江综合大开发的战略背景下，上海市委、市政府已启动编制了相关规划，但缺乏针对未来上海将以建设国际文化大都市和著名旅游休闲目的地为城市目标的游憩系统专题研究和专项规划。

2）游憩机会供需不均衡

据2016年的调查数据显示，黄浦江核心段目前开放岸线长度约20.14km，占总岸线长度的51.38%，其中西岸开放岸线占45.91%，东岸开放岸线占56.96%（详见表12-4-1），开放率尚不足。如图12-4-2、表12-4-2所示，黄浦江核心段目前已建成开放的滨江公共绿地共有15处，总面积约200.8hm²。自然游憩型游憩环境面积约90.15hm²，占绿地总面积44.90%；健身休闲型游憩环境总面积

（1）丰富多样的游憩环境

（2）充分的历史人文展示

（3）整洁舒适的游憩环境

（4）充满活力的共享空间

图12-4-1 滨江游憩空间的优势

约 26.60hm²，占 13.25%；人文体验型游憩环境总面积约 84.05 hm²，占 41.85%。而游憩者对自然游憩型、健身休闲型和人文体验型游憩环境的理想期望值依次是 52.56%、40.17% 和 7.27%。自然游憩型游憩环境不足，集中在东岸南段；健身休闲型游憩环境主要分布在东岸，相对分散，规模远远不足；人文体验型游憩环境规模远远超过期望，集中在西岸和东岸北段。总体而言，黄浦江中心段各环境类型游憩空间的供给与需求仍不平衡。

3）游憩项目常规，缺乏引导

调查数据显示，一方面，已建成开放的滨江公共空间的游憩活动主要以慢跑、散步、拍照摄影、亲子活动和展览参观等常规生活休闲型为主，而轮滑、户外音乐和 DIY 等新尚游憩活动较少。另一方面，自行车骑行、球类等活动，尤其骑行是游憩者偏好度很高的活动形式，但滨江绿地对此类游憩活动承载力远远不足。此外，黄浦江具有得天独厚的水运条件，但其水上观光和快艇等游憩项目尚存在巨大的开发空间。

越来越多的滨江公共绿地已建成开放，但知名度不高，各自的特色也未得到游憩者认可，绿地的场所属性与职能不够明确。因此，游憩者不知道滨江绿地可以提供何种游憩机会、自己适宜选择什么样的活动，也就很难达到期望的游憩体验。

12.4.3 滨江公共空间游憩规划优化建议

1）实施游憩专题研究与规划

黄浦江是上海的母亲河、世界知名河流。始于 2002 年的黄浦江综合开发目前进入了一个快速发展

表 12-4-1 黄浦江核心段现状岸线开放概况（2016 年统计数据）

	岸线长度 / km	已开放岸线长度 /km	开放岸线比例 /%
西岸	19.8	9.09	45.91%
东岸	19.4	11.05	56.96%
合计	39.2	20.14	51.38%

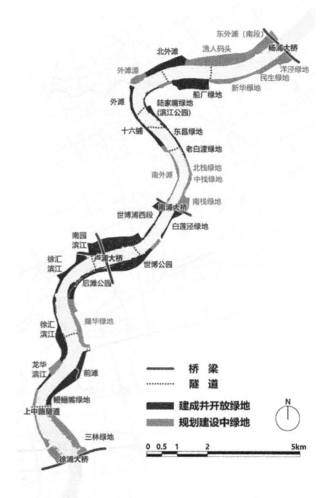

图 12-4-2 滨江公共绿地环境类型分区图（2016 年数据）

表 12-4-2 滨江公共空间游憩环境类型分布（2019 年数据）

环境类型	分布区域	面积 / hm²	占绿地总面积 / %	游憩环境偏好 / %
自然游憩型	世博浦西段（除去苗江路 – 家居 Choisi 游艇）、世博公园（除去世博庆典广场与梅赛德斯奔驰文化广场）、后滩公园、前滩	90.15	44.90	52.56
健身休闲型	南园滨江绿地、龙华滨江广场、东昌滨江绿地、老白渡滨江绿地、白莲泾公园	26.60	13.25	40.17
人文体验型	北外滩滨江绿地、外滩、十六铺码头、世博浦西段（苗江路 – 家居 Choisi 游艇）、徐汇滨江、上海船厂滨江绿地、滨江公园、世博公园（世博庆典广场与梅赛德斯奔驰文化广场）	84.05	41.85	7.27

期，随着人们的游憩需求日益多元化，为满足游憩者的需求和更加科学地利用游憩资源，黄浦江两岸地区游憩专题研究和《游憩专项规划》编制势在必行。为将黄浦江两岸打造为自然与历史人文融合的游憩水岸，本章结合现状提出3个游憩专项规划理念。

第一，建构生态基底，践行绿色生活。调查中发现52.36%的游憩者偏好自然游憩型游憩环境，黄浦江是上海重要的自然景观资源，开发建设中必须保留和恢复自然生境，构建河流自然景观，与周边的绿地或水系连成网络，形成城市生态廊道，展现以水为脉的景观基底。

第二，丰富空间功能，激发社区活力。随着岸线的不断开放、更多游憩者乐于前往，必须进一步丰富功能供给，增加规模尺度宜人、慢行可达的公共空间，促进邻里交流互动，为市民与游客提供丰富的活动与体验，打造黄浦江活力长岸。

第三，演绎历史文脉，催化文化创意。黄浦江的重要性更体现在其文化价值层面，公共绿地内的部分游憩项目开发在尊重场地文化的基础上，重在演绎历史文脉和催化文化创意，要关注两个"一百年"，"过去一百年"即对黄浦江历史文化回顾与保留利用，"未来一百年"是倡导文化与时尚、商务、科技等功能融合，互动发展，塑造缤纷的新黄浦江。

2）完善游憩空间布局与规模

针对各类型的游憩空间在分布与规模上与实际需求相脱节的问题，在黄浦江后续开发建设中可以进行适当调整以优化游憩空间。从《黄浦江两岸地区公共空间建设三年行动计划（2015年–2017年）》《黄浦江东岸慢行步道贯通三年行动计划（2016–2018）》等相关规划可以看出，2018年，黄浦江核心段两岸45 km公共空间将全线贯通，其中东岸岸线总长24 km；西岸岸线总长21 km，游憩环境类型与分布详见表12-4-2、图12-4-3。自然游憩型环境占绿地总面积的44.90 %，多分布于东岸；健身休闲型提高至13.25 %，分散分布于两岸；人文体验型占41.85 %，集中分布于西岸。

滨江公共空间的优化设计综合考虑周边环境和场地现有条件综合考量，以综合功能为主导。部分

区段腹地狭窄且以道路、水利设施等硬化基底为主，部分区段周边保护建筑、工业遗存众多，构成独特的历史风貌区。自然生态型游憩环境，以排列式、组团式等种植形式强化上层混交乔木林，增加乔木覆盖林荫率，注重下层花灌木及地被植物的合理配置。同时，丰富立体绿化、生态树池、植草沟、雨水花园等，最大限度地营造自然生态氛围。健身休闲型环境规模严重不足，可以通过合理划分空间，慢跑道贯通、多功能复合等日常健身休闲场地和设施，丰富绿地服务功能。人文体验型游憩环境则需要结合重点场地，重点发展，以质取胜，在历史风貌展示基础上突出创意设计、博物博览等特色，注重打造精品，形成除外滩外的2~3个知名度较高的精品文化艺术区。上海市规划和国土资源管理局发布的《黄浦江、苏州河沿岸地区建设规划》提出，根据全球城市核心功能发展需求以及沿江各区段资源与发展态势，在黄浦江沿岸形成"三段两中心"的功能结构（见图1-2-1），核心段将集中承载全球

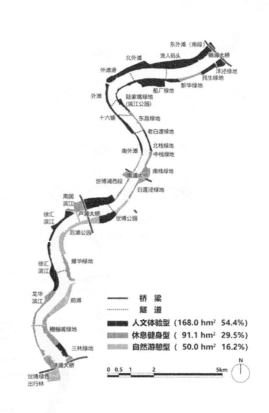

图 12-4-3 滨江公共空间环境类型分区图（2019 年数据）

城市金融、文化、创新等核心功能的引领性区域，提供具有全球影响力的公共活动空间，并进一步打造全方位贯通可达、景观优美、设施完善的公共空间，将黄浦江沿岸塑造成世界一流的城市公共空间，真正"还江于民"。

3）开发导入多样化的游憩活动

滨江公共绿地现状游憩活动项目以生活休闲类的常规活动为主，类型相对单一，建议开发和导入多种游憩活动项目（详见表12-4-3）。首先，重点打造滨江慢行绿道，完善慢行系统规划设计，开拓骑行路线，将骑行、慢跑和游憩探索相融合，与黄浦江的场地文化相融合，形成富有特色的绿色慢行网络体系。其次，丰富运动型游憩项目，完善相对专用的场地设施，如攀岩、滑板、儿童启智型运动、街头篮球等，球类运动以多功能复合活动场地为主，分人群、分时段综合利用，打造滨江体育长廊。再次，借助黄浦江独特的水运优势，丰富水上活动项目，如游览观光、水上沙龙、水上婚礼等，打造水上活动乐园。最后，导入户外音乐、草坪婚礼、行为艺术、各类DIY、Cosplay等新尚和艺术动感的游憩项目，引领户外游憩时尚潮流。

4）编制滨江公共空间游憩导引

游憩者选择到户外进行游憩活动一般带有较强的目的性，希望得到期望的游憩体验，但对环境的选择则就近或倾向选择熟悉度较高的环境。黄浦江滨江绿地的建设，为游憩者提供了更多的公共开放空间，但是这些绿地的知名度并不高，各自的特色也并未彰显。依据游憩机会谱，游憩者可以了解游憩活动项目和环境供给状况，从而更加合理地安排游憩活动，获得自己期望的游憩体验。管理者可加大宣传力度，引导游憩者根据自己的偏好去选择绿

表12-4-3 建议开发导入的游憩活动

活动类型	活动项目
慢行游憩项目	自行车骑行、慢跑、漫步
运动型游憩项目	攀岩、滑板、儿童启智型运动、街头篮球、排球、极限自行车、户外拓展运动等
水上游憩项目	游览观光、游艇母港、水上写真、水上沙龙、水上婚礼、水上轰趴、泡池party等
新尚艺术游憩项目	绘画写生、户外音乐、草坪婚礼、行为艺术、各类DIY、Cosplay、艺术展览、户外走秀、快闪等

地和游憩活动，从而解决供需矛盾，发挥各个绿地的价值。

滨江公共绿地内游憩活动主要有常见的健身锻炼、生活休闲、文化艺术和社会活动4类，散步、慢跑健走、欣赏风景、亲子活动等强度较低的项目偏好度较高。同时，针对游憩项目常规、活动类型单一的问题，建议开发和导入一些自行车骑行、攀岩、水上沙龙和DIY等需求较高、时尚新颖和体现上海与黄浦江特色的活动项目，引领滨水户外游憩新风尚（见表12-4-4）。滨江公共绿地可以将场地环境特征、游憩资源特点等采用一定的形式进行展示，并将上述活动项目在各绿地中予以推介，从而使游憩者能通过一定的解说媒介提前了解、认识各个场所的游憩机会，提高人们的游憩满意度。

尽管滨江公共绿地游憩者的游憩满意度较高，但由于建设时间不同、建设水平不一，管理单位也相对复杂，两岸公共绿地游憩环境实际情况与期望值仍存在一定差距。针对游憩机会谱各类环境中影响力较大的环境因子改善游憩环境条件，可以为游憩者提供更佳的游憩体验。

12.4.4 自然游憩型环境优化策略

自然游憩型是游憩者偏好程度最高的环境类型，受到各年龄段游憩者的普遍欢迎，设计管理中应注重满足不同人群接触自然、缓解释放压力等多种需求，营造多样的空间。该环境类型中重要性程度最高的环境因子是"环境条件与管理状况"和"可达性"2个管理因子，1个社会因子"游憩活动的丰富度与开放度"。3个环境因子的14个环境变量与游憩者期望的环境之间表现出一定差异或矛盾，具体优化建议和措施如下。

1）提升环境条件与管理水平

（1）完善可见的治安管理巡视。目前，仅陆家嘴滨江公园、外滩和徐汇滨江绿地有治安管理人员巡视，由于存在落水等安全隐患和游憩人员冲突及植物给空间和视线带来阻碍的问题，建议完善管理人员巡视体系。自然游憩型环境人流量不是太大，管理巡视可灵活安排，与相应报警警示设备相结合。

（2）降低环境噪音。在自然游憩型环境中，游憩者希望拥有相对安静的环境氛围，对噪音的容忍度也相对较低。滨江公共绿地噪音主要来源于市政道路交通车流和江面上的游船，可以通过搭配结构合理的植物景观适当缓解噪声的干扰。

（3）提升环境卫生管理水平。自然游憩型环境要求人为痕迹尽量少，对垃圾等的容忍程度较低。滨江公共绿地内环境卫生管理状况相对较好，但江水中的垃圾容易在浅滩堆聚，对景观产生干扰。在维持好绿地环境卫生的前提下，需要注意控制游憩区域水体的污染现象，及时清除水面漂浮垃圾，如图12-4-4（1）、图12-4-4（2）所示。

（4）提升工作人员的服务水平。工作人员的服务态度直接影响游憩者的心情，在该类游憩环境中，人性化的管理、细心的服务和疑问解答，利于形成平和的环境氛围。目前游憩者对工作人员的服务态度比较满意，但在安全保证、礼仪和服务耐心等方面还有提升空间。服务质量的提升也可以潜移默化

地影响游憩者，倡导其自律。

（5）提高安全警告信息完整度与科普性信息丰富度。滨江公共绿地内存在安全警告标识缺乏或破损现象，指示牌的形式与环境协调性较差；科普性标识丰富度不足，不利于普及科普知识，弱化了自然认知氛围。建议保证水边、高差点等存在安全隐患的区域的安全提示和规范禁止类标识健全，最大限度地补充丰富植物的学名、习性和应用特性等相关信息的标识。标识设施形式应与环境相协调，符合人类功效学，使景观标识更具有亲和力和生命力，植物标识可以采用二维码，如图12-4-4（3）所示，以便游憩者获得更多知识和信息。

（6）完善场地夜间照明。在自然游憩型环境中对夜间照明更多的是安全的需求，倾向于功能性照明。滨江公共绿地夜间灯光的供给上能满足基础照明需要，但并未灵活依据各绿地的实际需求进行设计，而是更多地关注园路、场地的照明需要。建议在植物空间密闭处、路口、转弯处、台阶和坐凳旁

表 12-4-4 滨江公共绿地游憩活动导入建议

公园名称	普适性活动	特色活动
北外滩滨江绿地		品饮聊天、静吧休闲，游船快艇，弹琴唱歌，艺术展览，公益活动，户外沙龙（讲座），户外婚礼，健步走
外滩		品饮闲聊，游船快艇，水上婚礼，水上沙龙，弹琴唱歌，艺术展，户外音乐会，节日庆典，绘画写生，实习考察，商业路演，夜跑，夜景观赏，公司企业户外活动
十六铺		品饮闲聊，游船快艇，水上婚礼，水上沙龙，弹琴唱歌
南园滨江绿地		读书阅报，社区活动，儿童游乐，弹琴唱歌，轮滑滑板，健步走
徐汇滨江	慢跑，亲子活动，拍照摄影，约会，散步，展览参观，欣赏风景，静坐，公益志愿活动	球类，轮滑滑板，攀岩，品饮闲聊，游艇观光，水上婚礼，弹琴唱歌，跳舞，艺术展，户外音乐会，绘画写生，社区活动，公司企业户外活动，马拉松，宠物遛弯
上海船厂滨江绿地		自行车骑行，婚纱摄影，宠物遛弯
滨江公园		品饮闲聊，游船快艇，弹琴唱歌，文化艺术展，户外音乐会，商业路演，夜景观赏
东昌滨江绿地		弹琴唱歌，球类运动，品饮闲聊，户外沙龙（讲座），社区活动
老白渡滨江绿地		放风筝，弹琴唱歌，绘画写生，户外沙龙（讲座），社区活动
白莲泾公园		放风筝，社区活动，弹琴唱歌
世博公园		野餐露营，自然认知，放风筝，绘画写生，拍照摄影，弹琴唱歌，儿童游乐，自然考察
后滩公园		野餐露营，约会，自然认知，放风筝，绘画写生、拍照摄影、户外沙龙（讲座），儿童游乐，自然考察

（1）世博公园水面垃圾

（2）整治后的水面

（3）二维码植物标识牌

（4）多功能设施

图 12-4-4 自然游憩型环境优化

等人们最需要的地方设置照明，如图 12-4-4（4）所示，同时注重照明形成的视觉体验，在细节中追求人文关怀，而不是单纯追求大面积亮化。

2）提高可达性

（1）提高可进入性。可进入性反映游憩环境的开放程度，常规自然游憩型环境中可进入性一般较低，游憩者又普遍希望进入该类环境。绿地是否有专门的园门，园门是否都开放，开放时间是否对游憩者造成一定限制等都会影响可进入性。部分绿地的管理限制，如后滩公园和亩中山水园园门开放数量较少，游憩者需要步行一段距离方可进入；晚间关闭时间也较早。因此，可以考虑在游憩高峰时段增加管理人员，尽量开放较多的园门，并根据季节的交替变化适当地延长和缩减开放时间。

（2）控制道路密度。路网密度是指单位公园陆地面积上园路的路长，道路密度越高代表场地的开发程度越高，在自然游憩型环境中应控制该指标。滨江公共绿地园路体系总体比较合理，但因路径不合理造成游人践踏绿地的现象也少量存在。建议在满足园路的交通功能、游览效果、景点分布需求的情况下，部分区域可以采用汀步、踏步等形式，丰富趣味性，保证场地生态性。以后滩公园为例（见图 12-4-5），黄浦江与内河湿地间绿地中的人群有强烈的亲水倾向，可以适当增加踏步，满足游憩者的需求。

3）提高游憩活动的丰富度与开放度

（1）提升游憩活动的丰富度。滨江公共绿地因其带状的形式，加之自然游憩型环境中相对缺少大面积活动区域，且对游憩空间的划分重视程度不足，导致游憩活动丰富度不够。如世博公园过多的游憩者选择在草坪上活动，影响了草坪的生长和景观效果。建议借助相关设施、雕塑、或变换铺装色彩与形式等方式暗示场地功能，并细分不同年龄不同需求的游憩者，分别提供不同娱乐设施和场地，对游憩者进行合理引导，从而提升场地的游憩丰富度，同时减缓对环境的压力。

（2）协调城市干扰和安静独处的需求关系。黄浦江核心段位于上海的中心城区，城市活动会对自然游憩型环境产生干扰，可以借助灌木进行空间与视线的遮挡，为游憩者提供回归自然的体验。同时，借助植物等进行空间围合，形成更多私密、半私密空间，满足游憩者在结束工作的嘈杂与生活的奔波之后对安静自然环境的向往与渴望。

（3）提高游憩活动的可参与性。首先，游憩者理想活动持续时间是 1~2 小时，与带状绿地中游憩者希望快速通过的特点相符合，但部分游憩者陪同家人出游，需求时间相对较长，与自然游憩型环境中缺少相对较大的停留活动场地相矛盾，建议在保有空间流动性的基础上，适当提供多个小型停留活动空间，并通过不同形式的休憩设施、游乐设施和场地铺装等丰富场地空间，加强多样性空间的融合，引导游憩者参与到丰富的游憩活动中来而又尽量避免互相干扰。

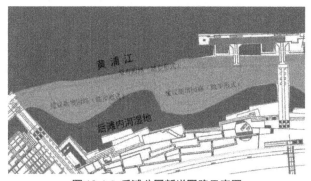

图 12-4-5 后滩公园新增园路示意图

12.4.5 健身休闲型环境优化措施

健身休闲型环境重要性程度的最高环境因子为植被状况与亲水性，游憩者希望可以在自然舒适度较高的环境中健身休闲，结合游憩主体对各项要素的偏好，可以从下几个方面对游憩环境进行优化。

1）提高亲水性

黄浦江沿岸存在大量老码头高桩平台，亲水场地多以宽阔的平台为主，无高桩平台地段则以滨水步道为主，未能形成丰富多样的滨水游憩空间；另外，一些休憩设施出现破败毁损现象，降低了亲水空间的吸引力。建议在可见水的区域开辟健身休闲空间，对休憩设施加强维护更新，同时增设廊架、张拉膜等设施，满足遮阳挡雨的同时丰富亲水空间的形式。

2）改善植被状况

植物是游憩环境的自然生态基础，但滨江公共绿地部分区域植物缺乏，群落结构不完整，局部养护管理状况差，如图12-4-6（1）、图12-4-6（2）所示，色叶树种不突出，未形成比较有影响力的特色植物景观。建议利用乡土树种维持植物景观长久稳定的同时丰富花灌木，形成乔灌草共生的植物群落结构，营造季相鲜明的特色植物景观，形成良好的景观与生态效益。同时，对于有条件种植的场地，在不影响交通等功能的前提下，可以补种适量乔木；对于高桩平台等，条件允许时可以以种植箱的形式丰富植物绿化，如图12-4-6（3）所示。同时，对植物枯

（1）后滩公园裸露的土地　（2）世博公园植物疏于管理

（3）滨江公共绿地高桩平台局部改造前与改造意向效果对比

图12-4-6 健身休闲型环境优化

枝横斜，地面裸露，树枝对活动造成干扰，硬刺或枝叶形状尖锐对儿童容易造成伤害等问题加强管理，形成最佳的植物生长状态和最舒适的活动空间。

12.4.6 人文体验型环境优化措施

14岁以下儿童更倾向人文体验型环境，因此应适当增加儿童游乐设施，并注重安全和景观的教育功能；该类环境中游憩者停留时间一般小于1小时，因此需保障空间交通流畅。重要性程度最高的环境因子有体验与卫生设施供给、游憩活动丰富度与开放度、微环境适宜性、导览与服务、场地空间适宜性和文化艺术。6个环境因子的环境变量与游憩者期望的环境之间表现出一定差异或矛盾，具体优化建议与改善措施如下：

1）提升体验与卫生设施供给水平

（1）优化休憩设施的形式、规模和布局。滨江公共绿地中部分区域的休憩设施数量不足，而部分区域又闲置，导致出现资源浪费现象；布局方面，少量未能与道路、场地等相协调；部分休憩设施形式陈旧，出现破败毁损现象。建议在管理上合理预测人流，密切结合场地功能，部分滨水空间座椅密度宜适当增大；布局应与环境和环境中人的需求相契合，为人们休息、停留和观赏景观等提供最佳体验；同时，注意创新形式和设施的维护，特别是休憩设施的景观效果，可与照明、装置艺术等相结合，如图12-4-7（1）所示。

（2）增设游乐设施。滨江公共绿地中的游乐设施数量不足，仅徐汇滨江配备专业的轮滑和攀岩活动场地，南园滨江配备儿童游乐设施。建议增加老少咸宜的相关活动设施和轮滑滑板等趣味性较强的活动设施，以丰富活动体验。

（3）优化垃圾桶和公厕的配置。垃圾桶和公厕是绿地中必不可少的环卫设施，新建公共绿地中公厕基本满足规范，但老白渡、东昌绿地等建成较久的绿地缺少公厕，外滩与十六铺公厕间距较远，服务半径超过公园设计规范要求的250m。少量垃圾桶因布局不合理出现使用率过高和部分闲置的矛盾。新建绿地注意配备公共厕所，已建绿地可以设置移

动式公厕，如图 12-4-7（2）所示。垃圾桶需注意景观效果，数量不宜过多，游人聚集或人流高峰时段，可采用临时垃圾桶，同时可以利用植物和地形等对垃圾桶"隐形"处理。

2）提高游憩活动的丰富度与开放度

该环境因子的 5 个环境变量出现的问题很多与自然游憩型环境相似，故不再赘述，仅探讨人文体

（1）休憩设施优化建议

（2）公共洗手间优化建议

（3）外滩游憩人流高峰和非高峰时段对比

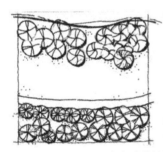
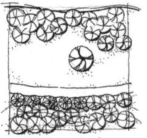

（4）改善绿化种植方式

（5）高桩平台空间划分意向图

图 12-4-7 人文体验型环境优化

验型环境中典型的问题。人文体验型环境中停留时间少于 1 小时的游憩者比例较大，空间流动性要求高，因此应注意减少交通阻碍；同时，该类环境空间公共性更强，游憩高峰时段人流过于集中，其余时间又因空间开放性过强不能充分吸引游憩者，致使空间闲置、资源浪费，如外滩，如图 12-4-7（3）所示。

3）提高微环境适宜性

（1）改善水质，提高水景效果。人文体验型环境中游憩者对水质要求较高，然而黄浦江上游水质在 2002-2004 年急速恶化，生活污水量快速上升，加大了水环境质量改善的难度[6]。建议黄浦江的综合开发应协调多个部门，景观与水环境治理协同推进，在控制上游污水处理后再排放的同时，加强中心段绿地周边水污染的治理。

（2）提升场地微气候适宜度。滨江公共绿地植被"复育"形成了绿色屏障，具有较好的绿色生态基底，形成了滨江区域的微气候，提高了环境的舒适度。同时可通过"抽稀、移植再利用、增补特色植物、丰富植物景观层次"等手法，进一步发挥植物群落的固碳释氧、增湿降温等微气候调节方面的功效，如图 12-4-7（4）所示。

4）提升导览与服务水平

（1）提升景观导览水平。人文体验型环境空间相对开敞，方便集散和穿行，但局部存在通行瓶颈和道路断点，高差处理和场地疏散也待进一步提升。建议采用不同形式的铺装等，强化其空间划分功能和导向性，并丰富行走的视觉体验，同时补充解说与服务信息，发挥其主题宣传和彰显人文历史等功能。对外滩等人流量比较大的区域内人流易聚集的问题，及时改进解决。

（2）优化餐饮等商业服务设施的布局。餐饮等商业服务设施主要包括餐厅、茶室、咖啡和小卖等，人文体验型环境中对该类设施要求较高。滨江公共绿地中主要以咖啡厅为主，随着经营规模扩大，空间无序扩展，成为交通瓶颈，甚至成为交通断点；同时，总体数量和规模不足，也未能与环境良好融合，特别是未能充分考虑人们欣赏黄浦江景观的需求。

餐饮服务设施规范和专门的理论研究较少，滨江公共绿地中必须克服餐饮服务设施规划设计的盲点和弱点，注意建筑与周围景观相融合，为游憩者提供最佳环境感观。

5）提高场地空间适宜性

（1）提高空间尺度适宜性。滨江公共绿地局部游憩空间规模不合理，尺度大的场地空间划分不合理，显得过于空旷，利用率低；而规模过小的空间，则存在尺度不适宜、游憩活动受限的现象，利用率也较低。尤其大面积的高桩码头平台，配套设施不足，缺乏富有特色的游憩空间，因此需对大面积的高桩平台空间进行合理划分，部分可增加种植箱或花坛式种植，以丰富空间，提升空间活力，如图12-4-7（5）所示。建议开发并引入新的游憩项目，塑造开放、半开放、半私密和私密等开放等级不同的公共空间或不同主题的游憩空间（见图12-4-8），以填补非高峰时段空白，提高场地利用率。

（2）丰富景观微地形。微地形是绿地内局部地形状况，微地形处理得当利于形成类型丰富的游憩活动空间，人文体验型环境中在利用地形形成景观

层次、加强园林艺术性效果方面有待提升。建议滨江公共绿地模仿自然地形、充分体现自然风貌，形成"虽由人作，宛自天开"的景观艺术效果；微地形的高低、起伏韵律、尺度和外观形态等方面的变化应尽量丰富，承载景观并充分结合植物和建筑，使建筑、地形与绿化景观融为一体，满足游憩者向往自然的心理需求，如图12-4-9所示。

6）增强文化与艺术传达水平

海派文化兼容并蓄，近代百年工业遗存，摩登上海的时尚艺术在黄浦江两岸凝聚，文化艺术资源相当丰富。但滨江绿地内文化设施集聚度、数量和影响力不足，历史遗产保护的范围、内涵和方法尚待完善，公共艺术培育还有很长的路要走。黄浦江

图12-4-9 艺术地形塑造

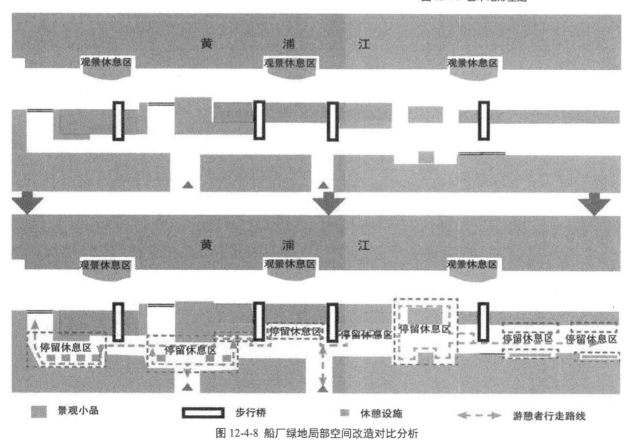

图12-4-8 船厂绿地局部空间改造对比分析

两岸大量的滨水公共开放空间将游憩者引向滨水区域，其景观已融入整个城市景观体系，因此，必须关注文化内涵的挖掘，引入艺术展览、创意路演等特色文化活动，引导景观小品、坐憩设施等与公共艺术结合。同时，加强两岸间"看"与"被看"的场所视线联系，关注景观场所的意境预设，使各个绿地，犹如一出多幕戏剧，既独立成章又整体连贯地描绘黄浦江的景象[7]，如图12-4-10、图12-4-11所示。

（1）艺术造型雕塑

（1）创意路演

（2）艺术坐憩设施

（2）艺术展览中心

（3）艺术攀爬设施

（3）艺术展览

图12-4-10 特色文化活动引入

（4）艺术游憩设施

图12-4-11 景观小品与坐憩设施优化

本章注释

[1] 覃杏菊. 城市公园游憩行为的研究 [D]. 北京 : 北京林业大学 , 2006.

[2] 方庆, 卜菁华. 城市滨水区游憩空间设计研究 [J]. 规划师 , 2003, 19(9):46-49.

[3] Water Recreation Opportunity Spectrum Users' Guidebook[R]. U.S.:United States Department of the Interior Bureau of Reclamation,2004.

[4] 刘明丽. 河流游憩机会谱研究 [D]. 北京 : 北京林业大学 ,2008.

[5] 宋秀全. 株洲湘江河西风光带游憩机会谱的构建与应用研究 [D]. 长沙 : 中南林业科技大学 ,2011.

[6] 张海春, 胡雄星, 韩中豪. 黄浦江水系水质变化及原因分析 [J]. 中国环境监测 , 2013, 29(4):55-59.

[7] 上海市城市规划设计院. 重塑浦江 : 世界级滨水区开发规划实践 [M]. 北京 : 中国建筑工业出版社 ,2010.

13 黄浦江核心段滨江公共绿地水体验空间研究

　　本章基于社会调查学的相关理论和方法，选取黄浦江核心段沿岸 6
个具有代表性的公共绿地的 81 个水体验空间为研究对象。从空间数量
规模、形态、构成要素以及周边环境等方面分析水体验空间的特征。
此外，结合使用者的心理特征与需求，系统地梳理了水体验空间质量
评价的理论和方法，构建了水体验空间质量评价体系，对每个水体验
空间的质量等级、上海黄浦江沿岸公共绿地水体验空间质量的综合指
数进行评价，并对不同空间形态水体验空间进行比较分析，以及形态
与质量的相关性分析。最后，针对上海黄浦江核心段沿岸公共绿地水
体验空间存在的问题，提出了优化建议。

13.1 研究对象界定

13.1.1 水体验空间界定

1）水体验

水体验是广义的亲水活动，是人感受水的综合描述，包括看水、听水、戏水、乐水等 [1]。人与水的关系取决于人对水环境的感知与体验，包括视觉、听觉、触觉等。根据体验主体的行为模式，水体验可以分为动态水体验和静态水体验两类。动态水体验即人在动态的过程中感知、体验水景，如在滨水步道中行走、戏水池中游玩、水上活动等；静态水体验即人在静态过程中感知、体验水景，如在座椅、水榭、草坪等空间中休息停留时的赏水感受 [2]。

2）水体验途径

水体验可以通过视觉、听觉、触觉、嗅觉等途径实现看水、听水、戏水、嗅水，并综合所有感官的体验，达到了对水环境、滨水空间、亲水设施、亲水活动等与水相关的事物的体验感受，最终达成乐水的目标 [3]。

3）水体验空间

水体验空间是由水体、植物、道路场地、空间、建构筑物、景观小品及景观配套服务设施所共同构成的，为人们提供看水、听水、戏水、乐水等丰富的游憩活动，并兼具一定的文化性与生态性的滨水空间。

根据空间形态特征，水体验空间可以分为点状水体验空间、线状水体验空间、面状水体验空间。点状水体验空间包含滨水的榭、亭、廊构成的空间；线状水体验空间包含亲水游步道、栈道等线性空间；面状水体验空间包含亲水广场、沙滩和卵石滩等。不同类型的水体验空间的空间领域、伴随活动、空间特点与要求各不相同，如表 13-1-1 所示。

13.1.2 研究样本筛选

本书选取在 2013 年已建成开放的黄浦江核心段两岸公共绿地的限定，统计出 12 个符合条件的黄浦江中心段沿岸公共绿地，其中西岸包括：北外滩滨

表 13-1-1 水体验空间特征

空间形态	点状	线状	面状
空间领域	榭、亭、廊、滨水建筑、小码头等	滨水游步道、木栈道、健身步道、观景大道等	亲水广场、观景平台、入口广场、特殊的活动空间等
伴随活动	坐憩、观景、交谈、就餐	通行、散步、慢跑、观景	休憩、观景、活动、交谈、集散
空间特点	面积相对较小，以滨水建筑为主	空间形态呈线状，长宽比一般大于 3:1，以道路为主	面积相对较大，可以提供活动空间
空间要求	具备观景条件，休憩设施完善，提供林荫覆盖	具备观景条件，连通性好	具备观景条件，有一定的活动空间，相关配套设施完善，提供林荫覆盖

江绿地、外滩（含黄浦公园）、十六铺码头、南园滨江绿地、徐汇滨江；东岸包括：上海船厂滨江绿地、浦东滨江公园、东昌滨江绿地、老白渡滨江绿地、白莲泾公园、世博公园、后滩公园。通过对上述公共绿地的预调研，依据其在上海黄浦江核心段沿岸不同区域、不同规模、不同年代、风格以及周边业态，最终筛选确定了 6 个具有代表性的公共绿地及其高桩平台作为研究样本：外滩（含黄浦公园）、徐汇滨江公园、上海船厂滨江绿地、浦东滨江公园、世博公园和后滩公园，并筛选出 81 个符合条件的空间样本（见图 13-1-1、图 13-1-2、表 13-1-2）。由于黄浦江的防洪要求，沿江都设有较高的防洪墙，81 个水体验空间集中在防洪墙外侧的高架平台上和架空平台上。防洪墙内侧基本难以感知到水。在数量上，各公共绿地水体验空间数量不一，从 4~27 个不等，形态多样。如外滩和黄浦公园，水体验空间数量虽少，但水体验空间的面积总和在空间总面积中的比例是非常高的。

表 13-1-2 水体验空间样地信息一览表

编号	质量等级	空间类型	空间数量/个	空间总数/个	所属绿地	编号	质量等级	空间类型	空间数量/个	空间总数/个	所属绿地
1	Ⅲ级					42	Ⅲ级				
2	Ⅲ级					43	Ⅲ级				
3	Ⅲ级	点状	5			44	Ⅲ级				
4	Ⅲ级					45	Ⅲ级				
5	Ⅲ级			10	上海船厂滨江绿地	46	Ⅲ级	点状	12		
6	Ⅲ级					47	Ⅲ级				
7	Ⅳ级	线状	3			48	Ⅲ级				
8	Ⅲ级					49	Ⅲ级				
9	Ⅲ级	面状	2			50	Ⅲ级				
10	Ⅲ级					51	Ⅲ级				
11	Ⅲ级	线状	3			52	Ⅲ级				
12	Ⅲ级					53	Ⅲ级	线状	4		
13	Ⅲ级					54	Ⅲ级				
14	Ⅲ级			7	外滩（含黄浦公园）	55	Ⅱ级				
15	Ⅲ级	面状	4			56	Ⅲ级			27	徐汇滨江公园
16	Ⅲ级					57	Ⅲ级				
17	Ⅲ级					58	Ⅲ级				
18	Ⅲ级					59	Ⅲ级				
19	Ⅲ级					60	Ⅲ级				
20	Ⅲ级					61	Ⅲ级	面状	11		
21	Ⅲ级					62	Ⅲ级				
22	Ⅲ级	点状	9			63	Ⅲ级				
23	Ⅲ级					64	Ⅲ级				
24	Ⅲ级					65	Ⅲ级				
25	Ⅲ级					66	Ⅲ级				
26	Ⅲ级					67	Ⅲ级	线状	2		
27	Ⅲ级					68	Ⅲ级			4	后滩公园
28	Ⅲ级			22	浦东滨江公园	69	Ⅲ级	面状	2		
29	Ⅲ级	线状	6			70	Ⅲ级				
30	Ⅲ级					71	Ⅲ级				
31	Ⅲ级					72	Ⅲ级	点状	3		
32	Ⅲ级					73	Ⅲ级				
33	Ⅲ级					74	Ⅳ级				
34	Ⅲ级					75	Ⅲ级				
35	Ⅲ级					76	Ⅲ级	线状	5	11	世博公园
36	Ⅲ级	面状	7			77	Ⅲ级				
37	Ⅲ级					78	Ⅲ级				
38	Ⅲ级					79	Ⅲ级				
39	Ⅲ级					80	Ⅲ级	面状	3		
40	Ⅲ级	点状			徐汇滨江公园	81	Ⅲ级				
41	Ⅲ级					合计				81	

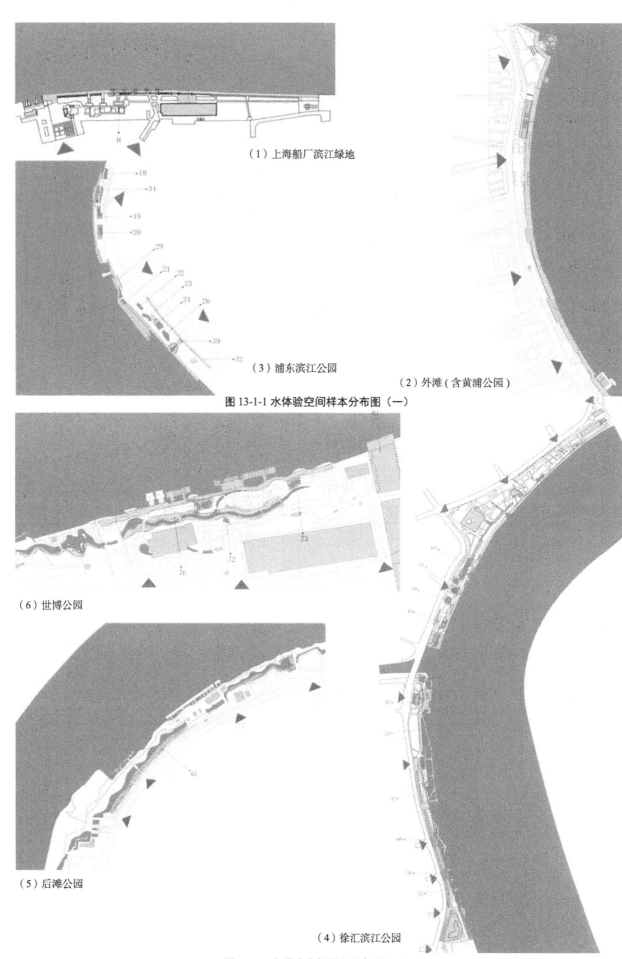

（1）上海船厂滨江绿地

（3）浦东滨江公园

（2）外滩（含黄浦公园）

图 13-1-1 水体验空间样本分布图（一）

（6）世博公园

（5）后滩公园

（4）徐汇滨江公园

图 13-1-2 水体验空间样本分布图（二）

13.2 水体验空间特征分析

13.2.1 水体验空间类型与特征分析

1）点状水体验空间特征分析

点状水体验空间包含滨水的榭、亭、廊等滨水建筑空间。调研结果显示，滨水公共绿地中的点状水体验空间较多，且点状空间往往是餐饮建筑，一般具有较开阔的视野，离水岸有一定距离，如图13-2-1所示。此外，还有用于观赏、休憩的临水张拉膜亭，以及用于观景的小码头等，包括：上海船厂滨江绿地1~5号空间，浦东滨江公园18~26号空间，徐汇滨江公园40~51号空间，世博公园71~73号空间，如表13-1-2所示。

2）线状水体验空间特征分析

线状水体验空间包含亲水游步道、栈道等线性空间。调研结果显示，滨水公共绿地中线状水体验空间的占比是最大的，所有滨水公共绿地都设置了临水的游步道。线状水体验空间具有良好的连通性，串联了点状和面状水体验空间，是公园水体验的主要游线（见图13-2-2），包括：上海船厂滨江绿地6~8号空间，外滩（含黄浦公园）11~13号空间，浦东滨江公园27~32号空间，徐汇滨江公园52~55号空间，后滩公园67~68号空间，世博公园74~78号空间（见表13-1-2）。

3）面状水体验空间特征分析

面状水体验空间包含沙滩、卵石滩、亲水广场等。调查结果显示，黄浦江滨水公共绿地中面状水体验空间的主要形式为亲水广场、亲水平台以及具有高低错落的组合形式，如浦东滨江公园中防洪堤上的广场和一级平台上的亲水广场组合布置的形式；此外还有在线状水体验空间入口放大成为面状水体验空间的形式，如外滩的滨水步道的多个入口空间都做了放大处理（见图13-2-3），包括：上海船厂滨江绿地9~10号空间，外滩（含黄浦公园）14~16号空间，浦东滨江公园33~39号空间，徐汇滨江公园56~66号空间，后滩公园69~70号空间，世博公园79~81号空间（见表13-1-2）。

(1) 上海船厂滨江绿地1号空间　(2) 浦东滨江公园21号空间

图13-2-1 点状水体验空间

(1) 浦东滨江公园27号空间　(2) 浦东滨江公园28号空间

图13-2-2 线状水体验空间

(1) 浦东滨江公园28号空间　(2) 世博公园81号空间

图13-2-3 面状水体验空间

13.2.2 水体验空间构成要素分析

调查结果显示，黄浦江核心段滨江公共绿地81个样本水体验空间内部构成要素包括铺装、景观建筑、景观小品与设施、内部植物。

1）铺装

通过对81个水体验空间铺装的调查研究可以发现，场地内部铺装的材质主要有：石材类、木质类、地砖类、混凝土类等四大类。其中，石材类和木材类应用较广，分别占33.04%和33.92%，地砖类和混凝土使用率稍低，分别占18.26%和14.78%。石材类和地砖类主要用于广场、入口等较大尺度空间中；木材类主要用于栈道、亲水平台等亲水性较好的空间中；混凝土类包括水泥和沥青，通常用于健身步道（见图13-2-4）。

铺装形式主要分为整体铺装、块状铺装以及碎石铺装3类。在水体验空间中块状铺装主要以预制混凝土块砖、红砖、瓷砖、石块、木材铺砌而成，主要运用于亲水广场、亲水步道、观景平台中，其应用最为普遍；整体铺装以整片的混凝土、沥青、

图 13-2-4　样本水体验空间铺装材质统计图

塑胶铺地为主，少量运用在健身步道和游步道中；碎石铺装主要由卵石、瓦片等材质组合使用，常作为装饰与块状铺装结合铺砌。不同形式的铺装效果如表 13-2-1 所示。

铺装作为水体验空间内部的重要组成部分，根据其不同的材质和形式，应具有不同的功能划分，其功能包括明确空间界定、交通导向、提供活动支撑以及文化表达等（见表 13-2-2）。

2）景观建筑

单体景观建筑具备休憩和观景的功能，构成点状水体验空间的主体。主要分布在浦东滨江公园、世博公园和徐汇滨江公园中，在建筑风格上以钢结构落地玻璃为主，观景视线较通透（见表 13-2-3）。

3）景观小品与设施

景观设施在滨水空间中可以极大地提升使用者的亲水体验。景观小品与设施分为配套设施和安全设施两大类，配套设施包括景观小品设施，如景观雕塑；坐憩设施，如座椅、亭、廊等；康体设施，如健身步道等；儿童游憩设施，如儿童攀岩设施等；标识设施，如导视牌、各类标志等；环卫设施，如垃圾桶等；照明设施，如园灯、地灯、草坪灯等。安全设施则包括台阶与坡道、栏杆、救生设施和应急疏散设施。

在黄浦江核心段沿岸公共绿地中以上的各类设施均有设置，但效果参差不齐。

（1）景观艺术设施。景观小品是放置在室外的艺术品，在景观中有点睛之意。景观小品设施一般既具有实用功能，也具有文化与艺术特色。黄浦江核心段沿岸公共绿地建设时注重将黄浦江两岸的遗留物通过艺术的手法加以保留，在上海船厂滨江绿地、徐汇滨江和外滩中有布置，景观效果较好，体现了美观和精神价值（见表 13-2-4）。

（2）照明设施。照明设施是水体验空间夜间最重要的设施，调查发现，照明设施在数量和布置上整体较为齐全，样式种类丰富，但质量美感度较一般（见表 13-2-5）。

（3）安全设施。前文列举了安全设施包括栏杆、台阶、救生设施、安全警示设施等，其数量、分布、质量是安全性的重要考量因素，在滨水公共绿地中，安全设施是亲水体验的保障，调查中发现，黄浦江沿岸公共绿地安全设施较完善，数量充足，质量基本满足要求（见表 13-2-6）。

（4）坐憩设施。坐憩设施是水体验空间最基础的构成要素之一，为体验者提供了舒适的坐凳、座椅。调查发现，黄浦江沿岸的坐憩设施以单独的木质座椅和石质花坛的边缘为主（见表 13-2-7）。

（5）康体设施。康体设施在水体验空间中主要包括各类健身设施、游戏设施和慢跑步道，在黄浦江沿岸没有形成较完整的健身慢跑步道体系，调查发现，仅在徐汇滨江有专门的慢跑步道。活动设施在水体验空间中专为儿童青少年提供了丰富多样的活动形式，但在 6 个样本绿地中，仅有徐汇滨江绿地攀岩墙等活动设施（见表 13-2-8）。

（6）标识设施。标识设施是公共绿地的基础设施之一，为行人和游客提供指示功能。调查中发现，黄浦江沿岸公共绿地中的标识设施较为完善，一个公园内设有多个导视牌，信息展示较清晰、明确，如表 13-2-9（1）所示。

（7）环卫设施。水体验空间中环卫设施主要指垃圾箱以及环卫工作用地等。据调查，环卫设施布置基本齐全，公园整体的卫生情况也较好，但设计较为随意，艺术感较弱，如表 13-2-9（2）所示。

总体来看，景观设施的数量和布置在黄浦江滨水公共绿地中基本能够得到满足，由于单一水体验空间在规模上有所局限，不是所有空间均有充足的景观设施，但空间之间相互协调，总体上基本可以满足使用者的需求。

4）植物

在滨水公共绿地水体验空间中，植物较多的是作为空间的边界构成要素，在空间内部相对较少。水体验空间中植物的布置形式可以分为孤植、散植和群植。不同的种植形式如表 13-2-10（1）所示。

孤植以单棵植物点状种植为景观的种植形式，体现单棵的姿态美、个体美。散植是指在一个空间中，同类植物分散种植，体现了植物之间的相互呼应关系和阵形之美，其中树阵就属于散植中的等距散植。群植则是乔木、灌木、地被的组合种植形式，体现了不同植物搭配的整体效果和组合之美。调查发现，在水体验空间中，散植和群植是较为常见的种植形式。

空间内部的植物根据其所处的不同位置和种植形式而具有不一样的功能，其功能主要包括观赏型、生态型和林荫型。不同的植物功能如表 13-2-10（2）所示。

观赏型植物是指具有观赏价值的，可以形成视觉焦点的植物或植物群落，通常为孤植和群植的种植形式。生态型植物是指具有防风、防尘、降噪声等功能的植物，该类植物通过群植和散植的种植形式自然地将空间进行划分，分隔出符合使用者需求的空间。林荫型植物通过其树冠提供给内部使用者不受阳光直射的较为舒适的空间。

表 13-2-1 样本水体验空间铺装形式一览表

整体铺装	块状铺装	碎石铺装
世博公园空间 77	上海船厂滨江绿地空间 6	世博公园空间 76

表 13-2-2 样本水体验空间不同功能的铺装一览表

空间界定	交通导向	活动支撑	文化表达
世博公园空间 76	徐汇滨江空间 59	世博公园空间 81	后滩公园空间 67
徐汇滨江空间 53	世博公园空间 77	滨江公园空间 37	徐汇滨江空间 41

表 13-2-3 样本水体验空间景观建筑一览表

滨江公园空间 18 S. Teppanyaki 餐厅	滨江公园空间 19 滨浦汇餐厅	滨江公园空间 20 望海餐厅	滨江公园空间 21 哈根达斯甜品店
滨江公园空间 22 许留山甜品店	滨江公园空间 23 麝香猫咖啡店	滨江公园空间 24 星巴克咖啡店	滨江公园空间 25 天水恋餐厅
徐汇滨江空间 45 Memory 咖啡店	徐汇滨江空间 46 Timeroamer 餐厅	徐汇滨江空间 47 琥珀 Amber 餐厅	徐汇滨江空间 50 Talian Restaruast & Bar
世博公园空间 71 管理服务建筑	世博公园空间 72 管理服务建筑	世博公园空间 73 管理服务建筑	

表 13-2-4 样本水体验空间景观艺术设施一览表

| 上海船厂滨江绿地空间 6 | 上海船厂滨江绿地空间 6 | 滨江公园空间 34 | 滨江公园空间 37 |
| 滨江公园空间 37 | 后滩公园空间 69 | 后滩公园空间 68 | 后滩公园空间 69 |

| 世博公园空间 80 | 世博公园空间 77 | 外滩（含黄浦公园）空间 14 | 徐汇滨江空间 55 |
| 徐汇滨江空间 55 | 徐汇滨江空间 63 | 徐汇滨江空间 53 | 徐汇滨江空间 53 |

表 13-2-5　样本水体验空间照明设施现状

| 世博公园空间 77 | 外滩（含黄浦公园）空间 14 | 上海船厂滨江绿地空间 1 |
| 滨江公园空间 37 | 后滩公园空间 68 | 后滩公园空间 68 |

表 13-2-6　样本水体验空间安全设施一览表

| 上海船厂滨江绿地空间 6 | 上海船厂滨江绿地空间 6 | 上海船厂滨江绿地空间 6 | 上海船厂滨江绿地空间 1 |
| 滨江公园地空间 31 | 滨江公园空间 30 | 后滩公园空间 67 | 后滩公园空间 69 |

（续表）

后滩公园空间 68	后滩公园空间 70	世博公园空间 77	世博公园空间 80
徐汇滨江空间 55	徐汇滨江空间 62	徐汇滨江空间 52	

表 13-2-7 坐憩设施现状

徐汇滨江空间 57	上海船厂滨江绿地空间 6	滨江公园空间 37	后滩公园空间 67
后滩公园空间 67	后滩公园空间 68	世博公园空间 71	世博公园空间 76
世博公园空间 77	世博公园空间 77	徐汇滨江空间 54	徐汇滨江空间 55

表 13-2-8 康体设施现状

徐汇滨江空间 53	徐汇滨江空间 53	徐汇滨江空间 55	徐汇滨江空间 64

表 13-2-9 标识设施与环卫设施一览表

（1）标识设施

徐汇滨江空间 52	后滩公园空间 67	上海船厂滨江绿地空间 6	滨江公园空间 37

（1）标识设施 　　　　　　　　　　　　　（2）环卫设施

徐汇滨江空间 55	上海船厂滨江绿地空间 6	滨江公园空间 27	上海船厂滨江绿地空间 6

（2）环卫设施

后滩公园空间 67	世博公园空间 75	外滩（含黄浦公园）空间 11	徐汇滨江空间 53

表 13-2-10 样本水体验空间植物特征一览表

（1）植物种植形式

孤植	散植	群植

徐汇滨江空间 63	世博公园空间 77	上海船厂滨江绿地空间 6

（2）植物景观功能

观赏型	生态型	林荫型

徐汇滨江空间 48	后滩公园空间 67	世博公园空间 77

13.3 水体验空间质量评价

13.3.1 评价体系构建

通过对游客与相关领域的专家进行水体验空间的结构性问卷调查，以此为依据筛选水体验空间质量评价指标、确定各指标的权重、建立质量等级的评判标准；同时通过建立数学评价模型，采用综合指数法对评价数据进行统计分析，确定水体验空间质量等级。

1）评价指标筛选

研究表明，使用者在水体验空间期望得到亲水性、安全性和私密性、舒适性和观赏性、文化性等需求的满足。水体验空间的好坏取决于这类空间是否能为使用者营造出功能与行为相符、实用性与舒适性相结合、景色优美的高品质环境，满足使用者生理、心理和社会等多方面的需求[4]。只有当人们找到环境与心理上的共鸣，使行为和环境相互契合，才能够更加固化这种模式，将空间的价值最大限度发挥。

由此，本书从上海黄浦江核心段沿岸公共绿地的实际情况出发，结合相关学科理论，对其空间构成特征、界面要素特征等进行分析和总结，基于使用者需求归纳总结影响水体验空间质量的各个因素。通过文献研究及相关专家征询意见，确立了亲水度、舒适度、美感度3个评价准则层。方案层评价指标综合了近年来的研究成果、水体验空间景观结构要素、人体工程学、景观生态学及美学相关理论，并参考专家及专业老师建议筛选出空间类型多样性、亲水设施多样性、安全性等指标。最终形成1个目标层，3个准则层指标，15个因子层指标的水体验空间质量评价体系，如图13-3-1所示。

（1）亲水度。亲水度是人在滨水空间中接近水的程度，是滨水空间的最主要特征。主要考察空间和水的关系，包括类型、数量、感官性、安全性等，关注空间本身所能提供的水体验实体要素。

（2）舒适度。基于使用者对整体环境的使用感受。主要考察水体验空间是否可以提供舒适的体验，避免受到环境、行为障碍和气候等影响；使用者在与休憩设施、铺装等发生关系时，各实体要素与其行为和心理需求是否相协调，同时也包含了使用者与外部环境信息交流的适宜性和整体环境带给人们的心理感受。

（3）美感度。使用者对环境的认知和理解，其中又属视觉感知最为发达，能从外环境获取大量信息。在环境当中，以视觉冲击为主的感知要素主要有实体要素的色彩、形式和一些非视觉的生理感知，如水波光影、芳香、水声等，左右着人们的情感和对空间的感受。这里主要考察场地内及场地周边环境中的物质要素和非物质要素等对使用者所产生的认知影响。

2）评价模型构建

(1)指标权重确定。评价指标的权重邀请了30位风景园林专业人士共同参与填写判断矩阵，并将打分结果输入YAAHP v6.0patch2软件生成模型图和计算结果。根据水体验空间质量评价指标构建出

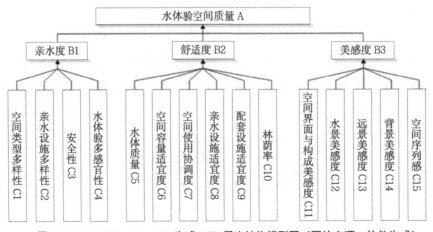

图13-3-1 YAAHP v6.0patch2生成AHP层次结构模型图（图片来源：软件生成）

AHP 层次结构模型（见图 13-3-1）。

在层次分析法（AHP）中，因子的权重值反映了其重要程度，说明了该因子在总体指标中的地位以及对总体指标重要性的影响程度，如表 13-3-1 的总排序权重所示。

在判断矩阵当中，当 $n≥3$ 时，将计算结果代入公式 13-3-1：

$$CR = \frac{\lambda_{max}-n}{RI(n-1)} \quad (13-3-1)$$

只有当 CR 结果 <0.1 时，矩阵一致性检验通过，准则层一致性检验结果为 $\lambda_{max}=3.0183$，$CR=0.0176<0.1$，因子层一致性检验结果如表 13-3-1。根据对各层层次单排序的计算和一致性检验，最终确定了各指标因子的总排序权重，如表 13-3-1 所示。

(2) 水体验空间单因子质量评价模型。针对每个空间的 15 项指标因子，根据所有实际受访者的打分，计算出每一个指标因子的均值并求出单因子指标得分 $\bar{X}_i$（$i = 1，2，3，…，15$），其中 r 代表空间实际打分人数：

$$\bar{X}_i = \frac{X_1+X_2+X_3+\cdots+X_r}{r} \quad (13-3-2)$$

（3）水体验空间综合质量评价模型

在确定各层指标权重的基础上，可以建立水体验空间质量的综合评价模型：

$$M_\beta = \sum_{i=1}^{n} F(C_i)W(C_i) \quad (13-3-3)$$

其中，M_β 代表空间综合评价值，$F（C_i）$ 表示各指标层因子的得分，$W（C_i）$ 代表此指标因子相对于目标层的权重大小。

3）质量等级划分与取值标准

目前，学术界对水体验空间的界定和质量评价尚未涉及，本研究以样本空间的现场调研数据和专家咨询意见为主，借鉴了相关领域的研究成果，确定了评价等级与取值标准。按照李克特量表 5 分法，水体验空间质量的评价因子赋值由高到低划分为 5 个等级：Ⅰ级（优秀）、Ⅱ级（良好）、Ⅲ级（中等）、Ⅳ级（较差）、Ⅴ级（极差），如表 13-3-2 所示。

水体验空间质量等级包括景观因子质量等级和景观综合质量等级两部分，由于不同类型的空间质量差异性较大，本节根据滨水公共绿地水体验空间

质量等级的现状，确定划分为 4 个等级（见表 13-3-3）。

（1）亲水度取值标准。亲水度 B1 是人在滨水空间中接近水的程度，是描述滨水空间质量的最主要特征。亲水度质量由空间类型多样性 C1、亲水设施多样性 C2、安全性 C3 和水体验多感官性 C4 等 4 个因子加权决定（见表 13-3-4）。

（2）舒适度取值标准。舒适度是基于游憩者对整体环境的使用感受，主要从使用者的角度出发，舒适度准则中包括水体质量 C5、空间容量适宜度 C6、空间使用协调度 C7、亲水设施适宜度 C8、配套设施适宜度 C9 和林荫率 C10 等 6 个因子（见表 13-3-5）。

（3）美感度取值标准。空间的美感度更多的是影响着使用者的心理感受和情感。对一个空间来说，有前、后、左、右、上、下这 6 个层面。本研究从这 6 个层面出发考察空间美感度，形成空间本体、主景、远景、背景和空间序列这 5 个层次（见图 13-3-2）。美感度 B3 由空间界面与构成美感度 C11、水景美感度 C12、远景美感度 C13、背景美感度 C14 和空间序列感 C15 等 5 个因子加权决定的（见表 13-3-6）。

①空间界面与构成美感度：空间界面与构成即水体验空间的本体，包含了空间的边界和内部基本组成要素，如地面铺装、上层植物覆盖、临水栏杆、挡墙、内部设施等。界面美感度的优劣，取决于各界面要素的造型、形式是否和整体环境契合，是否相互间契合，并且是否具有一定的艺术效果和视觉美感。此外，黄浦江滨水公共绿地中有很多具有历史文化纪念意义的建筑、构筑物、设施等，是否较好地保留、修缮、展现到游人面前也是空间本体构成美感度的重要评价依据之一。②水景美感度：水景美感度是由水体的质量、形态，水景对使用者产生的美好感受决定的。③远景美感度：在滨水公共绿地中游览时，使用者可以感知到的不只是空间和水体这两部分，对岸的景观也是重要的观赏内容。外滩建筑群、陆家嘴建筑群等都是黄浦江重要的远景景观。因此远景美感度主要考察了对岸的建筑、

构筑、桥梁、城市天际线等的整体感、艺术感。④背景美感度：背景是指水体验空间背水侧的景观，包括防护堤、植被、建筑等，是水体验空间不可忽视的一面。主要考察背景与空间本体和主景的协调度、整体感和艺术感。⑤空间序列感：空间序列感更多的是对于线状水体验空间来说的，在层次上可以归为空间本体的层面，但是由于讨论的是滨水公共绿地，其本身具有极强的线状特征，内部空间也是以线状形态为主，因此这里单独列出进行评价。空间序列感强表明空间具有极强的导向性。主要考察了空间的线型、材质、色彩、设施、照明等方面设计的整体感、艺术感、节奏感等。

表 13-3-1 层次排序权重

目标层	准则层	准则层权重	一致性检验	因子层		单排序权重	总排序权重
水体验空间质量 A	亲水度 B1	0.5499	λ_{max}=4.2604 CI=0.0868 CR=0.0975<0.1	空间类型多样性	C1	0.0808	0.0445
				亲水设施多样性	C2	0.0530	0.0292
				安全性	C3	0.6282	0.3455
				水体验多感官性	C4	0.2380	0.1307
	舒适度 B2	0.2098	λ_{max}=6.5597 CI=0.1119 CR=0.0888<0.1	水体质量	C5	0.4701	0.0987
				空间容量适宜度	C6	0.1180	0.0248
				空间使用协调度	C7	0.2324	0.0488
				亲水设施适宜度	C8	0.0942	0.0198
				配套设施适宜度	C9	0.0521	0.0109
				林荫率	C10	0.0332	0.0070
	美感度 B3	0.2403	λ_{max}=5.2046 CI=0.0512 CR=0.0457<0.1	空间界面与构成美感度	C11	0.0540	0.0130
				水景美感度	C12	0.3418	0.0821
				远景美感度	C13	0.3418	0.0821
				背景美感度	C14	0.1596	0.0383
				空间序列感	C15	0.1028	0.0246
	合计	1.0000					1.0000

表 13-3-2 空间质量评价因子评分标准

分值	5	4	3	2	1
等级	I 级（优秀）	II 级（良好）	III 级（中等）	IV 级（较差）	V 级（极差）

表 13-3-3 景观质量等级划分标准

分值	4.5<X_i≤5	4<X_i≤4.5	3<X_i≤4	0<X_i≤3
等级	I 级（优秀）	II 级（良好）	III 级（中等）	IV 级（较差）

表 13-3-4 亲水度评价指标取值标准

准则层	指标层	取值标准
亲水度 B1	空间类型多样性 C1	空间类型非常丰富，内部构成多样，滨水空间主题表达明确，可提供丰富的水体验活动和优美的亲水感受得5分；空间类型极为单一，水体验和亲水感受极差得1分；其他等级依次类推
	亲水设施多样性 C2	亲水设施类型非常丰富，配套设施种类齐全，滨水空间主题明确，人水相亲，亲水性极好，满足不同人群的使用需求得5分；亲水设施极为单一，配套设施缺失，亲水性极差，不能满足人群的使用需求得1分；其他等级依次类推
	安全性 C3	安全设施数量充足，种类完善，防护性能达标，外观无破损得5分，安全设施完全不足，种类缺失，完全无法达到防护要求，存在极大的安全隐患，外观破旧得1分；其他等级依次类推
	水体验多感官性 C4	水体验感官类型丰富，有极好的看水条件和听水条件，嗅觉上无任何难闻气味，提供可接触水的亲水活动得5分；有受限制的看水条件或者听水条件，嗅觉上能明显感受到江水腥臭味，无法接触水得1分；其他等级依次类推

表 13-3-5 舒适度评价指标取值标准

准则层	指标层	取值标准
舒适度 B2	水体质量 C5	空间水质总体优秀，清澈无腥臭味，水上无任何杂物得5分；水质极差，有强烈的腥臭味，水上布满藻类、水葫芦、垃圾等杂物得1分；其他等级依次类推
	空间容量适宜度 C6	空间的大小和规模与其所应有承载力完全符合，无任何拥挤感，空间非常适合展开相应活动得5分；空间的大小和规模与其所应有承载力完全不符合，拥挤感明显，空间非常不适合展开活动得1分；其他等级依次类推
	空间使用协调度 C7	与公园和周边环境相协调，空间内部活动符合滨水空间特点，整体氛围十分协调得5分；与公园和周边环境不协调，空间内部活动不符合滨水空间特点，整体氛围不协调，丧失原本的功能得1分；其他等级依次类推
	亲水设施适宜度 C8	亲水设施数量充足，分布合理，尺度合适，材质恰当舒适，整体干净整洁，能完全满足人的游憩需求得5分；亲水设施数量完全不足，分布极不合理，尺度不合适，材质不舒适，整体杂乱，无法使用，完全不能满足人的游憩需求得1分；其他等级依次类推
	配套设施适宜度 C9	照明设施等配套设施数量充足，分布合理，种类完善，整体干净整洁，能完全满足人的游憩需求得5分；照明设施等配套设施数量完全不足，分布极不合理，种类缺失，整体杂乱，无法使用，完全不能满足人的游憩需求得1分；其他等级依次类推
	林荫率 C10	适宜的林荫覆盖，营造出了舒适的游憩空间，与周边环境协调，完全满足使用者的游憩需求得5分；无林荫覆盖，且与周边环境极不协调，游憩空间极其不舒适，完全不能满足使用者的游憩需求得1分；其他等级依次类推

表 13-3-6 美感度评分取值标准

准则层	指标层	取值标准
美感度 B3	空间界面与构成美感度 C11	雕塑小品、景墙、护栏等设计富有艺术感，铺装、休憩设施与整体相互协调，遗留的建筑、设施的历史文化氛围突出，观赏性极好得5分；雕塑小品、景墙、护栏、铺装、休憩设施整体格格不入，零乱且没有艺术感，遗留的建筑、设施毫无历史文化氛围，不具有观赏性得1分；其他等级依次类推
	水景美感度 C12	水质较好，形态优美，能带给观赏者舒适美好的感受得5分；水质极差，形态普通，给观赏者带来较差的感觉得1分；其他等级依次类推
	远景美感度 C13	城市天际线优美，对岸的建筑、构筑物等极具整体感、识别度高，极具美感得5分；对岸建筑、构筑物布局零乱、破旧、没有特色，毫无美感得1分；其他等级依次类推
	背景美感度 C14	背景植物长势良好，层次、色彩丰富，配置多样，比例协调，观赏性强，背景建筑有特色，整体感识、识别度高，美感度高得5分。背景植物长势较差，较为零乱，背景建筑较破旧、没有特色，毫无美感度得1分；其他等级依次类推
	空间序列感 C15	空间序列感强，导向性明显，线型收放有致，节奏感强，使用的材质、色彩、设施等极为协调，极具美感得5分；毫无序列感，导向性不明显，线型单调僵硬，没有节奏感，得1分；其他等级依次类推

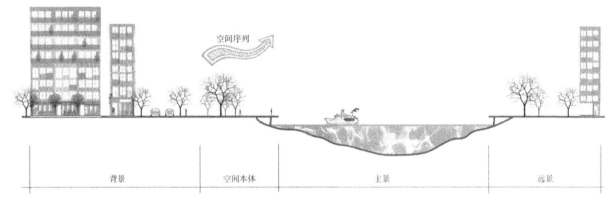

图 13-3-2 水体验空间层次图

13.3.2 水体验空间质量等级分析

1）样本空间水体验质量分析

（1）样本空间单因子质量分析。如图13-3-3所示，上海黄浦江滨水公共绿地81个样本空间的15个评价因子的平均质量等级在中等线上下浮动。其中，Ⅳ级（较差）的因子数为4项，包括亲水设施多样性C2、水体质量C5、林荫率C10、水景美感度C12，占总因子数的26.7%；Ⅲ级（中等）因子数为10项，包括空间类型多样性C1、水体验多感官性C4、空间容量适宜度C6、空间使用协调度C7、亲水设施适宜度C8、配套设施适宜度C9、空间界面与构成美感度C11、远景美感度C13、背景美感度C14、空间序列感C15，占总因子数的66.7%；Ⅱ级（良好）因子数为1项，包括安全性C3，占总因子数的6.6%；Ⅰ级因子数为0项。

由图13-3-4可以看出，81个样本空间的15项指标因子主要集中分布在2.0~4.0的分值区间中，即中等水平上下浮动，只有少量指标，如安全性C3的分值达到优秀水平。空间类型多样性C1和林荫率C10的质量等级浮动较大。

综上所述，黄浦江中心段公共绿地水体验空间质量主要的制约因素是：水景不美、亲水设施少，较低的林荫率不能提供舒适的水体验空间。而水体验空间最好的是安全性，黄浦江属于潮汐江，水位变化较大，滨水区防护设计按照千年一遇的水位标高进行设计，因此驳岸较高，且栏杆等安全设施较为完善。

（2）样本空间综合质量等级排序。将81个水体验空间质量等级按分值高低排序得到单体空间质量排序图（见图13-3-5），纵坐标是空间质量等级，横坐标是空间编号。Ⅰ级以上的空间数为0；Ⅱ级空间数为1（见表13-3-7），占总空间数的1.23%，分值不高，仅稍高于良好线；Ⅲ级空间数为78，占总空间数的96.30%，说明整体水体验空间水平较一般；Ⅳ级空间数为2（见表13-3-8），占总空间数的2.47%。

上海黄浦江沿岸公共绿地水体验空间质量在Ⅲ级的超过了95%，Ⅱ级和Ⅳ级的空间分数也和Ⅲ级的分数区间偏差不大，说明水体验空间仅能基本上达到使用者的要求，在亲水度、舒适度和美感度上都有较大的提升空间。

2）不同形态空间水体验质量等级分析

（1）不同形态空间水体验综合质量分析。81个样本空间中点状水体验空间有 29 个，其水体验质量等级排序如图 13-3-6 所示，纵坐标是空间质量等级，横坐标是空间编号。29 个点状水体验空间质量皆为Ⅲ级空间。

81 个样本空间中线状水体验空间有 23 个，其

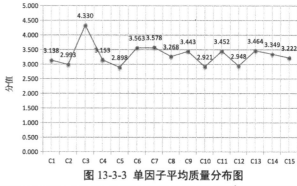

图 13-3-3 单因子平均质量分布图

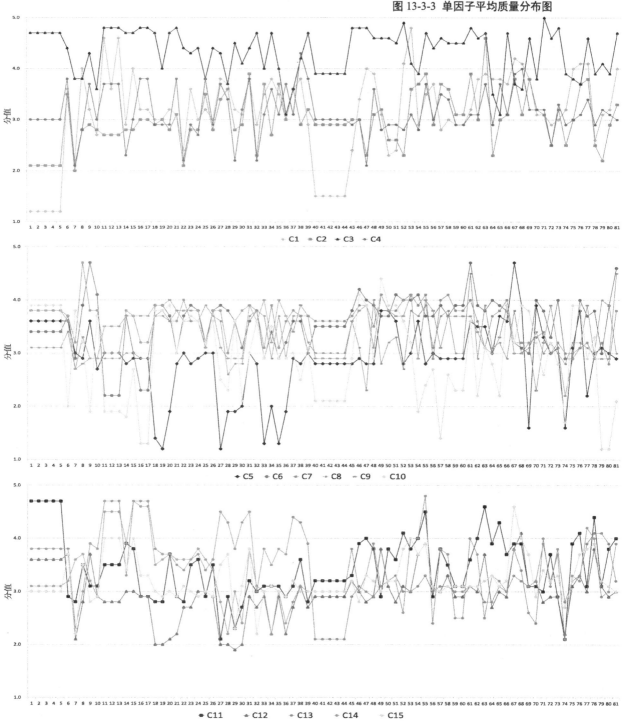

图 13-3-4 样本空间单因子质量分布图

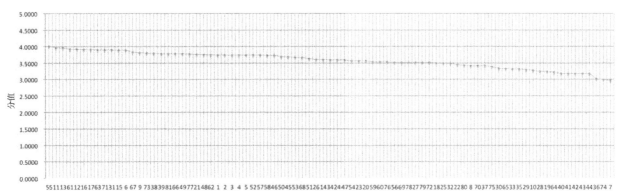

图 13-3-5 样本空间水体验综合质量排序图

表 13-3-7 徐汇滨江 55 号样本空间特征一览表

徐汇滨江绿地 55 号空间位于徐汇滨江北段临水处，滨水步道宽约 4~10m，视线极为开阔，综合质量等级为Ⅱ级

亲水度	舒适度	美感度
紧临黄浦江，面水侧设置了镂空金属栏杆，视线通透，且安全性较好；提供了较好的看水和听水条件	所处水域水质浑浊，呈现灰黄色，水面有藻类和水葫芦等，无腥臭味，水质中等；空间容量适宜，步道中间设置有少量座椅，便于游人休息；亲水步道和健身步道相结合布置，整体协调性较高；花坛中种植高大乔木和修剪规整的灌木，林荫率较好	迎水面视野开阔，但因水质较差，水面杂物较多，水景观效果一般；保留有工业塔吊，形成独特的历史文化景观；花岗岩铺装颜色、形式丰富，组合多样，整体较为协调；远景城市界面以绿化为主，较为单一；背景植物自然茂盛，乔灌结合，植物景观美感度较高；空间序列以笔直的折线为主，局部景观节点收放有致，形成一定的序列感

表 13-3-8 上海船厂滨江绿地 7 号样本空间特征一览表

上海船厂滨江绿地 7 号样本空间，位于上海船厂滨江绿地的架空平台上，空间规模较小，宽度仅可供两人并排通过，是较为隐蔽的人行通道。水体验综合质量等级为Ⅳ级

亲水性	舒适度	美感度
该空间为笔直的通道，空间狭窄，无亲水设施；视线遮挡较严重，有一定私密性，但亲水性较差；靠近架空平台侧有简单的栏杆，保障了安全性；不具有看水条件，但由于有空隙的存在，江水拍岸的声音明显，人可以坐在花坛边听水	空间见水率较低，水景质量影响较小，无腥臭味；空间背水侧花坛边缘提供了丰富的座位，但因空间过于狭窄，坐下后面对近距离的栏杆，且行人通过时显得较拥挤，舒适性较差。此外由于位置隐蔽，和架空平台有一定距离，私密性良好。空间前景为高大乔木，背景为后退的草坡和背景乔木，林荫覆盖率较好	迎水面视野开阔，但因水质较差，水面杂物较多，水景观空间视野狭窄，很难有水景观的感受；铺装有一定肌理变化、防滑性好、韵律感强；空间两侧植物茂盛，前景植物遮挡严重，景观效果较差，背景植物做了后退处理，但缺乏层次感，景观效果一般

质量等级排序如图 13-3-7 所示。23 个线状水体验空间中Ⅱ级空间数为 1，占空间数的 4.35%；Ⅲ级空间数为 20，占空间数的 86.95%；Ⅳ级空间数为 2，占空间数的 8.70%。

81 个样本空间中面状水体验空间有 29 个，其

质量等级排序如图 13-3-8 所示，纵坐标是空间质量等级，横坐标是空间编号。29 个面状水体验空间质量皆为Ⅲ级。

分别选取点状、线状、面状水体验空间所有空间综合质量等级，计算其平均值，绘制出不同空

间形态的水体验空间综合质量分布图（见图13-3-9）。点状水体验空间 M_β=3.5690，线状水体验空间 M_β=3.5922，面状水体验空间 M_β=3.5968，均为Ⅲ级中等水平。3种类型水体验空间质量较为平均，几乎处于同一水平，都没有达到良好线，面状空间质量稍高，点状空间质量稍低。

（2）不同形态水体验空间单因子质量分析。分别选取点状、线状、面状水体验空间所有空间各因子指标的平均值，绘制出不同空间形态的水体验空间各因子质量分布图（见图13-3-10）。由图13-3-10

可以看出，3种形态的水体验空间各因子分布整体一致。由于空间范围较小，形式较为单一，点状水体验空间的空间类型多样性 C1 和亲水设施多样性 C2 的得分相对较低，同时空间类型多样性 C1 是点状水体验空间的最低值。由于滨水空间较开阔，种植乔木较少，面状水体验空间和线状水体验空间的林荫率 C10 得分相对较低，且林荫率 C10 是面状水体验空间的最低值。线状水体验空间的各因子得分波动相对较小，其中水体质量 C5 是其得分最低值，主要由于黄浦江水体整体较差，线状空间的亲水面较长。

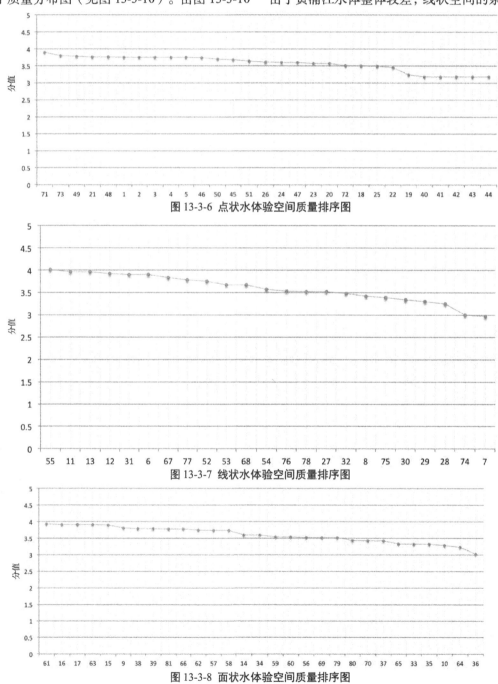

图 13-3-6 点状水体验空间质量排序图

图 13-3-7 线状水体验空间质量排序图

图 13-3-8 面状水体验空间质量排序图

3 类空间都在安全性 C3 上达到最高值，说明黄浦江沿岸公共绿地的设计非常注重水体验的安全性，安全性均达到了良好的水平，接近优秀。

3）不同公园水体验质量比较分析

（1）单因子质量等级。分别选取各公共绿地水体验空间所有空间各因子指标的平均值，绘制出不同公共绿地的水体验空间各因子质量分布图（见图 13-3-11）。

由图 13-3-11 可以看出不同公园水体验空间各评价因子分布呈现一定走势，分值总体分布在 3~4 分之间，与 81 个样本空间因子分布情况也较为一致。其中在安全性 C3 指标上都有较高的得分，大部分公园达到良好水平。在林荫率 C10 上大部分公园都有相对较低的走势。由于不同公园各有特点，某些因子较为突出，如外滩（含黄浦公园）在美感度的指标上都取得了较高的得分，但林荫率低的特点也很

明显；滨江公园的附近水域水质很差也反映在了其水体质量 C5 这一因子上；上海船厂滨江绿地的空间较开阔，以大面积铺装为主，因此在空间类型多样性 C1 上得分不高。

（2）综合质量等级排序。分别选取各公共绿地水体验空间所有空间综合质量等级，计算其平均值并排序，绘制出不同公共绿地中水体验空间的综合质量分布图（见图 13-3-12）。

由图 13-3-12 可以看出所选的 6 个黄浦江中心段沿岸的公共绿地中水体验空间整体质量等级均为 Ⅲ 级中等水平，分值在 3.5 分左右，其中外滩（含黄浦公园）的得分相对较高。总体来看，各公共绿地中没有水体验空间水平特别突出的公园。

最后由各公园的水体验空间综合质量可以得出，上海黄浦江中心段沿岸公共绿地水体验空间综合质量等级 M_β=3.6221，为 Ⅲ 级中等水平。

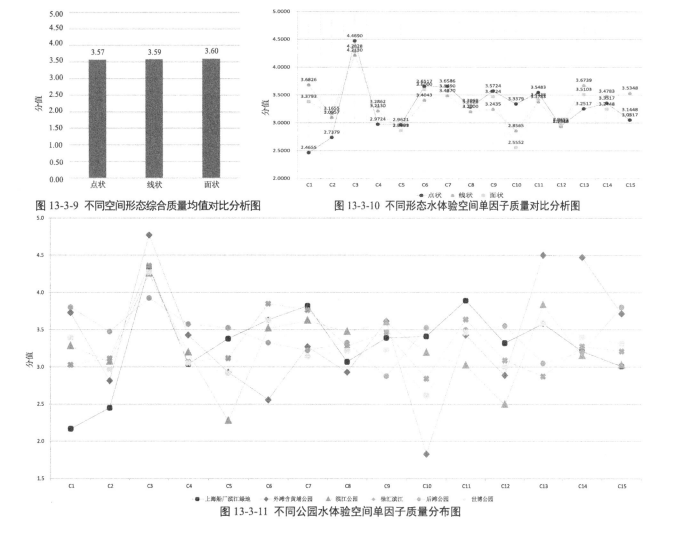

图 13-3-9 不同空间形态综合质量均值对比分析图

图 13-3-10 不同形态水体验空间单因子质量对比分析图

图 13-3-11 不同公园水体验空间单因子质量分布图

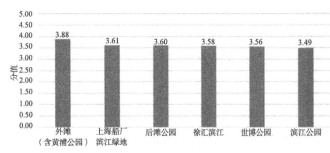

图 13-3-12　不同公园水体验空间综合质量分布图

13.4 水体验空间优化建议

13.4.1 水体验空间的优点与不足

1）水体验空间的优点

调查结果显示，黄浦江核心段沿岸公共绿地的水体验空间数量充足、安全性好、沿江视线开阔、历史文化展示充分。

在 6 个滨水样本公共绿地中水体验空间数量达到 81 个，每个公共绿地平均水体验空间数量在 5~25 个，充足的数量和较大的规模可以为使用者提供连续、多样的水体验场所，满足使用者的需求。

黄浦江沿岸的水体验空间提供了较高的安全性。栏杆、挡墙、警示设施齐全，保障了使用者在江边观景、行走时的安全，如图 13-4-1（1）所示。

滨水公共绿地在沿江面全面打开，滨江视野开阔，将黄浦江充分展示在游人面前，如图 13-4-1（2）所示。在沿岸的公共绿地中，几乎都保留了该空间因历史变迁所遗留的印记，并加以艺术化体现表达，在增加滨水景观丰富度的同时，唤起人们对老上海城市发展的记忆，如图 13-4-1（3）所示。

2）水体验空间存在的问题

基于前文研究结果，黄浦江中心段沿岸公共绿地水体验空间存在水质差、水体验形式单一、林荫率低、管护力度不够等问题。

黄浦江核心段水质较差，且为潮汐江，江水往复流动。若没有专门清理，江上的水藻、水葫芦、垃圾停留时间较长，导致水体验中的水景景观效果较差，如图 13-4-2（1）所示。

黄浦江沿岸水体验的形式较为单一，以看水和听水为主，嗅水体验不佳。由于黄浦江沿岸的观景平台和步道都设置在高桩码头上，植被较少，林荫率低，且没有提供可以遮阳、挡雨的舒适的休憩空间，如图 13-4-2（2）所示。

黄浦江沿岸的公共绿地在建设之前都是经过反复论证、比对设计的，在建成之初也都有着优美、自然、生态的景观效果。但由于长期缺乏管理和维护，沿岸公共绿地中的植物荒芜杂乱，设施老旧破损，建筑闲置荒废，影响了水体验的美感度和舒适度，如图 13-4-2（3）所示。

13.4.2 水体验空间优化建议

1）亲水度提升建议

（1）丰富空间类型。调查结果显示，水体验空间仅以滨水步道、亲水平台等类型为主，形式较单一。可依据黄浦江大气、开阔、包容的特点，从使用者的视角、感受和需要来提供可游玩、可观赏、趣味、精致的空间，提升亲水度。以浦东滨江公园 33 号和 34 号样本空间为例，滨江公园是黄浦江沿岸最为亲水的公园，一级亲水步道和二级防洪堤，中间通过阶梯和斜坡相连，涨潮时，一级平台被淹没，阶梯和斜坡过窄，二级平台较高，无法供游人真正的亲水。可以将空间 33 号和 34 号组合，设置不同高程的多台阶、多台地形式，简化游线、开阔视野的同时提供多样的空间类型，从而真正达到亲水的需求，如图 13-4-3 所示。

（2）丰富亲水设施。黄浦江沿岸水体验空间亲水设施包括亲水栈道、码头、平台等，其数量总体较为充足，但其布置形式单一或重复设置，亲水设施之间的联系和多样性较少。

以浦东滨江公园 38 号与 39 号样本空间为例，空间分别位于一级亲水步道和二级防洪堤上，两个空间通过大台阶相连，中间设置了跌水景观。调查中发现，水景干涸，上层空间观景面狭窄，无法提供较好的停留观景条件。建议在两层平台间设置大阶梯，增设观景和休憩空间，也可以提供不同高程的观景视角以及更为亲水的景观体验，图 13-4-4（1）是法国里昂罗纳河河岸滨水空间，滨水空间规划将城市与水相连通，把直立的挡土墙改造为斜切形式，并设置大阶梯，还设置了游憩喷泉等亲水设施。

（1）安全性高

（2）视野开阔、远景效果好

（3）历史遗存景观化

图 13-4-1　水体验空间优点分析图

（1）水质差

（2）林荫率低

（3）管护力度不够

图 13-4-2　水体验空间不足分析图

徐汇滨江公园样本空间40~44号和57号中保留了历史上原有的多个小码头，加以改造形成较为亲水的码头景观，亲水设施呈重复布置形式，单个码头和亲水木平台的尺度均较小，且空间内仅有少量座椅和救生圈等安全设施，显得空旷和单调，并且缺乏游憩感。改造时可借鉴图13-4-4（2）所示的瑞典斯德哥尔摩Hornsbergs strandpark水岸公园中的码头形式，将小码头和河岸进行衔接，形态呼应，并增设座椅，丰富游线、设施形式以及空间形态，形成可供游憩的亲水码头设施。

此外，在水体验空间中，还可以设置多样的亲水活动，如水上电影等，由于滨水空间开阔，水上电影可提供独特的观影和观景体验，如图13-4-4（3）所示为位于加拿大多伦多东海岸滨水长廊的水上电影。

（3）增设明确的安全设施。水体验空间设计应以保障安全为前提。评价结果显示，虽然安全性是均值最高的水体验空间评价因子，黄浦江沿岸的水体验空间整体的安全性较好，但局部空间还是存在安全警示设施缺失、栏杆防护性低的问题，因此建议增设明确的安全设施。

以浦东滨江公园样地空间36号为例，广场设计充分考虑了亲水性，值得保留，但其栏杆多被游客当作休憩设施占用，甚至游客会跨出栏杆，安全性上存在极大的隐患，需要提升。在改造时建议设置明确的安全警示设施，同时注重景观效果，保证视野的通透，使风格尽可能和整体空间相协调（见图13-4-5）。

（4）多样化的水体验途径。水体验空间应提供多样的水体验感知途径。滨水空间通过以看水、听水、戏水、乐水等游憩活动为感知途径为使用者提供水体验。在黄浦江沿岸的水体验空间中，水体验感官途径单一的问题较为明显，以看水和听水为主，基本没有戏水和乐水的体验形式，嗅水感知的效果也较差。

因此在改进时希望能提升看水和听水的感知效果，并适当增加嗅水、戏水的感知途径。

通过增设滨水步道或场地，提升视觉感知。其措施主要以扩宽见水面，增加见水率以及提升视觉美感度为主。如图13-4-6所示，根据空间的条件设置架空平台，减少植被层厚度，使声音向空间内部延续，使人感觉与水的距离更接近了。

在黄浦江沿岸公共绿地中，想要直接触摸江水是难以实现的，同时黄浦江水质较差，也难以让游人提起戏水的兴致。因此在各个空间中，一直缺少

（1）样本空间38、39号改造意向图（图片来源：网络）

（2）样本空间40~44号和57号改造意向图（图片来源：网络）

（3）水上电影

图13-4-4 丰富亲水设施

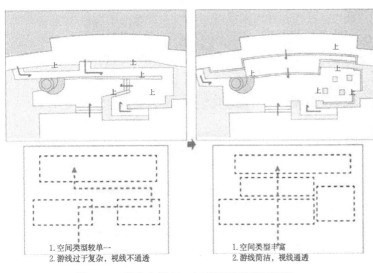

1. 空间类型较单一
2. 游线过于复杂，视线不通透

1. 空间类型丰富
2. 游线简洁，视线通透

图13-4-3 样本空间33、34号改造前后平面图

（1）现状图　　（2）改造意向图

图13-4-5 浦东滨江公园样地空间36号栏杆改造

戏水的水体验形式，仅在后滩公园中提供了较好的亲水条件。可借鉴图13-4-7所示的加拿大多伦多安大略湖滨场地内的糖果沙滩，以及法国里昂罗纳河河岸滨水空间的做法，在水体验空间中设置可供游憩的水景，如地喷、水池等，提供戏水条件。

在滨水公共绿地水体验空间中应提供无不利的嗅觉刺激的水体环境。在浦东滨江公园、世博公园内的水体验空间中，可闻到水体的恶劣气味，极大地影响了使用者的感受，建议对水体进行定期的净化处理，打捞垃圾，保证水体的气味不会影响使用者的体验。

乐水是综合了所有感官的体验，是达到了对水环境、滨水空间、亲水设施、亲水活动等与水相关的事物的高满意度的体验感受。因此对其的提升建议也是综合了所有感知途径的提升建议，完善看水、听水、戏水、嗅水的感知途径，丰富其感知体验，避免不利的影响因素，最终使使用者在空间中能保持较高的观赏兴致和满意度，从而达成水体验的终极目标。

2）舒适度提升建议

（1）提升水体质量。调查结果显示，水质较差的区域，水景观也较差。在现场调查中发现，黄浦江核心段水质较差（见图13-4-8），水上布满藻类、水葫芦和垃圾，局部水域气味极为恶劣。因此需要采用定期水上垃圾、杂物打捞等水体改善手段来提升水质，争取达到图13-4-9的效果，极大地提升舒适度和美感度。

（2）设定合适的空间容量。空间容量决定着空间最大的游人容纳量。在日常使用过程中，空间以保证顺利开展各项活动，提供不拥挤的、舒适的活动空间为目标，确定其最适宜的空间容量。空间容量受空间规模、空间位置、空间功能、周边业态等因素影响，应综合考虑。

以外滩为例，外滩作为上海城市地标，黄浦江最佳观赏点之一，其平均日客流量约为50万至100万，在如此高密度的客流量下，在日常游览中都有拥挤的感觉，到了节假日等时间段更是人山人海，难以通行，无法获得舒适的水体验。因此这类空间容量规划应尽可能大，减少有阻挡、有高差的设施，增大出入口空间，并通过空间限流、引导等措施缓解空间内拥挤的情况，如图13-4-10所示为外滩陈毅广场。

（3）提升空间的兼用性。滨水公共绿地水体验空间的功能除游憩、观景之外，还根据周边环境、业态的不同兼具展示、集散、运动、儿童活动等功能。因此，水体验空间功能应和周边环境相契合，最大限度发挥临水的地理优势，从而营造适宜的游憩氛围。以徐汇滨江为例，由于其周边分布了多个居住小区，在作为黄浦江开放型观景空间的同时，还提供了儿童活动、安静休息、康体健身等适合附近居民日常活动的空间，水体验空间丰富。因此，空间使用协调程度较高。

图 13-4-7 空间戏水感知（图片来源：网络）

图 13-4-8 黄浦江水质现状　图 13-4-9 黄浦江水质提升意向

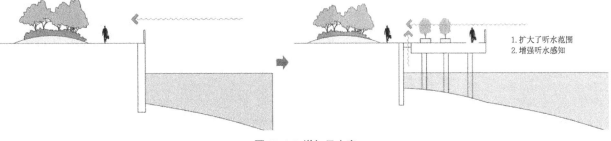

1. 扩大了听水范围
2. 增强听水感知

图 13-4-6 增加见水率

（4）合理选择亲水设施和配套设施。功能设施对空间的舒适和美感均有较大影响。水体验空间中建议选择尺度适宜、形态优美的亲水设施和配套设施，并使之和空间环境相契合。例如上海船厂滨江绿地中设置了铁锚雕塑和多个系船柱，非常契合空间特色，让游人联想到上海船厂当年停泊了许多船只的繁荣景象。如图 13-4-11 所示，加拿大多伦多安大略湖畔的 HTO 公园，在水岸无法直接亲水的条件下模拟"孤立"的沙滩意向，在场地内设置下凹的沙地，安置遮阳伞和躺椅等设施，受到了广泛的欢迎。

（5）增加林荫率。林荫可以为使用者提供遮阳、挡雨的功能，在黄浦江沿岸大部分水体验空间中，林荫率都是得分最低的因子。空间在注重开放、开敞的时候对林荫的考虑不足，建议在保证空间良好观景视野和满足游客容量的同时，沿滨水步道或在亲水平台中开辟空间种植小乔木，搭配座椅等配套设施形成舒适便捷的休憩场所。

以滨江公园样本空间 36 号和 37 号为例，目前广场均完全由硬质铺装构成。图 13-4-12 是浦东滨江公园样本空间 36 号亲水平台改造前后的对比。改造后，增设了有林荫的休憩座椅，同时通过更改材质并用植物柔化，解决了背景墙面过于突兀、直白的问题。

如图 13-4-13（1）所示的浦东滨江公园欢乐广场，空间规模较大，仅设置有极少量座椅，无遮阳设置。建议在空间背水侧为坡地草坪和防洪堤上的餐饮建筑增设两处林荫休憩空间，增加了林荫率也提供了休憩座椅，见图 13-4-13（2）。如图 13-4-13（3）所示的加拿大多伦多东海岸的滨水长廊，充足的林荫和座椅搭配独具特色的铺装让该地区成为活跃的公共空间之一。

3）美感度提升建议

（1）空间本体美化。空间界面与内部构成即空间的本体，具体分为设施、铺装和植物。

①增强设施文化感：在前文提到，空间设施的选择应注意尺度适宜、形态优美的同时，更应该注重其文化感，将文化元素融入设施的设计中，形成具有美感、艺术感的景观设施，图 13-4-14（1）是美国纽约布鲁克林大桥公园，公园设计保留了工业海滨的特点，在原有码头上加入自我修复的生态系统、娱乐活动场所以及历史遗存的保留展示，在生态、文化和经济领域都应用了可持续性发展的理念。

上海船厂滨江绿地中设置了许多具有历史文化印记的景观小品设施。如图 13-4-14（2）所示的样

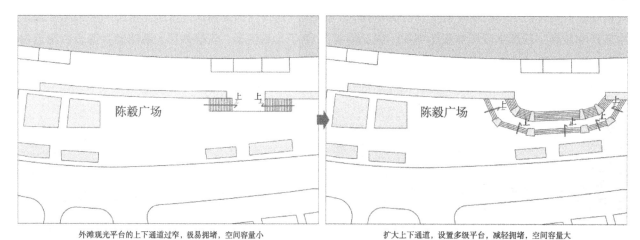

外滩观光平台的上下通道过窄，极易拥堵，空间容量小　　　　　　　扩大上下通道，设置多级平台，减轻拥堵，空间容量大

图 13-4-10 外滩改造前后平面图

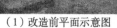
（1）改造前平面示意图　（2）改造后平面示意图
图 13-4-12 样本空间 36 号改造建议

图 13-4-11 亲水设施和配套设施意向（来源：网络）

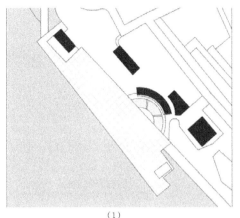
(1)

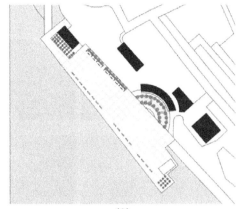
(2)

(3)

图 13-4-13 样本空间 37 号改造建议

本空间 1 号的张拉膜遮阳伞如船帆轻盈立在江边，而伞下的座椅则显得格格不入，可以选择船型的座椅或波浪形的栏杆，寓意船在江边停靠，准备扬帆启航的意向，如图 13-4-14（3）所示。总而言之，黄浦江沿岸公共绿地水体验空间内的设施应当富有历史文化印记，兼具功能性和艺术性，以有效提升水体验空间的吸引力。

②提升铺装艺术感：适宜的铺装能够给人整体统一的感受，铺装可以通过不同材质、不同形式的组合发挥不同的功能，并且让空间更为灵动和富有活力。鲜明的色彩可以起到强化突出的作用；渐变的色彩可以起到引导的作用，产生动感；暗淡的色彩则可以营造肃穆的气氛。铺装的形式能产生不同的质感和肌理，整体铺装和大的块状铺装都可以较好地体现空间的宽广，而细碎的铺装则体现空间的精致和变化。但空间铺装最终还是要与空间和整体环境相协调。

铺装的材质或色彩在空间中显得过于鲜艳，且与环境协调度较差时，应根据周边环境的整体色调进行选择，提升协调统一性，提供较舒适的视觉感知。如图 13-4-14(4)所示的滨江公园样本空间 27 号为例，空间铺装采用了淡橙色的光面材料铺地，整体风格和周边环境较不协调，同时光面材质在雨天或积水时容易打滑，不便于行走，建议更换和滨江大道南段相一致的花岗岩铺地，使空间具有导向性，如图 13-4-14（5）所示。

如图 13-4-14（6）所示的世博公园样本空间 77 号为例，空间铺装是整体式的混凝土铺装形式，在林下阴影处显得沉闷，建议采用色彩明快的块状铺装，如图 13-4-14（7）所示，组合式的铺装样式，使空间显得轻快不压抑，同时提升了空间的现代感。

③适宜的植物点缀：水体验空间植物相对较少，通常形式为散植的树阵、小型花坛以及少量水生植物等。植物以点缀为主，起到烘托气氛、提供林荫的作用，并兼具观赏性和生态性。因此，水体验空间中的植物应根据植物的特性、搭配形式进行合理选择，应以乡土树种为主，乔灌草结合丰富垂直层次，同时考虑季相和落叶情况，增加落叶、色叶的乔灌木，形成稳定的植物群落。

当空间植物种类过于单一、形式单调时，应种植草花、花灌木，如海棠、樱花、紫薇等，并且设置蜿蜒曲折的林缘线。如图 13-4-14（8）所示的外滩样本空间 12 号为例，植物景观较一般，建议在靠近花坛边缘座位的地方少量种植小乔木，提供林荫，如图 13-4-14（9）所示。

（2）水景界面美化。在水体验空间中，除了黄浦江的水景，还有少量喷泉、跌水、溪流、湿地等水景，由于数量少、规模小，这些水景长期处于停用的状态，成为摆设，同时水景形式单一、缺乏变化。建议做好对此类水景日常养护管理工作。

（3）背景界面美化。背景界面是水体验空间与城市相交的城市交界面和公共绿地的边界，为水体验空间提供背景支撑。其中城市界面类似于远景界面，是由空间的位置所决定，在此不做考虑。而公共绿地的边界主要由背景植物构成，与空间内部构成中的植物起点缀烘托作用不同，背景植物常成片

(1) 美国布鲁克林大桥公园设施改造意向（来源：网络）　　(2) 样本空间 1 号设施现状　　(3) 样本空间 1 号设施改造意向

（4）样本空间 27 号铺装现状　（5）样本空间 27 号铺装改造意向　　（6）样本空间 77 号铺装现状　（7）样本空间 77 号铺装改造意向

（8）样本空间 12 号植物现状　（9）样本空间 12 号植物改造意向　　（10）背景植物现状　　（11）背景植物改造意向

（12）样本空间 8 号现状　　　　　　　　　　　　　　　（13）样本空间 8 号改造意向

图 13-4-14 水体验空间本体美化建议

种植，形成背景基调。在水体验空间中，背景植物常过于厚重，层次单一，如图 13-4-14（10）所示。建议将背景植物后退处理，面水侧乔灌草搭配种植，同时留出透景线，如图 13-4-14（11）所示。

（4）提升空间序列感。黄浦江滨水公共绿地是功能完善的游憩空间，多为线型，具有极强的导向性。序列感可以引导空间有序地使用，通过空间线型、材质、色彩、设施、照明等方面的艺术化设计，引导并划分空间，形成具有整体感的多个相互间干扰较小的空间，从而让使用者可以对空间有更清晰的认识和感知。

如图 13-4-14（12）所示的上海船厂滨江绿地样本空间 8 号，属于线状水体验空间，和黄浦江中间有滨江步道相隔，并和滨江步道通过景观桥相连，空间内有较好的亲水度和舒适度，但由于其空间层

次单一，空间没有形成序列感，导致其在使用功能上没有和滨江步道有较好的区分，使用强度也不高。因此，建议对其空间形态进行改造，提升序列感，划分出具有整体感的多个小空间。如图 13-4-14（13）所示的澳大利亚 Pirrama 海港公园，通过设置多样的小空间，提升岸线的序列感，同时水上设施可以让人们体验到潮水的涨起涨落，不断循环；如图 13-4-14（13）所示的纽约布鲁克林滨海公园 The Edge Park，滨水空间横向纵向穿插结合、组合分割成线形、多变、优美的空间序列。

本章注释

[1] 曾令秋 . 城市滨水地区亲水空间设计研究 [D]. 西安 : 长安大学 , 2009.

[2] 严亮 . 城市公共亲水空间情境营造方法研究 [D]. 长沙 : 中南大学 , 2011.

[3] 颜慧 . 城市滨水地段环境的亲水性研究 [D]. 长沙 : 湖南大学 , 2004.

[4] 李建伟 . 城市滨水空间评价与规划研究 [D]. 西安 : 西北大学 , 2005.

14 黄浦江核心段滨江公共绿地休憩设施评价研究

　　休憩设施是指公共绿地中具备让游客就座、休息、交谈、观景等功能的设施，包括座椅、坐凳、亭廊等设施，也包括树池、台阶、花坛等同样具备上述功能的辅助性设施。第 13 章的研究表明，滨江公共绿地内完善的休憩设施更利于游憩者获得最佳体验。但黄浦江核心段滨江公共绿地部分区域休憩设施数量与分布不均衡，设施布局与沿线的道路与场地不协调，形式单一，且较多破损。

　　本章以黄浦江核心段 2016 年前建成且对外开放的 11 处滨江公共绿地为研究样本，依次为：徐汇滨江绿地、南园滨江绿地、外滩（含黄浦公园）、后滩公园、世博公园、白莲泾公园、老白渡滨江绿地、东昌滨江绿地、浦东滨江公园、上海船厂滨江绿地、世博片区绿地，从休憩设施的规模、布局、形态等特征入手，结合各绿地的游客使用满意度调查，运用定量与定性评价相结合的方法，对上海黄浦江核心段滨江公共绿地的休憩设施进行评价，总结滨江地区公共绿地休憩设施存在的问题，并提出针对性的更新策略。

14.1 研究对象与范围界定

鉴于休憩设施在绿地中具有分布广、数量大、种类多等特点，为避免调研过程中出现遗漏，故将滨江绿地进行合理的区块划分，依次为城市界面带、主体绿化带、滨水界面带（高桩平台）3类区块，如图14-1-1、表14-1-1所示。

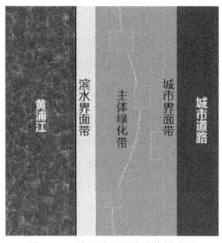

图14-1-1 滨江公共绿地结构模式图

表14-1-1 滨江公共绿地结构分析表

区域	主要功能	景观要素
城市界面带	人流集散	广场、标志牌、隔离防护设施、车行道、树池、座椅、挡墙、台阶、雕塑
主体绿化带	生态防护 主题活动 游憩	休憩小广场、主题活动场地、挡墙、人行游步道、台阶坡道、景观构架、栏杆、标志牌、雕塑、堆场、仓库、铁轨、集装箱
滨水界面带	游憩观光 主题展示	广场、人行步道、景观构架、座椅、树池、栏杆、挡墙、雕塑、码头、塔吊、缆桩、铁轨

14.2 休憩设施特征分析

本节通过对黄浦江核心段11个滨江公共绿地中的休憩设施进行实地调研，总结其规模、布局、形态与地域特征。

14.2.1 休憩设施形态特征

如前文所述，公园绿地中的休憩设施泛指可供游客进行短暂停留、休息的设施，设施的种类多种多样，可以是座椅、长凳等传统的坐具，也可以是台阶、花坛边沿等辅助座椅形式，当然也包括亭、廊、花架等构架型设施。实地调研可知，黄浦江中心段滨江公共绿地内的休憩设施也可分为独立坐具型、庇护构架型、兼用坐具型3种基本类型。

1）独立坐具型

独立坐具型是指独立存在于公园中的坐具，形式多样的坐凳、座椅等，按形态可分为：长方形、正方形、圆形、S形、异形等，坐凳通常无靠背与扶手，而座椅一般有扶手与靠背。

在调研过程中发现，黄浦江中心段滨江公共绿地中的独立坐具型设施以长方形为主，具有扶手与靠背的坐具设施十分少见（见表14-2-1），但从设施的通用性设计的角度而言，有扶手与靠背的坐具对于老年人等特殊群体是非常必要的。

2）庇护构架型

公园绿地中休憩设施另一个重要功能就是提供短暂的庇护性场所，如在夏季，具有遮阳功能的休憩设施使用频率明显较高。

通过调研发现，黄浦江中心段11个滨江公共绿地中，具有庇护功能的亭廊构架不足10处，主要集中在老白渡滨江绿地、外滩黄浦公园、船厂绿地、东昌绿地等（见表14-2-2）。因此，基于人性化设计的考虑，本节认为在滨江地区的每个公共绿地中应该设置至少1处具有庇护功能的休憩场所，同时整个绿地中庇护性休憩设施的比例也应当提高。

3）兼用坐具型

兼用型坐具是滨江绿地中占比较高的设施类型，包括尺度适宜的台阶、挡土墙、树池花台边缘等。相对而言，兼用型坐具更有效地利用了场地条件、节省了空间，但其提供的休憩体验和坐憩舒适度则明显不佳，通过调研发现，11处公共绿地中，兼用型设施的占比超过60%，但使用率较低，并且破损情况严重，休憩体验不佳（见表14-2-3）。

14.2.2 休憩设施材质特征

休憩设施的材料很大程度上决定了设施的造型、舒适度和安全性，常见的休憩设施材料包括木材、石材、金属、混凝土、其他复合材料等，如表14-2-4

所示。各种材料也都有优势和劣势，比如天然的木材具有生态、环保、触感好等特点，但是天然木材容易腐烂、损坏，如图 14-2-1 所示的位于徐汇滨江绿地中的休憩设施，破损的木质设施已经无法使用，也暴露了木质材料易破损、寿命短的特点；石材具有耐久性好、耐腐蚀、质地坚硬等优点，但是同样也具有造型能力差、造价高、维护成本高等缺点；塑料材质则具有质量轻、不导热、较耐磨等优点，同样也具有表面硬度低、不耐高温等缺点。因此在选择休憩设施材料时，尽量要综合考虑各种材料的优缺点，保持休憩设施材料之间的协调统一，并且与周边环境和地域特性相协调。

表 14-2-1 独立坐具型休憩设施分类表

| 无扶手或靠背 | 浦东滨江公园休憩广场 | 白莲泾绿地 | 船厂绿地 |
| 有扶手或靠背 | 后滩公园 | 南园滨江绿地 | 徐汇滨江 |

表 14-2-2 庇护构架型休憩设施分类表

| 庇护性设施 | 浦东滨江公园休憩广场 | 白莲泾绿地 | 船厂绿地 |
| | 后滩公园 | 南园滨江绿地 | 徐汇滨江 |

表 14-2-3 兼用坐具型休憩设施分类表

| 兼用坐具型 | 南园滨江 | 后滩公园 | 船厂绿地 |
| | 外滩 | 世博片区 | 徐汇滨江 |

表 14-2-4 设施材质分类表

木质	外滩	世博公园	后滩公园
石材	徐汇滨江	世博公园	船厂绿地
混凝土	徐汇滨江公园	徐汇滨江公园	徐汇滨江公园
金属	浦东滨江公园	东昌绿地	世博公园

图 14-2-1 徐汇滨江绿地休憩设施

分析黄浦江核心段滨江公共绿地内休憩设施材料的特征,可以发现:①设施的材料单一,基本以木材、花岗岩配合钢材为主;②大部分木质设施,损坏现象比较严重,使用频率也比较低;③花岗岩设施(主要以兼用型设施为主)因施工工艺和后期维护等问题,也出现破损现象,以徐汇滨江地区最为普遍;④绝大部分兼用型设施(台阶、花台、树池边沿等)均未进行座面处理。

14.2.3 休憩设施规模特征

休憩设施的规模是指休憩设施的总体数量与密度、休憩设施的分区数量与密度、休憩设施的集中度等方面特征。

1)休憩设施的数量与密度

(1)数量与密度的分析方法。数量是描述规模最基础的指标。休憩设施的尺度虽然不大,但在绿地中承载着很重要的功能。在现行的公园设计规范中,对休憩设施的数量做了大致的要求,即公园中条凳和座椅数量应该为游人总量的20%~30%,平均1hm² 陆地面积上的座椅数量为20~150个。第10章的研究结果表明,绿地中休憩设施的数量与公园的陆地面积具有线性关系,因此,在描述设施数量时,使用设施密度(密度=座椅总数/区域面积)来描述某区域内设施的数量规模。

由于坐椅的形态各不相同,以及兼用型休憩设施(如树池、花台的边缘)的特殊性,因此,设施的数量难以用"个"来表述。从休憩设施的功能出发,它的存在是为了给游客提供"坐"的场所,因此设施的数量应当体现它实际能够提供的"座位"数。本书将滨江地区公共绿地内的休憩设施分为两类:传统的器具型座椅,以及如树池、花台等边缘的兼用型座椅。器具型座椅能够通过观察直接统计其实际提供的座位数,而在统计兼用型座椅时,测量其

实际长度,并按数量=实际长度/1.5的公式进行计算。

(2)休憩设施总体数量。针对黄浦江核心段11个公共绿地,首先对其绿地内休憩设施总体数量进行数据采集,分区、分类进行统计。通过实地观察发现,黄浦江核心段滨江公共绿地的休憩设施的数量与密度如表14-2-5、表14-2-6所示,首先,除去个别人流量极高的绿地(外滩),其余公共绿地的休憩设施总密度(器具型与兼用型总和)基本维持在20~150个/hm²。若只计算器具型设施,则其密度(除去外滩和徐汇滨江)平均只有8.3个/hm²(见图14-2-2);其次,从两类休憩设施的占比来看,10个绿地内所有兼用型设施的占比均超过了50%,其中世博公园的两类设施占比最为平均,为1:1.04,而船厂绿地占比差距最大,器具型与兼用型的比例为1:6.4,即兼用型设施在绿地内占86%左右。结合调研过程中的实际体验以及调查问卷中游客对于绿地内休憩设施规模的问题反馈(平均85%以上的游客认为需要增设休憩设施),分析得出黄浦江核心段沿岸公共绿地内的休憩设施数量偏少,应适当增设,主要原因有以下两点:①器具型设施的占比太小,平均只占绿地内设施总数的20%~30%,无法满足使用者基本的休憩需求;②设施较为陈旧,破损现象较多且较为严重,实际可使用的设施数量则更少(见图14-2-3)。

(3)区块休憩设施数量。依据前文将黄浦江核心段沿岸的公共绿地分为滨水界面带、主体绿化带、城市界面带三段式结构,每个区段的功能各有侧重(见表14-1-1),休憩设施的数量与密度也有所不同,如第10章所述,城市公园的座椅与区域功能有较大的相关性,黄浦江核心段滨江公共绿地各结构区块的休憩设施的数量如表14-2-7、图14-2-4、图14-2-5所示。

结果显示,黄浦江核心段滨江公共绿地休憩设施主要分布于滨水界面以及主体绿带内,而城市界面带设施数量占比相对较低。对于主体绿带和城市界面带内的设施,各个绿地之间并不存在明显的数量特征关系,且差异性较大,究其原因,主要概括如下:

①设施数量设置的不合理:通过对11个公共绿

表 14-2-5 黄浦江核心段公共绿地休憩设施数量统计表

滨江绿地	面积 /hm²	数量 / 处	总数量 / 个	密度（器具型）/（个 /hm²）	密度（总）/（个 /hm²）
徐汇滨江绿地	24.0	397	3674	57.7	153.0
南园滨江公园	7.3	17	356	8.2	49.0
外滩	8.0	65	2813	154	351.0
后滩公园	14.2	26	320	3.5	23.0
世博公园	29.0	264	450	7.6	15.5
白莲泾公园	4.5	58	160	5.7	35.5
老白渡滨江绿地	8.9	62	172	3.8	19.0
东昌滨江绿地	4.0	26	50	3.5	12.5
滨江公园	9.4	50	648	13.6	69.0
船厂绿地	10.0	138	921	12.4	92.1

表 14-2-6 黄浦江核心段公共绿地器具型和兼用型设施数量统计表

滨江绿地	器具型坐椅 / 个	兼用型坐椅 / 个	比例
徐汇滨江绿地	1385	2289	1:1.6
南园滨江公园	60	296	1:4.9
外滩	1230	1583	1:1.28
后滩公园	50	270	1:5.4
世博公园	221	229	1:1.04
白莲泾公园	26	134	1:5.2
老白渡滨江绿地	34	138	1:4.1
东昌滨江绿地	14	36	1:2.6
滨江公园	128	520	1:4.1
船厂绿地	124	797	1:6.4

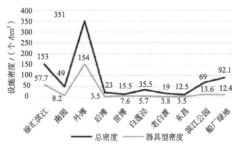

图 14-2-2 休憩设施密度变化折线图

（1）徐汇滨江部分破损座椅

（2）浦东滨江公园部分破损座椅

图 14-2-3 设施破损严重

表 14-2-7 休憩设施数量分区统计表

绿地名称	滨水界面带设施数量 / 个	主体绿化带设施数量 / 个	城市界面带设施数量 / 个
徐汇滨江绿地	877	1917	880
南园滨江公园	296	60	0
外滩	1523	0	1290
后滩公园	144	176	0
世博公园	175	156	119
白莲泾公园	74	64	22
老白渡滨江绿地	40	112	20
东昌滨江绿地	38	12	0
滨江公园	570	36	42
船厂绿地	861	60	0

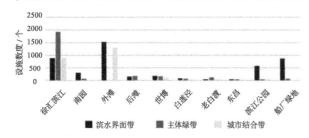

图 14-2-4 休憩设施分区数量柱状图

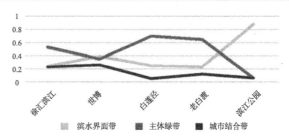

图 14-2-5 分区数量百分比统计图

地的实地调查与游客满意度调查发现，黄浦江核心段的大部分公共绿地内休憩设施数量不足。各个绿地内各版块的设施数量存在较大差异。

②绿地之间存在的结构差异：黄浦江核心段的11处公共绿地，由于建造年代、建设单位、设计单位等各不相同，因此在空间结构上也必然会存在一些差异。徐汇滨江由于其改造年代最近，它的整个绿地结构也是最符合三段式标准结构，而外滩在结构上并不存在明显的"主体绿带"，而城市界面带也较之其他绿地更宽；而后滩公园和世博公园，虽然同样处于滨江地区，但在绿地的功能定位以及绿地结构上，则更偏向郊野公园和城市综合公园，因此空间结构与标准的三段式分区存在一些差异。

2）休憩设施分布状况与集中度

（1）分布情况与设施集中度分析方法。集中度是对分区数量的进一步研究。前文已提到，由于不同分区之间功能不同，设施的数量也会存在一定的差距，因此通过引入"设施集中度"这个指标，能够通过具体的数据来反映不同功能区设施分布的聚集程度。当各区块休憩设施数量存在显著差异时，其集中度则越低，当各区块休憩设施数量之间差异较小时，则设施的集中程度较高。具体将使用赫芬达尔指数来表示设施的集中度，公式如下：

$$HI = \sum_{i=1}^{N} (X_i / X)^2 \qquad (14\text{-}2\text{-}1)$$

公式中，HI 表示休憩设施集中度，N 表示分区个数，X 表示公共绿地内休憩设施的总数量，X_i 表示单个分区的设施总数量。通过分析该公式发现，HI 的值具有固定的取值区间 $1/n\text{~}1$，当 HI 的值越接近 1 时，表示该绿地内的休憩设施集中度越高，设施集中分布于某个片区；当 HI 的值接近 $1/n$ 时，说明该绿地内的休憩设施较均匀地分布在各个区域内。

当然，对于黄浦江沿岸的公共绿地而言，休憩设施的集中度越高并不意味着其分布越合理。由于绿地内各个区块的功能有所不同，分区内休憩设施的数量也应当有所差别，本书将"设施集中度"作

为设施规模的特征分析指标，意在于探究不同功能区设施数量的差别程度，并试图归纳黄浦江沿岸公共绿地内休憩设施的数量分布特征。

（2）休憩设施的分布情况与集中度。通过前文对 11 处公共绿地内休憩设施总体数量以及分区数量的分析，可以得出核心段公共绿地在数量规模上的特征。同时，在调研过程中还记录下了几处典型绿地内休憩设施的分布情况，并利用 Autocad，Photoshop 等软件的应用，绘制出设施的分布图，希望通过图示结合数据的方式，更加直观地表达核心段各个绿地内设施的规模特征。

图 14-2-6 是核心段典型公共绿地的休憩设施分布情况，按照兼用型和器具型两类进行区分，休憩设施基本沿着岸线分布，集中于浦东滨江高桩平台和中央的活动区，在分布模式上并不显示出明显的规律，其中兼用型设施基本沿着岸线，分布于滨江平台和中央绿带的过渡空间，而器具型设施分布情况较为分散，数量也与其所在场地的特性相关。

通过引入赫芬达尔指数来表示公共绿地内休憩设施的集中度，进一步分析不同绿地之间设施的分布情况，如图 14-2-7、表 14-2-8 所示，可以从休憩设施集中度折线图发现，各个公共绿地之间休憩设施的集中度指数存在一定的波动，起伏比较大，在 0.3~0.9 之间变化。由此可见，黄浦江核心段公共绿地的休憩设施的分布模式存在较大的差异性。

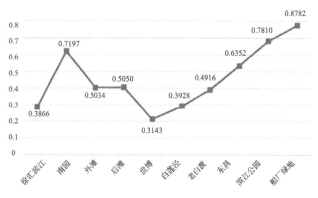

图 14-2-7 休憩设施集中度指数折线图

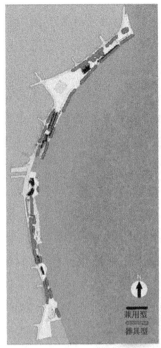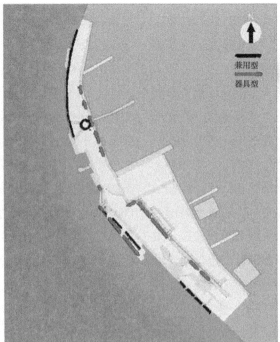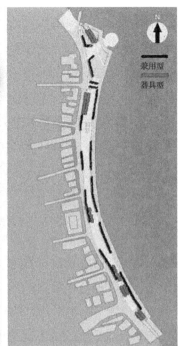

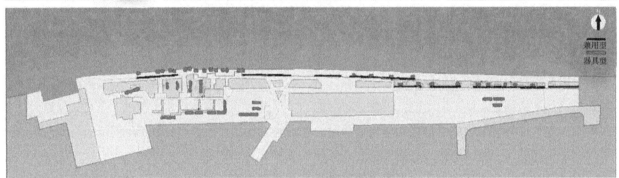

图 14-2-6 休憩设施分布图

表 14-2-8 黄浦江核心段公共绿地休憩设施集中度

绿地名称	滨水界面带设施数量 / 个	主体绿带设施数量 / 个	城市界面带设施数量 / 个	集中度
徐汇滨江绿地	877	1917	880	0.3866
南园滨江公园	296	60	0	0.7197
外滩	1523	0	1290	0.5034
后滩公园	144	176	0	0.5050
世博公园	175	156	119	0.3413
白莲泾公园	74	64	22	0.3928
老白渡滨江绿地	40	112	20	0.4916
东昌滨江绿地	38	12	0	0.6352
滨江公园	570	36	42	0.7810
船厂绿地	861	60	0	0.8782

14.2.4 休憩设施布局特征

问卷调查结果显示，85%以上的受访者认为公园绿地休憩设施的布局十分重要，且70%以上的受访者认为目前黄浦江滨江地区的设施布局一般或存在问题。城市公园绿地中的众多休憩设施，往往不是设施本身的造型、尺度、材料方面存在问题，而是布局上的不合理，造成休憩设施不能很好地与周围环境相融合，进而使游客身处于"不恰当"的休憩环境中，影响了休憩体验。

休憩设施的布局需要考虑设施的位置、设施的朝向、设施的组合方式等问题，但由于休憩设施的数量之多、分布之散致使调研难度非常之大，且难以归纳总结相应的规律；同时，休憩设施不是独立存在的，需与其他景观要素共同组成休憩空间。本书基于文献研究成果及现状调研结果，可从设施与水的关系、设施与园路的关系、设施与场地的关系和设施与植物的关系4个方面探讨黄浦江核心段滨江公共绿地的休憩设施布局特征。

1）休憩设施与水的关系

来到滨江公共绿地的游客大多都是出于"看水""近水"的目的，调查问卷结果显示，67%以上的滨江游客认为休憩设施布局应优先考虑其观景性。

因此，滨江公共绿地的休憩设施与水的关系就显得尤为重要，只有当设施处于合理的环境中，并与周边环境有机融合时，才能发挥出设施最大的功能。

调研结果显示（见表14-2-9），总结出休憩设施与水的关系大致可以分为下列3种：近水型、远水型、水上型。

近水型的休憩设施是指位于黄浦江高桩平台的近水一侧的休憩设施，一般以长条形坐凳为主，平行于黄浦江成排布置，面向水面，能够满足使用者近距离"看水"和"听水"的需求，是使用频率最高的一种类型。但由于其庇荫性不佳，夏季的使用频率会下降。材质上通常会使用花岗岩、混凝土等耐久度较好的材料，同时在确保其稳定性和安全性的前提下，设施的造型也应当更符合滨江地区的风貌，简约而不失美感。

远水型休憩设施是指位于高桩平台的远水一侧，并且贴近主体绿带的休憩设施。远水型设施相较于近水型设施具有更好的观景性，所能获得的视野范围也更大。同时，远水型设施一般背靠主体绿带设置，常常以树池、花台边缘的形式存在，庇荫性也相对较好。

表 14-2-9 休憩设施与水的关系一览表

水上型休憩设施指设于凸出水面的架空平台上的设施，与近水型设施具有相似的特征，但比近水型设施更具私密性。架空亲水平台处的休憩设施配合休憩廊架形成能够遮阳、避雨的空间，给游客以更好的休憩体验，在休憩设施的尺度和人性化设计上也往往优于其他类型的设施。

2）休憩设施与园路的关系

临园路设置的休憩设施主要发生在主体绿带中，调查结果显示（见表14-2-10），黄浦江核心段11处公共绿地内休憩设施与园路的关系可分为3种：园路两侧型、凹型场地型、路侧绿地型。

当园路路宽大于3m时，可以将休憩设施沿着园路两侧布置，如位于滨水界面带以及城市界面带中的设施往往都是园路两侧型的；而在主体绿带中园路路宽较小，直接将设施布置于园路两侧不仅会阻碍游人通行，同时也会影响休憩体验。因为园路过往人流较多，路侧型设施相对而言私密性较差，适合游客短暂休憩，通常不设置靠背和扶手，以长条形坐凳居多。

当园路及路侧绿地较宽时，将道路场地往绿地中延伸，形成独立的凹型场地并布置休憩设施，设施前方至少留出30~60cm的空间，可以使游客获得更好的私密性和场地领域感。凹型场地的形态一般也不局限于方形，具体会根据绿地形状和座椅形状而改变。

当园路路宽较小，绿地又不足以划分出单独的休憩空间时，只能将休憩设施直接布置于园路两侧绿地中。这种类型的休憩设施通常存在于面积较小的公共绿地中，如东昌绿地、白莲泾公园、南园滨江绿地等。有时为了防止草坪被过度踩踏，往往会在休憩设施前面进行铺装处理。

3）休憩设施与场地的关系

公共绿地中的硬质场地，是人流汇聚的主要场所。分析黄浦江核心段沿岸的各个公共绿地可以发现，绿地中的场地主要可以分为两大类，一类是集散型场地，如绿地的出入口广场、公共建筑前方的小广场等，这类场地通常作为短暂汇聚人流的场所，以集散、疏通作为主要功能；另一类则是停留型场地，

如树阵广场、各类活动场地等，这类场地通常可供游客长时间停留和休憩，相比集散型场地具有更强的私密性和场所感。分析这两类场地中休憩设施的特征可以发现（见表14-2-11），休憩设施与两类场地的关系可以总结为两种类型：场地边缘型和场地中央型。

场地边缘型主要适用于集散型场地来布置休憩设施，因为集散型场地需要满足疏通和短暂聚集人流的功能，需要更多的硬质场地，所以在布置休憩设施的时候尽量以提供最大化空间为原则，围绕场地的边缘进行布置，并且设施的形态也较为简洁。

场地中央型并不意味着设施全部集中于场地中央，而是指休憩设施之间以组合的方式，有规律地布置于场地内，形成可供游客长时间停留、休憩的空间，如树阵广场等。

4）休憩设施与植物的关系

植物是公园绿地中最为重要的景观元素之一，它与休憩设施之间同样也有着密切的关系，布局合理的休憩设施能够借助植物围合空间、遮挡视线和遮阴避阳，以营造更加舒适的休憩环境；而若未处理好休憩设施与植物之间的关系，往往会适得其反，如图14-2-8所示，原本用来充当背景的植物，因为长势过盛、缺少修剪，侵占了休憩空间，并且使场面显得较为杂乱，设施无人问津。

根据对黄浦江核心段沿岸11处公共绿地内休憩设施的调研发现，休憩设施与植物之间的关系可以归纳为三大类（见表14-2-12）：设施倚靠植物、设施环绕植物和设施植物交替分布。

在滨江公共绿地中，休憩设施倚靠植物的布置方式通常存在于滨江结合带和主体绿带的交接处，休憩设施也往往以种植池边缘的形式存在。而作为背景的植物，通常以低矮的花灌木或草坪为主，如石楠、红花檵木等，少有结合大乔木形成林荫空间，因此每到夏季，设施的使用率就会大大降低。

设施环绕植物的分布方式基本存在于集散型的场地中。通常以冠幅较大的乔木作为中心，如大香樟、榉树、枫杨等，休憩设施围绕其分布或设施以树池的形式存在。

表 14-2-10　休憩设施与园路关系一览表

园路两侧型	凹型场地型	路侧绿地型

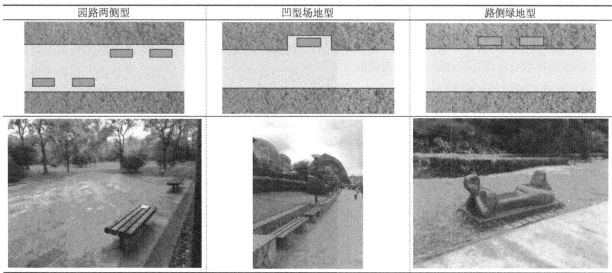

表 14-2-11　休憩设施与场地关系一览表

场地边缘型	场地中央型

南园滨江绿地　　　　　　　徐江滨江绿地　　　　　　　外滩滨江绿地

图 14-2-8　典型绿地的休憩设施与场地的关系

表 14-2-12　休憩设施与植物关系一览表

设施倚靠植物	设施环绕植物	设施植物交替分布

设施与植物交替分布的方式较多存在于城市界面带中，通常休憩设施会与乔木、其他城市家具组合起来，在同一直线上交替分布。如徐汇滨江城市界面带中的休憩设施具有明显的交替分布特征。

5）休憩设施空间开闭度

根据休憩设施所处环境的不同也可以将不同类型的座椅大致分为私密性和非私密性两类（见表14-2-13）。私密性座椅一般存在于围合或者半围合空间中，供游人长时间停留，环境也较为安静；非私密性设施则一般位于广场、出入口等相对开放的空间，环境也相对嘈杂，人流量较多，可供游人短暂的休憩和停留。黄浦江沿岸的公共绿地因其绿地结构上的特征，开放性是很强的，私密性的空间也相对较少。

表 14-2-13 休憩设施开闭类型一览表

私密性设施	非私密性设施
后滩公园	徐汇滨江
外滩黄浦公园	船厂绿地
老白渡绿地	徐汇滨江

14.2.5 休憩设施的地域特征

在公共空间中，休憩设施不仅仅只提供休憩的功能，还承载着提升城市形象、展现地域特色和个性的功能。黄浦江沿岸的公共绿地，作为上海重要的公共开放空间之一，应当给予其公共设施建设更高的要求，在满足功能的同时，兼具着演绎历史文脉理念、催化文化创意理念、创新生态技术理念、践行绿色生活理念等职责。

但就目前黄浦江沿岸公共设施的建设情况来看，还远未达到这一目标，设施在美观度、地域特色、文化传达感方面都有很大的提升空间，如何以休憩设施以及城市其他公共设施作为载体，展现地域特色，塑造滨江地区独有的魅力，是设计师们在城市更新的下一阶段应该考虑的问题。

调研结果显示，黄浦江核心段的11处绿地中的休憩设施缺乏地域特性，主要体现在设施的材质、形式的千篇一律，材质方面，80%的设施以木质和石质设施为主；形式也与其他绿地的设施大同小异，是典型的批量生产的产品。

现场调查发现，黄浦江核心段的11处公共绿地大部分都保留了这些工业遗迹和遗存，如徐汇滨江的塔吊、铁轨，船厂绿地的老船厂等，这些工业遗迹同时也构成了绿地独有的属性和特色。然而绿地中的休憩设施与这些历史文化遗迹的契合度并不是很高，无论是在造型、色彩、材质还是文化元素的提炼方面，休憩设施都显得与场景格格不入。以徐汇滨江为例，徐汇滨江具有明显的工业特征，保留的塔吊、铁轨、老火车都是历史文化的象征，而如表14-2-14所示，大面积的木质设施在出现一定的破损现象之后，与整个场地风格不协调。总体而言，黄浦江两岸滨江公共绿地休憩设施的历史文化感较弱，缺乏对已有历史文化元素的提炼和运用，同时也造成了设施识别度低的结果。

表 14-2-14 滨江公共空间中部分工业遗存

徐汇滨江

世博公园　　　　　船厂绿地

东昌绿地　　　　　浦东滨江公园

14.3 休憩设施综合质量评价

14.3.1 评价体系构建

休憩设施的品质是由休憩设施的规模、布局、形态以及使用者的满意度等方面共同决定的。通过现状踏勘、结构问卷调查以及访谈的方式了解黄浦江核心段的11处滨江公共绿地休憩设施的现状特征、使用状况与游客满意度。

1）评价指标筛选

（1）评价指标筛选依据。作为城市公共空间景观设施中的一类，休憩设施同样具备景观设施所具有的核心属性以及价值取向，包括功能价值取向、历史与艺术价值取向等。而滨江公共空间中的休憩设施同时要考虑设施的滨江属性。因此，滨江公共空间中的休憩设施评价首先要考虑设施的滨江属性，突出其亲水、近水的特点，游客来到滨江公共绿地的主要目的也是为了能够满足看水、近水、领略滨

水城市风光的需求。其次，休憩设施具有分布广、数量多、使用频率高等特点，与周边环境的协调性也直接影响着休憩设施的使用价值和游客体验。再次，休憩设施在公园绿地中不仅发挥实用功能的价值，同时也作为展示绿地景观、城市形象的载体，承担着传承地域特色、弘扬历史文化、延续场所记忆等职责。造型美观、尺度合理、富有文化寓意的休憩设施对提升绿地整体景观品质和游客体验的满意度起到重要的作用。

（2）评价指标的确定。通过总结已有研究成果以及休憩设施在滨江公共绿地内的独特属性，本书将影响休憩设施质量的评价指标归纳为3个准则层面，即休憩设施与空间环境协调性层面、休憩设施的功能性层面和休憩设施的艺术性与文化性层面，并在此基础上，结合专家访谈与游客的问卷调查，筛选影响准则层的评价因子，最终确定了16个评价因子（见表14-3-1）。

2）评价模型构建

（1）指标层次结构模型构建。在前文筛选确定的休憩设施综合质量评价指标的基础上，构建其评价模型（见图14-3-1）。

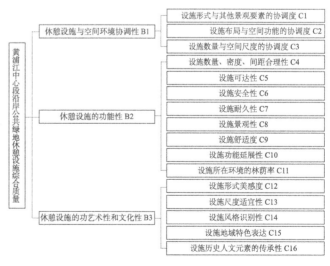

图 14-3-1 评价指标层次结构模型图

（2）权重计算与一致性检验。在确定了层次结构模型以后，对各因子进行权重值的计算。权重值反映各评价因子对于评价结果影响程度的大小，确定各因子的权重值也是评价模型建立过程中的关键所在。本节在计算各因子权重时采用群策法，基于上述建立的层次结构模型，向30位相关专业专家和从业人员发放问卷，根据问卷调查结果，运用软件YAAHP v6.0patch2，计算出各个因子的权重值，构建判断矩阵，并对判断矩阵进行一致性检验。

（3）休憩设施质量评价模型构建。根据层次结构评价模型以及指标权重，基于多因子综合指数法，将黄浦江核心段沿岸公共绿地休憩设施综合质量指数设为 Y，影响综合质量指数 Y 的各项因子得分设为 X_i，则对于单个公共绿地而言，单因子质量评价符合以下计算公式：

$$\overline{X_i} = \frac{X_1 + X_2 + X_3 + X_4 + \cdots + X_n}{n} \qquad (14\text{-}3\text{-}1)$$

其中 n 代表所发放休憩设施质量调查问卷中有效问卷的个数。

而对于单个公共绿地内休憩设施综合质量为 Y，

在确定指标权重的基础上，可定义其计算公式为

$$Y = \sum_{i=1}^{n} X_i W_i \qquad (14\text{-}3\text{-}2)$$

其中 W 表示各个评价因子相对应的权重值。

3）质量等级划分与赋值标准

评价依据首先建立在大量的实地调研以及调研过程中获得的基础数据之上。首先，进行详细的现场调研，运用对比、归纳等方法，总结出各个绿地内休憩设施的特征。其次，参照专家的咨询意见与建议。本节作为《黄浦江老码头区滨江公共绿地景观技术导引》项目衍生课题，具有较翔实的第一手资料和研究基础，为评价提供了科学依据。

本节将16个休憩设施质量评价指标按分值从高到低分为5个等级，分别为Ⅰ级（优），Ⅱ级（良），Ⅲ级（中），Ⅳ级（差），Ⅴ级（极差），如表14-3-2所示。通过16个单因子评价等级以及取值标准的制定，可对黄浦江沿岸公共绿地内的休憩设施进行综合质量的评分，结合调研中对黄浦江核心段沿岸绿地内休憩设施的定性与定量的分析，将休憩设施的综合质量按以下等级进行划分（见表14-3-3）。

表 14-3-1 休憩设施综合质量评价指标权重一览表

目标层	准则层	准则层权重	因子层	因子层权重
黄浦江中心段沿岸公共绿地休憩设施综合质量	休憩设施与空间环境的协调性 B1	0.2767	设施形式与其他景观要素的协调度 C1	0.1970
			设施布局与空间功能的协调度 C2	0.0220
			设施数量与空间尺度的协调度 C3	0.0576
	休憩设施的功能性 B2	0.6302	规模与布局合理性 C4	0.1322
			可达性 C5	0.0983
			安全性 C6	0.2304
			耐久性 C7	0.0393
			观景性 C8	0.0319
			舒适度 C9	0.0668
			功能的延伸性 C10	0.0116
			所在环境的林荫率 C11	0.0197
	休憩设施的艺术性与文化性 B3	0.0931	形式美感度 C12	0.0205
			尺度适宜性 C13	0.0374
			风格识别性 C14	0.0168
			地域特色表达度 C15	0.0095
			历史人文元素传承性 C16	0.0090

表 14-3-2 休憩设施质量评价因子评分标准

分值	5	4	3	2	1
等级	Ⅰ级（优秀）	Ⅱ级（良好）	Ⅲ级（中等）	Ⅳ级（较差）	Ⅴ级（极差）

表 14-3-3 休憩设施综合质量等级划分标准

分值	4.5<X≤5	4<X≤4.5	3<X≤4	2<X≤3	0<X≤2
等级	Ⅰ级（优）	Ⅱ级（良）	Ⅲ级（中）	Ⅳ级（差）	Ⅴ级（极差）

（1）休憩设施与空间环境协调性B1取值标准。休憩设施与空间环境的协调性是由休憩设施形式与其他景观要素的协调度、设施布局与空间功能的协调度、设施数量与空间尺度的协调度3个评价因子加权决定的，其取值标准如表14-3-4所示。

（2）休憩设施的功能性B2取值标准。休息设施的功能性是由休憩设施规模与布局合理性、可达性、安全性、耐久性、观景性、舒适度、功能的延

伸性、所在环境的林荫率等8个评价因子加权决定，其评价标准如表14-3-5所示。

（3）休憩设施的艺术性与文化性B3取值标准。休憩设施的文化与艺术性由设施形式美感度、尺度适宜性、风格识别性、地域特色表达度、历史人文元素传承性等评价因子质量加权决定。评价标准详如表14-3-6所示。

表 14-3-4 休憩设施与空间环境协调性评价指标取值标准

准则层	指标层	取值标准
休憩设施与空间环境的协调性B1	设施形式与其他景观要素的协调度C1	休憩设施与绿地中其他景观元素在色彩、材质、形式方面高度协调，风格相匹配得5分；休憩设施的色彩、材质与绿地中其他景观要素具有极大的反差，空间风格混乱得1分；其他等级依次类推
	设施布局与空间功能的协调度C2	休憩设施的布局能够很好地吻合场地功能，通过布局、尺度、与周边环境的关系产生具有空间领域感的空间，并且有效地划分出私密性、非私密性空间的得5分；设施的布局与空间功能极其不吻合导致设施使用率极低得1分；其他等级依次类推
	设施数量与空间尺度的协调度C3	设施数量与场地空间协调度极高，能充分发挥设施在不同功能空间下的作用得5分；设施数量与空间尺度协调度极低，经常造成设施的闲置、利用率低，或因空间内设施数量过多产生较差的休憩体验得1分；其他等级依次类推

表 14-3-5 休憩设施的功能性评价指标取值标准

准则层	指标层	取值标准
休憩设施的功能性B2	规模与布局合理性C4	设施数量能充分满足游客的日常休憩需求，且各功能区内密度与分布合理，能有效合理地被游客使用得5分；设施数量过少，且分布不均匀，集中于某一片区得1分；其他等级依次类推
	可达性C5	各功能区内设施可达性极高，能为游客提供休憩功能得5分；设施可达性极差，难以被直接利用得1分；其他等级依次类推
	安全性C6	设施结构合理，安全稳固，不易因自身问题对游客造成伤害得5分；设施安全性极差，非常容易使游客在使用过程中造成伤害得1分；其他等级依次类推
	耐久性C7	休憩设施具有很好的耐久性，不易破损，使用寿命长，维护成本低得5分；休憩设施耐久性很差，极易破损得1分。其他等级依次类推
	观景性C8	设施的布局能充分满足滨江观景的功能，观景体验极好，提升游客休憩时的视觉感受得5分；不能满足滨江观景的功能，且造成较差的视觉感受得1分；其他等级依次类推
	舒适度C9	设施尺度怡人，能提供很好的休憩感受，并且能考虑到不同年龄段人群对设施的不同需求得5分；设施的舒适度极差，不能带来良好的休憩感受得1分；其他等级依次类推
	功能延伸性C10	设施不仅能给游客提供安全、舒适的休憩体验，还能整合、联动其他功能，如充电装置、公共广播、照明系统等得5分；设施仅能提供较差的休憩体验，且无辅助性功能得1分；其他等级依次类推
	所在环境的林荫率C11	设施的布局能结合林荫树布置，提供很好的林荫休憩环境得5分；设施的布局并未考虑林荫性，无法提供遮阴避阳的场所得1分；其他等级依次类推

表 14-3-6 休憩设施的艺术性与文化性取值标准

准则层	指标层	取值标准
休憩设施的文化与艺术性B3	形式美感度C12	休憩设施造型美观，具有较高的艺术性和欣赏价值，并且符合大众审美，与滨江风貌相协调，具有一定的特色得5分；设施美观性极差，很大程度影响了绿地及城市风貌得1分；其他等级依次类推
	尺度适宜性C13	休憩设施尺度适宜，符合人体工学，并且与周边环境相协调得5分；休憩设施尺度感很差，基本不能发挥其坐憩功能的得1分；其他等级依次类推
	风格识别性C14	滨江公共绿地内休憩设施风格整体协调统一，具有较强的识别性，形成具有绿地或地区特色的设施风格得5分；绿地内设施的识别性极差，没有滨江特性，与一般城市公园中的设施或城市家具风格完全一致得1分；其他等级依次类推
	地域特色表达度C15	休憩设施的造型、颜色、材料等方面具有显著的老码头地区特色，并且与黄浦江沿岸的整体风貌，乃至上海的城市风貌相匹配得5分；休憩设施的整体形象与老码头地方特色完全不符的得1分；其他等级依次类推
	历史人文元素传承性C16	休憩设施造型美观，且在细节处能很好地展现老码头地区的历史文化得5分；休憩设施造型较差，且传达的文化内涵与老码头地区风貌不相符的得1分；其他等级依次类推

14.3.2 休憩设施质量等级分析

1）休憩设施综合质量等级排序

（1）不同公园休憩设施综合质量等级分析。依据16项指标的得分以及各自所占的权重，计算得出黄浦江核心段公共空间休憩设施综合质量等级。如图14-3-2所示，11个绿地的休憩设施质量等级分布在2.5~4分之间，其中，南园滨江公园、东昌绿地以及世博片区绿地的得分处于Ⅳ级（差）；另外8个绿地的综合质量得分处于Ⅲ级（中），占比72.7%。11个绿地休憩设施的综合质量平均得分为3.34，同样处于Ⅲ级，且区分度较小。

（2）不同绿地休憩设施单因子质量等级比较分析。从图14-3-3可知各个绿地休憩设施16项因子层指标的得分情况。如图14-3-4所示，16项单因子质量均值浮动较大，得分处于2~4分之间，即质量等级处于差（Ⅳ）和中（Ⅲ）之间。其中，Ⅳ级的因子数最多，共有9项，占比56.25%，包括设施布局与空间功能的协调度C2、设施观景性C8、设施舒适度C9、设施功能的延伸性C10、设施所在环境的林荫率C11、设施形式美感度C12、设施尺度适宜性C13、设施的地域特色表达度C15、设施的历史文

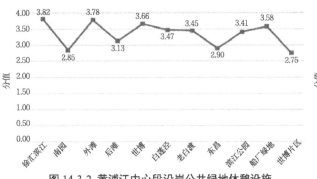

图 14-3-2 黄浦江中心段沿岸公共绿地休憩设施
综合质量等级折线图

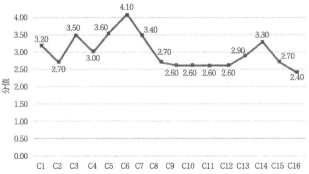

图 14-3-4 休憩设施单因子平均质量等级分布图

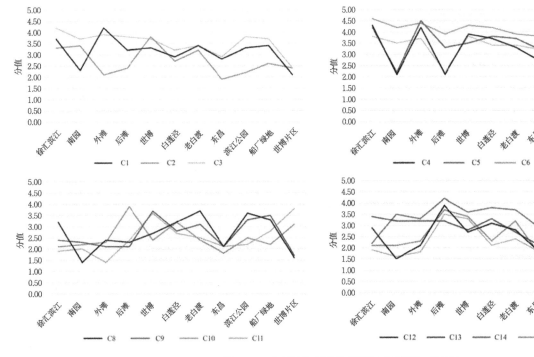

图 14-3-3 各绿地休憩设施单因子质量等级对比图

化元素的传承性C16；Ⅲ级的因子共有6项，占比37.5%，包括设施形式与其他景观要素与设施的协调度C1、设施数量与空间功能的协调度C3、规模与布局合理性C4、设施可达性C4、设施耐久性C7、设施风格识别性C14；Ⅱ级（良）因子的有1项，为设施安全性C6；无Ⅰ级（优）和Ⅴ级（极差）因子。整体而言，休憩设施单因子质量水平属于中等偏下。

2）休憩设施与空间环境协调性分析

影响休憩设施与空间环境协调性B1的3个评价因子的平均得分依次为：设施形式与其他景观要素的协调度C1为3.2分、设施布局与空间功能的协调度C2为2.7分、设施数量与空间尺度的协调度C3为3.5分，处于Ⅲ级（中）和Ⅳ级（差）。集中反映了黄浦江核心段公共绿地中休憩设施与空间环境的协调性中等偏下，如图14-3-5、图14-3-7、图14-3-9所示。

（1）设施形式与其他景观要素的协调度。如图14-3-4所示，11个公共绿地的休憩设施形式与其他景观要素的协调度C1平均得分为3.2，处于Ⅲ级（中等）。如图14-3-5所示，6个公共绿地休憩设施得分处于Ⅳ级（差），占比54.5%，4个公共绿地处于Ⅲ级（中），仅外滩地区休憩设施的协调度处于Ⅱ级（良），如图14-3-6（1）所示，无论是高桩平台上的座椅还是城市界面带的座椅，无论是兼用型还是器具型的座椅风格基本统一，材质为深灰色花岗岩配合黑色木质坐面；同时，座椅与地面铺装的形式在色彩、材质方面也十分契合，并且与周边的建筑在色彩上也能保持协调统一。如图14-3-6（2）所示，浦东滨江公园中的休憩设施在材质、色彩、形态上都与其周边的铺装、栏杆不太协调，稍显突兀。

（2）休憩设施布局与空间功能的协调度。如图14-3-4所示，11个公共绿地中休憩设施布局与空间功能的协调度C2的平均得分为2.7，处于Ⅳ级（差）。如图14-3-7所示，5个绿地的得分处于Ⅲ级（中），占比45%，5个绿地处于Ⅳ级（差），1个绿地处于Ⅴ级（极差）。如图14-3-8所示，得分最高的船厂绿地中休憩设施的布局与场地功能基本协调；而得

分最低的东昌绿地中休憩设施的布局与场地的协调性就相对较差，空间的领域感也较差，体验不佳。

（3）休憩设施数量与空间尺度的协调度如图14-3-4所示，11个绿地的休憩设施数量与空间尺度的协调度C3平均得分为3.5。如图14-3-9所示，各绿地的得分也比较相近，其中徐汇滨江的该项指标得分最高，而世博片区的得分最低。

3）休憩设施的功能性分析

休憩设施的功能性B2包含8个评价指标，指标数量占比最高，同时也是权重最高的准则层。从8个指标的平均得分来看，1项处于Ⅱ级，为设施的安全性C6；3项处于Ⅲ级，分别为设施的数量、密度、间距合理性、设施可达性和设施的耐久性；4项处于Ⅳ级，分别为设施的观景性、设施的舒适度、设施的功能延伸性以及设施所在环境的林荫率。从8项指标的类型来看，反映休憩设施基本功能属性的规模与布局、可达性、安全性、耐久性4项指标得分基本处于中上水平；而观景性、舒适度、功能延伸性、环境的林荫率4项指标得分处于Ⅳ级（差），表明休憩设施的景观性与舒适性还有较大的提升空间。

（1）规模与布局合理性。如图14-3-10所示，11个绿地的休憩设施的规模与布局合理性C4分值具有较大的波动，除徐汇滨江绿地得分为4.3外，有6个绿地的该项分值处于Ⅳ级（差），4个绿地处于Ⅲ级（中）。另外，结合《黄浦江核心段沿岸公共绿地休憩设施调查问卷》中对于设施的数量规模的调研结果来看，86.67%的外滩游客认为绿地中没有配备足够的休憩设施；徐汇滨江绿地中32.26%的游客认为绿地没有配置足够的休憩设施。当然，设施的数量在很大程度上与绿地的游人量和绿地的性质有关系，如外滩作为所有调研绿地中人流量最大的绿地，其主要功能是为游客提供滨江观景的场所，假如在高桩平台处设置过多的座椅，势必会压缩游客可活动的空间，也不利于疏散人流；而徐汇滨江在功能上主要是为周边居民提供休闲、健身和观景的场所，绿地中存在许多不同的功能场地，因此休憩设施的需求量也是很大的。因此在对绿地的设施

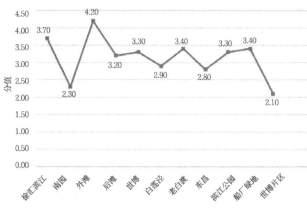

图 14-3-5 休憩设施形式与其他景观要素的协调度分析图

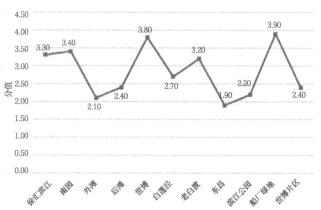

图 14-3-7 休憩设施布局与空间功能的协调度折线图

（1）外滩休憩设施

（2）浦东滨江公园休憩设施

图 14-3-6 设施形式与其他景观要素的协调度

（1）船厂绿地休憩设施　　（2）东昌绿地兼用型休憩设施

图 14-3-8 休憩设施布局与空间功能的协调度

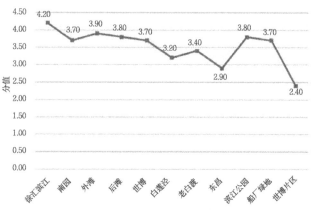

图 14-3-9 休憩设施数量与空间尺度的协调度折线图

数量和布局进行规划时，一方面要考虑绿地的面积、人流量等因素，另一方面也要考虑绿地的功能。

（2）可达性。如图 14-3-11 所示，11 个滨江绿地中休憩设施可达性 C5 平均得分为 3.6，在 16 项评价因子中排名第二，说明滨江地区公共绿地内休憩设施的可达性还是比较高的，游客基本能够在经常活动的范围内找到可以使用的休憩设施。各个绿地的休憩设施的可达性如图 14-3-11 所示。

（3）安全性。11 个绿地中休憩设施安全性 C6 的平均得分为 4.1，在 16 项评价因子中排名第一，如图 14-3-12 所示，6 处绿地位于 Ⅱ 级（良），4 处位于 Ⅲ 级（中），1 处位于 Ⅰ 级（优），由此可见，滨江地区的休憩设施还是基本能保证其安全问题。

（4）耐久性。11 个绿地的休憩设施耐久性 C7 平均得分为 3.4，在 16 项评价因子中排名第三。如图 14-3-13 所示，除后滩公园得分为 2.2 外，其他各个绿地休憩设施耐久性等级水平相差不大。

（5）观景性。11 个绿地的休憩设施观景性 C8 的得分均值为 2.7，等级为差。如图 14-3-14 所示，5 个绿地处于 Ⅲ 级（中），4 个绿地处于 Ⅳ 级（差），2 处绿地处于 Ⅴ 级（极差），整体情况不甚理想。休憩设施的观景性是比较重要的，尤其对于滨江公共

绿地而言更是如此，游客来到滨江绿地，就是为了能够体验滨江风貌、领略江景。南园滨江公园休憩设施观景性的平均得分仅为 1.4，一方面因为绿地本身休憩设施的数量不足，另一方面，为数不多的休憩设施分布在较为私密的空间，看不到江景，观景性差，且使用率也非常低。如图 14-3-6（2）所示，浦东滨江公园的公共绿地的休憩设施与栏杆、植物等要素组合不当，无景可看且极不舒适。

（6）舒适度。影响休憩设施舒适度 C9 的因素有很多，包括休憩设施的尺度、材料的选择、座面的处理、与周边环境的协调度等，它对游客的休憩体验具有很大的影响。从 C9 指标在该层的最高权重也能看出舒适程度对于休憩设施功能的整体影响。如图 14-3-15 所示，11 个绿地休憩设施舒适度的得分普遍偏低，仅有 4 处绿地得分在 3.0 以上，处于 Ⅲ 级（中），7 处绿地的休憩设施舒适度处于 Ⅳ 级及以下，占比 63.6%，相比而言，得分最高的世博公园也仅有 3.7 分，因此游客对于滨江地区休憩设施的舒适程度并不满意。

舒适度较高的休憩设施首先应符合人体工学，有适宜的坐面宽度和座椅高度，材质相对柔软、不坚硬；能满足不同人群的使用需求，如扶手和靠背

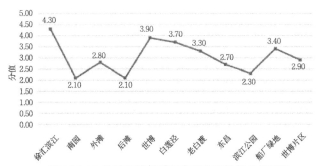

图 14-3-10 休憩设施规模与布局合理性得分折线图

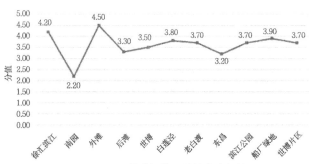

图 14-3-11 休憩设施可达性得分折线图

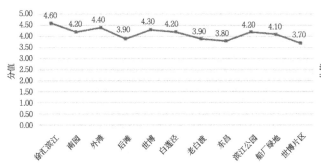

图 14-3-12 各绿地休憩设施安全性得分折线图

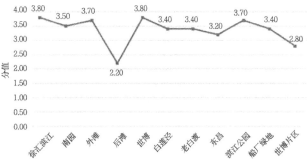

图 14-3-13 各绿地休憩设施耐久性得分折线图

的设置等。结合调研过程中对休憩设施特征的总结，发现大部分公共绿地的休憩设施并不符合人体工学，如图 14-3-16（1）所示后滩公园中的设施采用玻璃钢的材质较为坚硬、冰冷、容易积灰；图 14-3-16（2）中的设施尺度极不符合人体工学，座椅高度过矮；图 14-3-16（3）中的花岗岩材质的设施坐感同样比较差，大部分兼用型设施都未对坐面进行处理，而

是直接沿用水泥或花岗岩作为坐面，其实如图 14-3-16（4）所示，对这些台阶挡墙的坐面进行简单的处理也能使游客坐憩时的体验得到很大的提升。另外，滨江公共绿地的使用人群中，中老年人占了很大的比例，而调研的 11 个公共绿地中具有扶手和靠背的座椅比例极小，有待进一步的提升。

（7）功能延伸性。如图 14-3-17 所示，11 个绿地休憩设施功能延伸性得分均值为 2.6。其中 8 个绿地休憩设施功能延伸性得分为 2.55，处于 IV 级及以下，占比 72.7%。休憩设施的功能延伸性是功能性准则层中权重最低的指标。

（8）所在环境的林荫率。11 个绿地休憩设施所在环境的林荫率得分均值为 2.6。如图 14-3-18 所示，11 个绿地之间也具有较大的波动，其中 7 处绿地处于 IV 级，2 处绿地处于 V 级，2 处绿地处于 III 级，而

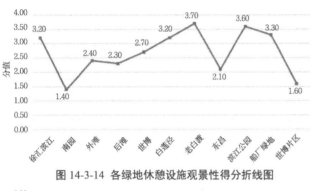

图 14-3-14　各绿地休憩设施观景性得分折线图

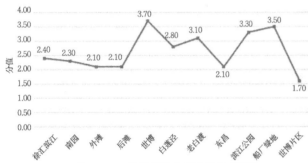

图 14-3-15　休憩设施舒适度得分折线图

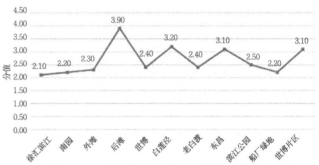

图 14-3-17　各绿地休憩设施功能延伸性得分折线图

（1）后滩公园休憩设施

（2）东昌绿地休憩设施

（3）老白渡绿地休憩设施

（4）徐汇滨江休憩设施

（5）世博公园休憩设施

（6）南园滨江休憩设施

图 14-3-16　休息设施的舒适度分析

2.49 的平均得分也位于所有 16 项指标分值的倒数第二。虽然休憩设施所在环境的林荫率在一定程度上与绿地的结构和功能有关，如外滩作为绿化率较低的 1 处绿地，该项指标的得分必然不会高，但是它也能从侧面反映出绿地的人性化程度。11 个绿地中白莲泾绿地的休憩设施的林荫率得分最高，夏季依然拥有较好的休憩体验。

4）休憩设施的艺术性与文化性分析。影响休憩设施的艺术性与文化性的因子共有 5 项，包括设施形式的美感度 C12、设施尺度的适宜性 C13、设施风格的识别性 C14、设施的地域特色表达度 C15 以及历史人文元素的传承性 C16，5 项指标主要从休憩设施的造型艺术、风格尺度、文化传达、地域特色等角度来考量设施的综合质量。如图 14-3-4 所示，4 项评价因子的平均得分处于Ⅳ级（差），仅设施风格识别性 C14 这项指标为Ⅲ级。整体上而言，休憩设施的艺术性与文化性 B3 指标因子的得分最低，同时权重也相对较低。

（1）形式美感度。如图 14-3-4 所示，11 个绿地中的休憩设施形式美感度平均得分为 2.6，Ⅳ级（差）。如图 14-3-19 所示，其中 3 个绿地的休憩设施形式美感度处于Ⅴ级（极差），占比 27%，4 个绿地的休憩设施形式美感度处于Ⅳ级（差），4 个绿地的休憩设施形式美感度处于Ⅲ级（中）。其中，以南园、世博片区和东昌绿地的休憩设施形式的美感度较差，而后滩公园休憩设施美感度得分最高，为 3.9。总体而言，滨江地区的休憩设施普遍存在形式单一、材质单一的特点，并且识别性比较差，设施的形式特色不鲜明。

图 14-3-20 总结了 11 个滨江公共绿地中休憩设施的不同形式类型。后滩公园中"红飘带"形式的

座椅在材质、色彩、尺度方面确实与传统坐凳有较大的差别，在绿地中十分抢眼，并且与乡野的绿地风格形成一定的反差，从后滩公园设施形式的美感度 C12 的最高得分可以看出市民游客对于这种形式的座椅是能接受的，因此比较符合大众审美。而东昌绿地中"小品式"的座椅虽然在形式具有一定的创新性，但美观度欠佳。相较之下，外滩地区的座椅虽然在形式上并无创新，但是在材质的搭配，色彩的选择，与铺装、建筑色彩的协调度方面做得都比较好，因此整体上给人简洁大方的感觉，外滩区段休憩设施形式美观度位居第二。除了以上 3 个绿地的休憩设施形式有特色外，其余各个绿地内的休憩设施形式上较为雷同。

（2）尺度适宜性。如图 14-3-4 所示，11 个绿地休憩设施尺度的适宜性得分均值为 2.9，处于Ⅳ级（差）。如图 14-3-21 所示，11 个绿地中 7 个绿地处于Ⅲ级（中），占比 63.6%，3 个绿地处于Ⅳ级（差），1 个绿地处于Ⅴ级（极差）。结合调研情况来看，滨江地区休憩设施主要存在体量感失衡、座面宽度过宽或过窄等问题，尺度不适宜的设施也会影响设施的舒适度，因此对比 C13 和 C9 指标来看，11 个绿地在这两项指标的得分上基本具有趋同性。

（3）风格识别性。11 个绿地休憩设施风格的识别性 C14 得分均值为 3.3，处于Ⅲ级（中）。如图 14-3-22 所示，8 个绿地的休憩设施的风格识别性位于Ⅲ级（中），占比 72.7%，2 个绿地休憩设施的风格识别性位于Ⅳ级（差），后滩公园休憩设施的风格识别性位于Ⅱ级（良），得益于其协调统一的"红飘带"形式，即使在材质、细节、尺度等方面还不尽完美，但协调统一的形式以及与公园整体风格的匹配还是给指标加分不少。

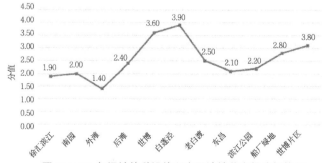

图 14-3-18 各绿地休憩设施所在环境林荫率得分折线图

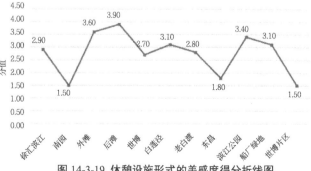

图 14-3-19 休憩设施形式的美感度得分折线图

（1）后滩公园

（2）东昌绿地

（3）外滩地区

（4）浦东滨江公园　　　　　　　（5）船厂绿地　　　　　　　（6）世博公园

图 14-3-20 黄浦江中心段滨江绿地休憩设施形式一览表

（4）地域特色表达度。如图14-3-4所示，11个绿地休憩设施地域特色表达度C15得分均值为2.7，处于Ⅳ级（差）。如图14-3-23所示，5个绿地为Ⅲ级（中），4个绿地为Ⅳ级（差），其余2个绿地为Ⅴ级（极差）。由此可见，滨江地区休憩设施地域特色表达方面较弱，虽然对休息设施综合质量的贡献度较低，但对于高品质绿地的营建具有重要的作用。

（5）历史文化传承性。11个绿地休憩设施历史文化传承性C16得分均值为2.4，处于Ⅳ级（差）。如图14-3-24所示，3个绿地休憩设施的历史文化传承性处于Ⅲ级（中），4个绿地处于Ⅳ级（差），4个绿地处于Ⅴ级（极差）。由此可见，滨江地区休憩设施较少考虑历史文化元素的传承。

14.4 休憩设施优化策略

14.4.1 滨江公共绿地休憩设施的现状问题

总结前文的研究成果，黄浦江核心段公共绿地休憩设施的现状问题可归纳如下：

1）设施数量总体偏少

滨江公共绿地休憩设施数量偏少，并且独立器

具型休憩设施的占比较低，仅为滨江公共绿地内休憩设施总数的20%~30%，无法满足游客休憩体验的需求，同时设施较为陈旧，破损现象较多且较为严重，实际可使用的休憩设施数量更少。

2）设施与周边环境协调性较差

休憩设施与其他景观设施、建筑的风格差异性较大，主要体现在材质、色彩、形态上的冲突，使设施具有较为突兀的感觉，无法与绿地很好地融合。

3）休憩设施形式陈旧单一，滨江特色不明显

滨江公共绿地中的休憩设施趋同性较高，材质、色彩、形态都较为单一，与一般城市公园、街旁绿地内的设施差异性很小，未突出滨江特色。

4）休憩设施舒适度较差

部分休憩设施的尺度不太符合人体工学，坐面宽度和座椅高度不太合理；具有靠背和扶手的座椅比例过少；大部分设施的坐感比较差，主要体现在材质的选择不当以及对兼用型设施缺少进一步的坐面处理。

5）缺乏地域特色，文化、历史传承性较差

黄浦江滨江地区具有工业老码头等工业遗存的历史特性，在对其公共空间进行塑造时，应当对这一历史记忆进行保留和演绎。而已建成的滨江公共

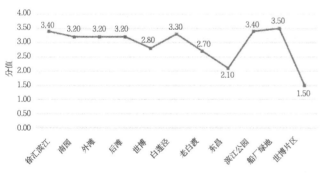

图14-3-21 设施尺度的适宜性得分折线图

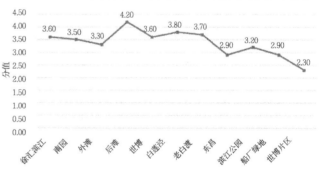

图14-3-22 休憩设施风格识别性折线图

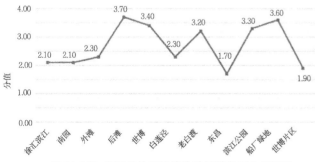

图14-3-23 各绿地休憩设施的地域特色得分折线图

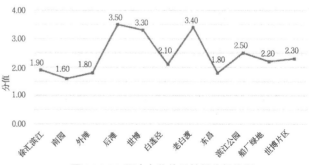

图14-3-24 历史文化传承性得分折线图

绿地休憩设施，缺乏对老码头元素的演绎，历史文化的传承感比较差，未能体现黄浦江滨江风貌特色。

6）亭、廊构架数量过少

11处调研样本绿地中，具有庇护性的亭廊构架总数不足10处，超过半数的绿地中不具有可供多人同时休憩的庇护性构架。

14.4.2 休憩设施空间协调性提升策略

1）提升休憩空间的领域感

休憩设施能否带来好的休憩体验主要取决于两方面因素，一方面是休憩设施本身，包括设施的尺度、材质、形式等因素，另一方面是休憩空间的领域感。休憩空间的领域感主要由设施与铺装场地的关系、设施的布局方式、朝向等因素决定的。如图14-4-1（1）、（2）和（3）所示，滨江绿地较多的休憩设施布局随意，空间的领域感很弱，游客坐憩体验不佳；而图14-4-1（4）、（5）和（6）的休憩空间则具有较强的领域感，给游客带来较为放松、宁静的游憩体验，

不易被行人打扰。

基于相关文献中的空间营造理论，结合现场调查结果，本书提出了提升滨江地区休憩空间领域感的策略：①运用铺装的变化对场地空间进行有效划分，营造出具有领域感的休憩空间；②对场地形状、设施之间的组合布局方式进行改进，使之具有围合感，突出休憩氛围；③优化休憩设施的形式，加强休憩设施在空间中的景观效果，如图14-4-2所示。

2）提高休憩设施与建筑、铺装风格的统一感

一般而言，若公共空间中各类设施的材质、色彩能与铺装、建筑较为统一，那么空间的协调感较好。在11个调研绿地中，外滩地区的设施在材质、色彩方面基本能与周边的铺装、建筑的风格较为统一，如图14-4-2所示，在色彩上基本以灰色为基调色，与周边较为悠久的历史建筑交相呼应，材质上，浅色花岗岩与深灰色防腐木的搭配基本贯穿在所有类型的休憩设施中，并且与花岗岩铺装也能较好地融合。

（1）世博片区休憩空间

（2）滨江公园区休憩空间

（3）南园滨江休憩空间

（4）外滩地区休憩空间

（5）船厂绿地休憩空间

（6）白莲泾绿地休憩空间

图14-4-1 空间领域感优劣分析

图14-4-2 设施优化意向图（来源：网络）

14.4.3 休憩设施功能性提升策略

1）因需提升设施数量

黄浦江核心段滨江公共绿地普遍存在设施数量偏少的情况，参照现行公园设计规范，提出以下提升策略：①绿地休憩设施的总体密度可适当提高，建议总密度不小于 20 个 /hm²，滨水结合带密度不小于 30 个 /hm²；②提高独立器具型休憩设施的比例，尽可能使器具型设施与兼用型设施比例保持在 1:1 至 1:2 之间；③优化休憩设施的布局，提高休憩设施的使用率。设施数量以场地功能为核心，提高滨水界面带设施数量比例，减少中央绿带的设施数量；④场地条件允许的情况下，尽可能在绿地中设置至少 1 处可供多人同时休憩的庇护性设施，如亭、廊等构架。

2）尺度设计遵循人体工学

无论是室内还是室外的休憩设施的设计都应该符合人体的尺度和使用习惯。设施的尺度包括座宽、座高、座深、靠背的设计、扶手的高度等。休憩设施的尺度设计应该尽量保持以下原则：尽量考虑到不同身材的人群的使用习惯；能让使用者保持舒适、稳定的就坐感受；设施尺寸和形式的设计要以发挥其功能为基本原则。

结合滨江地区休憩设施尺度的实际情况以及相关文献中对设施人体尺度设计的研究，对滨江地区设施的尺度优化提出以下建议。

（1）座深。座深是指图 14-4-3 中 A 点到 B 点的距离，人可坐的区域。合理的座深应该具备以下几个特点：能使腰背得到靠背的支持、能使臀部充分得到座面的支持、能给腿部留有自由伸展的空间。倘若座椅深度过深，则背部不易得到靠背的支持；倘若座椅深度过浅，则臀部不能得到很好的支持，会影响就坐时的舒适度。通过前文对休憩设施特征分析可以发现，滨江地区的休憩设施以兼用型辅助设施为主，如台阶、树池花台等，并且具有靠背的设施只占据很小的比例，所以设施的座深跨度比较大，结合相关文献中对坐憩设施尺度的研究，认为滨江地区的休憩设施座深应当从以下几点问题进行改进：①具有靠背的设施，座深应尽量控制在

图 14-4-3 设施优化意向图

350~450mm 范围内，以确保较为舒适的就坐感受；②对于兼用型设施，如台阶、树池等，在满足其主要功能的前提下，也应尽量让其座面宽度控制在适合就坐的范围内，一般控制座深不小于 350mm，以确保臀部能够得到充分支持。

（2）座高。座高合适与否也在很大程度上决定坐憩的舒适程度。座椅高度过高则会造成使用者腿部悬空不能贴地，长时间就坐就会对腿部肌肉造成压迫，无法放松。而座椅高度过低，则会造成腿部不能自然展开，腰背容易酸痛，也会影响就坐舒适度。结合对滨江地区休憩设施的调研，发现也有不少设施的高度存在一定的问题，如图 14-4-1（1）所示，设施的高度过矮造成了较差的就坐体验。参考相关文献中对设施座高与人体尺度设定，认为滨江地区休憩设施的一般座高应设计在 380~450mm 范围内以给使用者较好的休憩体验，而对于树池、台阶等兼用型设施，在满足其主要功能的前提下，尽量使座高保持在 300~500mm 的范围内。

（3）靠背和扶手尺度。休憩设施靠背主要是给腰背一个支持，让使用者在就座时脊椎能够保持相对放松的状态；而扶手的作用在于就座时给予手臂支撑。扶手和靠背都不是座椅所必须设置的部件，但是具有扶手和靠背的设施能大大增加设施的舒适度，尤其对于中老年人而言帮助更大。而滨江地区的休憩设施中，具有扶手或者靠背的座椅少之又少，这对于滨江地区公共绿地的主要使用人群 —— 中老年人来说是不够人性化的，也是设施舒适度这项指

标低得分的原因之一。因此首先需要加大具有扶手和靠背设施的比例，其次对于靠背和扶手的设计问题，结合相关文献中对该问题的研究，认为扶手和靠背的设计应该基本满足以下几点要求：①靠背与座面的夹角保持在115°左右，不宜小于90°，以给背部较为舒适的感受；②扶手高度不宜过高，一般在200~250mm范围内为宜。

3）选择合适的材质

适宜的材质不仅能给休憩设施提供更好的就座舒适度，还能提升设施的耐久性、安全性等多项指标；对于滨江地区的休憩设施而言，材质的选择更为重要，一方面滨江地区易于受潮，要着重考虑材质的防潮性和耐久性；另一方面，材质在很大程度上决定了设施的整体风格，滨江地区是城市风貌的重要展现空间，因此材质的选择不仅应该使设施与周边环境风格协调统一，还应该尽量展现地区的地域特色，体现一定的科学性和前沿性。结合对黄浦江滨江绿地设施材质的分析和问题归纳，对设施的材质选择提出如下具体意见：

（1）木质设施坐感更舒适，生态性好，应尽量选用抗性强的木材，并且做好防潮、防腐等处理，也更需要定时的维护和保养，如果木材选择不当，并且未做适当的保护工作，则很容易出现破败的现象，如图14-2-1所示的徐汇滨江绿地中的休憩设施，破败的木质设施不仅不能提供休憩的功能，还对整体的绿地景观产生了不良的影响。

（2）以石材为主的兼用型设施，应对座面进行相应的处理以提升其坐感舒适性。黄浦江核心段公共绿地中的兼用型休憩设施占比超过了50%，浦东滨江公园、老白渡绿地的兼用型休憩设施比例达到

了80%。大部分休憩设施的座面都未进行处理，基本延续了台阶、树池的花岗岩、水泥材质，坐感比较差，并且没有靠背和扶手，不适合长时间就坐，如图14-3-16（1）所示。设计中若能对台阶、花台等进行简单的处理就能大幅度提升游客休憩时的感受，也能很大程度上体现绿地的人性化程度。

（3）可适当选用高强度、耐磨性强、坐感舒适的合成材料。目前滨江绿地中大部分休憩设施的材质是以木材和石材等传统的材料为主，石材与木材的优劣势也都很明显，木质设施坐感更佳，但耐久性差，易潮易腐，需要高频度的维护；石材设施耐久性高，但坐感一般，不适合久坐。其实设施的材质也体现了绿地和城市建设的前沿性、科学性，对于滨江地区的设施而言，大可采用耐久性、生态性更好的材料，如一些复合型材料、高分子材料等。

4）增加设施所处环境的林荫率

调查结果显示，人们更愿意停留在林荫环境中。而黄浦江核心段滨江公共绿地休憩设施的林荫率普遍较低，林荫率高的白莲泾绿地设置有兼用型的树穴坐具，树冠的遮阴效果均匀，长条形坐凳背后有成片的乔木，大大提高了面江坐凳的舒适性（见图14-4-4）。因此，滨江公共绿地休憩设施的设置，一方面要根据不同树种树冠的形状来配置不同形状的座椅，以此提高树荫的利用率；另一方面在高桩平台这种不适合种植林荫树的场地中，可以利用场地与主体绿带的交界面，设置一排林荫树。

5）提升设施的观景性

观景性虽然不是衡量休憩设施综合质量中最重要的指标，但是对于滨江公共绿地而言，本地居民与外来游客来到滨江公共绿地的主要目的是能够得

图14-4-4 白莲泾绿地休憩设施

到亲水、近水、看水以及领略滨江两岸风貌的机会，因此，休憩设施是否也能提供较好的观景视野和赏景空间显得更加的重要。如图14-4-5所示，不当的座椅朝向和布局地点使得游客处于这样的环境中时无景可看，并且容易被当作环境中的"景"。分析滨江地区休憩设施在观景性方面存在的问题，结合相关文献中对景观空间营造的方法，认为可以从以下几方面对设施的观景性进行优化（见图14-4-6）：

（1）明确观景视线和方向，在此基础上对设施的朝向和布局进行优化。

（2）增加休憩空间的观景氛围和领域感，突出设施观景的功能和作用。

（3）通过增设靠背，用植物、矮墙作为背景，增添场地围合感等方法，尽量使休憩设施处在可以"倚靠"的环境中，优化就坐舒适度。

14.4.4 艺术性与文化性提升策略

1）提升休憩设施的文化识别度

城市公共空间中的景观设施与城市整体风貌、城市个性是一脉相承的，尤其对于滨江地区而言，它是展现城市文化、历史风貌，印刻城市记忆的重要场所。黄浦江作为上海的母亲河，两岸滨水带的演变见证了城市职能和市民需求的改变，同时滨江地区遗留下来的工业遗迹，也是城市记忆最好的写照。由此，滨江地区的景观营造，应当注重对历史文脉的演绎和再现，配置具有滨江特色、地域特征的景观设施。

从黄浦江核心段滨江公共绿地休憩设施的调研和评价结果来看，滨江地区的休憩设施识别性不佳，与一般城市公园、街旁绿地的设施在形式、材质、色彩等方面雷同。基于黄浦江核心段滨江区域的历史遗存的特点，针对滨江地区设施识别度的提高提出以下几点具体建议。

（1）提炼与重构——延续地域情怀。如前文所述，黄浦江沿岸的滨江公共绿地中存在众多的工业遗存和历史印记，它们共同构成了滨江地区独特的历史风貌和文化特征。通过功能定位的转换和场地空间的再生，赋予了浦江两岸公共空间新的生命，也给场地内的景观设施赋予了新的使命：具备服务功能的同时也兼具历史文化的传承和再生。民生码头的粮仓，徐汇滨江的塔吊、铁轨、老火车，这些都是黄浦江沿岸地区独有的文化和记忆，在对其进行保留的同时，可以通过对这些文化元素进行一定的提炼和重构，将其与休憩设施以及其他景观设施相结合，生成具有文化识别度的、黄浦江地区特有的景观设施。如同苏州历史文化街区中，各类景观设施对传统中式元素的提炼和运用，对于黄浦江沿岸的景观设施而言，同样可以提炼出具有地域特色的装饰符号。如对滨江地区的航运文化进行一定的提炼和重构，通过对"船"和相关物件的抽象化提炼，以LOGO或其他装饰符号的形式运用到景观设施中，让设施成为一种载体，完成对历史文化的延续。

（2）创新与突破——彰显时代风貌。滨江绿地的品质标志着城市建设的水平，高品质的绿地应当具备一定的前沿性和时代感，对于休憩设施而言，同样应该具备这样的特点。具有前沿性和时代感的设施体现在时尚的造型、新型的材质、设施的多功能化等方面。造型上，一方面要体现出滨江地区具有流动感的特点，另一方面要保持简洁大方，区别于一般城市公园的设施；材质上，不局限于木材和

图14-4-5 滨江公园休憩设施

图14-4-6 设施优化意向（图片来源：网络）

石材，可以多采用新型材料，如玻璃钢、塑料以及其他新型材质，同时结合老码头工业元素的背景，可以引入金属材质作为设施的点缀或修饰；另外多功能的设施也是前沿性的体现，如休憩设施结合简单的照明、广播功能，甚至引入 WIFI、充电等功能。

同时，设施造型的创新也是前瞻性的体现方式，如后滩公园中的休憩设施，无论在色彩、材质还是整体形式上都具有较好的创新性，在满足休憩功能的同时，也是公园里的一道风景。又如东昌绿地中小品式的设施，不管它是否真的符合大众审美，但在形式上还是具有一定的创新性。

（3）对比与融合 —— 营造地域氛围。如图14-3-20（1）所示，后滩公园中极具特色的"红飘带"以简洁、明了、醒目的特点与周边极为生态的氛围形成鲜明的对比，在这样的对比下，设施本身即成了景观的主体，又使整个环境成为科学与艺术的融合体，赋予了公园新的属性。通过设施的材质、色彩、肌理、质感、题材等方面与场地元素进行对比，在对比的过程中通过美学的手法，将"新"与"旧"进行融合，在对比中形成一种协调，同时也是对地域特色、场地文化的一种衬托。美国高线公园（Highline）就是一个经典的案例（见图14-4-7）。场地中极具设计感的休憩设施与周边的工业老厂房形成鲜明的对比，在这样一种"新"与"旧"对比的同时，又通过色彩、形式上的统一让整个环境重新融合，"新"与"旧"得以"共生"。

2）提高休憩设施的艺术性

（1）以装置艺术的设计思维重塑休憩设施，实现景观设施艺术化。对于传统的休憩设施而言，提升其艺术性的手段十分有限，无非对设施的造型、材质、色彩等方面进行优化和改进，很难对设施的

艺术性有很大的提升，对比各类街区、公园、景区中的休憩设施，在艺术性、美感度层面，基本大同小异、区分度很低。以装置艺术的设计思维来重塑休憩设施，让休憩设施往装置艺术的方向发展能够赋予休憩设施更多艺术创造的可能。如图14-4-8所示，新技术、新材料的运用，让原本单一的休憩设施成了一件件极具功能性的"艺术品"，在大大提升设施艺术性的同时，也展现了绿地整体建设的前沿性。这也符合"黄浦江两岸地区建设世界著名滨水景观"的目标。

从设施的表现题材、造型塑造、新技术的运用（光、电、声、影）、材料的选择，到互动内容的设计，这些装置艺术的设计要素能够赋予休憩设施更宽广的展现空间。对于黄浦江两岸的滨江公共绿地而言，让休憩设施往装置艺术的方向发展也给予了地域文化一个更好的展现平台。

（2）注重设施与景观环境的融合。随着设计多元化时代的到来，场地空间的设计不应将设施与景观孤立开来，通过引入装置艺术的概念，使传统的景观设施往装置艺术的方向发展，能够使得原本孤立的景观元素更富有多变性，通过设施与场地的融合，设施与设施之间的融合，给场地注入更多的活力，也能够在整体上增添设施与场地的艺术性。如图14-4-9中所示的休憩设施，黄浦江滨江公共绿地内的设施之所以艺术文化性较差，很大一方面是将设施与场地孤立开来了，没有很好地融合使得设施显得格格不入。因此在后续更新设计中，应该让休憩设施成为环境的一部分，在设施的材质、色彩、造型方面，与场地、建筑形成呼应和对比，也可将设施作为建筑或者构筑物的衍生部分，增加场地的整体感（见图14-4-10）。

图14-4-7 美国高线公园休憩设施与景观

图 14-4-8 设施优化意向图（图片来源：网络）

滨江公园　　　　　　　　　　滨江公园　　　　　　　　　　东昌绿地

世博公园　　　　　　　　　　徐汇滨江　　　　　　　　　　徐汇滨江

图 14-4-9 样本绿地中休憩设施

图 14-4-10 设施优化意向图（图片来源：网络）

15 黄浦江世博滨江段自行车绿道构建研究

　　2016 年，上海市决定先行开展黄浦江滨江公共空间"45km 贯通工程"，通过贯通自然断点和建筑设施断点、打破管理壁垒、改造已有滨江绿地等手段，基本依托现有的慢行道路系统进行绿道建设。以实现滨江地区与城市腹地无缝衔接。本章以黄浦江世博滨江段为例，比较分析了城市滨江自行车绿道的特征，筛选了自行车绿道选线的关键因素，探索滨江自行车绿道构建的方法，为世博滨江段的绿道贯通提供科学选线方案以最大限度地利用已有资源进行绿道建设。

15.1 研究对象界定

黄浦江世博滨江段的滨江区域,北起南浦大桥、南至川杨河,岸线总长度约 9.2 km,沿线城市滨江道路长度约 7.15 km,陆域面积(包含陆域内水体面积)约 109.6 km²,最宽处宽约 350 m,最窄处宽约 30 m。

2010 年上海世博会筹建时期,上海市政府对该段城市滨江区域进行了重点规划建设,新建的城市滨江道路明确了城市滨江区域与城市空间的界限,并由北至南划分为 6 个区段:南码头区域、白莲泾滨江公共绿地区域、白莲泾–世博源区域、世博公园区域、后滩公园区域、耀华绿地区域(见表 15-1-1、图 15-1-1)。

图 15-1-1 黄浦江东岸世博滨江段分区示意图(2016 年数据)

2016 年提出的黄浦江滨江贯通方案,提出通过贯通自然断点和建筑设施断点、打破管理壁垒、改造已有滨江绿地等手段,基本依托现有的慢行道路系统进行绿道建设。

在此背景下,本研究将世博滨江段 2015–2016 年的现状道路、场地设施、植被、水景、地形等景观要素进行系统的调查研究,分析了城市滨江自行车绿道与常规城市自行车绿道的特征,探索滨江自行车绿道构建的方法,为世博滨江段的绿道贯通提供科学依据。

15.2 滨江自行车绿道的构建要求与方法

15.2.1 自行车绿道与城市滨江区域特征

1)自行车出行及其绿道的特征

自行车绿道是一种以自行车骑行活动为主要功能的绿道形式,所以自行车出行的特征直接影响了自行车绿道的构成和模式。我国曾被称为——"自行车王国",自行车在居民出行方式中占据了很大的比例。近年来,随着城市居民生活方式和观念的转变,自行车已经不单单是一种交通代步工具,也兼具有休闲运动工具的特点,骑行被更多人选为休闲娱乐与运动健身相结合的活动。

(1)自行车出行的特征。自行车出行具有灵活性、便捷性、绿色环保等优点,同时也有危险性大、受环境影响大、不适合长距离出行等缺点。

①运行与停放空间的占地面积小:根据《城市道路工程设计规范》(CJJ37-2012)[1],自行车总长为 1.93m,总宽(车把宽度)为 0.6m,总高(骑车

表 15-1-1 黄浦江东岸世博滨江段分区一览表(2016 年数据)

序号	分区	状态	范围	宽度	边界
1	南码头区域	未贯通	南浦大桥–世博村路	30~330m	世博大道
2	白莲泾滨江公共绿地	已建成绿地	世博村路–白莲泾	40~90m	世博大道
3	白莲泾–世博源区域	已建成绿地	白莲泾–世博源西侧	95~330m	世博大道
4	世博公园	已建成绿地	世博源西侧–塘子泾路	110~350m	世博大道
5	后滩公园	已建成绿地	塘子泾路–倪家浜	80~210m	世博大道
6	耀华绿地区域	临时绿地	倪家浜–川杨河	75~190m	耀江路

注:各分区宽度指滨江区域的陆域宽度,包括城市界面侧的人行道、非机动车道等城市慢行系统。

人头顶至地面的距离）为 2.25m，在骑行时左右摆动约 0.2m。由此推断，可供一辆自行车通过的空间横截面净宽 1m、净高 2.5m，若道路两侧有路缘石（各宽为 0.25m），则一条自行车单行道（含两侧路缘石）的最小宽度需要达到 1.5m，如图 15-2-1 所示。美国洲际公路运输协会（American Association of State Highway and Transportation Officials，AASHTO）提出自行车专用道路的宽度标准[2]：单行自行车道推荐最小宽度约为 1.5m，双向自行车道推荐最小宽度约为 3m，三向自行车道推荐最小宽度约为 3.8m。借鉴国内外理论研究与项目实践[3]（见表 15-2-1），本章将双向自行车道的宽度定为 3m，而用于散步和慢跑的城市道路宽度定为 1.5m。

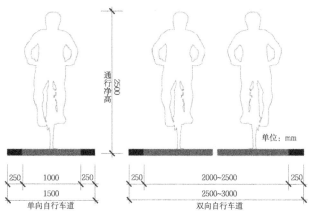

图 15-2-1 自行车道宽度选择示意图

②中短出行距离的优势明显：以人力骑行的自行车出行距离适中、速度快、时间短。出行距离一般为 2~8km，出行时间为 15~30 分钟，有效地拓展市民日常休闲娱乐和运动健身的活动半径[4]。相关研究表明[5]，出行距离在 5km 以下选择自行车出行的比例较大，分别占北京市和上海市自行车出行总量的 60% 和 82%；以休闲娱乐和运动健身为目的的自行车出行耗时分别为 17.2 分钟和 24.6 分钟，若按照骑行车速 12km/h 计算，则以休闲娱乐和运动健身为目的的自行车出行半径分别为 3.4km 和 4.9km[6]。城市日常休闲娱乐和运动健身的自行车出行半径为 3~5km，而对于专门进行骑行活动的人群，自行车出行半径将会更大。

③节能环保：在出行距离相同的情况下，自行车、步行、小汽车的人均消耗的能量比例约为 3:2:15，而每人自行车骑行和步行的废气排放量为 0g/km，小汽车的每人废气排放量则为 19 g/km[7]。显然，自行车骑行具有零排放、运动量适度的特点，恰好适合当下绿色、环保、健康的生活理念。

④危险性大：自行车在运行中具有极大的自由度，且左右摆动的蛇形运行轨迹和较差的稳定性，均使自行车骑行中潜藏着较大的危险。当自行车与机动车或人流交汇时，很容易发生事故，对于自行车骑行者和步行的游人都是不安全的因素。

⑤受天气与环境影响大：自行车出行时受天气、地形等多种环境因素影响，例如在大风、大雪天气情况下不宜骑自行车出行。当空间过于狭窄，或者出现坡度过大或台阶高差时，自行车常难以顺利通过，《城市道路工程设计规范》（CJJ37-2012）将自行车道纳入城市交通中的非机动车道，提出自行车道纵坡宜小于 2.5% 的建议，对大于或等于 2.5% 的情况，限定了对应的最大坡长。而国外将自行车道纳入游径系统中，主要功能为休闲游览和运动健身，建议纵坡以 3% 为宜，最大不超过 8%，比国内的限定范围更加宽泛[8]。

（2）自行车绿道的特征。从国内外自行车绿道规划建设的实践经验来看，自行车绿道在发展初期多依靠城市中的主干道路、铁路、各类水体岸线等线形空间建设，并尽可能地串联各类公园、城市广

表 15-2-1 国内外对自行车道宽度的要求对比表

组织 / 规范名称	城市道路工程设计规范（中国）	AASHTO（美国）
性质	国家行业规范	行业协会
自行车道推荐宽度	单行自行车道（不含路缘石）为 1.0m，与机动车道合并设置时单向车道不少于 2 条，宽度不小于 2.5m	单行自行车道 1.5m 双向自行车道 3.0m

场等城市公共开放空间，如广州绿道主要沿珠江等河道、城市干道建设。在一个城市中，当自行车绿道具有一定规模时，自行车绿道的独立性、专用性和层次性就变得重要起来，与城市道路相脱离，独立完善的自行车绿道体系逐步建立，绿道模式也随之变得多样。

比如，美国纽约市绿道，以曼哈顿岛滨水区域为核心，通过设立步行游径和自行车道，将滨水区域由工业区转型为公共开放空间，将闭塞不便的滨江道路变成风景宜人的海滨长廊。该绿道基本以街外游径的形式建立，避开了拥挤的城市交通，提供景色优美的游憩小径；对于某些无法靠近滨水区域的地方，则与城市道路结合，最终形成以曼哈顿为核心、南北辐射的自行车绿道体系。纽约绿道覆盖面广、可达性高，既允许市民快速抵达公园、江边、海边等自然廊道，又关注了骑行爱好者的需求，为山地自行车爱好者建立了海布里奇公园和坎宁安公园。又如，丹麦哥本哈根市则通过抬高自行车道，依据城区手掌形的空间布局，以市中心为起点，沿五指方向向外延伸，串联了公园、滨水等开敞空间，独立于繁忙的城市干道。此外，绿道一般设置自行车优先过街标识，并修建自行车专用桥以避免与主要城市干道平面交叉，确保自行车通行的安全、快速、舒适[9]。哥本哈根自行车绿道的主要特点在于构建了近乎独立的自行车绿道网络，将其他交通形式对自行车骑行的干扰降至最低。该绿道设置自行车专用的道路和桥梁，并"抬高"自行车道以区分于人行道、车行道，运用绿波通道技术保证自行车优先过街，使自行车骑行速度稳定在 20km/h 左右。再如，台中市拥有 13 条高水平的自行车绿道，连接了旅游风景区与城市功能区。宽度为 15~40m，设置统一规格的自行车道，并与少量道路公园形成了一个完整且连续的环形自行车绿道系统[10]。台中市环市自行车绿道的特点可大致总结为完整独立、注重游憩两方面：自行车道的标识与铺装相结合，禁止机动车入内；植物景观丰富多变、节点设计独特、服务设施健全，景观带随着骑行距离产生变化[11]。

综上所述，自行车绿道具有可达性、普适性、多样性、保护性、联系性、经济性、引导性等特征[12]，其优势在于允许市民快速、便捷地体验到秀美的风景。因此，绿道的便捷性、游人的舒适体验、景观环境的优美性是自行车绿道的重要特征。

2）滨江区域的特征

城市滨江区域是城市的水陆边界地带。穿城而过的江流大多与城市有着深切的历史渊源，在城市的建立、发展与扩张中均扮演了重要角色，如纽约哈德逊河、伦敦泰晤士河、新加坡河、德国鲁尔区莱茵河、上海黄浦江、巴黎塞纳河、里昂罗纳河、杭州大运河等。

（1）城市滨江区域景观类型。城市滨江区域为市民和游客提供了一个可以快速便捷、多感官亲近自然水域和展现自然河流与城市结合的独特景色，如河流潮起潮落、江水拍岸、日升日落、植物季相变化、动物栖息活动等自然景观[13]。穿城而过的河流两岸往往集聚了大量展示城市发展印记的历史文化景观，包括：码头等工业遗存、优秀的历史建筑、林立的现代摩天大厦等静态景观，河流上穿梭的船只、夜晚灯火倒映的城市江景等动态景观。

（2）城市滨江区域的空间特征。城市滨江区域整体空间纵向呈狭长带状，但其亲水空间多样而具有个性，如经过改造的滨江工业区域的高桩码头，凌空架设在水面上，常常跨越水岸线向水域深处延伸；而有的城市滨江区域，则保留了河堤的原始形态，将二级防汛堤墙与一级防汛墙之间的廊道作为主要亲水空间。

城市滨江空间横向呈双向渗透性，城市滨江区域一侧为开敞宜人的自然河道，另一侧为紧凑、高密度的城市空间，同时具备水域与城市的双重属性，体现为"双向渗透"的特性，即自然水域的空间尺度、景观要素向城市渗透，而城市的功能结构、人群活动向自然水域扩散[14]。这种"双向渗透"产生的中介性、模糊性、渗透性和异质性[15]，使滨江区域的空间大致呈现为 3 条互相平行的层带：滨水界面带、主体绿带、城市界面带。

15.2.2 城市滨江自行车绿道的特征

城市滨江自行车绿道兼具自行车绿道与城市滨江景观的双重属性，既能满足骑行者的使用需求，又能符合城市滨江空间的基本属性。城市滨江自行车绿道的空间序列和景观要素应能满足自行车顺畅通行的基本要求，其功能与配套设施能为绿道使用者提供优质的服务和体验环境，并且有效沟通城市空间、辐射周边区域，产生更大的经济、社会、生态效益。位于城市中心区段的滨江区域，与位于郊野环境不同，其特殊的城市空间特征、历史文化特征、自然景观特征均会对绿道产生影响，如何体现城市滨江区域的特色，也是绿道构建过程中需要关注的问题。

综上所述，基于其独特的环境特征、空间属性和功能要求，城市滨江自行车绿道既具有城市自行车绿道的一般特征，又具有滨江的特色与个性，其特征和构建要求可以大致总结为以下 4 个方面：

1）连续且快速可达

城市滨江自行车绿道可以有效贯通城市滨江区域，连通滨江绿地、城市广场等城市公共开放空间，并保证空间连续、滨江骑行路线无断点、无明显通行障碍等，满足自行车顺畅通行的基本空间需求。

在城市中，日常休闲娱乐和运动健身的自行车出行半径为 3~5km，所以，通过建设自行车绿道可以扩大城市滨江区域对周边区域的影响范围，让更多的周边居民骑自行车到达江边。另外，与轨道交通等城市公共交通系统相衔接，可以使游人更加快速地进入城市滨江自行车绿道内。

2）骑行为主的活动方式

城市滨江自行车绿道将骑行作为重要功能，通过设置专用的自行车骑行道路，为骑行者提供专业、舒适、安全、便捷的滨江骑行体验。一般而言，独立设置的自行车骑行道路宜为双向车道，道路的总宽度为 2.5~3.0m，通行高度大于 2.5m，纵坡宜为2.5%~3%，最大纵坡不宜超过 8%。受空间的限制，在城市滨江空间中通常存在步行人流、慢跑人流、自行车骑行流，甚至机动车流等多种交通流混合的现象，当自行车道与机动车道、主要人行通道交汇时，

会产生一定的安全问题。

3）狭长的空间与简洁的道路体系

城市滨江区域是构建城市滨江自行车绿道的主要场所，即主要的空间范围局限于河流水域至城市滨江道路的狭长地带中。在有限的区域内，需要容纳自行车道路、步行道、慢跑道和其他活动场地，因此，城市滨江自行车绿道的主要道路基本沿河流方向行进，道路体系相对简单。

4）滨江观光为主的游憩体验

城市滨江风光体验是城市滨江自行车绿道区别于其他区域自行车绿道的重要游憩功能之一，是城市滨江自行车绿道所特有的景观特征。城市滨江区域的主要景观要素源自滨江环境，包括河流、植物、地形、建筑、小品、工业遗存和独特的城市界面等，既能满足游人亲近自然、感受自然水域、感知城市历史文化的需求，也能为游人提供来自城市的便捷服务。

5）多元复合的构成要素

城市游憩型绿道涵盖了多种体系化的构成要素，是一个内容丰富的有机整体。《珠江三角洲绿道网总体规划纲要》中提出，绿道主要由绿廊系统和人工系统两大部分构成，其中绿廊系统是由一定宽度的绿化缓冲区构成，具体包含植物群落、水体、土壤等要素，人工系统主要包括节点、慢行系统、标识系统、基础设施、服务系统等要素[16]。2016 年编制的《上海市绿道专项规划——区县建设指引》，同样将绿道分为绿廊系统和人工系统两部分。

鉴于"自行车绿道"和"城市滨江区域"的双重限定，本章把城市滨江自行车绿道的构成要素分为绿道游径、绿道设施和滨江廊道三部分。其中，绿道游径是指以自行车道为主的慢行系统、交通衔接系统；绿道设施包括节点活动场地、标识系统、其他服务设施等要素；滨江廊道涵盖绝大部分的城市滨江环境要素，具体包括生态廊道的自然要素、人为创造的水工要素、具有历史文化价值的建筑与景观等（见表 15-2-2）。

表 15-2-2 城市滨江自行车绿道的构成要素

大类	亚类	构成要素
绿道游径系统	慢行道系统	自行车道、步行道、慢跑道、综合慢行道
	交通衔接系统	自行车停车点、自行车租赁点
绿道设施系统	节点活动场地	广场、运动场等活动场地
	标识系统	导览、指路、教育、规章、安全警示等标志
	其他服务设施	休憩设施、环卫设施、照明设施、安全设施等
滨江廊道系统	自然要素	河流、溪流、水池、植物、地形、动物
	水工要素	防汛墙、防汛堤等
	文化要素	码头、仓库、铁轨、厂房、优秀历史建筑物等

15.2.3 城市滨江自行车绿道的构建方法

1）适宜性分析法

适宜性分析是指对土地进行针对某种特定开发活动的分析，这些开发活动包括农业应用、城市化选址、作物类型布局、道路选线、生态构建的最适宜土地等[17]。绿道构建中的适宜性分析，是指分析绿道所在区域内的自然资源、环境特性、社会属性，以及开发活动的发展要求、资源利用要求，以此作为划分资源与环境适宜性等级的依据，并建立适宜的分析评价体系，利用 GIS 等工具获得各项因子的评价数据，为绿道建设提供科学有效的参考依据[18]。

麦克哈格（McHarg）的土地生态适宜性是指由土地的水文、地理、地形、地质、生物、人文等特征所决定的，对特定、持续性用途的固有适宜性程度，采用的方法为要素叠加分析法，又被称为千层饼模式（Layer-cake model），利用 GIS 通过空间数据建立各个相关因子的适宜性分析图层，通过叠加多个因子的适宜性分析图获得综合适宜性分析图[19]。对于绿道而言，由于各相关因子对于绿道的影响力权重往往不同，进行因子等权重叠加的千层饼模式则缺乏针对性，对于特定绿道的分析描述不够准确有效。为克服因子等权重叠加方式的不足，在适宜性分析中引入因子加权评分法，如层次分析法、经验指数法、环比评分法、二项系数法、比较矩阵法等是有必要的，根据各相关因子在目标绿道中重要性程度的不同，赋予各因子不同的权重，再进行叠加，从而进行针对性、准确性、有效性的分析评价。

基于适宜性分析的绿道构建可分为 7 个步骤[20]（见图 15-2-2）：第一步，确定目标绿道规划建设的范围；第二步，收集范围内的自然生态资源和社

会人文环境资料；第三步，根据绿道的性质、类型、主要作用等条件，在绿道规划建设区域内的生态环境资源和需要考虑的社会因素中，针对性地筛选出合适的因子作为评价指标；第四步，分别确定每个因子的分级标准，绘制单因子适宜性分析图；第五步，通过 AHP 法建立合适的评价体系，并分别确定各因子的权重；第六步，确定综合适宜性分级标准，并叠加各单因子适宜性分析图以绘制综合适宜性分析图；第七步，在适宜性分析的基础上，通过 GIS 的最小成本路径法等手段生成绿道网络，再结合现实条件修正后用于辅助绿道规划建设。

图 15-2-2 适宜性分析工作流程图

在使用 GIS 进行适宜性分析过程中，相邻两个节点之间的路径成本取决于这两个节点的空间方向，通过将距离等同为成本来修改距离，成本分配工具可以基于累积行程成本来识别最近的源像元，而用于计算回溯链接栅格的算法会对源像元周边的每个像元进行标识（见图 15-2-3）。这意味着在进行路

径选择时需要评价并对比所有方向，选取不同成本的像元时也就完成了路径的前进方向，一直选取成本最低的像元就可以完成最小成本路径的选择。

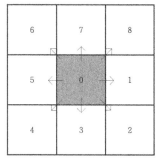

图 15-2-3　回溯链接栅格算法的方向编码图

采用适宜性分析方法解决绿道规划建设问题时，需分别对选定的影响因子进行分析，依据单因子的分级标准绘制单因子适宜性分析图，这要求选定的因子具有固定的、难以改变的属性且呈现为面状构成要素，所以基于适应性分析的绿道规划建设研究多面向于大面积的区域，常常被用于解决宏观层面的绿道选线问题。

2）断面法

动态视觉和静态视觉对于相同景观环境的感受存在差异，处于移动状态中的欣赏主体感受到的是一个个"点"的概念，转化为并列的线性关系，再进一步形成一个完整的景观整体。第二次世界大战后，英国城市设计理论家戈登·卡伦在《简明城镇景观设计》一书中，使用断面法分析城市空间序列景观，并运用图画、照片等方式对截取的片段进行描述，形成符合动态视觉感受的连续景观画面[21]。

断面法是基于移动状态中人的观察习惯建立的描述方式，首先选取观察者可以通过的连续空间，之后在可视范围内选择一系列典型特征点或片段，通过图画、照片等图像形式进行描述（见图 15-2-4）。由于断面法被用于描述连续视景中变化的元素状态，通过连续展示所截视觉流中的典型特征点或片段来描述变化[22]，适用于描述狭长带状空间的空间特征和景观要素，例如城市道路景观。

城市滨江自行车绿道所处环境为狭长的带状城市滨江区域，是一个天然的线性廊道，并且因为城市滨江区域的狭窄空间限制了内部绿道的网络化发展，滨江自行车绿道的路径主要沿河流方向前进。

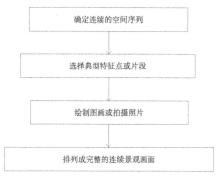

图 15-2-4　断面法工作流程图

狭长的带状空间简化了方向选择问题，原本需要对源的右、右下、下、左下、左、左上、上、右上共 8 个方向进行的评价分析，在城市滨江自行车绿道中被简化为对源的左前、前、右前共 3 个方向进行评价分析，即通过在多个断面中选取绿道路径的位置，以确定绿道路径的总体前进方向（见图 15-2-5）。

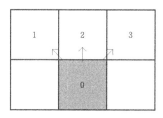

图 15-2-5　断面法的方向编码图

断面法符合人们在移动状态下对外界的感知习惯，能够精准、有效地描述中观层次和微观层次的空间特征和景观要素，但是依靠图像的描述方式过于模糊、宽泛，需要通过其他方法对描述结果进行量化处理，以方便进一步分析与评价描述对象。

3）综合法

城市滨江自行车绿道的构建，需要对城市滨江区域内的构成要素进行有效的描述和评价。即通过特定的绿道构成要素来进行中观层面的适宜性分析。同时需要选取多个具有代表性的城市滨江断面，反映出绿道与河流、绿道与城市之间的空间关系，有效地描述绿道构成要素在城市滨江区域的相对位置与相互关系。

因此，本节综合使用适宜性分析和断面法两种方法，即以断面法的形式描述城市滨江区域的环境要素，以适宜性分析的理念和方法进行分析与评价（见图 15-2-6）。

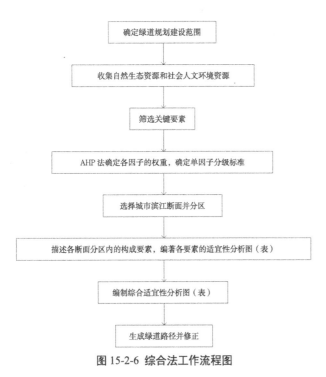

确定绿道规划建设范围

收集自然生态资源和社会人文环境资源

筛选关键要素

AHP法确定各因子的权重，确定单因子分级标准

选择城市滨江断面并分区

描述各断面分区内的构成要素，编著各要素的适宜性分析图（表）

编制综合适宜性分析图（表）

生成绿道路径并修正

图 15-2-6 综合法工作流程图

15.3 自行车绿道构建的关键要素筛选

通过定性与定量分析相结合的方式，对影响自行车绿道构建的重要性程度进行分析，对重要性相同、关键要素不同的形式进行分级排序，对城市滨江自行车绿道的关键要素进行筛选，并具体应用于黄浦江世博滨江段自行车绿道构建要素的选择。

15.3.1 基于 AHP 法的关键要素评价体系构建

如前文所述，城市滨江自行车绿道是由绿道游径、绿道设施和滨江廊道三部分构成，可进一步细分为自行车道系统、交通衔接系统、节点活动场地、标识系统、其他服务设施、自然要素、水工要素、文化要素等。在狭长的滨江自行车绿道中，自行车道系统的布局是绿道空间布局和景观结构构建的重要因素，而其他构成要素则直接或间接地影响自行车道系统的布局。滨江廊道中的自然要素、人工要素、文化要素通常作为客观存在的环境因素，决定了城市滨江区域的基本环境特征，是滨江环境体验的基础。滨江廊道中的交通衔接系统、节点活动场地、其他服务设施一般依据环境因素和游人需求进行设置，为游人提供便捷的服务和多样的活动类型。总之，自行车道路系统、交通衔接系统、节点活动场地、

其他服务设施、自然要素、文化要素通过影响游人的休闲活动与游憩体验，作用于城市滨江自行车绿道的空间结构。

通过采用 AHP 法建立城市滨江自行车绿道环境的评价体系，探究各评价要素对慢行道系统，尤其是对自行车道的影响力。

1）关键要素初选

已有研究表明，城市滨江绿道综合评价[23]的准则层包括绿道自然要素、绿道园林景观要素、绿道游憩要素、绿道历史文化要素、绿道管理要素，指标层包括绿道周边的水系水质、园林植物、地形处理、休憩设施、历史遗迹、安全性等 22 个因子，准则层中所占权重由大到小分别为绿道自然要素、绿道游憩要素、绿道园林景观要素、绿道管理要素和绿道历史文化要素。除了安全性等作为慢行道系统自身属性外，影响游人对城市滨江绿道评价的主要因素，集中在自然环境、周边景观以及游憩活动体验等方面，涵盖了大部分的环境与景观要素。而对游憩型乡村绿道景观资源质量评价[24]的准则层包括观赏价值、文化艺术价值、休闲游憩价值三方面。滨水景观评价[25]准则层主要包括生态性、美感度、游憩度、经济性、文化性等五方面，同样从周边景观环境、游憩活动体验进行评价指标的筛选依据。

基于依据城市滨江自行车绿道的环境、景观和功能特征，从自行车骑行者的游憩体验出发，筛选出"城市滨江自行车绿道关键要素评价体系"的 3 个评价准则层，包括游径与设施要素、自然要素、文化要素，8 个评价因子（见图 15-3-1）。

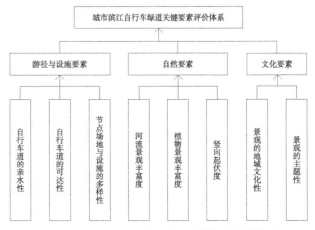

城市滨江自行车绿道关键要素评价体系

游径与设施要素　　自然要素　　文化要素

自行车道的亲水性
自行车道的可达性
节点场地与设施的多样性
河流景观丰富度
植物景观丰富度
竖向起伏度
景观的地域文化性
景观的主题性

图 15-3-1 城市滨江自行车绿道关键要素评价体系

2）关键要素权重值确立与一致性检验

为了得到可信有效的数据，本节采用专家打分法，共计发放并回收了 131 份专家问卷，之后使用层次分析法软件 YAAHP v0.6 进行数据分析，确定各层次关键要素的判断矩阵，并进行一致性检验，即当判断矩阵的一致性比例小于 0.1 时，可接受，否则需要对判断矩阵进行修正。

经过软件计算分析，判断矩阵 A、B1、B2、B3 的一致性比例分别为 0.0566、0.0092、0.0096、0.0000 均小于 0.1，则判断矩阵通过一致性检验，可以进行指标层各关键要素对于目标层的权重计算。

根据表 15-3-1 的计算结果，准则层中游径与设施要素的权重最高，为 0.4906；自然要素的权重居中，为 0.3397；而文化要素的权重最低，为 0.1697。说明城市滨江自行车绿道的构建应该更加关注于游人活动的内容、形式、场所、时间等因素，尤其是为自行车骑行活动提供更加舒适、安全、便捷的场地设施和服务条件；除此之外，还需要关注河流景观、植物景观和地形等自然要素在绿道构建中的作用，在城市滨江区域营造优美的自然环境，为游人提供亲近自然的机会；虽然文化要素在绿道整体构建中的权重不大，但是能体现城市滨江区域独具的特色，为自行车绿道的规划设计创造独特的亮点。

在指标层中，自行车道的亲水性、可达性的权重相对比较高，大于 0.17；节点场地与设施的多样性、河流景观丰富度、植物景观丰富度的权重其次，在 0.12 至 0.14 范围内；景观的地域文化性权重较低，为 0.0972；竖向起伏度、景观的主题性权重相对最低，约为 0.07（见表 15-3-2）。由此可见，在城市滨江自行车绿道的构建过程中，绿道的便捷性、可达性、安全性尤其重要，游憩活动体验和自然风光感受次之，再次为文化特色。城市滨江自行车绿道不同于一般的自行车绿道，其自然风光的感受主要依托于江流景观和植物景观，而城市滨江自行车绿道的文化特色更倾向于彰显城市地域文化特色。

表 15-3-1 城市滨江自行车绿道关键要素的判断矩阵

标度	游径与设施要素	自然要素	文化要素	权重
游径与设施要素	1.0000	1.8400	2.2700	0.4906
自然要素	0.5435	1.0000	2.5500	0.3397
文化要素	0.4405	0.3922	1.0000	0.1697

表 15-3-2 城市滨江自行车绿道关键要素的相对重要性比重

目标层	准则层	准则层对目标层的权重	指标层	指标层对目标层的权重
城市滨江自行车绿道关键要素筛选 A	游径与设施要素 B1	0.4906	自行车道的亲水性 C1	0.1925
			自行车道的可达性 C2	0.1769
			节点场地与设施的多样性 C3	0.1212
	自然要素 B2	0.3397	河流景观丰富度 C4	0.1395
			植物景观丰富度 C5	0.1285
			竖向起伏度 C6	0.0717
	文化要素 B3	0.1697	景观的地域文化性 C7	0.0972
			景观的主题性 C8	0.0725

15.3.2 关键要素评价标准

1）游径与设施要素的评价标准

（1）自行车道的亲水性。如第13章所述，滨水空间的亲水体验包括见水、听水、触水、嗅水、戏水等。自行车道的亲水性，由其在城市滨江区域内的具体位置决定，即由自行车道距离水岸线的水平距离和自行车道路面与水面的高差决定。亲水性的评价标准如表15-3-3所示。

（2）自行车道的可达性。自行车道的可达性体现为游人进入并使用自行车绿道的便捷程度。完善的交通衔接系统能够将城市交通与自行车绿道有效地连接在一起，可方便人们快速抵达城市滨江区域。可达性的评价标准如表15-3-3所示。

（3）节点场地与设施的多样性。健全的节点场地与设施可为城市滨江自行车绿道的骑行者提供丰富多样的游憩体验。不同自行车骑行者的场地选择倾向会有差异，包括对场地的面层状况、设施配置

和空间尺度等方面的选择。自行车运动爱好者更加倾向于道路专业化、空间布局复杂且具有挑战性的专用活动场地，如专门的山地自行车运动场[26]；普通的自行车骑行者对于骑行过程的顺畅性、安全性以及良好的视野景观有较高需求，希望经过的活动场地提供舒适的骑行环境、多样的活动和景观体验，同时满足一定的停留休憩需求[27]。节点场地与设施的多样性评价标准如表15-3-3所示。

2）自然要素的评价标准

（1）河流景观丰富度。河流景观丰富度是游人获得的有关河流景观体验的综合质量，涵盖河流水体直接或间接产生的景观。与河流景观相关的是水体流动性、河流形态、河流宽度、护岸类型、河岸带状态、水体健康状态等；河流水体可以通过其他相关要素间接地展现出独特的河流景观，如航行的船只、水面倒影、对岸景色等[28]。河流景观丰富度评价标准如表15-3-4所示。

表 15-3-3　游径与设施要素的评价标准一览表

准则层	指标层	评价标准
游径与设施要素 B1	自行车道的亲水性 C1	可以得到多感官亲水体验，如触水、戏水、涉水等亲水活动的得5分；可近距离感受水，但无法戏水、涉水，如水上架空道路、平台得4分；可以近距离感受水体，但无法触水面，如临江道路或平台得3分；仅能看到远处的河流水面或其他人造水景得2分；仅有听觉体验的得1分。
	自行车道的可达性 C2	与距城市滨江区域不超过0.7km的轨道交通车站衔接，如轻轨站、地铁站等得5分；与城市滨江道路沿线的公交站衔接的得4分；与客运轮渡站、旅游码头衔接的得3分；与城市滨江区域周边的公共停车场衔接的得2分；与滨江区域内的建筑附属停车场、处于城市滨江道路路口的区域等衔接得1分
	节点场地与设施的多样性 C3	有专用自行车运动场地的得5分；有滑板场、攀岩场地、篮球场等其他运动场地的得4分；有主要的入口广场、大型广场以及滨江活动场地，或独具特色的活动场地的得3分；有小型的广场与临江平台、户外活动草坪的得2分；有其他活动场地，如儿童活动场地、建筑周边附属场地、亲水活动场地等的得1分

表 15-3-4　自然要素的评价标准一览表

准则层	指标层	评价标准
自然要素 B2	河流景观丰富度 C4	水体健康、水流变化丰富、河流形态自然蜿蜒、有明显的深潭浅滩，河流内船只穿行或对岸景色秀丽的得5分；水面无明显杂物，水流缺少变化、河流形态较曲折，对岸景观有一定观赏性的得3分；水体浑浊有异味、流动极慢，河流形态基本为直线，对岸景观较差的得1分
	植物景观丰富度 C5	植物种类多样、层次丰富、游憩环境改善、特色植物景观明显的得5分；具有多种植物种类、丰富的植物群落层次，有一定遮蔽烈日和风雨的作用的得4分；有韵律、设计感的植物景观，如树阵、花境等的得3分；具有2~3种植物并构成多个群落层次得2分；仅具有单一的植物种类，种植杂乱、无设计感得1分
	竖向起伏度 C6	丰富的竖向变化，并反映一定程度的地域历史文脉的得5分；具有丰富的竖向变化，并进行艺术化地形设计，或覆土建筑的得4分；具有高低起伏的自然地形变化的得3分；仅有简单、少量的微地形处理的得2分；地面基本平坦，坡度不大于8度，能够满足自行车基本骑行需求的得1分

（2）植物景观丰富度。植物景观丰富度可以分别从生态性、观赏性和游人心理感受三方面进行评价。其中，最重要的是植物景观的生态性，其次是植物景观的观赏性，最后为游人的心理感受。植物景观的生态性和观赏性，与植物种类的多样性息息相关，表现为植物群落的色彩、季相变化、群落结构层次等，好的植物景观应具有多样的植物种类，构成上木、中木、下木、草坪与地被、水生植物等多个植物群落层次，产生丰富的色彩、季相变化、质感、意境等植物景观，并为自行车骑行者提供更加舒适的游憩环境[29]。植物景观丰富度评价标准详见表 15-3-4 所示。

（3）竖向起伏度。起伏变化的城市滨江自行车绿道，一般通过竖向变化来实现。适合自行车骑行的坡度应结合植物、水景、建筑、小品等要素，并根据城市滨江区域的历史文脉进行艺术化设计。竖向起伏度评价标准如表 15-3-4 所示。

3）文化要素的评价标准

（1）景观的地域文化性。地域文化是城市在长期的发展过程中，不断积淀和升华的物质和精神成果。各类历史文化遗存承载了城市滨江区域的场所精神，具备历史价值、经济价值、社会文化价值、艺术观赏价值[30]。其中，最吸引游人、最有视觉冲击力的是各类工业文化遗存[31]，例如体量庞大的仓库、厂房、船坞等建筑物，以及辅助生产的塔吊、水塔、运输管线等工业设备。这些具备独特历史韵味和造型美感的要素，是构筑景观地域文化的重要载体[32]。景观的地域文化性评价标准如表 15-3-5 所示。

（2）景观的主题性。除了依托历史文化遗存展

现地域文化性，城市滨江自行车绿道还可以通过符号、抽象、隐喻等创新手段表达不同于地域文化的主题性景观，如大都市主题、乡村田园主题、航海主题、喷泉水景主题等。

15.3.3 自行车绿道构建的关键要素特征分析

1）游径与设施特征

（1）慢行道系统。在黄浦江世博滨江段中，白莲泾滨江公共绿地、世博公园、后滩公园 3 个已建成的滨江绿地区域内形成了以游步道为主体的慢行道系统（见图 15-3-2）。白莲泾滨江公共绿地的空间相对狭窄，只有 1 条临江的步道通行，临江步道宽约 6m，面层为花岗岩石板；世博公园的滨江区域

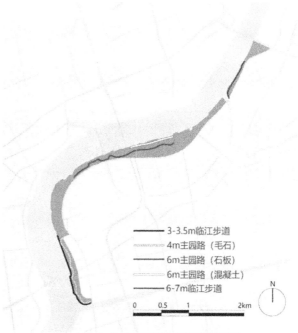

图 15-3-2 世博滨江段慢行道路系统图

表 15-3-5 文化要素的评价标准一览表

准则层	指标层	评价标准
文化要素 B3	景观的地域文化性 C7	对历史文化遗存进行改造和再利用，并营造出浓厚地域文化氛围的得 5 分；遗留大体量历史文化遗存，如火车站、仓库、厂房等建筑和塔吊等机械设备的得 4 分；遗留小体量历史文化遗存，如缆桩、铁轨、原有地面铺装等的得 3 分；提炼地域文化符号并重新创造景观建筑、景观小品等的得 2 分；提炼地域文化符号并重新创造坐憩设施、环卫设施、标识设施等的得 1 分
	景观的主题性 C8	有城市地标性建筑或景观的得 5 分；具有综合建筑、小品、设施、植物、地形等要素，共同营造主题性景观的得 4 分；有主题性的大体量景观建筑和景观小品等的得 3 分；有主题性的小体量景观建筑和景观小品等的得 2 分；有主题性的坐憩设施、环卫设施、标识设施等的得 1 分

宽度为 110~350m，内部功能多样、道路网络丰富，其中宽约 6m 的沥青混凝土主园路从世博公园中部穿过，另有 1 条宽 6~7m 的临江步道；后滩公园区域的主园路与世博公园区域的主园路相接，同样为宽约 6m 的沥青混凝土道路，但该主园路未彻底贯通；耀华绿地建有简单的路网以供临时通行，所有道路均利用遗存的毛石材料铺设而成，其中宽约 4m 的主园路从临时绿地中部穿过，另有 1 条紧贴防汛墙、宽 3~3.5m 的临江步道。

世博滨江区域的慢行道系统包含长约 7.15km、铺设于市政道路滨江一侧的城市人行道和非机动车道（见表 15-3-6、图 15-3-3），总宽度约为 6m。在部分路幅较宽的区段，设置有机非绿化隔离带，慢行道路系统宽度为 10m 左右。

表 15-3-6 城市滨江市政道路信息一览表

序号	道路名称	范围	道路对称	人非共板	人行道宽度 /m	非机动车道宽 /m	树池宽度 /m	绿化隔离带宽 /m	总宽度 /m
1	世博大道	南浦大桥 – 南码头路	是	否	1.5~3.0	2.5	1.0	1.0	8.0
2	世博大道	南码头路 – 白莲泾	是	否	2.5	2.5	—		5.0
3	世博大道	白莲泾 – 白莲泾码头		否	1.0~2.5	2.5	2.0		8.0
4	世博大道	白莲泾码头 – 雪野二路	是	是	3.0	2.5	2.0	0.5	6.0
5	耀龙路	雪野二路 – 耀江路	是	是	1.8~2.5	3.0	1.2	—	6.0~6.7
6	耀江路	耀龙路 – 耀华路	是	是	1.3	1.2	1.8	—	4.3
7	耀江路	耀华路 – 川杨河	是	是	2.0	1.2	1.8	—	5.0

主园路（白莲泾绿地） 　　　主园路（世博公园）　　　主园路（后滩公园）

主园路（耀华绿地）　　　　　耀江路　　　　　　临江步道（耀华绿地）

世博大道　　　　　　　耀龙路　　　　　　　耀江路

图 15-3-3 世博滨江段自行车道现状照片（2016 年资料）

（2）交通衔接系统。根据自行车道的可达性分级标准，世博滨江段可分为Ⅱ、Ⅲ、Ⅳ、Ⅴ级4种交通衔接系统（见图15-3-4）。在距离城市滨江区域0.7km的范围内，有3个地铁站，分别为地铁7号线后滩站、地铁8号线中华艺术宫站、地铁13号线世博大道站，可形成Ⅴ级交通衔接系统。城市滨江道路沿线有5处公交车站，主要集中于白莲泾-世博源区域、世博公园附近，可形成Ⅳ级交通衔接系统。世博滨江段有8座码头，其中渣土码头2座、私人游艇码头5座，仅南码头区域内有1个客运轮渡站，即南码头客运轮渡站，可形成Ⅲ级交通衔接系统。在世博源、世博公园游客服务中心、后滩公园南端各有1座面向公众的停车场，可形成Ⅱ级交通衔接系统。

（3）节点场地与设施。本研究现场调查期间，世博滨江段自行车绿道尚未贯通，滨江区域内没有Ⅴ级节点。有1处Ⅳ级节点，耀华绿地北端的文化体育中心，包括室外小型足球场、室外网球场、室外篮球场、跳床、室内羽毛球场馆等体育运动场地。

世博滨江段内共有Ⅰ、Ⅱ、Ⅲ级节点30处。其中，Ⅰ级节点13处，占所有节点数量的43%，主要集中于后滩公园区域；Ⅱ级活动场地5处，占所有节点数量的17%，分布均匀；Ⅲ级节点15处，占所有节点数量的50%，主要为入口广场、滨江场地和大型庆典广场（见表15-3-7、图15-3-5）。

如图15-3-5所示，世博滨江段内的节点类型比较集中，多为人流集散的广场和感受大江风貌的滨江活动场地。在已建成的3个滨江公共绿地中，后滩公园区域的空间类型最为多样，且以零散的小型节点为主；世博公园区域的空间以大块面积划分，形成几处较大的节点；白莲泾滨江公共绿地区域的空间最为简单，基本由入口广场和滨江场地组成。

2）自然要素特征

（1）河流景观。世博滨江段位于上海黄浦江东岸，黄浦江河道宽390~450m，除后滩公园水岸为自然生态型外，其余多为直立的硬质驳岸，低水位时会有部分滩涂裸露。另外，该区域岸线与川杨河、白莲泾、倪家浜交汇，其中川杨河为笔直的人工河流，连通了黄浦江与长江入海口，河道宽约70m；白莲泾是黄浦江的1条支流，河道宽约45m；倪家浜被城市滨江道路阻断，长度仅170m，宽约17m。除黄浦江、川杨河、白莲泾等河流外，在世博公园、后滩公园、耀华绿地南端区域分别有3处模拟自然湿地、溪流的人工水景，水域面积分别为0.56hm²、3.4hm²、

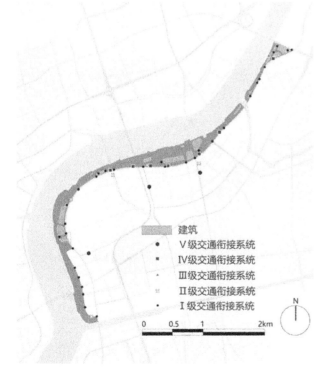

图15-3-4 世博滨江段主要交通衔接系统图

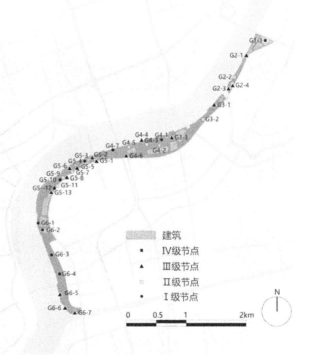

图15-3-5 世博滨江段主要节点场地与设施分布图

表 15-3-7 黄浦江世博滨江段节点场地与设施一览表

区域	编号	分级	场地类型	面积 /m²
南码头区域	G1-1	IV	卡丁车赛场	23850
白莲泾滨江公共绿地	G2-1	III	滨江活动场地	2670
	G2-2	II	林下活动场地	2450
	G2-3	III	滨江活动场地	2800
	G2-4	III	入口广场	1750
白莲泾－世博源区域	G3-1	III	滨江活动场地	11000
	G3-2	II	入口广场	15000
	G3-3	III	大型庆典广场	22000
世博公园	G4-1	I	林下活动场地	2500
	G4-2	I	户外活动草坪	2470
	G4-3	II	林下、亲水活动场地	6280
	G4-4	III	滨江活动场地	8906
	G4-5	II	滨江活动场地	2370
	G4-6	III	入口广场	3250
	G4-7	I	亲水活动场地	1000
后滩公园	G5-1	III	入口广场	1900
	G5-2	III	亲水活动场地	2540
	G5-3	II	小型广场	90
	G5-4	I	小型亲水活动场地	220
	G5-5	III	入口广场	2500
	G5-6	III	林下、亲水活动场地	4800
	G5-7	II	小型广场	120
	G5-8	III	入口广场	950
	G5-9	II	小型广场	70
	G5-10	I	小型亲水活动场地	300
	G5-11	II	小型广场	200
	G5-12	I	小型广场、亲水活动场地	360
	G5-13	III	林下、亲水活动场地	400
耀华绿地区域	G6-1	I	亲水活动场地	3000
	G6-2	IV	文化体育中心	6000
	G6-3	I	小型广场	285
	G6-4	I	小型广场	285
	G6-5	III	滨江活动场地	4200
	G6-6	III	滨江活动场地	1300
	G6-7	III	主要集散广场	1400

0.17hm²（见图 15-3-6、图 15-3-7、图 15-3-8）。

（2）植物景观。较好的植物景观主要集中于滨江主体绿带。白莲泾滨江公共绿地的植物景观主要集中于中间的一道土堤上，多为散乱种植的大乔木；

局部重点区域配植有中层的大灌木和低矮的灌木、地被等，形成丰富的植物层次；在非高桩码头的硬质场地区域，则以树阵的形式为游人创造林下活动空间。

Ⅳ级节点（G5-2）　　　　Ⅲ级节点 1（G2-3）　　　　Ⅲ级节点 2（G1-1）

Ⅲ级节点 3（G4-5）　　　　Ⅱ级节点（G3-3）　　　　Ⅰ级节点（G4-9）

图 15-3-6 世博滨江段主要节点场地与设施现状照片（2016 年资料）

黄浦江（白莲泾绿地）　　　黄浦江（世博公园）　　　黄浦江（后滩公园）

川杨河　　　　　　　　白莲泾　　　　　　　　倪家浜

人工水景（世博公园）　　　人工水景（后滩公园）　　　人工水景（耀华绿地）

图 15-3-7 世博滨江段河流景观现状照片（2016 年资料）

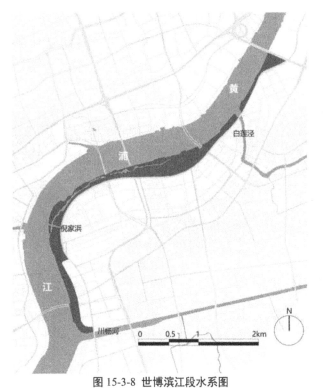

图 15-3-8 世博滨江段水系图

世博公园区域的绿地率达到 65%，乔木、灌木、地被之间的比例为 5:2.5:4.5，具有多层次植物组合搭配、色彩丰富、主题植物景观突出等特点。世博公园的植物景观将自然的"滩"状地被层与规则的"扇"骨结构乔木层结合起来，相互对比、衬托（见图 15-3-9）。乔木种植以特征明显的单元廊道模式进行配置，且落叶树与常绿树的比例约为 1:2.5，由北向南分别形成以杜英、樱花为主体的春华秋叶景观，以银杏、香樟为主体的秋色金叶景观，以榉树为主体

的春秋红叶景观，以栾树为主体的夏秋观花景观，以塔形乔木为主体的错落式自然景观，以及以混交林为主的自然多元景观，结合花灌木和地被植物的色彩与花期控制，形成"红－紫－黄－橙－绿"的色彩变化。除此之外，世博公园为满足游人的活动需求，在人流密集区域采用开放式、耐践踏的草坪，并使用主题花境、广场花境、专题花境、滨水花境、郊野花境、四季花境、滨江花境共 7 种花境呈现公园的植物景观多样性，形成百米绣球林、千米桂花廊等主题植物景观。

后滩公园保留并改善了原 4 hm² 的江滩湿地，建成了一个具有地域特征、可持续发展的湿地生态系统。后滩公园区域的植物景观采用了大量本地的禾本科湿生植物与野花组合，构成公园的绿色基底，并在内河湿地大量采用睡莲、花叶芦竹、菖蒲、美人蕉、再力花等水生植物创造丰富的溪谷景观，而在两岸多采用单一片林或上下结构的植物组合，如沿外堤种植水杉林带。

（3）竖向变化。白莲泾滨江公共绿地、世博公园、后滩公园区域采用了不同的剖面形式（见图 15-3-10、图 15-3-11）：白莲泾滨江绿地区域将防汛墙隐藏在地形与植物景观之下，仅在绿地中心带形成了一道土堤，隔断了城市滨江道路到黄浦江的视线，可以划分为Ⅱ级；世博公园内进行了丰富的地形处理，从公园的东西两侧向中部堆土造山，在中部进

Ⅴ级植物景观　　　　　Ⅳ级植物景观　　　　　Ⅲ级植物景观

Ⅱ级植物景观 1　　　　Ⅱ级植物景观 2　　　　Ⅰ级植物景观

图 15-3-9 世博滨江段主要植物景观现状照片（2016 年资料）

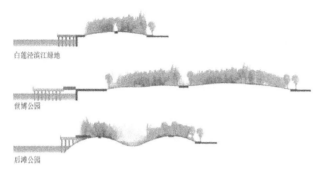

图 15-3-10 世博滨江段已建成绿地断面示意图

行扭转造成高潮，并结合公共演艺中心缩小土方量，使地形有丘陵起伏之势，具有高低起伏的自然地形变化，并与人工水景、植物种植、活动场地等有机组合，整体可以划分为Ⅲ级；后滩公园主要由内、外两道堤和内部人工水系组成，地形在纵向上变化较少，而在横向上起伏过大，不适合于自行车骑行。

绿道尚未实现贯通和建筑物密集的区域，地形基本以平坦的硬质场地为主，如南码头区域；耀华绿地区域同样缺少微地形处理，地势平坦，地形变化较少，可以划分为Ⅰ级。

3）文化要素特征

（1）地域文化景观。自 19 世纪上海开埠以来，码头日渐集群并占据黄浦江两岸，至 1947 年时已有 70% 的岸线（吴淞口到张家塘区段）被码头占据。至今黄浦江两岸仍然留有众多的码头及各类附属设施与场地，高桩码头、仓库等码头遗产构成了其滨江绿地的主要地域文化景观。黄浦江东岸世博滨江

段共有 16 处高桩码头（见图 15-3-12），其岸线长度约 2 km，约占该滨江段岸线总长度的 22%，沿岸区域曾经遍布工业用地，遗留了大量的工业建筑和设施（见图 15-3-13）。

南码头区域曾经是上海爱德华造船有限公司，遗存建筑现被用作月子会所和婚庆公司，户外仅保留的一片硬质场地被改造为卡丁车赛车场。白莲泾－世博源区域曾经是上海港南港务公司，现状保留了白莲泾河口附近的高桩码头，绿地内的景观雕塑体现老码头区域的工业主题。世博公园的原址是江南

图 15-3-12 世博滨江段高桩码头与防汛墙分布图

地形处理（白莲泾绿地）

Ⅳ级竖向变化

Ⅲ级竖向变化

地形处理（后滩公园）

Ⅱ级竖向变化

Ⅰ级竖向变化

图 15-3-11 世博滨江段竖向特征现状照片（2016 年资料）

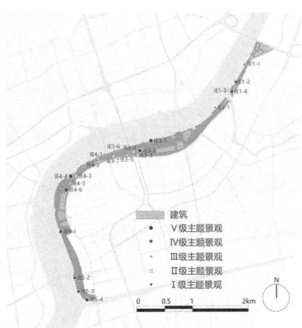

图 15-3-13 世博滨江段主要地域文化景观分布图

造船厂和上海第三钢铁厂，现状保留了 4 座高桩平台，并将上海第三钢铁厂的原厂房改造为世博大舞台。后滩公园曾经是上海浦东钢铁公司、环境污水处理厂和后滩船舶修理厂，设计师利用原有的工业厂房和高桩码头营造出特色鲜明的后工业景观，并采用工业材料制作了一系列的景观小品。如钢厂三车间及厚板酸洗厂房被改造成"空中花园"，布置各类酒吧和茶室等休闲设施；曾经的货运高桩码头被改造成"芦荻台"以作为良好的观景平台；原场地的钢板材料被加工为连绵的"锈色长卷"等。耀华绿地区域曾经集中了耀皮玻璃厂和上海水泥厂等多家建材企业，在上海世博会期间陆续外迁，零星遗留有部分厂房与设施，部分高桩码头已经废弃坍塌（见表 15-3-8、图 15-3-14）。

表 15-3-8 世博滨江段主要地域文化景观一览表

区域	编号	分级	类型	名称
白莲泾滨江公共绿地	IE1-1	Ⅲ	坐憩设施	缆桩
	IE1-2	Ⅰ	铺装	树池盖
	IE1-3	Ⅱ	景观小品	雕塑
	IE1-4	Ⅳ	工业设施	塔吊
白莲泾－世博源区域	IE2-1	Ⅲ	坐憩设施	缆桩
世博公园	IE3-1	Ⅴ	景观建筑	塔吊
	IE3-2	Ⅴ	服务建筑	世博大舞台
	IE3-3	Ⅱ	景观小品	雕塑
	IE3-4	Ⅱ	景观小品	雕塑
	IE3-5	Ⅱ	服务建筑	公共厕所
	IE3-6	Ⅲ	工业设施	观江平台
	IE3-7	Ⅱ	服务建筑	公共厕所
	IE4-1	Ⅱ	景观建筑、小品、铺装	装置
	IE4-2	Ⅲ	景观建筑	水门码头
	IE4-3	Ⅱ	景观建筑、小品、铺装	装置
	IE4-4	Ⅴ	景观建筑	芦荻台
	IE4-5	Ⅱ	景观建筑、小品、铺装	装置
	IE4-6	Ⅴ	服务建筑	空中花园
后滩公园	IE5-1	Ⅳ	工业设施	码头残存
	IE5-2	Ⅳ	工业设施	塔吊
	IE5-3	Ⅳ	工业厂房	遗留建筑
	IE5-4	Ⅴ	景观建筑	观景塔

Ⅴ级地域文化景观　　Ⅳ级地域文化景观　　Ⅲ级地域文化景观　　Ⅱ级地域文化景观　　Ⅰ级地域文化景观

图 15-3-14 世博滨江段主要地域文化景观现状照片（2016 年资料）

表 15-3-9 世博滨江段主要主题景观一览表

区域	编号	分级	类型	名称
南码头区域	RE1-1	V	地标建筑	南浦大桥
白莲泾滨江公共绿地	RE2-1	II	景观小品	雕塑
	RE2-2	II	景观小品	世界儿童
	RE2-3	I	照明设施	广场灯
白莲泾－世博源区域	RE3-1	II	景观小品	雕塑
	RE3-2	IV	综合景观	中山水园
	RE3-3	V	地标建筑	中国馆
	RE3-4	V	地标建筑	梅赛德斯奔驰文化中心
	RE3-5	V	地标建筑	世博源
	RE3-6	II	景观小品	世博源喷泉
	RE3-7	III	景观小品	音乐喷泉
世博公园	RE4-1	II	景观小品	世博十二生肖
	RE4-2	III	景观小品	船型雕塑
	RE4-3	II	景观小品	溢水池
	RE4-4	II	景观小品	掘出来的梦
	RE4-5	III	景观建筑	飞弧桥
	RE4-6	II	景观小品	雕塑
	RE4-7	V	地标建筑	卢浦大桥
后滩公园	RE4-7	III	坐憩设施、景观小品	红丝带

图 15-3-15 世博滨江段主题景观分布图

（2）主题景观。世博滨江段内的V级主题景观主要为滨江区域内的地标性建筑，如南浦大桥和卢浦大桥2座跨江大桥，以及中国馆、世博源、梅赛德斯奔驰文化中心等上海世博会遗留建筑。该区域内的主题景观以景观建筑、景观小品为主，主要集中在白莲泾滨江公共绿地和世博公园2个区域内（见图15-3-15、图15-3-16、表15-3-9）。

V级主题景观1（卢浦大桥）　　V级主题景观2（中国馆）

IV级主题景观（中山水园）

图 15-3-16 世博滨江段主题景观（2016年资料）

15.4 自行车绿道的综合构建法及其应用

本节重点阐述城市滨江自行车绿道综合构建方法，即分析建立城市滨江断面体系的方式，并进行城市滨江自行车绿道构建的适宜性分析。以此为基础，以选线、选型为重点，构建黄浦江世博滨江段自行车绿道，从而对综合构建法的有效性进行验证。

15.4.1 城市滨江断面选择与分区

在城市滨江自行车绿道构建过程中，首先需选择合适的城市滨江断面，并将其划分为多个区域，用以准确有效地描述城市滨江区域环境，作为适宜性分析的基础。城市滨江自行车绿道的构建，需要对断面上各区域进行评价，评价的依据主要为骑行者对于绿道构成要素的感受与评价。已有研究表明，游人感知周边环境的信息有87%是通过视觉获得，7%是通过听觉，剩余的6%来源于嗅觉、触觉和味觉。因此，城市滨江断面的选择和分区，除城市滨江区域特征和自行车出行特征，还需兼顾人的视觉特征。

1）城市滨江断面的选择

选择的城市滨江断面需要能有效地反映描述城市滨江区域的典型特征，如构成要素密集的区域、断面发生变化的区域、具有其他特殊要素的区域等。

选取的城市滨江断面并非指根据某条切线产生的特定断面，而是在断面形式基本一致的区域画一条中心线，向两侧各扩展12.5m左右，因为游人身处线性休闲空间内时，对于前进方向环境的观察往往漫不经心，而对左右景观投注更多的注意力，在25m的范围内可以正常感知环境。

除了选取具有典型性的城市滨江断面以外，有时还需在特殊区段选取断面作为补充，以保证对城市滨江区域环境的描述足够全面（见图15-4-1）。自行车绿道内的骑行速度较快，对于周边环境信息的感知较弱，所以选取断面的密度可以适当放大，以减少不必要的计算量。若按照骑行车速12km/h计算，半分钟内骑行直线距离为100m，则另外选取的补充断面与其他断面之间的距离宜为100m左右。

2）城市滨江断面的区域划分

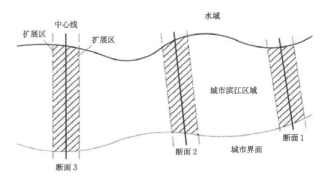

图15-4-1 城市滨江断面选择示意图

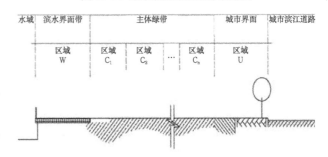

图15-4-2 城市滨江断面分区示意图

为方便准确地描述城市滨江断面的特征，应该依据断面内河流水域、城市空间、内部环境的相对位置，以及构成要素的分布和断面自身的特征，对城市滨江断面进行合理的区域划分，所划分的区域应具有代表性、相对独立性、可对比性等特点。依据前文所述城市滨江区域空间的"三层带"结构，可以将城市滨江断面划分成滨水界面带、主体绿带、城市界面带三部分（见图15-4-2）。

滨水界面带以沿河流岸线的空间为主，包含作为工业遗存的高桩码头、位于河流堤坝以下的亲水廊道、贴近水岸线的滨江步道。研究将滨水界面带定名为"区域W"，区域宽度设定为12m左右，即游人感知环境最为舒适亲切的距离。

城市界面带反映了城市滨江区域与城市空间的关系，拥有更加明显的范围和相对单一的构成要素，本研究称之为"区域U"，其宽度宜控制在12m左右。一般情形下，区域U主要包括界面侧城市滨江市政道路的慢行道路系统（包括人行道、非机动车道、行道树、绿化隔离带等）。

主体绿带构成要素的数量与分布情况复杂，需要将主体绿带再划分为"区域C_1""区域C_2"……"区域C_n"等多个小区域。主体绿带的宽度变化较大，可以由十几米至几百米不等，在极端狭窄的城市滨江区域内甚至不存在主体绿带。为了保证各区域之间可以进行有效对比，同时能满足典型性和相对独立性，研究选取游人对环境感知的舒适距离至正常感知距离为区域范围，设定主体绿带的区域宽度为12~50m。除此以外，还可以依据主体绿带内特定的构成要素进行快速地区域划分，如以遮挡视线的防汛墙、建筑物等为区域边界，或选取某个尺度适宜的场地作为一个区域等。

15.4.2 城市滨江绿道适宜性分析

城市滨江区域环境易受外界干扰而改变，难以形成有效的成本栅格图，而城市滨江断面恰好可以有效地描述城市滨江区域环境，使适宜性分析在滨江断面体系中能顺利进行。在城市滨江断面中，能够提供最佳城市滨江自行车绿道体验的区域可以被称为"期望区域"；因为现实条件限制，城市滨江自行车绿道难以通过的区域则可以被称为"拒绝区域"。"期望区域"的评价标准为游人在城市滨江自行车绿道中的体验程度，而"拒绝区域"的评价标准为现实环境是否会阻碍自行车骑行，两者的评价标准不同，所以"期望区域"与"拒绝区域"并非完全对立的两个概念，某些区域甚至同时是"期望区域"与"拒绝区域"。

1）"期望区域"与绿道构建

自行车骑行是城市滨江自行车绿道中的重要活动形式之一，为了在绿道构建过程中最大限度地利用现状资源，给自行车骑行等游憩活动创造最佳的体验环境，需要依托城市滨江自行车绿道的关键要素评价体系，对各区域进行评价打分，选择综合评价最高者为"期望区域"。

城市滨江自行车绿道构建的关键要素评价体系的建立，主要基于自行车骑行者等游憩者对于绿道构成要素的感受与评价，单一的评价指标仅描述构成要素一方面的属性和因素。而城市滨江断面的分区具有多样性、复杂性、可持续发展性等特征，单个区域包含多种构成要素，而每种构成要素都可能具有多种属性，所以城市滨江断面分区的评价应该是多重属性的、多因素的综合性指标，可以使用模

糊综合评价指数法计算得到。

在模糊综合评价指数法中，需要建立评级标准并对各评价指标进行分级，赋予评价指标不同的分值，如按照极优、优、良、中、差5个等级来划分各类景观价值评价指标的评价标准，依据多种评价指标的分值和权重计算出景观综合评价的指数。

假设一个城市滨江断面区域的综合评价为 Y，该区域具有的多种属性和构成要素可以用评价指标 i、j……k 进行描述，评价指标的权重分别为 W_i、W_j……W_k，评价指标的得分为 V_i、V_j……V_k，则区域的综合评价指标 Y 为各评价指标的权重与得分的乘积的和，即

$$Y= W_i \cdot V_i+ W_j \cdot V_j+ \cdots\cdots +W_k \cdot V_k \qquad （15\text{-}4\text{-}1）$$

若选择的某个城市滨江断面，被划分为区域 W、区域 C_1、区域 C_2、……、区域 C_n、区域 U 共 n+2 个区域，它们的综合评价指标分别为 Y_w、Yc_1、Yc_2、……、Yc_n、Y_U，则期望区域 A 为综合评价最高的区域，即

$$A= \max\{ W，C_1，C_2，\cdots\cdots，C_n，U\}$$
$$Y= \max\{ Y_w，Yc_1，Yc_2、\cdots\cdots，Yc_n，Y_U\}$$
$$（15\text{-}4\text{-}2）$$

对某段城市滨江区域进行描述时，选择建立了 n 个城市滨江断面，则通过依次连接各断面的期望区域，可以形成最优的城市滨江自行车绿道路径 R_0，即

$$R_0=\{ A_1，A_2，A_3，\cdots\cdots，A_n\} \qquad （15\text{-}4\text{-}3）$$

在生成 R_0 的过程中，先以直线连接各断面的期望区域中心，形成一条折线路径，寻找附近的道路、铁轨等线性要素，并修改折线路径，最终生成 R_0。在当前城市滨江断面坐标系中，该最优路径的综合累计评分为 Y_0，即

$$Y_0= Y_1+ Y_2+\cdots\cdots + Y_n \qquad （15\text{-}4\text{-}4）$$

2）"拒绝区域"与绿道构建

基于"期望区域"生成的绿道最优路径 R_0 是一种理想状态下的绿道构建方案，仍需要根据现实环境的情况进行修正。理想路径 R_0 可能会与拒绝区域重叠，这些区域大多数不符合城市滨江自行车绿道连续贯通、安全便捷的特征，影响了自行车骑行的

顺利通行。根据影响方式的不同，可以将拒绝区域大致分为阻断型和干扰型两种类型。

（1）阻断型"拒绝区域"。形成阻断型拒绝区域的因素包括：陆域空间中断、通行空间阻隔、空间狭小、其他不能满足自行车骑行基本需求的问题。根据阻断点产生的原因，阻断点可以分为自然阻断、管理阻断、建筑设施阻断3类。产生自然阻断的多是河流水域和地形高差等环境因素，河流水域的延伸有时会导致城市滨江区域陆域廊道出现断点，常见为河口、水湾等形式；当地形起伏过大，纵向坡度超过8度、横向坡度超过2度时不适宜自行车骑行，或者因为台阶、挡墙等出现高差断层而使自行车无法顺利通过。管理阻断是因为人为设置了禁止通行的区域，如跨江大桥的桥墩等重要安保区域、电塔与泵站等城市设施、会展中心与运动场等重要场馆。建筑设施阻断是因为存在于城市滨江区域内的渡口、餐厅、防汛墙与堤坝、大型停车场等设施造成的。相对于城市滨江区域公共空间的尺度，建筑物和停车场的体量一般过大，会挤占并不宽阔的公共空间；而防汛墙与堤坝等防汛设施造成的巨大高差，往往使自行车难以通行。

一些阻断型拒绝区域，可以通过设计优化得以改善，例如通过设置坡道、改变地形等手段消除较大的高差。另一些阻断型拒绝区域可能需要通过架设自行车专用的通道或者挖掘通行隧道等方式来改善通行条件，例如哥本哈根市在一家购物中心的周围区域修建了一条架起的蛇形自行车道，该自行车道高出地平面6~7m，基本达到公共建筑一层的高度。另一部分阻断型拒绝区域则无法通过设计手段予以解决，如管理阻断和一些大体量的建筑物、重要历史文化遗存等。因此，根据区域通行状况改善的难易程度，本研究对阻断型拒绝区域进行分级和评价。

（2）干扰型"拒绝区域"。干扰型拒绝区域是纵向的城市滨江自行车绿道与横向的其他交通流交错而产生的，通常表现为自行车骑行路线与机动车车流、自行车骑行路线与步行人流之间的冲突。

在城市滨江自行车绿道构建时，将理想情况下的绿道最优路径 R_0 与城市滨江区域现实环境叠加，依据路径 R_0 的前进方向依序寻找拒绝区域，并对存在的拒绝区域进行分类与评分。根据不同类型拒绝区域的评分，选择不同处理方式修改路径，最后生成修正后的绿道最优路径 R_0，其在相同城市滨江断面坐标系中的综合累计评分为 Y_0（见图15-4-3）。

15.4.3 世博滨江段自行车绿道的选线分析

世博滨江段岸线长度约9.20km（见图15-4-4）。区域内已建成滨江公共绿地3处，约占区域总面积的70.47%。鉴于世博滨江段大多数区域实现了公共开放空间的贯通，为城市滨江自行车绿道的构

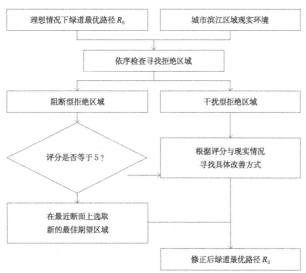

图15-4-3 基于拒绝区域的城市滨江自行车绿道构建逻辑图

图15-4-4 黄浦江世博滨江段区位图

建提供了一定的基础，构建自行车绿道时应该遵循经济有效的原则，避免过度的重复建设和对已有资源的浪费。前文提出的城市滨江自行车绿道的综合构建法，旨在于城市滨江区域已有资源的基础上，获取综合适宜性评价最高的构建方案，即构建最大限度地利用现状资源、实现游人最佳体验的城市滨江自行车绿道方案。因此，综合构建法是适用于黄浦江世博滨江段这类已有公共开放空间建设基础的城市滨江区域的。

1）黄浦江世博滨江段断面体系的建立

为准确全面地描述黄浦江世博滨江区域特征，

以及为之后进行适宜性分析建立基础，本研究选取了61个特征断面和296个断面分区（见图15-4-5、图15-4-6）。其中，南码头区域选取4个特征断面和18个断面分区；白莲泾滨江绿地区域选取8个特征断面和29个断面分区；白莲泾-世博源区域选取9个特征断面和38个断面分区；世博公园区域选取11个特征断面和65个断面分区；后滩公园区域选取13个特征断面和70个断面分区；耀华绿地区域选择16个特征断面和76个断面分区。

2）基于期望区域选择的绿道选线

通过对上海黄浦江东岸世博滨江段的实地调研，

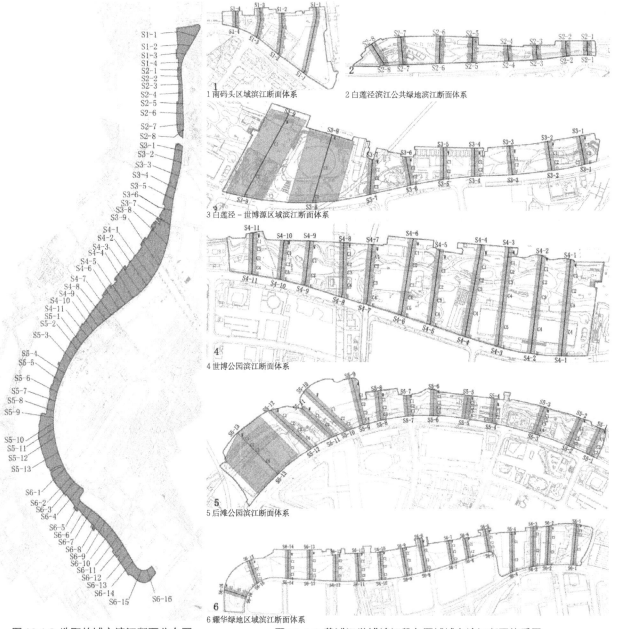

图 15-4-5 选取的城市滨江断面分布图　　图 15-4-6 黄浦江世博滨江段各区域城市滨江断面体系图

对每一个滨江断面分区进行评价因子打分，分析结果如图 15-4-7 所示。靠近黄浦江水域一侧和陆域内人工水景区域的自行车道亲水性较高；靠近城市滨江道路一侧且临近地铁站、公交站、轮渡站的自行车道可达性较高；节点场地与设施的丰富度整体评价不高，得分大多为 0~4 分；河流景观主要为黄浦江，并且在靠近水域一侧均可通过视觉、听觉等方式感受河流景观；已建成滨江绿地的植物景观丰富度相对较高，尤其以世博公园和后滩公园的评分最高，

断面总得分为 10~20 分；竖向起伏度的总体评价不高，大多数得分为 0~1 分，部分得分为 3~4 分的区域集中于世博公园区域内；景观地域文化性评价较高的区域集中于白莲泾与黄浦江交汇处、世博大舞台、后滩公园空中花园以及耀华绿地南端 4 处，而景观主题性评价较高的区域集中于南浦大桥、卢浦大桥和世博源 3 处。

采用"城市滨江自行车绿道关键要素评价体系"中各评价指标的权重，即自行车道亲水性的权重为

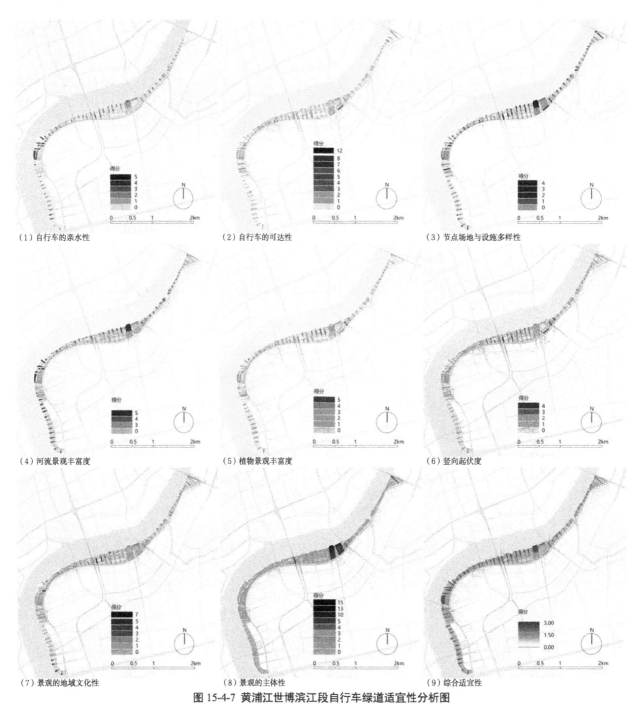

（1）自行车的亲水性 （2）自行车的可达性 （3）节点场地与设施多样性

（4）河流景观丰富度 （5）植物景观丰富度 （6）竖向起伏度

（7）景观的地域文化性 （8）景观的主体性 （9）综合适宜性

图 15-4-7 黄浦江世博滨江段自行车绿道适宜性分析图

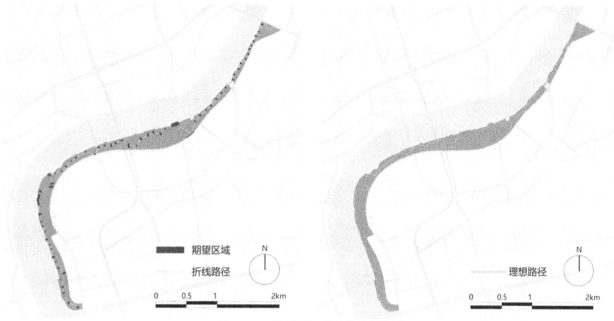

图 15-4-8 理想状况下的绿道最优路径

0.1925、自行车道可达性的权重为 0.1769、节点场地与设施的权重为 0.1212、河流景观丰富度的权重为 0.1395、植物景观丰富度的权重为 0.1285、竖向起伏度的权重为 0.0717、景观地域文化性的权重为 0.0972、景观主题性的权重为 0.0725，通过模糊综合评价指数法将各评价指标的分析结果加权叠加，最终确定各滨江断面分区的综合适宜性评价（图 15-4-8）。

取每个特征断面中综合评价最高的分区为期望区域，即依次选取 61 个期望区域作为城市滨江自行车绿道通过的节点，以直线依次连接各期望区域后形成一条折线路径，初步得到自行车道的大致走向。之后，将折线路径与附近的慢行道路等线性要素拟合为一条蜿蜒曲折、可实际通行的道路，即理想情况下的最优路径 R_0，如图 15-4-9 所示，综合累计评分 Y_0 为 114.8395，全长约 8520m，其中沿黄浦江岸线的路径长约 5170m、从滨江区域内部中间穿过的路径约 3130m、沿城市滨江道路的路径长 220m，分别占总长度的 60.68%、36.74%、2.58%。

3）基于拒绝区域选择的绿道选线

黄浦江世博滨江段区域内的阻断有白莲泾、倪家浜、防汛墙等自然阻断，南码头轮渡站、世博源等建筑设施阻断，以及梅赛德斯奔驰文化中心、白莲泾码头等管理阻断。其中，建筑设施阻断型和管理阻断型的拒绝区域面积共约 336.52hm²，约占该区域陆域面积的 33.30%，主要集中于尚未实现公共开放空间贯通的南码头区域和倪家浜两侧的区域，以及因管理问题而封闭大部分空间的白莲泾 – 世博源区域。除此之外，后滩公园内的滨水栈道等木质园路禁止自行车通行，同样是城市滨江自行车绿道的管理阻断型拒绝区域（见图 15-4-9）。

大量的 V、IV 级阻断型拒绝区域对最优路径 R_0

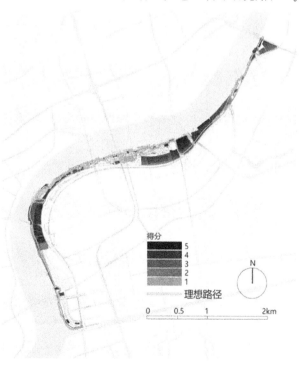

图 15-4-9 阻断型拒绝区域分布图

的实际应用构成较大影响，为确保黄浦江世博滨江段自行车绿道选线的方案具有实施性和可借鉴性，需要对 R_0 进行一定程度的修正（见表 15-4-1）：鉴于南码头区域尚未实现公共开放空间的贯通，且仅有 400m 左右的岸线长度，故基本保留 R_0 在南码头区域内的路径，并绕开南码头轮渡站的阻断，以实现该区域公共开放空间的贯通；白莲泾河道的宽度约 45m，与黄浦江交汇口的宽度可达 87m，是该城市滨江区域内最主要的自然阻断，需要架设景观桥以连通滨江骑行路径；白莲泾-世博源区域基本完成于上海世博会期间，景观效果较好，故改变 R_0 原本沿岸线的路径，选择沿城市滨江道路的路径，以绕过大片的管理阻断型拒绝区域；部分后滩公园内的 R_0 路径与园内 V 级阻断型拒绝区域相重合，因此选择综合适宜性评价第二位的断面分区为期望区域，路径改为从后滩公园外堤通过。

修正后最优路径 R_0 的综合累计评分 Y_0 为

104.7151，全长约 8460m，其中沿黄浦江岸线的路径长约 4710m、从滨江区域内部穿过的路径长约 2790m、沿城市滨江道路的路径长约 960m，分别占总长度的 55.67%、32.98%、11.35%（见图 15-4-10）。

4）绿道的接入点设置

在城市滨江自行车绿道的关键要素筛选中，交通衔接系统的相对权重为 0.1769，是仅次于自行车道的第二大关键要素。本构建方案提出接入点的概念，综合了交通衔接系统、出入口设置、自行车驿站和租赁点等服务设施的功能，允许游人由其他自行车绿道或者交通方式，通过接入点快速进入黄浦江东岸自行车绿道中，提高绿道的可达性（见图 15-4-11）。本构建方案设置了多层次的接入点，主要接入点与地铁站、轮渡站等重要交通节点以及周边滨江区域相衔接，分别为南码头轮渡站、世博源、世博公园 3 号门（世博大舞台西侧）、后滩公园南门（天

表 15-4-1 修正前后的期望区域对比表

编号	S1-3	S3-1	S3-2	S3-3	S3-4	S3-5	S3-6	S3-7	S5-6	S5-7
A	W	W	W	W	C_1	C_1	W	C_1	C_2	C_2
Y	1.7192	2.0019	1.8624	1.8624	1.9563	1.9563	2.5255	2.1405	1.6054	1.7998
修正后 A	U	C_2	C_2	C_2	U	C_1	U	W	C_2	W
修正后 Y	0.9562	1.4261	0.6171	0.6574	0.5056	1.2132	0.4012	0.5781	1.4752	1.4752

图 15-4-10 修正后的绿道最优路径

图 15-4-11 自行车绿道接入点分布图

空花园）、耀华绿地南端点共 5 处；次要接入点作为主要接入点的补充，保证沿城市滨江道路行进平均约 780m 的距离，存在 1 处接入点。

15.4.4 世博滨江段自行车绿道的优化与选型

如前文所述，根据综合构建法在黄浦江世博滨江段的应用结果，可以提出一个综合适宜性评价为 104.7151 的滨江自行车绿道构建方案 R_0。该构建方案虽然有效避开了全部 V 级和部分 IV 级阻断型拒绝区域，明确了自行车绿道的选线、断点、主要接入点等信息，但仍有 6 处需改善设计手段的阻断型拒绝区域。同时，与步行人流集中的滨江绿地主要入口和园路等相交汇，产生 11 处干扰型拒绝区域。需遵循连续贯通、安全便捷、体验丰富的原则，通过合理选型和断点连接等设计手段予以细化修正。

1）优化原则和策略

（1）连续贯通。为了实现滨江自行车绿道的连续贯通，需要对城市滨江区域的现状进行一定的改善，以符合自行车骑行的需求，包括修建自行车骑行专用道路、断点连接、节点设置等。虽然 R_0 的路径方案已经能够基本保证自行车在绿道内顺畅地通行，但是单一的路径在很多特殊情况下常常会出现阻断，例如世博公园日常作为滨江公共绿地对公众免费开放，而在举办音乐节等各类庆典活动时停止对外开放，形成暂时性的管理阻断（ V 级），从而对 R_0 的路径方案产生影响。

为保证滨江自行车绿道始终保持连续贯通，研究提出，在世博公园区域沿城市滨江道路增设 1 条长约 1580m 的路径，形成总长度约 10.04km 的滨江自行车绿道路径（见图 15-4-12）。其中，改建已有道路场地而成的路径长度约 6970m，占总长度的 69.42%，包括沿黄浦江岸线的路径（约 3240m）、从滨江区域内部穿过的路径（约 1430m）、沿城市滨江道路的路径（约 2300m）3 种；新建自行车道路长度约 3070m，占总长度的 30.58%，同样包括沿黄浦江岸线的路径（约 1780m）、从滨江区域内部穿过的路径（约 1050m）、沿城市滨江道路的路径（约 240m）3 种。另外，需要在白莲泾、倪家浜、后滩

公园芦荻台附近总计设置 3 座供自行车通行的景观桥梁，在后滩公园北入口处设置 1 座供自行车穿行的隧道。

倪家浜附近（后滩公园南段和耀华绿地区域北端）的现状为空间破碎、用地情况复杂、维护管理不足，有城市公共设施、物流仓储、商业服务业设施、绿地与广场等多种用地。本研究建议在建设黄浦江东岸自行车绿道时，须重新梳理该区域的空间与用地性质，加强滨江公共绿地的维护管理，确保沿黄浦江岸线的路径能够顺畅通行。

（2）安全便捷。在城市滨江区域设置自行车专用道，为自行车骑行者创造更加适宜的骑行环境的同时，也可以在很大程度上限制自行车骑行活动的范围，有效减少骑行者与步行人流、机动车流的冲突。基于 R_0 方案能够确保全线铺设宽 2.5~3.0m 的双向自行车道，并沿自行车道设置标识系统、坐憩设施、环卫设施、照明设施、厕所与自行车驿站等服务系统，当自行车专用道与大量车流或人流产生交汇时，研究认为，可以酌情采用架空抬高、下穿隧道等方式避免两种交通流的直接冲突。

（3）体验丰富。在 R_0 方案中，沿黄浦江岸线的路径长约 4710m，占总路径长度的 46.91%，所以

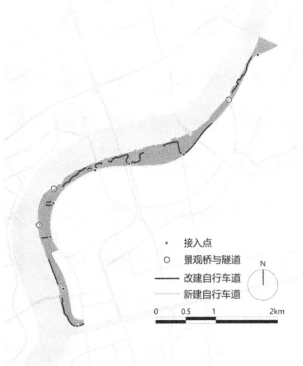

接入点

○ 景观桥与隧道

—— 改建自行车道

新建自行车道

0 0.5 1 2km

图 15-4-12 自行车绿道路径建设图

沿江岸线的滨江风光是非常重要的游憩体验，应该以毗邻江边的区域 W 和区域 C_1 为主，丰富滨江的活动场地，加强相对薄弱的文化要素。在黄浦江岸线和城市滨江道路沿线，即绿地滨江界面带和绿地城市结合带，形成以动态活动为主、内容形式多样且场地具有普适性的活动空间，而主体绿带则以静态活动和单一的主题活动为主。除此之外，应该选择合适的区域建设自行车运动场、滑板场、休闲球场等专用运动场地，拓展该区域的活动内容和范围，如耀华临时绿地，其空间完整统一且具备一定的植物景观基础，但是类似高桩码头的滨江活动场地（Ⅲ级）较少，地形处理的平均得分仅为 1.05，尚有很大的提升空间，可以着重进行地形处理，形成高低起伏的自然地形，结合专业自行车道的设置，创造有趣的骑行主题活动场地。

2）自行车绿道的主要选型模式

通常情况下，按照自行车道、步行道与慢跑道的相对位置，已有实践大致将自行车绿道的选型划分为专用分离型、专用并列型和混合型（又称综合型）3 种模式。专用分离型绿道是滨水绿道中布局最复杂的 1 种，包括了骑行道、慢跑道、漫步道 3 种慢行道，他们分离布置，彼此之间相隔一定距离，因此不同活动类型的游人不会相互干扰。专用并列型绿道同样包括骑行道、慢跑道、漫步道 3 种类型，但是在慢行道的布局中，慢行道两两合并或全部合并，但是不同慢行道之间通过不同的颜色进行区分。在人流量较大时，不同活动类型的游人易产生冲突。混合利用型滨水绿道中的慢行道类型不健全，通常 1 条慢行道供多种活动类型的游人使用，因此设置在

人流量较小的地方。

有鉴于城市滨江自行车绿道的特殊环境条件，与河流水域、城市滨江道路的相对位置不同，其景观感受、活动体验和功能要求的区别很大，本节根据黄浦江东岸世博滨江段的现状条件，将城市滨江自行车绿道选型分为临江型、绿地型和沿路型 3 种模式。

（1）临江型。临江型模式主要是指自行车道位于滨江活动场地、滨江园路附近或离岸线 12m 范围以内（区域 W），具有良好的河流景观和游憩活动体验，需要承载大量的人流和多种多样的活动形式。

根据黄浦江的岸线情形，将临江型模式细分为临江架空型和临江混合型 2 种模式。如图 15-4-13 所示，临江架空型适用于岸线附近空间狭窄或不通畅的情况，主要分布于南码头区域，将自行车道架空抬起 3~5m 形成立体交通，不占用狭促的滨江场地空间，且下层可作为休憩长廊为游人提供遮蔽；临江混合型 1 是由滨江活动场地或滨江园路改建而成，自行车道位于滨江场地的主要活动区域边缘，两者之间通过绿化、休憩设施或铺装进行划分，是白莲泾滨江绿地、耀华绿地内采用的主要模式；临江混合型 2 是将自行车道与步行道作为整体，两者之间设置植物景观、坐憩设施或其他设施，形成新型滨江游憩道路，该模式的绿化形式和亲水活动更加丰富，主要分布于后滩公园南端和耀华绿地北端（见图 15-4-14）。

（2）绿地型。绿地型模式主要是指自行车道由中间绿带（区域 C）穿过，一般具有丰富的植物景观和地形，为游人提供以植物景观为主的自然环境

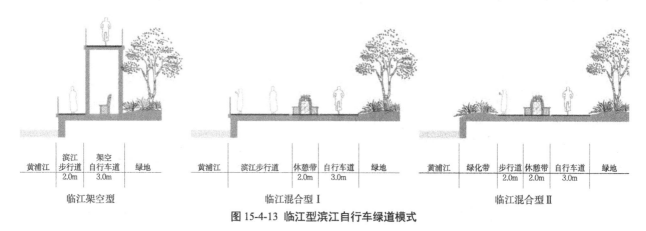

黄浦江	滨江步行道 2.0m	架空自行车道 3.0m	绿地

临江架空型

黄浦江	滨江步行道	休憩带 2.0m	自行车道 3.0m	绿地

临江混合型 Ⅰ

黄浦江	绿化带	步行道 2.0m	休憩带 2.0m	自行车道 3.0m	绿地

临江混合型 Ⅱ

图 15-4-13 临江型滨江自行车绿道模式

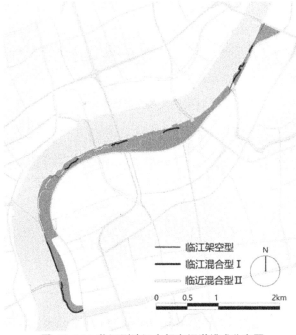

图 15-4-14 临江型滨江自行车绿道模式分布图

图 15-4-16 绿地型滨江自行车绿道模式分布图

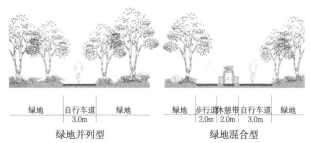

图 15-4-15 绿地型滨江自行车绿道模式

体验，同时也是快速抵达河流水域的有效通道，起到过渡、连接的作用。

绿地型模式大致可分为绿地并列型和绿地混合型 2 种（见图 15-4-15）。绿地并列型主要是新建的自行车道独立穿过一片区域而成，仅限于自行车骑行使用，不与其他交通流产生冲突，所以是一种可以让骑行者专心而快速骑行的城市滨江自行车绿道模式，主要分布于世博公园和后滩公园内；绿地混合型是由绿地内园路改建而成，与临江混合型 2 相似，但主要的自然环境体验为植物景观，主要分布于世博公园内（见图 15-4-16）。

（3）沿路型。沿路型模式主要是指或与城市滨江道路的慢行交通系统结合设置，或位于滨江公共空间（区域 U）12m 范围以内的自行车道设置模式。通常，这一模式能够有效提升城市滨江道路的景观风貌，并能活化城市滨江区域的边缘地带。

沿路型模式大致可以分为沿路并列型和沿路混合型 2 种（见图 15-4-17）。沿路并列型适用于城市滨江道路沿线空间宽敞的区域，自行车道靠主体绿带一侧，与城市慢行系统之间有较宽的绿地或步行休憩场地（街头绿地功能）相隔，主要分布于白莲泾码头附近；沿路混合型适用于城市滨江道路沿线

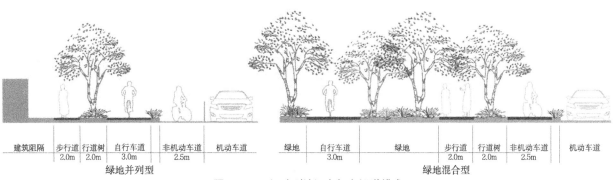

图 15-4-17 沿路型滨江自行车绿道模式

空间狭窄的区域，一般可通过改造城市滨江市政道路形成，满足休闲自行车道、人行道和非机动车通勤道并排通行的需求（见图15-4-18）。

图 15-4-18 沿路型滨江自行车绿道模式分布图

3）主要断点的连接方案与建议

本研究针对南码头轮渡站建筑设施阻隔断点1处、白莲泾自然河流阻隔断点1处，提出连接方案与实施建议。

（1）南码头区域架空自行车道。南码头区域公共开放空间尚未贯通，内部的建筑设施阻断与管理阻断型拒绝区域面积约4.03 hm²，占南码头区域总面积的57.82%，区域内高桩码头长约220m，占区域岸线长度的53.27%，且站立式防汛墙高约2.5m，完全阻隔了内侧游人的观江视线（见图15-4-19）。

根据以上特点，建议着重贯通南码头区域的绿地滨江过渡带，结合2.5m高的防汛墙，架空抬高自

图 15-4-19 南码头区域现状照片

行车道，采用临江架空型城市滨江自行车绿道模式贯通临江岸线区域（见图15-4-20、图15-4-21）。架空的自行车道在南码头轮渡站处向内绕往城市滨江道路，并逐渐降低高度直至与地面等高，在此处设置主要接入点以衔接南码头轮渡站等城市公交系统。

图 15-4-20 南码头区域自行车绿道平面图

图 15-4-21 南码头区域自行车绿道断面图

（2）白莲泾景观桥梁。白莲泾是六级航道，所以在架设景观桥时需要留出足够的通航高度。设计依托已有的城市道路桥和覆土建筑进行架设，既保证桥下留有足够的高度，又可以有效化解高差变化。白莲泾景观桥梁方案，起始于河口北侧的白莲泾滨江公共绿地高桩码头，沿岸线贴着市政道路桥梁起坡，跨过白莲泾河口与覆土建筑的屋顶相接，经过覆土建筑顶部后逐渐降低至地面（见图15-4-22、图15-4-23）。

图 15-4-22 白莲泾景观桥梁平面图

图 15-4-23 白莲泾景观桥梁鸟瞰图

本章注释

[1] 城市道路工程设计规范 : CJJ37-2012[S]. 中华人民共和国住房和城乡建设部 , 2012.

[2] LaPlante J N, Short T R. Aashto guide for the planning, design and operastion of pedestrian facilities[J]. Institute of Transportation Engineers, 2000.

[3] 洛林 ·LaB· 施瓦茨 . 绿道规划 · 设计 · 开发 [M]. 北京 : 中国建筑工业出版社 , 2009.

[4] 孔水晶 . 南京城市空间环境特色自行车道景观研究 [D]. 南京 : 南京林业大学 , 2010.

[5] 雒妮 . 城市自行车与公共交通换乘研究 [D]. 西安 : 西安建筑科技大学 , 2013.

[6] 朱玮 , 庞宇琦 , 王德 , 等 . 公共自行车系统影响下居民出行的变化与机制研究 —— 以上海闵行区为例 [J]. 城市规划学刊 , 2012 (5): 76-81.

[7] 麻乐 . 城市自行车道改善及路网规划研究 [D]. 西安 : 长安大学 , 2013.

[8] 曹靖 , 王岚 . 不同分类体系下绿道慢行系统建设标准的研究 [J]. 广东园林 , 2012, 34(3): 15-19.

[9] 姜洋 , 陈宇琳 , 张元龄 , 等 . 机动化背景下的城市自行车交通复兴发展策略研究 —— 以哥本哈根为例 [J]. 现代城市研究 , 2012 (9): 7-16.

[10] 李天颖 , 张延龙 , 牛立新 . 台湾台中市绿道规划设计及其功能的调查分析 [J]. 城市发展研究 , 2013, 20(4): I0013-I0017.

[11] 丁源 . 台湾自行车绿道景观初探 [J]. 城市地理 , 2015 (18): 281.

[12] 王璇 . 基于自行车交通的城市综合型绿道的构建研究 [D]. 武汉 : 华中科技大学 , 2012.

[13] 周晟 . 城市滨水游憩空间景观设计研究 [D]. 长沙 : 中南林业科技大学 , 2006.

[14] 罗卿平 , 张召 . 自然水域与城市空间的双向渗透 —— 丽水市滨江景观带设计启示 [J]. 新建筑 , 2004(2): 53-55.

[15] 周颜 . 边缘空间特色化设计在开放性公园中的应用 [D]. 长沙 : 湖南师范大学 , 2014.

[16] 孙帅 . 都市型绿道规划设计研究 [D]. 北京 : 北京林业大学 , 2013.

[17] 孔阳 . 基于适宜性分析的城市绿地生态网络规划研究 [D]. 北京 : 北京林业大学 , 2010.

[18] 刘岳 , 李忠武 , 唐政洪 , 等 . 基于适宜性分析与 GIS 的长沙市大河西先导区城市绿道网络设计 [J]. 生态学杂志 , 2012, 31(2): 426-432.

[19] McHarg I L, Mumford L. Design with nature[M]. New York: American Museum of Natural History, 1969.

[20] 方晓玉 . 适宜性分析方法在生态园林建设中的应用研究 [D]. 北京 : 北京林业大学 , 2007.

[21] 戈登 · 卡伦 . 简明城镇景观设计 [M]. 王珏 , 译 . 北京 : 中国建筑工业出版社 , 2009.

[22] 魏晓慧 . 基于视觉分析的城市景观空间研究 [D]. 武汉 : 武汉理工大学 , 2008.

[23] 何志明 . 城市滨河绿道使用状况评价研究 [D]. 杭州 : 浙江大学 , 2013.

[24] 范勇 , 基于资源要素评价和网络结构分析的乡村绿道规划研究 [D]. 泰安 : 山东农业大学 , 2016.

[25] 余帆 . 上海市苏州河滨水步道空间调查研究 [D]. 上海 : 上海交通大学 , 2014.

[26] 杨丽芳 . 基于 Mixed logit 模型分析的山地自行车运动需求调查研究 [J]. 重庆工商大学学报 (自然科学版), 2016, 33(4): 104-110.

[27] 万亚军 , 蒙睿 . 昆明市自行车旅游爱好者行为特征及其环境偏好分析 [J]. 旅游研究 , 2011, 3(4): 14-18.

[28] 李庆哲 . 城市河流景观评价研究 [D]. 长春 : 东北师范大学 , 2010.

[29] 邰春丽 , 翁殊斐 , 赵宝玉 . 基于 AHP 法的滨水绿道植物景观评价体系构建 [J]. 西北林学院学报 , 2013,

28(3): 206-209.

[30] 郭希彦. 地域文化在景观设计中的应用研究 [D]. 福州 : 福建师范大学, 2008.

[31] 李丽萍. 滨江工业遗产景观设计中历史文脉要素的应用研究 [D]. 上海 : 华东理工大学, 2016.

[32] 司思. 重庆主城嘉陵江滨江工业废弃地景观更新初探 [D]. 重庆 : 重庆大学, 2008.

16 苏州河中心城段滨水步道空间研究

　　滨水步道是指位于水陆边界、适合漫步的滨水园路、滨水广场或亲水栈道。滨水步道空间是以滨水的步行道为主体，包括步道两侧的水体、植物、场地、建筑物与构筑物、景观小品及配套服务设施所共同构成的，为使用者提供亲水、散步等游憩活动，并兼具一定的文化性与生态性的滨水线性空间。

　　本章以苏州河外白渡桥到吴淞江桥（外环线）的滨水步道空间为研究对象，通过对苏州河两岸公共开放空间的现场调研以及空间质量评价，梳理断点，剖析空间特征及存在的不足，并提出相应的优化建议，为苏州河两岸公共空间的贯通起到重要的理论作用，为同类城市滨河步道的建设提供有益的借鉴。

16.1 滨水步道空间界定

步行道是指仅限步行的小路。滨水步道是指位于水陆边界、适合漫步的滨水园路、滨水广场或亲水栈道。滨水步道空间是以滨水的步行道为主体，包括步道两侧的水体、植物、场地、建筑物与构筑物、景观小品及配套服务设施所共同构成的，为使用者提供亲水、散步等游憩活动，并兼具一定的文化性与生态性的滨水线性空间。本书将"滨水步道空间"概念界定如下：①空间位置界定为城市水域空间与陆域空间交接处（包括水域空间）；②空间范围界定为步道、步道迎水侧界面的实体要素、与步道背水侧界面的实体要素所围合而成的连续的线形空间（见图16-1-1）；③空间功能为以步行活动为主，同时满足人们亲水、观景、健身、休憩等活动需求。

本书以苏州河外白渡桥到吴淞江桥（外环线）的滨水步道空间为研究对象，南北岸线总长约40km，横跨黄浦区、静安区、普陀区、长宁区4大区域。通过对苏州河两岸公共开放空间的现场调研以及空间质量评价，梳理断点，剖析空间特征及存在的不足，并提出相应的优化建议，为苏州河两岸公共空间的更新设计与建设起到重要的理论指导作用，为同类城市滨河步道的建设提供有益的借鉴。

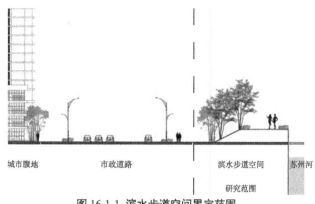

图 16-1-1 滨水步道空间界定范围

城市腹地　　市政道路　　滨水步道空间　苏州河

研究范围

16.2 滨水步道类型与空间特征分析

苏州河滨水步道空间由于周边用地性质、开发力度的不同，各区段存在着明显差异性，为确保科学性与准确性，本书将对其进行分类分段研究。通过实地调研，依据《城市用地分类与规划建设用地标准》(GB50137-2011)[1]，将苏州河沿线现已建成的滨水步道划分为4种类型：城市道路型滨水步道（通过种植带与城市道路相连接，或与城市道路人行道并行）；公园型滨水步道（作为公园绿地的道路系统组成部分，临近水域）；住区型滨水步道（作为居住小区的道路系统组成部分，临近水域）；单位型滨水步道（作为企事业单位，如创意园区、学校、仓库等用地的道路系统组成部分，临近水域）。在此基础上，依据各区段的环境特征、内部构成要素、界面特征、质量等级等将城市道路型滨水步道内部划分为48个区段，如表16-2-1、图16-2-1所示，并

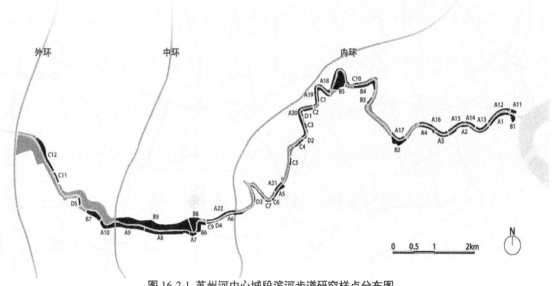

图 16-2-1 苏州河中心城段滨河步道研究样点分布图

全面系统地分析步道个体宽度、线型、连通度、步道空间的内部构成要素及界面组合模式等5个方面特征，总结出苏州河南北两岸的见水度以及运用最为广泛的界面模式。

16.2.1 步道个体特征与连通度分析

1) 步道连通度分析

连通度是指滨水步道的空间连续性，以滨水步道长度占单侧滨水岸线总长度的比例来衡量。其数值大小反映了滨水步道的连贯度以及滨水步道交通的通畅程度。连通度越小，滨水步道越不流畅，滨水交通可达性及通畅性越差；反之，滨水交通可达性及通畅性越好。通过对现场测绘及 GPS 定位法所得数据的整合，得出苏州河南岸连通度为 70.60%，北岸为 62.12%（见表 16-2-2）。滨水步道贯通情况如图 16-2-2 所示。

结合 2013 年夏秋两季对苏州河两岸步道现状的调研情况，总结出影响南北岸滨水步道连通度的因素有：①滨水空间被市政附属设施，如桥梁等占用，打断原先步道的连续性；②城市腹地尚未开发，

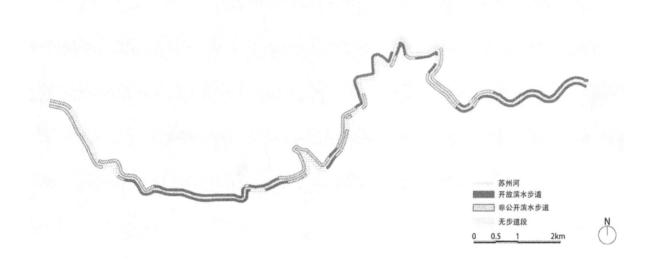

图例：
苏州河
开放滨水步道
非公开滨水步道
无步道段

0 0.5 1 2km

N

图 16-2-2 苏州河中心城段滨水步道贯通情况（2013 年资料）

表 16-2-1 苏州河滨水步道分类分段一览表（2013 年资料）

	序号	步道分段	步道类型	线型	区域	步道长度 / m	编号
南岸	1	外滩滨水绿地	公园型	直线	黄浦	238	B-1
	2	乍浦路桥—河南南路桥	城市道路型	直线	黄浦	527	A-1
	3	河南南路桥—西藏路桥	城市道路型	直线+曲线	黄浦	1176	A-2
	4	西藏路桥—乌镇路桥	城市道路型	直线	黄浦	425	A-3
	5	乌镇路桥—新闸路桥	城市道路型	直线	黄浦	395	A-4
	6	蝴蝶湾	公园型	直线+曲线	静安	93	B-2
	7	上海水上公安局公安码头	公园型	直线+曲线	普陀	182	B-3
	8	苏州河昌化路码头	公园型	直线+曲线	普陀	130	B-4
	9	苏州河梦清园环保主题公园	公园型	直线+曲线+折线+混合	普陀	649	B-5
	10	半岛花园	住区型	直线+曲线+折线	普陀	705	C-1
	11	大上海城市花园	住区型	曲线	普陀	465	C-2
	12	仓751	单位型	直线	普陀	56	D-1
	13	绿洲城市花园	住区型	直线	普陀	245	C-3
	14	E仓创意	单位型	直线+曲线	普陀	205	D-2

序号	步道分段	步道类型	线型	区域	步道长度／m	编号
15	上海苏堤春晓名苑	住区型	直线＋曲线	普陀	275	C-4
16	上海知音苑	住区型	曲线＋混合	普陀	460	C-5
17	江苏北路—华阳路	单位型	直线	普陀	580	A-5
18	华阳公寓	住区型	直线	普陀	40	C-6
19	万华小区	住区型	直线	普陀	147	C-7
20	华东政法大学	单位型	直线＋曲线＋折线	长宁	281	D-3
21	华院住宅小区	住区型	直线＋曲线	长宁	522	C-8
22	凯旋路桥—苏州河DOHO	城市道路型	直线	长宁	720	A-6
23	苏州河DOHO	单位型	直线	长宁	90	D-4
24	上海花城	住区型	直线	长宁	250	C-9
25	虹桥滨河公园	公园型	直线＋曲线＋混合	长宁	467	B-6
26	长宁路（古北路—芙蓉江路）	城市道路型	直线	长宁	380	A-7
27	芙蓉江路—泸定桥路	城市道路型	直线	长宁	912	A-8
28	泸定桥路—中环路	城市道路型	直线	长宁	820	A-9
29	北瞿路（中环—风铃绿地）	城市道路型	直线	长宁	606	A-10
30	风铃绿地	公园型	直线	长宁	450	B-7
31	海烟物流	单位型	直线	长宁	397	D-5
32	外白渡桥—乍浦路桥	城市道路型	直线	虹口	217	A-11
33	乍浦路桥—河南路桥	城市道路型	直线	虹口	611	A-12
34	河南路桥—福建路桥	城市道路型	直线	闸北	459	A-13
35	福建路桥—浙江路桥	城市道路型	直线	闸北	238	A-14
36	浙江路桥—西藏路桥	城市道路型	直线	闸北	467	A-15
37	西藏路桥—新闸桥	城市道路型	直线＋折线	闸北	625	A-16
38	恒丰桥—普济路桥	城市道路型	直线＋曲线＋混合	闸北	709	A-17
39	中远两湾城市	住区型	直线＋曲线	普陀	1800	C-10
40	江宁路桥—光新路	单位型	直线＋曲线	普陀	502	A-18
41	光新路—西康路桥	城市道路型	直线＋曲线	普陀	402	A-19
42	西康路桥—宝成桥	城市道路型	直线＋曲线＋折线＋混合	普陀	1200	A-20
43	曹杨路桥—白玉路	城市道路型	直线＋曲线＋折线＋混合	普陀	382	A-21
44	凯旋路桥—枣阳路	城市道路型	直线	普陀	1100	A-22
45	长风一号绿地	公园型	曲线	普陀	360	B-8
46	长风绿地（2-4号）	公园型	直线＋曲线＋折线＋混合	普陀	1926	B-9
47	河滨香景园	住区型	直线	普陀	268	C-11
48	建德花园丁香苑	住区型	直线	普陀	770	C-12

（北岸：序号32—48）

注：编号A代表城市道路型滨水步道、B代表公园型滨水步道、C代表住区型滨水步道、D代表单位型滨水步道。

表16-2-2　苏州河滨水步道连通度信息一览表

岸线	城市道路型步道／m	公园型步道／m	住区型步道／m	创意园区／m	仓库／m	学校／m	步道总长／m	无步道段／m	岸线总长／m	连通度／%
南岸	6422	2917	3689	351	377	281	14037	5844	19881	70.60
北岸	7024	2286	2838	0	0	0	12148	7406	19554	62.12

滨水绿地尚在规划中，苏州河两岸的绿地建设状况如图 16-2-3 所示；③城市道路占用空间过大，无法在滨水区设置独立步道，如西苏州路（澳门路—昌平路）；④滨水步道被建筑或绿地阻断，破坏了步道空间的连续性，如外白渡桥—乍浦路段。另外，桥梁与滨水步道因衔接方式不同，对步道的连通度及行人的交通形式都会产生不同影响（见图 16-2-4），总结如下：①桥下空间穿行（下行）——当桥与步道结合形成大范围的桥下空间时，滨水步道仍是连通整体，且桥下空间可作为较好的景观以及活动的载体空间，供人使用；②桥上通行（上行）——当滨水步道与桥面通道形成统一整体时，人可以从滨水空间进入城市空间，但由于外部交通的介入，给人以强烈的不安全感，极大地降低了步行的舒适性；③绕桥而行（绕行）——当步道被阻断时，人

需绕过桥梁，此时步行活动被终止，如乌镇路桥。

2）步道宽度分类

调研结果显示（见表 16-2-3），苏州河滨水步道宽度可分为 4 种类型：1.5m 以下；1.5~2.5m；2.5~4m；4m 以上。具体而言，宽度在 1.5m 以下的步道，空间较拥挤，多分布于小型住宅区的滨水区域，人流量相对较小，适宜单人或较亲密双人单向步行；宽度在 1.5~2.5m 的步道，空间较为舒适，多分布于人流量适中的商住混合的滨水区域；宽度在 2.5~4m 的步道，具有一定的空间围合度，分布在人流量较大的商业区的滨水区域；宽度在 4m 以上的滨水步道，空间围合度较低，多分布在空间节点处或桥下空间中。具体分类如下：

苏州河滨水步道的平面构成形式可分为直线型、曲线型、折线型、混合型（见图 16-2-5）。直线型

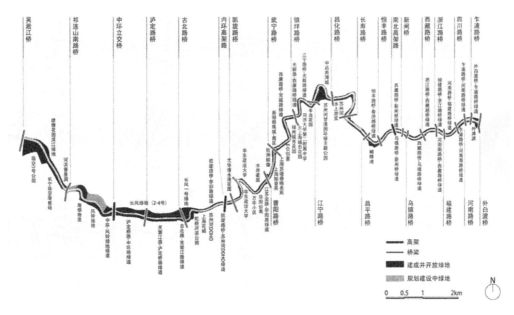

图 16-2-3 苏州河中心城段绿地建设情况（2013 年资料）

泸定路桥（下行）

西藏路桥（上行）

乌镇路桥（绕行）

图 16-2-4 苏州河两岸桥梁与步道交接类型

表 16-2-3 苏州河南岸、北岸滨水步道宽度一览表

岸线	宽度/m	城市道路型滨水步道/m	公园型滨水步道/m	住区型滨水步道/m	学校/m	仓库/m	创意园区/m	总长度/m	比例/%
南岸	< 1.5	0	467	1964	250	377	0	3058	22.36
	1.5~2.5	2259	632	1725	0	0	90	4706	38.74
	2.5~4	3317	806	0	31	0	205	4359	31.88
	> 4	846	649	0	0	0	56	1551	11.34
北岸	< 1.5	2462	0	0	0	0	0	2462	20.27
	1.5~2.5	2373	1429	320	0	0	0	4122	33.39
	2.5~4	2189	0	2268	0	0	0	4457	36.67
	> 4	0	857	250	0	0	0	1107	9.11

步道是指两侧路缘平行且道路方向不变,任意一段的断面宽度相同;曲线型道路是指两侧路缘自由曲折,宽度不均;折线型道路是指两侧路缘平行且道路方向适时变化,任意一段的断面宽度相同;混合型道路是指一侧路缘固定,另一侧自由曲折,宽度不均。

(1)纳入城市道路体系的滨水步道,其功能是对城市交通的补充和完善,宽度一般大于1.5m,可分为2种类型:1.5~2.5m 和 2.5~4m。

调研结果显示,苏州河北岸,滨水步道总体较窄,如光复路(河南路—外白渡桥)段、白玉路—曹杨路、宝成桥—光新路、西藏北路—浙江路段的步道仅1.4m;1.5~2.5m 宽度的步道主要分布在内环城市生活道路的区域;2.5~4m 主要分布在中环到内环区间;大于4m的步道所占比重较小,主要分布在外环及少数的桥下空间。

(2)纳入公园道路体系的滨水步道宽窄不一,主要受步道类型以及人流量影响。根据步道宽度等级,该类型滨水步道宽度可以分为以下4类:①步道作为滨水公园或绿地的主园路,因人流量较大,宽度一般为2.5~4m;②步道作为连接园区内各个景观区的重要道路,对主干道起到分流的作用,其宽度多为1.5~2.5m;③步道作为公园型道路系统的完善与补充,具有更加明确的目的性及游憩性,其宽度多为1.2~1.5m;④步道作为滨水绿地空间中的景观节点,如亲水平台、滨水广场等,其宽度在4m以上,如图16-2-6所示。

(3)纳入住区道路体系的滨水步道常见宽度为1.5~2.5m,其宽度主要与住区规模有关(见图16-2-7)。小型住区步道宽度小于1.5m,步道使用率低;上海苏堤春晓名苑、上海知音苑、上海花城等大型住区的滨水步道宽度基本都控制在1.5~2.5m范围内;而中远两湾城作为上海较大的居住区之一,总住户高达3360户,步道使用率较高,其步道宽度多为2.5~4m,仅少部分步道为1.5~2.5m,节点空间处的滨水广场及亲水平台等区域则大于4m。

(4)隶属于创意园区的滨水步道为3处(见图16-2-8),其中苏州河DOHO园区内沿河铺设宽2.4m木栈道,并与木平台相连,设置休闲桌椅,形成园区内工作人员休闲观景的场所;E仓创意的西面为苏州河,堤岸内侧布置了一条长约200m、宽约3.5m的步道,并结合亲水平台、休憩场所把该步道空间打造成园区内各公司举办推广活动的场所;仓751的滨水步道景观质量极好,步道宽度大于4m,设有休憩设施、景观设施等,营造出以休憩、聚会为主的滨水空间。

(5)隶属于学校的滨水步道仅1处——华东政法大学。校园内靠水段长约281m、宽仅1m的步道穿插在绿带中,宽度在2.5~4m的步道则以木栈台、休息平台的形式作为滨水步道的空间节点,以满足使用者对休憩、停留、聚集等需求。

(6)隶属于仓库区的滨水步道仅1处——海烟物流。该区域属于海烟物流的仓库区,外来人员严禁入内,其滨水步道统一宽度为1m,使用率极低。

3)步道线型分类

苏州河滨水步道的平面构成形式可分为直线型、

| 直线型 | 曲线型 | 折线型 | 混合型 |

图 16-2-5 滨水步道线型分类

虹桥河滨公园 1.4m 的滨水汀步　　长风绿地中宽 1.6m 的滨水步道　　长风绿地中 2.5~4m 的木栈道　　长风一号绿地亲水平台（>4m)

图 16-2-6 苏州河公园型滨水步道

万华小区步道宽度 1m　　　　　　上海花城步道宽 2.4m　　　　　　中远两湾城步道宽 3m

图 16-2-7 苏州河住区型滨水步道

苏州河 DOHO　　　　　　　　　　E 仓创意　　　　　　　　　　仓 751

图 16-2-8 苏州河创意园型滨水步道

曲线型、折线型、混合型（见图 16-2-5）。直线型步道是指两侧路缘平行且道路方向不变，任意一段的断面宽度相同；曲线型道路是指两侧路缘自由曲折，宽度不均；折线型道路是指两侧路缘平行且道路方向适时变化，任意一段的断面宽度相同；混合型道路是指一侧路缘固定，另一侧自由曲折，宽度不均。

调研结果显示（见表 16-2-1），苏州河滨水步道以直线型为主，曲线型滨水步道主要分布在滨水公园、绿地、科教区域（华东政法大学）及部分居住小区（半岛花园、上海知音苑）；折线型滨水步道所占比例较少，大体是由于步道沿线绿带宽度的变化而偶尔出现的线型样式；混合型则多分布在步道空间较为宽裕的公园型及住区型滨水步道内（见表16-2-3）。

根据各线型步道长度占总步道长度的比例得出（见表16-2-4），直线型占整个苏州河滨水步道长度的59%，曲线型约占30%，而折线型与混合型只占到8.3%。苏州河滨水步道线型除了与苏州河本身的曲直有关，还与步道所属地块功能存在着密切的关系，公园型及住区型滨水步道线型多样，在城市道路型滨水步道及仓库、创意园等社会功能性较强的区段，则以自然的曲线和功能性最强的直线为主。

16.2.2 步道空间界面特征与见水度分析

滨水步道空间界面指的是步道两侧的实体要素与步道的衔接面，这些要素包括水体、植物、建筑、墙体、城市道路等。由于滨水步道空间是由左右两侧界面围合而成，因此界面通常是以组合形式出现，不同的界面组合可形成不同的空间模式，从而引导不同类型的活动。空间界面组合模式主要分为两大类：见水型与不见水型。滨水空间的见水与否关键取决于视域大小。如图16-2-9所示，当人处在A点时，130°的视域范围被遮挡物部分遮挡，无法见到图中a区的水面；当人处在B点时，130°的视域范围被同样高度的遮挡物遮挡，不能看见b区水面。由此可知，滨水景观视域由视高和视距共同作用决定。

现状调研结果显示，苏州河两岸步道空间界面可分为2大类9小类15子类。

1）见水型步道与特征

见水型是指观水视线畅通无阻或迎水面的遮挡物低于人的视线，该类型亲水性较强，视线较为开阔（见图16-2-10）。其断面形式主要可分为3类：①单层直立式，滨水步道临水侧界面为直立式挡墙，水岸之间的过渡较直接，生态性较差；②双层台地式，滨水步道临水侧采用二级挡墙，塑造梯形或双层平台空间，二级空间界面实体一般由广场、平台、护坡、植物等组成，水和岸之间的过渡较为自然，景观视线较开阔。该类型亲水性较好，常与滨水广场、亲水平台连接在一起；③自然缓坡式：滨水步道迎水侧界面以植物为主，植物组合方式多为渗透型或开敞型组合，景观视线较开阔，水岸之间过渡较自然。根据缓坡所处的位置又可分为双面缓坡式、单面缓坡式（防汛墙内侧或外侧）。该类型对水陆生态的干预性最小，值得推荐使用（见表16-2-5）。

见水型步道一般迎水面为植物或水体，背水面为其他任意界面类型。具体的界面组合模式有5种："水＋植物"界面模式、"水＋建筑"界面模式、"水＋道路"界面模式、"植物＋植物"界面模式、"植物＋墙体"界面模式。

（1）"水＋植物"的界面模式。由步道迎水侧的水面与背水侧的植物群落构成。当步道背水侧为封闭植物群落时，步道空间与外部联系被完全切断，形成私密的步行环境，如图16-2-11（1）所示；当步道背水侧植物为渗透型群落时，对空间的分隔和遮挡效果较好，可形成较为私密的空间，同时与外部环境仍保持一定的联系，如图16-2-11（2）所示。

（2）"水＋建筑"的界面模式。如图16-2-11（3）所示，当步道一侧为开阔的水面，另一侧为建筑时，它形成的空间视觉特征由建筑与道路之间距离与建筑高度（D/H）的比值决定[2]。①当D/H小于1时，视觉空间受限，人与人之间因活动空间狭窄而

表16-2-4 滨水步道线型统计一览表

线型	城市道路型滨水步道/m	公园型滨水步道/m	住区型滨水步道/m	学校/m	仓库/m	创意园区/m	总长度/m	比例/%
直线型	8587	2705	3550	53	377	151	15423	59.02
曲线型	3670	1175	2127	120	0	205	7297	27.95
折线型	350	318	445	108	0	0	1221	4.68
混合型	839	660	405	281	0	0	2167	8.30

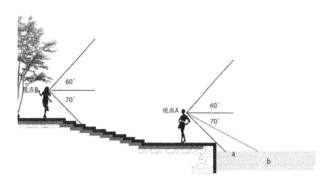

图 16-2-9 苏州河滨水步道空间视觉特征分析

产生压抑感。应适当拓宽步道或采用一些建筑手段将高层建筑立面按照人的视域范围分为上下两部分，并在材料、质感等方面形成对比，将人的视线吸引在步道空间比例较好的范围内[3]。②当 D/H 为 1 时，空间的界定感较强，且视线受限的感受减弱，空间具有内聚力，适于人体尺度。应设置一些尺度小巧的室外家具，并采用"集约化"方法整合功能相关的设施。③当 D/H 比为 2 时，空间上具有一定的围合感，但空间的向心感减弱。宜布置一定高度的景观小品或种植乔木绿化等，将过于宽阔的步道空间分解为多个"人体适宜尺度"的空间（见图 16-2-12）。

（3）"水 + 道路"的界面模式。道路作为界面要素时，滨水步道空间与城市空间融为一体，形成空旷的感觉（见图 16-2-13）。

当滨水步道与城市道路平接时，滨水步道作为城市与水域空间的过渡，它承担着一定的城市交通功能，人们在上面行走时，也会产生如同在城市道路上行走时的不安定感，行走速度相应较快，如图 16-2-11（4）所示。当滨水步道高于城市道路时，人行走于抬高的滨水步道上时有一种被关注的心理，私密性较差，不适合作停留空间，如图 16-2-11（5）所示。

（4）"植物 + 植物"的界面模式。苏州河滨水步道植物群落配置模式不一，可分为开敞型、渗透型、郁闭型。当迎水侧植物群落为"灌木 + 草本植物"时，视线可完全越过植物而延伸搭配水面。通常这一空间内的植物层次比较单一，植物景观的重点不是特别突出，对观水视线遮挡能力较弱。通过与背水侧植物群落（渗透/封闭）的组合，则会形成私密及较

为私密的步行空间，如图 16-2-11（6）和（7）所示。

当步道迎水侧为渗透型植物群落时，视线可以穿过中层群落空间，形成若隐若现的视觉效果。渗透型植物群落在苏州河中的应用非常广泛，植群落组合模式为"乔木 + 草本"，中层抽空，能给游客留下绝佳的视觉通廊。当步道背水侧为封闭植物群落时，相应形成水面渗透，背水侧郁闭视觉感受正是由于这种特性引导人的视线往水面方向延伸而产生的，如图 16-2-11（8）所示；当步道背水侧也为渗透型植物时，则形成双面渗透的步道空间，如图 16-2-11（9）所示。苏州河滨水步道空间常用的植物品种及配置模式如表 16-2-6 所示。

（5）"植物 + 墙体"的界面模式。当滨水步道一边为植物，另一边为墙体时，其所营造的空间有一定的引导性，引导视线往植物群落的方向延伸，进而引向开阔的水面。苏州河沿岸墙体界面多为施工围墙、建筑围墙，视觉感受较单一，会形成背向的作用力引导视线朝向另一侧，而景观墙则会吸引视线面向其同侧，如图 16-2-11（10）所示。

2）不见水型步道与特征

不见水型是指 130° 的视域范围内被构筑物遮挡，虽临水但不能见水，空间感受较为郁闭。不见水型的滨水步道空间一般迎水面由墙体、植物组成，背水面由任意界面组成。界面组合模式包括："墙体 + 道路"界面模式、"植物 + 道路"界面模式、"植物 + 植物"界面模式、"植物 + 墙体"界面模式。

（1）"墙体 + 道路"的界面模式。当步道迎水面由墙体界定时，其高度高于人的视线，形成了空间上的不见水，近水不亲水，如图 16-2-14（1）所示。

目前苏州河两岸的防汛墙大部分为直立式混凝土或浆砌石防汛墙。这种防汛墙安全性、稳定性较高且结构简单、占地少、投入少，应用广泛[4]。但从生态方面，防汛墙很大程度上破坏了河流长期形成的自然形态，导致水流多样性消失，阻碍了水生及过渡区生物的生长；从景观性来说，直立防汛墙阻碍了人们的视线，给人们带来单调乏味的视觉映像，更有甚者高度在 1.8m 及以上，直接把苏州河与城市隔离。目前中心城区苏州河两岸防汛墙的高度

| 护栏具有通透性，观水视线通畅 | 视线高于滨水直立式防汛墙 | 视线穿透植物间空隙到达水面 |

图 16-2-10 苏州河滨水步道见水型空间视觉特征分析

表 16-2-5 亲水型步道断面形式

模式	单层直立式	双层平台式	双层平台式	自然草坡式
示意图				
特征	墙体内侧有宽窄不一的绿化带，或墙内即为滨水步道，通常分布在市政道路一侧，或住区型、公园型滨水步道空间	当空间相对较宽裕时，结合一级挡墙建设亲水步道与平台，一级挡墙与二级挡墙间通过草坡与台阶连接[3]	当空间条件局限较大时，通过互相垂直的设计缩短护岸的水平距离，各级平台可形成高差不一的步道	近水一端以混凝土现浇，上设栏杆，以覆土自然式缓坡后退，上植植物，防汛墙隐于草坡下

（1）见水型一（水＋植物界面）　　　　　　　（2）见水型二（水＋植物界面）

（3）见水型三（水＋建筑界面）　　　　　　　（4）见水型四（水＋道路界面）

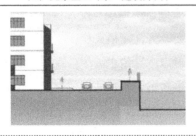

（5）见水型五（水＋道路界面）　　　　　　　（6）见水型六（植物＋植物界面）

（7）见水型七（植物＋植物界面）

（8）见水型八（植物＋植物界面）

（9）见水型九（植物＋植物界面）

（10）见水型十（植物＋墙体界面）

图 16-2-11 见水型滨水步道界面模式

表 16-2-6 植物组合模式及植物品种一览表

空间感受	郁闭度	植物组合模式	上层植物	中层植物	下层植物
开敞型	0~0.2	灌木＋草本植物	/	山茶、杜鹃、十大功劳、紫荆、木槿、金丝桃、棣棠、金钟花、八仙花、月季	鸢尾、菖草、芍药、蜀葵、玉簪、美人蕉、风信子、郁金香、一串红
		草坪	/	/	狗牙根、高羊茅、结缕草、假俭草、黑麦草
渗透型	0.2~0.6	乔木＋草坪（草坡）	雪松、无患子、枫杨、枫香、金钱松、悬铃木等	/	沿阶草、麦冬、吉祥草、高羊茅、狗牙根
		乔木＋灌木（地被）	紫叶李、香樟、柳树、水杉、枫杨等	/	云南黄馨、南天竹、火棘、雀舌黄杨、沿阶草、麦冬、吉祥草等

基本处于 1~1.2m 的水平，但约 8.9% 的河岸高度在 1.5m 左右，导致水体的可视范围极小，甚至有高达 7.6% 的防汛墙高度在 1.8m 及以上，水陆空间形成完全隔绝的状况，该类型的防汛墙均分布在城市道路型滨水步道中（见表 16-2-7）。

（2）"植物＋道路"的界面模式。步道迎水侧为封闭型植物群落，而背水侧为城市道路。这种界面的滨水步道具有较强的交通功能，如图 16-2-14（2）所示。

（3）"植物＋植物"的界面模式。步道两侧皆为植物界面。当步道两侧均以郁闭型植物群落进行空间围合时，植物越高所形成的封闭感越强，内部空间较为昏暗，会形成封闭而狭长的穿越型步道，如图 16-2-14（3）所示。这种界面模式分布在少量的节点处，主要采用"乔木＋灌木＋地被（草坪）"或者"乔木＋灌木（地被）"的配置模式，通过高出

视线的植物搭配来围合空间，形成私密的步行空间，但由于该类空间感受较为压抑，适合快速通过。当步道背水一侧植物群落相对通透时，其引导力相应减弱，形成单面引导型步道，引导视线朝向步道外部空间，如图 16-2-14（4）所示。

（4）"植物＋墙体"的界面模式。步道迎水一侧为封闭型植物群落，背水一侧为墙体。此类步道空间比较狭隘，无景观驻足点，适合快速步行通过，如图 16-2-14（5）所示。

3）苏州河滨水步道空间见水度分析

水体的可视性可用见水度来衡量。见水度可定义为见水型步道长度占步道总长度的比例。滨水步道的见水度越高，视线可达水面比例越高，视线亲水性越强，反之则越小。根据各类型步道的见水性分析结果显示（见表 16-2-8）：南岸见水度为 76.67%，北岸的见水度为 84.49%。其中，见水型中"水

"+植物"模式及"植物+植物"模式分别占37%和25%，是苏州河亲水步道的主要类型。"水+植物"模式与"植物+植物"模式在空间营造方面会产生区别于其他模式的视觉感受，容易引导穿透性视线，而且又具备一定的空间围合感，因此在同类设计中可加以应用推广。

对于影响南北两岸滨水步道水体的可视性的因素主要有以下几点：①视线无法越过障碍物，如防护墙过高、植物组合模式过于紧密以及其他建筑等构筑阻碍视线；②视距过远，如滨水绿带过宽，绿带中未设置步道，或滨水步道与广场合并等，导致视线无法到达水面。

D/H=0.6

D/H=1

D/H=2

图 16-2-12 苏州河滨水步道空间建筑界面

长宁路（古北路—芙蓉江路）

光复西路（枣阳路—凯旋路桥）

光复西路（光新路—江宁路）

图 16-2-13 以道路体为界面的步道空间

表 16-2-7 苏州河防汛墙及防护设施高度一览表

类型	<1m	1~1.2m	1.5m	>1.8m	共计
城市道路型滨水步道 / %	4.89	31.52	6.34	7.60	50.35
公园型滨水步道 / %	3.71	14.77	0	0	18.48
住区型滨水步道 / %	5.47	19.29	2.56	0	27.32
单位型滨水步道 / %	0	3.85	0	0	3.85
共计 / %	14.07	69.43	8.90	7.60	100

表 16-2-8 苏州河滨水步道见水度一览表

	见水型											不见水型					
	类型一 /m	类型二 /m	类型三 /m	类型四 /m	类型五 /m	类型六 /m	类型七 /m	类型八 /m	类型九 /m	类型十 /m	类型十一 /m	类型十二 /m	类型十三 /m	类型十四 /m	类型十五 /m	步道总长 /m	见水度 /%
南岸	1697	4074	1273	606	0	679	526	1198	710	213	1896	725	136	274	30	14037	76.67
北岸	1478	2457	360	1338	1014	184	239	1409	1748	0	0	494	549	675	167	12148	84.49

(1) 不见水型一（墙体＋道路界面）	(2) 不见水型二（植物＋道路界面）
(3) 不见水型三（植物＋植物界面）	(4) 不见水型四（植物＋植物界面）
(5) 不见水型五（植物＋墙体界面）	

图 16-2-14 不见水型步道界面模式

16.3 滨水步道空间质量评价

16.3.1 评价体系构建

1）评价因子筛选与层次结构模型构建

通过总结已有的相关研究[5][6][7]，滨水景观评价准则层可概括为生态性、美感度、游憩度、经济性及文化性 5 个层面，而影响滨水景观质量最显著的 3 个指标是生态性、美感度与游憩度。基于人性化、系统性、典型性、独立性和可操作性原则，结合滨水步道空间景观的特征，本书确定了美感度、生态性和游憩度为滨水步道空间评价的 3 个准则层。综合近年来相关研究成果[8][9]，基于人体工程学、景观生态学及美学相关理论，并参考相关专家建议筛选出空间界面美感度、植物景观美感度等 12 个因子层指标。最终构建了 1 个目标层，3 个准则层指标，12 个方案层（因子层）的上海苏州河滨水步道空间质量评价体系结构模型（见图 16-3-1）。

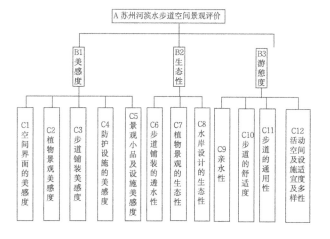

图 16-3-1 层次结构模型

2）权重值的确立与一致性检验

层次分析法中各因子的权重值是反映其重要程度的数值，同时也是说明该因子在总体指标中的地位和对总体指标的影响程度。基于前文所述的专家群策法共选取了30位专家填写判断矩阵，其中包括6名专业老师、8名设计院高级工程师、16名景观设计师。将所得数据输入 YAAHP v6.0patch2 软件，计算出各项因子的权重值（见表16-3-1）。

为了检验判断矩阵的一致性问题，需引入一致性指标 CI，要求 $CI \leq 0.1$。当 $n \geq 3$ 时，为消除 CI 所受阶数的影响，还需引入判断矩阵的平均随机一致性指标 RI，取 $CR=CI/RI$，对所构造的判断矩阵进行一致性检验。一般认为 $CR<0.1$ 时，判断矩阵有可接受的一致性，否则需要对判断矩阵进行修正，使之具有满意的一致性。

$CR=0.0198<0.1$，层次总排序一致性检验通过。最后对各因子层相对目标层的权重作出计算，计算结果如表16-3-1所示。

层次总排序检验。将软件数据代入公式16-3-1计算：

$$CR = \frac{\sum\limits_{j=1}^{m} CI_j B_j}{\sum\limits_{j=1}^{m} RI_j B_j} \quad （16\text{-}3\text{-}1）$$

3）评价模型建立

（1）单因子质量评价模型。设滨水步道空间景

观综合指数为 Y，方案层单因子的得分为 $\overline{X_i}$（多份结构问卷单中单因子评分的算术均值，n= 1，2，3，…，12），得出公式 16-3-2：

$$X = \frac{X_1+X_2+X_3+...+X_n}{n} \quad _{(n=1,2,3,...)} \quad （16\text{-}3\text{-}2）$$

（2）样本段质量等级评价模型。设某段滨水步道空间景观综合指数为 Y，方案层单因子的得分为 $\overline{X_i}$（针对某段的多份结构问卷中单因子评分的算术均值），综合评价中单因子相对目标层的权重为 C_i（C_i 表示方案层因子），则：

$$\overline{X_i}' = \frac{X_{i1}+X_{i2}+X_{i3}+...+X_{in}}{n}$$

$$\scriptstyle (i = 1,2,3,...,12，\text{n 为某段结构问卷的份数})$$

$$Y' = (\overline{X_1}'xc_1+...+\overline{X_5}'xc_5) + (\overline{X_6}'xc_6+...+\overline{X_8}'xc_8) + (\overline{X_9}'xc_9+...+\overline{X_{12}}'xc_{12})$$

$$（16\text{-}3\text{-}3）$$

（3）综合质量等级计算公式。

设某一类型滨水步道空间景观综合指数为 Y'，方案层单因子的得分为 $\overline{X_i}'$（针对同种类型步道所有段的结构问卷中单因子评分的算术均值），综合评价中单因子相对目标层的权重为 C_i（C_i 表示方案层因子），则综合指数的计算公式 16-3-4 为

$$\overline{X_i}' = \frac{X_{i1}+X_{i2}+X_{i3}+X_{im}}{m}$$

$$\scriptstyle (i = 1,2,3,...,12，\text{m 为同一类型滨水步道结构问卷的总份数，即同一类型的滨水步道段问卷份数总和})$$

$$Y' = (\overline{X_1}'xc_1+...+\overline{X_5}'xc_5) + (\overline{X_6}'xc_6+...+\overline{X_8}'xc_8) + (\overline{X_9}'xc_9+...+\overline{X_{12}}'xc_{12})$$

$$（16\text{-}3\text{-}4）$$

表 16-3-1 滨水步道空间评价指标与权重一览表

目标层	一致性检验（CR值）	准则层	一致性检验（CR值）	准则层权重（相对目标层）	方案层（因子层）	各因子总权重（相对目标层）
上海苏州河滨水步道空间景观质量 A	0.0551	美感度 B1	0.0282	0.3946	空间界面的美感度 C1	0.1358
					植物景观美感度 C2	0.0874
					步道铺装美感度 C3	0.0764
					防护设施的美感度 C4	0.0495
					景观小品及设施美感度 C5	0.0455
		生态性 B2	0.0069	0.2268	步道铺装的透水性 C6	0.0351
					植物景观的生态性 C7	0.1479
					水岸设计的生态性 C8	0.0439
		游憩度 B3	0.0144	0.3786	亲水性 C9	0.1157
					步道的舒适度 C10	0.1471
					步道的通用性 C11	0.0669
					活动空间及设施的适宜度与多样性 C12	0.0489
		合计		1.0000	合计	1.0000

4）评价指标赋值方法与等级划分

根据景观质量评分依据及李克特量表的 5 个等级，将评价因子分值由高到低分为 5 个等级。具体等级分值如表 16-3-2 所示。

滨水步道空间景观质量等级包括景观因子质量等级和景观综合质量等级两部分，由于步道各区段景观质量差异性较大，本研究根据苏州河滨水步道空间质量等级的客观现状，将景观质量划分为 5 个等级（见表 16-3-3）。

（1）美感度赋值标准。美感度强调景观的形式、色彩、质感、韵律等带给审美个体视觉美的享受。滨水步道空间的美感度 B1 是由空间界面的美感度、植物景观美感度、步道铺装美感度、防护设施美感度、景观小品及设施美感度 5 个因子加权决定的，取值标准如表 16-3-4 所示。

空间界面美感度 C1 可以从空间营造、见水度、景观视线、景观连续性、界面色彩与形式、围合度、视觉综合观感等方面进行评价。界面形式主要有植物、水体、建筑、道路等，其色彩、形式、连续度等极大地影响了滨水步道空间的景观风格和氛围。植物景观美感度 C2 主要从滨水植物的色彩、形态、观赏特性（花、果、季相变化等）、长势、配植方式等方面进行综合评价。步道铺装美感度 C3 主要从铺装材料的形式、色彩与肌理的美感，以及是否与整体环境气氛相协调来评价。滨水步道空间的防护设施主要包括防汛墙、道路安全设施和亲水安全设施等。防护设施美感度 C4 主要从它的主题、风格、尺度、色彩、材质、造型以及与环境的协调度方面评价。滨水步道空间的景观小品与设施美感度 C5 指的是座椅、垃圾桶、路灯等设施以及雕塑等景观小品形成反映美的各种意识形式。

（2）生态性赋值方法。滨水步道空间是水陆过渡的重要区域，是水陆间物质和能量生态交换的场所，其生态敏感度较高。滨水步道空间中的步道铺装、

表 16-3-2 滨水步道景观质量评价因子赋值与等级

分值	5	4	3	2	1
等级	Ⅰ级（优）	Ⅱ级（良）	Ⅲ级（中）	Ⅳ级（差）	Ⅴ级（极差）

表 16-3-3 滨水步道景观质量等级划分标准

分值	4.5 < X≤5	4 < X≤4.5	3 < X≤4	2 < X≤3	0 < X≤2
等级	Ⅰ级（优）	Ⅱ级（良）	Ⅲ级（中）	Ⅳ级（差）	Ⅴ级（极差）

表 16-3-4 滨水步道空间美感度评价指标取值标准

准则层	指标层	取值标准
美感度 B1	空间界面的美感度 C1	通过植物、水体或其他界面要素形成有效的空间围合，具有特定空间形式和氛围，观水视线设置合理，景与景之间互相渗透，景观连续度高，界面色彩与环境相融合且突出了滨水步道空间的主题，视觉综合观感佳得 5 分；空间界面杂乱无章，观水视线严重受阻，景观连续度极差，色彩单一或呆板，视觉综合观感极差得 1 分。其他等级依次类推
	植物景观美感度 C2	植物配植优美，色彩变化丰富，与环境协调统一，因地制宜，烘托特定的景观主题，长势良好，视觉综合观感极好得 5 分；植物景观视觉综合观感极差，与环境极其不协调统一，甚至没有植物造景得 1 分。其他等级依次类推
	步道铺装美感度 C3	铺装较好地契合功能定位，铺装材质、色彩的搭配与环境融合或能凸显环境特色，纹样在视觉观感上极具艺术性，美学欣赏价值高得 5 分；不契合功能定位，铺装纹样构图混乱，无美感得 1 分。其他等级依次类推
	防护设施的美感度 C4	防护设施尺度宜人（保障安全而又不影响使用和观景视线），造型优美，材质、色彩与环境十分协调，整体美感度极高得 5 分；防护设施尺度不符合安全标准，造型怪异，材质和色彩单调呆板，整体美感度较差得 1 分。其他等级依次类推
	景观小品及设施美感度 C5	设施风格统一、主题鲜明，凸显地域特色，尺度宜人、造型优美或极具艺术感，材质和色彩与环境协调得 5 分；风格不统一，破坏了地块的特色，尺度偏大或偏小、造型怪异，材质和色彩与环境不融合得 1 分。其他等级依次类推

植物景观和水岸与生态过程密切相关，因此，滨水步道的生态性评价等级是由步道铺装的透水性 C6、植物景观的生态性 C7、水岸设计的生态性 C8 这 3 个因子加权决定的。取值标准如表 16-3-5 所示。步道铺装的透水性主要从是否采用透水性铺装，透水性铺装占该段步道铺装的大致比例和透水性铺装种类等方面来评价。植物景观的生态性主要从乡土树种比例和特殊生态效应（大量吸收环境中的硫化物、氮氧化物等）、物种多样性（种类与数量）、植物配植方式（垂直多层配植）、植物群落对环境的影响等方面评价。水岸的生态性主要指水岸空间尽可能形成水陆的自然过渡，有条件的可设置水岸湿地；此外，水岸还要考虑地质或者水文条件的限制、水岸安全性和稳定性，生态驳岸在防洪要求高的区域是不太合适的。

（3）游憩度赋值标准。游憩度反映使用者对滨水步道空间的活动体验和使用情况。由于滨水步道临水或近水的特性，亲水性是影响游憩度的重要因素；步道的尺度、坡度、材质、通畅程度在很大程度上影响使用者的活动体验和使用感受；活动空间及设施的多样性又是使用者游憩的物质保障和吸引力来源。因此，滨水步道游憩度是由亲水性、步道的舒适度、步道的通用性、活动空间及设施的适宜度与多样性 4 个因子加权决定的（见表 16-3-6）。

滨水步道空间的亲水性包括视线亲水性及行为亲水性。视线的亲水性是苏州河滨水步道空间考察的重点，首先应尽量避免视线被防汛墙遮挡，以低于视线为宜，一般以 1.5m 为界限，但此类防汛墙观水视域较小并直接影响特殊人群的视线亲水性，如

儿童，坐轮椅、身高低于 1.55m 的人群等，所以在保证安全的前提下，防汛墙以低于 1.1m 为最佳；对于迎水面的植物配置应尽量形成开敞通透的空间，或保证在一定区域留下观水视线廊道，以确保人的视线可到达水面，并防止城市空间与水域空间的隔离现象。在保证视线亲水性的基础上，应创造出近水、戏水的机会，可设置游船码头、亲水平台、亲水木栈道、亲水台阶等戏水点让人与水进行充分接触，提高步道空间的整体亲水性。步道的舒适度主要从步道的流畅度、宽度、坡度和材质等方面进行评价。根据设计规范和经验，步行宽度大于 1.80m 可供二人并肩舒适行走，一般不少于 1.50m（人与轮椅相向通过），且至少满足 1.20m 的宽度；步道最大坡度 4%，以小于 2.5% 为适；步道流畅度则是考察步道入口以及步行空间内有无障碍物的遮挡问题，如若有障碍物，人需绕行甚至完全不能通过，步行活动被终止，流畅度低，其舒适度也随时降低；铺装材质既要保证人安全不滑倒，也要满足人行走时脚底的舒适度。步道的通用性反映特殊人群的使用（残疾人、婴儿车）是否依旧畅通无阻，评价应参考无障碍设计标准。游憩度因子主要评价滨水步道空间类型（步行空间、亲水空间、健身场所、休憩空间等）的丰富度以及活动设施种类与数量能否满足不同使用人群多样化的需求，且空间类型与设施应与整体场地相协调。

表 16-3-5 滨水步道空间生态性评价指标取值标准

准则层	指标层	取值标准
生态性 B2	步道铺装的透水性 C6	步道采用了透水性铺装，且透水性铺装的形式多样，透水性铺装面积占比大得 5 分；未采用透水性铺装，步道铺装无透水性可言得 1 分。其他等级依次类推
	植物景观的生态性 C7	物种多样性极为丰富，乡土树种比例大，为 80%~100%，乔灌草比例结合度极好，与景观功能相协调，有效地改善了周边环境的微气候得 5 分；物种多样性极为匮乏或无任何植物，乡土树种比例极小，仅 0%~20%，乔灌草比例结合度极差，未考虑与景观功能的协调度，未形成稳定的植物群落，改善周边环境的微气候无从谈起得 1 分。其他等级依次类推
	水岸设计的生态性 C8	在工程条件允许的情况下，水岸采用自然式设计，水陆过渡非常自然，水岸植物长势好且形成了稳定的群落，因地制宜，采用了生态雨水排放等措施得 5 分；水陆过渡极其不自然，无水岸植物得 1 分。其他等级依次类推

表 16-3-6 滨水步道空间游憩度评价指标取值标准

准则层	指标层	取值标准
游憩度 B3	亲水性 C9	防汛墙高度低于 1.1m，观水视线开阔，赏水或戏水处（如亲水平台、喷泉广场等）、亲水设施（如喷泉、旱喷等）种类丰富，亲水性极好得 5 分；防汛墙高于 1.8m，全线不见水，亲水性极差得 1 分。其他等级依次类推
	步道的舒适度 C10	步道全线流畅，尺度（宽度大于 1.8m）、坡度（小于 2.5%）、铺装材质极符合人体工程学要求，舒适度极高得 5 分；步道入口处或步道多处被阻断，步道的尺度（宽度小于 1.2m）、坡度（大于 4%）和铺装材质不符合人体工程学要求，无舒适度可言得 1 分。其他等级依次类推
	步道的通用性 C11	根据场地需要有设置无障碍设施，步道的宽度（大于 1.8m）、坡度（小于 8%）符合无障碍标准，全线实现无障碍得 5 分；场地需要却未设置无障碍设施，步道的宽度（小于 0.9m）、坡度（大于 12%）路面不平整，不符合无障碍标准得 1 分。其他等级依次类推
	活动空间及设施的适宜度与多样性 C12	活动空间丰富，与整体环境十分协调，服务设施及游憩设施种类齐全，很好地满足不同时间、不同类型人群多样的使用需求得 5 分；活动空间单一，仅为快速通行空间，服务设施缺失，无游憩设施，不能满足人群游憩需求得 1 分。其他等级依次类推

16.3.2 苏州河滨水步道空间质量等级

1）南北两岸滨水步道空间质量对比分析

如图 16-3-2 所示，苏州河（外白渡桥—吴淞江桥）南北两岸滨水步道空间单因子质量的分布特征总结如下：①南岸滨水步道空间单因子质量总体表现一般，仅 2 项因子处于Ⅱ级标准，无Ⅰ级因子，其余因子均为Ⅲ级；②北岸滨水步道空间单因子质量参差不齐，其中仅 2 项因子处于Ⅱ级标准，无Ⅰ级因子，1 项因子处于Ⅳ级，其余因子均为Ⅲ级；③南岸单因子得分除 1 项与北岸相同外，其余因子得分均高于北岸；④南北两岸单因子问题最为突出的是步道的通用性，均为 12 项因子中得分最低的因子，尤其是北岸，得分仅 2.7，处于Ⅳ级。

如图 16-3-3 所示，苏州河南岸 4 种类型 48 个区段间差异性较大。由于沿线用地类型复杂，步道多处被小区、学校、创意园区等企事业单位占有，尤其是内环线内江宁路至凯旋路段几乎全部被居住小区及企事业单位占有，滨水步道无法对外开放，缺乏共享性。

北岸已有的滨水步道绝大部分已实现公有化，仅有 3 处居住小区断点，但各区段间仍存在较大的差异，尤其是外白渡桥到普济路段，质量等级起伏较大，且多数处于Ⅱ级水平以下（见图 16-3-5）。

输入公式 16-3-4 得出南岸滨水步道总体景观质量为 3.8（Ⅲ级），北岸滨水步道总体景观质量为 3.8（Ⅲ级），南岸滨水步道总体综合质量略高于北岸，但南北两岸滨水步道空间质量均未达到良好水平。

2）不同类型滨水步道空间质量对比分析

苏州河（外白渡桥—吴淞江桥）滨水步道各类型单因子质量分布如图 16-3-5 所示：①公园型滨水步道的单因子质量得分均值皆处于Ⅰ、Ⅱ级水平；②住区型滨水步道除 3 项因子处于Ⅲ水平，其余因子皆处于Ⅱ级水平，无Ⅰ级因子，单因子质量整体质量较好；③城市道路型滨水步道各因子均值几乎全处于Ⅲ级水平，无Ⅰ、Ⅱ级因子；④单位型滨水步道由于内部类型不一，导致单因子质量起伏较大，整体质量一般。

将各单因子输入公式 16-3-4 得出各类型步道综合质量等级（见图 16-3-6）。

3）上海苏州河滨水步道空间综合质量等级

如图 16-3-7 所示，苏州河南北两岸滨水步道空间的质量等级均呈断续分布。其中长寿路桥—西康路桥区段为住区型滨水步道及公园型滨水步道最为集中区域，南北质量等级也最为接近，除 A19 光新路—西康路（北岸）处于良好线以下，其余区段均处于Ⅰ级（优秀）及Ⅱ级（良好）水平，因此后期应加强对 A19 光新路—西康路（北岸）的改造力度，以避免各区段彼此隔离的现象，提高该区域整体性；其余区段空间质量良莠不齐，整体上没有形成网格化的景观系统。将 48 段质量等级整合得出各等级步道比例（见表 16-3-7）。

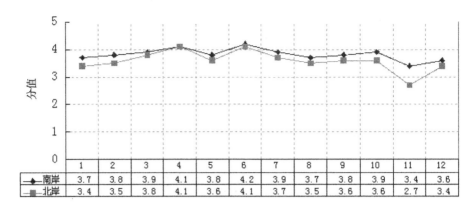

图 16-3-2 南北两岸滨水步道空间单因子均值对比图

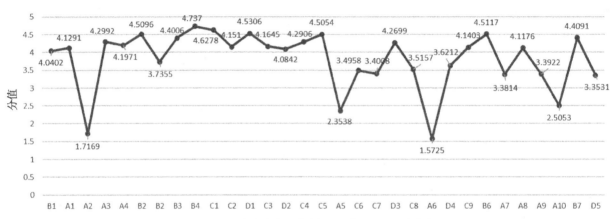

图 16-3-3 南岸滨水步道空间质量等级总体分布特征

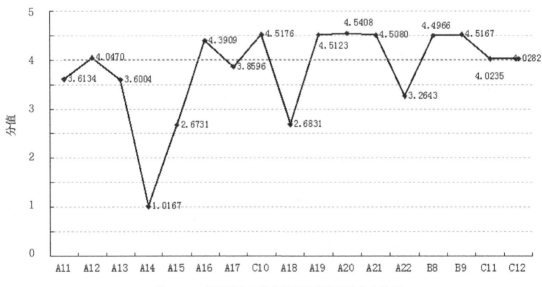

图 16-3-4 北岸滨水步道空间质量等级总体分布特征

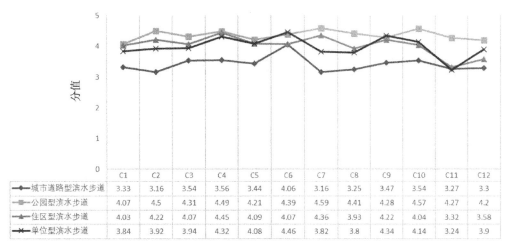

	C1	C2	C3	C4	C5	C6	C7	C8	C9	C10	C11	C12
城市道路型滨水步道	3.33	3.16	3.54	3.56	3.44	4.06	3.16	3.25	3.47	3.54	3.27	3.3
公园型滨水步道	4.07	4.5	4.31	4.49	4.21	4.39	4.59	4.41	4.28	4.57	4.27	4.2
住区型滨水步道	4.03	4.22	4.07	4.45	4.09	4.07	4.36	3.93	4.22	4.04	3.32	3.58
单位型滨水步道	3.84	3.92	3.94	4.32	4.08	4.46	3.82	3.8	4.34	4.14	3.24	3.9

图 16-3-5 各类型滨水步道空间单因子均值对比图

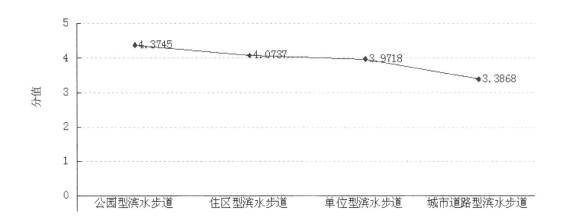

图 16-3-6 各类型滨水步道空间综合质量等级对比分析

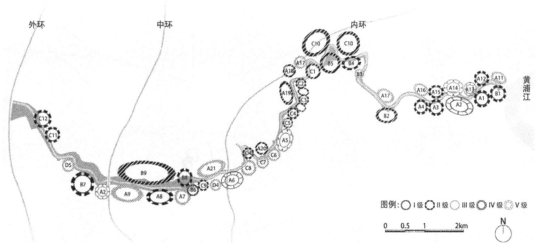

图 16-3-7 苏州河滨水步道空间质量等级分布图

表 16-3-7 苏州河滨水步道空间质量综合等级一览表

等级	I 级	II 级	III 级	IV 级	V 级
段数	11	18	12	4	3
比例	22.92%	37.5%	25%	8.33%	6.25%

16.4 滨水步道空间优化策略

16.4.1 苏州河滨水步道空间优势与不足

如前文所述，苏州河（外白渡桥—吴淞江桥）滨水步道各区段空间质量差异较大。鉴于此，将质量等级为Ⅰ级和Ⅱ级的因子视为上海苏州河滨水步道空间的优势因子；而质量等级为Ⅳ级和Ⅴ级的因子视为劣势因子。

如表16-4-1所示，公园型滨水步道空间、住区型滨水步道空间的质量较高。但个别因子质量不佳。如苏州河昌化路游船码头植物层次较为单一；万华小区、华阳公寓步道宽度较窄，舒适度较差；长风滨水绿地未考虑无障碍坡道等。城市道路型步道空间12项因子质量参差不齐，各典型路段存在的问题与不足如表16-4-2所示。

16.4.2 基于美感度提升的优化策略

1）丰富植物景观的层次与色彩

结合使用功能需求，全面考虑场地现状条件，在不影响步道空间使用的前提下优化植物景观。具体优化建议如下：

（1）当步道宽度大于2.8m时，在保证1.8m及以上的舒适步行宽度的基础上，可在步道与城市道路之间增设绿化隔离带，实现人车分流，保障行人的安全，形成良好的步行空间，见图16-4-1（1）、图16-4-1（2）。

（2）当步道宽度介于1.8~2.8m之间，可在临近城市道路一侧增加灌木及地被植物层或种植分支点高的乔木，提高绿视率，浙江路—西藏路（南岸）可采用此法。

（3）当步道宽度小于1.8m时，可在近城市道路或靠防汛墙一侧局部加设宽度在30cm左右的绿化带，增设园艺小品或垂直绿化，但要保证步道的宽度不低于1.5m，万航渡路（凯旋路—苏州河DOHO）段可采用此法。

（4）当城市道路较窄且与滨水步道存在一定高差时，可选择攀援型或蔓生性植物对栏杆进行垂直绿化，提高绿视率；同时通过垂下的枝叶，弱化步

道与城市道路间的高差视觉效果；与此同时，在城市道路与步道交接处，增设宽度为20~30cm的绿化带，配植浅根性、抗性及观赏性俱佳的灌木，如图16-4-1（3）所示。

（5）通过增加春色叶、秋色叶或常色叶的乡土植物，如朴树、红叶石楠、乌桕、榉树、枫香、马褂木、悬铃木、丝绵木等，对整体植物景观"润色"，如图16-4-1（4）所示。

2）提升铺装的艺术性

铺装设计应根据环境氛围和景观主题选择相应的材料和肌理效果。此外，材料的尺寸与场地空间尺度的协调也非常重要，场地较大时，应选择面积较大的铺装图案和铺装材料，展示场地的大气与包容；反之应选择小尺度和小尺寸，体现场地的细腻和亲切感。

（1）根据周边环境特色适当降低色彩的鲜艳程度，增大主色调材质面积，减少杂色；或运用富有秩序感、整体感的抽象纹样，局部以几何形变构和穿插，泸定桥路—中环路（南岸）可采用此法。

（2）当铺装色彩黯淡，可采用对比手法，打破大面积灰色调的沉闷，激活铺装的景观活力。如图16-4-2（1）所示，光复西路（凯旋路桥—枣阳路）的铺装改造，运用网格及图案来强化铺装的连续性和秩序性，使行道树和景观灯间建立联系，进而提升景观视觉效果。

（3）当铺装材质或色彩与环境协调性差时，可根据周边环境主色调选择使用同一调和或对比调和，提升环境景观的协调统一性，营造舒适的视觉感。如图16-4-2（2）所示对江宁路—光新路（北岸）在铺装改造的同时，在护栏外侧适当种植小乔木，提升整体景观质量。

3）防护设施的特色化与主题化

（1）植入绿色元素：通过植物遮挡或弱化防汛墙的视觉冲击。如图16-4-3（1）所示，对万航渡路（江苏北路—华阳路）进行改造，充分利用现有种植池，增加植被层次及高度，将视线吸引到植物景观上，使防汛墙视觉冲击力减弱。

（2）植入文化与艺术元素：可对防洪墙的表面

进行涂鸦处理或融入文化元素，体现艺术性，如图 16-4-3（2）、图 16-4-3（3）、图 16-4-3（4）所示。

（3）提高景观小品及设施与场所的契合度：选择尺度宜人、造型优美的设施，并根据场所特点，设置能体现苏州河"水"文化、"渔"文化、"旧

工业"文化的景观小品。如风铃绿地类为采用船厂的一些部件元素营造的游乐设施，让人们在游园时，既能观赏苏州河沿岸的风光，又能重温工业时代的旧梦。

（1）河南南路—西藏南路（南岸）　　　　　　　（2）光新路—江宁路（北岸）

（3）浙江路桥—西藏路桥（北岸）　　　　　　　（4）乌镇路—西藏南路（南岸）

图 16-4-1 滨水步道植物景观更新前后对比分析

（1）光复西路（凯旋路桥—枣阳路）　　　　　　（2）江宁路—光新路（北岸）

（3）浙江路桥—西藏路桥（北岸）　　　　　　　（4）乌镇路—西藏南路（南岸）

图 16-4-2 滨水步道铺装更新前后对比分析

表 16-4-1 苏州河公园型、住区型滨水步道空间景观优势

景观优势	具体描述	典型段
空间界面美感度较高	多以水体或植物为界面对空间进行有效围合，观景视线设置合理充分，景与景之间互相渗透，界面色彩与环境协调性较好，形成良好的滨水步道空间观景氛围，如长风滨水绿地	长风 3 号绿地 长风 1 号绿地
铺装艺术性较强	铺装形式多变，材质的选择与色彩搭配凸显环境特色，如中远两湾城、半岛花园	中远两湾城 半岛花园
水岸设计生态性较好	采用自然缓坡式、多层台阶式或双层平台式设计，且植物配置较为合理，避免生硬的岸线设计，水陆过渡自然，如虹桥河滨公园、蝴蝶湾	虹桥河滨公园 蝴蝶湾
亲水性较强	多采用通透性护栏，且植物的配置留出较合理的观水廊道，在此基础上设置码头、亲水平台、亲水木栈道、亲水台阶等拉近人与水之间的距离，如苏州河梦清园主题公园	苏州河梦清园主题公园 苏州河梦清园主题公园
活动空间较为丰富、设施配置合理	平面上通过节点空间的设置丰富活动空间，竖向上通过高低错落的设计丰富竖向景观，并根据场地合理配置游憩设施，如半岛花园	半岛花园（1） 半岛花园（2）

表 16-4-2 城市道路型滨水步道空间存在的问题与不足

景观劣势	问题与不足	典型段
空间美感度	以市政道路或防汛墙为空间界面的视觉效果较差	万航渡路(凯旋路——苏州河 DOHO)、河南路桥——西藏路桥(南岸)、福建路桥——浙江路桥(北岸)
植物景观美感度	无任何植物景观,人工痕迹明显	浙江路桥——西藏路桥(南岸)、光新路——江宁路(北岸)、福建路桥——浙江路桥(北岸)、河南路——浙江路(南岸)
	缺乏色叶植物。	乌镇路——西藏南路(南岸)
	植物景观较为平庸	浙江路桥——西藏路桥(北岸)、万航渡路(江苏北路——华阳路)
道路铺装美感度	材质色彩过于鲜艳,整体气氛混乱	长宁路(泸定桥路——中环路)
	材质色彩过于沉闷,不能最佳地衬托景色	光复西路(凯旋路桥——枣阳路)
	与整体环境协调性差	江宁路——光新路(北岸)
防护设施美感度	色彩或图案与环境不协调	万航渡路(凯旋路——苏州河 DOHO)
	贴面材料无特色、清洁度较差	福建路桥——浙江路桥(北岸)、山西北路——河南中路(北岸)、万航渡路(江苏北路——华阳路)
景观小品及设施美感度	缺乏具有创新性或体现区域特色的景观小品	长宁路(芙蓉江路——泸定桥路)
铺装透水性	未选用透水性铺装	福建路桥——浙江路桥(北岸)
植物景观的生态性	无植物	浙江路桥——西藏路桥(南岸)、光新路——江宁路(北岸)、福建路桥——浙江路桥(北岸)、河南路——浙江路(南岸)、万航渡路(江苏北路——华阳路)
	植物景观缺乏层次感、植被裸露	北瞿路(中环——风铃绿地)、浙江路桥——西藏路桥(南岸)、西藏路桥——乌镇路桥(南岸)、浙江路桥——西藏路桥
	缺乏水生植物	乍浦路桥——河南南路桥(南岸)、恒丰路桥——普济路桥
水岸设计的生态性	水陆缺乏自然过渡	北瞿路(中环——风铃绿地)、福建路桥——浙江路桥(北岸)、西藏路桥——新闸桥(北岸)、万航渡路(江苏北路——华阳路)、江宁路桥——光新路
亲水性	高大的防汛墙遮挡视线,出现城市空间与水体空间完全隔离现象	福建路桥——浙江路桥(北岸)、河南中路——西藏路(南岸)
	步道远离河道,视线无法到达水面	长宁路(泸定桥路——中环路)
	见水范围较小	外白渡桥——河南中路(北岸)
	缺乏戏水点	
舒适度	步道宽度过窄,加之沿路乔木占用导致实际步行空间减小	河南中路——福建路(北岸)
	入口处或沿线障碍物影响步道的流畅度	浙江路桥——西藏路桥(南岸)、乌镇路桥——新闸路桥(南岸)
通用性	步道宽度不满足轮椅使用的最低要求	西藏路桥——新闸桥(北岸)
	缺乏无障碍坡道的设计	长宁路(芙蓉江路——泸定桥路)
	入口障碍物限制进入	
活动空间及设施的适宜度与多样性	活动空间单一,缺乏或无任何游憩设施	长宁路(古北路——中环)、光复西路(凯旋路桥——枣阳路)、北瞿路(中环——风铃绿地)

(1) 植物软化 — 万航渡路（江苏北路 — 华阳路）

(2) 植入文化元素 — 文化墙　　(3) 植入文化元素 — 涂鸦墙

（4）山西北路 — 河南中路（北岸）

图 16-4-3 滨水步道防护设施更新前后对比分析

16.4.3 基于生态性提升的空间优化策略

1）透水性铺装的选用

透水性铺装的选用和场地功能与主题相结合。优化建议具体如下（见图 16-4-4）：①以通行为主要目的的步道，宜选用碎石铺装、各种透水砖铺装、透水性混凝土铺装、多碎石沥青混凝土铺装，路边缘可点缀性使用卵石铺装、碎石铺装、特色铺装等。人流量较大的步道宜选用透水性混凝土铺装；②以游憩为主要目的的步道，可使用卵石铺装、各种透水砖铺装、特色铺装来拼砌图案，或使用碎石铺装、木砖铺装、石质嵌草铺装等营造自然风格；③以文化表达为主要目的的步道，可采用青砖、红砖结合特色铺装营造古朴、自然、文化韵味的气氛；④节点空间，节点空间透水性铺装形式多样，可选用各类透水砖铺装、透水混凝土铺装、卵石铺装、碎石铺装、石质嵌草铺装、木砖铺装、碎石铺装等。

2）植物景观生态化

植物景观的生态化是指根据植物的特性合理地选择、搭配植物，建立结构合理的植物群落。因此，

植物选择上应尽量选用乡土树种，并依据植物多样性的原则，以垂直多层配植、水平多样为主，形成稳定的植物群落，有效改善周边环境的微气候。优化建议具体如下：

①对于植物品种少、层次单一或地被裸露的情况，应增加花灌木，如垂丝海棠、红叶李、日本晚樱、木槿、紫薇等，以及草本植物；适度强化垂直多层的配植形式，组团内增加落叶色叶乔木，如无患子、乌桕、枫香、榉树等，形成由乔、灌、花草共同组成的自然式树木群落，营造曲折迂回的林缘线、起伏错落的林冠线和疏密有致的林间层次，如图 16-4-5（1）、图 16-4-5（2）所示；②对于滨水区及河岸植物配置形式单一，层次不够丰富的问题，可增加湿生植物木芙蓉、黄馨等，临水侧以丛状、块状或条状种植挺水植物，如花叶芦竹、鸢尾、香蒲、再力花等，沿岸可适当种植浮水植物，如睡莲、凤眼莲、菱角等，及沉水植物如苦藻、金鱼藻、眼子菜等。形成丰富的水生植物层次，不仅自然美观，而且净化水质，生态效果佳，如图 16-4-5（3）所示。

3）水岸景观生态化

（1）采用双面缓坡式的堤岸。在用地较宽裕的情况下，如苏州河中下段，可通过后移防汛墙，采用双面覆土的形式形成缓坡，并在其上塑造地形并配置适宜植物，弱化防汛墙的存在，同时也起到柔化岸线的作用。上海苏州河岸光复西路从普陀公园至武宁路桥段的改造就是采用此法。改造前，苏州河畔钢筋水泥的防汛墙高出路面 2~3m，改造后防汛墙退后了 30m，并且用绿化装点，堆砌石头以防止泥土流失。此外，在保证安全的情况下，水陆交接处驳岸类型应尽可能选择杉木桩驳岸、网箱块石驳岸、透空砌块驳岸等生态型驳岸，利于水陆之间的交流和植物的生长。植物配置上应从湿生到陆生形成自然过渡，如驳岸处可种植美人蕉、水生鸢尾、菖蒲、芦苇等湿生植物，护坡上应种植地被、灌木及小乔木，如图 16-4-6 所示。

（2）墙体内侧采用缓坡形式或加大绿化率。植物配置采用"乔—灌—草"或"灌—草—花"形式，可选择垂柳、紫叶李、木槿、小叶女贞、矮牵牛花

等和草坡组合搭配，将防汛墙于植物后。这种河岸绿化的形式虽没有从根本上消除防汛墙对水岸生境的隔离，但在一定程度上起到调节微气候的作用。如光新路—西康路（北岸），如图16-4-7（1）所示；虹桥河滨公园，如图16-4-7（2）所示。

（3）墙体外侧增绿并结合墙体垂直绿化。由于用地受限，滨水步道空间的宽度不满足后移防汛墙的要求，可采取步道铺装透水性和水岸外水生植物配植相结合。步道铺装实现透水性后，在一定程度上解决了步道的基础排水问题，可在防汛墙护岸上增加过滤和排水的出口（一般高于常水位），保证其排水。此外在低于常水位处，增设带过滤层的进出水口，保证水陆间的物质交换；如图16-4-7（3）所示，对于乍浦路—河南南路（南岸）来说，因为腹地有限，无法后移防汛墙，可在防汛墙的外侧，结合特定区段的自然和工程现状，加设石笼、堆石、浮箱等方式为水生植物营造良好的生长空间，以期实现对水的过滤和净化作用；墙体内侧可运用攀爬类植物软覆盖光秃的防汛墙，以此软化硬质的防汛墙，同时减少步道与水体之间的落差。

（4）采用自然式防洪堤替代混凝土防汛墙。可沿河加强亲水植被的种植，建设柔性岸线，增添自然趣味，形成水岸联动的多层次的植物群落结构，营造出自然式防洪堤，通过植物景观与土坡的组合，达成千年一遇的防汛标准。在提高城市绿视率的同时，营造成熟的自然生态景观。

该类做法在建筑密度较高的中心城区并不适用，但对于步道空间纵深较大的岸段，如苏州河下段以及现尚未建成滨水步道的外环以外地段，可借鉴圣地亚哥滨水步道空间的防汛墙的做法（见图16-4-8）。该

滨水步道改造工程是一个可持续性的、生态性的防洪体系，是尊重自然、摒弃混凝土防洪的典范。通过改造，创造性地把自然带回都市，对未来滨水步道空间的建设具有深远的价值。这是一个可持续性的防洪体系，尊重并保护了自然，且为城市居民提供了一个接触自然环境的机会。其步道沿河而设，驳岸采用自然式防洪堤，根据不同洪水周期，植被高度与密度随距河面的距离而增加。这种栽植方式不仅增加了河道的植被多样性，同时也保证洪泛期水流的通畅性。与此同时，在河道中央适当地设置小岛，为动物提供了多样的栖息地，随着项目建成，河流中的动物数量不断增加，游走于步道空间中如身处大自然一般。

16.4.4 基于游憩度提升的空间优化策略

1）亲水性最大化

亲水性的最大化是指通过各种手段保证水体的可视性、见水范围的最大化以及行为亲水性的最大化。借鉴国内外优秀案例以及实地调研较优路段的处理方式，提出以下优化策略：

（1）将单层直立式驳岸转化为多层台地式或台阶式。当步道空间纵深较小时，为使空间衔接自然连贯，可将不同标高的台地后退设置；当步道空间纵深相对宽裕时，将不同标高台阶后退设置。台阶除了能提供更多的停留及休憩机会，也可通过与平台相结合设置不同的景观和亲水活动场所。此时，靠近水岸的平台和水中的浮动码头都可以作为舞台。台阶式的设计不仅提供了较多观水的场所，也为人们更容易地接近水体创造了条件。

如泸定桥路—中环路（南岸）、恒丰路桥—普

通行为主

游憩为主

文化表达为主

节点空间

图16-4-4 透水性铺装更新设计意向图

（1）乌镇路—西藏北路（北岸）

图 16-4-6 内移防汛墙，用自然覆土法弱化堤岸

（2）西藏中路—乌镇路（南岸）

（1）光复西路（光新路—西康路）　（2）虹桥河滨公园

（3）苏州河昌化路码头

图 16-4-5 滨水步道植物景观生态化

（3）乍浦路—河南南路（南岸）

图 16-4-7 水岸景观生态化

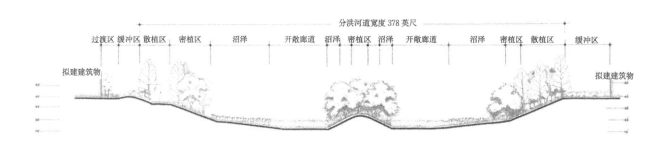

（1）圣地亚哥河流改造立面图

（2）圣地亚哥河流改造前现状

（3）圣地亚哥河流改造后的河岸植被

图 16-4-8 圣地亚哥河流改造前后对比图（来源：ASLA 官网）

济路桥（北岸），其步道空间较宽，可借鉴瑞士锡永市罗纳河滨水步道台阶式入水的做法（见图16-4-9）。设计师综合考虑河流、基础设施和城市三者的平衡关系和动态变化，融入美学，为人们营造出了一个游赏俱佳的城市滨水步道景观。根据场地及河岸的地形，灵活地设置防洪堤及活动设施，做到既能防洪，又能为人们提供足够的休闲娱乐空间。以多层台阶式延伸入水，根据不同时期不同水位灵活选择亲水活动区；台阶兼有休憩的功能，并在防洪堤平台开阔处设置步道，通过铺装材质、形式、风格的变化形成多样化的步道空间，通过平台处设置活动空间，满足亲水性需求的同时也满足了不同人群的多样需求。

（2）整体抬高步道空间。在宽度允许的情况下，适当地抬高步道的标高，使行人观水的视线不受阻，步道与城市道路可通过台阶或坡道的方式过渡，图16-4-10（1）为对光新路—江宁路（北岸）的改造。

（3）局部抬高步道。当步道宽度低于1.8m时，建议在不影响通行质量的情况下，在步道转角处或局部宽度可适当增大处，加设若干高于步道的观水平台，步道与平台间可通过台阶衔接，实现局部段的观水，满足人们对防汛墙外侧未知区域的猎奇心，如凯旋路桥—苏州河DOHO（南岸）可采用此法。

（4）观水视域最大化。在对见水视域过小的情况下，可通过墙体内侧台阶的设置抬高观水点。比如，上海花城在保证步道全线见水的基础上，沿防汛墙内侧设置宽0.45m，高0.2m的台阶，以此将观水点抬高，扩大观水范围及质量，如图16-4-10（2）所示。

（5）沿河增设步道，完善滨水步道空间的道路系统。此类措施主要是针对过宽的绿带导致视线无法达到水面的情况，如外滩滨水绿地。

（6）亲水场所及设施多元化。对于高差较大，人难于亲近水面的情况，可利用汛期最高水位和非汛期常水位的高差，结合滨水空间用地情况，将防汛墙退后设置，在临水一侧留出一定的亲水岸地。此时，防汛墙顶与城市地面标高相平或高于城市地面标高，下方接近水面，可通过台阶、斜坡等联系上下两个层面。在保证安全的基础上，最大限度地

营造下沉式亲水活动空间。

如图16-4-10（3）所示的西康路桥—宝成路桥（北岸）段，为了满足滨水步道空间亲水性的要求，避免防汛墙遮挡观水视线，占用亲水平台空间，可将防汛墙向城市道路和建筑一侧内移数米，滨水步道设置在防汛墙外侧（近水侧）。根据场地条件，防汛墙内移距离大时，预留的场地则较为宽裕，以亲水平台的形式出现；预留场地较窄时，则仅设置滨水步道，通过缓坡和绿化接水。城市道路上的行人，通过多级台阶登上二级防汛墙，再通过形式多样的台阶和坡道与滨水步道、亲水平台相衔接到达一级防汛墙处。总的来说，西康路桥—宝成路桥（北岸）段通过内移高耸的防汛墙，将滨水步道设置在防汛墙近水侧，减少了对滨水步道观水视线的遮挡，极大地增强了滨水步道的亲水性。通过设置形式和风格多样的亲水平台、活动小广场和缓坡入水，增加了人亲近水的机会，丰富了滨水步道的空间形式。另外，在滨水区腹地相对比较宽的情况下，通过竖向高差的变化形成不同的活动空间，弱化防汛墙对人们亲水活动的阻碍。图16-4-10（4）为对外滩滨水绿地的改造，该绿地位于苏州河河口，作为外滩的延伸段，地理位置优越，通过休憩平台的设置，使陆家嘴及外滩一带景色尽收眼底，形成风景绝佳的休憩场所。

2）注重场地舒适性

（1）适当拓宽步道，营造最为舒适的步行空间。根据前文分析可知，步道宽度大于1.8m可供二人并肩舒适行走，一般不少于1.5m（人与轮椅相向通过）。但苏州河滨水多段出现步道宽度仅为1.1～1.4m的情况，尤以北岸为甚，加之沿线植物过密，极大地减小了步行有效空间，给人以强烈的压迫感，极大地降低了步行质量，如河南中路—福建路（北岸）。建议降低种植池高度，与滨水步道基面齐平，乔木层更换成分支点较高的乔木，减少植物层造成的空间压抑感，在用地有限的情况下尽可能营造较为宽敞舒适的滨水步道空间，如图16-4-11（1）所示。

（2）加强园区管理力度，提高步道行走舒适度及流畅度。当步道入口及步行空间内有障碍物，人

需绕行甚至完全不能通过，步行活动被终止，流畅度低，其舒适度也随之降低。滨水步道上的障碍物主要是周边的居民或商户，随意占用公共步道空间，降低了步道的通畅度，使行人的舒适度下降，另外车辆的乱停放也是亟待解决的问题，如图16-4-11（2）所示。需进一步落实滨水步道空间的管理主体，界定清楚权责，由管理主体负责滨水步道日常的管理和维护。

3）步道无障碍化

在条件允许的情况下设置无障碍坡道，具体可参考无障碍设计标准。小型步道（通过一辆轮椅的走道）净宽度不宜小于1.20m；中型步道（一辆轮椅和一个行人相向通过）净宽度不宜小于1.50m；通过两辆轮椅的走道净宽度不宜小于1.80m。步道坡度一般情况下不应大于1:12，极端情况下不得大于1:8。图16-4-12为对恒丰路—普济路入口处的改造。此外，应移除入口障碍物，提高步道空间的通用性。

4）空间多样化及设施多元化

根据基地现状、周边用地性质及步道使用人群

适当增加活动空间节点，并设置相应的配套游憩设施，以满足不同时间、不同类型的人群多样的使用需求。

以半岛花园为例，其空间形式丰富多变，设施齐全。平面上，每隔一段距离设置空间节点，或大或小，以健身场地、亲水平台、滨水广场、休憩区等形式出现，并配以相应的游憩设施，很好地满足不同时间、不同类型的人多样化的需求；竖向上，共分为3个空间层次。最低层为沿河步道，道路标高贴近水面，亲水性较好，处于中间层的是标高高于沿河步道1m左右的第二条步道，此外在多处还设置眺望台，与标高最高的步道相连，进一步丰富了竖向空间的多样性，极大地增强了滨水步道空间的游憩度（见图16-4-13）。

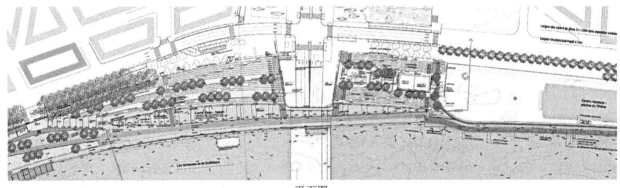
平面图

图16-4-9 瑞士锡永市罗纳河（来源：http://www.landezine.com/）

（1）光新路—江宁路（北岸）

图 16-4-12 恒丰路—普济路（北岸）无障碍化改造

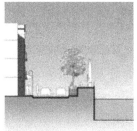
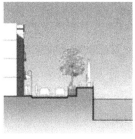
站在步道上见水程度　　　　站在台阶上见水程度
（2）上海花城

（3）西康路桥—宝成路桥（北岸）段

图 16-4-10 滨水步道亲水性最大化

图 16-4-13 半岛花园

（1）河南中路—福建路（北岸）

（2）乌镇路桥—新闸路桥（南岸）

图 16-4-11 滨水步道舒适性

本章注释

[1] 城市用地分类与规划建设用地标准 :GB50137-2011[S]. 北京 : 中国建筑工业出版社 ,2011.

[2] 汤晓敏 , 王云 . 景观艺术学——景观要素与艺术原理 [M]. 上海 : 上海交通大学 ,2013.

[3] 李云芸 . 城市风景湖泊空间视觉景观规划研究——以宁波东钱湖水域空间视觉景观规划 [D]. 南京 : 南京农业大学 ,2006.

[4] 卢智灵 , 乐晓风 . 苏州河城区段防汛墙景观建设的思考 [J]. 城市道桥与防洪 ,2008(11):52-56.

[5] 达婷 . 城市滨水区再开发的生态、社会功能及文脉三维连接性分析 [J]. 南京 : 南京林业大学学报 ,2013,37(3):129-134

[6] 秦雷 , 朱卫红 , 徐万玲等 . 基于模糊综合评价法的延吉市滨水景观评价 [J]. 延边大学农学学报 ,2012,34(4):324-329.

[7] 杨建欣 . 基于属性层次模型的肇庆环星湖绿道景观评价体系构建 [J]. 亚热带农业研究 ,2013,9(2):106-110.

[8] 郜春丽 , 翁殊斐 赵宝玉 . 基于 AHP 法的滨水绿道植物景观评价体系构建 [J]. 西北林学院学 ,2013,28(3):206-209.

[9] 李昆仑 . 层次分析法在城市道路景观评价中的运用 [J]. 武汉大学学报（工学版）,2005,38(1):143-147.

17 上海环城绿带百米林带植物群落空间与游憩适宜性研究

2015 年，上海市绿化和市容局牵头编制的《上海市绿道专项规划》中提出要在百米林带内建设绿道，供市民进行休闲游憩活动，环城绿带百米林带游憩功能的开发被列入实施议程。本章以环城绿带百米林带植物群落为研究对象，从群落外貌特征、景观结构、空间特征以及游憩利用现状4 个方面对百米林带的 49 个样地 101 个样方进行全覆盖式的群落调查，在此基础上，筛选出 40 个游憩型植物群落样方进行游憩适宜度评价研究。基于空间适游度、环境安全性、生态承载力、可视景观美感度 4 个层面，运用层次分析法构建上海环城绿带百米林带植物群落游憩适宜度评价体系，对百米林带植物群落的游憩适宜度进行评价研究，并针对其存在的问题提出了优化建议，以期为百米林带后续的游憩开发提供依据，这也对提升同类环城绿带游憩功能的拓展具有一定的借鉴意义。下文为了叙述方便，将"上海环城绿带百米林带植物群落"简称为"百米林带植物群落"。

17.1 典型植物群落调研方案设计

1）调研时间与样地选择

为得出更加全面、科学的结论，调研分四季进行，时间跨度为一年。于夏、秋两季对上海环城绿带百米林带进行高密度的全线调查，以期对环城绿带植物群落现状有一个全面整体的了解。在此基础上，于冬、春两季进一步筛选样方，设定具体目标，以便得出更加具有针对性的结论。调研实施方案如表17-1-1所示。

本研究遵循法瑞学派的典型选样原则[1][2][3]，选取群落特征明显、边界不完全封闭的可进入型植物群落为研究样地。以路边、林缘或水边为界，确定样地范围，结合百米林带的竣工图与标段的划分情况，从中选出49个典型样地；通过对49个样地进行实地调查，对于边缘不清晰、面积过大的样地，进一步细分为1~4个20m×20m的标准研究样方，最终确定了101个样方进行植物群落特征调查，如表17-1-2、图17-1-1所示。样地的选择覆盖外环沿线的所有区县，同时根据每个区县内包括的绿带长度的不同，按比例分配样地数量，对于浦东、宝山、闵行这些线路较长的区域选择的样地相对较多。

2）调查内容与方法

（1）植物群落外貌特征调查。详细记录各个调研样地的标段名称、地理位置、调查时间、天气状况、植物种类、数量、特征数据（高度、冠幅、胸径、多盖度等）、生境条件。同时根据植株干、枝、叶的生理性状，采用分级等级描述法评估树木的生长势、有无病虫害。

图 17-1-1 研究样地分布图

（2）植物群落景观结构与空间特征调查。首先，依据植物生活型将样地分层，记录群落中各层的高度、盖度，盖度采用 Braun-Blanquet 的目测估计法[4]（见表17-1-3）。其次，记录其乔木的混交方式，以杂乱、呈条带、线状混交和呈块状4项进行记录。最后，记录群落的视觉景观状况，包括郁闭度、林冠线形状、林缘线特征、季相变化程度等内容；同时绘制各样方平面图，反映样方的边界形状、树种组成、植物的空间布局等[5]，并拍摄照片作为平面布局和竖向景观的有效补充。

（3）植物群落美学特征调查。本研究主要针对群落及其周边环境的可视景观美感度。首先对样方照片进行采集，方法如下：以样方中心为基点进行取样，向4个角各拍一张；站在群落外侧从样方的4个方位向中心各拍一张，并且能够包含样方及周边环境，作为从外部观测样方的依据[6][7]。其次，向志愿者展示现场采集的照片，并邀请志愿者对照片进行评价。

（4）游憩利用状况调查。春、冬两季在调研样方内发放并回收有效问卷273份，同时记录样方内的游憩利用现状，统计游客属性、出游目的、活动时长、交通方式、路程距离、满意度等特征，以全面了解百米林带内的游憩现状，为后续研究提供参考。

表 17-1-1 调研实施方案

调研季节	时间	调研内容
夏	2016年8月16日–26日	明确研究技术路线、样地选择、确定样方、植物群落特征调查、游憩情况调查、明确周边用地情况、照片记录、绘制平面图
秋	2016年11月2日–8日	照片记录、游憩利用状况调查
冬	2017年2月17日–23日	照片记录、游憩情况调查、问卷发放和收集
春	2017年3月27日–2017年4月1日	照片记录、游憩情况调查、问卷发放和收集

表 17-1-2 研究样地与样方信息一览表

行政区	序号	标段号	样方数	行政区	序号	标段号	样方数
宝山	1	B1	2	浦东	25	N18	2
	2	B4	2		26	N22	2
	3	B20	3		27	N12	2
	4	B22	1		28	N2	4
	5	B23	1		29	97_1	2
	6	B26	1		30	97_5	2
	7	PX11	2		31	97_9	2
	8	PX13	2		32	99_2	2
	9	B30	2		33	二期 1-1	3
	10	PX10c	1		34	二期 4	2
闵行	11	M5	1		35	二期 7-1	4
	12	M7	3		36	二期 8-1	3
	13	M12	1		37	二期 9	2
	14	M18	1		38	二期 11-1	3
徐汇	15	X1	2		39	二期 12-1n	3
	16	X4 IV 改建绿地	2		40	二期 14	1
长宁	17	C1-2	3		41	二期 18-1	1
	18	C5	1		42	二期 18-2	2
嘉定	19	J3	1		43	二期 20-1 修	4
	20	J4	1		44	二期 23	1
	21	J 申纪港	2		45	二期 27-1	2
普陀	22	P1	2		46	二期 34	2
	23	P3	3		47	二期 29-1n	1
	24	PX1	1		48	二期 36-3n	2
					49	二期 37-In/37-3	2

17.2 百米林带典型植物群落特征与分类

17.2.1 百米林带典型植物群落特征分析

1）植物群落外貌特征

（1）科属组成。调研的 49 个样地中种子植物共 123 种，分属于 56 科 94 属（见表 17-2-1）。植物种类较丰富的科有蔷薇科（8 属 10 科）、豆科（6 属 6 种）、百合科（5 属 6 种），其中蔷薇科和豆科中以木本植物为主；而出现较少的壳斗科、樟科、榆科、大戟科、忍冬科等植物种类为上海乡土树种[8]，应进行大力推广应用。

（2）树种应用频度。树种的应用频率可显示出某区域内园林绿化树种资源的应用情况[9]，相对频度 $f=$（某物种出现的样方数 / 总样方数）×100%。调查数据显示，$f > 1\%$ 的树种有 118 种，其中乔木 54 种，占 45.8%，灌木 38 种，占 32.2%，地被 26 种，占 22.0%。

应用频率排在前十位的乔木分别是香樟、女贞、无患子、紫叶李、杜英、栾树、合欢、棕榈、垂柳、意杨（见表 17-2-2），其中香樟的应用频率高达 54.45%。

表 17-1-3 Braun-Blanquet 多盖度估计法

等级	确限度级	盖度	等级	确限度级	盖度
V	丰盛	>75%	2	偶见	5%~25%
IV	普通	50%~75%	1	稀少	<1%
III	常见	25%~50%			

百米林带中灌木和地被的应用频率相对较小。应用频率排在前十位的灌木分别是八角金盘、海桐、桂花、瓜子黄杨、蚊母树、紫薇、散尾葵、洒金桃叶珊瑚、慈孝竹、木槿（见表 17-2-3）。其中位列前三的八角金盘、海桐、桂花分别达到了 12.87%、12.87%以及 10%。百米林带中乔木种植密度大、林下缺乏日照，灌木生长环境差，而八角金盘耐阴性强，适宜林下生长；桂花和海桐作为上海市常用灌木，适应性强，故应用也较为频繁。

应用频率排在前三位的地被分别是麦冬、沿阶草、吉祥草，使用频率分别达到了 13.86%、6%以及 6%，（见表 17-2-4）。其他地被植物如玉簪、扶芳藤、络石、一叶兰、花叶蔓长春、大吴风草、杜鹃等应用也较多。藤本在调查中出现的频率较低。

总体而言，乔木在百米林带中占有绝对主导地位，灌木层以及地被层植物应用相对较少，表现出

表 17-2-1　百米林带典型样地科属组成

科	属:种	科	属:种	科	属:种
蔷薇科	8:10	金缕梅科	2:2	石榴科	1:1
豆科	6:6	无患子科	1:2	五加科	1:1
百合科	5:6	冬青科	1:2	大戟科	1:1
木犀科	4:5	锦葵科	1:2	茄科	1:1
木兰科	3:4	悬铃木科	1:1	杜英科	1:1
禾本科	3:4	银杏科	1:1	胡桃科	1:1
榆科	3:4	芸香科	1:1	壳斗科	1:1
松科	3:3	海桐科	1:1	蓝果树科	1:1
棕榈科	3:3	虎耳草科	1:1	漆树科	1:1
夹竹桃科	3:3	睡莲科	1:1	槭树科	1:1
小檗科	2:3	旋花科	1:1	杜鹃花科	1:1
杨柳科	2:3	酢浆草科	1:1	石蒜科	1:1
卫矛科	1:3	黄杨科	1:1	香蒲科	1:1
樟科	1:3	腊梅科	1:1	竹芋科	1:1
杉科	2:2	美人蕉科	1:1	柿科	1:1
柏科	2:2	千屈菜科	1:1	梧桐科	1:1
楝科	2:2	茜草科	1:1	天南星科	1:1
桑科	2:2	山茶科	1:1	鸢尾科	1:1
菊科	2:2	山茱萸科	1:1		

植物群落层次单一等现象。在后续百米林带植物群落的优化和建设过程中，应注意丰富灌木层和草本层植物种类，可以适当增加低频率树种的应用。

（3）乡土树种比例。乡土树种指非人工栽培的，适应当地的自然环境和生长条件，天然分布在特定地区的树种[10]。对于森林群落来说，乡土树种的占比越高，其适应性越强，稳定性和抗逆性也越好，同时能够维持自身的营养平衡，保持自然更新[11]。因此，在百米林带中加强乡土树种的应用具有现实意义。本研究依据《上海植物志》和《华东五省一市植物名录》界定乡土树种的名录[12][13]。

百米林带中共有木本植物 56 科 94 属 123 种，其中，乡土树种 22 科 27 属 29 种，外来树种 47 科 75 属 94 种，外来树种的数量与乡土树种的数量比超过了 3:1（94:29），调查结果与上海地区外来树种和乡土树种的比例基本一致（547:174）[14]，反映了高度人工化和城市化是上海地区人工植被的普遍特征。

（4）物种丰富度。采用 Shannon-Wiener 多样性指数（H）、Pielou 均匀度指数（E）、Simpson 优势度指数（C）来计算植物群落景观的物种多样性[15]。

① Shannon-Wiener 多样性指数（H）：

$$H = P_i \ln P_i \qquad (17\text{-}2\text{-}1)$$

式中 P_i 是第 i 个种的个体数 n_i 占总个体数的比例。调查结果显示，百米林带乔木层的 Shannon-wiener

表 17-2-2　百米林带典型样地乔木层植物应用频率（$f \geq 1\%$）

$f/\%$	乔木
$f \geq 10$	香樟、无患子、女贞、杜英、紫叶李
$8 \leq f < 10$	棕榈、意杨、栾树、垂柳、合欢
$6 \leq f < 8$	水杉、银杏、广玉兰、雪松、鸡爪槭
$4 \leq f < 6$	悬铃木、枇杷、榉树、刺槐、樱花、构树、垂丝海棠
$2 \leq f < 4$	加杨、榉树、柿子、枫杨、池杉、喜树、乌桕、鹅掌楸、橘树、榆树、楝树、青桐、湿地松、龙柏、石楠
$f < 2$	大叶樟、猴樟、白玉兰、火炬漆、黄山栾树、麻栎、珊瑚朴、国槐、桑树、香椿、云杉、池杉、杨梅、柚子、榆叶梅、日本晚樱、杏

表 17-2-3 百米林带典型样地灌木层植物应用频率（$f \geq 1\%$）

$f/\%$	灌木
$f \geq 10$	桂花、海桐、瓜子黄杨、八角金盘、蚊母树
$8 \leq f < 10$	紫薇
$6 \leq f < 8$	散尾葵、慈孝竹、棕竹、木槿、洒金桃叶珊瑚
$4 \leq f < 6$	石榴、云南黄馨、南天竹
$2 \leq f < 4$	乌哺鸡竹、金钟花、山茶、含笑、美人蕉、冬青、红叶石楠、红花檵木、八仙花、夹竹桃、狭叶十大功劳、枸骨、紫荆、金边大叶黄杨、火棘
$f < 2$	栀子、小叶女贞、阔叶十大功劳、日本扁柏、大叶黄杨、木芙蓉、腊梅 早园竹

指数在 0~1.572 之间，平均为 0.750。群落的物种多样性指数整体偏小，乔灌草各层物种多样性变化没有明显规律，不同群落间的物种多样性差异明显；

② Pielou 均匀度指数（E）：

$$E = P_i \ln P_i / \ln S \qquad (17\text{-}2\text{-}2)$$

式中 P_i 是第 i 个种的个体数 n_i 占总个体数的比例，S 为样地中的物种总数。调查结果显示，百米林带乔木层的 Pielou 均匀度指数在 0~0.469 之间，平均为 0.214。均匀度指数在不同群落以及不同梯度上均存在着较大差异。

③ Simpson 优势度指数（C）：

$$C = P_i^2 \qquad (17\text{-}2\text{-}3)$$

式中 P_i 是第 i 个种的个体数 n_i 占总个体数的比例。调查结果显示，百米林带常绿、落叶阔叶混交林中不同群落层次的物种分布均匀，优势成分相对不明显。落叶阔叶林中群落优势度较高、均匀度较低，特别是灌木层和草本层大都由单一的物种组成，物种的优势度集中。

（5）树木生长势。树木的生长势反映了树木的健康程度，同时可作为日后生长状况的模拟预测，生长势的好坏也直接影响了群落的景观视觉效果[16]。

百米林带树木的平均生长势分值为 4.3，总体生长状况良好。长势很差或濒死 I 级树木占 0.43%，大多出现在植物种植密度较高的植物群落，由于种群内竞争激烈、养分不足，导致部分树木的健康度低，如部分标段香樟黄化现象严重、杜英枯死枝条较多、八角金盘枝叶稀疏，存在病虫害问题。生长旺盛的 V 级树木占 54.89%，通常出现在种植密度相对偏低的植物群落中，生长条件较好，枝繁叶茂，具有良好的观赏价值。Ⅳ级树木占总数的 32.13%，此类树木整体长势较好，仅有少量小枝枯萎；Ⅲ级树木占 10.64%，此类树木大多存在枝条稀疏、树叶黄化等问题；Ⅱ级树木占 1.91%，存在树冠偏斜，大量枝条枯萎，树叶黄化较为严重等问题。

百米林带植物生长势调查结果显示：①百米林带植物群落的生长势总体评价良好，对比前几年的统计数据[17]，近年来百米林带植物群落的养护工作较好，植物的平均健康程度得到了一定的提升（详见表 17-2-5）；②乔木层普遍生长势较好，灌木层生长势较差。这可能是由于乔木层种植过密，导致中下层植物缺乏日照；③上海地区应用较多的银杏、杜英、石榴、桂花、八角金盘、枸骨、麦冬等植物在百米林带的生长状况反而并不理想，个中原因值得进一步思考；④乔木层中，生长势平均得分前十

表 17-2-4 百米林带典型样地地被层植物应用频率（$f \geq 1\%$）

$f/\%$	地被
$f \geq 10$	麦冬
$6 \leq f < 8$	沿阶草、吉祥草
$2 \leq f < 4$	杜鹃、玉簪、络石、扶芳藤、一叶兰、大吴风草、花叶蔓长春、菖蒲
$f < 2$	石蒜、丝兰、红花酢浆草、波斯菊、喇叭花

的为欧美杨、雪松、榉树、枫杨、国槐、桑树、云杉、香樟、悬铃木、栾树，生长势较差的有银杏、青桐、杜英、珊瑚朴；⑤灌木层中，生长势平均得分前十的有蒲葵、黄金条、慈孝竹、冬青、乌哺鸡竹、夹竹桃洒金桃叶珊瑚、鸡爪槭、石楠、大叶黄杨、龙柏球，生长势较差有石榴、桂花、八角金盘、垂丝海棠、构骨、棕竹；⑥地被层中，生长势平均得分前十的为石蒜、吉祥草、狭叶十大功劳、阔叶十大功劳、玉簪、百慕大草、丝兰、八仙花、波斯菊、喇叭花，生长势较差的有麦冬、红花酢浆草。

2）植物群落结构与空间特征

（1）植物群落结构。群落的垂直结构指的是群落在空间中的垂直分化或成层现象[18]。百米林带中乔灌草型与乔灌型植物群落所占比例最高，其次为单层型、乔草型、灌草型植物群落。百米林带中单层型植物群落均多为纯林地。且由于乔木种植密度较大，导致大部分林地缺乏地被，多为落叶覆盖（见图17-2-1）。

调查结果显示，常绿乔木与落叶乔木种数比为124∶145，株数比为1632∶1730。乔木覆盖度大多集中在2~4级，整体空间郁闭度较高，同时也会在一定程度影响下层灌木及草本的生长。常绿灌木与落叶灌木种数比为122∶34。冬季的灌木层景观能较好维持。调查的101个样方中有30个样方灌木层缺失，林下总盖度大多集中在1~3级。

（2）空间类型与特征。空间是游憩活动的载体，不同的植物群落由其顶平面、覆盖面以及底平面构成了不同类型的空间，参照已有的关于植物群落的空间分类研究[19]，结合实地调研梳理出百米林带内植物群落的空间特征，将调查样方分为开敞草坪型空间、疏林草地型空间、封闭草地型空间[20]以及林下活动型空间，如表17-2-6所示。

3）植物群落分类与特征

参照《中国植被》的分类系统[21]，依据植物群落的外貌、种类组成等特征，将百米林带101个样方植物群落分为以下6种类型：常绿阔叶林、落叶阔叶林、常绿落叶阔叶混交林、针阔叶混交林、针叶林、竹林。其中，常绿落叶阔叶混交林占比最多，占总数的28%；其次是落叶阔叶林，占26%，常绿阔叶林占24%，针阔叶混交林占13%，针叶林占6%，竹林最少，占3%（见图17-2-2）。

根据植物群落现状特征以及周边用地性质的不同，依据未来功能差异化提升的目标，百米林带101个样方植物群落可以分为生态型植物群落、观赏型植物群落以及游憩型植物群落3种类型（见表17-2-7）。

17.2.2 百米林带植物群落游憩利用现状

问卷调查结果显示，前往百米林带活动的人群中有39%是老年人（大于60岁），32%为中年人（40~60岁），29%为青年人（18~40岁），青少年（小于18岁）通常是伴随中老年人前往百米林带活动。

1）空间利用特征

（1）交通方式与路程耗时。问卷调查结果显示，有61%的游客选择步行前往百米林带，26%的游客选择骑车前往，而仅有13%的游客表示使用公共交通或是自驾车。同时，73%的游客路程耗时在30分钟之内、19%的游客路程耗时30~60分钟、仅有8%

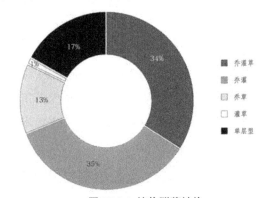

图17-2-1 植物群落结构

表17-2-5 2006年与2017年百米林带植物群落生长势对比

生长势比例/等级	V级（很好）	IV级（好）	III级（一般）	II级（欠佳）	I级（很差）
2006	16%	26%	31%	18%	9%
2017	54.89%	32.13%	10.64%	1.91%	0.43%

的游客路程耗时 60 分钟以上，由此可见，附近居民是百米林带的主要客群。

（2）活动时长。问卷调查结果显示，59% 的游客每次活动时间在 1~3 小时，35% 的游客活动时长为 1 小时以内，仅有 6% 的游客活动 3 小时以上。究其原因，影响游客在林带内逗留的时长与是否有适合其开展的游憩活动类型有关，且林带中缺乏坐憩休息设施以及遮阴避雨设施也是了游客不愿久留的原因之一。

（3）活动偏好。问卷调查结果显示，33% 的游人前往百米林带是为了锻炼身体，32% 的游客为了放松身心，26% 的游客为了亲近自然，仅有 9% 的游客表示前往林带是为了陪同家人和朋友。

2）游憩活动分类与游客满意度

（1）游憩活动分类。已有研究表明，游客偏好的游憩活动类型可分为 9 种，分别为观赏风光类活动（如观赏风景、照相摄影等）、静态户外类活动（如散步、静坐休息等）、动态户外类活动（如跑步、骑车、球类活动等）、群体锻炼类活动（如广场舞、气功拳术等）、陆上游戏类活动（如野餐露营、放风筝等）、水域游憩类活动（如垂钓、划船等）、自然生物类活动（如标本采集、科普教育等）、家庭亲子类活动、定向极限类活动[22]。按照活动性质，游憩活动类型分为运动型、休闲型、观光型及科普型，并根据活动场地需求的不同分为陆地活动、水上活动以及空中活动[23]。

综合以上游憩活动类型，结合百米林带的实际情况，将适合百米林带开展的游憩活动分为观赏风光类活动、静态游憩类活动、动态游憩类活动、群体活动类活动 4 种（见表 17-2-8）。

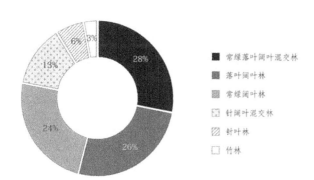

图 17-2-2 百米林带植物群落类型

- 常绿落叶阔叶混交林 28%
- 落叶阔叶林 26%
- 常绿阔叶林 24%
- 针阔叶混交林 13%
- 针叶林 6%
- 竹林 3%

表 17-2-6 百米林带植物群落空间分类

空间类型	典型样方	空间特征描述	样地数量 / 个	所占比例 /%
开敞草坪型空间		空间开敞、外向，空间四周植物景观低于人的视线，由低矮的灌木、地被植物、草坪界定空间，空间中点缀乔木，空间视线通透	9	8.91
疏林草地型空间		乔木种植稀疏，灌木和地被较少，人的视线被植物部分遮挡，但依旧可见远景	13	12.87
封闭草地型空间		空间郁闭度高，私密感较强，边缘植物起到限定空间的作用，游憩空间一般位于中央呈内聚状态	32	31.68
林下活动型空间		乔木覆盖度高，中下层无灌木和地被。林下空间适合散步活动，由高大乔木作为覆盖面与草坪底平面构成	47	46.54

表 17-2-7 百米林带植物群落分类与特征一览表

群落类型	特征	典型样方	样地数量	占比
生态型植物群落	周边为工业用地 植物群落边界无园路 可达性差或不可进入 植物种植密度大 植物景观杂乱、视觉效果差		32	31.68%
观赏型植物群落	周边为居住用地或公园绿地 边缘有围护，可进入性差或不可进入 紧邻园路 群落外部园路完善 景观视觉效果佳 养护管理较好		28	27.73%
游憩型植物群落	周边为居住用地或公园绿地 紧邻园路，可达性好、游人可进入 群落外部园路完善 有一定面积的活动场地 景观视觉效果良好 养护管理较好		41	40.59%

表 17-2-8 百米林带游憩活动分类

活动类型	活动占比	具体活动内容
观赏风光类	32%	观赏风景、照相摄影等
静态游憩类	47%	散步、垂钓、静坐休息、聊天交流、遛狗、看书等
动态游憩类	17%	跑步、骑车、球类活动、健身器材类、放风筝等
群体活动类	4%	广场舞、气功拳术、乐器弹奏、下棋打牌、野餐露营、亲子活动等

问卷调查结果显示，47%的游客在百米林带中选择静态游憩类活动，32%的游客更青睐观赏风光类活动，而开展动态游憩类和群体活动类的游客较少，分别占17%和4%（见表17-2-8）。由此可见，目前百米林带中的大部分游客喜欢进行静态游憩类活动，这与百米林带的空间特征以及植物种植方式密切相关。林带中封闭空间较多、植物成片群植为主，空旷的大草坪非常少，林带中较适合进行单人或小团体的活动，不太适宜进行动态游憩活动以及大规模的群体活动。百米林带中频率最高的10项游憩活动依次为观赏风光、散步、静坐休息、跑步、照相摄影、遛狗玩鸟、垂钓、野餐露营、骑车、聊天。

（2）游客满意度。问卷调查结果显示，61%的受访者表示对百米林带的游憩现状非常满意，仅有2%的受访者表示不太满意（见图17-2-3）。由此

可见，百米林带现状游憩条件较好，已得到多数市民的喜爱，适宜进行进一步的提升开发。

调查结果显示，31%的受访者认为百米林带环境优美，24%受访者认为百米林带干净整洁，18%受访者认为百米林带安静，17%受访者认为百米林带交通便捷，仅有5%的受访者认为百米林带游憩设施完善和可开展丰富的活动。而31%受访者认为百米林带周边噪音大，29%受访者认为百米林带游憩设施欠缺，26%的受访者认为百米林带可参与的活动类型少，11%的受访者认为百米林带环境脏乱，3%的受访者认为百米林带交通不便。百米林带因其位置靠近公路，容易受到汽车噪音和扬尘的影响，因此群落的抗干扰能力非常重要。游憩设施的缺失、适合开展的活动类型偏少是导致百米林带客流量少的主要因素。

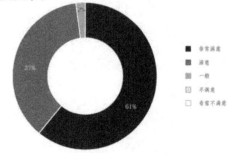

图 17-2-3 游客满意度

17.3 上海环城绿带百米林带植物群落游憩适宜度评价

本研究在城市更新的大背景下,遵循"生态优先"原则,探讨百米林带中游憩型植物群落开发或提升游憩功能的适宜性。

17.3.1 植物群落游憩适宜度评价体系构建

1)评价内容与指标筛选

(1)评价对象与内容。通过对百米林带植物群落的现状调查,从101个样方中筛选出具有游憩开发需求及潜力的20个样地,40个游憩型植物群落样方进行评价研究。样点分布如图17-3-1所示。

通过对百米林带植物群落进行实地调研,采集植物群落特征数据、拍摄照片、发放游憩行为调查问卷,同时建立百米林带植物群落游憩适宜度评价模型,对百米林带植物群落游憩适宜度进行定性定量相结合的评价与分析。

(2)评价指标筛选。游憩适宜度的评价是一个复杂的问题,需要兼具客观性和主观认知性,目前尚未形成一套科学系统的评价体系。本书基于简便、实用、科学等原则,通过对植物群落现状的调查分析,结合周边用地的上位规划,在不影响其生态功能的前提下,综合考虑其是否适合进一步开发游憩功能,并确定研究样本。

结合筛选出的40个游憩型植物群落现状和已有研究成果[24][25][26],采用层次分析法,通过多次专家咨询,确定了空间适游度、环境安全性、生态承载力、可视景观美感度4个评价准则层,11个指标层,建立了百米林带植物群落游憩适宜度评价体系。指标筛选过程如图17-3-2所示。

①空间适游度B1:此处的空间指的是植物群落所界定的空间,不同类型的空间可开展不同的游憩活动项目和提供不同的游憩体验。而空间适不适合游憩主要从3个方面来考虑,首先是空间的可达性,可达性良好的空间能够吸引更多的游人前往;其次是群落空间可进入性,群落的边界是否开放、有无灌木阻拦是空间能否承载游憩活动的先决条件;另

外,适游面积占比也是重要因素之一,即空间内适宜游人活动的面积大小。

②环境安全性B2:对于百米林带而言,因其位置靠近公路,容易受到噪声和粉尘的影响,另外,林带相比开放的公园绿地而言,隐蔽性和私密性较强,存在安全隐患。因此,环境的安全性是后续进行游憩开发时需要重点考虑的问题。环境安全性是由空间安全性、抗交通干扰性以及植被安全性3个方面决定的。

③生态承载力B3:百米林带在建设初期以生态防护功能为主,而随着城市发展,面向日益增长的游憩更新的需求,林带的功能也需要向多元化的方向发展。然而游憩功能的开发可能会对百米林带的自然环境带来两个方面的消极影响:一是游客产生的废弃物对环境的污染,二是游憩活动对生态的破坏,如游人对植被的采集、践踏等。因此在进行百米林带游憩功能开发利用时,群落的生态承载力是需要重点考虑的一个因素。

生态承载力指的是生态系统维系其自身健康、保持稳定发展的潜在能力,即不对自然环境产生不利影响时群落所能承受的游憩活动的规模和强度[27]。生态承载力涉及土地资源承载力、矿产资源承载力、水环境承载力、大气环境承载力等。而本书主要以研究植物群落本身的生态承载力为主,通过相关文献分析和专家咨询,确定了植被覆盖率和物种多样性两个指标。

④可视景观美感度B4:可视景观的美感度也是影响群落游憩适宜度的一个重要因子,视觉效果良好的植物群落及其周边景观能够吸引游人驻足停留。百米林带的可视景观美感度主要从植物景观自然度、植物景观协调度、植物景观季相丰富性3个方面来评价。

在明确评价指标的结构层次基础上,运用频度分析法以及专家咨询法筛选出最终指标。第一,采用频度分析法,从105篇涉及景观评价的相关文献中摘取其评价指标并做了系统的归纳整理,参考文献中应用频率较高的评价因子[28][29][30][31],初步筛选出植物群落游憩适宜度的影响因子;第二,采用专

家咨询法，把初步筛选得到的影响因子以问卷调查表的形式，向高校、科研院、外环线管理部门等单位相关领域共 30 位专家进行了会议咨询，并结合百米林带现状条件及定位需求，最终确定植物群落游憩适宜度评价体系的结构层次。

2）植物群落游憩适宜度评价模型建构

（1）权重确定与一致性检验。指标权重的确定采用专家咨询法，邀请景观学、生态学、植物学等相关领域内 30 位专家参与填写判断矩阵，根据调查数据，使用软件 YAAHP V7.5 进行权重计算。得到权重结果后，再利用 $CR=CI/RI$ 进行一致性检验，确保模型的有效性 $(CR<0.1)$，从而得到各准则层及因子层权重（见表 17-3-1）。

（2）适宜度指数计算方法和适宜度分级。在确定各个指标的评价标准之后，采用多因子综合评价方法，得出百米林带植物群落游憩适宜度的评价公式：

$$Y = \sum_{j=1}^{m} \left(\sum_{i=1}^{n} C_i M_i \right) B_j \qquad (17\text{-}3\text{-}1)$$

式中：Y 为适宜度评价总得分；C_i 为每个单项指标的得分；M_i 为该单项指标的权重；B_j 为对应准则层的权重；i 为单项指标的个数；j 为准则层指标的个数。在本指标体系中，i 取 11 个，j 取 3 个。

利用公式（17-3-2）确定百米林带植物群落游憩适宜度的指数。

$$\mathrm{SEI} = Y/Y_0 *100\% \qquad (17\text{-}3\text{-}2)$$

式中，SEI 为游憩适宜度指数（Suitability Evaluation Index）；Y 为适宜度评价得分值；Y_0 为理想值（取各个因子的最高得分与对应权重相乘求和得出）。

3）指标取值标准与游憩适宜度等级划分

以上 11 个指标通过两种途径取得。第一，由调查数据经过计算得到，包括物种多样性 C8、适游面积占比 C3 等；第二，通过问卷调查以及感受记录法来获得数据，包括空间安全性 C4、植物景观自然度 C9 等，赋予每一个指标从优到差的五级评分标准，分别计分为 10，8，6，4，2。

（1）空间适游度（B1）赋值标准。影响空间适游度 B1 的评价因子包括可达性 C1、群落空间可进

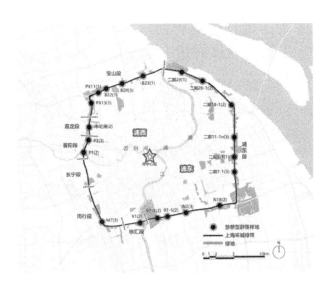

图 17-3-1 游憩型群落样地分布图

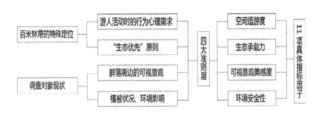

图 17-3-2 指标筛选过程示意图

入性 C2、适游面积占比 C3，各因子的取值标准如表 17-3-2 所示。

（2）环境安全性 B2 赋值标准。影响环境安全性 B2 的评价因子包括空间安全性 C4、抗交通干扰性 C5、植被安全性 C6，各因子取值标准如表 17-3-3 所示。

（3）生态承载力 B3 赋值标准。影响生态承载力 B3 的评价因子包括植被覆盖率 C7、物种多样性 C8。研究表明[32]，植被覆盖率 C7 将直接影响区域生态承载力的大小。植被覆盖率越高，其净初级生产力越高，因而生态承载力越高。通过实地调研，计算样方内植物垂直投影面积占样方总面积的比例，以此判断样方内植被覆盖率的高低。研究表明[33][34]，物种多样性 C8 对维持生态系统的稳定、提升生态承载力有着不容忽视的作用。一般来说，物种多样性越高，生态承载力越高。本节对于物种多样性的研究，主要是针对植物种类的丰富程度，通过计算群落的 Shannon-Wiener 多样性指数来判定。通过计算结果可发现，百米林带植物群落的多样性指数处于 0~1.572 之间，整体多样性偏低，根据此结果将评分标准分为 5 个等级。各因子评分标准如表 17-3-4 所示。

表 17-3-1 植物群落游憩适宜度评价模型及因子权重值

目标层 A	准则层 B	准则层权重 W2	一致性检验	因子层 C	因子层权重 W3	C 层总权重 W4
百米林带植物群落游憩适宜度评价 A	空间适游度 B1	0.2776	λmax=3.0092 CR=0.0088 < 0.1	可达性 C1	0.5396	0.1498
				群落空间可进入性 C2	0.1634	0.0454
				适游面积占比 C3	0.2970	0.0824
	环境安全性 B2	0.4668	λmax=3.0385 CR=0.0370 < 0.1	空间安全性 C4	0.6370	0.2974
				抗交通干扰性 C5	0.1047	0.0489
				植被安全性 C6	0.2583	0.1206
	生态承载力 B3	0.1603	λmax=2.0000 CR=0.0000 < 0.1	植被覆盖率 C7	0.6667	0.1202
				物种多样性 C8	0.3333	0.0401
	可视景观美感度 B4	0.0953	λmax=3.0385 CR=0.0370 < 0.1	植物景观自然度 C9	0.2583	0.0246
				植物景观协调度 C10	0.1047	0.0100
				植物景观季相丰富性 C11	0.6370	0.0607

表 17-3-2 空间适游度 B1 评价指标释义与评分标准

指标名称	指标释义	等级描述与评分标准	分值
可达性 C1	群落外部的可达性，主要根据群落在整体环境内的可见性是否良好、距离主园路的距离远近来判断（定性）	位于整个样地的出入口附近或是主要活动区域，紧邻；	10
		位于样地较为显眼的位置，距离主园路步行 5min 以内，可见性较好；	8
		地理位置较不显眼，距离主园路步行 5~10min；	6
		距离主园路较远，步行时间 10~15min；	4
		距离主园路远，需步行超过 15min 方可到达	2
群落空间可进入性 C2	通过实地调查来判定群落空间的可进入性是否良好，边界有无灌木阻拦（定性）	边界开敞，适合进入，群落边界无围合障碍，灌草耐踩踏，游人可亲近；	10
		边界不完全开敞，基本无围合障碍，地被稀疏，可踩踏，游人可轻松进入；	8
		边界稍有灌丛但仍具有可进入通道，地被杂乱，但可踩踏；	6
		边界部分被灌丛围合，可进入，勉强耐踏；	4
		部分群落边界被灌丛、草花或栏杆包围，可勉强进入，但不适宜踩踏	2
适游面积占比 C3	根据平面图确定乔灌木的数量与密度以及地被的覆盖情况，以此来估测活动面积的大小（各样方总面积为 400m²）（定量）	适游面积 ≥300m²	10
		200 m² ≤ 适游面积 < 300 m²	8
		100 m² ≤ 适游面积 < 200 m²	6
		50m² ≤ 适游面积 < 100m²	4
		适游面积 < 50m²	2

（4）可视景观美感度 B4 赋值标准。影响可视景观美感度 B4 的评价因子包括植物景观自然度 C9、植物景观协调度 C10、植物景观季相丰富性 C11。各项因子评分主观性较强，为了减小人为主观因素，邀请了风景园林系 30 名师生作为评判人员，以 PPT 放映照片的评判形式，综合评判人员的打分计算得出评判结果。各因子评价标准如表 17-3-5 所示。

（5）植物群落游憩适宜度等级划分。依据公式（17-3-2）计算出各样方的 SEI 适宜度评价指数，参照国内外各种综合指数的分级方法，利用差值分级法将上海环城绿带植物群落适宜度划分为 Ⅰ、Ⅱ、Ⅲ、Ⅳ、Ⅴ 5 个等级，以反映各个群落适宜开发游憩的情况（见表 17-3-6）。

17.3.2 植物群落游憩适宜度单因子等级分析

如图 17-3-3 所示，4 个准则层得分均值分别为 7.63、7.90、6.41 和 6.67，由此可见，调查样方整体环境安全性较高，空间适游度较适宜，相对而言，可视景观美感度和生态承载力较低。

不同空间类型植物群落游憩适宜度有较大差别：开敞草坪型植物群落空间适游度 B1 及环境安全性 B2 最佳，但生态承载力 B3 较低；封闭草地型植物群落的生态承载力 B3 最高，但空间适游度 B1 和环境安全性 B2 较低。对可视景观美感度 B4 而言，不同空间类型得分差异不大，总体偏低。由此可见，百米林带植物种植方式单一、物种多样性低，从而导致整体群落景观缺乏变化，尤其在季相变化上较为单调。

如图 17-3-4 所示，11 项单因子的得分均值，百米林带植物群落物种多样性 C8 均值最低（5.72）；适游面积 C3 得分均值次之（5.86）；植物景观季相丰富性 C11 较差（5.88），且缺乏季相美。

图 17-3-5 展示了 11 项单因子在不同空间类型植物群落内的得分情况。可以看出，在可达性 C1、抗交通干扰性 C5、植物景观协调度 C10、植物景观季相丰富性 C11 四项指标上，不同空间类型植物群落的得分并没有出现太大区别。而在群落空间可进入性 C2、适游面积占比 C3、空间安全性 C4 以及植被覆盖率 C7 上却有着较大差别。开敞草坪型空间边

界开放，视域开阔，空间安全性相对较高，并能够为游人提供大面积的活动场地，因此在 C2、C3、C4 三项指标上得分较高，但其也由此存在植被覆盖率低这一问题。而封闭草地型空间可进入性较差，适游面积占比低，过于封闭的空间也会给游人带来不安全感，因此空间安全性也较差，但此类空间通常植被覆盖率较高。

（1）空间适游度 B1 分析。开敞草坪型植物群落空间适游度 B1 最佳，高达 9.47，疏林草地型和林下活动型的得分也处于平均分之上，而封闭草地型的空间适游度 B1 最低，仅为 5.52。开敞草坪型植物

表 17-3-3 环境安全性 B2 评分标准

指标名称	指标释义	等级描述与评分标准	分值
空间安全性 C4	群落的边界是否存在适当的围护且不过于封闭、空间内能否满足游客看与被看的需求（视域的开放程度）（定性）	群落边界有适当围护但不过于封闭，视域开放程度适宜，能够满足游人看与被看的需求，空间能够给人以安全感；	10
		群落有适当围护，视域开放程度良好，空间较有安全感；	8
		群落有适当围护，郁闭度较高，视域开放程度一般，会让人在进行活动时稍感不适；	6
		空间郁闭度高，视域开放程度较低，会给人带来一定的不安全感；	4
		空间过于封闭，视域开放程度低，会让人在进行游憩活动时产生不安全的不适心理感受	2
抗交通干扰性 C5	环境安静无噪音、干净整洁、空气清洁无异味、植物群落具备减震、屏蔽噪音、吸附粉尘等抗性，可给游人一个相对安静清洁的游憩场所（定性）	环境安静，干净整洁，空气较为清洁无异味，抗性树种数量占群落树种总数 80% 以上；	10
		环境安静、基本无噪音，干净整洁，空气较为清洁无异味，抗性树种数量占群落树种总数 60% 以上；	8
		环境较安静、有轻微噪音但对游憩活动影响不大，空气中有轻微粉尘，基本无异味，抗性树种数量占群落树种总数 50% 以上；	6
		环境嘈杂，噪音较大，空气清洁程度不佳，抗性树种数量不超过群落树种总数 的 30%；	4
		环境脏乱差，粉尘多，空气有异味，噪音大，抗性树种所占比例不超过 20%	2
植被安全性 C6	根据现场调研情况来判断植物有无花粉飞絮过多的情况，以此作为判定群落是否适宜游憩的一个依据（定性）	场地内未种植有毒、有刺等不适宜游人亲近的植物，且不存在花粉飞絮过多等影响游人活动的状况；	10
		场地内种植极少量不适宜游人亲近的植物，但位于游人接触不到的地方，不影响活动，整体环境安全；	8
		场地内种植少量不适宜游人亲近的植物，基本对游憩活动无影响，整体环境较为安全；	6
		场地内植有较多不宜游人亲近的植物，导致适游面积减少，同时存在花粉飞絮较多的现状，一定程度上影响游人活动；	4
		场地内大部分植物不适游人亲近，导致群落内适游面积几乎为零，同时存在花粉飞絮较多的现状，影响游人活动	2

表 17-3-4 生态承载力 B3 评分标准

指标名称	指标释义	等级描述与评分标准	分值
植被覆盖率 C7	计算样方内植物垂直投影面积占样方总面积的比例，通常来说，占比越大，生态承载力越高（定量）	植被覆盖率 ≥80%	10
		60%≤ 植被覆盖率 <80%	8
		40%≤ 植被覆盖率 <60%	6
		20%≤ 植被覆盖率 <40%	4
		植被覆盖率 <20%	2
物种多样性 C8	计算群落内的物种多样性指数，一般而言，物种多样性越高，生态承载力越高（定量）	1.5≤Shannon-Weiner 指数 ≤2.0	10
		1.1≤Shannon-Weiner 指数 <1.5	8
		0.7≤Shannon-Weiner 指数 <1.1	6
		0.3≤Shannon-Weiner 指数 <0.7	4
		Shannon-Weiner 指数 <0.3	2

表 17-3-5 可视景观美感度 B4 评分标准

指标名称	指标释义	等级描述与评分标准	分值
植物景观自然度 C9	从视觉层面，根据视线范围内植物景观的生长势及健康度是否良好、植物种类丰富程度、结构层次是否清晰、绿视率是否合理来判定植物景观的自然度（定性）	群落内植物生长势好、健康度高，结构层次清晰丰富，乔灌草藤层级数 3 层或 4 层，绿视率合理；	10
		群落内植物生长势较好，结构层次较为清晰丰富，乔灌草藤层级数 3 层、绿视率较为合理；	8
		群落内植物生长势一般，结构层次丰富度一般，乔灌草藤层级数 2 层或 3 层，绿视率一般；	6
		群落内植物生长势较差，结构层次较为单调，乔灌草藤层级数 2 层，绿视率较低；	4
		群落内植物健康度低，结构层次单一，乔灌草藤层级数 1 层或 2 层，绿视率低	2
植物景观协调度 C10	通过现场调研及照片打分，来判定视线范围内的植物景观协调度是否良好、是否色彩和谐、层次清晰、轻重配置均衡、整体上给人舒适和愉悦的美感（定性）	可视植物景观协调度良好、色彩和谐、富有层次感、轻重配置均衡；	10
		可视植物景观协调度较好、色彩较和谐、层次感较丰富、轻重配置较均衡；	8
		可视植物景观协调度一般、色彩和谐度一般、层次感较单一；	6
		可视植物景观协调度较差、色彩较不和谐、层次感单一或较为杂乱；	4
		可视植物景观协调度差、色彩单一且不和谐、层次单一或层次模糊杂乱	2
植物景观季相丰富性 C11	季相变化在一定程度上代表着观赏性和吸引力。季相变化越明显，可视景观美感度越高（定性）	植物景观具备春花、夏荫、秋叶、冬枝 4 种观赏特征，四季可供观赏	10
		季相变化明显，四季均有较为突出的观赏特征	8
		季相变化较明显，2~3 季有突出的观赏特征	6
		季相变化单一，仍有一季具有观赏性	4
		基本无季相变化、四季色彩无明显变化	2

表 17-3-6 百米林带植物群落游憩适宜度的评价分级

SEI	100~85	85~70	70~55	55~40	<40
适宜度等级	I	II	III	IV	V
适宜程度	适宜开发游憩	较适宜开发	一般适宜开发	较不适宜开发	不适宜开发

群落可达性良好，空间宽敞舒畅，能够给游人提供大面积的活动场地，因此空间适游度最高；而封闭草地型空间郁闭度高，适游面积少，导致空间适游度低。

（2）环境安全性 B2 分析。环境安全性 B2 得分上，开敞草坪型和疏林草地型得分较高，封闭草地型得分最低。空间安全性对 B2 的影响最大，开敞草坪型植物群落视域开放程度良好，相对空间安全性较高，而封闭草地型植物群落内通常植物种植密度较高、边界较为封闭，因此空间安全性较低。

（3）生态承载力 B3 分析。生态承载力 B3 得分上，封闭草地型植物群落得分最高，而开敞草坪型得分最低，开敞草坪型植物群落植被覆盖率低，且往往伴随着物种多样性不高的问题，因而生态承载力较低，反之封闭草地型植物群落的生态承载力最高。维持生态功能是对百米林带进行游憩开发的前提，因此，从此项指标得分情况来看，虽然开敞草坪型空间相对适宜进行游憩活动，然而不能盲目

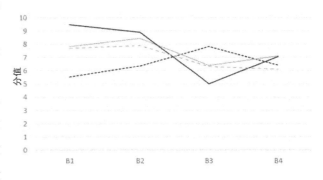

图 17-3-3 准则层平均适宜性等级分析图

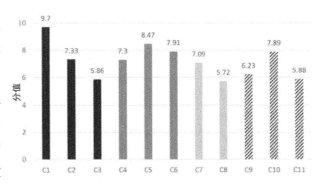

图 17-3-4 单因子平均适宜性等级分析图

地将其他类型的植物群落进行过度抽稀以增加活动面积，以免导致群落本身的生态功能下降。

（4）可视景观美感度 B4 分析。可视景观美感度 B4 得分上，不同空间类型得分差异不大，总体偏低。由此可见，百米林带植物种植方式单一、物种多样性低，从而导致整体群落景观缺乏变化，尤其在季相变化上较为单调。

17.3.3 百米林带游憩适宜度综合等级分析

1）不同样方游憩适宜度综合等级分析

调研样方游憩适宜度评价得分最高为 89.35 分，得分最低为 50.32 分，平均得分为 76.93 分，整体质量差异较大（见表 17-3-7）。

从评价分级结果来看，I 级的样方有 7 个，占 17.5%，II 级的有 22 个，占 55%，III 级 9 个，占 22.5%，IV 级 2 个，占 5%，SEI 值小于 40 的样方为 0，故不存在 V 级的样方。结果表明，调查群落中的大部分较适宜进行游憩功能的开发，如表 17-3-8 所示。

（1）I 级样方特征。7 个 I 级样方中，有 3 个属于开敞草坪型空间，3 个属于林下活动型空间，1 个属于疏林草地型空间。此类样地可达性高、群落可进入性强、适游面积大、视域开放程度适宜、场地平整清洁，植物群落整体生长状况好，群落结构稳定，整体环境优美，能与周边环境很好地融合。其中得分最高的样方 20 属开敞草坪型空间，草坪养护好，

雪松鸡爪槭群落构成背景林，植物配置色彩丰富，林冠线绵延起伏，与林前干净的大草坪形成对比，故游憩适宜度得分高（见图 17-3-6）。

（2）II 级样地特征。22 个 II 级样方中，林下活动型空间占 50%，22.73% 属于封闭草地型空间，18.18% 属于疏林草地型空间，开敞草坪型占 9.09%。此类样地可达性高、适游面积较大、环境安全性较强，植物群落整体生长状况较好，植物搭配比例较协调，结构较合理，整体环境较好，能与周边环境协调共存，给人舒适之感。上海环城绿带中大部分植物群落均属于此类，较适宜进行游憩开发（见图 17-3-7）。

（3）III 级样地特征。9 个 III 级样地中，5 个属于封闭草地型空间，另外 4 个属于林下活动型空间。此类样地群落空间可进入性较差、适游面积占比低、环境安全性较低，植物群落整体生长状况一般，群落结构尚稳定，色彩与季相变化一般，基本能与周

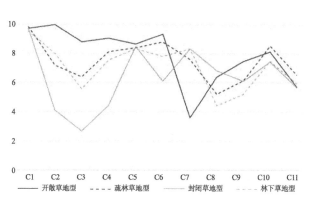

图 17-3-5 不同空间类型植物群落单因子适宜性等级比较分析图

表 17-3-7 不同样方游憩适宜度等级分析表

样方	SEI	分级	所属区划	样方	SEI	分级	所属区划	样方	SEI	分级	所属区划
Y20	89.35	I	浦东	Y11	79.73	II	浦东	Y32	71.78	II	嘉定
Y18	89.11	I	浦东	Y34	78.98	II	普陀	Y14	69.70	III	浦东
Y19	88.58	I	浦东	Y35	78.51	II	普陀	Y26	66.23	III	宝山
Y10	88.22	I	浦东	Y9	78.41	II	浦东	Y21	66.12	III	浦东
Y6	88.08	I	浦东	Y16	78.32	II	浦东	Y7	64.20	III	浦东
Y27	86.88	I	宝山	Y15	77.97	II	浦东	Y4	62.06	III	浦东
Y30	86.09	I	普陀	Y28	77.74	II	宝山	Y40	61.14	III	徐汇
Y17	84.51	II	浦东	Y3	76.19	II	浦东	Y39	59.63	III	徐汇
Y13	84.28	II	浦东	Y2	76.14	II	浦东	Y38	58.87	III	闵行
Y24	84.15	II	宝山	Y1	74.98	II	浦东	Y25	55.31	III	宝山
Y22	84.02	II	宝山	Y33	73.15	II	嘉定	Y8	51.30	IV	浦东
Y29	82.48	II	普陀	Y23	72.59	II	宝山	Y36	50.32	IV	闵行
Y31	82.05	II	普陀	Y5	72.22	II	浦东				
Y37	81.47	II	闵行	Y12	72.18	II	浦东				

边环境相协调（见图17-3-8）。

（4）Ⅳ级样地特征。共有2个封闭草地型空间属于Ⅳ级样地。此类样地空间郁闭度高，群落空间可进入性差，几乎不存在活动空间，植物群落整体生长状况差，景观视觉效果不佳，给人带来不适感。得分最低的样方36是一片竹林，群落空间郁闭度高，群落可进入性低，适游面积占比低，因此得分低。封闭草地型空间因其空间封闭感强、环境安全性较低、适游面积占比低所以较难进行游憩利用，因此有58.33%的样地属于Ⅲ级、Ⅳ级样地（见图17-3-9）。

2）不同空间类型的植物群落游憩适宜度分析

调查结果显示（见表17-3-9），调查的4种不同空间类型植物群落中，开敞草坪型平均得分最高，为83.49分，且各样方得分差异不大，并且有60%的样方属于Ⅰ级样地。然后是疏林草地型，平均得分为82.06分，各样方均属于Ⅰ级、Ⅱ级样地。其次是林下活动型，平均得分为77.88分，78%的样方属

Ⅰ级、Ⅱ级样地。封闭草地型平均得分最低，仅为64.29分。由此体现出游人在百米林带活动时对不同空间类型的青睐程度。

（1）开敞草坪型植物群落。可达性高、视域开放程度适宜，适游面积占比高，同时干净整洁的草坪也能给人带来良好的视觉体验，受到众多游人青睐。此类植物群落普遍存在的问题有植被覆盖率低以及物种多样性偏低，导致生态承载力低、植物景观自然度较低、缺乏季相美等，其因子层得分如表17-3-10所示。

图17-3-11展示了开敞草坪型植物群落各样方的得分情况，得分最高的样方20也是所有样方中的最高分，配置模式为：雪松＋鸡爪槭＋桂花＋棕榈＋红花檵木＋百慕大草。主要的乔木雪松三五群植，高低错落有致，林冠线绵延起伏，与草坪上散植的鸡爪槭相呼应，柔质与刚质、墨绿与鲜红，形成了一道独特的风景线。该空间的活动面积满足了运动、集会、野餐露营等各项活动领域要求。空间连续，

表17-3-8 不同等级样方特征分析

等级	占比/%	特征
Ⅰ级	17.5	此类样地可达性高、适游面积大、视域开放程度适宜，植物群落整体生长状况好，群落结构稳定，整体环境优美，能与周边环境很好地融合
Ⅱ级	55	此类样地可达性高、适游面积较大、环境安全性较强，植物群落整体生长状况较好，植物搭配比例较协调，给人舒适之感
Ⅲ级	22.5	此类样地群落空间可进入性较差、适游面积占比低、环境安全性较低，植物群落整体生长状况一般，基本能与周边环境相协调
Ⅳ级	5	此类样地空间郁闭度高，群落空间可进入性差，几乎不存在活动空间，植物群落整体生长状况差，景观视觉效果不佳
Ⅴ级	0	

样方20-开敞草地型空间

样方18-疏林草地型空间

样方17-林下活动型空间

样方13-疏林草地型空间

样方10-林下活动型空间

样方10-林下活动型空间

样方31-封闭草地型空间一

样方31-封闭草地型空间二

图17-3-6 Ⅰ级样方中各类型得分最高样方

图17-3-7 Ⅱ级样方中各类型得分最高样方

没有被进一步分隔，整体感觉比较开放，不足之处在于场地内缺少遮阴，游人几乎没有林下休闲之地。

样方 27 与样方 30 的得分也相对较高，场地平整干净，空间使用效率较高，适宜进行大幅度的群体活动，景观效果良好。样方 30 相比样方 27 而言抗交通干扰性较差，同时样方 30 还存在植被覆盖率低的问题。

样方 34 是一边临水的水杉林，视野开阔，适游面积大，然而整体景观缺乏视觉焦点、季相变化单一、驳岸安全性低、且没有遮阴环境，同时由于养护管理不佳，存在植被自然度低、园路破损、环境脏乱差等问题。而得分偏低的样方 2 主要存在适游面积相对偏低、抗交通干扰性差、物种多样性低、缺乏季相美等问题。

（2）疏林草地型植物群落。空间层次丰富，景观视觉效果好，在具有一定私密性的同时又为游人

提供较大面积的活动场地，因此游憩适宜度较高。此类植物群落主要存在的问题有物种多样性低、植物景观自然度较低、季相变化单一等（见表 17-3-11）。

图 17-3-12 展示了疏林草地型植物群落各样方的得分情况，其中得分最高的样方 18，配置模式为紫叶李+樱花+垂柳+桂花+菖蒲+结缕草。临水的草坪上散植几株紫叶李，水边种植垂柳和樱花，春景宜人，群落边缘种植的桂花又为秋季景观增添了几分色彩。空间较开放，且沿水设置亲水平台及坐憩设施，可进行的游憩活动类型丰富。

样方 13 与样方 22 得分也较高，样方 13 位于一街旁绿地内，养护管理佳，植物长势好，整体环境优美，从空间分类而言属于疏林草地型空间，然而其底平面被麦冬覆盖，因此适游面积相对偏小，但群落内设置了漫步道及景观亭，适宜进行散步、静

图 17-3-8　Ⅲ级样方中各类型得分最高样方

图 17-3-9　Ⅳ级样方中各类型得分最高样方

表 17-3-9　不同空间类型的植物群落游憩适宜度得分值比较

群落类型	数量	游憩适宜度 SEI						
		各样方得分值（由大到小）						平均值
开敞草地型	5	Y20	Y27	Y30	Y34	Y2		83.49
		89.35	86.88	86.09	78.98	76.14		
疏林草地型	5	Y18	Y13	Y22	Y11	Y33		82.06
		89.11	84.28	84.02	79.73	73.15		
封闭草地型	12	Y31	Y3	Y23	Y12	Y32	Y4	64.29
		82.05	76.19	72.59	72.18	71.78	62.06	
		Y40	Y39	Y38	Y25	Y8	Y36	
		61.14	59.63	56.87	55.31	51.30	50.32	
林下活动型	18	Y19	Y10	Y6	Y17	Y24	Y29	77.88
		88.58	88.22	88.08	84.51	84.15	82.48	
		Y37	Y35	Y9	Y16	Y15	Y28	
		81.47	78.51	78.41	78.32	77.97	77.74	
		Y1	Y5	Y14	Y26	Y21	Y7	
		74.98	72.22	69.70	66.23	66.12	64.20	

坐休息、聊天等静态活动。样方22视野开阔，具有微地形，景观层次较丰富，与周边环境协调度较好，但相比样方13而言，其抗交通干扰性较差，因此得分略低。

样方11植物种类丰富，富有季相变化，但群落边缘散植了山茶、垂丝海棠等低矮灌木，群落空间可进入性较差，同时群落内次生的银杏枝下高较低，小枝较多容易造成安全隐患，因此得分偏低。

而得分最低的样方33存在空间安全性较低、适游面积占比较少等问题。

（3）封闭草地型植物群落。在空间利用率上来说相对较低，郁闭的边界也给游人带来不安全感，且容易出现植物种植杂乱无章等影响视觉体验的状况，对游人的吸引力不足，导致游憩适宜度得分偏低。

图17-3-13展示了封闭草地型植物群落各样方的得分情况，样方间得分差异较大。其中得分最高的样方31，配置模式为香樟＋木芙蓉＋紫叶李＋木槿＋海桐＋棕竹＋麦冬。高大的香樟作为背景林，修剪整齐的海桐作为场地边界，靠近路缘点缀紫叶紫、木芙蓉等彩叶，开花类灌木吸引游人前往，被围合在中央的活动场地平整干净，场地中设置了桌椅等休憩设施，空间尺度适宜，且视域开放程度良好，目前已吸引大量游人前往活动。

样方3瓜子黄杨种植密度过大，因此存在适游

表17-3-10 开敞草地型植物群落因子层得分

样方编号／因子层		C1	C2	C3	C4	C5	C6	C7	C8	C9	C10	C11
得分	样方2	10	10	4	8	7.33	8.67	6	4	7.33	7.33	3.33
	样方20	10	10	10	9.33	9.33	8.67	4	10	8.67	9.33	7.33
	样方27	10	10	10	9.33	9.33	8.67	4	6	7.33	8.67	6.67
	样方30	9.33	10	10	9.33	8.67	9.33	2	8	9.33	9.33	8
	样方34	8.67	10	10	9.33	8.67	9.33	2	4	4.67	6	3.33
平均分		9.6	10	8.8	9.06	8.67	8.93	3.6	6.4	7.47	8.12	5.73

样方20	样方27	样方30	样方34	样方2
Ⅰ级	Ⅰ级	Ⅰ级	Ⅱ级	Ⅱ级

图17-3-10 开敞草坪型植物群落现状图（按适宜性等级高低从左至右排序）

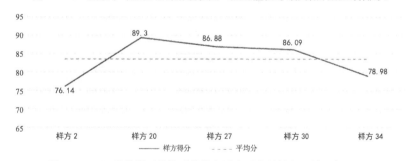

图17-3-11 开敞草坪型植物群落样方综合适宜性等级比较分析图

表17-3-11 疏林草地型植物群落因子层得分

样方编号因子层		C1	C2	C3	C4	C5	C6	C7	C8	C9	C10	C11
得分	样方11	10	6.67	6	6.67	10	8.67	8	8	6.67	8.67	6.67
	样方13	10	5.33	4	9.33	10	10	8	4	4.67	9.33	5.33
	样方18	10	10	8	9.33	10	9.33	8	4	5.33	8.67	5.33
	样方22	10	7.33	10	9.33	3.33	8.67	6	4	6.67	8	6.67
	样方33	9.33	6.67	4	6	8.67	7.33	8	6	7.33	8	8.67
平均分		9.87	7.2	6.4	8.13	8.4	8.8	7.6	5.2	6.13	8.53	6.53

面积占比低的问题，同时植物景观自然度也偏低。但是该样方可达性良好，环境安全性高，因此得分较高。样方23、12、32得分差异不大，可视景观美感度较好，而群落空间可进入性、适游面积占比、空间安全性这几项因子得分均偏低。

样方4、40、39、38、25评价结果属Ⅲ级样地，此类样地群落空间可进入性较差、适游面积占比低，植被复杂凌乱，在影响视觉美感度的同时也给人造成不安全感。故此类空间游憩适宜度较低。

而样方8和样方36评分最低，属于Ⅳ级样地。空间郁闭度高，群落空间可进入性差，几乎不存在活动空间，植物群落整体生长状况差，景观视觉效果不佳，给人带来不适感（见图17-3-14）。

（4）林下活动型植物群落。它是百米林带中最为常见的一种空间类型，此类植物群落可达性高、抗干扰性较好，能给游人带来相对安静的游憩场所，同时也与周边环境有很好的和谐性，且此类空间在林带中代表性强，自然野趣的森林景观吸引着大批游人前往活动。但是林下活动型空间通常只群植单一乔木，物种多样性低，群落结构合理性较差，缺乏季相美，部分群落存在适游面积占比低等问题（详见表17-3-13）。

图17-3-15展示了林下活动型植物群落各样方的得分情况，整体得分较高，但样方间差异较大。其中得分最高的样方19，配置模式为香樟＋女贞＋木

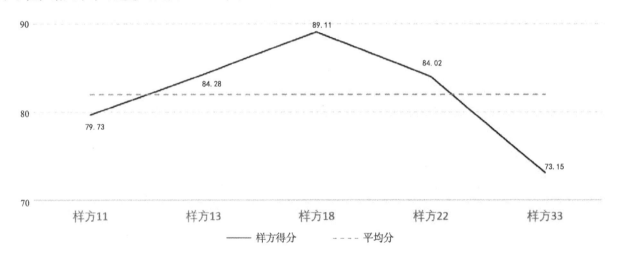

图17-3-12 疏林草地型植物群落样方综合适宜性等级比较分析图

表17-3-12 封闭草地型植物群落因子层得分

样方编号/因子层		C1	C2	C3	C4	C5	C6	C7	C8	C9	C10	C11
得分	样方3	10	4	2	8.67	10	8	8	2	4	6.67	5.33
	样方4	10	4	2	3.33	8.67	5.33	10	8	5.33	3.33	7.33
	样方8	8.67	2	2	2.67	6.67	2.67	10	8	5.33	5.33	4.67
	样方12	10	5.33	4	5.33	10	8.67	6	10	7.33	8	7.33
	样方23	9.33	3.33	2	6.67	5.33	7.33	8	10	8.67	7.33	9.33
	样方25	10	3.33	2	3.33	8	3.33	10	6	3.33	5.33	3.33
	样方31	9.33	9.33	8	6.67	10	9.33	8	6	6.67	8.67	7.33
	样方32	10	7.33	2	5.33	7.33	9.33	8	6	8.67	9.33	6.67
	样方36	10	2	2	2	10	4	10	2	3.33	8.67	2
	样方38	10	2	2	3.33	8	5.33	10	4	7.33	8.67	2
	样方39	10	3.33	2	2.67	10	5.33	8	10	8	9.33	6.67
	样方40	10	3.33	2	3.33	8	4.67	10	10	5.33	8.67	6
平均分		9.78	4.11	2.67	4.44	8.5	6.11	8.83	6.83	6.11	7.44	5.67

槿+沿阶草。该样方位于主园路边，可达性好，植物健康度高，整体环境与周边协调度良好，适宜进行的活动有静坐休憩、散步、野餐等，不足之处为物种多样性偏低，缺乏季相美。

样方6与样方10得分也较高，场地平整安静，适游面积较大，样方10群落边缘种植海桐，群落空间可进入性较差。而相比样方10，样方6存在植被安全性低、物种多样性低、植物景观协调度较差等问题，故得分较低。

样方17与样方24得分接近，样方24抗交通干扰性较差，且该样方为一片早樱林，分支点较低，小枝较多，有一定安全隐患，故得分偏低。

样方29与样方37得分接近，样方29是悬铃木林，秋景宜人，但存在物种多样性低、植物景观自然度不佳的问题。样方37底平面被蔓长春覆盖，适游面积占比较低，且存在物种多样性低、缺乏季相美等问题，故得分较低。

样方35、9、16、15、28得分接近，都接近平均分。样方1与样方5都存在物种多样性低、可视景观美感度偏低的问题。样方14、16、21存在适游面积占比低、植物景观自然度低、缺乏季相美等问题。

得分最低的样方7是一片棕榈林，棕榈叶型锋利容易造成安全隐患，因此环境安全性较低，同时也存在适游面积占比低、可视景观美感度较差等问题（见图17-3-16）。

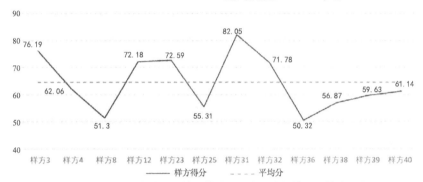

图 17-3-13 封闭草地型植物群落样方综合适宜性等级比较分析图

图 17-3-14 封闭草地型植物群落典型样方图（按适宜性等级高低从左至右排序）

表 17-3-13 林下活动型植物群落因子层得分

样方编号/因子层		C1	C2	C3	C4	C5	C6	C7	C8	C9	C10	C11
得分	样方 1	10	9.33	6	7.33	6.67	8	8	2	4	6	3.33
	样方 5	9.33	6.67	6	8	8.67	5.33	6	4	4.67	6	5.33
	样方 6	10	10	8	9.33	10	7.33	8	4	6.67	7.33	7.33
	样方 7	8.67	10	4	5.33	8	4.67	8	6	4.67	6	4
	样方 9	10	8.67	6	8	5.33	7.33	10	4	3.33	6.67	3.33
	样方 10	9.33	3.33	8	9.33	10	9.33	8	6	6.67	8.67	8.67
	样方 14	8.67	3.33	4	6.67	8	4.67	10	6	5.33	8	6.67
	样方 15	8.67	10	4	7.33	7.33	8	8	8	7.33	8.67	7.33
	样方 16	9.33	2.67	6	6.67	9.33	9.33	10	2	3.33	7.33	6.67
	样方 17	9.33	8.67	6	8.67	10	9.33	10	2	7.33	7.33	3.33
	样方 18	10	9.33	6	9.33	8	8.67	10	6	5.33	8.67	5.33
	样方 21	10	8.67	4	3.33	10	7.33	8	8	6.67	7.33	5.33
	样方 24	10	9.33	4	9.33	7.33	8.67	8	4	5.33	9.33	6.67
	样方 26	10	10	4	3.33	10	8.67	8	2	4	8.67	6.67
	样方 28	10	9.33	6	6.67	10	8	8	2	5.33	8.67	7.33
	样方 29	10	9.33	8	9.33	5.33	10	6	2	4	5.33	4
	样方 35	10	8.67	4	8.67	8	7.33	6	6	5.33	6	6.67
	样方 37	8.67	6.67	6	9.33	7.33	8.67	10	2	4.67	8.67	2.67
	平均分	9.56	8	5.56	7.55	8.33	7.81	8.33	4.44	5.22	7.48	5.59

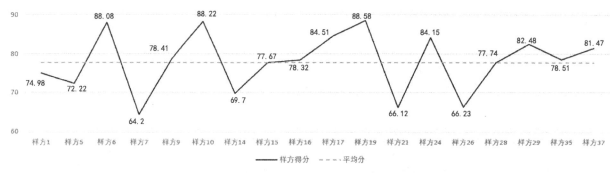

图 17-3-15 林下活动型植物群落样方综合适宜性等级比较分析图

17.4 百米林带植物群落游憩利用建议

生态保护是百米林带游憩开发的前提，40 个样方游憩型植物群落的评价结果显示，空间安全性、可达性以及植被安全性对于游憩适宜度的影响最大，这充分体现了百米林带区别于公园绿地的特殊性。由于百米林带所处的地理位置靠近公路，在规划建设初期着重考虑其生态防护功能[35]，因此，大部分样地存在乔木种植过密的情况，空间郁闭度较强，视线被阻挡，容易让人在心理上产生不安全感，这也是目前林带中游人较少的原因之一。故空间安全性是后续在对林带进行游憩功能提升的过程中需要

重点考虑的问题。另外，受到生态承载力的制约，百米林带游憩开发的前提是要考虑原先自然环境的承受能力，由此也使得林带在游憩空间塑造、游憩项目设置上都存在一定的局限性。

基于游憩适宜度提升的目标，针对上海环城绿带百米林带提出植物群落优化建议。

17.4.1 筛选适宜游憩开发的地块

对百米林带植物群落的游憩功能开发，需结合周边用地情况，对部分游憩适宜度评分高，同时也有游憩需求的群落进行人工干预，提升其游憩适宜

样方19　样方10　样方6　样方17　样方24
Ⅰ级　　Ⅰ级　　Ⅰ级　　Ⅱ级　　Ⅱ级

样方29　样方37　样方35　样方9　样方16
Ⅱ级　　Ⅱ级　　Ⅱ级　　Ⅱ级　　Ⅱ级

样方15　样方28　样方1　样方5　样方14
Ⅱ级　　Ⅱ级　　Ⅱ级　　Ⅱ级　　Ⅲ级

样方26　样方21　样方7
Ⅲ级　　Ⅲ级　　Ⅲ级

图 17-3-16 林下活动型植物群落现状图（按适宜性等级高低从左至右排序）

度。具体的干预措施包括：加强养护管理、适当抽稀改造、增加游憩设施、调整群落结构，在提升其群落稳定性的同时提升其观赏性和游憩适宜度。现场调查发现，百米林带的主要客群来源于周边居住区居民，且周边为居住区的样方建设状况较好，部分已改造成小游园或社区公园（见图 17-4-1），如浦东高东公园（样方 19、20）、浦东唐丰路旁街旁绿地（样方 13），而大部分未被开发，同时存在疏于养护管理、出入口封闭等问题，如浦东新跃路旁绿地（样方 18）、宝山江杨北路旁绿地（样方 22）。针对此类植物群落，建议结合现状周边道路交通情况以及不同区划的上位规划，修缮园路、改造出入口植物景观，并增添指示标识；同时适当增加游憩设施，如座椅、凉亭、亲水平台等，丰富游憩项目，吸引更多居民前往活动。

对于那些周边已有公园绿地，或本身就是公园的植物群落来说，公园内部的人流量会增加绿带植物群落的使用率（见图 17-4-2），如顾村公园（样方 26、27、28）、浦东金海实地（样方 15）、闵行体育公园（样方 36、37）内的样方建设现状良好，吸引大量游客前往，针对此类植物群落，建议栽植高大背景树以带给游人安静的游憩场所。而也有部分公园内的样方没有发挥其游憩作用，有的甚至与公园隔离开来，且缺乏养护，游憩体验较差，如浦东康桥生态园（样方 8、9）。针对此类植物群落，建议加强养护管理，打开边界，修缮园路，使其能够更好地融入公园环境，提升公园的使用面积。

此外，对于那些邻近工业用地的植物群落来说，由于游憩需求低，因此不建议对其进行开发利用，对此类植物群落进行优化时，应着重提升其物种多样性，丰富群落层次，提升生态环境质量，使其发挥良好的生态效益。

17.4.2 提升区域植物景观特色

　　根据植物群落游憩适宜度评价结果，位于普陀区的植物群落平均得分最高（81.62 分），其次为浦东新区（76.75 分）、宝山区（75.28 分）、嘉定区（72.46 分）、闵行区（62.89 分），徐汇区（60.39 分）（见图 17-4-3）。从统计结果来看，普陀、浦东、宝山 3 个区环城绿带植物群落游憩适宜度较高，闵行和徐汇两区得分较低，由于样方所选数量较少，结果可能存在一定误差。浦东段植物群落评价得分差异较大，最高分为 89.35 分，最低分仅为 51.30 分。评价得分最高的样方 20 位于浦东新区，评分最低的样方 36 位于闵行区。

　　实地调查发现，宝山、浦东等区已将部分百米林带建设成市级绿道（见图 17-4-4），为广大市民提供亲近自然的休闲游憩空间。建议汲取绿道建设的经验，将上海环城绿带百米林带统一规划管理，形成连续的、舒适便民的外环绿道，从而提升环城绿带的景观形象。同时也要根据不同区域的自然特征和人文特色，总体把控，分区指导，提高林地利用率，打造区域特色性，使林带景观更具吸引力。

　　（1）宝山区。利用顾村公园优势提升周边林带的游憩度，"樱木花道"已经建设成绿道，樱花加二月兰的春季特色景观吸引了众多市民前往活动。建议重点发展"樱木花道"及其周边绿带，打造漫步道及骑行绿道，延续顾村公园的"樱花"特色，重点打造春季景观，形成区域特色。

　　（2）普陀区。绿杨路周边绿带游憩适宜度较高，已有不少游客前往活动，其中还有老年人自发组织乐器弹奏活动，且绿地靠近居住区具备良好的游憩开发利用条件，现存问题为出入口不明，外部可达性较差，且内部园路破损。建议重点改造出入口景观，同时修缮园路，以吸引更多游人前往。

　　（3）嘉定区。嘉定区百米林带植物群落周边用地大多为工业用地，目前游人较少。现状调查发现，申纪港标段由垃圾山改造的绿地建设现状好，植物群落养护良好，内部园路完善，且具有一定科普教育意义，建议进行进一步优化，改善其可达性。

　　（4）长宁区。现场调查发现，长宁区百米林带植物群落普遍存在外部可达性较差的问题，部分被隔离，无法进入，整体建设现状也不佳。建议加强养护管理，开放部分绿地，如环绿路周边绿地靠近上海动物园，可利用周边地块优势进行游憩提升。

　　（5）闵行区。目前沿外环线已建成闵行体育

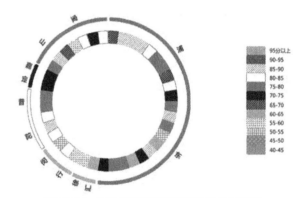

图 17-4-3　各样方游憩适宜度评价得分差值图

样方 20- 高东公园

样方 13- 唐丰路绿地

样方 18- 新跃路绿地

样方 22- 江杨北路绿地

图 17-4-1　居住区旁典型样方

样方 27- 顾村公园

样方 15- 金海湿地

样方 37- 闵行体育公园

样方 8- 康桥生态园

图 17-4-2　紧邻公园绿地的典型样方

宝山共富新村地铁站旁绿地 　　　　宝山"樱木花道"　　　　嘉定申纪港绿地

图 17-4-4 已建成的绿道

公园、黎安公园等较知名的公园绿地，同时有在建的闵行文化公园。绿地资源较好，可利用闵行体育公园"千米花道"景观优势，以及结合周边黎安公园、闵行文化公园，利用百米林带将这些公园串联起来，打造特色绿道，加强宣传，倡导市民绿色出行、强身健体。

（6）徐汇区。徐汇区内包含的百米林带面积较小，目前几个标段中老沪闵路段由于紧邻居住区，游人较多，但由于宽度有限，林带内的植物群落以发挥景观视觉效益为主，不适宜在其中进行游憩活动。建议加强植物景观协调度，可重点突出秋景，打造特色季相景观。

（7）浦东新区。规划绿地面积大且原有绿带基础较好，可利用一连串大型公园（金海湿地、高东生态园、高东公园、滨江森林公园）带动百米林带的人气，适合拓展林带内的游憩功能。

17.4.3 合理设置基础设施，保持自然野趣

百米林带目前面临的较大问题之一是缺乏必要的基础设施和公共服务配套设施，部分地块不可进入、可达性差。因此，基础设施的建设是今后进行绿带游憩开发的一个必要条件。

对于百米林带中的基础设施的设置要合理进行，维持其自然野趣。具体举措包括：修缮园路、设置慢跑道、增加配套设施（如坐憩设施、标识设施、照明设施、环卫设施等）、沿河岸设置护栏等安全设施。在配套设施的选择上可根据环城绿带的特殊性选择能够体现绿带特色的材质与造型，不能过多地进行人工雕琢，同时也要能够与周边环境相协调，带给游人独特的森林游憩体验。

如在园路材质的选择上可以选择木栈道、碎石

等生态友好型的材料，最低限度地干预景观环境，同时也能保证密集的游客承载量（见图 17-4-5）；在座椅、标识牌等配套设施的选择上，可就地取材，选用木材、石块等一些天然材料（见图 17-4-6）。造型上也需遵循简洁大方、自然野趣的原则，在保持整体风格统一的前提下可适当体现区域特色性，将百米林带打造成一张别具特色的城市名片。

同时，游憩活动的多样性也是吸引游客的重要因素，由于场地限制，目前百米林带中可以进行的游憩活动类型少，只能进行一些如散步、跑步、静坐休憩以及观赏风光类的活动，导致游客偏少。建议适当增加一些健身、垂钓、群体活动的场地，丰富游人的活动类型（见图 17-4-7）。在保持生态效益的基础上，推出能吸引周边居民的富有特色的休闲和娱乐活动项目。

17.4.4 基于游憩度提升的植物群落优化策略

根据游憩适宜度评价结果，针对不同空间类型的植物群落当前存在的问题，从生态、景观视觉、空间特征、功能需求等方面提出综合优化策略，以满足不同游憩项目的需要。

1）开敞草地型植物群落优化策略

开敞草地型植物群落能够为游人提供大面积的活动场地，可开展丰富的活动类型，主要以动态游憩类以及群体锻炼类活动为主，包括球类活动、放风筝、健身操、做游戏等。调查结果显示，开敞草地型植物群落在调研样方中数量仅占 12.5%，但游憩适宜度普遍较高，平均值高达 83.49，且各个样方得分差异不大。

针对开敞草地型植物群落植被覆盖率低、物种多样性偏低、季相变化单一等问题，建议增加植物

图 17-4-5 园路设置意向图（引自 https://www.turenscape.com/project/detail/4553.html）

图 17-4-6 配套设施意向图（引自 http://www.quanjing.com/imgbuy/us25-bfr0033.html）

图 17-4-7 场地设置意向图（引自 http://sz.bendibao.com/news/20151123/742460.htm）

种类以丰富其物种多样性，利用背景树营造富有变化的林缘线和林冠线，同时加强养护以提高其使用率。

样方 34 是一片临水的水杉林（见图 17-4-8），视野开阔，景观协调度良好。但整体景观缺乏视觉焦点，遮阴效果差，缺乏休憩设施，同时由于疏于养护管理，环境脏乱差且园路破损。针对上述问题，建议将水边的水杉进行适当抽稀，打开临水视野，增加微地形丰富游憩体验，草坪上孤植阔叶乔木，在增加视觉焦点同时提供遮阴。修缮园路，沿水边增设休憩设施，加强养护管理，提升植物健康度。

改造后的植物群落构成 4 个活动空间，活动空间 1 视线开放，场地宽敞，适宜进行野餐露营、放风筝等动态游憩类活动，也可进行群体锻炼类活动以及一些亲子游戏。活动空间 2 视线被部分遮挡，植物围合成为半私密空间，适宜进行一些小规模的健身锻炼活动，如气功拳术等，以及聊天交流、散步等静态游憩类活动。活动空间 3 被乔木围合，形成私密空间，有一定遮阴效果，适宜进行观赏风光、

照相摄影、看书聊天等静态游憩类活动。活动空间 4 临水，于水杉林缘设置座椅，可在此处观赏风光、静坐休息、进行垂钓等活动（见图 17-4-8）。

2）疏林草地型植物群落优化策略

疏林草地型植物群落具有一定私密性，同时又能够为游人提供较大面积的活动场地，可开展的游憩活动类型丰富，如静坐游憩、观赏风景及一些动态游憩活动等。此类型在所选择的调研样方中所占比例为 12.5%，平均得分较高。针对疏林草地型植物群落物种多样性偏低、植物景观自然较差等问题，建议适当增加灌木以及地被层植物种类、调整植物群落结构，加强群落的稳定性和优美度。

样方 33 位于共富新村地铁站旁的街旁绿地内（见图 17-4-9），绿地现状游憩适宜度较好，该样方临路、可达性好、空间开闭结合，整体视野较开阔、空间容量大。但样方内仅有垂柳及香樟两种常绿阔叶树种，故存在物种较单一、季相变化单调等问题，同时场地内缺乏休憩设施。针对上述问题，建议加植秋色叶树种丰富其季相美，同时形成视觉焦点，

同时于乔木较密的一侧，在林下设置游步道，适当设置硬质场地，增加场地活动类型。

改造后的植物群落构成 3 个活动空间，活动空间 1 视线开放，场地平坦宽敞，适宜进行野餐露营、球类活动、健身锻炼等动态、群体类游憩项目。活动空间 2 被乔木适当围合，形成半私密空间，具有遮阴效果，适宜进行观赏风光、拍照摄影、聊天聚会等静态游憩活动，以及一些小规模的健身锻炼活动。活动空间 3 位于林下，游步道与绿地主园路相连，同时设置硬质活动场地和桌椅，可供游人进行散步、静坐休息以及棋牌类活动等（见图 17-4-9）。

3）封闭草地型植物群落优化模式

封闭草地型植物群落围合度高、私密性强，游憩空间一般位于空间中央，群落内用高大的乔木形成树荫，供游人休息，有一边留有适当宽度的出入口，使活动与外界有一定的流通与交流。在其中主要以进行静态游憩活动为主。此类植物空间在所调研的样方中占 30%，从评价结果来看普遍得分较低，平均得分为 64.29 分。

针对封闭草地型植物群落可进入性低、适游面积少、空间安全性低、植物景观协调度较差等问题，建议将部分样方内进行植物抽稀，去除长势差的树种，入口处可增设园路，同时在群落内部增加硬质场地，增加可游憩面积，丰富游憩活动；另外一部分郁闭度过高的则不建议对其内部进行游憩开发，可完善植物景观外部园路，沿道路一侧适当增加灌木层以及地被层，同时引进"春景秋色"树种，丰富群落层次和季相景观，加强植物景观的视觉效果，将其作为纯观赏型植物群落，让游人在散步、慢跑时可欣赏到优美的植物景观。

样方 23 位于路缘（见图 17-4-10），可达性良好，且一边临水，物种丰富度高，植物景观季相变化丰富。但其空间郁闭度高，且植物种植过密、缺乏养护、长势较差，导致整体景观较为杂乱，适游面积占比低。针对上述问题，建议梳理群落层次，对长势不好的植物进行抽稀处理，使空间更加整洁舒畅；去除一些水生植物，打开临水视野；同时沿水设置亲水平台，增加活动面积，丰富游憩体验。

改造后的植物群落构成 2 个活动空间，活动空间 1 为增设的亲水平台，于平台上活动时，一边视线被植物部分遮挡，而临水的一边视野开阔，可欣赏水景，整个空间收放有度，同时具有一定的私密性，平台周边的植物景观层次丰富，且富有季相美，带给游人良好的视觉体验。在亲水平台上可以进行垂钓、散步、观赏风光等静态游憩类活动。活动空

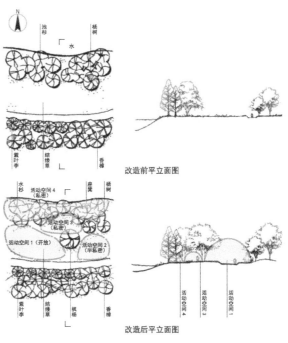

图 17-4-8 样方 34 优化策略

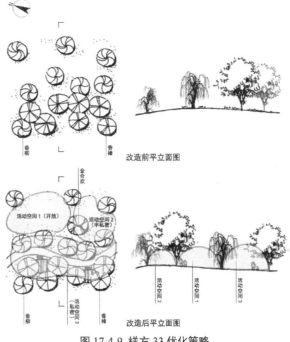

图 17-4-9 样方 33 优化策略

间 2 是乔灌木围合而成的私密空间，活动面积较小，适宜开展静坐休息、看书聊天等静态游憩类活动，以及一些小规模的健身锻炼活动，如气功拳术等（见图 17-4-10）。

4）林下活动型植物群落优化模式

林下活动型植物群落主要为游人提供林下休憩场所，在百米林带中所占比例较大，所选样方中有 45% 的植物景观属于林下活动型。其空间顶部遮蔽性良好，可进行的游憩活动主要以散步、观赏风光、照相摄影为主，若有游憩设施，则适宜进行看书、静坐休息、交流谈心等静态游憩活动。

针对林下活动型植物群落物种多样性低、缺乏季相美、适游面积占比低等问题，建议在进行优化时，可通过增加中层花灌木来提高观赏性和其物种多样性。同时，针对部分群落内乔木种植过密的情况，可以进行适当的抽稀调整，在保证生态效益的同时增加适游面积。

样方 28 是一片临水的榆树林（见图 17-4-11），夏季水中荷花开放，秋季叶色金黄，植物景观优美、自然度较高、且与周边环境协调度好。但存在物种多样性低，驳岸安全性低，乔木种植过密导致适游面积占比低，同时乔木枝下高较低、小枝较多，容易划伤游客，因此存在一定的安全隐患。针对上述问题，建议对乔木层进行抽稀处理，使空间更加整洁舒畅的同时也提升环境安全性，沿水边适当设置坐憩设施，提升驳岸安全性，发挥水景的价值。

改造后的植物群落构成若干个随机分布的小空间，临水的空间设有座椅，游人可在此处静坐休息、观赏风景，林下的小空间适宜进行散步、遛狗玩鸟等静态游憩类活动，或是一些小幅度的健身活动，如图 17-4-11 所示。

植物群落游憩适宜度评价为上海环城绿带百米林带功能的多元化拓展提供了科学依据，对百米林带游憩功能的优化提升具有指导意义。

《上海市绿化市容"十三五"规划》提出的要突出实施构建"两道""两网""两园"生态体系（两道即生态廊道和城市绿道）的构想，为百米林带向

城市绿道的转变提供了政策支持，未来可借鉴宝山、浦东等区已建成绿道的经验，综合考虑周边游憩资源以及连接路径（包括与居住区连接度、道路等级、便捷度等），在游憩适宜度高、景观优美的区段将绿道连通，对于局部堵点，可从外围 400m 绿带绕行，将百米林带打造成基本连续的、舒适的绿道，为市民提供亲近自然的线性活动空间。这对提升整个环城绿带的景观形象和倡导市民绿色出行、健康生活具有一定的推动作用。

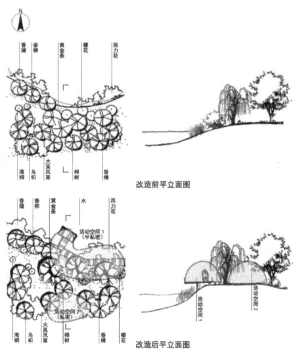

图 17-4-10 样方 23 优化策略

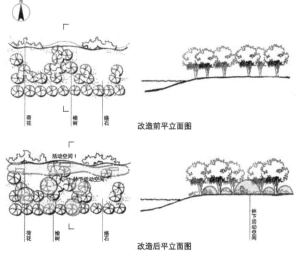

图 17-4-11 样方 28 优化策略

本章注释

[1] 郑岩 . 哈尔滨城市公园植物群落特征及其景观评价 [D]. 哈尔滨 : 东北林业大学 ,2007.

[2] 衣官平 . 上海公园绿地植物群落景观评价及优化模式构建 [D]. 哈尔滨 : 东北林业大学 ,2009.

[3] 沈烈英 . 上海城市森林的植被特征与综合评价研究 [D]. 南京 : 南京林业大学 ,2008.

[4] 宋永昌 . 植物生态学 [M]. 上海 : 华东师范大学出版社 ,2001(1):23-25.

[5] 包站雄 . 福建省森林景观质量评价与经营研究 1[J]. 林业勘察设计（福建）,2004(1): 16-19.

[6] 建文 , 章志都 , 许贤书 , 等 . 福建省山地坡面风景游憩林美景度综合评价及构建技术 [J]. 东北林业大学学报 ,2010,38 (4): 45-48.

[7]Arthur L M. Predicting scenic beauty of forest environments: some empirical tests[J]. Forest Science,1977(23):151-160.

[8] 达良俊 , 杨同辉 , 宋永昌 . 上海城市生态分区与城市森林布局研究 [J]. 林业科学 ,2004(4):84-88.

[9] 达良俊 , 杨珏 , 霍晓丽 . 城市化进程中上海植被的多样性、空间格局和动态响应（Ⅶ）: 上海浦东近自然森林十年间的动态变化及模式优化 [J]. 华东师范大学学报（自然科学版）,2011(4):15-23.

[10] 达良俊 , 杨永川 , 陈燕萍 . 上海大金山岛的自然植物群落多样性研究 [J]. 中国城市林业 ,2004(2):22-25.

[11] 张美珍 , 赖明洲 . 华东五省一市植物名录 [M]. 上海：上海科学普及出版社 ,1993.

[12] 上海科学院 . 上海植物志（上、下卷）[M]. 上海：上海科学技术文献出版社 ,1999.

[13] 张庆费 , 夏檑 . 上海木本植物的区系特征与丰富途径的探讨 [J]. 中国园林 ,2008(7):11-15.

[14] 吴征镒 . 中国植被 [M]. 北京 : 科学出版社 ,1980.

[15] 张凯旋 . 上海环城林带群落生态学与生态效益及景观美学评价研究 [D]. 上海 : 华东师范大学 ,2010.

[16] 车生泉 , 郑丽蓉 . 园林植物的空间分类（一）[J]. 园林 ,2004(7):20-21.

[17] 柯合作 . 园林绿地中植物构成的空间类型及其应用 [J]. 亚热带植物科学 ,1999,28(1):51-55.

[18] 周娴 . 杭州城市公园典型植物群落结构与游憩度研究 [D]. 上海：上海交通大学 ,2012.

[19] 张志颖 . 杭州钱江新城 CBD 植物景观与游憩度评价研究 [D]. 杭州：浙江农林大学 ,2014.

[20] 段诗乐 , 李倞 . 美国城市近郊森林公园游憩活动类型研究 [C]. 中国风景园林学会会议论文集 ,2015:242-246.

[21 王娟 . 北京森林游憩环带构建及其典型森林景观资源评价 [D]. 北京 : 北京林业大学 ,2010.

[22] 李明阳 , 崔志华 , 申世广 , 等 . 紫金山风景林美学评价与森林游憩活动适宜度量化模型研究 [J]. 北京林业大学学报社会科学版 ,2008(9):6-11.

[23] 汪芳 , 俞曦 . 城市园林游憩活动谱研究——以无锡市为例 [J]. 中国园林 ,2008(4):84-88.

[24] 顾康康 . 生态承载力的概念及其研究方法 [J]. 生态环境学报 ,2012(2):389-396.

[25] 汪芳 , 俞曦 . 城市园林游憩活动评价及 "期望差异—体验水平" 管理模式——以无锡市为例 [J]. 地理研究 ,2008(52): 1059-1070.

[26] 王云才 . 论都市郊区游憩景观规划与景观生态保护——以北京市郊区游憩景观规划为例 [J]. 地理研究 ,2003(3) :324-334.

[27] 王娟 . 北京森林游憩环带构建及其典型森林景观资源评价 [D]. 北京 : 北京林业大学 ,2010.

[28] 李舒仪 . 南京市玄武湖公园植物景观评价与优化 [D]. 南京 : 南京林业大学 ,2009.

[29] 顾康康 . 生态承载力的概念及其研究方法 [J]. 生态环境学报 ,2012(2):389-396.

[30] 毛汉英 , 余丹林 . 区域承载力定量研究方法探讨 [J]. 地球科学进展 ,2001(4):549-555.

[31] 王奎峰,李娜,于学峰,等.山东半岛生态承载力评价指标体系构建及应用研究[J].中国地质,2014(3):1018-2027.

[32] 杨玲.环城绿带游憩开发及游憩规划相关内容研究[D].北京:北京林业大学,2010.

[33] 徐稀,刘滨谊.美国郊野公园的游憩活动策划及基础服务设施设计[J].中国园林,2009(6):6-9.

[34] 张汛翰.游憩规划设计研究——游憩项目设置方法探讨[J].中国园林,2001(2):11-13.

[35] 张笑笑.城市游憩型绿道的选线研究[D].上海:同济大学,2008.

附录 1 上海公园（绿地）名录

序号	公园名称	面积 /hm²	行政区	开放时间	备注	2018 年星级评定
				综合公园		
1	静安中环公园	7.80	静安区	2018 年改造		
2	大宁灵石公园	68.00	静安区	2002 年	2001 年底基本开放；2002 年 5 月对外开放；2005 年，原广中公园与大宁灵石公园合并，统称"大宁灵石公园"	四星级
3	人民公园	12.00	黄浦区	1952 年	由跑马场改建	四星级
4	复兴公园	8.89	黄浦区	1909 年		四星级
5	徐家汇公园	8.47	徐汇区	2000 年		五星级
6	中山公园	21.43	长宁区	1941 年、2014 年改造		四星级
7	新虹桥中心花园	13.00	长宁区	2000 年		四星级
8	天山公园	6.80	长宁区	1958 年		四星级
9	长风公园	36.40	普陀区	1959 年		五星级
10	鲁迅公园	28.63	虹口区	1896 年、2015 年改造	纪念性公园	四星级
11	曲阳公园	6.47	虹口区	1997 年	以体育为特色的公园	四星级
12	和平公园	17.60	虹口区	1958 年	原名提篮公园，1959 改名和平公园	四星级
13	黄兴公园	62.40	杨浦区	2001 年		四星级
14	杨浦公园	22.00	杨浦区	1958 年	公园整体布局模拟杭州西湖景观	四星级
15	世博公园	23.00	浦东区	2010 年		四星级
16	世纪公园	140.30	浦东区	2000 年	上海内环线中心区域内最大的富有自然特征的生态型城市公园	五星级
17	周浦公园	13.30	浦东区	2004 年	森林生态公园	
18	华夏公园	17.32	浦东区	2002 年		三星级
19	高东公园	14.23	浦东区	2005 年		三星级
20	川沙公园	5.30	浦东区	1985 年		四星级
21	星愿公园	50.00	浦东区	2016 年		
22	后滩公园	14.00	浦东区	2010 年	场地原为钢铁厂（浦东钢铁集团）和后滩船舶修理厂所在地	
23	吴淞公园	6.38	宝山区	1932 年	吴淞公园建成当月"一二八"战火所毁；1952 年重建，定名吴淞海滨公园，经多次改建扩建，于 1984 年 10 月以现名开放	
24	美兰湖公园	19.70	宝山区		上海最大的人工湖之一，也是一个环境优美的大型的户外公园	
25	宝山滨江公园	5.38	宝山区	2012 年		三星级
26	闵行公园	6.08	闵行区	1988 年		四星级
27	古华公园	10.67	奉贤区	1984 年	仿古园林的大型综合性公园	五星级
28	滨海公园	6.00	金山区	1982 年		四星级

序号	公园名称	面积/hm²	行政区	开放时间	备注	2018年星级评定
				社区公园		
29	静安公园	3.94	静安区	1953年、1999年改造		五星级
30	蝴蝶湾公园	1.50	静安区	2008年		
31	中兴绿地	3.20	静安区	2012年		
32	西康公园	0.56	静安区	1951年、1982年改造		三星级
33	99广中绿地	1.57	静安区	2018年开放		
34	彭浦公园	2.88	静安区	1984年	1994年扩建；2009年公园进行整体改造	三星级
35	交通公园	1.58	静安区	1954年开放	1972年因建造人防工程，公园关闭；后经重建，于1979年元旦再度开放；2009年，公园进行整体改造	三星级
36	三泉公园	2.72	静安区	1997年开放		三星级
37	岭南公园	3.83	静安区	1984年开放	2003年公园整体改造	三星级
38	不夜城大型公共绿地	4.30	静安区	2004年	原址为棚户区	四星级
39	淮海公园	2.56	黄浦区	1958年	由公墓改造而成	三星级
40	延福公园	1.90	黄浦区			
41	黄浦公园	2.06	黄浦区	1868年始建，1989年改造	现在该公园拆除了大门，与上海市人民英雄纪念塔、外滩历史纪念馆、大型浮雕及纪念塔广场等融为一体，是外滩重要景观之一	
42	蓬莱公园	2.76	黄浦区	1953年		三星级
43	古城公园	3.88	黄浦区	2002年		四星级
44	丽园公园	1.75	黄浦区	2003年		三星级
45	南园公园	7.33	黄浦区	1957年	又称南园滨江绿地	五星级
46	大观园绿地	0.90	黄浦区			
47	九子公园	0.77	黄浦区	2006年	传统体育项目主题公园	三星级
48	漕河泾开发区公园	4.42	徐汇区	1998年		三星级
49	襄阳公园	2.21	徐汇区	1942年		三星级
50	东安公园	2.00	徐汇区	1984年		三星级
51	漕溪公园	3.13	徐汇区	1958年		四星级
52	康健园	9.57	徐汇区	1953年		三星级
53	衡山公园	1.19	徐汇区	1925年		三星级
54	黄道婆纪念公园	1.26	徐汇区	2003年	与清幽古朴的黄道婆墓相邻相伴	
55	跑道公园	7.47	徐汇区	2018年	原龙华机场跑道改造	
56	虹桥公园	1.87	长宁区	2005年	城市开放式公共绿地；虹桥商务区的"夜明珠"	三星级
57	新泾公园	2.23	长宁区	2002年		三星级
58	天原公园	0.93	长宁区	1986年		三星级
59	水霞公园	1.18	长宁区	1992年		三星级
60	哈密公园	1.24	长宁区	2018年		
61	长寿公园	4.00	普陀区	2001年		四星级
62	普陀公园	1.32	普陀区	1954年		三星级
63	武宁公园	6.52	普陀区	2010年		二星级
64	沪太公园	1.47	普陀区	1988年		三星级
65	海棠公园	1.49	普陀区	1998年		三星级
66	清涧公园	1.96	普陀区	2003年		三星级
67	祥和公园	3.00	普陀区	2005年		三星级

序号	公园名称	面积/hm²	行政区	开放时间	备注	2018年星级评定
68	梅川公园	1.13	普陀区	1999年		三星级
69	真光公园	1.52	普陀区	1999年		二星级
70	甘泉公园	3.16	普陀区	1997年		三星级
71	管弄公园	1.25	普陀区	1991年		三星级
72	宜川公园	1.88	普陀区	1980年		三星级
73	曹杨公园	2.26	普陀区	1954年		三星级
74	丹巴公园	2.66	普陀区	2013年	所在地原为上海住总新型材料公司	
75	枣阳园	1.00	普陀区	2018年		
76	梦栖园	0.73	普陀区	2018年		
77	滨江鱼鸟之恋公园	1.25	普陀区			
78	桃浦公园	1.52	普陀区			三星级
79	江湾公园	1.07	虹口区	1996年、2009年改造	原名丰镇公园	三星级
80	凉城公园	1.37	虹口区	1995年	以"凉"字为主题，以绿色为基调	三星级
81	昆山公园	0.29	虹口区	1898年	公园与女书院比邻，园中还设有秋千、跷跷板等适合儿童玩耍的设施和器械	三星级
82	霍山公园	0.37	虹口区	2016年	始建于1917年，原名斯塔德利公园	三星级
83	彩虹湾公园	1.64	虹口区	2017年	原名虹湾绿地，2018年6月更名为彩虹湾公园	
84	复兴岛公园	4.05	杨浦区	1951年	公园是由体育会花园改建的	三星级
85	四平科技公园	7.03	杨浦区	2003年	集高科技孵化基地、科技会务与科技展示中心为一体的开放式城市公共绿地	三星级
86	波阳公园	0.90	杨浦区	1931年	1973年重新规划，1977年再行开放	三星级
87	江浦公园	3.85	杨浦区	2005年		三星级
88	惠民公园	0.80	杨浦区	1959年	2009年8月改造，完善了公园功能定位及布局，并增加了新优植物品种	三星级
89	工农公园	1.60	杨浦区	1992年、2009年改造		三星级
90	民星公园	3.28	杨浦区	1994年		三星级
91	延春公园	1.29	杨浦区	1987年		三星级
92	松鹤公园	1.40	杨浦区	1986年	园址原为一座已废的私有花圃，1958年辟为兰州苗圃	三星级
93	内江公园	1.55	杨浦区	1984年		三星级
94	平凉公园	1.36	杨浦区	1958年		三星级
95	大连路绿地	2.71	杨浦区	2009年	是上海第一个具有城市防灾避难功能的绿地，也是重要的爱国主义教育基地	
96	军工路环岛绿道	0.50	杨浦区			
97	长青公园	2.06	浦东区	1985年		三星级
98	古钟园	3.87	浦东区	1982年		三星级
99	友城公园	10.26	浦东区	2016年		
100	黎安公园	9.46	闵行区	2006年		三星级
101	航华公园	4.46	闵行区	2000年		三星级
102	红园	4.08	闵行区	1960年		三星级
103	南浦广场公园	3.28	浦东区	1997年		三星级
104	合庆公园	3.66	浦东区	2008年改造	原有的合庆镇公园进行改建	
105	塘桥公园	3.73	浦东区	2001年		三星级
106	江镇市民广场公园	3.20	浦东区	2002年		三星级

序号	公园名称	面积/hm²	行政区	开放时间	备注	2018 年星级评定
107	梅园公园	1.87	浦东区	1987 年	2009 年进行改造，恢复其居住区小游园的功能和定位	三星级
108	泾南公园	2.24	浦东区	2001 年		三星级
109	名人苑	9.53	浦东区	1997 年		二星级
110	高桥公园	4.46	浦东区	1988 年		三星级
111	金桥公园	11.00	浦东区	2000 年		三星级
112	上南公园	3.80	浦东区	1996 年		三星级
113	济阳公园	3.30	浦东区	1995 年		三星级
114	临沂公园	2.21	浦东区	1992 年		三星级
115	泾东公园	2.08	浦东区	1989 年		三星级
116	德州休闲绿地	3.59	浦东区			
117	曙光绿地	6.84	浦东区	2014 年		
118	港城公园	8.21	浦东区			
119	浦发公园	5.51	浦东区			
120	香梅公园	1.92	浦东区			
121	紫薇公园	2.20	浦东区			
122	金枫公园	3.50	浦东区	东园 2003 年，西园 2005 年		
123	张衡公园	6.76	浦东区	2010 年		
124	花木公园	3.10	浦东区	2005 年		
125	滨河文化公园	12.80	浦东区			三星级
126	庙行公园	3.15	宝山区			
127	智力公园	4.85	宝山区	2011 年	基地原为纺织原料公司仓储用地	三星级
128	大华行知公园	5.80	宝山区	2000 年		三星级
129	泗塘公园	4.50	宝山区	1994 年		三星级
130	共和公园	4.20	宝山区	2008 年		四星级
131	罗泾公园	7.70	宝山区	2007 年		三星级
132	淞南公园	8.00	宝山区	1998 年	自然式园林	三星级
133	永清公园	2.98	宝山区	1996 年		三星级
134	友谊公园	4.41	宝山区	1990 年		四星级
135	罗溪公园	7.4	宝山区	1990 年		四星级
136	月浦公园	1.80	宝山区	1988 年		三星级
137	祁连公园	8.44	宝山区	2017 年		
138	菊盛公园	5.64	宝山区	2017 年改造	公园呈南北向带状分布	
139	走马塘小游园	3.99	宝山区	2017 年		
140	杨泰小游园	2.40	宝山区			
141	虎林苑	4.18	宝山区			
142	阳泉花园	1.20	宝山区			
143	颐景园	6.7	宝山区	2008 年		
144	莘庄公园	3.87	闵行区	1951 年		五星级
145	吴泾公园	4.50	闵行区	1998 年		三星级
146	水生园	11.70	闵行区	2004 年		三星级
147	西洋园	13.40	闵行区	2005 年	设有上海第一条也是最大的花镜，开创了上海园林花镜的先河	
148	华漕公园	3.00	闵行区	1997 年		三星级
149	莘城中央公园	4.30	闵行区	1999 年	设计单位：上海市园林设计院	二星级
150	纪王公园	1.93	闵行区	2001 年		

序号	公园名称	面积/hm²	行政区	开放时间	备注	2018 年星级评定
151	锦园	1.09	闵行区			
152	浦康休闲公园	10.45	闵行区			
153	银都绿地	2.99	闵行区	2017 年		
154	亭林公园	1.54	金山区	1995 年		三星级
155	瀛洲公园	4.60	崇明区	1983 年		四星级
156	颛联休闲公园	3.04	闵行区		利用轻轨下绿化带改造的健康休闲公园	
157	金虹桥公园	2.31	闵行区		自然风景园林布置	
158	浦江第一湾公园	20.00	闵行区			
159	梅陇公园	2.15	闵行区	2008 年	引用雨水收集和净化处理、太阳能路灯、防辐射廊架、立体绿化等生态技术	
160	陈行公园	4.13	闵行区	1999 年	2009 年 5 月又进行了整体改造，并与 2010 年 11 月 18 日重新对外开放	
161	田园	2.35	闵行区	2004 年		二星级
162	诸翟公园	3.53	闵行区	2004 年	以改善人居环境、倡导身心健康的生活为主题，率先开放夜公园	
163	梅陇休闲园	1.00	闵行区	1999 年		
164	马桥公园	2.52	闵行区	2012 年	原为马桥古文化广场绿地	
165	平阳双拥公园	1.20	闵行区	2003 年	突出爱国主义教育和民族精神教育的内容	
166	石湖荡绿化广场	0.72	松江区	2016 年改造	2016 年政府将其改造成了集健康知识宣传、健康文化展示为一体的控烟主题公园	
167	思贤公园	1.20	松江区	2001 年	开放式公共休闲场所	四星级
168	泗泾公园	5.53	松江区	1999 年		三星级
169	新桥公园	3.33	松江区			
170	文化广场	0.93	松江区			
171	五龙湖公园（一期）	2.70	松江区			
172	安亭公园	6.98	嘉定区	2003 年	在原安亭公园的基础上，经改造成安亭市民广场	三星级
173	黄渡公园	3.33	嘉定区	2000 年	历史文化园	
174	金沙公园	4.00	嘉定区		所处地块属于房地产项目"金沙丽景"楼盘	
175	新成公园	3.80	嘉定区	2003 年		
176	南苑公园	3.32	嘉定区	2000 年	是一个大型多功能开放式公园，位居南苑居住区中心	
177	金鹤公园	4.46	嘉定区	2006 年	属于"四高小区"的金鹤新城	
178	南城墙公园	6.89	嘉定区	2001 年	南城墙遗址文化公园	
179	复华公园	1.10	嘉定区	2008 年	带状公园	
180	小河口银杏园	0.50	嘉定区	2004 年	园中有 10 棵古银杏，树龄皆在 200 年以上	
181	檀园	0.66	嘉定区	2011 年重建	原为明代文人李流芳的私家园林，因李流芳号檀园	
182	世纪绿苑	3.20	嘉定区			
183	唐家湾公园	1.97	嘉定区			
184	西渡公园	2.63	奉贤区	2013 年		
185	年丰公园	1.68	奉贤区	2018 年		
186	市民公园	4.39	奉贤区			
187	奉城公园	18.50	奉贤区	2017 年		

序号	公园名称	面积 /hm²	行政区	开放时间	备注	2018 年星级评定
188	庄行公园	4.97	奉贤区			
189	星火公园	14.71	奉贤区	2018 年		
190	枫溪公园	1.93	金山区	1985 年		三星级
191	金山公园	2.27	金山区	1983 年		三星级
192	东礁苑	1.80	金山区		石化城区东礁小区内	
193	民惠广场公园	1.40	青浦区			
194	朱家角市民广场公园	5.00	青浦区			
195	夏阳湖公园	4.24	青浦区			
196	中建力诺公园	1.00	青浦区			
197	沁园湖公园	5.00	青浦区			
198	北菁园	4.47	青浦区	2014 年二期	北菁园是青浦区首个科普主题公园	
199	华新人民公园	7.65	青浦区	2000 年		
200	南菁园	7.70	青浦区			
201	徐泾广场公园	2.25	青浦区		2003 年 4 月 1 日开放	
202	堡镇公园	3.79	崇明区	2012 年	堡镇第一个市民公园	三星级
专类公园						
203	雕塑公园	6.00	静安	2007 年（一期） 2010 年（二期）		五星级
204	闸北公园	13.69	静安	1950 年	前身系宋教仁墓园，1950 年 5 月 28 日易名闸北公园	五星级
205	绍兴公园	0.24	黄浦区	1951 年	曾名绍兴儿童公园	三星级
206	豫园	1.81	黄浦区	1559 年	上海五大古典园林之一	五星级
207	桂林公园	3.55	徐汇区	1958 年	始建于 1931 年，原称"黄家花园"；以桂花为特色，具有中国古典园林风格的公园	四星级
208	上海植物园	81.86	徐汇区	1978 年		五星级
209	光启公园	1.32	徐汇区	1978 年		三星级
210	龙华烈士陵园	25.67	徐汇区	1952 年	1952 年市工务局园场管理处接管整修，同年开放，改名龙华公园；1964 年，扩建整修；1992 年上海市委决定将漕溪路上海烈士陵园并入龙华烈士陵园，1995 年 7 月 1 日竣工对外开放	四星级
211	上海动物园	74.00	长宁区	1953 年	全国十佳动物园之一，中国第二大城市动物园	五星级
212	华山儿童公园	0.27	长宁区	1952 年		三星级
213	临空滑板主题公园	2.47	长宁区	2016 年		
214	梦清园	8.60	普陀区	2008 年	环保主题公园	三星级
215	兰溪青年公园	1.26	普陀区	1984 年		三星级
216	广粤运动公园	0.95	虹口区	2019 年	以"绿色、运动"为主题	
217	爱思儿童公园	28.47	虹口区	2015 年	原名海伦儿童公园，1953 年始建	三星级
218	新江湾城生态走廊	12.47	杨浦区	2005 年	具有"自然、野趣、宁静、粗犷"的景观特色	三星级
219	共青森林公园	131.00	杨浦区	1982 年	唯一一座位于上海中心城区的森林公园	五星级
220	上海野生动物园	153.00	浦东区	1995 年		五星级
221	蔓趣公园	1.83	浦东区	1988 年		三星级
222	豆香园	6.90	浦东区	2006 年		三星级

序号	公园名称	面积/hm²	行政区	开放时间	备注	2018年星级评定
223	上海滨江森林公园	300.00	浦东区	2007年		五星级
224	吴淞炮台湾湿地公园	53.46	宝山区	2007年（一期）2011年（二期）		五星级
225	上海淞沪抗战纪念园	9.87	宝山区	1956年开放，1991年、2003年改造		三星级
226	宝山烈士陵园	1.56	宝山区	1956年	曾名宝山县烈士公墓	四星级
227	颛桥剪纸公园	1.52	闵行区	2009年		
228	古藤园	0.49	闵行区	1999年	设计单位：上海市园林设计院	三星级
229	闵行体育公园	84.00	闵行区	2004年		五星级
230	上海辰山植物园	207.63	松江区	2011年	华东地区规模最大的植物园，同时也是上海市第二座植物园	五星级
231	醉白池	5.06	松江区	已有900余年历史，2011年改造	上海五大古典园林之一	五星级
232	松江方塔园	12.13	松江区	1982年		五星级
233	古漪园	10.00	嘉定区	明代嘉靖年间	上海五大古典园林之一	五星级
234	秋霞圃	3.31	嘉定区	始建于明弘治十五年（1502年）	上海五大古典园林之一	五星级
235	紫藤公园	1.00	嘉定区		既具有中国山水园林的特色，同时也融入了部分日本造园风格	
236	汇龙潭公园	8.84	嘉定区	1979年一期，1984年		四星级
237	上海汽车博览公园	77.00	嘉定区			三星级
238	陈家山荷花公园	2.51	嘉定区	2008年	在此附近，原是陈家山荷花池旧址，其历史可追溯到元朝	
239	嘉定儿童公园	4.01	嘉定区	1985年	1998年8月儿童公园与少年宫合并，并对外开放	三星级
240	海湾国家森林公园	100.00	奉贤区	1998年		
241	珠溪园	3.53	青浦区	1957年		三星级
242	上海大观园	137.93	青浦区	1988年	初名上海淀山湖风景区，1985年1月更名上海淀山湖大观园游览区，1991年定名为上海大观园。上海地区著名的红楼主题旅游区，是获得过国家建筑"鲁班奖"的仿古园林，是国家AAAA级旅游区、中国风景名胜区协会优秀单位	五星级
243	曲水园	1.82	青浦区	1911年	上海五大古典园林之一	五星级
244	东平国家森林公园	360.00	崇明区	1993年		
	游园					
245	延中绿地（静安段）	3.48	静安区	2001年	2000年始建	
246	延中绿地(新黄浦段)	23.63	黄浦区	2001年	2000年始建	
247	小桃园绿地	0.39	黄浦区	2018年		
248	龙华东路台地花园	0.97	黄浦区	2018年		
249	东湖绿地	0.44	徐汇区	2015年		
250	乌中绿地	0.22	徐汇区			
251	凯桥绿地	4.30	长宁区	2001年		
252	华山绿地	3.90	长宁区	2001年		四星级
253	延虹绿地	3.80	长宁区	2003年		三星级

序号	公园名称	面积/hm²	行政区	开放时间	备注	2018 年星级评定
254	青春小游园	1.33	长宁区	2008 年		
255	海粟绿地	4.92	长宁区			四星级
256	曹村源园	0.11	普陀区			
257	四川北路公园	4.24	虹口区	2002 年、2013 年改造		四星级
258	陆家嘴中心绿地	10.00	浦东区	1997 年	上海规模最大的开放式草坪	五星级
259	合园	3.00	浦东区	2003 年	川沙经济园区集中绿地	
260	白莲泾公园		浦东区	2010 年	2017 年景观整体提升	
261	航东春沁园	0.50	闵行区		原为 G50 旁道路防护绿地，2018 年改造后成为可游憩的开放式绿地	
262	上海千年古银杏园	0.72	嘉定区	2002 年	辟建此园，是因为这里有一棵千年银杏树，据 1995 年立于树下石碑记载，树龄已有一千二百余年，照此推算，此树应植于唐德宗贞元年间	
263	望春园	0.80	奉贤区	1996 年		
264	育秀园	0.57	奉贤区			
风景游憩绿地（郊野公园）						
265	顾村公园	430	宝山区	2009 年一期，2012 年	大型城市郊野森林公园	五星级
266	青西郊野公园	2020	青浦区	2016 年	以湿地为特色的郊野公园	
267	广富林郊野公园	4000	松江区	2017 年 12	紧邻广富林文化遗址	
268	浦江郊野公园	1370	闵行区	2017 年一期	近郊都市森林型郊野公园	
269	长兴岛郊野公园	2980	崇明区	2017 年	以远郊生态涵养型为特色	
270	嘉北郊野公园	1400	嘉定区	2017 年一期	以近郊休闲型为特色	
271	廊下郊野公园	2140	金山区	2016 年	上海第一个对外开放郊野公园	
其他						
272	东芰泾公园	1.15	静安区	2016 年	原为高压线下违法搭建聚集地	
273	广场公园（黄浦段）	7.05	黄浦区	2001 年	一期和二期于 2001 年 6 月 28 日竣工；三期为上海音乐厅所在地块，2003 年竣工	五星级
274	虹桥河滨公园	2.58	长宁区	2003 年		三星级
275	未来岛公园	2.70	普陀区	2000 年	位于桃浦镇未来岛物流高新技术园区的中心，是一座以生态、环保等功能为主的公园	三星级
276	滨江公园	8.38	浦东区	1997 年	集观光、绿化、交通及服务设施为一体，着眼于城市生态环境和功能的沿江景观工程	
277	滨江大道	11.69	浦东区			三星级
278	康桥生态园沔青绿地	60.40	浦东区			
279	临江公园	10.77	宝山区	1956 年		
280	梅馨陇韵	2.45	闵行区	2012 年		
281	华翔绿地	19.93	闵行区		五大绿地以"水"为纽带，以"水"为媒介，以"水"为主题，打造江南水乡精神的现代滨水商务区	
282	闵行文化公园	43.49	闵行区		公园还没有完全开放，现在开放的只是整个公园第一、二期的部分区域	

序号	公园名称	面积/hm²	行政区	开放时间	备注	2018 年星级评定
283	锦博苑	2.94	闵行区	2017 年		
284	景谷园	0.94	闵行区		由于历史建造原因，距离居民区较近，影响居民通风、采光，现通过绿化调整改造	
285	新华园	0.46	闵行区			
286	江玮绿地	2.71	闵行区	2013 年		
287	金塔公园	0.84	闵行区	2005 年，2016 年改造	2005 年初建面积为 3000 平方米；2016 年扩建改造总面积达 8600 平方米	
288	其昌公园	2.00	松江区	1997 年	松江第一个开放式公园	
289	中央公园	62.16	松江区			
290	松江市民广场	7.00	松江区			
291	思鲈园	0.90	松江区		张祥和的遂养堂和雷补同宅均为整体搬迁的明清老宅	
292	外冈蜡梅园	66.67	嘉定区			
293	古银杏树公园	1.46	嘉定区	2002 年		
294	马陆葡萄公园	30.00	嘉定区	2005 年	农业休闲园	
295	南水关公园	0.87	嘉定区	2007 年		
296	盘陀子公园	1.50	嘉定区	2013 年		
297	紫气东来（一期）	8.42	嘉定区	2010 年		
298	世外桃园	80.00	奉贤区			
299	四季生态公园	16.90	奉贤区			三星级
300	上海申隆生态园	785.30	奉贤区	1990 年	农业休闲园	
301	张堰公园	2.73	金山区	1958 年		三星级
302	荟萃园	1.00	金山区	1993 年		三星级
303	古松园	0.05	金山区	1985 年		三星级
304	新城公园	17.22	崇明区	2010 年	免费全开放性质公园	五星级

附录 2 上海综合公园功能分区与景点一览表

天山公园				
建造年份		区位		规模
1958		长宁区		6.80hm²
A	**B**	**C**	**D**	**E**
入口空间	儿童活动空间	安静休憩空间	运动健身空间	非专业运动空间
场地分布图				

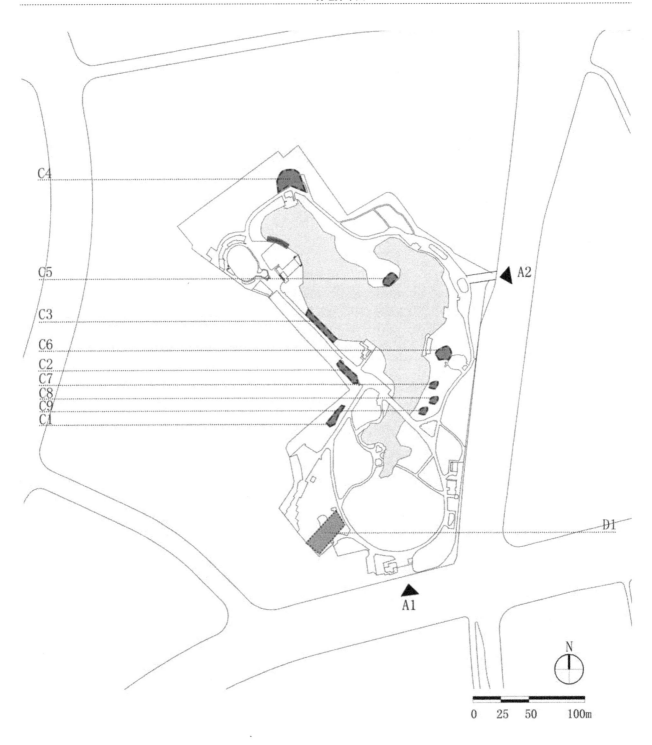

复兴公园				
建造年份		区位		规模
1909		黄埔区		9.00hm²
A	B	C	D	E
入口空间	儿童活动空间	安静休憩空间	运动健身空间	非专业运动空间
场地分布图				

徐家汇公园				
建造年份		区位		规模
2001		徐汇区		8.47hm²
A	**B**	**C**	**D**	**E**
入口空间	儿童活动空间	安静休憩空间	运动健身空间	非专业运动空间
场地分布图				

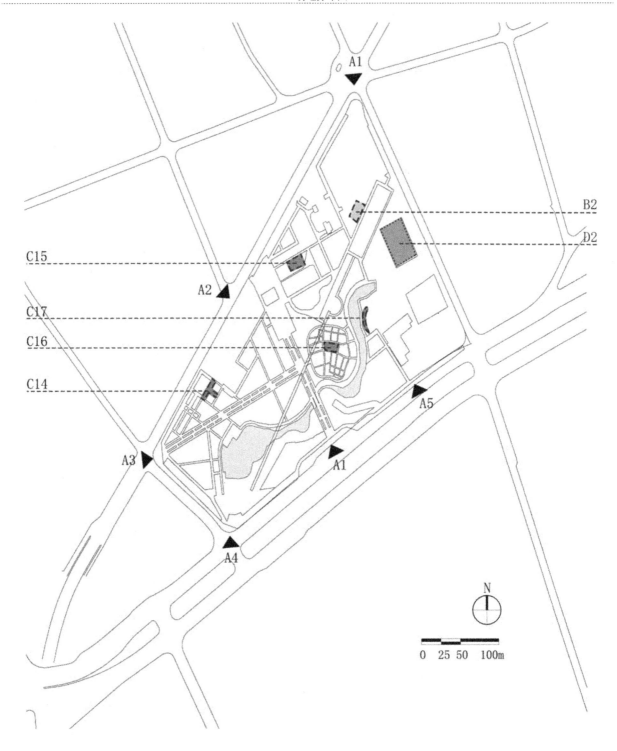

人民公园				
建造年份		区位		规模
1993		黄浦区		12.00hm²
A	**B**	**C**	**D**	**E**
入口空间	儿童活动空间	安静休憩空间	运动健身空间	非专业运动空间
场地分布图				

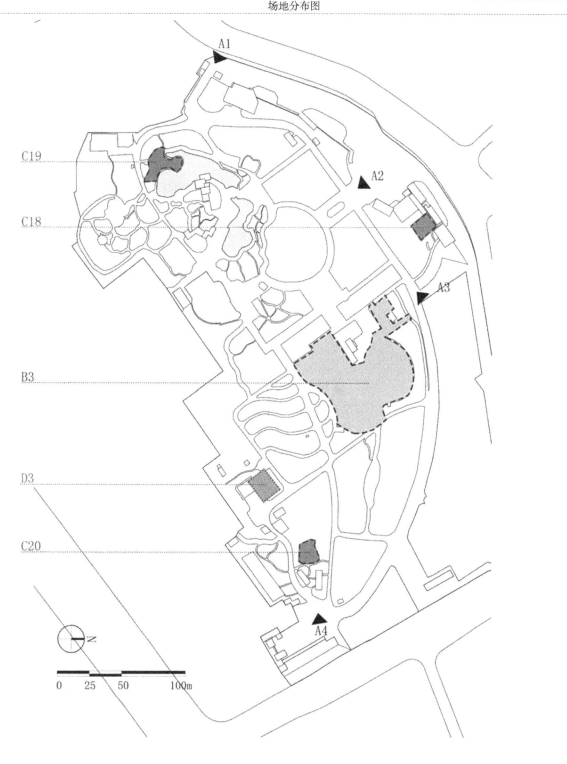

（续表）

新虹桥中心花园				
建造年份	区位		规模	
2000	长宁区		13.00hm²	
A	**B**	**C**	**D**	**E**
入口空间	儿童活动空间	安静休憩空间	运动健身空间	非专业运动空间
场地分布图				

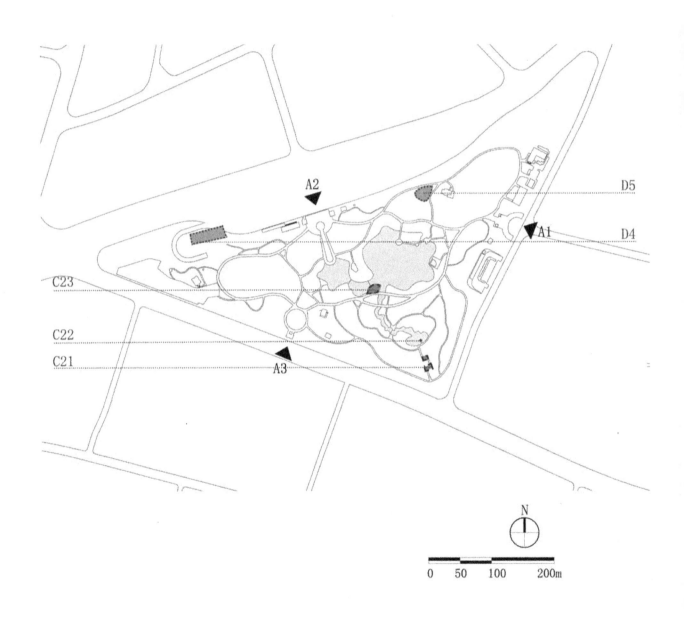

和平公园				
建造年份		区位	规模	
1958		虹口区	$17.58hm^2$	
A	**B**	**C**	**D**	**E**
入口空间	儿童活动空间	安静休憩空间	运动健身空间	非专业运动空间
场地分布图				

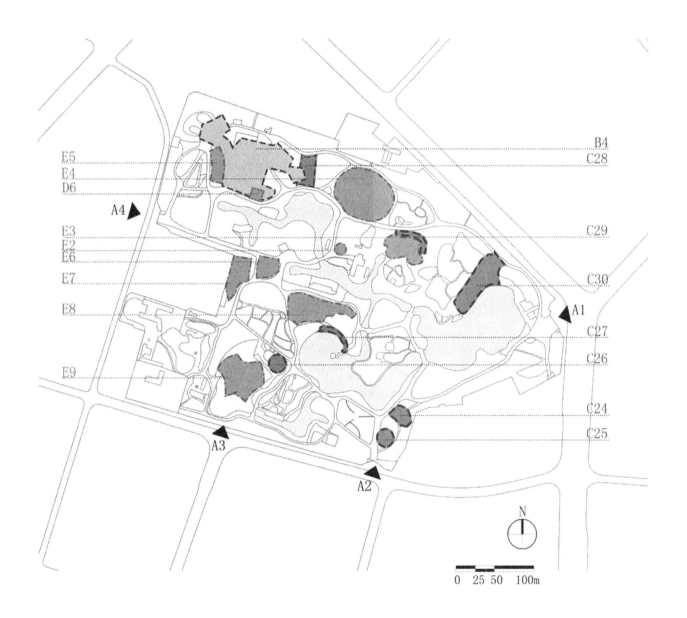

杨浦公园				
建造年份		区位		规模
1958 年开放		杨浦区		22.00hm²
A	**B**	**C**	**D**	**E**
入口空间	儿童活动空间	安静休憩空间	运动健身空间	非专业运动空间
场地分布图				

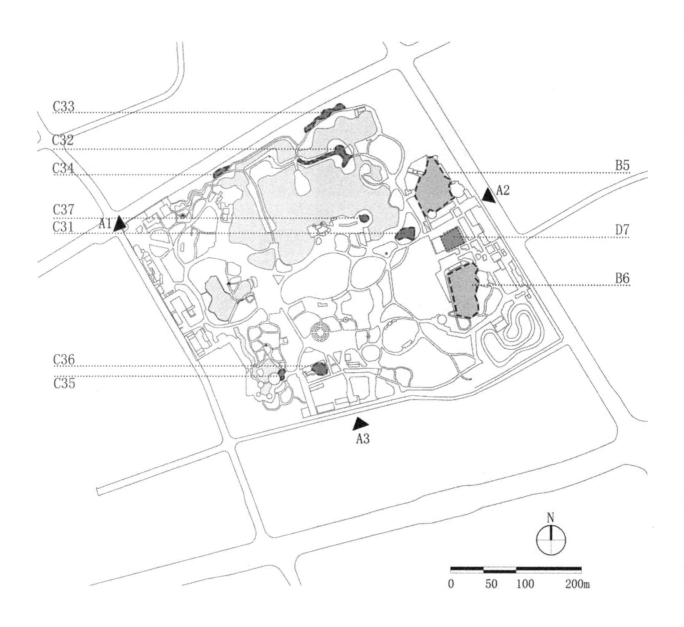

鲁迅公园

建造年份	区位	规模
1896	虹口区	28.63hm²

A	B	C	D	E
入口空间	儿童活动空间	安静休憩空间	运动健身空间	非专业运动空间

场地分布图

黄兴公园				
建造年份	区位		规模	
2001	杨浦区		40.42hm²	
A	**B**	**C**	**D**	**E**
入口空间	儿童活动空间	安静休憩空间	运动健身空间	非专业运动空间
场地分布图				

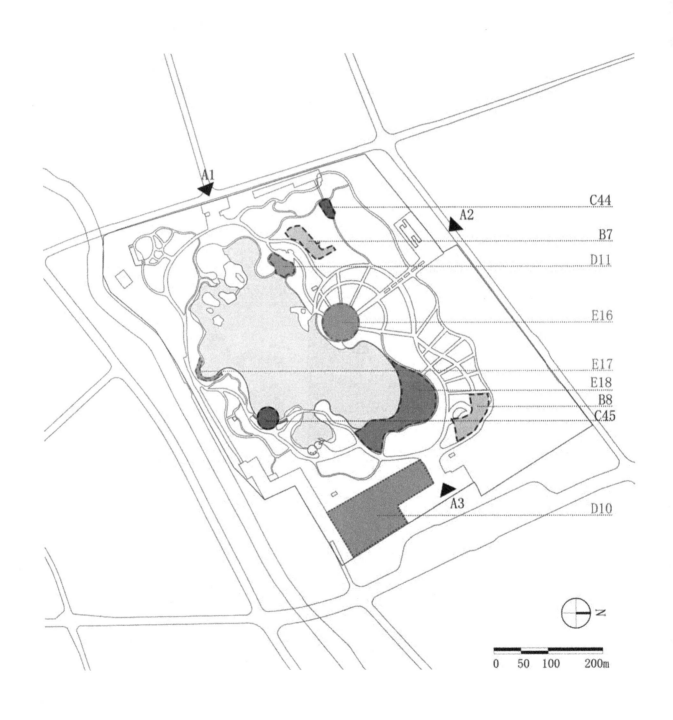

长风公园

建造年份	区位		规模	
1959	普陀区		36.40hm²	
A	**B**	**C**	**D**	**E**
入口空间	儿童活动空间	安静休憩空间	运动健身空间	非专业运动空间

场地分布图

（续表）

大宁灵石公园				
建造年份	区位		规模	
2002	静安区		68.00hm²	
A	B	C	D	E
入口空间	儿童活动空间	安静休憩空间	运动健身空间	非专业运动空间

场地分布图

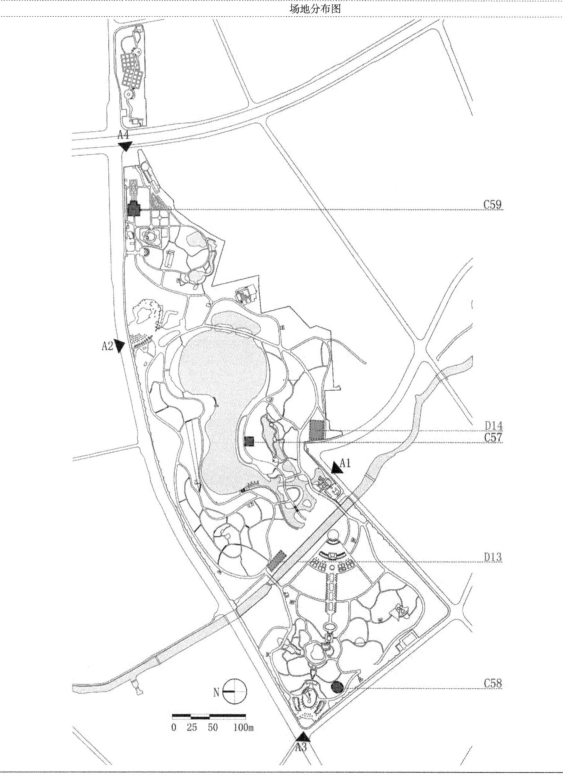

世纪公园				
建造年份		区位		规模
1995		浦东新区		140.30hm²
A	B	C	D	E
入口空间	儿童活动空间	安静休憩空间	运动健身空间	非专业运动空间
场地分布图				

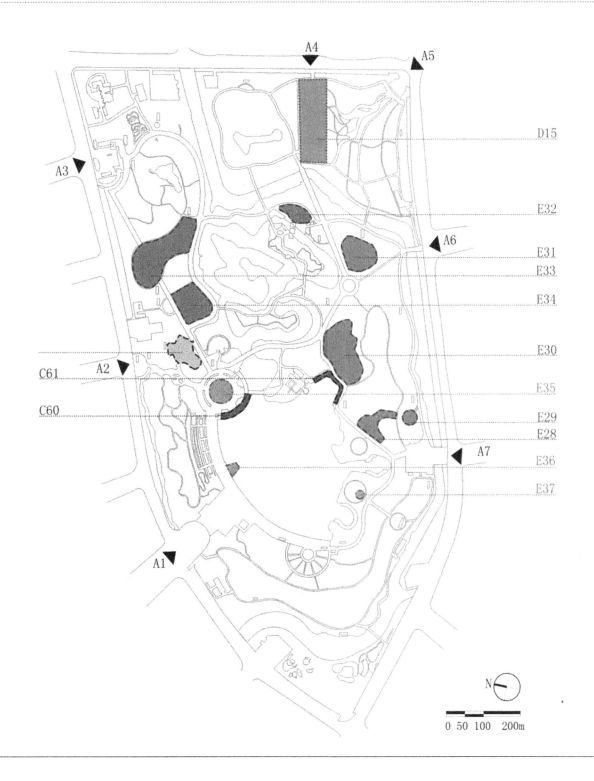

静安公园				
建造年份	区位		规模	
1998	静安区		3.92hm²	
A	**B**	**C**	**D**	**E**
入口空间	儿童活动空间	安静休憩空间	运动健身空间	非专业运动空间
场地分布图				

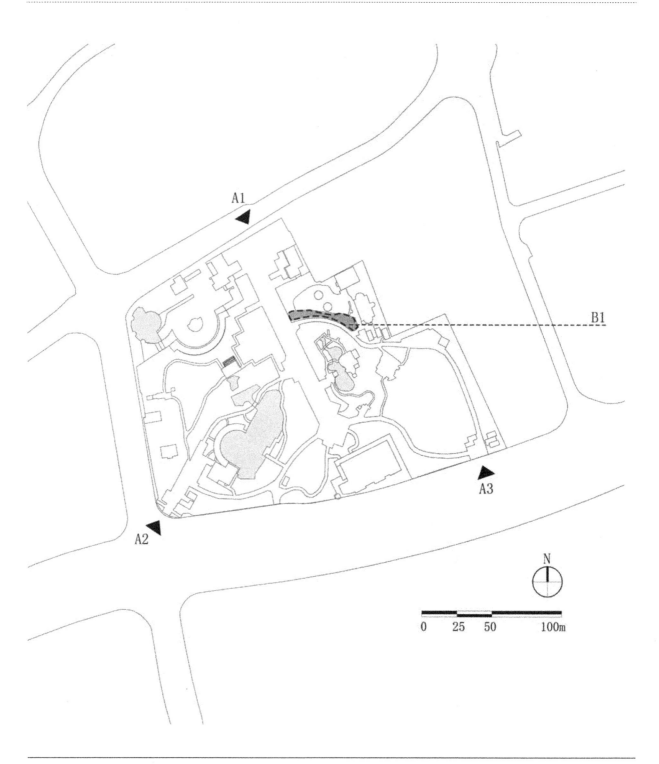

曲阳公园				
建造年份	区位		规模	
1997	虹口区		6.47hm²	
A	**B**	**C**	**D**	**E**
入口空间	儿童活动空间	安静休憩空间	运动健身空间	非专业运动空间
场地分布图				

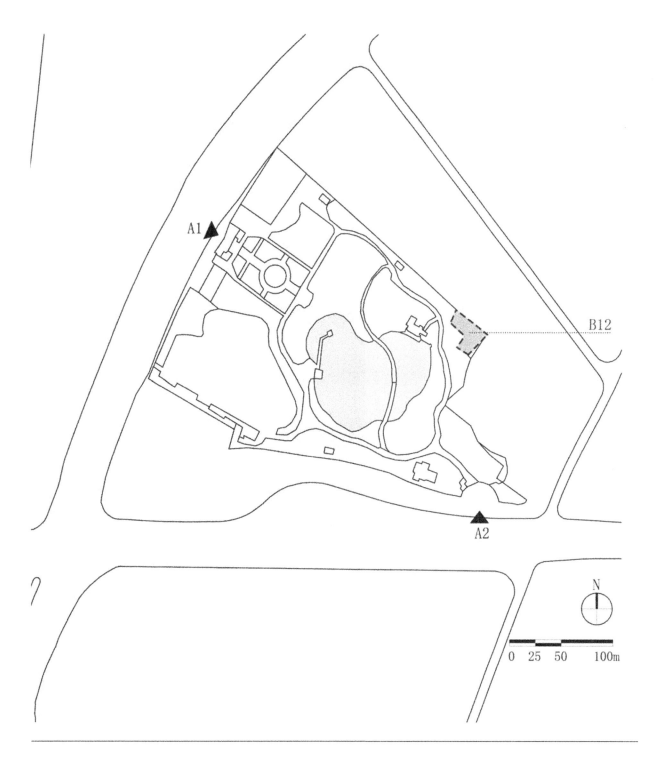

临江公园				
建造年份		区位		规模
1956		宝山区		10.77hm²
A	**B**	**C**	**D**	**E**
入口空间	儿童活动空间	安静休憩空间	运动健身空间	非专业运动空间
场地分布图				

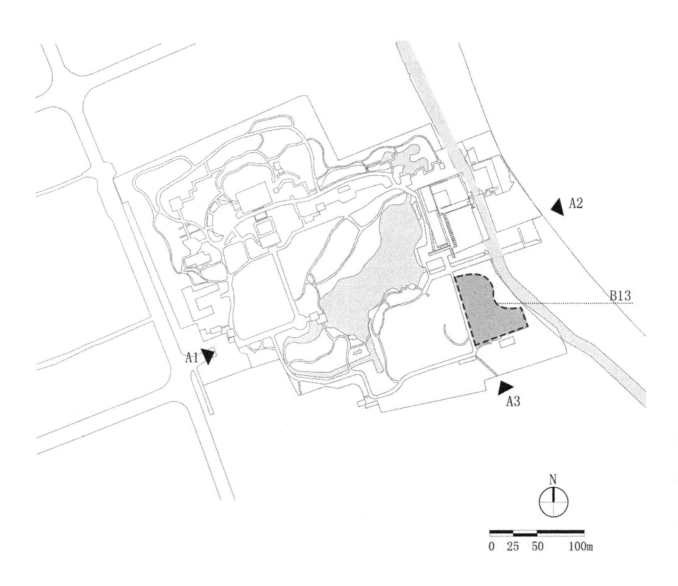

中山公园				
建造年份		区位		规模
1914		长宁区		21.43hm²
A	B	C	D	E
入口空间	儿童活动空间	安静休憩空间	运动健身空间	非专业运动空间
场地分布图				

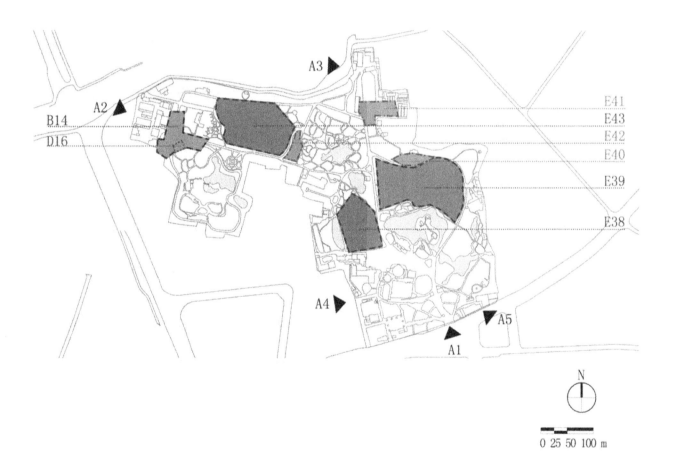

附录 3 黄浦江中心段沿岸公共绿地一览表

位置	公园名称	区域	年份	规模 / hm²	岸线长 / m	周边业态	备注
西岸	杨浦滨江	杨浦区	2017 年建成	约 24.4	约 2800	居住型	工业遗址 12 处：永安栈房旧址、塔吊、祥泰木行旧址、英商怡和纱厂旧址、乙炔站房、船排遗址、变电机房、坞门遗址、毛麻仓库遗址、上海机器造纸局旧址、黄浦码头仓库旧址、杨树浦码头旧址
	东方渔人码头	杨浦区	2017 年建成，三期建设中	约 19.0	约 2300	商办型	工业遗址 2 处：中国第一海洋鱼货市场、杨树浦纱厂大班住宅
	北外滩滨江绿地	虹口区	2005 年建成	约 16.0	约 1100	办公型	工业遗址 7 处：招商局北栈码头旧址、公和祥码头、顺泰码头旧址、耶松船厂旧址、招商局中栈码头旧址、扬子江码头、沙逊鸦片仓库旧址
	外滩含黄浦公园	黄浦区	2008 年改造完成	约 8.0	约 1500	商办型	工业遗址 2 处：黄浦公园水文站旧址、外滩信号台
	外滩源	黄浦区	2010 年建成	0.6	约 420	商办型	
	十六铺码头	黄浦区	2009 年建成	约 3.0	约 1000	商办型	工业遗址 1 处：大达轮船公司旧址
	南外滩	黄浦区	部分建成开放	约 6.3	约 2500	商办、居住型	工业遗址 7 处：民生仓库旧址、大储栈仓库旧址、合众仓库旧址、董家渡码头、新昌仓库旧址、上海市食品公司薛家浜屠宰场旧址、南码头
	世博浦西段	黄浦区	2009 年建成	约 22.5	约 1800	商办、居住型	工业遗址 3 处：求新机器制造轮船厂旧址、远望号、江南制造总局飞机制造车间
	南园滨江绿地	徐汇区	2010 年建成	约 7.3	约 750	居住型	工业遗址 2 处：筒仓景观塔、工业廊架、
	徐汇滨江	徐汇区	2010 年建成	约 23.0	约 2700	商办、居住型	工业遗址 5 处：龙门吊两处、南浦站八线仓库旧址、北票码头塔吊、北票码头旧址、塔吊
	龙耀滨江广场	徐汇区	2010 年建成	约 5.6	约 500	商办型	工业遗址 1 处：上海华商水泥股份有限公司旧址
	龙华滨江广场	徐汇区	建成开放	约 1.4	约 240	商办、居住型	
东岸	杨浦大桥滨江绿地	浦东新区	建成开放	约 4.1	约 310	商办型	日商三井洋行及码头旧址
	民生滨江绿地	浦东新区	建成开放	约 2.4	约 750	商办型	民生港区旧址、龙门吊
	新华滨江绿地	浦东新区	建成开放	约 17	约 1600	商办型	龙门吊、塔吊
	上海船厂滨江绿地	浦东新区	2010 年建成	约 9.1	约 1300	商办型	其昌栈码头、江海北关浦东办公楼旧址、锚、上海船厂旧址、5-6 吨大型船用海锚
	陆家嘴北滨江绿地	浦东新区	建成开放	约 4.4	约 1100	商办型	

位置	公园名称	区域	年代	规模 / hm²	岸线长 / m	周边业态	备注
东岸	陆家嘴南滨江绿地	浦东新区	1997年建成	约9.4	约1000	商办型	抚今思昔、陆家嘴轮渡站旧址
	东昌滨江绿地	浦东新区	2006年开放	约4.8	约810	居住型	太古洋行浦东站仓储码头旧址
	老白渡滨江绿地	浦东新区	2011年开放	约4.1	1018	居住型	上海港最大的煤炭装卸区旧址、上海第二十七棉纺厂旧址
	北栈绿地	浦东新区	建成开放	约1.6	245	居住型	
	中栈绿地	浦东新区	建成开放	约2.1	约350	居住型	
	船坞绿地	浦东新区	建成开放	约1.7	约250	办公型	
	南栈绿地	浦东新区	建成开放	约5	约430	居住型	
	南码头滨江绿地	浦东新区	建成开放	约12.7	约590	居住型	
	白莲泾公园	浦东新区	2009年建成	约8.8	约1560	居住型	塔吊
	世博公园	浦东新区	2009年建成	约29.0	约1700	办公型	塔吊
	后滩公园	浦东新区	2009年建成	约14.2	约1600	办公型	
	耀华滨江绿地	浦东新区	建成开放	约1.7	约1700	办公型	
	前滩	浦东新区	2016年建成	约40	约2300	商办、居住型	
	鳗鲡嘴滨江绿地	浦东新区	2018年建成	约7	约800	居住型	
	三林滨江绿地	浦东新区	建成开放	约23.4	约1800	居住型	

附录 4 苏州河中心城段沿岸步道空间分布图

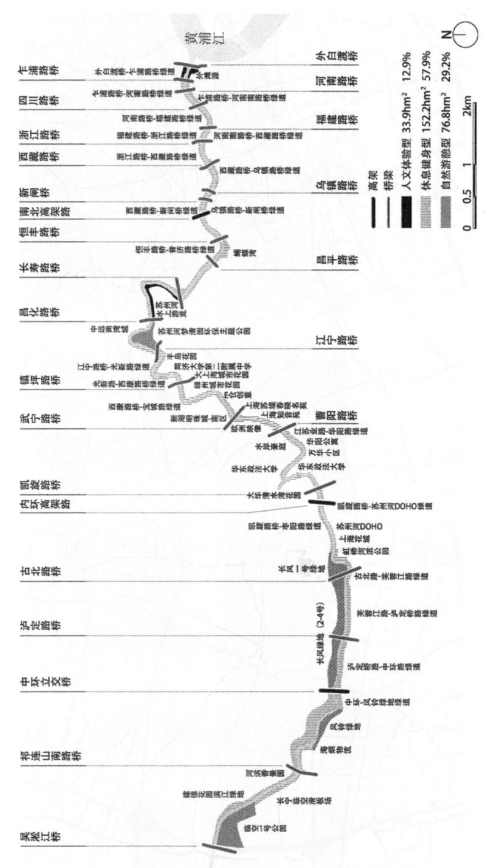

2019 年数据